KB190250

대한민국이 엄선한

100대 명산

대한민국이 엄선한

100대 명산

초 판 1쇄 발행일 2019년 2월 1일
초 판 2쇄 발행일 2019년 8월 15일
초 판 3쇄 발행일 2020년 11월 2일
지은이 김무홍
펴낸곳 지식과감성#

개정판 1쇄 발행일 2025년 3월 10일
지은이 김무홍
펴낸이 양옥매
디자인 표지혜 송다희
마케팅 송용호
교 정 조준경

펴낸곳 도서출판 책과나무
출판등록 제2012-000376
주소 서울특별시 마포구 방울내로 79 이노빌딩 302호
대표전화 02.372.1537 **팩스** 02.372.1538
이메일 booknamu2007@naver.com
홈페이지 www.booknamu.com
ISBN 979-11-6752-590-1 (03980)

* 저작권법에 의해 보호를 받는 저작물이므로 저자와 출판사의 동의 없이 내용의 일부를 인용하거나 발췌하는 것을 금합니다.

* 파손된 책은 구입처에서 교환해 드립니다.

개정판

수필로 그려가는

대한민국이 엄선한

100대 명산

김무홍 지음

책과나무

◇ **일러두기**

산행기마다 첫머리에서 언급한 산에 대한 역사적인 사건이나 유래, 산 주변의 정보에 대해서는 인터넷 포털 사이트상의 다음백과, 두산백과, 한국민족문화대백과사전, 위키백과, 대한민국 구석구석, 한국향토문화전자대전, 산림청, 국립공원관리공단 등에서 제공하는 자료를 부분적으로 활용하였다. 각각의 출처마다 해석이 다른 내용은 산행하면서 얻어지는 정보와 정황 그리고 필자의 소양을 따로 보태어 필자 나름대로 재구성하였다. 나아가, 많은 부분에서 여러 출처가 중복됨에 따라 그때마다 일일이 밝히지 못하고 이곳에서 포괄적으로 출처를 밝힌다.

서평

포털사이트 '다음(Daum)카페' 등산동호회 랭킹 1위인
4050서울산악회 카페지기 겸 산악회장 뽀대 **김태호**

산악회 닉네임이 "바다사람"으로 불린 김무홍 작가는 대한민국 인터넷 산악회를 선도하는 '4050산악회'를 통해 20년 가까이 꾸준히 산행하면서 산행에 관한 다양한 경험과 해박한 산행 지식을 지닌 대표적인 산악인 가운데 한 사람이다. 그가 전국 100대 명산을 수차례 오르내리는 노하우를 바탕으로 수필로 읽어가는 『대한민국이 엄선한 100대 명산』을 출간하게 됨은 우리 '4050서울산악회'의 산악인으로서 커다란 희소식이 아닐 수가 없다.

『대한민국이 엄선한 100대 명산』에서 눈여겨볼 대목은 모든 100개소 산마다 작가의 발자취가 녹아있는 창작 산행 지도인데, 이는 누구도 시도한 적이 없는 김무홍 작가의 각고의 노력 끝에 발로 그려낸 결정체다. 창작 산행 지도는 산행 들머리부터 날머리까지의 과정을 세밀하게 옮겨 놓음으로써 산행의 이해도와 현장감을 한층 높여준다. 또한 100대 명산이라 불리는 각 산의 아름다움을 작가의 눈을 통해 또 다른 관점으로 바라볼 수 있게 된다는 점에서 색다른 매력이라 할 수 있다.

창작 산행 지도는 일반 지도에서 빠진 지명을 보완하고 최대한 현지에서 사용하는 지명 위주로 표기한 관계로 일반 산악인뿐만 아니라 산행 초보자에게도 합리적인 길라잡이가 되어줄 것으로 기대한다.

2024년 12월

들어가기

◇ **대한민국의 자연환경과 산행의 의미**

대한민국에서 한 해 동안 산행을 한 번이라도 한 성인은 80%에 달한다고 하며 전국민으로 환산하면 연인원 5억 명으로 추산된다. 이는 국토의 약 70%가 산인 자연조건에서 어디서나 쉽게 산을 오를 수 있기에 가능한 수치이며 하늘이 우리에게 베풀어준 커다란 은혜라고 해야겠다.

인간의 삶의 구조가 원시사회에서 도시 형태로 바뀌면서 물질적 혜택은 갈수록 풍요로워졌고 문명은 발전을 거듭하였음에도 한편에서는 정신적으로나 육체적으로 고달픈 구석이 생겨나는 구조를 떠안게 되었다. 이 같은 환경에서 일상의 찌든 심신을 맑게 해 주는 바람직한 레저 수단을 찾는다면 머뭇거림 없이 누구와도 즐겁게 산행하며 자연과 공감하는 등산을 꼽을 수 있다.

◇ 100대 명산의 합리적인 엄선

전국에는 4,440개의 산이 있는데, 필자가 선택한 '100대 명산'은 2002년 '세계산의 해'를 기념하고 산의 가치와 중요성을 새롭게 인식하는 계기를 마련하기 위해 정부에서 선정 · 공표한 것이다. 선정 과정은 학계, 산악계, 언론계 등으로 구성된 전문가 그룹의 선정위원회가 지방자치단체를 통해 추천받은 산과 각종 산악회 및 산악전문지가 추천하는 산, 인터넷 사이트를 통해 선호도가 높은 산을 대상으로 산의 역사, 문화성, 접근성, 선호도, 규모, 생태계 특성 항목을 반영하였다. 아울러 국립공원, 도립공원, 군립공원과 백두대간에 인접한 산, 생태적 가치가 크고 울창한 원시림을 보유한 산을 각각 더불어 종합적으로 선정하였기 때문에 일반 산악동호회나 상업 목적으로 선정된 여타의 100대 명산보다 가장 합리적인 100대 명산이라고 할 것이다.

◇ 지속 가능한 도전과 결실

누구보다 산행 초보자였던 필자가 산과 인연을 맺을 때는 가족력에 대해 심한 우려를 느낀 나머지 단지 건강관리 목적이었기에 초창기 산행은 지겹도록 힘들고 지루하기 일쑤였다. 그러다가 시일이 지나면서 마냥 좋아 누리는 취미이자 자신 있게 이루어낼 수 있는 보편화한 생활의 한 부분을 차지하게 되었다. 전국 각지로 근무지를 옮겨 다니는 주말 가족 와중에도 일상의 7분의 1을 고스란히 산행에 투자하는 게 절대로 밑지지 않는 삶의 셈법으로 받아들였다. 나머지 7분의 6의 일상에서 톡톡한 효과를 얻었기 때문이다. 그런 까닭으로 코로나19가 창궐했던 엄중한 상황에서도 거리 두기가 수월한 산행만큼은 지속해서 자리매김할 수 있었다.

2005년 종합건강검진에서 직장直腸에 악성 종양이 발견되었다. 혈압까지 높은 편이었으나 지금은 모두 떨쳐버리고 어떤 약도 먹지 않은 상태에서 고혈압, 고혈당, 고지혈이라는 이른바 '삼고三高'부터 말끔하게 자유로워지며 기적에 가까운 성과를 거두었다. 이유는 꾸준한 산행 덕분이었다.

◇ 산행으로 얻어지는 삶의 가치

필자가 지난 20년 가까이 산행하면서 강산이 변할 만큼 나이가 더해졌음에도 산행 수준은 오히려 왕초보에서 중급으로 올라섰다. 비록 힘든 산행일지라도 긍정의 생각으로 무장하고 즐거운 마음으로 산행에 임했기 때문임을 숨길 수 없는 이유이다. 산에 올라 찌들었던 마음을 말끔히 누그러뜨리며 자연과 교감하는 여유로움을 누릴 수 있었기에 신체적 정신적인 삶이 풍요로워졌다. 아름다운 자연을 눈과 가슴으로 담아 서정을 살찌우며 건강한 심신으로 정화해 주는 치유의 산실이 바로 등산이라고 자신 있게 내세울 수 있는 까닭이다. 산을 이해하고 사랑하는 가운데 건강을 가져다주는 산행이야말로 이 시대의 어떤 가치와도 비교할 수 없는 최고의 레저 활동이라 하겠다.

우리의 생활 습관이 급속한 서구화로 대사증후군 질환이 빠르게 증가함에 따라 이에 대처하고자 체내 지방을 분해하기 위한 효과적인 유산소 운동을 찾는다면 대다수 사람은 등산을 손꼽는 데에 주저하지 않는다. 다음은 필자가 오랜 산행을 통해 몸소 팩트 체크한 삶의 개선 효과이다.

– 노화를 더디게 하여 젊음의 유지가 길어진다.

– 중성지방을 배출시켜 심장을 강하게 만든다.

– 폐의 탄성을 향상해 폐 기능을 강화한다.

– 체중이 실린 운동으로 인해 골질을 자극해 뼈를 단단하게 한다.

– 무릎이 움직일 때 연골에 영양 공급이 원활해져 관절이 좋아진다.

– 축적된 에너지가 태워져 비만을 억제한다.

– 체력과 지구력을 강화해 원만한 성생활에 매우 고무적이다.

◇ 개정판 발행으로 작품의 내실화 도모

먼저, '수필로 읽어가는『대한민국이 엄선한 100대 명산』'의 3쇄 발행 이후 산행에 관한 변화된 상황에 관하여 최대한 개정판에 담고자 노력하였다. 방책으로 수필적 감각이 다소 떨어졌던 초창기 산행에 대해 다시 찾아가는 산행을 통해 변화된 상황을 산행 지도에 반영하고 성숙한 감정 이입을 유발하여 서정적인 수필로 거듭나도록 문학적 충실성을 끌어올렸다.

초판 발행 이후 '한국수필가협회' 문단 등단과 '한국수필작가회' 활동에 이어 대학에서 '문학사(국어국문학)' 취득 등으로 인해 꾸준한 문학적 소양을 쌓을 수 있었으며 이를 바탕으로 작품 전반에 걸쳐 향상된 수필의 격을 정립할 수 있었다. 부단한 산행을 통해 산행으로 얻어지는 삶의 가치 발견에 정진하며 독자의 마음에 조금이라도 감동이 일렁이게끔 개정판 내실화 도모를 지속해서 매진하였다.

◇ 작가의 바람

산행은 산에 오르는 자체만으로 숲속의 맑은 공기를 마실 수 있다는 보람된 결실이며, 산이 품고 있는 다양한 환경 요소로 인해 인체의 면역을 높이고 신체적, 정신적 건강을 회복시켜 준다는 엄연한 사실에 주목해야 한다.

시중엔 등산에 관한 여러 도서는 있겠지만, 산마다 역사적인 유래와 산행 과정을 일목요연하게 현지 느낌 그대로 수필로 엮고 산행 지도와 사진으로 담은 책은 흔하지 않기 때문에 그런 의미에서 필자가 발로 쓰고 눈으로 그려낸 담백하고 소소한 서정적인 이야기 하나하나를 결정체로 한 『수필로 읽어가는 대한민국이 엄선한 100대 명산』이 이를 대신할 수 있다면 더할 나위 없는 영광이다. 아울러 산을 오르려는 사람에게 필자의 경험이 합리적인 길라잡이가 되어 즐겁고 안전한 산행으로 이어지고 산을 오르지 않은 사람마저 간접 산행의 체험이었으면 좋겠다는 바람이 간절하다.

끝으로 '수필로 읽어가는 『대한민국이 엄선한 100대 명산』 개정판이 독자에게 새 모습으로 다가갈 수 있게 틈을 열어준 '책과나무' 관계자와 필자 못지않은 전문 산악인의 혜안을 가지고 자문과 자료를 협력해 준 한국기초과학지원연구원 오석훈 박사께 고마움을 전한다.

2025년 3월

김무홍

본문 중에서

● 신록이 이보다 더 우거지면 절대 볼 수 없는 가리산 봉우리가 송곳니를 드러내듯 우뚝 솟은 모습으로 언뜻언뜻 실루엣으로 다가온다. (중략) 등산화로 밟히고 스틱으로 내리찍는 쿵쿵대는 파열음이 적막을 흩트리며 퍼져나갈 때면 여린 산철쭉이 금방이라도 꽃망울을 터뜨릴 것 같아 가슴이 조마조마하다. **– 가리산 산행 중에서 –**

● 울창하던 나무 그늘이 서서히 걷히고 사방으로 막힘없는 풍경과 가을바람이 기다렸다는 듯이 밀려온다. 오늘따라 다소 흐린 탓에 저 멀리 자리했을 동해가 시선을 주지 않더라도 눈앞에 펼쳐지는 유려한 풍경과 길고 넓은 산세만으로도 정상에 올라선 보상은 충분하다. **– 가리왕산 산행 중에서 –**

● 산객은 자연에 몸을 맡기고 자연에 동화된다. 사월이 짙게 흘러가는 산속에서 산객은 바람에 구름 흐르듯 정상을 향해 오르고 또 오른다. **– 감악산 산행 중에서 –**

● 삼불봉을 향한 고투가 시작된다. 아슬아슬한 절벽에 기대어 곡예를 타듯 걸쳐있는 계단 아래는 천 길 낭떠러지라서 쳐다만 봐도 짜릿한 전율이 온몸으로 전해온다. 그냥 오르면 절대 접근이 어려운 난공불락 지형에다 현대의 힘을 빌려 수직에 가까운 철계단을 걸쳐 놓은 것이다. **– 계룡산 산행 중에서 –**

● 자연은 어느 계절을 가리지 않고 인간에게 무궁한 혜택을 준다. 오월의 아름다움은 삼월의 바람과 사월의 비가 합쳐 여왕의 꽃을 피워냈다. 춥지도 덥지도 않은 시절에 공작산 이름만큼 우아하게 산행하기 아주 좋은 날이 되었다. **– 공작산 산행 중에서 –**

● 유유히 흘러내린 폭포수는 물거품을 이룬 채 꽁꽁 얼어 백색의 기둥이 세워지고 흐르는 물소리는 얼음 안으로 숨어버렸다. 물줄기 따라 흘러내리던 나뭇잎은 숨이 죽은 듯 침묵으로 돌아섰다. '즐겁게 춤을 추다가 그대로 멈춰라'라는 한 동요의 가사처럼 겨울 내연산이 얼음 옷을 뒤집어쓰고 깊은 겨울잠에 빠졌다. **– 내연산 산행 중에서 –**

● 흐르는 땀 위로 바람이 스친다. 자연이 어루만져주는 금싸라기 같은 선물에 짜릿하고 기분까지 시원해진다. 바람 내음과 숲의 색도 계절 깊숙이 들어가 가을을 닮아 가는데 이 분위기에 함께하는 사람들은 선택받은 축복이다. (중략)

두 발로 하늘을 걸으면 이런 기분일까? 출렁거리는 다리를 건너는 동안 감동도 함께 일렁인다. 구름다리는 신이 만든 경관에다 인간의 노력이 보태져 대둔산의 명물로 거듭나고 명소로 자리매김하였다. **– 대둔산 산행 중에서 –**

● 이해관계에 얽히지 않은 사람들과 힘들게 땀을 흘리고 어려운 코스를 동행하며 물 한 컵 과일 한 쪽도 나누어 먹는 산이 맺어준 인연은 쉽게 끊을 수 없는 필연의 공동체이다. 눈과 비, 햇빛과 바람이 한데 어울려 멋있는 자연의 조화가 연출하듯 다양한 인격체가 모인 사람들과 함께 산행하는 동안 종교, 이념과 나이 등이 다르더라도 순수한 친구일 뿐이다. **– 도락산 산행 중에서 –**

● 수억 년 인고의 세월 속에서 수많은 비바람과 눈보라에 시달렸을 것이고 뜨거운 태양에 달구어질 때는 온몸으로 받아들이며 소리 없는 아우성으로 하소연하였을 것이다. 견디어내기 힘든 상황이 지속하더라도 오직 이곳을 지켜야 한다는 굳은 침묵 하나로 거대한 암석 하나가 지금의 제자리를 꿋꿋하게 버티고 있다. **– 도봉산 산행 중에서 –**

● 모르는 사람들과 찍어주고 찍히는 예견된 정상 인증이 어김없이 이어진다. 정상에서는 항상 새로운 에너지가 샘솟으며 다음 산행을 기약하게끔 원동력을 보상으로 받는다. (중략) 갈림길에는 오가는 누구라도 '수고했습니다.'라는 격려의 대화가 끊이지

않는다. 내가 뱉은 격려는 부메랑이 되어 내가 받은 격려가 된다. **–명지산 산행 중에서 –**

● 오늘의 백미 입석대가 마침내 등장한다. 고대 페트라 유적과 파르테논 신전이 불가사의한 인간의 작품이라면 완벽한 인터로킹을 유지한 채 8,000만 년 이상 버텨온 입석대와 서석대의 파노라마 주상절리는 신만이 빚어낼 수 있는 최고의 걸작이라고 할 수 있다. **– 무등산 산행 중에서 –**

● 고도가 오른 만큼 바람의 세기도 비례한다. 누군가는 헛되고 부질없는 바람일지라도 산객의 땀방울을 훔쳐 가는 바람은 한없이 마땅한 응원군이 되어준다. (중략) 계절의 끝자락까지 털어내며 산빛도 물빛도 점차 여물어간다. 어찌 사랑하지 않을 수 없는 이 아름다운 여정의 끄트머리에서 이제 돌아가는 여름을 배웅해야만 한다. **– 미륵산 산행 중에서 –**

● 촘촘하지 않은 나뭇가지의 숲길 안으로 오뉴월 강한 햇빛이 듬성듬성 내려앉는다. 바닥에는 옅은 빛으로 수놓은 그물망이 그려지고 이리저리 모양을 바꿔가며 산객의 발길을 따라 동행한다. 산천은 이미 연두색을 벗어버리고 짙은 초록으로 칠해놓았다. 저절로 피어난 갖가지 야생화는 그들만의 본색을 드러내고자 몸단장으로 분주하다. **– 민주지산 산행 중에서 –**

● 그토록 빼곡했던 숲이 산과 더불어 겨울을 타는 모습이다. 산야는 듬성듬성 탈모된 채 새하얀 눈 이불을 덮어쓰고 동면에 들어갔다. 방태산의 모든 사물이 숨을 죽이고 햇빛도 그들을 배려한 듯 조용하게 느릿느릿 내려 준다. **– 방태산 산행 중에서 –**

● 봄 채비에 한창인 산야는 지난겨울에 모든 것을 내어주고 벌거벗은 민낯으로 단출한 풍경 하나를 뚝딱 보여 준다. 산이 한 계절을 떠나는 마당에도 인간에게 아름답고 갸륵한 덕행을 베푸는 풍경이다. **– 광양 백운산 산행 중에서 –**

● 백운대에서 바라보는 풍광은 어느 봉우리마다 나무랄 데 하나 없는 북한산만의 진경산수화이다. 정상에는 국적과 세대를 불문하고 많은 사람이 환호를 띠며 자리를 지키고 있다. **– 북한산 산행 중에서 –**

● 봄꽃의 대표 격인 진달래는 여린 듯 요란하지 않으면서도 소담스러운 격조가 있다. 진달래꽃은 여느 하찮은 바람도 마다하지 않고 겸손하게 하늘하늘 흔들어 반긴다. 진달래는 식용할 수 있어 참꽃이라 하고 식용이 어려운 철쭉은 개꽃이라 한다. **– 비슬산 산행 중에서 –**

● 한 모퉁이를 돌자 '대한(大寒)'이가 거센 삭풍을 몰고 와 본색을 드러내며 정상을 함부로 내어줄 수 없다며 심란하게 시위를 벌인다. 불편한 공간에서 엉거주춤 쭈그리고 배낭 속에 접어둔 겉옷을 껴입고, 모자 안에 말아 넣었던 귀마개를 펴서 귀를 싸맨다. 바람을 등지고 나니 언제 그랬나 싶을 정도로 포근함이 밀려온다. **– 삼악산 산행 중에서 –**

● 지금은 비록 녹색 단풍과 파란 꽃무릇이 주제도 없이 드리우지만, 선운사에 달이 바뀌면 눈이 부시도록 붉게 두른 꽃무릇으로 만개할 것이며. 단풍은 3년 전에도 20년 전에도 연출했듯이 곱게 물들어 꽃비를 쏟아내는 그대로의 감동을 연출할 것이다. **– 선운산 산행 중에서 –**

● 높아진 하늘만큼 넓은 능선이 이어지고 환상적인 산세가 드리운다. 가까운 데나 먼 데로 눈을 돌려도 모두가 신비스럽지 않은 곳이 없다. 산이 내준 이름처럼 이곳에서 바라다보면 모두가 성인(聖人)이 되겠다는 느낌이다. 정상에는 안내판 하나 없지만 보고 느끼는 것만으로 설명이 충분하다. **– 성인봉 산행 중에서 –**

● 맑은 하늘 아래로 파란색 일색의 하늘이 펼쳐지고 산야는 가을의 깊은 곳을 향

해 점점 붉게 타들어 가는 모습이다. 계절은 하루가 다르게 가을 속으로 바삐 빠져들고 산객은 가을 정취에 흠뻑 젖는다. **– 신불산 산행 중에서 –**

● 산 아래는 바둑판처럼 그어진 전답과 바둑알 모양의 농가가 보는 이의 마음을 평화롭게 녹여준다. 일상으로 되돌아가면 다시 아옹다옹 그리고 아등바등 살지언정 이 순간만은 모든 상념을 털어버리고 이 기분만을 마냥 누리고 싶다. **– 운문산 산행 중에서 –**

● 어쩌면 눈 산행에서 놓칠 뻔한 풍경을 눈에서 가슴으로 한가득 담는다. 정상에서 조망하는 멋진 풍광과 신선한 내음의 종합세트가 다 무료라니 이 자리의 모두가 자연의 수혜자들이다. **– 월악산 산행 중에서 –**

● 마지막 혼을 다 쏟아냈음에도 색깔마저 곱게 물들지 못한 채 이름 없는 낙엽으로 사라져 가는 하찮은 이파리 하나도 아름다운 이 가을을 연출하는 대자연의 일원이며 주역들이다. **– 월출산 산행 중에서 –**

● 억새는 잔잔하고 그윽하여 보는 이의 마음을 차분하게 가라앉히는 품격을 지녔다. 품격과 품위를 말할 때 〈삼국사기〉에서 백제의 아름다움을 표현한 '검이불루 화이불치(儉而不陋 華而不侈)'라는 여덟 글자와 비교하곤 한다. 검소하지만 누추하지 않으며, 화려하지만 사치스럽지 않다.'라는 데서 당장 눈앞에서 펼쳐지는 격조 높은 천성산의 억새가 진한 감동, 그 모습으로 보여준다. **– 천성산 산행 중에서 –**

● 송골송골 맺힌 이마의 땀이 챙에서 낙수가 되어 길바닥을 적시며 지나온 흔적으로 남긴다. 가을이 절실해지는 순간이다. 엄중한 상황이 지속하다가 불현듯 다가오는 맑은 빛의 출현은 정상이 다가왔음을 알려주는 희망의 메시지이다. **– 축령산 산행 중에서 –**

● 찰나의 시간마저 참기 어려워 발을 동동 구르며 남녀노소 아는 사람 모르는 사람이 칼바람을 막고자 한곳에 뒤엉켜 체면과 실례를 무릅쓰고 옆 사람의 체온을 고마워한다. 하늘이 온갖 색으로 버무려진 파스텔 색조로 바뀌고 세상이 마법에 걸린 듯 지평선 너머로 황금빛이 넘실댄다. 옛사람들의 소망이 하늘에 닿기를 기원하였던 천제단에서 백두대간을 박차고 찬란하게 떠오르는 병신년(丙申年) 첫 일출이 시작한다. **– 태백산 산행 중에서 –**

● 이렇게 멋진 제주도의 모습을 한눈에 담을 수 있다니 순간순간마다 보기가 아까울 정도로 아름답게 진한 감동의 연속이다. 한 움큼 들이켜는 맑은 공기에서 한없이 신선하고 청량함이 전해온다. 어느 한 풍경마저 놓칠세라 눈이 시리도록 마음 가득한 풍경을 끌어 담는다. **– 한라산 산행 중에서 –**

● 정상에서는 차가움이 강할수록, 코끝이 시려 올수록, 귓불이 빨갛게 아려 올수록 가슴은 뜨겁고 감동은 크게 밀려온다. 올해 한 해 명산 도전할 때마다 뿌듯하고 행복했던 순간들을 파노라마처럼 떠올린다. **– 화악산 산행 중에서 –**

전국 100대 명산 분포도

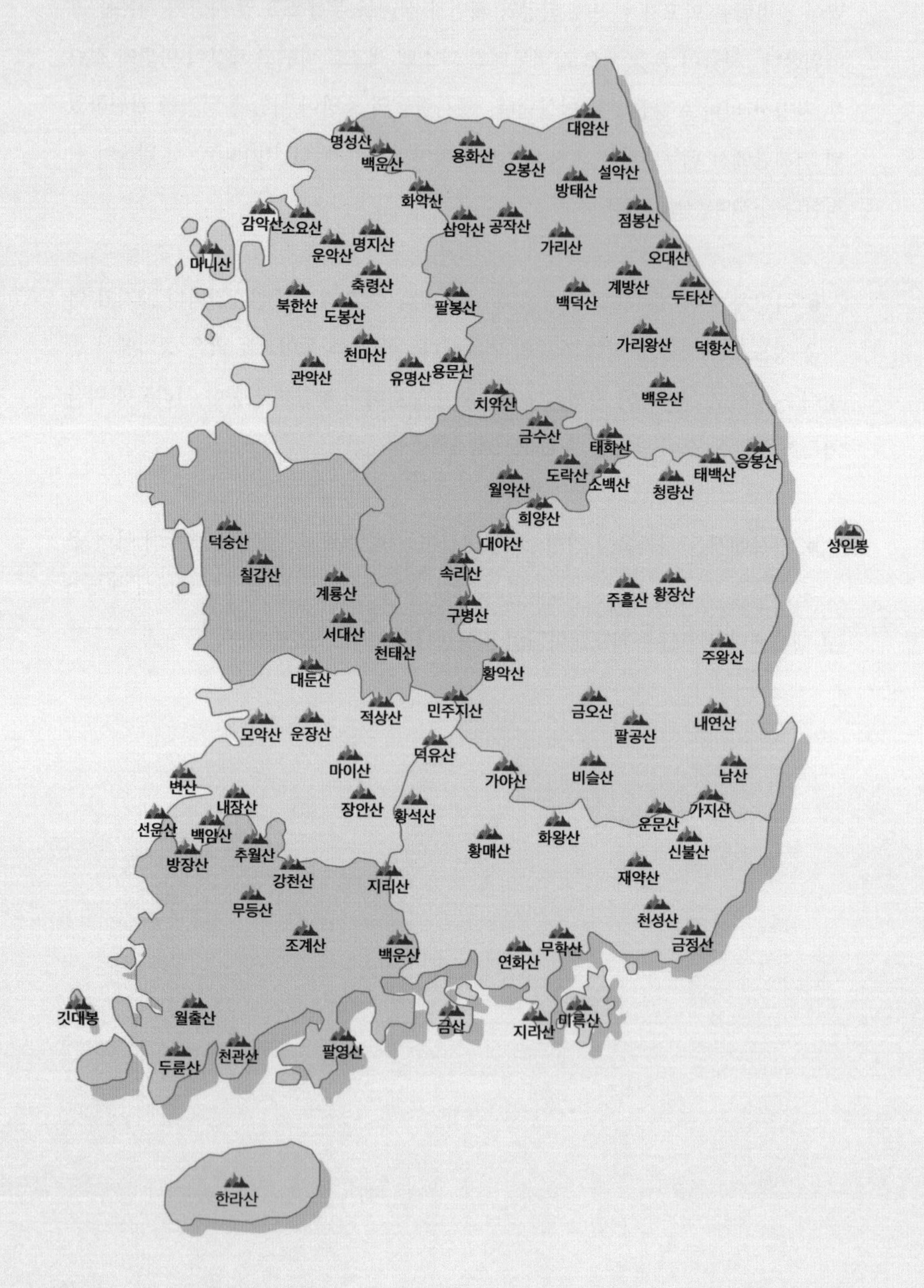

지역별 분포도

서울특별시 / 인천광역시 / 경기도

감악산 관악산 도봉산 마니산
명성산 명지산 백운산 북한산
소요산 용문산 운악산 유명산
천마산 축령산 화악산

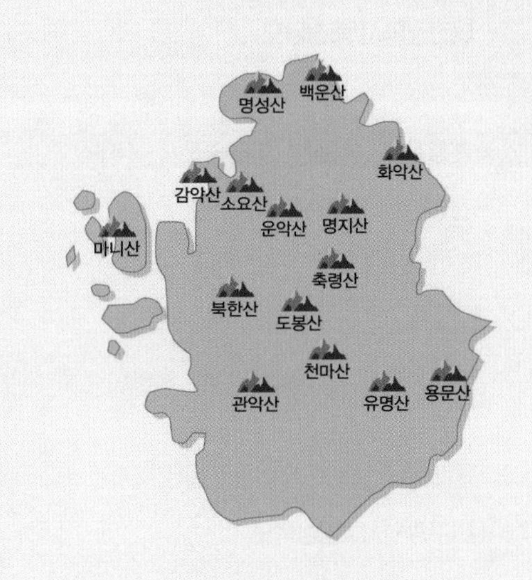

강원특별자치도

가리산 가리왕산 계방산 공작산
대암산 덕항산 두타산 명성산
방태산 백덕산 백운산 삼악산
설악산 오대산 오봉산 용화산
응봉산 점봉산 치악산 태백산
태화산 팔봉산 화악산

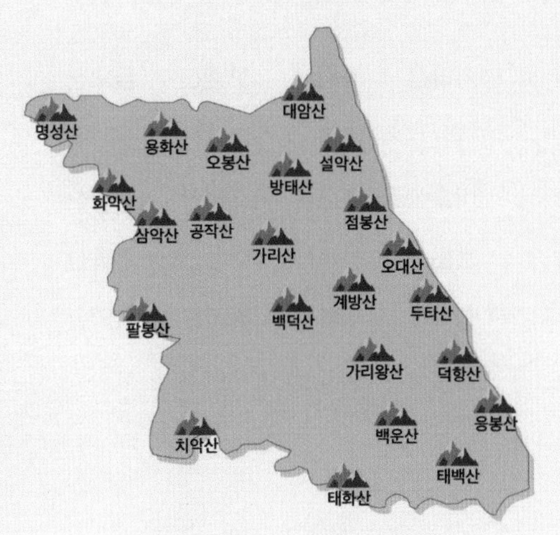

충청북도

구병산 금수산 대야산 도락산
민주지산 서대산 소백산 속리산
월악산 태화산 천태산 황악산
희양산

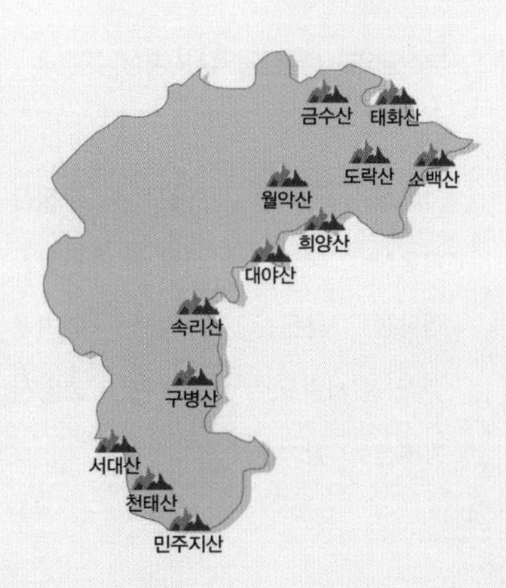

대전광역시/충청남도

계룡산 대둔산 덕숭산 서대산

천태산 칠갑산

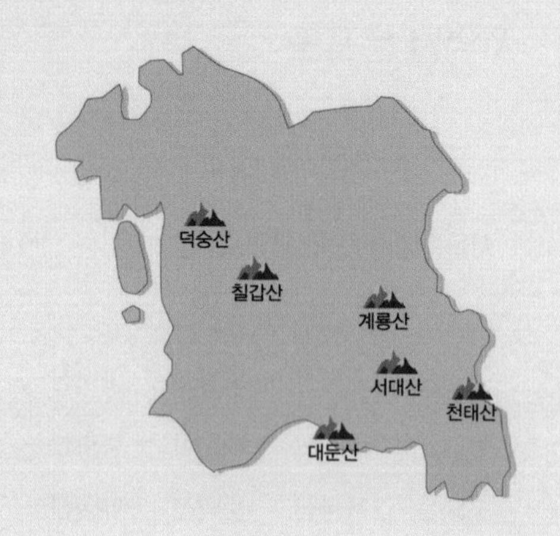

대구광역시 / 경상북도

가야산 가지산 구병산 금오산

남산 내연산 대야산 민주지산

비슬산 성인봉 소백산 속리산

운문산 응봉산 주왕산 주흘산

청량산 태백산 팔공산 황악산

황장산 희양산

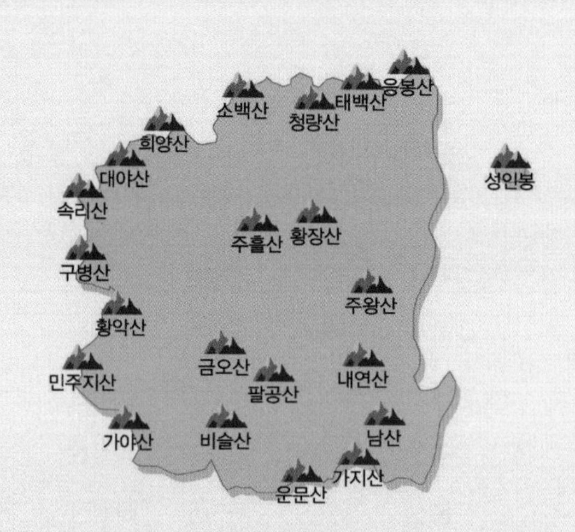

부산광역시/ 울산광역시/ 경상남도

가야산 가지산 금산 금정산

덕유산 무학산 미륵산 신불산

연화산 운문산 재약산 지리산

지리산(사량도) 천성산 화왕산

황매산 황석산

전북특별자치도

강천산 내장산 대둔산 덕유산
마이산 모악산 민주지산 방장산
백암산 변산 선운산 운장산
장안산 적상산 지리산 추월산

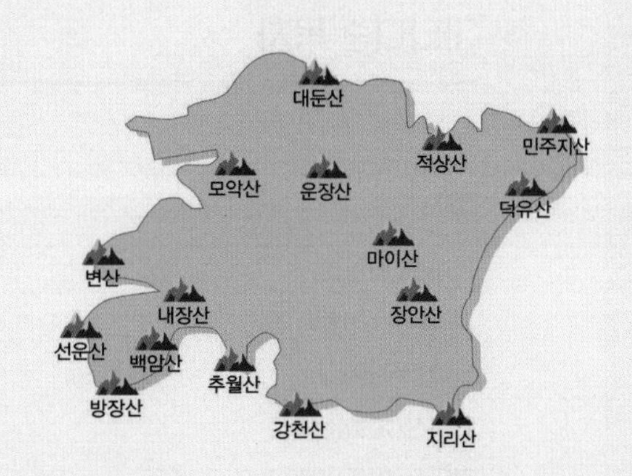

광주광역시/ 전라남도

강천산 깃대봉 두륜산 무등산
방장산 백암산 백운산 월출산
조계산 지리산 천관산 추월산
팔영산

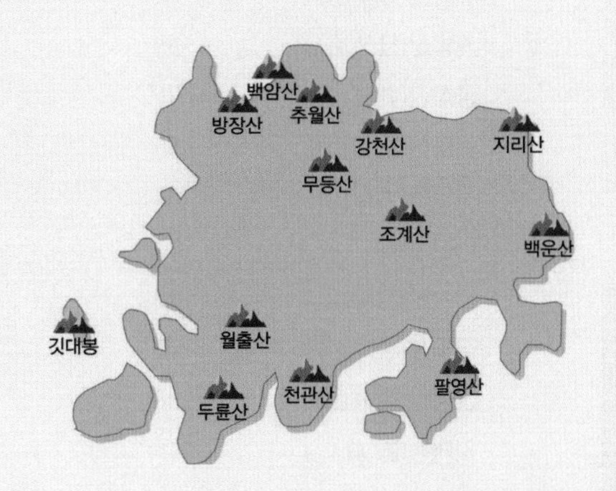

제주특별자치도

한라산

가나다순 목차

계절별 권장 산행지

구분	착안 및 작가 권장 산행지
봄 산행	얼어붙었던 땅이 녹고 만물이 소생하면서 산천이 기지개를 켜고, 진달래, 철쭉, 벚꽃을 비롯한 다양한 야생화들이 봄을 알린다. 이로 인해 겨울 산이 부담스러웠던 사람들까지도 산행에 대한 욕구를 자극하는 계절이 찾아온다. 특히 국립공원이나 도립공원의 경우, 탐방로가 겨울 동안 통제되기 때문에 공원 홈페이지에 공지된 전화번호로 산행 가능 여부를 확인하는 것이 반드시 필요하다. ▲ 권장 산행지 감악산, 강천산, 계룡산, 공작산, 관악산, 구병산, 깃대봉, 남산, 덕숭산, 덕유산, 두륜산, 마이산, 명지산, 모악산, 무학산, 미륵산, 방장산, 백운산(광양), 북한산, 비슬산, 서대산, 소백산, 소요산, 속리산, 연화산, 축령산, 칠갑산, 팔영산, 한라산, 황매산, 황장산, 희양산
여름 산행	녹음이 절정을 이루는 계절에 계곡, 바위, 바다와 섬, 호수, 사찰을 품은 산을 찾으면 자연경관에 녹아드는 즐거움을 만끽할 수 있어 산행지로서 제격이다. 발걸음을 옮길 때마다 뙤약볕 아래 온몸이 땀으로 흠뻑 젖기도 하지만 탁 트인 능선을 걸으며 송골송골 맺힌 땀을 시원하게 식혀주는 바람이 짜릿함을 자아내 산행의 진수를 맛볼 수 있다. ▲ 권장 산행지 관악산, 금산, 금수산, 깃대봉, 대암산, 대야산, 덕유산, 덕항산, 명지산, 민주지산, 백덕산, 백운산(포천), 북한산, 설악산, 소백산, 용화산, 운문산, 운악산, 월악산, 월출산, 지리산(사량도), 지리산, 천태산, 치악산, 태화산, 한라산, 황악산
가을 산행	여름 내내 푸르렀던 초록이 지쳐 단풍드는 가을, 나뭇잎들은 형형색색 아름답게 물들어 간다. 산마다 붉게 타오르는 단풍에 감탄사가 절로 나오는 이 시기에는 대부분의 산이 등산객으로 붐빈다. 가을을 대표하는 억새는 잔잔하고 그윽한 매력을 지니고 있어, 보는 이의 마음을 차분하게 가라앉히는 힘이 있다. 억새가 펼쳐진 풍경을 마주하면 가슴 깊은 곳에서 일렁이는 진한 감동이 잔잔하게 퍼지며 마음을 울린다. ▲ 권장 산행지 가리왕산, 가야산, 가지산, 관악산, 금정산, 내연산, 내장산, 대둔산, 도봉산, 도락산, 두륜산, 마니산, 명성산, 무등산, 방태산, 백암산, 변산, 북한산, 선운산, 설악산, 소요산, 신불산, 오대산, 용문산, 운장산, 유명산, 월악산, 월출산, 장안산, 재약산, 적상산, 조계산, 주왕산, 주흘산, 지리산, 천관산, 천성산, 청량산, 추월산, 팔공산, 팔봉산, 한라산
겨울 산행	환상적인 설경 속에서 겨울의 낭만과 아름다운 추억을 만들 수 있는 눈꽃 산행은 겨울 산의 가장 큰 매력이다. 온 산과 나뭇가지가 하얀 눈으로 덮인 환상적인 풍경 속에 들어서면 남녀노소 모두 마치 동화 속 나라에 온 듯 동심으로 돌아가, 멋진 추억을 만들며 황홀한 순간을 경험하게 된다. 특히 눈이 쌓인 산과 주변에 따뜻한 온천이 있다면, 산행의 즐거움이 배가된다. ▲ 권장 산행지 계방산, 관악산, 금오산, 덕유산, 두타산, 방태산, 백운산(정선), 북한산, 삼악산, 소백산, 신불산, 응봉산, 지리산, 천마산, 태백산, 한라산, 화악산, 화왕산, 황석산

가리산(加里山)

강원특별자치도 춘천시 · 홍천군

강원도에서 진달래가 가장 많이 피는 산으로 알려져 있고, 참나무 중심의 울창한 산림과 부드러운 산줄기 등 우리나라 산의 전형적인 모습을 갖추고 있다. 바위 봉우리가 솟아 있는 정상에서 소양호를 조망할 수 있다. 야생화가 많이 자생하여 자연학습관찰에도 좋은 여건이며 강원도에서 자연휴양림으로 지정하였다.

대한민국에서 선정한 100대 명산을 나열할 때면 첫머리에 등장하는 가리산(加里山 1,051m)은 당당하게 일천 미터의 고산을 자랑하며 강원도 춘천시와 홍천군의 경계를 지어 준다. 유난히 우뚝 솟은 가리산은 단으로 묶은 곡식이나 땔나무 등을 차곡차곡 쌓아둔 큰 더미를 뜻하는 순우리말 '가리'에서 비롯되었다고 한다.

가리산 정상에 바라보면 향로봉, 설악산, 오대산 등 백두대간과 소양호를 한눈에 볼 수 있어 강원도 내 제1 전망대로 꼽힐 정도로 조망이 뛰어나다. 산기슭에 자리한 가리산 자연휴양림은 노송 군락이 주축이 되어 우거진 숲을 이루고 기암괴석이 조화를 더 해 자연의 하모니를 연출한다. 이곳 휴양림에는 산막, 휴양관, 야영 덱이라는 상품 유형을 내놓고 일반인에게 휴양림 예약을 받고 있다. 무엇보다 짙은 녹음에서 뿜어낸 피톤치드 성분에다 통나무집과 산림욕장, 산책로 등이 잘 갖춰져 있어 심신 휴양지로서 그만이다.

가리산 산행의 재도전이다. 작심하기를 수없이 되뇌다가 계절이 여왕이 되는 5월을 맞이하고서야 실행에 옮길 수 있었다. 어언 7년 남짓한 시간이 훌쩍 지난 뒤다. 산행 들머리와 휴양림 어귀 역할을 자초한 잣나무 군락이 쭉쭉 뻗은 큰 팔을 벌려 다시 찾아오는 산객에게 환영의 세리머니를 아낌없이 퍼붓는다. 산행이 아니라면 어린이날을 낀 황금연휴에 편승하여 이곳에 몸을 맡기고 푹 쉬어갔으면 하는 충동질은 나만의 느낌은 아닐 것이다. 흘러간 시간을 망각한 채 예전이나 지금이나 자연휴양림으로써 구실을 의연하게 보여 준다.

종달새, 딱따구리, 꾀꼬리, 까투리, 뻐꾸기 등으로 명명된 8평 규모의 제2 산막단지를 지나며 발걸음이 산행 상태로 전환된다. 한참을 지나 눈으로 담았던 산막 배치도가 아련해질 즈음 자연의 새소리와 물소리가 앙상블을 이루고 신록이 쑥쑥 자라는 소리까지 보태져 귓전으로 따라붙는다. 정상을 향하는 산객은 설렘이 일렁이고 5월을 향해 숨 가쁘게 달려온 봄은 여름으로 넘어가는 중이다.

합수곡 삼거리에 이른다. 첫 번째 도전이 '가삽고개' 방향이었기에 이번에는 당연하다는 듯이 정반대의 '무쇠말재' 쪽이다. 정상을 찍고 한 바퀴 빙 돌아오는 과정이 마찬가지이더라도 어느 쪽으로 등반하고 하산하기에 따라 산행의 난이도와 정취는 다를 수밖에 없는 게 산행의 묘미이기 때문이며 늘 새로움을 추구하는 나만의 습성이기도 하다. 산행에서 새로운 도전은 두려움보다 신비로운 설렘에 이끌려서 스스럼을 밀어내며 서슴없이 나아가는 과정이며 즐거움이다. 그러고 나서 정상을 밟았을 때 만끽하는 카타르시스는 오롯이 정복자만의 몫이다.

골짜기를 오른쪽 옆구리에 끼고 오르막이 서서히 강요된다. 허옇게 드러난 산길로 햇빛이 쏟아진다. 산객은 빛을 가득 머금은 자연에 갇히고 자연에 동화된다. 며칠 전부터 우려됐던 비 예보가 보기 좋게 빗나간 상황에서 이렇게 누리는 호사는 이만저만하지 않다. 2016.3.5 시절로 잠시 돌아간다. 비에 젖은 무거운 몸에 판초를

뒤집어쓰고 가리산 정상에서 삭풍이 몰아친 겨울비에다 설상가상 빙판길로 얼룩진 위험천만한 그때의 상황과 비교하면 오늘은 하늘과 땅만큼의 격세가 온몸으로 전해 온다.

정해진 고도를 채울 요량으로 길바닥이 계단으로 갈아탄다. 헤아릴 수 없을 만큼의 긴 계단은 때때로 초록에 파묻히기도 하고 바위에 기대며 산객을 꼭대기로 실어 나른다. 계단 내딛기가 도를 넘었는지 곧추세웠던 계단이 바닥에 그만 누워 버리고 안락세계의 쉼터로 내어준다. 산철쭉으로 차양을 치고 낙화한 꽃잎으로 아롱지게 깔아놓은 쉼터는 일상의 번뇌와 구속으로부터 말끔하게 정화한다.

잠깐의 평탄한 길이 이어지고 거리 표시가 없는 첫 이정표에 연리목 하나가 산객의 관심을 훅 끌어당긴다. 보통의 연리목은 수종이 같거나 유사한 나무끼리 결합한다는데, 이 연리목은 생물학적 한계를 넘어 침엽수인 소나무와 활엽수인 참나무가 그것도 세 번에 걸쳐 감아올려 가며 한 몸을 이뤘으니, 우리나라에서는 찾아보기 힘든 희귀목이란다.

잣나무 군락을 파고드는 오르막이다. 나무뿌리를 계단 삼아 오르다 보면 양지바른 곳에 샛노란 빛으로 곱게 물든 노랑제비꽃이 함초롬히 피었다. 보면 볼수록, 뒤돌아볼수록 앙증맞고 생기발랄한 노랑제비꽃 응원을 받으며 거친 숨소리를 사르르 풀어서 숲속으로 날려 보낸다.

정상까지 900m 남겨두고 마른 잎으로 뽀송뽀송하게 갈아탄 산길이 능선으로 이어진다. 신록이 이보다 더 우거지면 절대 볼 수 없는 가리산 봉우리가 송곳니를 드러내듯 우뚝 솟은 모습으로 언뜻언뜻 실루엣으로 다가온다. 정상까지 300m, 제1, 2, 3봉으로 이어지는 가파른 나무 계단 일색의 외길이다. 나무 바닥에 등산화로 밟히고 스틱으로 내리찍는 쿵쿵대는 파열음이 적막을 흩트리며 퍼져나갈 때면 여린 산철쭉이 금방이라도 꽃망울을 터뜨릴 것 같아 가슴이 조마조마하다.

제멋대로 휘어진 덱이 구불구불하다가 지쳐 드디어 가리산 제1봉인 정상을 허락해 준다. 정상석은 예전 그대로인데 울퉁불퉁 불거져 있던 거친 바닥은 매끈한 덱으로 갈아탔다. 일 년 주기로 치면 불과 두 달 차이인데 매몰차게 살벌했던 빙판길은 내리쬐는 뙤약볕으로 후끈 달아있어 격세지감이 느껴진다.

하산의 첫 단계, 제2봉으로 내려가는 계단이 수직을 닮아간다. 그래도 계단마다 일정한 간격과 높이를 유지하며 안전장치가 보강되어 예전보다 접근성은 더 나아졌다. 수직에 가까운 낭떠러지를 어설픈 가드레일에 의지한 채 악전고투하여 오르던 때와는 분위기가 사뭇 진지하다. 미끈한 감촉으로 한층 세련된 둥근 스테인리스 손잡이에 의지하는 동안 시선 두기가 자유롭고 편해졌다. 구름이 듬성듬성 수놓은 파란 하늘 아래로 펼쳐지는 녹색 물결과 상큼하게 자극하는 자연의 향기로 심신이 황홀한 지경이다.

좌측으로 비켜나 있는 제2봉과 제3봉은 오르고 내려가는 길손에게 쉼터 노릇과 함께 이정표 구실을 해 준다. 가삽고개까지 수직 구도가 진정될 무렵부터 잘 정비된 덱 덕을 톡톡히 보며 문명의 혜택을 누린다. 잠깐의 쉬어가는 동안 강원도 홍천군에서 제공하는 중국의 '한 천자 이야기'에 시선을 고정한다. 가리산 기슭에 한 씨 부부가 아버지 묘를 이곳에 쓰는 바람에 중국의 천자가 되었다는 믿거나 말거나 하는 이야기를 훑어 내려가는 동안 입가에 번지는 쓴웃음을 지울 수가 없다.

합수곡 삼거리로 원점 회귀하자 나머지 하산이 오던 길로 되돌아가는 양상이다. 오를 때의 부담을 떨쳐버리고 어떤 간섭도 받지 않은 홀가분한 여정이다. 계곡을 끼고 거분거분 걸어가는 제맛을 느끼며 오롯이 나만이 사유하는 시간의 흐름을 알아간다. 큰장구실계곡과 작은장구실계곡이 합수되어 계곡에 큰물을 담아 놓았다. 파릇파릇 돋아나는 풀포기와 구불구불 헤집고 흐르는 청량한 물소리가 그윽하게 깔려있다. 햇살에 갓 그을린 하얀 물빛이 보석처럼 반짝이며 눈부시도록 찬란하다.

날머리에 다다를 즈음 사월에서 오월로 숨 가쁘게 넘어온 태양이 잣나무 사이로 머리를 쑥 내밀어 달군 햇볕을 쏟아 낸다. 얄궂은 태양을 등지고 초록으로 풀어놓은 계곡물에 무릎을 담근다. 가리산과 헤어질 결심과 함께 초록이 더 짙게 영글어 갈수록 가리산에 대한 그리운 추억도 알차게 영글어가겠다는 기대 하나 남기며 일정을 모두 갈무리한다.

가리산(加里山 1,051m)

주요 코스

① 가리산자연휴양림 ➡ 삼거리 ➡ 무쇠말재 ➡ 샘터갈림길 ➡ 가리산 정상 ➡ 북봉 ➡ 가삽고개 ➡ 삼거리 ➡ 가리산자연휴양림

② 가리산자연휴양림 ➡ 취사장 ➡ 945봉 ➡ 무쇠말재 ➡ 가리산 정상 ➡ 안부 ➡ 연국사

가리왕산(加里旺山)

강원특별자치도 정선군 · 평창군

가리왕산은 '가리왕산 8경'으로 불릴 만큼 경관이 아름다우며, 활엽수 극상림이 분포해 있다. 전국적으로 산나물이 많이 자생하는 곳으로도 유명하다. 특히 백두대간의 중심부에 위치해 주목 군락지가 있어 산림유전자원 보호림과 자연휴양림으로 지정되는 등 경관적, 생태적으로 높은 가치를 지닌 산이다.

강원도 정선군과 평창군에 걸쳐 있는 가리왕산(加里旺山 1,561m)은 고대 맥국의 갈왕이 피신하였다고 하여 갈왕산이 되었다가 다시 가리왕산으로 불리게 되었다. 맑은 날 정상에 서면 동해가 보일 만큼 조망이 뛰어나며 주변에서 높이가 비슷한 오대산 등의 고산과 더불어 태백산맥의 지붕 역할 하는 형상을 보여준다.

능선으로 올라서면 고산식물인 주목, 잣나무, 단풍나무 등의 각종 수목이 울창하다. 특히 등산로에 자리한 수백 년 나이 먹은 붉은 고목의 자태는 압권이다. 조선 시대 궁중 진상품인 산삼 캐던 곳이라는 '삼산봉표비'가 보존되고 있으며, 전국적인 산나물 자생지로 유명하다. 회동계곡의 맑은 물은 주변 숲과 어우러져 아름다운 풍경을 연출해 낸다.

가리왕산 남쪽 회동계곡에는 울창한 숲과 야생화 꽃밭이 어우러진 가리왕산자연휴양림이 자리한다. 휴양림에는 숙박과 관련 시설뿐만 아니라 산림문화휴양관과 숲 체험관은 가족 단위와 청소년들을 위한 숲 체험 및 교육 수련 시설로도 널리 알려져 있다. 휴양림 안에는 2021년부터 새롭게 선보인 '누운 책꽂이 만들기'와 '다탁 만들기' 체험 종목이 있는데, 이는 모두 국내 생산 목재를 이용한단다. 한편, 휴양림 내에는 계곡을 끼며 즐길 수 있는 산책로가 있어서 또 다른 체험 거리로 사랑받는다.

일 년 중에 비로소 이슬이 맺힌다는 한로를 맞이한다. 이른 아침부터 하늘을 향해 우뚝 솟아나며 백두대간의 중심인 가리왕산으로 원정 산행에 나선다. 산행 들머리인 장구목이 입구에 들어서자 경쾌하고 낯익은 계곡 물소리가 산객을 환영으로 맞이한다. 산길은 꽃보다 고운 낙엽이 흐드러지게 드리우는데, 가을 계곡에는 7년 전 장마철 가리왕산을 연상할 만큼 풍성한 물소리가 우렁차게 따라붙으며 산행에 동반한다.

큰 산을 품어주는 그릇 또한 커서일까? 거센 물소리가 진정할 기미를 보이지 않는다. 고요한 산 분위기를 뒤흔드는 가운데 내리막 없는 고운 오르막이 막힘없이 이어진다. 청량한 물살 따라 맥국의 전설과 정선아리랑 이야기가 끊임없이 흐르는 가리왕산은 케이블카를 타면 절대 볼 수 없는 원시림 삼림에서 빼어난 자연경관을 피부로 느낀다. 자연이 살아 숨 쉬는 넉넉한 산길은 모든 것을 감싸주고 일상의 힘든 상처를 보듬어 주는 치유의 공간이 되어 준다.

그토록 수다를 떨던 물소리가 자취를 감추자 오롯이 산길에 심취한다. 하늘이 열리고 불투명한 회색빛이 쏟아져 산길을 밝힌다. 산이 깊어질수록 계절은 더 가까이 다가와 가을의 깊은 곳으로 젖어 든다. 청량한 산 공기를 한 움큼 힘껏 들이마시자, 도시의 묵은 때가 말끔히 배출되고 속이 개운해진다. 묵묵히 산을 지켜온 산 정취에 어느새 동화된다.

산 사람들은 여행보다는 산이 낫다고 응당 주장한다. 여행 다닐 때는 이런저런 불편함과 일정에 쫓겨 왕왕 짜증도 나지만, 산에 들어오면 무엇보다 공기가 맑고 마음이 잠잠해진다. 새소리, 물소리의 청량감이 체증을 내려준다. 조급함이 없이 쫓기는 마음이 사라진다. 아무래도 여행보다 산이 좋을 수밖에 없다는 심산이다. 지금, 이 순간 가리왕산의 호젓한 산길처럼.

너른 마당이다. 쉴 새 없이 조잘대던 물소리마저 스스로 사라진 고요한 산속에 인터넷마저 잠긴 첩첩산중이다. 쉬어가는 마당 주변으로 고사릿과 식물과 무성한 이끼를 바라보니, 마치 옛 원시 시대로 떠나온 느낌이다. 운무가 걷히자, 회색빛이 사라지고 맑게 단장한 산길이 곱게 드리운다. 잠깐의 깔딱 구간을 감내하자 말목고개 사거리와 관찰원 관리사를 이어주는 장구목이 임도와 교차한다. 산 중상층에 놓인 임도는 널따란 폭을 유지하며 주변이 확 트였다.

임도를 횡단하다 말자 정상까지 1.6㎞를 남긴 산길로 들어선다. 시작부터 산길 표정이 된비알로 확 달라진다. 크기가 제각기인 바위들이 빼곡히 길을 잇고 있어 쉼 없는 다리품을 팔아야 하는 상황이다. 마치 뒤에서 누군가 당기는 듯하다는 초보 시절의 푸념이 소환된다. 산세가 이렇게 호락호락하지 않은 편인데도 가리왕산은 연중 많은 산객에게 사랑받은 곳이다. 산길 위에 거친 숨을 내뱉으며 긍정의 생각으로 걸음을 보태자 울퉁불퉁 불규칙한 거친 너덜이 앞다투어 걸음을 잡아 이끌어준다.

거리와 비교해 시간과 체력이 많이 드는 구간은 초보 산객에게 악명 높은 깔딱 고개로 불릴 만하다. 여기에다 배낭과 짐이 더한다면 고통의 무게는 더해 천근만근일 수 있다. 혼자라면 몇 번이고 포기했을 역경의 상황일지라도 함께한다면 서로를 다독여주며 이겨내는 신뢰가 쌓이게 되어 다 같이 완주하는 힘을 창출할 수 있다.

등산로 곳곳에 통화 가능 지역이라는 친절한 안내판의 출현은 가라왕산의 자랑이다. 이는 깊은 곳에서 현 상황에 관한 정보 검색이 수월하다는 긍정의 신호이다. 정상까지 딱 0.7㎞ 남겨놓고 경사도가 다소 진정된다. 능선은 아니더라도 오늘 코스 가운데 가장 능선과 가깝게 완만한 길이다. 수백 년은 족히 넘겼을 주목이 산길 주변으로 고색창연하게 가을 단풍색을 띠고 즐비하게 자리한다. 나무속까지 붉다고 하여 붙여진 주목은 흔히 살아서 천년, 죽어서도 천 년을 간다고 하니 인간의 수명에 비하면 범접할 수 없는 유유자적한 삶을 영위한다고 하겠다.

불현듯 왁자지껄한 소리가 울려 퍼진 곳은 정상을 불과 200m 남겨둔 삼거리이다. 이들은 정상을 목전에 둔 사람이거나 정상을 찍고 되돌아와 중봉을 거쳐 하산하는 산행객들이다. 이곳 정상에 버금가는 삼거리는 필자가 예전에 그랬듯이 지금도 점심을 때우며 산행의 특별함을 즐기는 모습을 보여 준다.

울창하던 나무 그늘이 서서히 걷히고 사방으로 막힘없는 풍경과 가을바람이 기다렸다는 듯이 밀려온다. 오늘따라 다소 흐린 탓에 저 멀리 자리했을 동해가 시선을 주지 않더라도 눈앞에 펼쳐지는 유려한 풍경과 길고 넓은 산세만으로도 정상에 올라선 보상은 충분하다.

가을이 유독 무르익은 정상부에서 산안개로 가득했든 희뿌연 추억 하나가 새겨진다. 하늘 위로 듬성듬성 흩어지는 검은 구름처럼 허겁지겁 하산하기에 급급했던 당시와 다르게 오늘의 정상은 여러 지역에서 단체로 온 산객들로 인해 특유의 북적대는 모습이다.

오르막이 험하고 거친 돌밭 비탈이라면 내리막은 흙과 돌이 버무려져 흘러내리는 새로운 양상의 비탈이다. 오르막과 내리막은 힘쓰는 근육이 다르고 내리막에서는 피곤이 쌓여 순발력이 떨어질 수 있는데, 지루한 고행의 시간을 함께하는 돈독한 길동무가 있어 즐거움이 피어난다. 산을 좋아하며 즐기는 공통점 하나만으로 지나온 여정을 공유하며 산에서 얻어지는 자신들만의 가치를 교환한다. 힘듦의 순간이 떠오를 겨를도 없이 사라지고 산행의 의미가 깊어진다.

지루한 생각이 누그러지고 한참의 시간이 지나자 잠들었던 물소리가 거짓말처럼 깨어나 발길로 다시 따라붙는다. 물소리와 함께 세속의 찌꺼기가 다 정화되는 기분이다. 산에 오는 의미를 새삼 감사하게 받아들인다.

물에 잠긴 돌다리를 건너자 한때 화전민이 살았다는 '어은골'에 이른다. 거칠었던 길이 평정심을 찾는다. 이어서 현대인들의 기억에서 점차 사라져 가는 '심마니'들의 애환을 되새겨보자는 의미로 지어진 '심마니'교를 건너자 미끈한 포장도로가 날머리까지 이어진다. 가리왕산자연휴양림이 7년 전의 기억을 그대로 간직하며 여정의 끄트머리를 장식한다.

가리왕산(加里旺山 1,561m)

주요 코스

① 장구목이골 ➡ 임도 ➡ 삼거리 ➡ 가리왕산 정상 ➡ 갈림길 ➡ 어은동임도 ➡ 합수곡 ➡ 화동리 구 매표소

② 장구목이 임도 ➡ 삼거리 ➡ 가리왕산 정상 ➡ 삼거리 ➡ 중봉 ➡ 삼거리 ➡ 세곡임도 ➡ 제1 야영장

가야산(伽倻山)

경상북도 성주군, 경상남도 거창군, 합천군

예로부터 우리나라의 12대 명산 또는 8경 중 하나로 꼽히며, 1995년 세계문화유산으로 지정된 국보 팔만대장경과 해인사가 있는 등 역사적 · 문화적 가치가 매우 높은 산이다. 이곳은 '가야국'이 있었다고 전해지기도 한다.

통도사 및 송광사와 더불어 우리나라 3대 사찰 가운데 하나인 해인사를 품고 있는 가야산(伽倻山 1,430m)은 조선 8경의 하나로 상왕봉을 중심으로 두리봉, 남산, 비계산, 북두산 등 해발 1,000m가 넘는 고봉들이 마치 병풍을 두른 듯 이어져 있다. 주봉은 우두봉(1,430m) 또는 상왕봉으로 불리며, 최고봉은 칠불봉(1,433m)이 대신한다.

가야산은 오묘하고 빼어난 신세를 지니고 있어 사시사철 많은 관광객의 발길이 끊이지 않는다. 산 남쪽 자락에 자리 잡은 해인사는 14개의 암자와 75개의 말사를 거느리고 있는데, 조선 시대 강화도에서 팔만대장경을 옮겨온 이후 불보사

찰인 통도사, 승보사찰인 송광사와 함께 법보종찰로서 명성을 얻고 있다.

해인사는 현대에 와서 백련암에서 수도했던 성철스님으로 인해 더욱 유명하게 되었다. 성철 스님의 '산은 산이요, 물은 물이로다'라는 법어는 홍류동 계곡의 맑은 물과 더불어 가야산을 찾는 이들의 마음에 심오하고 미묘하게 전해진다.

세상 소식이 궁금해 장마와 태양 볕에 아랑곳하지 않고 담장 허리에 걸쳐 여유로움을 즐기는 능소화의 계절 소서(小暑) 언저리에 산행에 나선다. 지난주 호된 우중 산행의 뒷맛 여운이 다 가시지 않은 가운데 계속된 장마로 습도가 높아지고 여름 더위가 본격적으로 시작되었지만 갈 수 있는 100대 명산이 있다면 선택의 여지가 없다.

창녕 화왕산을 가기 위해 한 달 전부터 마음 다짐을 하고 준비하였으나 신청자가 너무 저조하여 주말을 앞두고 산행이 취소되는 바람에 가야산 산행으로 급선회할 수 있어 그나마 다행이다. 이렇듯 가고 싶은 산을 마음대로 골라서 간다는 게 쉽지 않은 것은 가끔 가고자 했던 산행이 예측 불허하게 일어나기 때문이다.

그동안 계속된 장맛비에다 산행 당일마저 비 예보가 있었기에 마음의 준비를 하고 산행 들머리 경북 성주군 수륜면 백운리 백운동 주차장에 도착한다. 시각은 오전 10시 30분, 우려했던 일기예보는 기우에 그쳤지만, 현지 기상은 고온 다습한 기운만이 무겁게 깔려있다.

가야산 야생화 식물원을 지나자 바로 능선과 계곡으로 갈라지는 갈림길이 나온다. 계곡 물소리에 이끌려 백운동 야영장이 있는 용기골로 가기로 한다. 다행히 대다수 사람이 함께 가게 되어 즐거운 산행이 예고된다. 많은 사람이 용기골로 몰리는 까닭은 날씨가 흐린 탓에 능선에 자리한 만물상 코스는 조망이 어렵다는 이유 때문이다.

시작부터 흙길로 완만하게 조성된 탐방로를 따라 편하게 이동한다. 용기골 계곡은 간밤에 내린 풍부한 비로 채워졌고 흘러내리는 물소리가 세를 과시하며 장쾌하게 흐른다. 넘치는 물소리는 오랜 가뭄에서 벗어난 농심의 심정만큼 뿌듯하고 여유롭다. 백운1교를 건너 잠시 돌아 오르니 감사와 성실을 가슴에 품은 꽃말을 간직한

하얀 초롱꽃이 고개를 숙이며 수줍은 자태로 산객을 반긴다. 낙엽을 태우면 노란 재를 남긴다는 데서 이름 붙여진 키 작은 노린재나무는 넓은 초록 잎으로 싱그러움을 자랑한다. 이들 모두 비 온 후에 물을 머금은 모습에서 한층 더 깨끗하고 정갈함을 보여 주는 아름다운 풍경의 주역들이다.

백운2교를 건너자 물소리가 오른쪽에서 왼쪽으로 돌아 따라붙으며 본격적인 고도 높이기에 돌입한다. 산길은 비를 머금어 더욱 짙어진 초록 등산로로 단장하고, 군데군데 가파른 오르막에서 목재 덱이 흑기사로 나선다. 가야산국립공원다운 깔끔한 탐방로의 면모를 보여 주는 구간이다.

이따금 산길로 들어오는 밝은 빛은 숲과 어우러져 싱그러움이 더해지고 상쾌한 물소리 동행은 여전히 이어진다. 여름이 더 시원하다는 가야산의 자연 소리가 그냥 나온 게 아니라는 걸 보여 준다.

천천히 길을 따라 발걸음을 옮기는데, 오를수록 시야가 흐려진다. 고개를 들어 바라보니 산머리가 구름에 가려 보이지 않는다. 주변의 비 머금은 신록을 빼면 눈에 들어오는 것은 자욱한 안개 속에 실루엣처럼 다가오는 구불구불 희미한 길뿐이다.

서성재를 얼마 남겨두지 않고 조선 8경의 하나인 가야산의 부속 암자 중의 하나로 추정되는 백운암지(白雲庵址)가 으스스하고 음산한 분위기로 비친다. 폐사 시기는 알 수 없으나 기와 파편과 도자기 조각이 다수 발견되는 거로 보아 조선 시대까지는 유지된 거로 추정된다고 한다.

만물상 코스와 합류하는 서성재에 이른다. 삼거리 한쪽에 국립공원에서 제공하는 비상약품과 산행 안내 요소가 비치되어 있어 등산객에게는 매우 요긴한 물품이다. 먼저 온 사람이 출발하면서 내어준 자리를 차지하고 눌러앉아 서성재의 내력을 알아보며 쉬어가기로 한다.

서성재는 과거 가야 산성의 서문이 있던 곳에서 유래되었다. 대가야의 수도 경북 고령과 불과 14㎞ 거리에 위치하여 수도 방어의 요충지였다. 왕이 이동할 때 이궁 역할을 했을 것으로 추정된다는 안내 설명이다. 해발 1,180m 서성재에서 긴 휴식을 마치고 다음 목표 칠불봉을 향해서 출발이다.

한 군데 너무 많이 머문 탓인지 다리가 풀리고 뻐근한 가운데 목재 덱으로 된 계단 양 가장자리에 산죽이 늘어서며 무거운 발걸음을 곱게 이끌어준다. 항상 산객의 눈높이에서 사시사철 수더분한 자태의 산죽은 자꾸 보아도 질리지 않는 몇 안 되는 산 동무이다.

마애불 갈림길부터 계단식 탐방로와 철재 계단이 자주 등장하는 이유는 급경사지이기 때문인데, 장마철 호우와 겨울철 결빙 시 특별히 주의가 요구되는 곳이다.

철재 계단 우측에 자리한다는 볼거리의 하나인 석조여래입상은 다음 숙제로 미루고 김수로왕의 일곱 왕자가 허황후의 오빠 장유화상을 스승으로 모시고 3년간 수도 후에 성불이 되었다는 전설의 칠불봉을 향해 고도를 높인다.

우거진 수림 안에 설치된 널찍한 목재 덱과 미완성의 돌탑을 내디디며 한여름 계절 속으로 빠져든다. 밑동이 쩍 벌어진 굴참나무와 함께 분위기 좋게 받쳐주는 커다란 정원석을 지나 급경사 지역에 설치된 철재 계단을 벗어나면 칠불봉이 눈앞 시야에서 떡하니 도사린다.

하늘에 고추잠자리가 떼를 지어 비행하는 가운데 습도는 여전히 높고 구름에 해가 가려졌지만 바람이 미동도 하지 않아 후텁지근함이 도를 넘어선다. 철재 계단 한 개를 내디딜 때마다 위에서 천근만근 짓눌리는 듯한 힘겨움을 감내하며 오르다 쉬기를 반복한다. 머리 위의 고추잠자리 날갯짓 바람마저 아쉬울 정도로 실종된 바람이 그리울 뿐이다.

정상보다 3m 더 높은 칠불봉의 도착이다. 정상 우두봉이 비슷한 높이에서 운무에 가려 희미하게 드리고 고개를 반대로 돌리면 하늘은 조금 더 밝게 열렸으나 만물상 코스 쪽의 상아덤과 만물상은 아직도 아름다운 운해로 가려진 상황이다.

칠불봉에서 400m를 더 가서 경사도의 정도가 더욱 심한 철재 계단을 마저 올라 마치 바위 무덤 같기도 하고, 소의 머리와 모습이 흡사하다는 데서 우두산(牛頭山)으로 이름이 붙여진 정상 상왕봉에 이른다. 정상에서는 자욱한 산안개가 산과 능선을 비롯한 모든 조망을 죄다 삼켜버려 시야가 불가능한 상황이다. 날씨가 맑은 날은 덕유산 자락과 지리산 천왕봉까지 바라볼 수 있겠다고 하지만, 언감생심이다.

정상에서 비교적 가까운 남산 제1봉, 오봉산, 단지봉과 깃대봉마저 조망을 포기해야 하지만 가야산 맨 꼭대기에 자리한 가야산 19명소로 지정된 '우비정'이 가까이

에서만 드러난다. 우비정에는 '하늘이 신령스러운 물을 높은 산에 가두었는데, 한 번 마신다면 청량함이 가슴속을 찌르고 순식간에 훨훨 바람 타고 멀리 날아간다.'라고 적혀 있지만, 지금의 우물은 고인 웅덩이 상태라서 영 별로다.

갑자기 후드득 떨어지는 빗방울 세례를 받는 바람에 펼쳐놓은 점심을 서둘러 접는다. 잠깐을 오르던 계단을 넘어 내려간다. 갈림길에서 아름다운 범종 소리에 마음마저 깨끗해진다는 해인사 쪽으로 내려간다. 행정 소재지가 경북 성주군에서 경남 합천군으로 바뀌고 오를 때와 달리 계단의 경사도는 완만하며 오직 일방적인 내리막의 지속이다.

정상에서 4㎞를 내려와 우리나라 3대 사찰의 하나이며 일제 강점기 항일 운동의 중심지기도 했던 해인사에 이른다. 수려한 산세가 펼쳐진 가야산에서 천 년을 훌쩍 넘기며 유서 깊은 고찰로 자리매김한 해인사는 고려 고종 때 15년에 걸쳐 나무에 새긴 팔만대장경 등의 수많은 국보와 보물을 보유하고 있다. 경내를 다 둘러보기에는 귀경 시각에 지장이 있어서 그냥 스쳐 지나갈 수밖에 없는 형편이다.

홍류동계곡을 따라 또다시 긴 여정의 하산이 남은 시간을 하나둘 삼키며 지어간다. 아스팔트 도로변을 따라서 가야산국립공원에서 해인사 입구까지 이르는 4㎞ 계곡에는 가을 단풍이 너무 붉어 흐르는 물에 붉게 투영되어 보인다고 하여 이름이 붙여진 홍류동계곡이다.

주위의 송림 사이로 흐르는 물이 기암괴석에 부딪히는 소리는 고운 최치원 선생의 귀를 먹게 했다 하며, 선생이 갓과 신만 남겨두고 신선이 되어 사라졌다는 전설을 말해주듯 흐르는 물소리 정취에 취해 날머리인 경남 합천군 가야면 구원리 홍류동계곡 매표소에 이르기까지 오늘 산행을 마무리하는 데는 제격의 코스이다.

가야산(伽倻山 1,430m)

주요 코스

① 백운동야영장 ➡ 용기골 ➡ 서성대 ➡ 철계단 ➡ 칠불봉 ➡ 가야산 정상 ➡ 석문 ➡ 마당바위 ➡ 해인사 ➡ 약수암 ➡ 홍류동계곡 ➡ 청량사

② 백운동야영장 ➡ 만물상 코스 ➡ 서장대 ➡ 서성재 ➡ 철계단 ➡ 칠불봉 ➡ 가야산 정상 ➡ 석문 ➡ 해인사 ➡ 약수암 ➡ 홍류동계곡 ➡ 구 매표소

가지산(加智山)

울산광역시 울주군, 경상북도 청도군, 경상남도 밀양시

백두대간 남단의 중심에 위치한 "영남알프스"에서 가장 높은 산으로, 수량이 풍부한 폭포와 아름다운 소(沼)가 많다. 천연기념물로 지정된 얼음골과 도의국사 사리탑인 "8각운당형부도"가 보존된 석남사가 자리하고 있다. 선정 능선 곳곳에는 바위 봉우리와 억새밭이 어우러져 전망이 뛰어나다.

태백산맥 남단에 자리하며 영남알프스의 하나인 가지산(加智山 1,240m)은 이 일대 운문산 등의 1,000m 이상 높은 산들과 어우러져 수려한 아름다움을 자랑하며 석남사, 통도사 등 문화유적이 많아 통도사, 내원사 등과 더불어 1979년 11월에 가지산도립공원으로 지정되었다.

원래 산 이름은 석남산(石南山)이었다가 신라 흥덕왕 때 전남 보림사에서 '가지산서'라는 중이 와서 1674년에 석남사가 중건되면서 가지산으로 불리게 되었다는데, 가지는 까치의 옛말 '가치'를 나타내는 이름이란다.

산 동쪽에 있는 석남사는 신라 시대의 고찰로 석남사부도와 석남사삼층석탑 등의 문화재가 유명하다. 정상 주변의 쌀바위에는 독실한 불교 신도가 오면 쌀이 나왔다는 바위 구멍의 전설을 간직하고 있다.

풍수지리설에 의하면 가지산과 운문산은 암산(女山)이라서 수도승이 각성할 무렵이면 여자가 나타나 '십 년 공부 도로아미타불'이 된다는데, 실제로 석남사는 주변의 운문사, 대비사와 더불어 비구니 전문 수도장이며 지금도 많은 비구니가 수도에 정진 중이라고 한다.

이때쯤이면 밤에 기온이 내려가고 대기의 수증기가 엉켜 풀잎에 이슬이 맺히면 가을 기운으로 완연하다는 24절기 중의 15번째 절기 백로(白露)까지 지났으니 우리는 싫든 좋든 몸에 배었던 여름을 보내고 새로운 계절을 맞이하여야 한다. 이제 가을은 9월의 한 부분을 이미 차지해 버렸다.

기다렸던 가을 산행을 떠나고자 서울 신사역을 떠나 경남 밀양시 사내면 삼양리 석남터널 입구의 도착이다. 여장을 정비할 겨를도 없이 부랴부랴 산행 채비로 분주하다. 차들이 쌩쌩 달리는 도로를 횡단한 다음 터널 옆 가장자리의 산행 안내도를 들머리로 잡는다.

시작부터 숲으로 들어가는 급경사 계단으로 된 오르막인데도 별다른 준비 운동 없이 출발하는 관계로 초반부터 혹독한 신고식을 치르며 거친 숨을 쏟아 뱉는다. 꾸준히 올라와 쉬어갈 무렵 숲에서 벗어나 능선으로 들어서니 조망이 확 트인다. 발아래 석남터널에서 꼬리를 문 고불고불한 도로가 선명하게 드러나고 저 멀리 울산광역시가 보일 만큼 맑은 날씨에 바람까지 시원하게 불어오며 계절은 가을 예찬을 아끼지 않는다.

석남고개와 갈림길을 지나 등산로 한편에 간이매점이 나온다. 단출하고 허름한 산속 매점은 주인장과 진돗개 한 마리가 함께하며 한가롭게 세월을 낚고 있다. 간이매점은 주변 등산로에 높게 쌓인 돌탑의 시간보다 더 많은 세월의 흔적을 짊어지고 산행 지도에도 표시될 만큼 가지산의 살아있는 역사를 함께 써가는 중이다.

가지산 사계를 홍보하는 멋진 안내판이 시선을 훅 끌어당기며 산객이 쉬어가게끔 유도한다. 봄이면 진달래, 여름이면 녹음, 가을이면 단풍 그리고 겨울이면 눈으로 사계의 아름다움을 보여 주는 사진과 설명이 함께 덧붙여있다.

봄이 되어야 볼 수 있는 천연기념물 제462호로 지정된 가지산 철쭉 군락지이다. 이곳 철쭉은 겨울의 혹한과 칼바람을 견뎌내고 높은 능선에서 넓은 군락을 이루는 가운데 진하고 옅은 다양한 분홍으로 만개하면 산 전체가 장관을 이룬다는 안내 설명이다. 바람이 실종된 가파른 오르막에 목재 계단이 중봉으로 오르는 산객의 수고를 거들어주기 위해 길게 늘어져 있다.

한 산객이 힘듦을 이겨내고자 자신만의 산행 방식인지 계단을 밟을 때마다 하나 둘 세워가는 모습을 보여 준다. 누군가가 마지막 계단에 써놓은 590이라는 숫자도 하나둘에서 비롯된 셈의 결실일 것이다. 마지막 계단에 이르자 이정표가 나타나 앞으로 중간 상황을 보여 준다. 정상까지 1.1㎞가 남았으며 현재 고도는 해발 1,000m를 막 넘어선 상황이다.

고도가 위로 올라갈수록 바람은 시원하게 가을 티가 나게끔 불어주고 눈 부신 햇살은 잎이 마르고 닳도록 내리쬐어 단풍과 낙엽이 되기 위한 순서를 밟고 있다. 진정 가을은 산 위에서부터 내려오나 보다.

출발하여 1시간 반 남짓 걸려 해발 1,165m 중봉에 이른다. 마치 정상에 다 온 듯 맑고 파란 하늘 아래로 막힘없는 조망이 일망무제하게 펼쳐지고 대기는 선선한 가을 공기로 갈아타느라 분주하다. 하지만 원인이 불명한 날개 달린 개미들이 걷잡을

수 없이 떼로 창궐하는 바람에 서둘러 자리를 떠야 한다.

정상으로의 재도약을 위해 안부로 잠시 하산하여야 한다. 용수골로 향하는 내리막과 갈라지는 안부 삼거리는 정상까지 400m를 남겨두고 마지막으로 쉬어가며 에너지를 모으는 곳이다. 너무 많이 쉬었다 싶어 정상을 향한 발걸음에 박차를 가하며 바위를 따라 오르고 또 오른다.

고도가 더욱 높아져 곳곳마다 멋진 전망대이고 하얗게 맨살을 드러낸 봉우리를 향해 거침없는 숨을 토해내면 어느새 해발 1,241m 가지산 정상에 발을 내디딘다. 저 아래로 가지산 자락에서 뻗어 나온 줄기와 계곡이 만나는 곳에 포근하게 석남사가 자리하고 뒤로는 지나온 중봉이 가지산 정상 높이만큼 우뚝 솟아있다.

왼편으로 지난 4월 나 홀로 다녀온 운문산이 그 자리를 꿰차고 새로운 계절 모습으로 단장하였다. 영남알프스의 최고봉답게 당당하게 솟아있는 가지산 멧부리에서 어느 곳을 바라보는 것만으로도 깊은 감동이 밀려온다.

특별한 전설이 이어져 내려오는 가지산의 명물 쌀바위이다. 스님이 새벽기도를 하러 갔다가 바위틈에서 한 끼분의 하얀 쌀을 발견하고 그 쌀로 밥을 지어 부처님께 공양한 다음 자신도 먹었는데, 그다음 날도 계속하여 같은 자리에 같은 양만큼 쌀이 놓이게 되자 마을 사람들이 이를 알게 되었고, 흉년이 들면서 스님의 만류에도 불구하고 마을 사람들이 쌀을 구하기 위해 바위틈을 쑤시자 더는 쌀은 나오지 않고 천둥 번개가 치고 물만 뚝뚝 떨어지고 말았다는 쌀바위(米岩) 전설이다.

거대한 쌀바위는 규모가 너무나 압권이고 그 아래에는 너른 나무 덱으로 휴게 기능을 차려 놓았다. 누구라도 멋진 광경을 담느라 시간을 아끼지 않는다. 바로 옆 임도가 시작되는 곳에는 '쌀바위 대피소'라는 이름을 내걸고 조그만 산속 주막이 쌀바위 특수효과를 톡톡히 누리고 있다.

임도를 따라 비교적 수월하게 1㎞를 진행하다가 이정표를 따라 임도에서 조금 벗어나고 왼쪽 언덕 위로 올라가 상운산에 도착한다. 정상에서 바라보면 멀리 신불산과 가지산에서 서쪽으로 뻗어 내린 운문산이 자리한다. 운문산 산행 때 들머리로 잡으려 했다가 휴식년제로 접어들어 통제하는 바람에 경남 밀양 석골사로 방향을 틀었던 경북 청도의 운문산 생태 탐방로로 내려가는 계곡까지 시야에 들어온다.

구름 사이를 넘나드는 해를 따라가다가 간헐산, 천황산, 재약산 등의 여러 산을 바라보며 검은 귀를 쫑긋 세우고 있는 귀바위를 만난다. 머무는 것은 생략하고 귀경 시간이 촉박한 관계로 다시 임도로 돌아온다. 잠시 후 석남사를 향한 계곡으로 접어들어 내려가는 속도에 탄력을 붙인다.

묵묵히 가다 서기를 하며 멋진 장면을 찍다가 운문령 방향에서 올라오는 산객과 마주치며 통과 의례적인 인사를 나눈다. 산행에서 모르는 사람과 나누는 사소한 눈인사라 할지라도 서로에게 격려와 힘이 되고 반가운 대화가 된다.

산행 날머리에 거의 다 올 무렵 양산 통도사의 말사 석남사의 도착이다. 서기 824년 신라 헌덕왕 때 도의국사가 호국 기도를 위해 창건한 석남사는 임진왜란과 한국전쟁을 겪은 뒤에 중건되거나 복원되어 현재 비구니들의 수련 도량으로 면모를 갖추었다.

80년대 직장 동료들과 석남사에 왔다가 사찰만 보고 가거나 석남사를 통해 가지산까지 올랐던 기억이 있지만, 오늘처럼 하산 끝에서 석남사에 이르니 많은 게 낯설고 생소하게 다가온다. 그동안 너무나 많은 세월이 흘렀기 때문이다.

성미 급한 절기는 의당 계절을 앞질러 가곤 하지만 이제는 누구도 부인할 수 없는 산행의 계절인 가을로 접어들었다. 명산 도전의 실제적 대상으로 삼았던 목표의 끄트머리가 서서히 드러나는 가운데 이 좋은 시절 안에 100대 명산의 대미를 장식할 수 있겠다는 희망이 생긴다. 그동안 벼려왔던 가지산 산행을 후련하다는 마음으로 마치게 되어 발걸음이 가뿐하다.

가지산(加智山 1,240m)

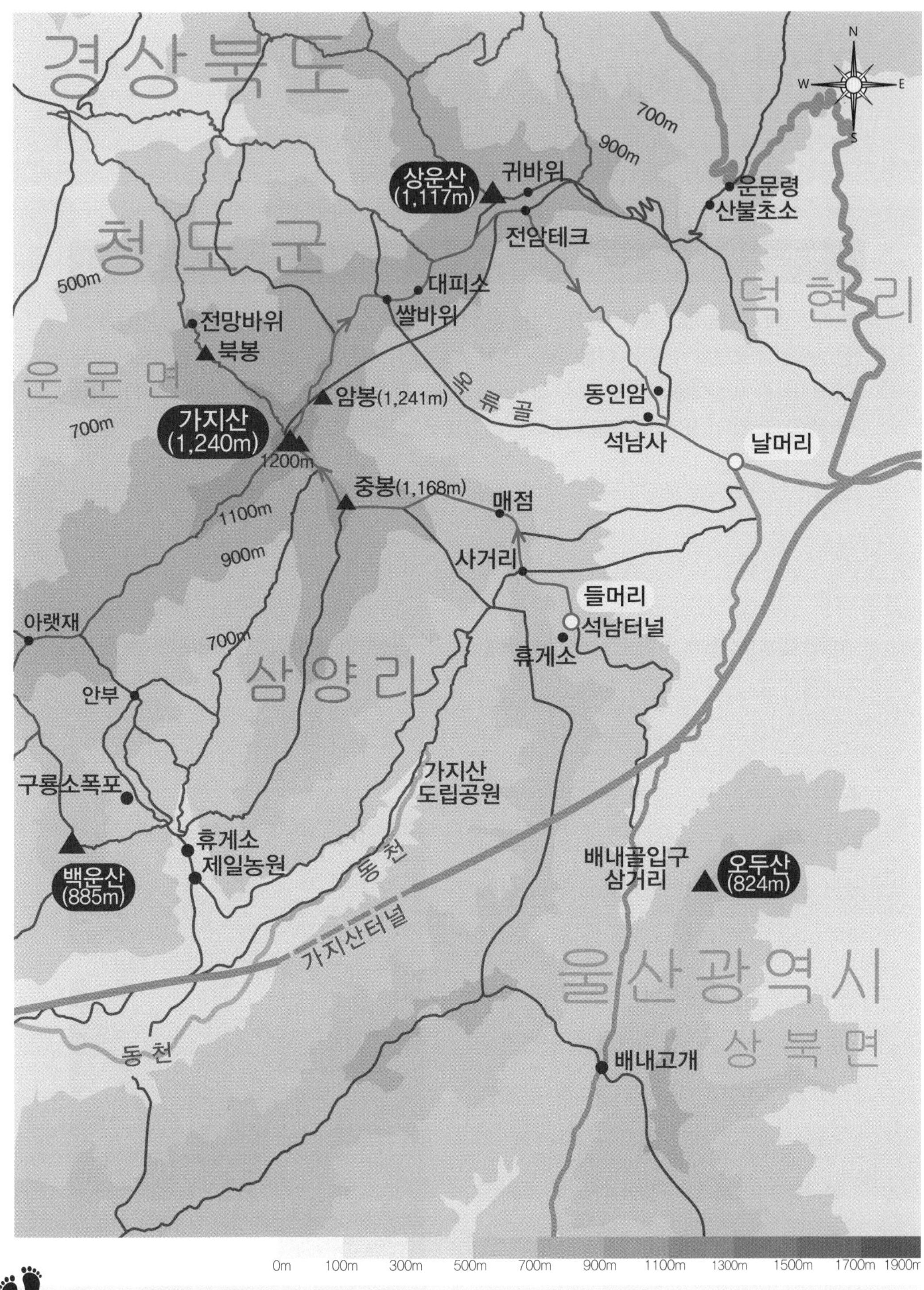

주요 코스

① 석남터널 ➡ 사거리 ➡ 매점 ➡ 중봉 ➡ 가지산 정상 ➡ 암봉 ➡ 쌀바위 ➡ 대피소 ➡ 상운산 ➡ 전암데크 ➡ 석남사 ➡ 석남사 입구

② 석남사 ➡ 운문령 갈림길 ➡ 귀바위 ➡ 대피소 ➡ 쌀바위 ➡ 암봉 ➡ 가지산 정상 ➡ 중봉 ➡ 매점 ➡ 사거리 ➡ 석남터널

감악산(紺岳山)

경기도 파주시·양주시·연천군

경기도 5악 중 하나로, 폭포, 계곡, 암벽 등 다양한 자연 경관을 갖추고 있으며, 임진강과 개성 송악산을 조망할 수 있는 아름다운 전망을 자랑한다. 정상에는 글자가 모두 마모되어 판독이 불가능한 '비뜰대왕비'가 있는데, 이 비석에 대해 "설인귀" 설과 "진흥왕 순수비" 설이 나뉘어 전해지고 있다. 또한, 장군봉 아래에는 임꺽정 굴이 자리하고 있다.

바위로부터 푸른빛과 검은빛이 함께 자아낸다고 하여 붙여진 감악산(紺岳山 675m)은 대한민국 최북단에서 경기도 파주시, 양주시, 포천시가 경계를 지으며 화악산, 송악산, 관악산, 운산과 더불어 경기 오악으로 불린다. 정상에 서면 임진강 너머로 북한의 개성시와 함께 송악산, 천덕산, 덕물산, 군장산이 아스라이 들어온다. 정상 반대편에 솟아오른 임꺽정봉도 정상 못지않은 고도와 수려한 산세를 자랑한다.

장군봉 아래로 임꺽정이 관군의 추적을 피하고자 숨어 지냈다는 임꺽정 굴이 있는데, 이곳 지형이 험준하여 감악산이 경기 오악으로 분류한 것으로 보이나 지금은 이곳마저 안전한 덱 계단으로 정비되어 있어 접근성이 한층 좋아졌다.

산행 들머리이며 감악산 둘레길 시작점이기도 한 감악산 출렁다리는 도로로 잘려나간 설마리 골짜기를 온전한 하나의 수단으로 연결하는 다리이다. 주탑이 없는 특징으로 자연과의 조화를 잘 이루며 인근 임진각 평화누리, DMZ 평화관광, 백패킹과 라이딩 등의 관광객으로 유명세를 치르고 있다.

감악산은 서울 도심에서 자동차로 한 시간 반 남짓 이동으로 가능하다. 대중교통으로는 경의 · 중앙선 문산역에서 직행버스(7700번)로 갈아타거나 1호선 전철 양주역에서 일반 버스 25-1로 각각 한 번의 환승으로 갈 수 있어 비교적 접근성이 좋다고 할 수 있다.

수없이 찾아온 감악산인데, 이맘때에 즈음하여 찾아왔던 시기는 바로 6년 전 4월이다. 산행 들머리 출렁다리 주차장에는 낯선 상가가 형성되어 있어 그간 상당한 세월이 흘러갔음을 알아차리게 하여 비교적 한산했던 예전과 사뭇 다른 모습이다. 코로나 창궐로 오랜 기간 갇혀 있던 사람들이 거리 두기가 전면 완화되자 온화한 4월의 흐름에 덧붙여 활기차게 봄을 나는 모습이다.

주차장 입구에서 나무 계단으로 올라타면 산행이 시작된다. 쭉쭉 뻗은 소나무의 기세가 잣나무로 착각할 만큼 군락을 이룬다. 시작부터 고도를 높이기 위해 에둘러 빙빙 둘러놓은 길을 따라 아늑한 숲속 분위기의 등산로이다. 햇살 받은 떡갈나무 아래로 봄 향기 그윽한 길이 펼쳐진다. 야자 매트와 지난해 떨어진 나뭇잎이 색깔 자랑이라도 하듯 동색으로 공조를 이루며 출렁다리로 안내한다. 뒤뚱그러지는 걸음마다 마음이 죄어지는 아슬아슬한 출렁다리에서 오히려 주체할 수 없는 자릿한 환희가 일렁인다. 출렁다리를 넘자마자 나타나는 범륜사 방문은 옛 추억으로 대신하며 운계폭포는 하산 때의 몫으로 미뤄놓고 이내 손 마중 길로 향한다.

운계폭포와 출렁다리를 조망하고자 벼랑 끝에 설치한 감악산 전망대를 되돌아와 운계능선부터 본격적인 산행이다. 완만한 물매로 원활하게 드러난 등산로에서는 도저히 경기 오악에 든 산이라고 보기 어려울 만큼 오르막치고 룰루랄라 흥겨움이 물씬하

게 생겨나며 분위기를 주도한다. 풋풋한 흙내음과 솔향 그윽한 등산로에서 그때도 이랬나 싶을 정도로 싱그러운 풍광에 매료당한다. 산객은 자연에 몸을 맡기고 자연에 동화된다. 사월이 짙게 흘러가는 산속에서 산객은 바람에 구름 흐르듯 정상을 향해 오르고 또 오른다.

몇 번이고 하산할 때는 단지 불편한 시선으로만 바라봤던 군사 시설인 참호와 벙커가 오르막 치켜뜬 시선에서 온전한 실체가 적나라하게 드러낸다. 반은 흙 속에 묻히고 반은 고개만 드러낸 채 상어 이빨처럼 하얀 입가의 몰골에다 치렁치렁 너저분하게 걸친 그물 옷이 보는 이들의 비위를 거스른다. 오래도록 본분을 망각한 꼬락서니에서 마치 자신을 학대하는 듯한 민망한 모습은 도를 넘어버렸다. 감악산에 찾아와 흉물스러운 참호를 대할 때마다 속상함이 이만저만하지 않다. 이런 와중에도 화려하지 않고 수더분한 자태로 산 분위기를 지탱해 준 철 지난 산철쭉이 있어 그나마 위안이 된다.

길인 듯 등허리를 내어주었던 옛길이 이제는 덱으로 바뀌었다. 계단을 오르는 동안 솔솔 부는 봄바람이 얼굴을 감싸는 가운데 얼마만큼 올라왔나 싶어 뒤를 돌아본다. 지나온 까치봉이 시선의 폭을 넓게 자리하며 저만치 물러나 있어 정상이 멀지 않았음이 감지된다. 북쪽에서 발원한 임진강이 파주 적성면을 휘어 감고 서해로 그윽하게 흘러간다. 강물은 전국 어디를 가나 그 물이 다 그 물이라고 하지만 저 임진강은 남과

북의 온기를 한가득 담아 서해로 흘러간다고 생각하니 한반도의 분단 현실이 씁쓸하게 느껴진다.

정상을 허락해 준 대가로 긴 계단의 오르막을 강요하더니 마침내 감악산 맨 꼭대기를 내어준다. 정상에는 구전이나 속전으로 전해오는 감악산 고비(古碑)가 우뚝 서 있다. 고비에 대한 뚜렷한 실체가 밝혀지지 않는 관계로 학자마다 여러 가능성을 두고 분분한 해석이 나온단다. 너른 공간의 정상부에서 시선의 각도가 틀어질 때마다 시시각각 새로운 풍광으로 가슴이 일렁인다. 오늘이 지나면 사월이 스러지고 오월이 오면 산천의 초록은 더 짙어질 것이다. 유유히 흘러가는 저 흰 구름도 더 높이 올라 달군 태양을 힘겹게 가려 주겠다는 생각으로 뭉게뭉게 피어오른 흰 구름에 시선이 잠긴다.

정상 아래의 정자에서 요기를 때우고 임꺽정봉으로 향하다가 매와 생김새가 비슷해서 붙여진 임꺽정봉(매봉재) 아래 굴에 대한 안내 표지판이다. 굴의 깊이와 넓이가 가늠하기 어려운 컴컴한 구덩이는 설인귀굴, 임꺽정굴 또는 고려말 충신 남을진 선생이 은거한 남선굴이라는 설까지 다양하다. 내리막과 오르막을 거쳐 임꺽정봉에 이르면 양주시에서 설치한 '감악산 하늘 전망대'가 누구나 날개만 단다면 훨훨 날아오를 것만 같은 가파른 벼랑에 걸터앉아 있다. 악명 높았던 오악의 실체는 덱이라는 시설 안으로 가려져 있어 이제는 누구나 쉽게 오르는 산이 되었다니 격세지감이 느껴진다.

순탄한 길이 200m 이어지고 그 끝자락에 해발 652m의 장군봉이 양주시가 훤하게 펼쳐진 곳에 나타난다. 경치에 취한 감정을 잠시 추스르고 본격적인 하산이다. 옛 악산의 속내를 유감없이 발휘하며 험준함을 드러낸다. 네 발로 하산하는 동안 손맛으로 느껴지는 아슬아슬함에서 즐거운 전율이 전해 온다. 다시 튼튼한 덱으로 갈아탄 계단길이다. 보리암을 향해 무념무상으로 지칠 줄 모르게 하산이 계속된다.

감악산의 조그만 암자 보리암이 소박하게 자리하고 이내 돌탑으로 안내한다. 10여 개로 무리 지은 원뿔 모양의 돌탑은 마치 전북 진안군 마이산 은수사에서 만났던 만불탑의 축소판처럼 꾸며졌고 신비스러움을 풍긴다. 사찰다운 꾸밈이 아예 배제된 수수한 보리암에서 잠시 쉬어가는 동안 감악산 돌할배 앞에서 기도하는 청년들의 부자연스러운 모습이 재밌게 비친다.

출렁다리로 회귀하고자 감악능선 계곡 길이 아늑하게 이어진다. 누구나 쉽게 접근할 수 있는 감악산에서 유난히 분주했던 사월의 마지막 날에 한 주마저 마감되는 순간이다. 감악산 산행을 통해 나무, 풀 계곡에서 뽑아낸 아름다운 색채와 그 위를 온화하게 뒤덮은 햇살은 심신을 달래주었으며 산의 매혹에 흠뻑 취하고 안식을 찾을 수 있었다.

청산 계곡 길과 만나는 분기점을 돌아 뒤로 미뤄뒀던 운계폭포에 다다른다. 넉넉한 수량으로 곤두박질치는 폭포수를 바라보며 산이 가져다주는 무게를 껴안는다. 어느새 일상의 탁한 눈이 씻어지고 영혼이 맑아진다.

감악산(紺岳山 675m)

주요 코스

① 감악산휴게소 ➡ 운계폭포 ➡ 큰고개 ➡ 까치봉 ➡ 감악산 정상 ➡ 장군봉 ➡ 삼각정봉 ➡ 칠성바위 ➡ 범륜산입구 ➡ 출렁다리 ➡ 감악산휴게소

② 범륜사정류소 ➡ 운계폭포 ➡ 범륜사 ➡ 감악산계곡 ➡ 감악산 정상 ➡ 까치봉 ➡ 큰고개 ➡ 안부사거리 ➡ 출렁다리 ➡ 감악산휴게소

강천산(剛泉山)

전북특별자치도 순창군·전라남도 담양군

군립공원(1981년 지정)으로 지정되어 있으며, 강천계곡 등 경관이 수려하고 조망이 좋다. 신라 진성여왕 때 도선국사가 새로 세운 강천사(剛泉寺)가 있으며, 산 이름도 강천사(剛泉寺)에서 유래. 삼국시대에 축조된 것으로 추정되는 금성산성(金城山城)이 유명하다..

노령산맥에 솟아나 호남의 소금강이라 불리는 강천산(剛泉山 584m)은 산은 낮으나 기암절벽과 계곡 및 울창한 숲 등이 어우러져 자연경관이 뛰어나다. 강천산을 포함하여 주변의 강천호, 광덕산, 산성산 일대가 1981년 우리나라 최초의 군립공원으로 지정되었다. 사시사철 끊이질 않고 흐르는 맑은 계곡물과 15개가 넘는 크고 작은 계곡이 곳곳에 있으며 삼인대, 강천사, 병풍폭포, 구장군폭포 등 빼어난 곳이 많다.

산림청이 선정한 100대 명산 중 하나인 강천산은 봄에는 진달래, 개나리, 벚꽃이 넘실거리며, 여름에는 시원한 폭포와 계곡, 가을에는 아기자기한 애기단풍이 산행을 부추긴다. 겨울이면 폭포마다 얼음과 거대한 고드름이 장관을 이뤄 관광객들의 발길이 끊이지 않는다.

대한민국 우수 축제인 '순창장류축제'는 강천산의 붉은 물감을 들인 애기단풍이 '어서 와'하며 손짓할 때 열린다. 이때 방문객만 20~30만 명에 달하는 장류의 고장 순창이 가장 바쁜 시기라 한다. 강천산 인근에 있는 순창전통고추장민속마을은 고추장 제조 기능인 40여 가구가 모여 자신들만의 비법으로 맛있는 장류 제품을 만들어가고 있다.

제20대 국회의원선거로 맞이하는 임시 공휴일의 여유로움을 느끼는 건 4월 8일 사전투표를 마친 까닭에 덤으로 얻은 고운 하루가 예감되는 날이기 때문이다.

예와 의를 소중히 여기고 멋과 맛의 전통을 지켜온 전북 순창군에 소재한 강천산 산행이 어느 때보다 기대되는 이른 아침이다. 서울 사당역을 출발하여 전북 순창군 팔덕면 청계리 강천사 주차장의 도착이다.

들머리부터 추적추적 내린 봄비에 우산 받치고 산에 오른다는 게 도무지 아니다 싶었지만, 매표소를 지나면 물이 올라 잔뜩 푸르러진 단풍나무가 상큼한 모습으로 산길에 향기를 불어주며 얼굴을 시원하게 감싸준다.

비에 젖어 더욱 짙어진 녹음과 산객들의 울긋불긋한 차림새가 조화롭게 어우러져 하나의 대자연을 이룬다. 비 온 뒤에 느껴지는 상큼한 공기를 마시고 걸어가면 신선교와 도선교를 거쳐 병풍바위에 금세 이른다. 생각하지 못한 거대한 직벽의 병풍바위 위상이 압권이다. 바위 높은 곳에서 떨어지는 폭포수가 마치 비단 자락이 바람에 흩날리듯 춤추며 부서진다. 폭포수를 맞거나 선녀탕에 몸을 담그면 과거의 잘못을 씻어 준다는 전설이 있지만, 땀이 마른 산행 초입이라서 실천으로 옮기기는 언감생심이다.

병풍바위를 벗어나면 우측으로 깃대봉 가는 길로 접어든다. 완만했던 길이 시간이 지나자 계속 가파른 오르막길로 이어진다. 흙길과 암반 길을 번갈아 올라 깃대봉 삼거리에 이른다. 왔던 길과 강천산 왕자봉 가는 길은 유효하지만 천지봉 길은 폐쇄한다는 이정표 내용이다.

넓은 능선으로 이어지는 산길은 마치 동네 뒷산에 온 그런 느낌이다. 조망도 없는 한적한 길에 멧돼지 짓으로 여겨지는 파헤쳐진 땅이 여기저기 흩어진 채 볼썽사납다.

운무가 짙어 산길 분위가 스산하지만, 낙엽이 깔린 평탄한 길은 가파른 비탈과 너무 비교가 안 될 정도로 발바닥이 편안하다. 가시권을 포기하는 대신 잠잠한 생각으로 느긋하게 산행을 만끽한다.

모호한 이정표에서 몇 번의 시행착오를 겪은 끝에 왕자봉(강천산)을 200m 남겨둔 왕자봉 삼거리에 이른다. 운무 속에 나타나는 왕자봉은 강천산을 대표하는 최고봉이지만 주변이 숲으로 가려져 조망이 막힌 데다가 오늘같이 흐린 날에는 자칫 놓치고 지나가기에 십상이다.

북문으로 가는 길에 세상 밖으로 막 태어난 연초록 잎이 기특하게 다가와 청초한 모습을 보여 준다. 비에 젖어 생동감이 넘치는 가운데 화려하지 않지만 봄의 전령사처럼 맑고 깨끗한 자태는 평소 화려함에 더 익숙한 도시인들의 눈에 신선한 반란을 일으킨다. 산행하면서 긍정의 생각으로 무장하면 이름 없는 하찮은 잎사귀라 할지라도 보는 관념에 따라 분위기에 따라 받는 느낌은 다르게 다가올 수 있다.

등산로는 이미 강천산을 벗어나 신성산으로 접어들고 금성산성으로 들어가는 여러 출입문 중의 하나인 북문에 다다른다. 고려 말 해발 603m에 처음 쌓은 이후 조선의 태종, 세종, 선조와 광해군에 이르기까지 개축을 거듭한 금성산성은 외적이 쳐들어 왔을 때 주변의 여러 고을 백성들과 군인들이 식량과 생활 도구 등을 챙겨 산성 안으로 들어가 적들이 물러갈 때까지 주둔하면서 방어한 입보 산성이라 한다. 산성은 그만큼 많은 인원이 들어갈 수 있도록 충분한 내부 공간 및 풍부한 식수원과 식량 등을 관리하기 위한 많은 조건을 갖추어 놓았다. 많은 시간이 지났음에도 현재 성곽은 보전 상태가 매우 양호한 편이다.

전망 좋은 성곽은 운무에 가려 조망이 어렵지만 화사한 산벚꽃이 분위기를 잡아주는 너른 쉼터에서 맛있는 점심을 때우고 신성산의 정상 연대봉으로 향한다.

강천산과 신성산은 전북 순창과 전남 담양에 각각 소재한 별개의 산이지만 일반적으로 강천산 인증까지 신성산 연대봉이 대신한다. 강천산은 계곡과 강천사가 유명하지만, 신성산은 산등성이에 기다랗게 펼쳐진 금성산성 성곽에 자리하고 있어 우월한 조망권과 역사적 상징성에 무게를 둔 것으로 보인다. 신성산 정상 연대봉에서 강천산 인증까지 마치고 조망이 탁월한 성락바위를 거친 다음 이내 비에 젖어 미끄러운 급경사진 철재 계단을 따라 천천히 하산이다.

다시 강천산으로 회귀한다. 오후로 접어들면서 점차 흐린 날씨가 서서히 사라지고 황사 먼지까지 걷히니 바람 내음이 상큼하고 햇살 한 줌마저 싱그럽다. 때를 맞추어 산 아래 강천 제2 호수에서 피어오른 물안개가 주변 신록을 휘감고 펼쳐지는 환상적인 장관이 연출된다.

제2 호수 댐 상부를 가로질러 구불구불한 철재 계단을 내려오는 동안 강천산의 깊은 계곡과 맑은 물 그리고 기암절벽이 병풍을 치는 듯한 모습으로 수려한 경관을 보여 준다. 구장군폭포에 닿으니 비로소 하늘이 맑고 밝게 열린다. 마한 시대 9명의 장수가 전장에서 패해 동반 투신하러 왔다가 다시 의기투합하여 전쟁에서 승리를 거두었다는 구장군폭포의 120m 높이에서 기암괴석을 타고 폭포수가 가슴 후련하게 쏟아져 내린다. 주변에는 계곡을 횡단하는 돌다리와 정비가 잘된 너른 공원이 조성되어 있어 산행하면서 쌓인 피로를 풀어주기에 안성맞춤이다.

신라 도선국사가 새로 세우고 계곡 옆에 자리한 강천사이다. 이 시대 최고의 동양화가 임농 하철경 님이 '강천사 계곡'을 주제로 하는 작품이 국전에서 당당하게 특선에 입상하면서 작가 임농도 강천사도 함께 유명해졌다. 하지만 필자까지 '강천사 계곡' 한 점을 소장할 정도로 같은 작품을 다량으로 그려낸 까닭에 그림의 상대적 가치가 떨어진다는 지적을 받기도 한다.

강천사를 지나 비가 내려야 폭포가 생성한다는 천우폭포를 눈으로 담고 스쳐 지난다. 산새들이 지저귀는 가운데 하늘을 향해 똑바로 치솟은 메타세쿼이아가 시원스럽게 늘어서 있다. 등산로는 나들이 나온 가족 단위와 일반인이 주종 이루며 옷차림새가 다양해졌다. 이곳은 한국관광공사가 선정한 한국인이 꼭 가봐야 할 관광 100선으로 지정되었다. 현대인들의 몸은 양이온이 지배하여 몸을 지치게 한다는데, 강천산에는 숲보다 음이온이 풍부하다는 바위와 폭포가 유난히 많아 사람의 신체 바이오리듬이 원활하게끔 보살펴 준단다. 산행도 멋지고 관광도 좋을 것 같은 강천산은 우리의 아름다운 산하이다.

강천산(剛泉山 584m)

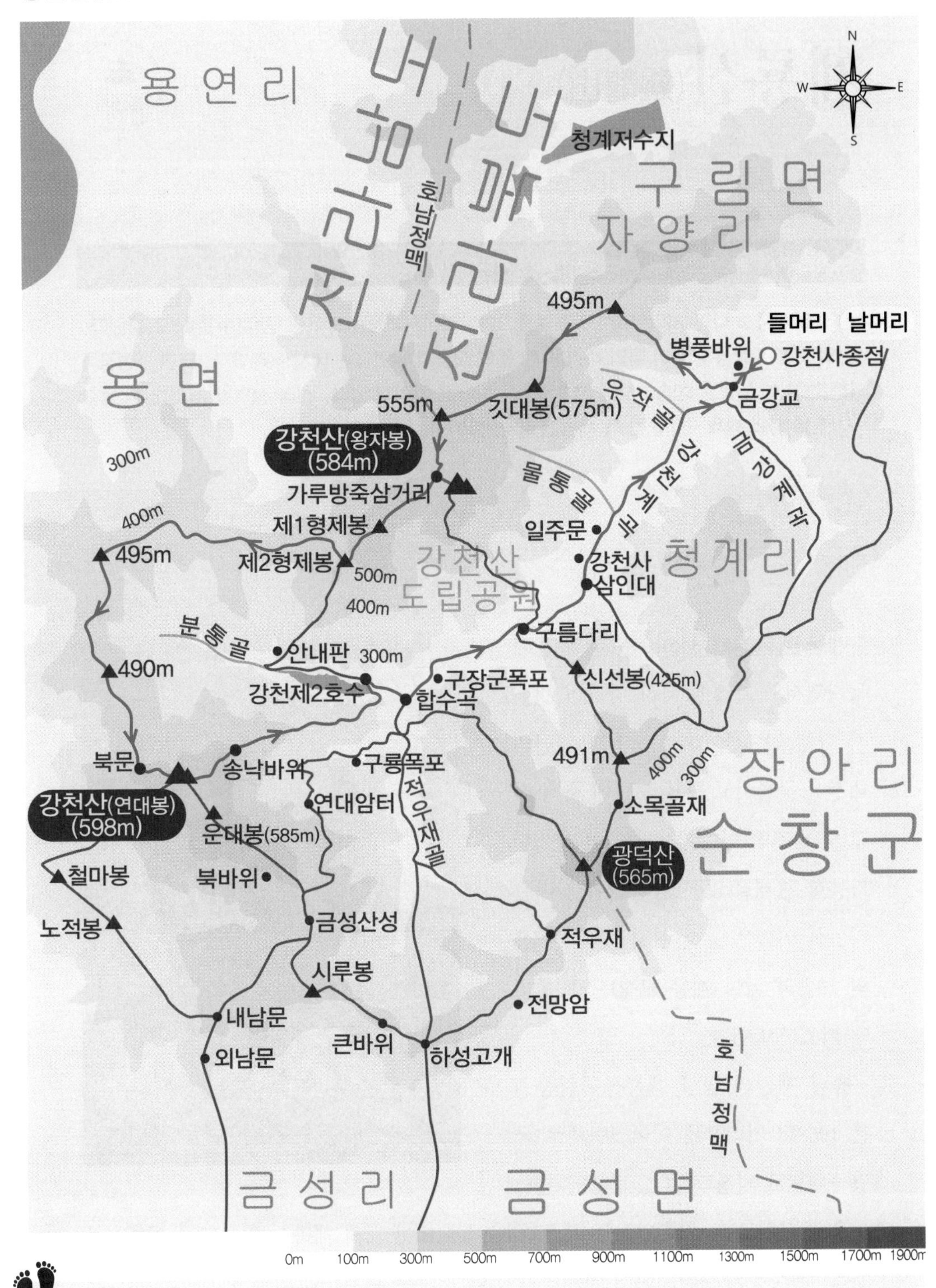

주요 코스

① 강천사주차장 ➡ 병풍바위 ➡ 깃대봉 ➡ 북문 ➡ 강천산 정상 ➡ 송낙바위 ➡ 강천제2호수 ➡ 구장군폭포 ➡ 구름다리 ➡ 삼인대 ➡ 강천사 ➡ 금강교 ➡ 주차장

② 주차장 ➡ 금강교 ➡ 금강계곡 ➡ 491봉 ➡ 신선봉 ➡ 구름다리 ➡ 왕자봉 정상 ➡ 가루방죽삼거리 ➡ 555봉 ➡ 깃대봉 ➡ 495봉 ➡ 금강교 ➡ 주차장

계룡산(鷄龍山)

대전광역시, 충청남도 공주시 · 논산시

신라 5악 중 하나인 서악(西岳)으로 불렸으며, 조선시대에는 3악 중 중악(中岳)으로 불렸다. 산의 이름은 정상 능선이 닭의 벼슬을 쓴 용의 모습과 닮았다는 데서 유래했다. 또한, 『정감록(鄭鑑錄)』에 나오는 십승지지(十勝之地) 중 하나로 알려져 있다. 신라 성덕왕 때 창건된 동학사(東鶴寺)와 백제 구이신왕 때 세워진 갑사(甲寺)가 특히 유명하다.

계룡산(鷄龍山 845m)은 산세가 아늑하면서도 계절에 따라 양상의 변화가 다채로운 산이며 수도권과 인근의 대전은 물론이고 중부 지방에 자리 잡고 있어 전국 어디에서도 일일 산행이 가능한 관계로 많은 탐방객이 찾아든다. 산 이름은 능선이 닭 볏을 쓴 용의 모습과 닮아 계룡(鷄龍)으로 불리게 되었다고 한다.

충남 제일의 명산 계룡산국립공원은 1968년 지리산에 이어 2번째로 국립공원으로 지정되었다. 정상인 천황봉을 중심으로 16개에 달하는 봉우리 사이에 10여 개의 계곡이 형성되어 있다. 하지만, 천황봉은 군사시설이 차지하고 있어 천황봉 북쪽으로 마주하고 있는 관음봉

(766m)이 계룡산 주봉 역할을 한다.

계룡산 기슭에는 삼국시대부터 큰 절이 창건되었으며 지금도 갑사, 동학사, 신원사 등의 유서 깊은 대사찰이 있다. 도참서인 『정감록』에서는 조선왕조가 망하고 계룡산에 정(鄭/정도령) 씨가 새로운 나라를 세운다는 것이며 이 산 일대를 십승지지(十勝之地)의 하나로 예언했다.

계룡산은 풍수지리학적으로도 뛰어나 조선 초뿐만 아니라 19세기 말부터 나라가 혼란해지자 신도안에 왕도를 건설하려 할 정도로 명당으로 알려지는 등 신성한 산으로 여겼다. 이 같은 연유는 아니겠지만 현재 인근 세종특별자치시에 정부세종청사가 들어서 있다.

포근한 도시의 기운이 내려앉은 가운데 동학사주차장이 계룡산 산행의 들머리로 내어준다. 10분을 걸어 오르면 계곡이 합류하는 오른쪽 골목으로 올라가면 '천정탐방지원센터'를 만나게 된다. 탐방지원센터는 산행 안내도와 함께 맵시 좋은 화장실을 갖추고 있어 국립공원다운 면모를 보여 준다.

첫 길부터 부드러운 야자 매트가 드리우고 계곡에서 흘러나온 물소리가 적당한 울림을 선사한다. 포근한 날씨까지 분위기를 받쳐주니 겨울 산행인지 분간이 어려울 지경이다. 이 정도의 산행이라면 남녀노소 누구나 쉽게 오를 수 있겠다 싶다.

산길로 접어든다. 떼어놓은 물소리가 점차 희미해지자 그 자리를 산바람이 파고든다. 군데군데 쌓인 눈이 희끗희끗하게 널려있어 겨울 산다운 느낌이 피부로 전해온다. 하산하는 산객 가운데는 아직도 아이젠을 착용하거나 아이젠을 갓 벗어낸 채 손에 쥔 모습에서 산 아래와 위의 온도 차가 감지된다.

해발 420m, 위치 정보를 알려주는 국가 지점번호에서 '큰배재' 방향을 가리킨다. 위로 올라갈수록 주변은 내린 눈이 녹다 말았다. 갈색 바닥에 흰 소금을 뿌려놓은 듯한 광경에서 겨울 계룡산의 참모습을 보여 준다. 하얀 바탕 위로 내 버려진 자연석이 돌계단을 이루며 산객을 산으로 인도한다. 자연의 영역과 인간의 공간이 산길 하나로 갈라치며 공생하고 있다.

길은 천정골갈림길을 지나 물소리, 바람 소리마저 사라지고 잠잠한 고요의 숲이다. 길가에 얼기설기 쌓인 눈이 백설기처럼 뭉쳐지다가 이내 딱딱해졌다. 고도가 제법 높아지고 비탈진 오르막에서 영하의 기운이 시리게 밀려오지만, 몸에서는 열기가 배어 나오고 서서히 땀으로 젖어 든다.

해발 533m, 눈이 수북이 쌓인 계곡에 나무 덱이 곧추세우고 산객들을 위로 실어 나른다. 한 걸음씩 고도를 높여나가다가 어느새 '큰배재'에 이른다. 신선봉으로 갈라지는 큰배재에는 천정골과 남매탑에서 각각 올라왔던 산객들이 이젠 내리막에 대처하고자 아이젠 착용하기에 분주하다.

동학사와 갑사 중간 지점인 청량사지에 7층과 5층 석탑이 '남매탑'이라는 별칭을 가지고 사연을 전해준다. 신라 시대 때 상원조사가 이곳에서 울부짖는 호랑이 목구멍에 걸린 큰 가시 하나를 뽑아주자 호랑이가 보은으로 아리따운 처녀를 등에 업고

와서 부부의 인연을 맺도록 원했으나 스님이 이를 거절하고 남매의 인연으로 맺고 비구와 비구니로 정진하다가 같은 날 한 시에 입적함에 따라 사리를 수습하여 탑을 건립함에 따라 '남매탑'으로 거듭났다는 이야기다.

남매탑 아래 옴팍한 가장자리에 자리한 상원암 한쪽에는 산사 음악이 잠잠하게 흘러나오는 상황에서 나무로 만든 탁자와 의자를 넉넉하게 갖춰놓고 식사나 요기 때우기 좋게 편의시설을 마련해 두었다. 자리를 비워주고 떠날 때면 모르는 사람일지라도 온기 어린 작별 인사를 나눈 모습들이 차가운 대기와 다르게 사뭇 훈훈하기만 하다.

낙석 위험이 도사리는 급경사지에 이어 삼불봉 고개를 지나자 철제 계단이 고개를 힘껏 쳐들고 하늘로 오를 태세다. 삼불봉을 향한 고투가 시작된다. 아슬아슬한 절벽에 기대어 곡예를 타듯 걸쳐 있는 계단 아래는 천 길 낭떠러지라서 쳐다만 봐도 짜릿한 전율이 온몸으로 전해 온다. 그냥 오르면 절대 접근이 어려운 난공불락 지형에다 현대의 힘을 빌려 수직에 가까운 철계단을 걸쳐 놓은 것이다.

삼불봉이다. 정상에 서면 동학사와 반대편의 갑사와 더불어 모든 계곡이 친근하게 내려다보인다. 계룡산에서 내로라하는 관음봉, 문필봉, 연천봉과 쌀개봉과 천황봉이 높이를 자랑하며 솟아있다. 삼불봉은 천황봉이나 동학에서 올려다보면 마치 세 부처님의 모습을 닮아서 붙인 이름이란다. 삼불봉은 사계 모두 풍광이 뛰어나지만 흰 눈으로 덮인 지금이야말로 계룡산의 제2경을 자랑하며 백미를 장식한다.

삼불봉에서 관음봉으로 도약하기 위한 하산인데, 이곳 또한 만만치 않은 수직 철계단이다. 한 뼘도 안 되는 비좁은 데다 발하나 내딛기도 어려운 상황이다. 설상가상 북풍한설이 얼굴을 때리더라도 저 멀리 헌걸차게 뻗어 난 설산 풍광에 매료당하는 순간 카타르시스가 느껴진다.

계룡산은 산행만 치면 다섯 손가락을 벗어남에도 불구하고 삼불봉에서 관음봉으로 이어지는 설산 산행은 낯선 경험이다. 날씨가 엄동 상황이라 할지라도 기상이 당당하고 산의 풍채가 뛰어난 절벽 같은 오르막 계단에서도 긴장감 만점의 산행 즐거움이 배어난다.

수없이 이어지는 오르막과 내리막이다. 내리막 빙판에선 스틱의 힘을 빌리고 아이젠이 바닥을 단단하게 잡아주니 장비의 역할과 편리함이 이만저만하지 않다. 삼불봉 못지않은 관음봉을 올라채기 위한 마지막 인내가 강요된다. 긴장했던 마음가짐이 무덤덤하지 않도록 자세를 추스르며 침착하게 오른다.

계룡산의 실질적인 주봉인 오늘의 정상 관음봉이다. 관음봉 전망대에서 하늘에 떠가는 구름을 바라보면 우리의 삶 속에 평화로움이 느끼게 해 주어 계룡 4경으로 선정하였다는 '관음봉 한운(閑雲)'은 동면으로 들어갔지만 자랑스럽게 솟아난 눈 덮인 봉우리와 계곡을 바라보는 것만으로도 더없이 아름답기만 하다. 관음봉에 마련된 육각 정자는 삼불봉, 연천봉과 은선폭포를 거쳐온 산객들에게 추위를 녹여주고 아늑하게 쉬어가기에 안성맞춤인 곳이다.

관음봉에서 100m 내려가면 관음봉고개다. 이정표에 동학사와 연천봉만 새겨져 있어 최종 목적지가 신원사나 갑사인 초행자에게는 난감한 상황일 수밖에 없다. 이정표는 미시적인 표시뿐만 아니라 거시적인 곳까지 함께 표시해야 하는데, 국립공원답지 않게 아쉬움이 따른다.

갑사를 날머리로 삼은 만큼 연천봉 방향으로 오르막 없는 일방적인 하산이었는데, 연천봉 입구부터 갑산으로 하산하는 길이 표정을 싹 바꾸더니 비탈지게 곤두박질친다. 지형이 북향에다 내린 눈이 그대로 쌓인 관계로 다시 아이젠 착용이 불가피해졌다. 지금까지 겹친 피로에다 발끝으로 전해오는 무게감이 오르막 못지않은 난이도를 요구한다.

눈길에서 벗어나니 산행 분위기도 산행 초입처럼 누그러진다. 이윽고 포장도로가 척후병처럼 나타나 갑사가 가까워졌다는 청신호를 전한다. '고려 천 년의 신비와 영험 가득한 약사여래'라는 글씨가 새겨진 큼직한 돌이 길가에 자리하며 갑사 경내에 들어왔음을 알게 해 준다.

경내를 따라 내려가는 길에 유난히 쭉쭉 뻗은 산죽이 떡갈나무와 키재기라도 하듯 큰 키를 자랑하며 늘 푸른 모습으로 군락을 이룬다. 높은 산길에서 자주 마주치던 산 친구인데 산기슭 사찰에서 이렇게 잘 자라주고 있어 기특하고 대견스럽다. 산죽을 바라보는 것만으로도 지친 마음을 포근하게 다독여준다.

갑사 일주문에 이르러 산행이 갈무리되고 여정의 끝이 땅거미 속으로 들어간다.

계룡산(鷄龍山 845m)

날머리
일주문
매표소
갑사
중 장 리
수정봉(662m)
용문폭포
대자암
신흥암
금잔디고개
남매탑
상원암
삼불봉(775m)
암자터 심우정사
큰배재
신선봉(645m)
문골삼거리
갓바위
작은배재
반 포 면
장군봉(510m)
연심사
지 석 골
학 봉 리
월인사
학봉초등학교
천 정 골
천정탐방지원센터
들머리
동학사주차장
일주문
동학사
휴게소
계룡산국립공원
안터소류지
공터
관음봉 (765m)
계 룡 면
연천봉(739m)
문필봉(756m)
은선폭포
동 학 사 계 곡
고개
천왕봉(605m)
황적봉(664m)
쌀개봉
계룡산(천황봉) (845m)
계 룡 시
용 동 리
갑 사 계 곡
신 원 사 계 곡
계 룡 산 로
신원사
머리봉(705m)
0m 100m 300m 500m 700m 900m 1100m 1300m 1500m 1700m 1900m
주요 코스
① 동학사주차장 ➡ 천정탐방지원센터 ➡ 문골삼거리 ➡ 큰배재 ➡ 남매탑 ➡ 상원암 ➡ 삼불봉 ➡ 관음봉 정상 ➡ 문필봉 ➡ 공터 ➡ 대자암 ➡ 갑사 ➡ 일주문
② 신원사 ➡ 문필봉 ➡ 관음봉 정상 ➡ 은선폭포 ➡ 동학사 ➡ 휴게소 ➡ 동학사 일주문– 구 매표소 ➡ 계룡산오토캠핑장

계방산(桂芳山)

강원특별자치도 평창군·홍천군

한라산, 지리산, 설악산, 덕유산에 이어 다섯 번째로 높은 산으로, 산약초와 야생화가 풍부하게 자생하며, 희귀 수목인 주목과 철쭉나무가 군락을 이루고 있어 생태계 보호지역으로 지정되었다. 백두대간을 한눈에 조망할 수 있으며, 특히 겨울철 설경이 일품이다. 또한, 자동차로 오를 수 있는 가장 높은 고개인 운두령이 있다.

태백산맥의 한 줄기이며 차령산맥에 솟아있는 계방산(桂芳山 1,577m)은 오대산국립공원에 포함되며, 희귀한 동 · 식물이 많은 곳으로 유명하다. 최근 생태계 보호구역 지정 및 오대산국립공원 편입으로 비교적 환경이 잘 보전되어 있다. 산세는 설악산 대청봉과 비슷하며 수계는 북쪽 골짜기에서 계방천이 시작하여 내린천으로 흘러들고 남쪽 골짜기에서는 남한강의 지류인 평창강이 시작된다.

계방산은 겨울 산행으로 유명한 곳이다. 겨울이면 하얀 눈꽃으로 장관을 이루고 날씨 좋은 날에는 설악산과 비로봉이 한눈에 들어오는 완만함과 가파름을 고르게 갖춘 산으로 겨울 산을 찾는 탐방객에게 추천하는 대표적인 코스 가운데 하나이다.

봄에 피는 얼레지 군락지에서부터 겨울에 피는 아름다운 눈꽃까지 사계절 내내 다양한 모습을 볼 수 있는 곳이다. 정상에 오르면 주변 경치가 한눈에 들어와 웅장한 자연의 위대함을 느낄 수 있다. 계방산 정상 근처에 있는 대규모 주목 군락지는 또 다른 볼거리를 제공하여 유명한 가치를 보태 준다.

이른 아침 여명이 밝아오는 무렵 산 사람들을 실은 버스는 사당역, 복정역 및 죽전 휴게소를 거쳐 유유히 서울을 벗어난다. 2시간 남짓 쉬지 않고 내달려 영동고속국도를 빠져나오고 낯선 지방도로 들어오면서부터 숨이 찼는지 속도가 주춤해진다.

속사 삼거리를 지나 고갯길로 접어들고 경사가 가팔라진다. 버스는 우주로 날아갈 듯 구불구불 좁은 2차선 도로에서 고개를 쳐들고 자꾸만 고도를 높여 하늘로 올라갈 듯 산으로 올라간다. 오른 만큼 기압이 낮아진 탓에 고막이 점차 먹먹해질 무렵 해발 1,089m 운두령의 도착이다.

운두령 쉼터는 산행 준비에 필요한 여장을 정비하는 곳이며 대부분 등산객의 계방산 산행 들머리이기도 하다. 산행 시작은 도로를 횡단하여 가파른 목제 계단을 오르면서부터이다. 요즘 같은 겨울철에는 주목, 산죽, 철쭉나무 상고대 보는 기대감으로 가득 차지만 오늘만은 포근한 날씨 때문에 생각을 접어야 할지 정상부의 상황이 궁금해진다. 하지만 겨울 계방산에 대해 기대와 유명세 탓인지 등산객들의 호황은 여전히 붐비는 상황이다.

산세는 남한에서 한라산, 지리산, 설악산, 덕유산에 이어 다섯 번째로 높다. 들머리 운두령은 자동차로 올라갈 수 있는 가장 높은 고도임과 동시에 그 자체만으로도 웬만한 산 높이에 해당하기 때문에 정상까지 고도를 높이는 것이 그다지 어렵지 않으며 등산로 또한 완만한 육산이다.

하늘은 하얗게 흐리고 산길은 하얀 눈으로 두껍게 쌓인 까닭에 발자국 뒤로 가느다랗게 좁은 길이 만들어졌다. 많은 사람이 좁은 길을 따라가다가 속도가 지체되는 바람에 여유롭게 풍경을 감상하며 느릿느릿한 진행이다.

일상의 포근한 날씨에 비교해 위로 갈수록 고산답게 겨울바람의 기세가 강하고 매섭다. 그래서일까? 현명한 나무들은 위로 자라기를 포기하고 옆으로 무리 지어 몸집을 불려 나간 모습이다. 영겁의 시간 속에서 이들만의 생존법을 터득하고 현명하게 진화됨을 알 수 있게 한다. 인간 또한 겨울 등산복에 대한 끊임없는 개발을 거듭한 결과 웬만한 맹추위에도 잘 견뎌내는 기술로 맞서오며 문명의 진화를 거듭하였다.

콜럼버스가 미 신대륙을 발견했던 1492년과 똑같은 숫자 1492봉이다. 1492봉에서 느껴지는 성취감은 콜럼버스 못지않게 감동적이지만 콜럼버스가 못 느낀 겨울 계방산의 풍경을 마음껏 누린다.

해발 1,577m 계방산 정상에 도착이다. 도시의 겨울은 실종되었지만, 3년 전 오늘처럼 바람이 씽씽 댄다. 날씨는 찬 기운으로 몸을 시리게 하지만 하늘은 눈이 시리도록 새파랗다. 발아래는 내로라하는 강원도 고산들이 계방산을 향해 머리를 조아린다. 정상을 다소 수월하게 내준 계방산이지만 계방산의 고도 높은 위상만은 부인할 수 없는 현실이다.

하산하자마자 눈을 뒤집어쓴 주목 군락지가 나타난다. 주목하면, 그렇지 않아도 멋진데 하얀 신사로 변신한 광경에 선두와 후미의 대열이 흐트러지며 너나없이 휴대전화를 들이댄다. 사진 마니아들은 눈 속에 무릎 빠지는 일쯤이야 별거 아니란 듯 겨울 풍경을 담느라 진풍경을 연출한다.

1276봉과 산철쭉 군락지 방향으로 하산하기 위해 내려가는 동안 두 번째 쉼터를 지나 정상에서 2.6㎞ 떨어진 이정표 밑에서 휴식을 취한다. 그리고 재미있는 사연이 내려오는 '권대감바위'에 다다라 동부지방산림청 평창국유림관리소에서 제공하는 권대감바위에 얽힌 내용을 살핀다. 전설에 의하면 계방산에 용맹스러운 권대감이라는 산신령이 살았는데, 하루는 용마를 타고 달리다 칡넝쿨에 걸려 넘어지자 화가 난 권대감이 칡이 살지 못하도록 부적을 써서 던진 이후 이산에는 칡이 자라지 않는다고 전하며 이 바위가 권대감이 던진 부적이라는 내용이다.

겨울답게 땅이 얼면 무난하지만, 날머리에 거의 왔을 무렵 양지바른 구간은 얼었던 땅이 풀리면서 질퍽거리기는 바람에 눈길보다 미끄러움이 더해져 여간 신경이 많이 쓰인다. 예전과 다른 코스로 내려온 탓인지 아니면 기온이 올라간 정도 차이인지 예전의 계방산과 사뭇 다르다.

발아래로 계방산 주차장 모습이 들어오고 고도를 더 낮추면 '계방산 명품 황태'라는 광고와 함께 황태 덕장에 이른다. 결국, 설경에 이끌리고 이만저만한 이유로 인

해 계방산 주차장으로 내려오게 되었다.

어느 계절 어느 산이 끌리지 않겠냐마는 지난주 태백산 눈꽃 산행에 이어 눈 쌓인 겨울 계방산과 3년 만에 해후하게 되어 또다시 겨울 산의 매력에 물씬 빠진 하루가 되었다.

계방산(桂芳山 1,577m)

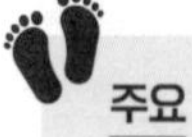

주요 코스

① 운두령 ➡ 1166봉 ➡ 1492봉 ➡ 계방산 정상 ➡ 1276봉 ➡ 권대감바위 ➡ 산장갈림길 ➡ 아랫삼거리

② 운두령 ➡ 1166봉 ➡ 1492봉 ➡ 계방산 정상 ➡ 삼거리 ➡ 연밭골 ➡ 윗삼거리 ➡ 이승복생가터 ➡ 아랫삼거리

공작산(孔雀山)

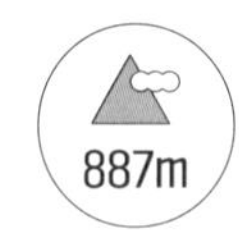

강원특별자치도 홍천군

울창한 산림과 수타계곡 등 경관이 수려하고, 산의 형세가 마치 한 마리의 공작이 날개를 펼친 듯하다는 데서 산 이름이 유래. 보물인 월인석보 제17권과 18권이 보존된 수타사(壽陀寺)와 수타사에서 노천리에 이르는 20리 계곡인 수타계곡이 특히 유명하다.

산세의 아름답기가 공작새와 같다 하여 붙여진 공작산(孔雀山 887m)은 바위 봉우리와 노송이 어우러져 한 폭의 동양화를 연상시키는 멋진 산이다. 높이보다 산세가 아기자기하고 바위와 소나무가 이루는 조화가 아름답다.

응봉산에서 발원한 덕지천이 흘러 공작산의 여러 계류와 합류해서 이곳의 수타계곡을 형성한 다음 홍천강으로 흘러 들어간다.

봄에는 철쭉, 가을에는 단풍, 겨울에는 눈 덮인 산이 등산객들을 매료시킨다. 정상은 암벽과 바위로 되어 있으며 정상 일대의 철쭉 군락지에 꽃이 필 때면 지리산의 세석평전을 연상케 한다. 여름에는 멋진 바위 봉우리와 바위가 나무에 가려 잘 보이지 않기 때문에 공작산은 녹음이 우거지기 전에 오르는 것이 좋다.

산 정상에서 서남쪽 능선을 따라 6㎞ 산자락에 자리하는 수타사는 세종대왕 때 한글로 만든 월인석보 일부가 보존되어 있다. 이 절에서 노천리에 이르는 약 8㎞ 길이의 수타계곡은 암반과 커다란 소, 울창한 수림으로 수량이 풍부하고 기암절벽이 어울려 장관을 이루는 비경 지대로서 여름철 계곡 피서지로 이름난 곳이다.

계절의 여왕 5월이 시작되는 첫날이다. 우리나라에는 동명의 산이 무수히도 많지만, 인터넷 포털 사이트나 각종 지식백과사전을 검색한 결과 등을 살펴볼 때 공작산이라는 이름을 가진 산은 이곳뿐인 것 같다. 그래서인지 여왕의 계절에 전국 유일의 공작산은 이름만 들어도 그 의미가 더욱 우아하게 다가온다.

강원도에는 유명한 산이 하도 많고 100대 명산만 23개나 있다. 공작산은 상대적인 인지도가 떨어지고 다소 생소하게 느껴지지만, 명색이 산림청 지정 100대 명산인 만큼 무언가 기대해 볼 수 있다는 희망이 생긴다.

서울 사당역 출발 전부터 오늘 산행은 어떤 인연을 만들어 주고 또 무엇을 보여줄까? 하는 설렘과 함께 이미 봄 향기로 한 배낭 가득 담고 산행 들머리인 강원도 홍천군 동면 노천리 공작산 삼거리(합수부)의 도착이다.

서서히 고도를 달리하며 싱그러운 숲속을 오른다. 한동안 창궐했던 공공의 적 황사와 미세 먼지가 물러난 자리에는 능선을 넘어온 고운 햇살로 채워졌다.

산길의 바윗길은 조금도 흐트러짐 없이 당당하게 자리하고 옹골찬 모습으로 무장하였다. 줄기차게 이어지는 바윗길은 허리 한 번 펼 틈을 주지 않은 가운데 걷는 재미만큼 느끼고 보는 재미도 쏠쏠하다.

긴장감이 따라붙는 멋진 바위 능선에서 산행의 즐거움이 배어난다. 남아 있는 길이 줄어들수록 즐거움이 줄어들어 아쉬움이 늘어난다. 아끼며 천천히 오르고 싶다면 지나친 욕심일까? 놓치기 쉬운 경관마저 빼놓지 않고 하나하나 눈으로 담고 느끼며 느림보 진행이다. 도착하는 시간이 자유롭다면 좀 더 머물며 추억을 더 담을 수 있겠지만 평정심을 유지하여야 한다.

가파른 문바위골을 숨 가쁘게 올라와 안부에서 시원한 물을 들이켜며 꿀맛 같은 휴식을 취한다. 골짜기로부터 녹음을 스쳐온 바람에 향기가 솔솔 묻어난다. 휴식은 수월한 전진을 위해 멈춤이 되겠지만 멈추면 비로소 보이고 느껴지는 얻음의 가치도 생겨나기 마련이다.

화사한 햇살과 산 향기를 맡는 동안 봄바람에 등 떠밀려 정상에 안착한다. 정상에서는 강원도 홍천군 일원이 한눈에 들어오며 풍치가 아름답고 깎아 세운 듯한 암벽이 장관을 이룬다. 정상석 뒤에는 진달래 나무가 새순을 자랑하며 푸르게 군락을 이루고 있다. 4월에 핀 진달래꽃이 5월이 오는 것을 잠시 깜빡하였는지 자리를 지키며 공작산의 우아한 분위기를 내려놓지 않고 있다.

요즘 산행지의 초록은 무척 싱그럽다. 지난겨울을 거쳐 오며 황량하고 메마른 계

절에 마음이 찌들었다가 요즘에 와서 산행을 좋아하는 상당수의 산 사람이 이 계절을 선택하는 이유도 초록이 한몫했을 것이다. 초록은 설령 꽃이 없더라도, 아니 향기마저 사라졌다 하더라도 초록의 짙음과 옅은 하나만으로도 매우 조화롭고 화려할 수 있다는 걸 보여 주곤 한다. 초록 초록하는 산행지에서 주말의 하루를 즐길 수 있다면 이보다 더 좋은 레저는 없겠다는 생각이다.

하산하는 동안 모호한 이정표로 인해 일행 몇몇이 합심하여 해결하려고 노력하였음에도 결국 혼선을 빚게 됨에 따라 일명 '알바'라는 수고를 통해 다소 심신이 지치게 되었다. 지도와 이정표에서 공작산 자연휴양림으로 소개된 곳을 향해 기대 가득하고 내려왔지만, 실체는 실종되고 그 자리에 개인이 운영하는 초라한 숙박시설 몇 채만 덩그러니 남아있어서 또한 실망감을 더한다.

연둣빛으로 가득한 수타계곡에 접어들면서 하산하는 동안 잠시 언짢았던 모든 걸 싹 잊은 채 눈도 마음도 편안하고 차분해진다. 계곡의 가느스름한 물소리도, 늙은 나무 등허리에서 청초하게 피어나는 연초록 새순까지 이렇게 아름다운 곳을 언제 지나쳤나 싶을 정도로 새로움이 가득한 하산이 이어진다.

뒤처진 일행을 기다리는 동안 막걸리와 곁들여 먹는 도토리묵 맛이 일품이다. 자연은 어느 계절을 가리지 않고 인간에게 무궁한 혜택을 준다. 오월의 아름다움은 삼월의 바람과 사월의 비가 합쳐 여왕의 꽃을 피워 냈다. 춥지도 덥지도 않은 시절에 공작산 이름만큼 우아하게 산행하기 아주 좋은 날이 되었다.

공작산(孔雀山 887m)

주요 코스

① 공작교삼거리 ➡ 공터삼거리 ➡ 문바위골 ➡ 안골사거리 ➡ 양봉 ➡ 공작산 정상 ➡ 인공작재 ➡ 수리봉 ➡ 궁지기골 ➡ 공터삼거리 ➡ 공작교삼거리

② 공작교삼거리 ➡ 공터삼거리 ➡ 문바위골 ➡ 안골사거리 ➡ 양봉 ➡ 공작산 정상 ➡ 인공각재 ➡ 수리봉 ➡ 민바위고개 ➡ 약수봉 ➡ 수타사 ➡ 수타계곡 ➡ 신봉분교

관악산(冠岳山)

서울특별시 관악구·금천구, 경기도 안양시, 과천시

예로부터 경기도 5악 중 하나로 경관이 수려하며, 도심에 가까운 도시자연공원으로 수도권 주민들의 휴식처로 사랑받고 있다. 주봉인 연주대 정상에는 기상 레이더 시설이 있으며, 신라 시대 의상이 창건하고 조선 태조가 1392년에 중수한 연주암과 약사여래입상이 유명하다.

경기의 오악의 하나인 관악산(冠岳山 629m)은 산의 모양이 마치 '삿갓(冠)'처럼 생겼기 때문에 붙여진 이름이다. 산봉우리의 모양이 불처럼 생겨 풍수적으로 '화산'이라 불리기도 한다. 관악산은 조선이 한양을 도읍으로 정할 때 풍수지리학적 측면에서 한양 도성 밖의 외사산 가운데 남쪽의 산으로 여겼다.

관악산의 최고봉에 자리한 연주대 유래는 여러 가지 이야기가 전해오는데, 세종의 아들 효령대군이 왕위 계승에서 제외되자 이곳에서 경복궁을 바라보며 국운을 기원하는 데서 비롯되었다는 설이 유력하다. 효령대군은 조선의 억불숭유 정책에도 불구하고 불교를 심오하게 믿으며 불교 보호를 위해 큰 역할을 담당하였다고 한다. 연주대 응진전 불당에는 효령대군의 초상화가 보존되는 등 관악산에서 산행하면 효령대군 관련 흔적을 많이 찾을 수 있다.

빼어난 봉우리를 가진 관악산을 두고 오래된 나무와 온갖 수목이 바위와 조화를 이루며 계절마다 변하는 모습이 마치 금강산과 같다 하여 서쪽에 있는 금강산이라는 의미로 서 금강이라고도 한다. 관악산은 수도권 곳곳의 전철역에서 바도 산행으로 연결되는 등 접근성이 매우 뛰어나다고 할 수 있다. 그런 연유로 수도권에서 가장 많은 등산객이 찾아오는 대표 산 가운데 하나가 관악산이다.

사당역에서 내린 여정의 출발이 주택가를 벗어나며 산행이 시작된다. 유난히 무덥고 지루했던 8월이 절반을 넘기고 하순으로 접어들었다. 산행 초입부터 서울 둘레길 관악산 일주문의 방향과 동행이다. 길가의 비비추가 매미 울음에 졸리듯 고개 떨군 모습을 보여 준다면 가을의 전령사 진노랑상사화가 함초롬히 군락을 이루며 가을 채비에 한창이다. 필자에게 관악산은 초보 시설부터 시작해서 수백 번은 족히 다녀갔지만 오를 때마다 본가에 간다는 심정에 잠기며 산행을 거듭할수록 무언가의 차오르는 설렘이 일렁이는 산이다.

관음사로 올라채는 가파른 비탈 도로가 초장부터 산객을 훈련시킨다. 이 길을 오를 때면 예전에도 그랬듯이 겨울철에 눈이 쌓이고 설상가상 빙판이 되면 과연 자동차는 제대로 오를 수 있을까? 하는 괜스러운 우려가 따른다. 관음사를 끼고 나타난 덱 계단의 높낮이와 너비가 유순한 덕분에 관음사 경내를 힐끗힐끗 쳐다보는 여유가 생긴다. 경내에서 흘러나오는 불경 읽는 소리가 불자가 아닌 사람에게마저 구성지게 들려온다.

곳곳에 수질검사 결과표 하나 갖추지 못한 약수터가 무더위에 지친 산객들을 끌어들이는 싫증 난 광경들이 시선을 거슬리게 한다. 오랜 전통을 자랑하는 약수터라 할지라도 수질은 현재 기준이 되어야겠다. 준비한 얼음물 몇 모금을 들이켜고 햇빛이 노출된 능선 대신 그늘진 숲길로 에둘러 오름을 이어간다. 한 걸음 내딛는 곳마다 추억 어린 흔적이고 수없이 쌓인 나만의 역사가 녹아 있는 길이다.

파이프 능선을 따로 떼어주었던 갈림길을 벗어나며 비로소 맑은 하늘이 열리는 능선에 올라탄다. 하마바위에 이르러 시야가 끝없이 펼쳐지는 것은 고도가 상당히 높아졌음이다. 한때 목요일마다 퇴근 후 야간 산행에 충실하곤 했었다. 별이 총총히 수놓은 날 이곳 사당 주 능선에 올라 거침없이 쏟아지는 별빛 풍경을 바라보며 주체할 수 없는 환희에 빠졌던 날들이 뇌리에서 추억으로 피어난다.

거칠고 하얀 등허리가 산길이 돼 주었던 구간이 나무 덱으로 탈바꿈되었다. 수많은 산객이 불이 나도록 닳고 닳았던 능선의 실체는 영영 덱 안으로 숨겨지고 말았다. 손을 짚으며 올랐던 산행의 의미는 퇴색되고 말았지만, 여름철 산행의 편의성

과 겨울철 안전사고에 대처한다는 보건과 안전의 가치 또한 소중하게 다뤄야 할 요소이다.

산객들이 안부사거리로 불리는 쉼터이다. 표지판 이름은 '관악문 아래 사거리'이지만 이곳은 엄밀히 말하면 육거리로 봐야 한다. 관악문, 관악사, 향교능선, 암반천계곡, 537봉, 사당능선으로 각각 갈라지는 교차점이기 때문이다. 그래서 산객들이 가장 많이 오가고 쉬어가며 때에 따라 갈래갈래 흩어졌다가 합류하는 곳이기도 하다. 요기를 때우고 산행 이야기와 다음 산행을 의논하는 관악산의 사랑방 같아서 여기를 거쳐 가는 대다수는 추억 몇 개쯤은 가지고 있다.

추억의 힘에 이끌려 관악사지로 에둘러 간다. 관악사는 677년 신라 시대 때 창건한 관악산을 대표하는 절이었지만 18세기 이후 소실되어 빈터로 남았다가 오랜 기간 산악인들에게 쉬어가는 공간이자 행사장으로 많이 이용하였다. 그러다가 발굴조사를 마치고 2021년에 현재의 관악사를 복원하였다. 관악사가 중건되기 전 관악사지는 필자에게도 많은 추억이 어린 곳이다. 이곳에 오면 뇌리에 담아둔 추억 하나 꺼내놓고 회상에 잠기는 동안 엊그제 같은 지난날이 새록새록 소환된다. 연주암으로 오르는 갈지자 모양의 덱 계단을 내딛는 동안에도 무언가를 놓고 간 것, 마냥 몇 번이나 떠나온 관악사를 되돌아본다.

연주암을 거쳐 정상 연주대로 오르는 계단은 무더위가 맥을 못 추는 그늘진 구간이다. 고도를 높여갈수록 관악산의 참모습이 구체화 되어 간다. 동색에 가까운 푸른 하늘과 짙은 신록이 눈이 시릴 만큼 눈앞으로 점점 다가온다. 벼랑 끝에 매달린 연주대 암자의 모습은 오늘도 압권으로 비춰 보인다. 예전에 그랬듯이 빼놓지 않고 기록으로 담아간다.

관악산 정상부에는 그 무거운 짐을 올려다가 음료수 따위의 상행위 모습이 지금도 여전하다. 삿갓 모양의 암반 꼭대기 정상에 이른다. 달도 차면 기울듯이 연주대에서 스쳐 가는 산들바람에서 첫가을 온도가 느껴지는 듯하다. 깎아지른 절벽에 간담이 서늘할 정도로 아슬아슬한 지대의 연주대로 가는 길은 한 사람만 겨우 빠져나갈 정도다. 의상대사가 관악사와 함께 연주봉에 암자를 세워 처음에는 의상대로 부

르다가 지금은 연주대라고 부른다. 협소한 공간에 자리를 튼 공간이라서 방문하는 사람마다 잠깐의 눈요기만 남기고 자리를 뜬다.

말바위로 하산한다. 능선으로 들어서는 순간 어느 곳을 바라봐도 거리낌 없이 꽉 찬 풍경이 펼쳐진다. 기상이 당당하고 풍채 좋은 장대한 산릉이 헌걸차게 뻗어 있다. 네 발로 걷는 릿지(ridge)로 마음을 죄어가며 오를 때 느끼지 못한 산행의 묘미를 만끽한다. 이런 맛에 산에 온다는 혹자의 심정이 충분히 이해하는 대목이다.

열악한 오름 시절에 붙여진 제2 깔딱 고개로 내려간다. 이제는 나무 계단으로 잘 정비되어 있어 이름에 걸맞지 않다는 생각이 든다. 계단이 끝나더라도 고도는 쉼 없이 떨어진다. 계곡을 이쪽저쪽 왔다 갔다 하는 동안 졸졸거리던 물소리가 제법 콸콸대며 산객의 발걸음을 유혹한다. 그만 계곡물에 무릎까지 발을 담그며 피로를 다독여준다.

또 하나의 산악인들에게 사랑방과 같은 제4야영장이다. 이곳은 관악산 연주대와 학바위능선, 삼성산과 무너미고개, 서울대 공학관과 호수공원으로 길이 교차하는 갈림길이다. 그늘막이 드린 정자와 나무 의자에다 넓은 공간을 갖추어 야영뿐만 아니라 뜻밖의 지인과 조우하기도 한 곳이다.

호수공원으로 내려가는 계곡에는 비 갠 뒤라서 풍부한 수량으로 인해 등산객보다 온통 피서객으로 북새통을 이룬다. 그늘진 곳에 물이 깊고 수면이 넓은 데는 물놀이를 마치고 빠져나오면 기다렸다는 듯이 다음 사람이 차지할 정도로 인기 만점이다. 남녀노소 가리지 않고 물놀이에 여념 없는 가족 단위 모습이 정겹게 다가온다. 이렇게 아름다운 관악산의 풍경도 8월이 지나면 볼 수 없기에 서서히 내년을 기해야 할 것이다. 날머리에 자리한 관악산 나들이 숲에 이르니 들머리인 일주문에서 마주했던 가을의 전령사 진노랑상사화 향연이 약속이라도 하는 양 가을 예고에 힘을 실어준다.

관악산(冠岳山 629m)

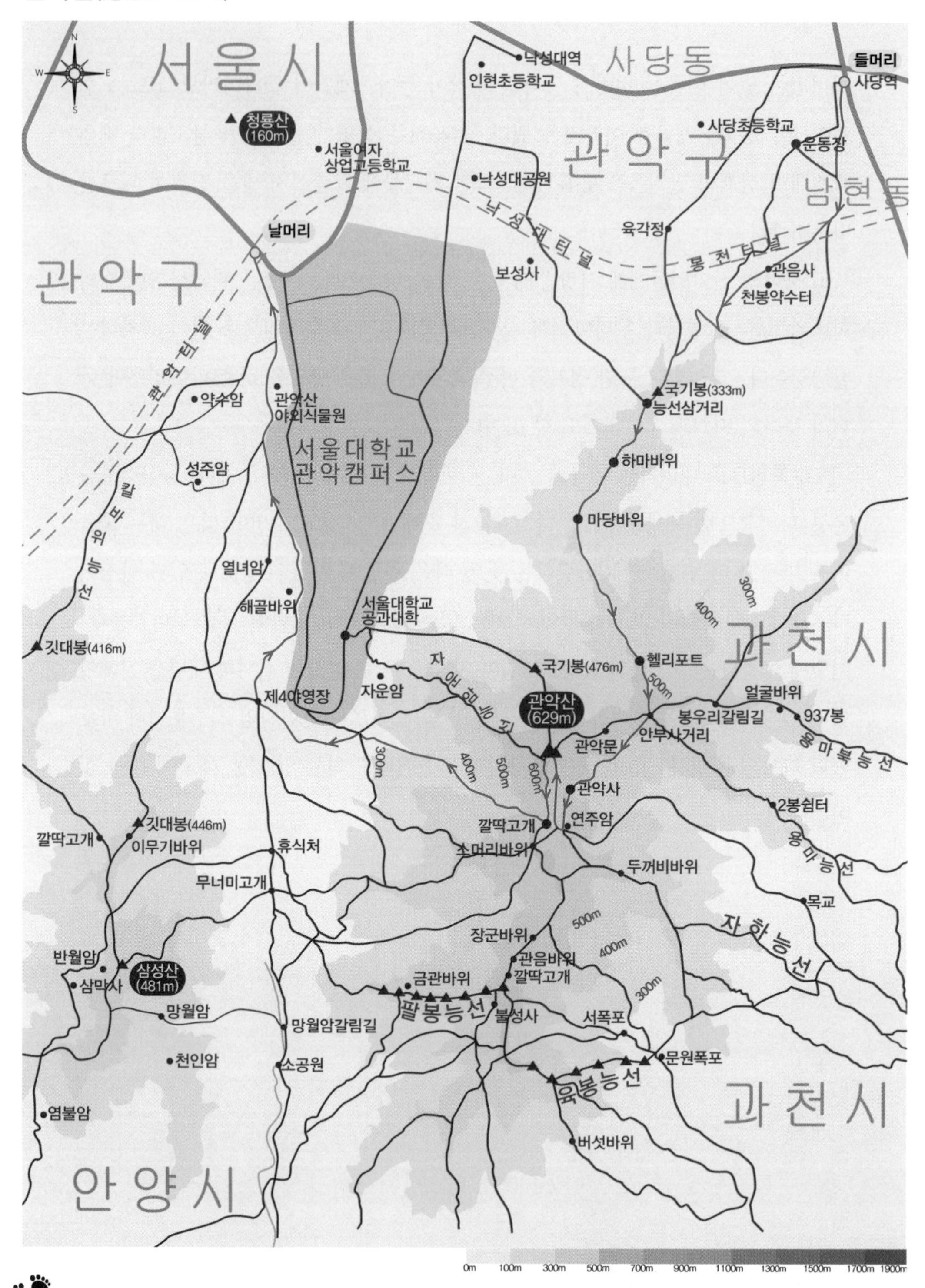

주요 코스

① 사당역 ➡ 관음사 ➡ 능선삼거리 ➡ 하마바위 ➡ 마당바위 ➡ 안부사거리 ➡ 관악사 ➡ 연주암 ➡ 관악산 정상 ➡ 깔딱고개 ➡ 제4야영장 ➡ 야외식물원 ➡ 호수공원 ➡ 주차장

② 서울대 공학관 ➡ 자운암 ➡ 자운암능선 ➡ 관악산 정상 ➡ 관악문 ➡ 안부사거리 ➡ 헬기장 ➡ 마당바위 ➡ 능선삼거리 ➡ 국기봉 ➡ 육각정 ➡ 사당초교

구병산(九屛山)

충청북도 보은군, 경상북도 상주시

속리산 국립공원에 속해 있으며, 서원계곡 등 수려한 경관을 자랑한다. 아홉 개의 웅장한 바위 봉우리가 병풍처럼 이어져 있어 예로부터 구봉산이라 불렸다. 이 지역에서는 속리산 천황봉을 '지아비 산', 구병산을 '지어미 산', 금적산을 '아들 산'이라 하여 이 세 산을 '삼산(三山)'이라 불러왔다.

호서지방의 소금강인 속리산국립공원 남단에 인접한 구병산(九屛山 877m)의 명칭은 한국지명총람에서 아홉 쪽의 병풍을 쳐 놓은 것 같다는 기록에서 연유한다. 옛 문헌 신증동국여지승람에서는 구봉산(九峯山)이라 불렸다. 충북 보은 지방에서 속리산 천왕봉은 지아비 산, 구병산은 지어미 산, 금적산은 아들 산이라 하여 이들을 삼산이라 일컫는다. 구병산은 속리산의 명성에 가려져 상대적으로 잘 알려지지 않았으나 '대한민국 구석구석(한국관광공사에서 제공한 관광 정보 모바일 어플)'과 충북 보은군에서 이 일대를 충북의 알프스 구병산으로 미화하여 홍보하는 점과 국가 100대 명산 선정 등에 힘입어 많은 등산객이 찾고 있다. 특히 가을 단풍이 기암절벽과 어우러져 장관을 이루고 있어 가을 산행지로 적격이다.

구병산 인근에는 아름다운 자연과 시설물이 조화를 이룬 서당골청소년수련원이 있으며 서원계곡, 만수계곡, 삼가저수지 등이 자리 잡고 있다. 계곡 중심에 자리 잡은 99칸의 선병국 고가를 비롯하여 역사의 산교육장인 삼년산성, 한국전쟁 때 폐허가 된 토골사 터가 구병산 일대에 있다.

충북 보은군 마로면 적암리 주차장에 도착하여 마을을 300m 정도 통과한다. 동네 아낙네들이 줄지어 이 고장 특산품인 감식초를 파는 정자에서 좌측으로 들어서면 산행이 시작된다. 마을 어귀에 접어들자 살랑살랑 이는 바람에 실려 오는 감 익어가는 내음이 산객에게 상큼하게 다가온다. 알알이 영글어가는 황금 들녘과 수확이 막 끝난 고구마밭 모습을 볼 때면 영락없이 정겨운 우리네 가을 풍경들이다.

불과 얼마 전만 해도 그토록 피하고 싶었던 햇살인데도 선선한 기운으로 인해 몸이 선뜻 나서 햇볕을 받아 준다. 달라진 환경과 계절 변화에 적응하고 타협하는 인간의 순발력이 대단하다는 생각이다. 본격적인 산행에 앞서 가을 소풍 가듯 고즈넉한 시골 마을 분위기 속에 푹 빠진다.

왼쪽으로 커다란 접시 모양의 위성센터로 보이는 시설을 바라보며 마을 어귀를 벗어난다. 물이 흐른 계곡을 잠시 거친 다음 숲으로 이어지는데, 예상과 달리 숲속 기운이 매우 습하다. 물이 마른 계곡에서 경사가 가팔라지고 너덜지대로 접어들면서 아무런 안내판은 없지만, 등산로 좌측으로 지도에서 표시된 '쌀난바위'로 추정되는 큼직한 암벽이 보인다. 말 그대로 쌀이 나온다는 사연을 담고 있는데, 영남알프스의 최고봉 가지산에도 유사한 유래를 담고 있는 '쌀난바위'의 전설이다.

중국무협영화에 나올 법할 이국적인 협곡이 나타난다. 협곡 한복판에 가르마 타듯 철제 사다리가 놓였는데 산객들의 편의를 위해 설치한 구조물이라지만 자연경관과 다소 부자연스러운 점은 옥에 티다. 주변이 특별한 환경을 갖추었기 때문에 철제 대신 목제 덱으로 계단을 바꾸고 자연미를 가미한다면 멋진 명소로 좀 더 다가갈 수 있겠다는 생각이 든다.

습한 기운이 계속 감도는 가운데 정상을 향해 가파른 오르막을 오르고 또 오른다. 설상가상 바람까지 잠적하자 산객들의 거친 숨소리와 무거운 발소리가 조용한 산속의 정적을 흔든다. 어쩌다가 불어오는 바람이 오히려 신기하고 고맙기가 그지없다. 몸 상태가 별로인지 산이 인간의 접근을 쉽게 허락하지 않은 탓인지 정상이 다 와 가도록 고군분투가 계속된다.

정상을 불과 100m를 남긴 갈림길 상황에서 산행 방향 반대쪽에 구병마을에 있다는 풍혈은 여름에는 찬바람이 겨울에는 따뜻한 바람이 나온다고 한다. 지름 1m 풍혈이 1개, 지름 30㎝ 풍혈이 3개로 전북 진안의 대두산 풍혈, 울릉도 도동 풍혈과 함께 이곳의 풍혈은 우리나라 3대 풍혈로 불리고 있단다.

정상 도착이다. 멀리 바라보면 속리산이 드리우고 정상에서 내려다보면 절벽 위에 이미 고사하였으나 여전히 멋들어진 품위를 유지하고 있는 한 그루 소나무와 함께 적암마을이 정겹게 펼쳐진다. 다른 한편에는 충북 알프스 주 능선들이 아스라이 들어온다. 정상 인증을 찍느라 시끌벅적한 분위기로 인해 조용했던 곳에 생기가 돌아난다. 이 시각 이곳에 내가 있다는 게 참으로 감사할 따름이다.

정상에서 다시 10m를 되돌아와 하산으로 이어진다. 백운대, 853봉, 신선대 등으로 이어지며 오르고 내려가는 코스는 구병산의 자랑거리다.

속살 드러낸 기암괴석이 위용을 뽐내는 가운데 바위 틈틈이 속에 뿌리를 내린 나무가 오랜 세월을 버티며 위대한 생명력을 과시하고 있다. 이를 보는 이는 감탄을 자아낼 수밖에 없다. 많은 바위를 오르내리는 과정이 비록 격동적이지는 못하지만 아기자기하며 감칠맛 난다.

853봉에서 만난 새하얀 구절초가 단아한 자태로 반겨 준다. 발걸음을 거듭할 때마다 뒤따라온 듯 착각할 정도로 군데군데 군락을 이루고 있다. 가까이 다가가니 단아하며 희디희다 못해 눈이 부실 정도로 순수하고 아름답다.

정수암지 옹달샘 전설에 대한 궁금증에 이끌려 신선대 안부에서 절터로 우회한다. 미끄러지듯 가파른 내리막에서 이정표 찾기가 어려운 상황에서 주렁주렁 매단 산악회 시그널에 의지하여 옹달샘에 이른다. 옹달샘 내력은 조선 초기 불교가 번창하던 시기 속세를 떠나온 불자들이 이곳 옹달샘 물을 먹자 정력이 넘쳐 결국 6개월을 못 넘기고 다시 속세로 하산하였다 한다. 나아가 물 한 모금에 생명이 이레가 늘어나고 주일마다 한 모금 마시면 불로장생하였다는데, 사람들의 지나친 섭취 때문인지 지금은 겨우 흔적만을 남겨두고 샘은 말라버린 지가 오래되어 초라한 몰골을 어수선하게 드러낸다.

주 등산로와 합류가 되고 이윽고 팔각정 쉼터에 이른다. 날머리를 얼마 남겨두지 않은 상황에서 도착 시각을 헤아리며 쉬엄쉬엄 속도를 조절한다. 쉼터에는 자연스럽게 한 명 두 명이 모이다가 그룹이 생기고 대화가 진지해진다.

다시 마을 어귀로 접어들고 가을걷이에 정성을 다하고 있는 시골 사람들의 넉넉한 표정과 정상을 찍고 하산하는 자의 여유로움이 민족 대명절 한가위를 앞두고 풍성한 하모니를 이룬다.

원점으로 회귀하는 곳에는 올라갈 때 보았던 감식초를 파는 아낙들의 순순한 호객이 아직도 진행 중이다. 환경적으로 청정한 보은 지역에서 아무런 농약과 화학비료 첨가 없이 순수하게 자생하는 감을 원료로 하여 만들었기에 이보다 더 친환경

식품일 수가 없다. 기꺼이 배낭에 담을 만큼 구매하고 추가 구매를 대비하여 명함까지 받아 간다. 듬직하게 무거워진 배낭을 지고 산행을 마무리하여 마음까지 든든하다. 오늘 하루 구병산 품에서 안겼던 시간이 그저 만족스럽다.

구병산(九屛山 877m)

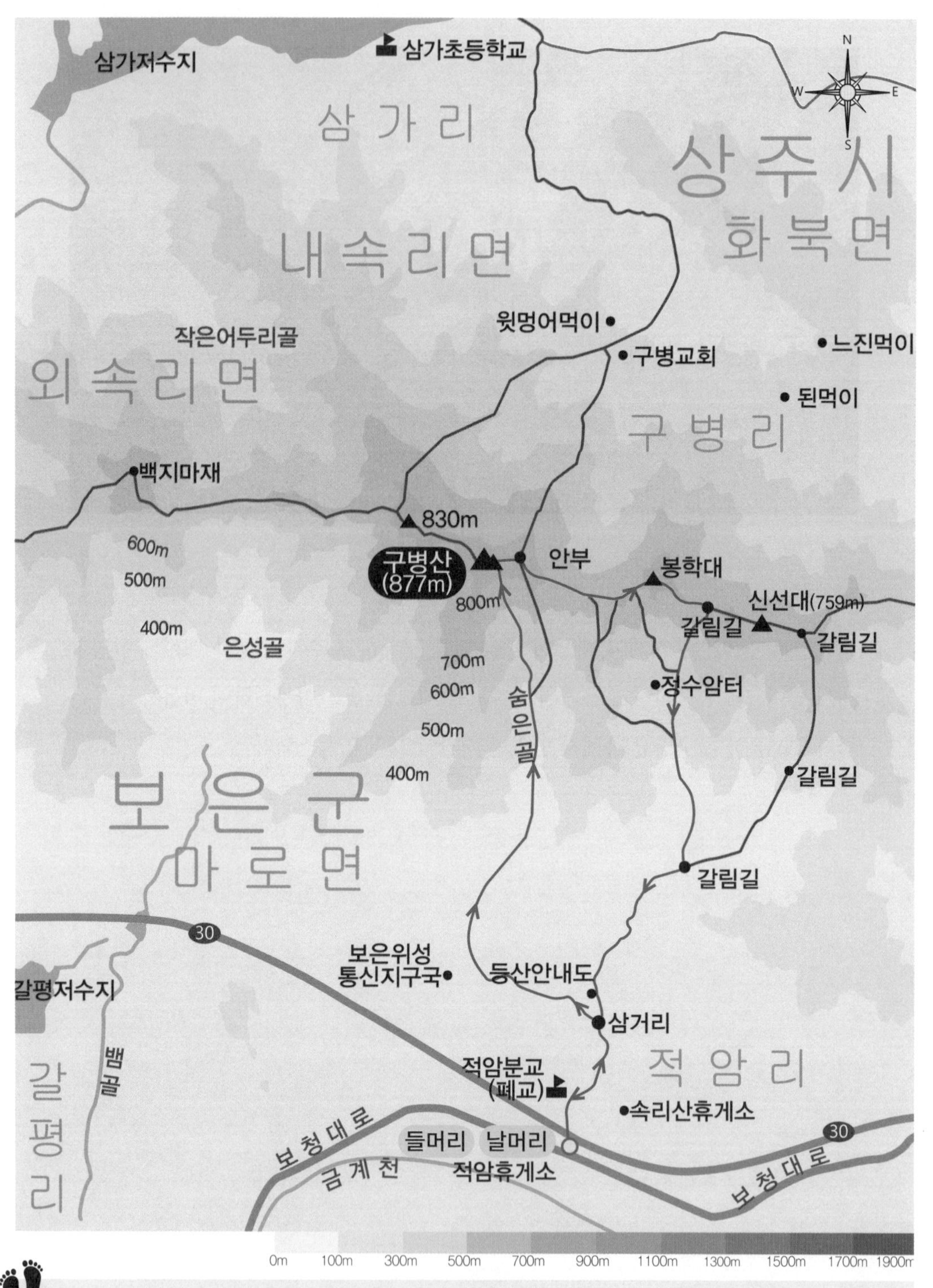

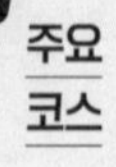

주요 코스

① 적암리주차장 ➡ 구 적암분교 ➡ 삼거리 ➡ 보은위성통신지구국 ➡ 숨은골 ➡ 구병산 정상 ➡ 안부 ➡ 봉학대 ➡ 갈림길 ➡ 정수암 터 ➡ 갈림길 ➡ 삼거리 ➡ 적암리주차장

② 적암리주차장 ➡ 삼거리 ➡ 갈림길 ➡ 신선대 ➡ 봉학대 ➡ 안부 ➡ 구병산 정상 ➡ 숨은골 ➡ 보은위성통신지구국 ➡ 삼거리 ➡ 적암리주차장

금산(錦山)

경상남도 남해군

한려해상국립공원에서 유일한 산악공원으로, 아름다운 경관과 함께 바다와 섬, 일출을 조망할 수 있는 명소다. 원래 보광산으로 불렸으나, 이성계와 관련된 전설에 따라 금산으로 이름이 바뀌었다. 태조 이성계가 기도한 이 씨 기단을 비롯해 사자암, 촉대봉, 향로봉 등 38경이 유명하며, 우리나라 3대 기도처 중 하나인 보리암도 이곳에 자리하고 있다.

한려해상국립공원에 속하며 경상남도 기념물 제18호로 지정된 금산(錦山 681m)은 남해의 크고 작은 섬과 드넓은 바다를 한눈에 굽어볼 수 있어 경승 명승지로 손꼽히며 강화도 보문사, 낙산사 홍련암과 더불어 우리나라 3대 기도처의 하나인 보리암이 있다.

금산에 대한 유래는 여러 가지가 내려오는데, 그중에 설득력 있는 한 가지는 조선 이태조와 관련된 것이다. 이성계가 이곳에서 백일기도 덕분에 조선왕조를 개국하게 되자 약속대로 산 전체를 비단으로 두르고자 했으나 불가능하여 그 대신 보광산(普光

山) 이름 대신에 비단 '금(錦) 자'를 써서 금산으로 바꿔 불렀다 한다. 이태조가 기도했다는 이 씨 기단은 이를 뒷받침하고 있다.

삼남 제일의 명산이라 일컫는 최고 기도처 보리암은 이른 새벽 남해를 배경으로 펼쳐지는 일출이 장관이다. 남녘에 위치하여 봄맞이 산행지로도 좋고, 인근 상주해수욕장이 있어 여름철과 겨울철 바다 산행으로도 주목을 받는다. 금산은 기암괴석과 어우러지는 가을 단풍 역시 빼놓을 수 없는 등 연중 내내 산행 인파로 인기가 높다.

정유년 새해 첫 일출을 담기 위해 병신년 세밑 심야에 버스에 몸을 싣고 서울을 빠져나온다. 차 안에서 송구영신과 함께 감격의 새해를 맞이한다.

모두가 새해 첫 햇살을 보고 싶은 속내를 알기나 한 듯 일행을 실은 버스는 새벽 경부고속국도와 남해고속도로를 쏜살같이 내달리며 경남 남해도의 블랙홀로 빨려간다.

고속도로를 빠져나와 연륙교를 거쳐 우리나라 섬 가운데 다섯 번째로 큰 남해도에 입도한다. 고불고불한 해안도로를 운행하는 동안 트위스트를 추는 바람에 자연스럽게 새벽잠에서 흔들어 깨었고 이윽고 산행 준비에 들어간다.

들머리에 도착할 즈음 도로는 몰려드는 차량으로 거의 주차장 수준이다. 움직여야 할 차들이 갈 곳을 잃은 채 빵빵대며 용쓰는 모습이 애처롭다. 일행을 실은 버스는 자연 순리대로 물 흐르듯이 차례를 기다리며 목적지로 이동한다.

밤새도록 갑갑했던 차 속에서 해방되었다. 꼬불꼬불한 산길을 랜턴에 의지하며 두 발로 걸어가는 행복감에 빠진다. 콧속에서 차가운 새벽 바다 공기가 감지되지만 바람에서 실려 오는 내음은 신선함으로 가득하다.

칠흑 같은 어둠 속에서 계속된 오르막 돌계단이 이어지고 가쁜 호흡과 함께 불빛 속에 하얀 입김이 뿜어져 나온다. 사람들의 행진은 침묵으로 일관하고 앞뒤로 이어지는 불빛은 산길을 따라 긴 꼬리로 춤추며 화려하게 수놓는다.

어둠 속에 숨었던 비경들이 불빛에 반사되어 이따금 드러내는가 싶더니 한참을 올라가자 불현듯 보리암이 어둠 속에서 나타난다. 보리암에는 새해 첫 떡국 공양을 기다리는 긴 행렬이 암자의 경내를 꽉 메웠고 수도의 도량 공간이 속세의 시끌벅적함으로 접수되었다. 법당의 넓은 대청마루는 이미 추위를 피해 일출을 기다리는 사람들로 입추의 여지가 없다. 보리암에서 완만한 500m 거리의 정상까지 숨을 고르며 단숨에 도착한다.

하늘에는 여명의 빛만 살포시 내리는 가운데 희미한 어스름이 깔린 정상에는 부지런한 인파로 벌써 북새통을 이룬다. 먼바다를 우두커니 바라보며 무언가를 중얼거리며 간절하게 기도하는 아주머니가 있는가 하면 처연한 모습으로 꼭 껴안은 채 추위를 견뎌내는 다정스러운 연인들 그리고 한 작품 담아가겠다고 대포만 한 카메라 렌즈를 들이대며 카메라 삼각대가 사람 발길에 차일까 노심초사하는 사진작가의 진지한 표정까지 정유년 첫 햇살을 담기 위해 열심히 연출하는 주역들의 풍경이 아름답게 펼쳐진다.

비교적 포근한 남녘 날씨라지만 일출을 1시간 동안 남겨둔 상황에서 추위가 엄습해 온다. 한겨울 한파에 배낭 안에 꼭꼭 숨어 있었던 두꺼운 셔츠를 결국 껴입어야 했다. 일출을 기다리는 동안에도 정상 인증을 남기려는 산객들의 줄은 아직도 여전하다.

드디어 서서히 주위가 술렁대기 시작한다. 수평선 너머로 눈썹 모양의 새빨간 해가 빠끔히 잡히기 시작하더니 금세 커다란 쟁반만 한 붉은 해로 변하여 힘차게 두둥실 떠오른다. 삼라만상이 경건하고 찬란한 이 순간을 동참이나 하듯 바람까지 미동도 없이 숨을 죽이 건만 감정에 지배받는 사람들의 탄성은 일제히 산속을 꽉 메운다.

화려한 일출 쇼가 마치자마자 그 많던 인파가 썰물 빠져나가듯 순식간에 사라진다. 인파 속에서 일출을 보기 위해 디딤대로 이용되었던 우리나라 최초이며 최남단의 봉수대가 정상부에서 비로소 나타난다.

잠깐만에 붉은 해는 하늘에서 제자리를 잡았고 천지가 금세 밝아온다. 사방으로 넓은 조망이 들어오고 아름다운 남해도 이곳 봉수대에서 훤히 바라볼 수 있게 되었다.

날머리 두모계곡으로 하산하는 동안에 중국 진시황의 아들 부소가 유배되어 살다 갔다는 전설 어린 부소암에서 기념을 남긴다. 진시황의 명을 받아 방사 서복이 삼신산 불로초를 구하기 위해 찾아와 발자취를 남겼다는 양아리서각은 금산 중턱의 어딘가에 있다고 하는데 들리지는 못하고 내용만 담아간다. 중국의 대륙에서 머나먼 한반도 남쪽 끝자락에 있는 이곳에 유독 진시황과 관련된 사연이 많다는 게 뜻밖이다.

날머리에 거의 다 왔을 무렵 두모계곡에서 맑고 깨끗하게 흐르는 계곡물로 고양이 세수하듯 얼굴에 물만 묻힌다. 지난 병신년의 묵은 때와 부질없는 따위들도 함께 씻어서 먼바다로 흘러갔으면 하는 바람도 아끼지 않는다. 산행이 모두 마쳤을 때 시계는 이제 아침 8시 반을 가리킨다.

금산(錦山 681m)

주요 코스

① 금산탐방지원센터 ➡ 쉼터 ➡ 약수터 ➡ 보리암 ➡ 대장봉 ➡ 금산 정상 ➡ 화엄봉 ➡ 단군성정 ➡ 부소암 ➡ 남해상주리석각 ➡ 두모주차장

② 두모주차장 ➡ 남해상주리석각 ➡ 부소암 ➡ 단군성정 ➡ 화엄봉 ➡ 금산 정상 ➡ 대장봉 ➡ 보리암 ➡ 약수터 ➡ 쉼터 ➡ 금산탐방지원센터

금수산(錦繡山)

충청북도 제천시·단양군

월악산국립공원 북단에 위치하고 울창한 소나무 숲과 맑고 깨끗한 계류 등 경관이 뛰어나며, 봄철의 철쭉과 가을철의 단풍이 특히 유명하고 능강계곡과 얼음골이 있다. 정상에서 소백산의 웅장한 산줄기와 충주호를 조망할 수 있다.

소백산맥의 기저를 이루며 월악산국립공원 최북단에 있는 금수산(錦繡山 1,016m)은 약 500년 전까지는 백암산(白巖山)이라 불렸는데, 퇴계 이황(李滉)이 단양군수로 재임할 때 그 경치가 비단에 수놓은 것처럼 아름답다고 하여 현재의 이름으로 개칭하였다.

금수산은 제2 단양팔경의 하나로 삼림이 울창하며 사계절이 모두 아름답다. 산정에 오르면 멀리 한강이 보이며 산 중턱 바위틈에는 한해나 장마에도 일정한 수량이 용출되는 맛 좋은 물이 있어 산을 찾는 이들의 목을 적셔준다고 한다.

금수산은 가을 경치가 빼어난 아름다운 암산으로 월악산국립공원의 최북단에 자리한다. 매년 4월 초까지 얼음이 얼다가 처서가 지나면 얼음이 녹은 얼음골에는 돌 구덩이를 들추면 밤톨만 한 얼음덩어리가 가을까지 나오고 있어 자연의 신비감을 더해 준다.

점차 겨울로 접어든다는 소설(小雪)을 하루 앞두고 일요 산행에 나선다. 기온은 제 계절답게 제격이지만 바람이 없고 햇볕이 구름에 가려 산행하기 매우 아늑한 날씨를 보여 주는 가운데 산행 들머리 충북 제천시 수산면 상천리 마을 주차장에 선다. 저 멀리 올려다보는 곳에 망덕봉에서 금수산으로 이어지는 산봉우리가 우람한 모습으로 드리우면서 산행에 앞선 산객들의 마음을 설레게 한다.

상천리 산수유 마을 유래비가 눈에 들어와 이 지역 현황을 살핀다. '앞쪽으로는 고요하고 아름다운 충주호가 펼쳐져 있고 뒤쪽에는 비단에 수를 놓은 듯 수려한 금수산이 우뚝 솟아있는 산골 마을이다. 마을 안에는 수백 그루의 산수유나무가 우거져 있어 봄에는 샛노란 산수유꽃이 만발하고 가을이면 빨간 열매가 주렁주렁 매달린 풍경이 아름답기 그지없다. 금수산 가은산과 충주호가 조화를 이뤄 자연풍광이 빼어난 데다 레저, 숙박시설, 전통문화재단지, TV 세트장 등 다양한 시설물이 마을 가까운 곳에 자리 잡고 있다. 원래 산수유로 유명한 지역이었으나 제천시에서 숯가마를 주제로 한 테마 민속 마을로 조성하였다'라는 내용이다.

주차장에서부터 500여 미터 걸어 올라가 보문정사가 나오고 우측으로 돌아가면 국립공원답게 입산 시간제한 등의 안전에 관한 세심한 안내가 산객들에게 주의를 환기해 준다. 금수산 코스는 왕복 5~6시간 이상 산행을 해야 하는 코스이므로 체력과 일몰 시각 등을 고려하여 산행 계획을 수립하여야 하며, 산악기후로 인하여 급작스러운 호우나 기온 저하 등을 고려하여 옷과 간단한 먹을거리를 지참하여 산행하여야 한다. 또한, 기암괴석이 많은 산답게 낙석이 자주 발생하는 지역이므로 항상 주위를 살피며 탐방하여야 한단다.

용담폭포 표지석이 나온다. 폭포를 보기 위해서는 100m 정도를 이동하여야 하나 설명서와 함께 전망대에서 내려다보면 오히려 자세한 상황을 파악할 수 있다. 용담폭포는 제천시 수산면 상천리에 있는 폭포로서 금수산의 주봉인 망덕봉이 위용

을 보이며, 산 남쪽 기슭 백운동에는 높이가 30m의 폭포로 절벽 아래로 떨어지면서 5m 깊이의 소(沼)에 물보라를 일으키는 모습이 승천하는 용을 연상시킨다 해서 이름이 붙여졌다는 내용이다.

폭포 주변에는 노송과 동백나무숲이 울창하며 넓은 바위가 널려있다. 망덕봉을 향해 계속되는 오르막이다. 한참 오르는 순간 바위 구간에 이르니 저 멀리 아름다운 병풍처럼 다가오는 장엄한 수직 절벽이 너무나 압권이며 장엄하게 펼쳐진다.

바라보는 바위에서 걷는 바위 구간으로 이어진다. 보는 위치에 따라 강아지 같기도 하고 어떤 바위는 거북이라 이름을 붙여도 전혀 손색이 없을 만큼 다양한 모양으로 다가온다. 기암괴석을 보는 즐거움이 힘든 오르막을 쉽게 오르도록 힘이 되어준다.

출발하여 3.2㎞ 지난 지점에 구간별 하산 정보를 알려주는 삼거리가 나오고 잠시 후에 너른 공간이 자리한 해발 926m 망덕봉이 나타난다. 정상까지는 아직 2㎞ 정도 더 남았지만, 고도로 따지면 9부 능선 이상 올라온 셈이다. 많은 일행이 쉬어가기 좋은 곳을 골라 점심을 먹는다. 비록 초라한 음식물일지라도 모여든 사람들의 정을 보태니 분위기는 세상 어느 성찬 부럽지 않은 꿀맛이다.

망덕봉삼거리가 지나고 정상부가 가까워질수록 경사가 가파르다. 마지막 짧은 덱 계단에 올라서자 해발 1,016m 금수산 정상에 도착이다. 금수산은 우리나라 인기 명산 100선 중 60위에 꼽히는 명산으로서 정상에서 가장 아름다운 청풍호를 조망할 수 있다는데 오늘은 날씨가 흐려 상상에 맡겨야 한다.

금수산 정상부의 원경은 길게 누운 임산부의 모습을 하고 있어 예로부터 아들을 낳으려면 이곳에서 기도하면 된다는 이야기가 전해 온다.

금수산 정상을 뒤로하고 내려가는 동안 무언가 자꾸 허전하다는 느낌이 생각 속에서 맴돈다. 떡갈나무는 잎사귀가 실종되고 나목이 된 채 우듬지만 내밀었다. 곁에 두고 싶은 가을은 어느새 저만치 떠나간 듯 이 계절의 마지막 모습을 보는 것처럼 못내 아쉬움이 남는다.

감성적 생각을 뒤로하며 고도가 거의 떨어지고 충북 단양군 적성면 상리 상학마을 산행 날머리에 즈음하여 단풍은 낙엽 되어 밟힐 때마다 바스락바스락 청량한 소리로 다가와 오감을 호사롭게 한다. 이제부터 싫든 좋든 다가오는 겨울 산행을 기꺼이 받아들이고 지난가을을 그리워할 수 있게끔 오늘의 추억을 고이 남겨두어야 한다. 금수산의 휴일 하루가 이렇게 저물어간다.

금수산(錦繡山 1,016m)

주요 코스

① 상천휴게소 ➡ 백운산장 ➡ 용담폭포 ➡ 망덕봉 ➡ 얼음골재 ➡ 지성터기점 ➡ 금수산 정상 ➡ 절터기 ➡ 성황당 ➡ 상학입구

② 상학입구 ➡ 성황당 ➡ 절터기 ➡ 금수산 정상 ➡ 지성터기점 ➡ 얼음골재 ➡ 망덕봉 ➡ 가마봉 ➡ 작은산밭봉–. 고두실 ➡ 고두실 입구

금오산(金烏山)

경상북도 구미시 · 김천시 · 칠곡군

기암절벽과 울창한 산림이 어우러져 아름다운 경관을 자랑하며, 많은 문화유산이 자리한 곳이다. 38m 높이의 명금폭포가 있으며, 정상 부근에는 자연 암벽을 이용해 축성된 길이 2km의 금오산성이 있다. 또한, 해운사와 약사암 같은 고찰과 함께 보물로 지정된 금오산 마애보살입상, 선봉사 대각국사비, 석조석가여래좌상 등이 유명하다.

기암괴석이 어우러져 장관을 이루는 등 영남 8경의 하나인 금오산(金烏山 976m)은 경사가 급하고 험난한 편이나 산꼭대기는 비교적 평탄하다. 금오산의 원래 이름은 대본산이었는데, 중국의 오악 가운데 하나인 숭산(崇山)에 비교해 손색이 없다 하여 남숭산(南崇山)이라고도 하였다.

산 정상에는 고려 시대 때 자연 암벽을 이용해 축성된 길이 2㎞의 금오산성은 임진왜란 때 왜적을 방어하는 요새지로 이용되었다. 금오산 명칭은 이곳을 지나던 야도가 저녁노을 속으로 황금빛 까마귀가 나는 모습을 보고 금오산이라 이름을 짓고 태양의 정기를 받는 명산이라 한 데서 비롯되었다.

금오산의 능선을 자세히 보면 왕(王)자처럼 생긴 것 같고 가슴에 손을 얹고 누워 있는 사람 모양이기도 한다는데, 조선 초기 무학도 이 산을 보고 왕기가 서려 있다고 하였단다. 해운사, 약사암, 금강사, 법성사, 대원사 등의 고찰과 고려 말기의 충신 야은 길재를 추모하기 위해 지은 채미정, 신라 시대 도선국사가 수도하던 도선굴을 비롯하여 명금폭포, 세류폭포 등이 있다.

음의 기운이 바닥을 치고 양의 기운으로 바뀐다는 동지를 지난 성탄절 언저리이다. 고려 말 삼은 가운데 한 사람인 길재 선생의 불사이군의 곧은 충절을 기리고자 조선 영조 때 건립한 경북 구미시 남통동 채미정을 들머리로 하여 금오산 산행이 시작된다. 모 야외용품 업체에서 주관하는 시종제 행사가 눈길을 끈다. 참석자 규모가 못돼도 수백 명은 되어 보인다. 산행 초입은 등산이 아닌 산책 나온 기분이다. 국립공원 못지않게 잘 정비된 금오산도립공원을 탐방하며 룰루랄라 진행이다.

금오동화, 대혜문을 지나 구름과 바람이 쉬어간다는 해운사에 다다른다. 해운사에는 산상에서 머물던 구름이 내려앉아 사방이 고요에 젖는 듯 차분한 분위기이다. 해운사 자리는 터 바깥으로 바위 병풍으로 빙 둘러친 아늑한 곳에 사찰을 지어 절터를 고른 사람의 선견지명이 높이 평가된다.

잠시 걸음을 옮기는가 싶더니 대혜폭포가 나온다. 높이 27m 위에서 떨어진 물줄기가 얼굴에 차갑게 부딪히는데 싫지 않은 기분이다. 자연이 세상에 베푸는 모든 은혜를 다 누리라는 데서 대혜폭포라 하지 않았을까? 나름 해석한다.

정상으로 가기 위해 2.1㎞를 남기고 많은 나무 계단에 올라서야 하는데, 이곳의 명칭이 오늘 산행코스 중에서 가장 힘들다는 깔딱 고개가 아닌 이곳 이름으로 '할닥고개'라고 한다. 계단이 끝날 무렵 구미 시가지가 아스라이 전개되는 멋진 전망대에서 기념사진을 남긴다. 기온은 차지만 바람이 거의 잦기 때문에 겨울 날씨치고는 매우 포근하다. 산세는 그런대로 무난하고 아기자기하게 이어진다.

위로 올라갈수록 길에는 희끗희끗 쌓인 눈이 보이다가 미끄러운 빙판으로 돌변한다. 이곳으로 하산할 경우 반드시 아이젠이 필요할 정도이다. 눈과 함께하니 기온이 더욱더 서늘해진 느낌이 든다. 보통 요맘때에 비교하면 별반 차이가 없는 날씨이지만 최근에 평년보다 지속해서 포근했던 날씨 탓에 상대적으로 더 서늘하게 느낄지도 모른다. 아무튼, 오늘은 산행하기에 적당한 날씨인 것은 분명하다.

정상에 거의 다다를 무렵 지나온 길을 몇 번이고 내려다본다. 올라온 만큼 뿌듯함도 정비례하며 즐거움이 솟는다. 정상을 향한 순수한 열정 하나만으로 먼 거리까지 찾아온 금오산 정상 도착이다. 정상에는 하얀 솜사탕 같은 상고대가 주변을 에워싸고 있다. 대자연이 빚어낸 멋진 그림에 '와'하는 감탄사가 여기저기에서 터져 나온다. 산객들의 순수한 감정은 늘 자연의 현상에 솔직하게 취하며 동화되기 마련이다.

올라올 때 미처 지나쳤던 정상 현월봉 아래에서 절벽 위로 소름이 끼칠 정도로 조마조마하게 축성된 약사암에 들리기로 한다. 나는 새들만의 영역에다 인간이 감히 접근하여 예술적인 건물을 축조하였다는 사실에 절로 찬사가 나온다. 지금의 암자는 1985년에 지어진 것이지만 절터의 내력은 삼국시대까지 올라간단다.

약사암에서 되돌아 올라와 성안 삼거리, 전망대와 칼다봉을 지나 대혜폭포로 내려가는 갈림길에 선다. 방향을 선택하기 위해 서성이다가 환경연수원 쪽으로 가닥을 잡았는데 시작부터 오르막이다. 내려가는 동안 능선의 형상은 나름대로 멋진 조화를 이루며 다양한 종류의 나무들을 품고 있다.

돌고 돌아 결국 채미정으로 원점

회귀한다. 다시 한번 야은 길재의 정신을 떠올리며 선생께서 읊었던 명작「회고가」를 떠올려본다. '오백 년 도읍지를 필마로 돌았더니 인걸은 간데없고 어즈버 태평세월이 꿈이런가 하노라.' 몇 번을 음미해도 어즈버 멋진 고시조이다.

채미정에서 날머리 주차장까지는 강인함의 상징인 메타세쿼이아 숲이 고즈넉한 분위기 속에서 이어지는 가운데 올 한 해 산과 함께했던 여정들을 회상한다. 마음을 나누는 산우들과 함께해서 흐뭇하였고 이들과 작은 표현까지 막힘없이 전할 수 있는 소통이 있었기에 좋았다.

오늘도 산에다 아름다운 정열을 아낌없이 쏟아놓고 일상에서 받지 못한 특별한 대가를 산에서 받았다. 금오산도립공원에 잠잠하게 담겨있는 금오산 저수지를 바라보며 병신년 한 해 모든 산행을 무탈하게 마무리하게 됨을 잔잔한 마음에 감사히 담아간다.

금오산(金烏山 977m)

주요 코스

① 채미정 ➡ 대혜교 ➡ 대혜문 ➡ 해운사 ➡ 할딱고개 ➡ 송전탑 ➡ 내성터 ➡ 금오산 정상 ➡ 약사암 ➡ 금오정 ➡ 안부 ➡ 칼다봉 ➡ 환경연수원 ➡ 금오랜드

② 채미정 ➡ 금오산야영장 ➡ 법성사 ➡ 종각 ➡ 약사암 ➡ 금오산 정상 ➡ 금오정 ➡ 대혜폭포 ➡ 명금폭포 ➡ 해운사 ➡ 대혜문 ➡ 대혜교 ➡ 채미정

금정산(金井山)

부산광역시 금정구, 경상남도 양산시

울창한 산림과 웅장한 산세를 자랑하며, 도심 가까이에 위치해 있어 시민들의 휴식처로 사랑받고 있다. 역사적으로는 나라를 지키는 호국의 산으로, 호국사찰 범어사와 우리나라 5대 산성 중 하나인 금정산성이 자리하고 있다. 또한, 낙동강 지류와 수영강의 분수계를 이루며, 금강공원과 성지곡공원도 이곳에 위치해 있다.

태백산맥이 남으로 뻗어 한반도 동남단 바닷가에 이르러 솟아 나온 부산광역시의 금정산(金井山 802m)은 산 북동쪽에 있는 범어사로 인하여 더욱 잘 알려져 있는데, 『삼국유사』에도 '금정범어(金井梵魚)'로 기록되어 있을 만큼 금정산은 범어사와 연관 지어 왔음을 짐작할 수 있다.

『신증동국여지승람』에는 '동래현 북쪽 20리에 금정산이 있고, 산꼭대기에 세 길 정도 높이의 돌이 있는데 그 위에 우물이 있다. 둘레가 10여 척이며 깊이는 7치가량 되는데 물은 마르지 않고 빛은 황금색이다. 전설에 한 마리의 금빛 물고기가 오색구름을 타고 하늘에서 내려와 그 속에서 놀았다고 하여 금정이라는 산 이름을 지었다고 한다. 이로 인하여 절을 짓고 범어사라는 이름을 지었다'라고 기록되어 있다.

시절은 일 년 중 만물이 점차로 생장하여 가득 차게 된다는 24절기 중 8번째 절기인 소만(小滿)이다. 파란 하늘과 따뜻한 햇볕이 어디론가 떠나고 싶은 충동을 일게 하는 휴일에 산은 어느 때보다 많은 사람이 찾는 곳이다. 오늘 산행지는 세 번째 도전함과 동시에 15년 만에 다시 찾아가는 금정산이다.

금정산은 끝없이 펼쳐지는 푸른 바다와 갈매기가 먼저 떠오르는 대한민국 해양수도인 부산의 진산이다. 한때 대한민국의 '제2의 도시를 거부한다.'라는 자부심의 슬로건을 내걸었던 부산에서 항구 못지않게 부산 사람들에게 오랫동안 도심 속의 고향처럼 여기는 산이기도 하다.

서울을 떠난 버스는 경남 양산시 동면 가산리 호포역의 도착이다. 이번 코스는 일행 모두 다 초행이라서 산행 들머리를 한참 동안 찾은 끝에 결국 호포역사 4층 2번 출구를 산행 시점으로 잡는다. 산행이 시작되고 가는 방향 뒤편에 낙동강 하구가 드리운다. 산천이 강물을 닮아 푸름을 더해지는 오르막 숲으로 들어선다.

하늘과 맞닿은 너른 임도를 한참 동안 편하게 걷는다. 하얀 콘크리트 포장길이 나오고 노면에서 반사되는 햇빛을 피하고자 임도를 가로질러서 숲으로 들어섰지만, 산길은 어느새 된비알로 바뀐다. 흙길과 바위를 번갈아서 가다 보면 때로는 갈피를 잡지 못하고 산행 알바까지 감내해야 한다.

금정산이 품고 있는 비경을 찾아 나선 36명 일행은 '등산'이라는 공통 취미 하나로 멀리 서울에서 부산까지 4시간 반을 넌더리가 날 정도로 지겹게 내달려온 것도 모자라 비탈과 바위를 힘들게 오르더라도 즐거운 생각으로 동여매고 오르고 또 오른다. 굽이 굽이돌아 도도히 흐르는 낙동강부터 주변의 산야까지 쏠쏠하게 조망하면서 걷는 즐거움은 예나 지금이나 모두 다 그대로이다.

서서히 고도를 높여가자 시원한 산들바람이 고맙게 밀려온다. 한창 물이 오른 금정산의 유려한 산줄기가 눈앞에서 넘실대고 곳곳에서 풋풋한 내음으로 실려 오는 신록의 향연은 결코 잊지 못할 추억이다.

산길에서 혼선을 겪다가 바위를 에둘러 능선으로 나온다. 저 멀리 정상 고단봉이 자리한 곳의 안테나가 또렷한 모습으로 눈앞에 비친다. 가야 할 등산로와 지나온 길이 한줄기 능선으로 이어져 수려한 미를 자랑한다.

아슬아슬한 바위 구간에서 꼬불꼬불 꽈배기처럼 휘어진 철재 계단을 돌고 돌아 마침내 해발 801m 금정산 정상에 선다. 정상에는 주말이라 치더라도 많은 인파가 몰려들어 금정산의 대단한 인기도가 가늠될 정도이다. 부산 사람들에게 기쁠 때나 슬플 때나 눈만 뜨면 마주 보는 산, 오래된 연인 같은 산 그리고 보배 같은 산이라는 말이 실감 나는 한 단면을 이곳 정상에서 확인할 수 있다.

산정에서 바라보는 막힘없는 조망과 그림처럼 드리우는 발아래 풍경이 오르는 동안의 수고를 금세 잊게 해 준다. 산과 바다에 이어 역사가 살아서 숨 쉬는 세 번째

만의 금정산에서 비로소 소중한 공식적인 인증 하나를 기록으로 보태는 순간이다.

북문을 거쳐 범어사로 가기 위한 하산이다. 하늘에서 금빛 물고기가 내려와 노닐었다는 샘이며 사시사철 물이 마르지 않는 금정산 정상 아래의 '금샘'은 부산 시민들에게는 마치 하늘과 소통하는 안테나처럼 느껴졌을 것이다. 그래서 어려운 일이 있거나 바라는 일이 있을 때 사람들은 금샘에 와서 소원을 빈다고 한다.

내려가는 산 중턱에는 우리나라 최대 규모의 산성을 금정산이 품으며 오랜 역사를 함께 하고 있다. 산 능선을 따라 요동치는 하얀 뱀 같은 형상의 산성을 끼고 내려간다. 산자락마다 솟아있는 기묘한 형상의 바위를 멋지게 조망한다.

산성을 따라가는 쏠쏠한 재미를 아쉬움으로 남기고 좌측의 북문을 통과하여 범어사 방향으로 향한다. 산길은 이내 조용한 잣나무 숲으로 드리우고 고즈넉한 분위기를 자아내는 갈맷길을 걷는 동안 산객의 발을 부드러운 촉감으로 느끼게 해 준다.

범어사를 가까이 남겨두고 구전으로 내려오는 범어사 은행나무에 관한 안내 설명서가 눈길을 끌며 은행나무에 대한 궁금증을 고조시킨다. 이 은행나무는 임진왜란 후 고승 묘전(妙全)스님이 어느 갑부의 집에 있는 것을 이식해 왔기 때문에 현재 수령이 약 500년이 넘는다는데, 은행이 계속 열리지 않자 300년 전에 절 맞은편에 수은행나무 한 그루를 심어주니 그 후로부터 한 해 30여 가마의 은행을 딴다는 내용이다.

그늘진 길을 따라 내려가다 범어사로 들어간다. 범어사는 통도사, 해인사와 더불어 영남의 3대 사찰임과 동시에 화엄종 10찰의 하나이다. 대도시 부산을 끼고 있는 사찰인 만큼 건물의 규모 또한 대단하다. 경내는 외국인을 포함하여 많은 시민과 원색의 등산복 차림까지 가세하여 범어사의 유명세를 톡톡히 보여 주는 중이다.

날머리 부근에 자리한 범어사 은행나무를 찾아 기념을 남긴다. 크기는 물론이고 감탄할 만한 위세와 태도가 압권이다. 지난 수백 년을 버티어 오면서 많은 수확의 결실뿐만 아니라 힘든 자에게 편안한 안식처가 되어 주고 누군가에게는 간절한 소망을 빌게 해 주는 엄숙한 상징물이 되었을 것이다. 범어사 은행나무 아래 그늘에서 여장을 접고 버스 출발 시각을 참작하여 산행 후기를 정리한다. 그동안 금정산 산행 삼세판을 통해 비로소 공식적인 정상 인증을 받고자 함은 필자가 100대 명산을 도전하는 과정에서 불가피한 선택이었다. 이로써 범어사 은행나무에서 산행의 귀중한 의미를 짚어 가며 금정산 특별 산행을 갈무리한다.

금정산(金井山 802m)

주요 코스

① 2호선 호포역 ➡ 임도 ➡ 암릉길 ➡ 송전탑 ➡ 동굴암자 ➡ 금정산 정상 ➡ 고모당 ➡ 북문 ➡ 범어사 ➡ 금강암 ➡ 범어사입구

② 만덕사거리 ➡ 남문 ➡ 산성고개 ➡ 동문 ➡ 의상봉 ➡ 원효봉 ➡ 북문 ➡ 금정산 정상 ➡ 정수암 ➡ 국청사 ➡ 서문 ➡ 화신중학교

깃대봉(旗 峰)

전라남도 신안군

덩굴사철, 식나무 및 동백림 등이 자생하는 등 생태적 가치가 커 섬 전체가 천연보호구역과 다도해해상국립공원으로 지정(1981년)되었다. 이름 그대로 깃대처럼 생긴 바위 봉우리이며, 홍도의 최고봉임. 깃대봉은 독립문, 석화굴 등 해안 경관과 조화를 이뤄 홍도의 수려한 경관을 이루고 있다.

홍도는 전남 목포에서 서남쪽으로 115㎞ 떨어진 절해고도에 위치하며 아름다운 해안이 시원스럽게 펼쳐져 대장 관을 이루는 섬이다. 홍도의 맨 꼭대기 깃대봉(旗峰 369m)에 서면 흑산도, 가거도 등의 다도해와 홍도 부속 섬인 독립문, 띠섬, 탑섬 등 20여 개의 섬을 한꺼번에 조망할 수 있다.

바닷물이 출렁이는 가운데 두 개의 바위 사이로 해가 떠오르는 녹섬의 일출 광경은 말로 표현할 수 없을 정도로 아름답다. 낙조 또한 빼놓을 수 없을 만큼 비경을 이루어 남해의 소금강으로 불린다.

홍도는 작은 섬 속의 작은 산임에도 불구하고 섬에서 식생하는 식물의 생태적 가치와 섬의 수려한 경관으로 인해 산림청 100대 명산에 선정되었다.

다도해해상국립공원에 속하는 홍도는 섬 전체가 천연기념물로 지정되어 자그마한 돌 하나도 하찮은 풀 한 포기마저 실어낼 수가 없다. 섬 북쪽으로 해수욕장이 있으며 유람선을 이용하여 섬 일주를 관광할 수 있다.

홍도 2구에는 일출과 일몰을 함께 조망이 가능한 홍도 등대가 있으며 바닷바람을 맞으며 악조건에서 자란 홍도 풍란은 아주 귀한 식물로 쳐준다.

오전 7시 55분 목포항여객선터미널을 출발한 쾌속선은 해무가 자욱한 조건에서 중간 경유지 없이 호수 같은 다도해를 미끄러지듯이 홍도항을 향해 내달린다. 홍도항 선착장에 접안하기 위해 속도를 낮추는 동안 홍도 1구의 남측 전경이 서서히 모습을 드러낸다. 필자의 기억 저편에서 아련히 밀려오는 지난날의 홍도에는 깊은 인연이 녹아 있는 곳이기 때문에 홍도에 다시 선다는 것만으로도 감개가 무량하다.

1990년대 말 IMF 구제금융 위기를 맞아 그동안 해외로 빠져나갔던 많은 관광객이 주춤하자 홍도를 찾는 이용객이 기하급수적으로 늘어남에 따라 국가 차원에서 여객선 안전 접안을 목적으로 하는 홍도항이 본격적으로 개발하기에 이르렀다.

당시 필자는 홍도항 개발업무 실무를 맡은 책임자 관점에서 개발에 대해 극구 반대하는 문화재청 문화재위원회를 상대로 수십 차례에 걸쳐 협의한 결과 우리나라 최초로 천연 컬러 콘크리트 도입 등을 통해 방파제 구조물이 홍도의 자연경관과 조화를 이루는 대안을 제시함으로 인해 사업 추진이 가능하였으며 현재의 모습으로 거듭났다.

반가운 홍도항에 입도한다. 마을 어귀로 돌아 목재 덱으로 잘 정비된 계단을 따라 한 발 한 발 내디디며 산행 시작이다. 오르막 중간에 있는 전망대에서 배낭을 내려놓고 상큼하게 불어오는 바람결을 몸으로 맞는다. 저 멀리 파란 바다가 수평선을 이루고 발아래는 흑산초등학교 홍도분교의 운동장과 마을 지붕 색이 형형색색 다채롭게 보여 준다.

넓은 덱을 따라 가파른 오르막을 지그재그로 에둘러 동백나무와 후박나무로 엮어진 터널로 들어가면 하늘이 닫혔다 열리기를 반복한다. 초입부터 시작된 덱은 등산로 주변 환경을 보호하는 목적으로 능선까지 이어진다.

애초 붉은 옷을 입은 섬이라는 뜻에서 홍의도라 불리다가 현재는 석양이 시작되면 바닷물이 붉게 물들고 섬 또한 온통 붉게 보인다고 하여 홍도(紅島)라 불리게 되었다는 홍도 안내판을 지나면 잠시 후에 계단에서 벗어나 땅을 밟는 등산로가 나온다.

얼굴 형상 없이 각각의 남녀 형태만을 띄우고 홍도에서 흔히 볼 수 있는 매끈한 몽돌이 청어미륵(죽항미륵)으로 가장하고 길가에 모셔져 있다. 청어미륵은 해양어로와 관련하여 주민들의 구전을 통해 풍어와 만선의 꿈을 꾸게 해 주는 민간신앙의 상징물이라 한다.

늘 푸른 넓은 잎사귀가 서로 엉켜서 어두운 터널을 이룬다. 뿌리가 다른 나뭇가지가 서로 엉켜 마치 한 나무처럼 자라는 것으로 남녀 사이 혹은 부부애가 진한 것을 두고 비유한다는 구실 밤나무 수종의 '연리지' 앞에는 소원을 담아 놓은 듯한 조그만 돌탑들이 여기저기에 놓여 있다.

홍도의 숲은 등산로를 빼면 주변은 온통 나무들로 빽빽하게 채워져서 다른 탈출로는 엄두를 못 낼 정도로 자연환경이 잘 보전되어 있다. 깃대봉 1.1㎞ 이정표가 나온 시점에 터널을 이룬 새파란 동백 군락지 아래 새빨간 벤치가 예쁘게 조화를 이루며 쉬어가기를 원한다.

하늘에서 센 바람이 들어와 시원하게 땀을 식혀 준다. 연인 길로 접어들면 그윽하게 실려 온 숲 향기를 맡으며 편안한 길로 이어진다.

이윽고 나타나는 숯 가마터를 그냥 지나칠 수 없다. 조그만 섬 홍도에는 숯가마가 한때 18개소가 있었으며 1940년까지 그 명맥을 이어왔다고 하니 당시 숯은 수산물 다음으로 홍도의 주요 산업이었을 것이다.

숲속 숯 가마터를 지나 바위를 오르니 덱 위에 곱게 모셔둔 홍도 깃대봉 표지석이 반갑게 기다린다. 깃대봉 주변은 오를 때와 달리 짙은 운무가 끼여 모든 조망이 오리무중이다. 홍도 주변의 바다 위에 떠 있는 섬들에 대한 모습은 그저 상상만 할 따름이다.

짧은 거리에 쉽게 올라왔지만 어렵게 기회를 잡아 온 홍도 깃대봉이기에 다시 또 언제 올지 모르는 아담한 깃대봉 표지석을 두 팔로 보듬어 체온을 나눠 준다. 짧지

만 아쉬운 작별을 남긴 채 오던 길로 되돌아 하산이다.

능선에서 벗어나 왔던 계단에 섰다. 다시 안개가 걷히고 눈이 시리도록 푸른 바다와 사방이 탁 트인 홍도항 1구의 모습이 한 폭의 동양화와 같다. 고개를 다시 돌려도 어느 곳 하나 멋지지 않은 데가 없다.

홍도항의 북측선착장으로 향한다. 바다와 산을 오가는 갈매기가 환영 인사라도 하듯 소리 내며 주변을 맴돈다. 끼룩끼룩 한 번은 짧게 또 한 번은 길게 번갈아 가며 구성지게 울어댄다. 아니다, 어쩌면 이들만의 언어로 걔네들이 홍도의 주인이라고 낯선 이방을 경계하는 경고 메시지인지도 모른다.

북측선착장은 홍도항이 개발하기 전에는 여름철 태풍을 막아주는 천혜의 자연 항구였다. 북측에는 홍도의 유일한 몽돌 해변이 있어 관광객에게 낭만이 깃들도록 하는 곳이기도 하다. 별이 쏟아지는 여름밤에 이곳에서 야영을 즐기면 최고의 환상 속으로 빠져든다.

반대편 남측에는 현대식 여객선 접안시설과 방파제가 있는데, 자연경관과 합리적인 조화를 이루도록 하는 개발을 통해 주민들의 소득 증대와 함께 홍도를 이용하는

관광객에 대한 안전 및 편익을 제공할 수 있었다.

배 출항 시간까지 여유가 있어 마을 곳곳을 샅샅이 다니며 또 다른 추억을 더듬어 들어간다. 골목골목을 둘러보면 많은 횟집과 숙박업소가 즐비하고 돌계단을 밟아 올라가면 국립공원관리소와 홍도보건분소 그리고 홍도생태전시관과 난전시관이다. 비경으로 아름다운 홍도 이미지와 안 어울리는 노래방과 나이트클럽까지 이곳의 한 부분을 이루는 모습이다.

배를 기다리는 선착장에는 활발한 동네 수산시장이 섰다. 순박하고 생활력이 강해 보이는 아낙들이 해삼, 멍게, 참소라, 거북손과 갖가지 수산물을 팔기 위해 저마다 호객행위를 한다. 모두가 천혜의 청정지역 홍도산이라 하니 더욱 싱싱하고 먹음직스럽게 와닿는다.

일정을 소화하고 배를 기다리는 바닷가에 이르러 보슬비가 내린다. 쾌속선에 올라타 희미하게 멀어지는 홍도를 이렇다 할 만한 아무 생각이 없이 그저 바라만 본다. 짧은 시간에 명산 인증을 마치고 훌쩍 떠난다는 게 아쉽고 미안스럽기까지 하다. 또다시 홍도를 찾는 기회가 주어진다면 좀 더 진지한 계획을 마련하여 충분히 머물다 갔으면 하는 바람이다.

깃대봉(旗 峰 368m)

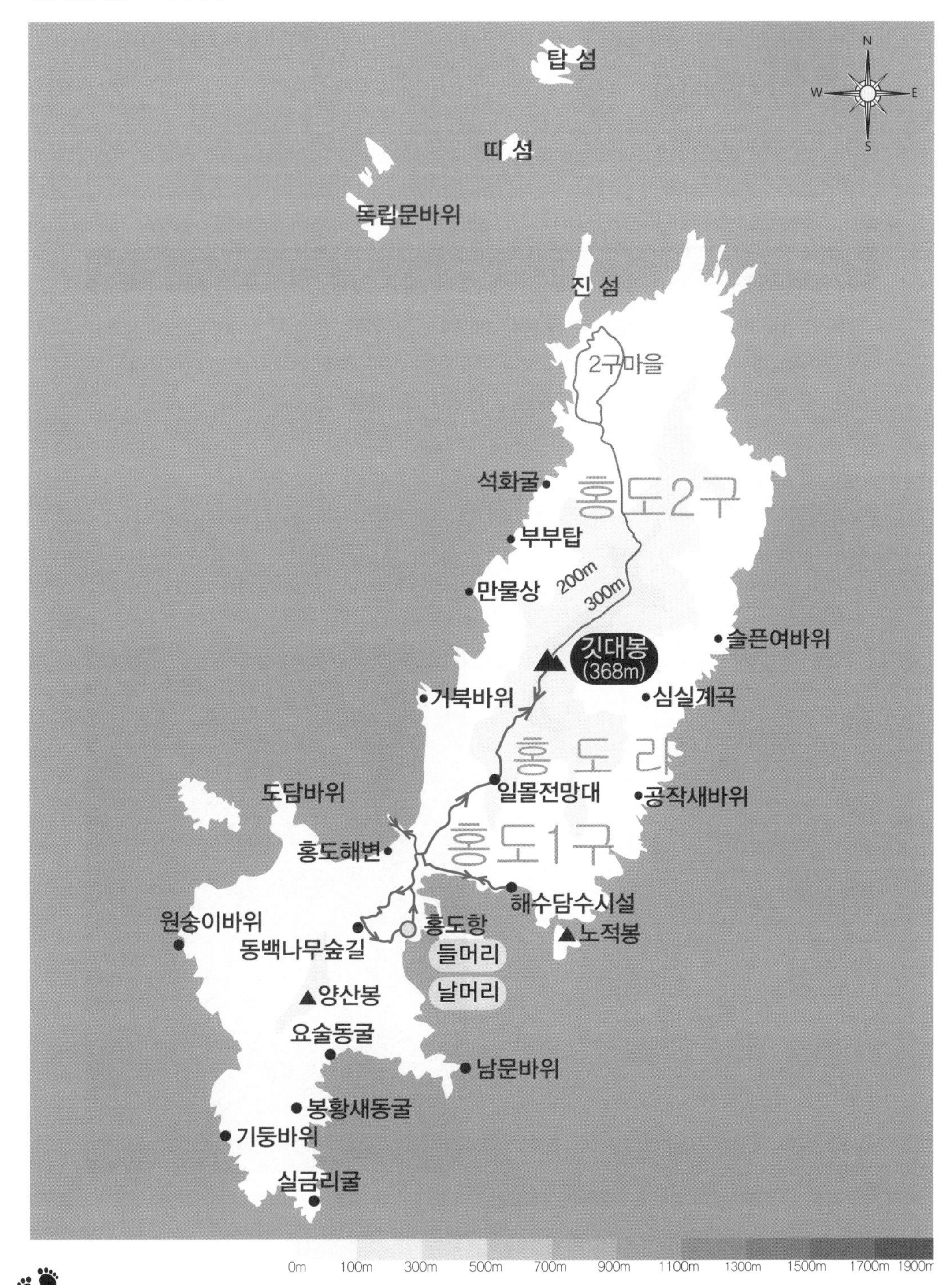

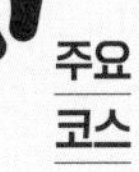

주요 코스

① 홍도항 ➡ 등산로 입구 ➡ 일몰전망대 ➡ 깃대봉 정상 ➡ 일몰전망대 ➡ 해수담수시설 ➡ 등산로 입구 ➡ 북측선착장 ➡ 동백나무숲길 ➡ 홍도항

② 홍도2구 ➡ 덱 등산로 ➡ 깃대봉 정상 ➡ 일몰전망대 ➡ 해수담수시설 ➡ 등산로 입구 ➡ 북측선착장 ➡ 동백나무숲길 ➡ 홍도항

남산(南山)

경상북도 경주시

길이 약 8㎞, 폭 약 4㎞의 산줄기 안에 불상 80여 체, 탑 60여 기, 절터 110여 개소가 산재하여 경주국립공원으로 지정되는 등 신라 시대 역사 유물 · 유적의 보고이며, '경주남산불적지'로 마애여래좌상(보물 제913호), 칠불암마애석불 등이 유명. 동쪽에는 남산산성 등이 있다.

경북 경주시의 남쪽을 둘러싸고 있는 경주의 남산(南山 468m)은 금오산(金鰲山)이라고도 불린다. 남산은 일반적으로 북쪽의 금오산과 남쪽의 고위산 두 봉우리 사이를 잇는 전체를 통칭하여 남산이라 하지만, 유명한 불교 유적지가 많아 차라리 남산 자체가 하나의 절이고 신앙으로 자리한 산이라고도 주장한다.

남산은 삼국유사에 따르면 신라 최초 국왕 박혁거세가 산기슭에서 태어났고 부처가 상주했다는 성스러운 산이다. 국가 호국의 보루로서 숭배지 역할을 하는 등 지척에서 신라 천 년의 흥망성쇠를 함께하며 신라 사람들의 정서가 매우 밀접하게 녹아 있던 밑바탕 모두를 고려하여 경주국립공원과 산림청 100대 명산으로 선정하는 데에 한몫하지 않았을까 한다.

남산은 유적뿐만 아니라 자연경관 또한 뛰어나다. 많은 계곡이 빼어나고 각종 기암괴석이 만물상을 이루며 곳곳에 수많은 등산로가 나뭇가지처럼 뻗어 있어 일 년 내내 등산객의 발길이 끊이지 않는다.

혹자는 '남산에 오르지 않고서는 경주를 보았다고 말할 수 없다'라고 할 정도로 남산을 경주의 일등 관광지로 꼽는다. 신라의 오랜 역사와 자연의 아름다움 그리고 신라인의 미적 의식과 종교 사상이 하나의 종합 예술로써 승화된 곳이 바로 경주 남산이라 할 것이다.

모처럼 토요일이 아닌 일요일에 봄기운으로 가득한 날 또 하나의 새로운 100대 명산인 남산에 도전한다. 경주의 일반 관광은 아무 때나 작정만 하면 그만이지만 경주 남산으로 산행하는 교통편은 좀처럼 기회가 흔하지 않기 때문에 안내산악회를 통해 시간과 비용의 효율화를 가져다주는 방안도 한 방편이라고 할 수 있다.

경북 경주시 배동 경주국립공원 남산지구 서남산 주차장에서 도착하여 여장을 정비한 다음 관광단지 목적으로 조성된 길을 산책하는 기분으로 잠깐 올라가면 좌측으로 들어가 본격적인 산행이 시작된다.

봄 냄새 그윽한 숲길을 따라가면 사진 작품으로 유명한 울창한 삼릉의 소나무가 자리하고 숲 넘어 울타리 안에 동산만 한 세 개의 커다란 왕릉이 나란히 한다. 오늘 경주에서 마주하는 첫 번째 문화재인 삼릉의 참모습이다.

삼릉을 지나면 길가에 머리가 없는 불상이 자주 나타나는데, 이는 고려 말 불교가 타락하여 민심을 잃어가는 가운데 새로운 조선왕조가 건국함에 따라 억불숭유 정책을 표방하면서 전국의 불상들이 수난을 겪은 결과물이란다.

2년 전 IS(이슬람 무장단체)에 의해 유네스코 세계문화유산인 2000년 된 고대 팔미라 신전이 그들에 의해 무참히 폭파되는 만행이 TV를 통해 방영된 적이 있었다. 종교와 사상이 다르다는 이유 하나로 지구의 소중한 문화재가 사라지는 현상은 절대 없어야 하겠다는 생각이다.

삼릉에서 1㎞ 남짓 어렵지 않게 완만한 삼릉계곡을 따라 석조여래좌상, 마애관음

보살상과 선각육존불 등의 빼어난 문화재를 관람하며 돌로 된 포장과 흙으로 된 탐방로 그리고 나무로 된 계단을 오르면 상선암에 이른다. 상선암은 삼릉계곡을 조망할 수 있는 산자락에 자리하며 은은한 산사 음악을 들려줌으로 인해 산행에서 쉼터와 같은 곳이다. 소박한 암자에는 이곳만의 브랜드인 시원한 샘물이 사시사철 흐르고 있어 쉬어가기 그만이다.

완만한 등산로가 이어지고 고도를 높이며 잠시 올라서면 시원한 바람이 넘실대는 바둑바위가 기다린다. 이 부근에는 가야금을 타며 세월을 보냈다는 금송정 터와 거대한 자연 암반을 광배로 삼은 삼릉계곡 마애석가여래좌상이 세워져 있다.

봉긋봉긋 다채롭게 솟아있는 바위에 이어 새소리가 지저귀는 가운데 그윽한 향기가 코를 진동하는 소나무 숲이다. 서울이나 경주의 남산 모두 울창한 소나무 숲이 트렌드 마크이다. 서울 남산의 소나무가 철갑을 두르며 울창함을 자랑하듯이 경주 남산 또한 산 전체를 소나무로 둘러싸고 있다.

솔잎으로 깔아놓아 푹신푹신한 융단을 지르밟은 아늑함에 빠지는 동안 어느새 남산의 최고봉 해발 468m 금오봉의 도착이다. 남산의 다른 이름이 금오산이란 이유는 매월당 김시습의 작품인 우리나라 최초의 한문 소설 금오신화에서 비롯되었다 한다.

정상 주변에서 점심을 마치고 소나무 숲에서 잠시 벗어나면 산행 분위기와 사뭇 다른 임도를 만나게 된다. 폭이 너른 임도에는 올라오는 사람과 내려오는 사람들로 북적대는 산행 분위기에서 경주 남산의 인기도가 실로 느껴진다. 우측의 용장골 코스로 접어든다. 직진하면 고위봉으로 향하는 시원한 능선이 있지만, 전 문화재청장인 유홍준 교수께서 문화유산 답사기로 소개한 남산의 기대 볼거리 용장계곡삼층석탑이 기다리고 있기 때문이다.

용장계곡삼층석탑은 일반 석탑과 달리 별도의 기단 없이 현지의 자연 암반을 그대로 삼았기에 남산 전체가 삼층석탑의 기단이 되었다는 유 교수의 설명에 대해 현장을 직접 찾아옴으로써 백문불여일견(百聞不如一見)이라는 의미 하나를 체험한다.

용장계곡삼층석탑에 이어 용장사지마애여래좌상 가까운 곳에 자리한 용장사지석조여래좌상이다. 현재 사라진 불두만 아니라면 흠잡을 곳이 없을 만큼 예술성이 뛰어나 국보급으로 손색이 없었겠지만 그렇지 못해 매우 아쉬울 뿐이다. 중국의 벽돌탑과 일본의 목탑과 달리 우리나라에 석탑이 많은 이유는 주변에 단단한 화강암 재

료가 흔하기 때문이라는데 이곳 남산에서도 많은 석탑과 마애석불이 잘 보존되어 있음이 확인된다.

고도를 낮추며 날머리를 향한 하산이다. 아직도 등산로 주변에는 문화재로 추정되는 유물 흔적들이 나오는 관계로 이를 감상하며 여유로운 진행이다. 일상에서 기승을 부리던 황사도 그런대로 희석되어 산행하기에 최적 날씨를 보여 준다. 내딛는 발걸음마다 찬란한 천년의 불교문화가 군데군데 도사리고 있어 불자가 아닌 일반 나그네마저 감탄이 절로 나오는 문화유적을 보물찾기하며 산행과 더불어 하는 역사 탐방 도보여행의 종지부를 경주시 내남면 용장리에서 찍는다.

남산(南山468m)

주요 코스

① 서남산주차장 ➡ 삼릉 ➡ 삼릉계곡 ➡ 상선암 ➡ 남산 정상 ➡ 이영재 ➡ 마애여래좌상 ➡ 설잠교 ➡ 용장계곡 ➡ 배양골 ➡ 용장

② 용장주차장 ➡ 용장계곡 ➡ 설잠교 ➡ 마애여래좌상 ➡ 용장사지 ➡ 삼화령 ➡ 남산 정상 ➡ 상선암 ➡ 삼릉계곡 ➡ 삼릉 ➡ 서남산주차장

내연산(內延山)

경상북도 포항시·영덕군

남쪽의 천령산 줄기와 마주하면서 그사이에 험준한 협곡을 형성하고 있는 청하골이 유명하다. 보물인 원진국사사리탑과 원진국사비가 보존된 보경사(寶鏡寺) 등이 있다.

포항시 북구 동북쪽에서 12개의 폭포로 유명한 내연산(內延山 711m)은 해안 가까이 솟아올라 있어 엇비슷한 높이의 산보다 훨씬 더 높고 우뚝해 보인다.

내연산 자락을 굽이굽이 감돌며 40리가량 흘러내리는 청하골에는 문수산, 향로봉, 삿갓봉, 천령산 등의 비교적 높직한 준봉들이 반달 모양으로 둘려 있어 여느 심산유곡 못지않게 깊고 그윽하다.

내연산 청하골에는 신라 진평왕 때 지명스님이 창건한 천년고찰 보경사가 있는데, 스님이 중국에서 가져온 불경과 팔면보경을 연못에 묻고 지은 절이라 해서 보경사로 불리게 되었다. 경내 분위기는 번잡하거나 호화롭지 않고 주변 수림이 울창하여 여름철에는 염천의 불볕더위를 식히기에 아주 많이 그만이다.

중요 문화재로는 보물 제252호 보경사원진국사비와 보물 제430호로 지정된 보경사부도가 있으며 조선 숙종이 이곳 12 폭포를 유람하고 그 풍경의 아름다움에 반하여 시를 지어 남겼다는 어필각판이 있다.

최강 한파가 내습한 일요일 새벽 34년 만에 내연산 정상 도전을 위한 장도에 나선다. 지난해 여러 차례에 걸쳐 산행 기회를 잡았음에도 희망자 성원이 미달하거나 필자의 사정으로 순차 연기를 거듭한 끝에 해가 바뀐 정유년 새해에 비로소 내연산 산행이 성사되었기에 각별한 감회가 어린다.

4시간 이상을 내달려 들머리인 경북 포항시 북구 송라면 중산리 내연산 공영주차장의 도착이다. 기온은 출발 때 보다 많이 상승하였으나 아직도 수은주는 영하에 머무른 상태이다. 그래서인지 휴일 오전 11시가 지났음에도 갑작스러운 추위 탓에 대형 주차장에는 많은 빈 곳이 차지하고 있다.

주차장에서 상가 지역을 가로질러 보경사 매표소에 문화재 관람료 3,500원을 지급하고 겨울철 산행을 위한 입산 허가증을 관리사무소에서 발급받아 챙긴다. 겨울철 정상 인증의 정당성을 입증하기 위함이다.

보경사를 옆에 낀 청하골로 들어선다. 계곡은 물 반 얼음 반으로 차 있고 굵직굵직한 바위들이 계곡을 따라 널려있다. 바위 사이사이 얼어붙은 얼음 밑으로 수정같이 맑은 물이 하염없이 흐른다. 물길과 평행한 가장자리를 따라 물소리 바람 소리를 귀에 담으며 오솔길 같은 평탄한 길을 30분 걸어간다.

계곡에서 정상 삼지봉을 목표로 하여 우측으로 벗어나고 점차 고도를 높여간다. 문수봉이 1㎞를 남겨둔 시점에서 갈림길 옆에 산죽으로 둘러싸인 암자가 나타난다. 소박하고 조그만 시골집 같은 데서 개 짖는 소리까지 들려 속세의 여염집과 같은 친근함이 느껴진다. 해발 90m에서 시작된 길이 표고 570m 지점이라고 표시된 우물이 나오면서부터 완만한 능선으로 변신한다. 가끔은 낙엽 속으로 발목이 푹푹 빠지는 곳도 있지만, 대부분 길이 전형적인 육산이다. 이렇게 3㎞의 능선을 따라 산뜻한 기분이 정상까지 계속된다.

정상에서 가볍게 요기를 때우고 왔던 길로 600m를 유턴하여 거무나리로 하산 방향을 잡는다. 양쪽 능선으로 둘러싸인 하산은 비교적 길이 잘 닦여져 있고 산세가 옴팍하여 바람이 자고 햇빛을 모아주기 때문에 마치 포근한 안방으로 들어온 것 같다.

계곡의 직각 방향으로 낙엽 위를 미끄러지듯 한참을 내려간다. 희미했던 계곡 물소리가 서늘한 기운을 동반하여 점점 크게 들려온다. 겨울철 갈수기에 이 정도의 수량이라면 한여름에는 대단한 계곡을 형성할 것으로 짐작이 든다.

계곡 흐름이 휜 곳에 작은 백사장이 형성되었다. 멋진 계곡과 숲이 어우러진 물가에 오면 누구나 추억 하나쯤 떠올리기 마련인데, 불현듯 까까머리 학창 시절 군용텐트와 야전(야외전축)을 둘러메고 강가에 모여 놀던 기억이 수면 위로 떠오른다. 세월은 이미 유수처럼 훌쩍 지났지만, 생각은 엊그제 적 같다. 학창 시절 달콤한 아이스크림 같은 추억들을 끄집어내자 입가에 잔잔한 미소가 번진다.

구불구불한 계곡의 형상대로 하산길 역시 계곡 따라 휘어져 내려간다. 이정표의 기준이 죄다 폭포를 기준으로 한다. 분위기가 점점 협곡으로 빠져드는가 싶더니 큼직한 바위 하나를 통째로 옮겨 놓은 듯 밑동부터 흑갈색 속살을 드러낸 압도적인 암벽이 놓여 있다. 가까이 다가가 아래서부터 위로 올려다보면 마치 단칼로 내리친 듯 깎아지른 기세에다 이국적인 모습이다. 절로 감탄사가 나올 수밖에 없는 형상이다.

협곡을 시작으로 내연산 청하골의 대표적인 멋진 폭포들이 차례로 등장한다. 관세음보살의 약칭인 관음을 딴 관음폭포는 주변의 경치가 너무나 빼어나 관세음보살이 금방이라도 나타나 중생들의 간절한 소원을 다 들어줄 것 같은 느낌이 온다. 폭포 아래 거대한 암벽인 선일대를 낀 협곡에 용이 숨어 살다가 승천하였다는 잠룡폭포, 폭포 아래 30여 m에 걸쳐 바람을 맞지 않는다는 무풍폭포를 비롯하여 내연산 12폭포 중 규모가 큰 연산폭포가 이 일대에 모여 있다.

유유히 흘러내린 폭포수는 물거품을 이룬 채 꽁꽁 얼어 백색의 기둥이 세워지고 흐르는 물소리는 얼음 안으로 숨어 버렸다. 물줄기 따라 흘러내리던 나뭇잎은 숨이 죽은 듯 침묵으로 돌아섰다. '즐겁게 춤을 추다가 그대로 멈춰라'라는 한 동요의 가사처럼 겨울 내연산이 얼음 옷을 뒤집어쓰고 깊은 겨울잠에 빠졌다.

내연산은 여름날 물줄기가 시원하게 쏟아지는 정취로 인해 보통 여름 산으로 추천하지만 멋진 산은 어느 계절과 관계없이 다 좋지 않은가 싶다. 한겨울 청하골의 하얀 빙벽을 보며 얼음과자를 먹는 것과 같은 달콤한 감상에 빠지거나 내연산의 활엽수들이 다 져버린 여린 나뭇가지 사이로 힐끔힐끔 들어오는 맑은 빛과 파란 하늘을 보며 겨

울 정취에 흠뻑 젖을 수도 있기 때문이다.

에필로그

2007년 국립공원 입장료가 사라졌음에도 불구하고 얼마 전까지만 하더라도 국립공원 지역을 포함하여 일부 사찰들이 등산로 입구에서 문화재 관람료를 받는가 하면 많은 곳이 카드 결제가 안 되는 곳도 있어 등산객들 불만이 쌓여가고 있었다. 차량 주차료까지 징수하면서 현금만을 강요함에 따라 급기야 단체로 오는 산악 동우회 회원들과 관리 주체와의 실랑이가 벌어지는 일이 왕왕 벌어졌었다.

문화재보호법은 문화재를 관리하는 단체가 자신들이 정한 관람료를 입장객들로부터 받을 수 있도록 규정하고 있어 이를 근거로 사찰 측은 사찰 안에 있는 문화재들을 일반에 공개하기 때문에 관람료 차원에서 돈을 받을 수 있다고 주장하지만, 산만 둘러보고 싶은 등산객들은 현 상황에 대해 불합리한 처사라고 생각할 수밖에 없었다. 그래서 굳이 그렇다면 매표소를 사찰 앞으로 옮겨야 한다는 것이었다.

한 언론에서 조사한 자료에 의하면 이처럼 국립공원 안에서 입장료를 징수하는 사찰은 전국에 63곳에 달하며 이 가운데 카드 결제가 가능한 곳은 28곳으로 절반에도 미치지 않는다는 지적도 내놓았다.

필자가 내연산, 선운사 등의 산행을 하면서 이 같은 불합리한 문화재 관람료 명목의 입장료 징수를 누차에 걸쳐 지적하였으며, 대한불교조계종과 문화재청이 문제해결을 위한 대책을 마련하도록 촉구하였고 많은 산악인의 공감을 얻은 바 있었다. 그리고 나서 최근 문화재청과(現 국가유산청) 대한불교조계종이 업무협약을 체결하여 대한불교조계종 산하 65개 사찰에서 징수하던 문화재 관람료를 2023.5.4.부터 폐지하였다니 늦었지만 천만다행이다.

내연산(內延山 710m)

주요 코스

① 공영주차장 ➡ 구 매표소 ➡ 문수암갈림길 ➡ 문수봉 ➡ 내연산 정상 ➡ 은폭포 ➡ 출렁다리 ➡ 잠룡폭포 ➡ 보연폭포 ➡ 연산폭포 ➡ 보현암 ➡ 상생폭포 ➡ 서운암 ➡ 공영주차장

② 공영주차장 ➡ 서운암 ➡ 상생폭포 ➡ 보현암 ➡ 출렁다리 ➡ 은폭포 ➡ 시명폭포 ➡ 향로봉 ➡ 삼지봉갈림길 ➡ 내연산 정상 ➡ 문수봉 ➡ 문수암 ➡ 서운암 ➡ 공영주차장

내장산(內藏山)

전북특별자치도 정읍시·순창군

기암괴석과 울창한 산림, 맑은 계곡이 어우러진 이곳은 호남 5대 명산 중 하나로, 내장사를 중심으로 서래봉, 불출봉, 연지봉, 까치봉, 신선봉, 장군봉까지 산줄기가 말발굽처럼 둘러싸여 마치 철옹성과 같은 독특한 지형을 이룬다. 특히 비자림이 유명하다.

노령산맥의 중앙에서 솟아나 호남의 금강이라 불리는 내장산(內藏山 763m)은 우리나라 8경의 한 곳으로 꼽히며 웅장함과 기이한 산봉우리 그리고 기암절벽과 계절에 따라 색다른 경치가 아름다워 예전부터 유명함이 널리 알려져 왔다.

주봉인 신선봉을 비롯하여 월령봉, 서래봉, 연지봉, 장군봉 등의 기암들이 동쪽으로 말굽 모양을 이루며 지리산, 월출산, 천관산 및 능가산(또는 변산)과 더불어 호남의 5대 명산으로 불려 왔다. 특히, 철 따라 특별한 멋을 이루는데 그중에서 가을 단풍과 겨울 설경을 더 아름답게 쳐준다.

1971년 서쪽의 임암산과 남쪽의 백양사를 합하여 이 일대를 내장산국립공원으로 지정하였으며 뛰어난 산악 풍경과 함께 백양사와 내장사 등의 사찰 및 등산로가 있어 관광객과 등산객이 연중 붐비는 산이다.

내장산은 서울에서 고속버스나 열차로 정읍시까지 갈 수 있는 대중교통의 편리성은 물론이고 내장산 입구까지 포장된 도로가 이어지는 접근성이 양호하고 주차장이 널찍하다. 게다가 주변에 남도의 토속 맛집에다 관광호텔과 기타 숙박시설까지 잘 갖추어져 있다.

설악산을 비롯한 윗녘이 오색 단풍 맞이로 절정을 이루다가 아랫녘으로 단풍의 남진이 이뤄지고 있는 상황에서 내장산 또한 본격적인 단풍 물들기를 위한 몸풀기 단계에 들어갔다.

10월 마지막 주말 이른 아침 고속도로를 지나 평소보다 많은 시간을 투자하여 4시간 40분 만에 전형적인 시골 마을이며 산행 들머리인 전북 순창군 복흥면 봉덕리 대가마을의 도착이다. 인기척이 없는 마을에는 가을걷이가 소복하게 쌓여 공허함을 달래주는 고요한 대가리 마을을 벗어나면서 산행이 시작인데, 가을을 불러 모으느라 활기차게 돌아가는 계절의 숨소리를 숲속 가까이에서 들을 수 있어 좋은 출발을 예감한다.

파란 하늘 아래로 가을 햇살을 받으며 밭 사이를 헤집고 얼마쯤 지났을까? 자칫 모르고 지나칠 수도 있는 오른편 이정표를 따라 숲속으로 들어가면 서서히 갈색으로 갈아입기 시작하는 초목이 드러나며 가을이 실감 나게 거듭나고 있다.

내장산 신선봉으로 오르는 최단 코스인 만큼 경사가 급해지고 갈지자형 비탈을 천천히 오른다. 출발한 지 30여 분이 지나 숨이 찰 무렵 첫 번째 조망터가 시원스럽게 들어온다. 눈은 먼 산을 향하고 상큼한 가을바람을 온몸으로 맞으며 저물어 가는 10월 하늘을 하염없이 바라본다. 신록으로 거듭나기 위해 몸부림쳤던 5월의 능선이 이제는 고운 단풍으로 물들기도 전에 서서히 속살을 드러내기 시작한다. 그토록 치열했던 8월의 무더위가 바로 엊그제 같은데, 흐르는 시간은 열기를 식혀 주는 것도 모자라 달이 바뀌어 가을 끝자락으로 떨어지면 시린 겨울마저 고이 안아야 할 때를 맞이할 것이다.

경사는 여전히 거칠고 등산로에는 지난해 떨어진 묽은 낙엽과 올가을 초보 낙엽

이 신분을 달리하며 자연스럽게 버무려져 있다. 한적한 산길에 한 발 한 발 발자국을 남기며 정상을 향해 나간다.

경사가 다소 느슨한 가운데 사각사각 소리내는 산죽이 군락을 이루며 식생 구조를 지배하는 산길을 오른다. 사방이 탁 트인 공간이 나오고 들머리 부근에서 자리했던 대가 저수지가 이제는 저 멀리에서 펼쳐진다.

고도가 높아질수록 초록이 지쳐 노랑과 빨강을 이루고 늘 푸른 초록이 함께 어우러져 오묘한 삼원색의 조화를 이룬다. 내장산 일대는 고로쇠나무와 신나무 등 무려 13종의 나무가 있어 다른 산보다 화려하고 다양한 단풍을 선사한다고 알려졌다.

날머리 대가를 출발하여 GPS 기준 2.25㎞ 떨어진 내장산의 최고봉인 해발 763m 신선봉에 이른다. 보통 산정에서 곧추세워진 정상석과 달리 펀펀하고 옆으로 길게 퍼진 정상석에는 짧은 글씨일지라도 가로로 쓰여 있어 읽기가 편하고 돌의 모양새가 안정적이다. 단풍이 한창 절정을 이루는 시기에는 정상 인증을 받기 위해 길게 장사진을 섰던 기억이 나는데, 오늘은 그때 비하면 그래도 나은 편이다. 국립공원에서 제공하는 신선봉에 대한 설명을 빌리면 신선봉은 경관이 수려하고 내장 9봉을 조망할 수 있으며 봉우리 아래 계곡 산벽에 유서 깊은 용굴과 금선폭포, 기름 바위, 신선문 등이 있고 남쪽으로는 구암사로 통하고 그 너머로 백양사에 이른다고 전한다.

정상에는 헬기장을 비롯하여 너른 공간을 갖추고 있다. 점심 먹기에 알맞은 타임이다. 파란 가을 하늘 아래, 마치 파도치는 듯이 선명한 산마루 금을 바라보며 시원한 바람과 함께 신선봉에서 신선 놀이하듯 아늑하고 즐거운 시간을 채워간다.

백암산과 연계 산행을 해야 하는데, 소등근재 방향으로 등산 아닌 하산으로 진행한다. 까치봉으로 분기하는 갈림길을 거쳐 소등근재까지 다소 험한 내리막을 거친다. 이후 순창새재까지는 편안한 숲길이다.

해발 500여 m 순창새재를 기점으로 오르막이 시작되고 다시 내리막으로 반복한다. 정상으로 가는 마지막 가파른 구간에는 바람이 자고 서늘했던 날씨가 포근해지면서 숨이 차고 목이 타들어 가는데, 오늘따라 얼음물이 마냥 그립기만 하다.

완만한 능선을 따라가다 해발 741m 백암산 정상 상왕봉의 도착이다. 백암산 정상에서는 멀리 정읍 시내와 내장산이 조망되고 고개를 돌릴 때마다 눈이 즐겁고 생각은 가을 정취에 젖게 한다.

2년 전과 3년 전 이맘때의 산길을 따라 날머리를 향해 내려간다. 산과 계절은 항상 그때와 그대로인데 산길은 아무 때나 다 보여 주지 않는지 천차만별 낯설게 다가오며 느낌을 새롭게 한다.

백양사로 내려가기 위한 두 번째 하산이다. 산죽으로 채워진 능선을 내려가다 명품 소나무 한 그루가 멈추고 쉬어가길 청한다. 등이 다소 굽은 채 양지바른 쪽을 향해 부챗살처럼 옆으로 넓게 펼쳐진 나뭇가지는 인고의 세월과 비바람이 함께한 흔적이 역력하며 강인한 생명력으로 의연하게 버텨온 가운데 자연이 빚어낸 걸작으로 거듭난 모습이다.

하산하는 도중에 여러 사람과 만나고 스쳐 지나가길 되풀이한다. 깊은 산일수록 마주치는 사람마다 이미 아는 사람처럼 반갑게 서로의 안산(安山)을 교환한다. 요즘처럼 단풍이 곱게 물든 철에는 훈훈한 분위가 고조되어 모르는 사람도 금세 친해지고 어디에서도 볼 수 없는 산(山)에서만 일어나는 문화를 이어간다.

멋진 조망으로 이름난 해발 651m 백학봉에 이르러 백양사의 전경을 한눈에 내려다본다. 이곳 백학봉은 백암산 아래 백양사와 백학봉 일대의 암벽 및 식생 경관이 아름다워 명승 제38호로 지정되었고 대한 8경의 하나로 손꼽혀왔을 만큼 명소로 알려졌다. 백암산의 단풍은 바위가 희다는 데서 유래하였는데, 백학봉의 백색 바위가 단풍과 잘 어울리며 한몫 하였다 한다.

백학봉 아래 자리한 영천암이 멋진 볼거리를 제공하고 영천수에 얽힌 재미있는 사연이 깃들어 있다. 조선 후기 호남 지역에 유행병이 돌자 백양사 바위에 국제기(國際基)라 새기고 영천굴 바위굴에서 솟아 나오는 영천수를 제단에 올리며 사람들이 약수를 마시게 하니 신기하게도 병이 나았다 하며 이때 전라감사 홍락인이 보은의 뜻으로 지은 암자가 이곳 영천암이라 한다.

거대한 암벽을 뚫어서 만든 전망대 격의 이 약수암은 첩첩산중에 둘러싸인 백양사가 한눈에 조망되며 효능이 좋다는 약수터와 함께 널리 알려져 왔다. 이렇게 아름다운 경치를 조망하는 거와 달리 하산은 험한 길과 긴 수직 덱 계단으로 내려가야 하는 수고를 감내해야 하며 아름다움을 감상하는 대가를 단단히 치러야 한다.

거친 산길이 끝나고 폭이 넓고 완만한 길을 따라가면 서기 백제 무왕 때 여환이 창건하였으며, 고려 시대와 조선 시대를 거치며 여러 차례 중건하는 과정에서 사찰 이름 또한 수없이 바뀌기를 반복한 내장산국립공원 내에 자리한 백양사에 다다른다. 경내와 사찰 맞은편에는 난대성 늘 푸른 나무인 비자나무 5,000여 그루가 군락

을 이룬다. 비자나무 군락지는 희귀성과 심미성 때문에 특별한 보호가 필요하다고 판단하여 천연기념물로 지정하여 관리 중이다.

일주문을 벗어나 내려가는 동안 아쉬운 마음에 여러 차례 고개를 돌리면 백양사 뒤 산자락으로 가을이 여물어가는 풍경이 그윽하게 자리한다. 아직 푸름을 다 떨쳐내 지 못한 애기단풍들도 태양이 점차 빛을 잃어가게 되면 스스로 붉게 물들게 되고 머지않아 만추의 정열을 아낌없이 불태울 것이다.

날머리 주차장으로 향하는 구간에는 고즈넉한 산책로와 함께 수백 년 된 갈참나무 거목들과 수천 그루의 단풍나무들이 길가를 에워싸고 심신을 아늑하게 누그려주며 더없이 좋은 분위기를 수놓는가.

이제 오늘이 지나면 다 꽃 피우지 못한 미완의 가을과 함께 10월도 과거 속으로 완전히 사라지게 될 터이다. 내장산 단풍이 만추를 이루는 11월보다 만추를 향해 조금씩 바뀌는 모습에서 내일의 희망을 품을 수 있기에 오늘을 더 추억할 수 있고 이 시절을 더 아름답게 누릴 수 있을 것이다.

내장산(內藏山 763m)

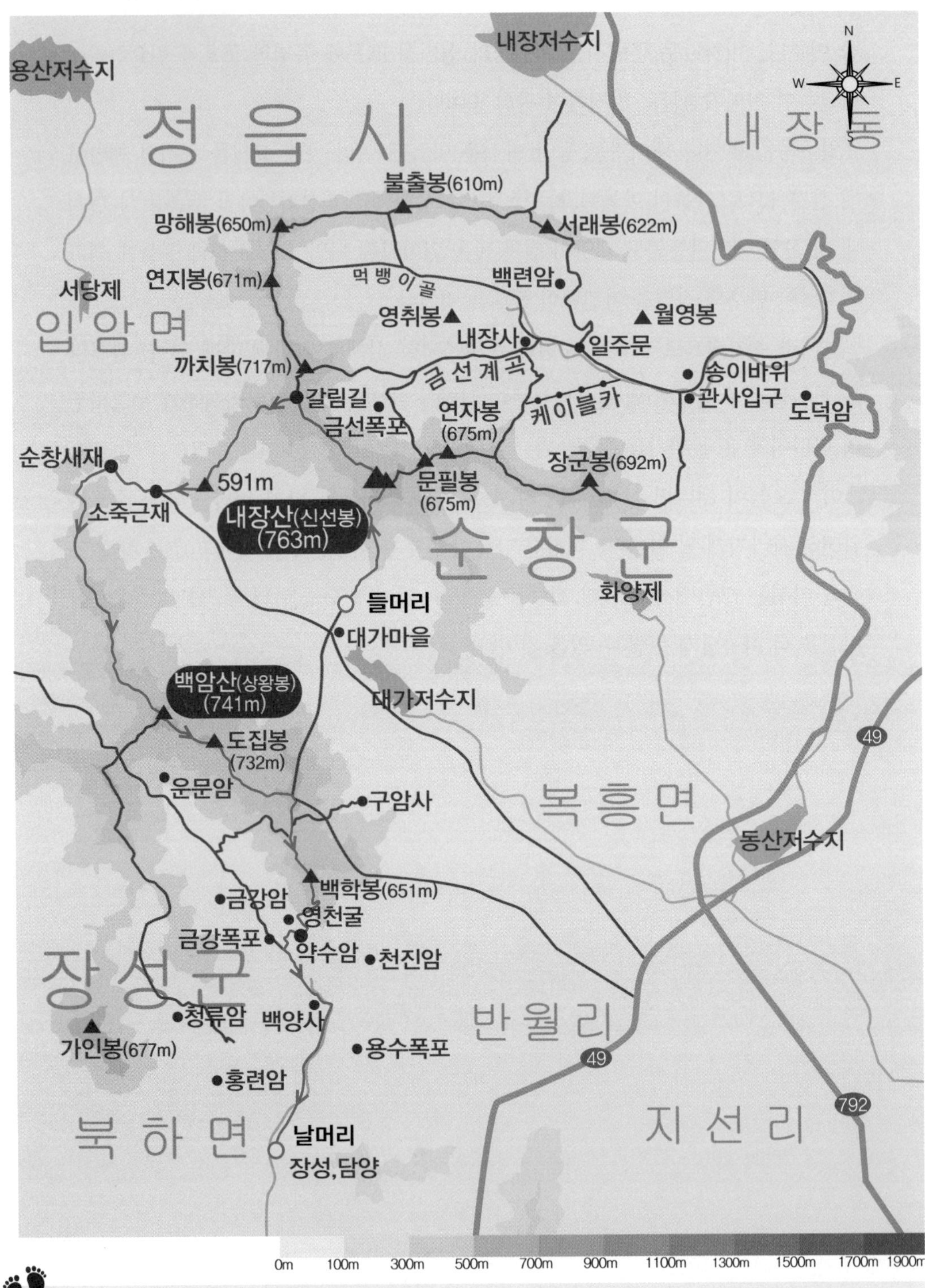

주요 코스

① 대가마을 ➡ 내장산 정상 ➡ 까치봉갈림길 ➡ 소죽근재 ➡ 순창새재 ➡ 백암산 ➡ 도집봉 ➡ 백학봉 ➡ 영천굴 ➡ 약수암 ➡ 백양사 ➡ 백양사주차장

② 일주문 ➡ 내장사 ➡ 연자봉 ➡ 문필봉 ➡ 내장산 정상 ➡ 소죽근재 ➡ 백암산 ➡ 백학봉 ➡ 영천굴 ➡ 약수암 ➡ 백양사 ➡ 백양사주차장

대둔산(大芚山)

충청남도 금산시, 전북특별자치도 완주군

정상인 마천대를 비롯하여 사방으로 뻗은 바위 능선의 기암괴석과 수목이 어우러져 경관이 좋다. 마천대에서 낙조대에 이르는 바위 능선과 일몰 광경이 뛰어나며, 임금바위 · 장군봉 · 동심바위 · 신선바위 등이 있다. 임금바위와 입석대를 잇는 금강구름다리와 태고사(太古寺)가 유명하다.

충남도와 전북도에 걸쳐서 규모가 크고 아름다움을 자랑하는 대둔산(大芚山 878m)은 각각의 도마다 도립공원으로 지정하여 운영 중이며 봉우리들이 장쾌한 맛을 풍기는 산으로 '호남의 금강' 또는 '작은 설악산'이라고도 한다.

원래 이름은 '한듬산'이었다. '듬'은 두메, 더미, 덩이, 뜸(구역)의 뜻으로 한듬산은 '큰 두메의 산', '큰 바윗덩이의 산'을 말한다. 한편, 한듬산의 모습이 계룡산과 비슷하지만 산태극 수태극의 큰 명당자리를 계룡산에 빼앗겨 '한이 들었다.' 해서 '한듬산'이라는 유래도 있다. 일제 강점기에 이름을 한자 화하여 '한'은 대(大)로 고치고 '듬'을 이두식으로 가까운 소리가 나는 둔(芚) 또는 둔(屯) 자로 고쳐서 대둔산이 된 것이라 전한다.

대둔산은 노령산맥 북부에 속하는 잔구 가운데 하나로 침식된 화강암 암반이 드러나 봉우리마다 절벽과 기암괴석을 이룬다. 특히 정상의 임금 바위와 입석대(立石臺)를 잇는 금강구름다리는 빼놓을 수 없는 명소이다. 대둔산 낙조대(落照臺)에서 맞는 아침 해돋이와 낙조 또한 유명하다.

충남 금산군 진산면 두지리에 위치하는 산행 들머리 태고사 입구이다. 때는 여름과 가을의 경계를 오가는 9월 중순이지만 날씨는 아직 여름 편에 서서 늦더위를 쏟아붓는다. 태고사는 그 터가 좋아 신라 신문왕 때 창건한 원효대사가 이 절터를 찾아내고 사흘을 춤추었다는 전설과 함께 만해 한용운(韓龍雲)은 '태고사의 터를 보지 않고는 천하의 승지를 말하지 말라' 할 정도로 태고사에 대한 극찬이 이어져 왔다.

태고사 입구 저수지부터 올가을 곱게 물들 예비 단풍로가 산객의 마음을 싱그럽게 맞이하고 마치 통천문을 통과하듯 기이한 두 개의 바위가 문처럼 나타난다. 바위 왼쪽에는 조선의 명재상 우암 송시열이 이곳에서 수학하던 중에 친필로 썼다는 '석문'이라는 음각이 새겨져 있고 그사이를 지나 100여 m 따라 오르니 한국전쟁 당시 불타 없어진 뒤에 새로 지은 태고사의 대웅전, 무량수전, 관음전이 가을을 기다리며 고요하고 아늑한 분위기를 자아낸다.

본격적인 산행이 시작되고 산속으로 빨려가듯 전국 각지에서 찾아온 등산객 대열에 합류하여 거친 숨소리를 교환하며 가파른 너덜지대를 오른다. 흐르는 땀 위로 바람이 스친다. 자연이 어루만져 주는 금싸라기 같은 선물에 짜릿하고 기분까지 시원해진다. 바람 내음과 숲의 색도 계절 깊숙이 들어가 가을을 닮아 가는데 이 분위기에 함께하는 사람들은 선택받은 축복이다.

멀리 서해로 지는 해가 가장 멋진 곳이라는 낙조대에 이른다. 낙조가 아니더라도 주변에는 기암괴석과 정원수처럼 빚어낸 신의 작품인 자연 분재가 한데 어울려 빼어난 경관을 보여 준다. 초록이 더 지쳐 알록달록한 단풍으로 물들 가을에는 그야말로 환상적인 장관을 연출할 것 같다. 기다렸다는 듯이 감정 표현이 익숙한 산객들은 물 만난 고기처럼 기념사진을 담느라 앞으로 나가지 못하고 지체가 계속된다. 대둔산의 유명세가 지치지 않고 유지되는 비결의 한 단면을 보는 듯하다.

대둔산 정상 마천대이다. 명산의 맨 꼭대기에 도시의 마천루처럼 볼품없는 철재로 세운 탑에 '개척탑'이라 써 놓았는데 무슨 의미인지 알 길이 없다. 수려한 경관을 자랑하는 이름 있는 정상에다 인공 구조물치곤 너무 어울리지 않는다고 생각한다. 산꼭대기에 철 구조물이 세워져 산의 정기를 막아버릴 것 같이 답답하다.

정상에서 날씨 좋은 날에는 서쪽으로는 끝없이 펼쳐져 있는 호남평야와 군산과 장항 너머의 서해까지 한눈에 내려다볼 수 있다는데, 오늘은 영 아니다. 더구나 하늘의 분위기가 수상한 가운데 먹구름까지 몰려온다. 이미 내려간 일행들을 따라잡기 위해 서둘러 하산이다.

빗나가도 좋을 듯싶었던 예측이 틀림이 없이 맞아떨어졌다. 웬만한 비 정도는 맞으며 산행할 법한데 우기가 지난 가을철에 졸지에 치고 빠지는 복병 장대비가 틈을 주지 않는다. 빗방울이 점차 굵어져 결국 판초 우의를 꺼내 입는다.

비가 오는 대둔산이 비와 함께 운해를 뒤집어썼다. 빗방울이 떨어지는 맑은소리에 운치가 더해지고 어느새 운해가 산등성이까지 에워싸 또 다른 장관을 연출한다. 자연은 계절이 바뀌거나 기상이 변하면 변한 대로 순발력 있게 아름다운 자태를 잃지 않는다. 쏟아지는 비로 인해 무더운 공기는 청량해졌다. 비에 가려지고 구름에 지워져 일부의 풍경은 볼 수 없지만 이대로의 풍경도 싫지 않다.

삼선바위 앞에 삼선계단으로 내려가려는 인파가 마치 귀성객들의 기차표를 예매하는 줄처럼 길게 늘어섰다. 비는 소강상태로 접어들었지만, 철재 계단에 물기가 남아 있어 미끄럼 주의가 필요한 상황이다. 올라오는 사람이 없는 때를 기다려 거의 수직에 가까운 좁은 철재 계단을 뒷걸음질하며 천천히 한 계단씩 밟아 내려간다. 멀리서 볼 때는 위험스럽게 느꼈지만 믿음이 갈 정도로 튼튼하게 설치되었다.

가을비가 뿌려져 산과 하늘이 정화되었다. 가을 내음으로 가득한 가운데 운무 속에 갇힌 구름다리 입구에는 오고 가는 사람들로 북적댄다. 두 발로 하늘을 걸으면 이런 기분일까? 출렁거리는 다리를 건너는 동안 감동도 함께 일렁인다. 구름다리는 신이 만든 경관에다 인간의 노력이 보태져 대둔산의 명물로 거듭나고 명소로 자리매김하였다. 대둔산 산행 후 가장 오래 남은 기억을 꼽는다면 누구나 주저하지 않고 대둔산의 구름다리와 주변 경관을 주저 없이 꼽을 것이다.

대다수 일행의 의견을 따라 해발 700m 가까이 자리한 케이블카를 타고 주차장을 향해 곧장 내려가는 까닭은 가을을 재촉하는 비 때문이다. 비만 왔을 뿐인데 가을바람이 상큼하게 코를 자극한다. 여름을 갈무리하는 틈도 없이 어느덧 가을은 산에서부터 성큼 내려오는 듯하다.

다시 또 대둔산 산행 기회가 주어진다면 만추의 가을 대둔산과 겨울 대둔산을 선택하겠으며 오늘의 산행을 그리워할 것이다. 전북 완주군 운주면 산북리 대둔산공용버스터미널을 갖춘 주차장에서 모든 산행 일정을 이만 마무리한다.

대둔산(大芚山 878m)

주요 코스

① 태고사 입구 ➡ 낙조대 ➡ 산장매점 ➡ 용문골삼거리 ➡ 칠성봉 ➡ 대둔산 정상 ➡ 삼선구름다리 ➡ 임금바위 ➡ 케이블카 승강장 ➡ 매표소 ➡ 대둔산터미널

② 수락계곡 입구 ➡ 갈림길 ➡ 군지폭포 ➡ 깔딱재 ➡ 대둔산 정상 ➡ 임금바위 ➡ 임석대 ➡ 금강구름다리 ➡ 동심바위 ➡ 대둔산터미널

대암산(大岩山)

강원특별자치도 양구군·인제군

휴전선 부근에는 희귀 생물과 원시림에 가까운 숲이 천연보호구역으로 지정되어 관리되고 있으며, 이 지역은 우리나라 최대의 희귀 생물 자원이 보존된 곳이다. 정상부에는 약 9,000평이 넘는 넓은 초원에 큰 용늪과 작은 용늪으로 이루어진 고층습지가 있다. 주변 지형이 마치 펀치볼(punch bowl)처럼 생겨 '펀치볼'이라 불리며, 이곳의 해안분지(亥安盆地)가 유명하다.

우리나라 최북단 휴전선과 인접한 강원도 인제군과 양구군에 걸쳐 있는 대암산(大巖山 1,304m)은 한국전쟁 때 묻어두었던 지뢰 때문에 오랫동안 출입이 통제되었다가 수년 전에 일반인에게 비로소 개방되었다. 아직도 일 년 중 일정 기간에 한정된 인원만 당국의 사전 허가를 받아야 산행이 가능한 민간인 출입 통제 구간이기 때문에 산행하기 위해서는 신분증 지참이 필수다.

대암산은 식물생태학적인 면에서 특이한 경관을 보여 주고 있어 이상적인 학술 연구 대상지로 높이 평가받아 오다가 1973년에 인근 대우산과 함께 천연 보호구역으로 지정되었다. 분지와 습원 등 지형적으로 다양한 특징을 지니고 있고 기후 조건이 특이하여 희귀 동식물이 서식하고 있다는 이유이다. 대암산 용늪은 1997년 국내 최초로 람사르 국제습지 협약에 등록되었다.

(산행 이후 2024년 연초에 인제군청으로부터 확인한 결과 용늪 상류에 있는 군부대의 각종 시설에서 토사가 용늪으로 쓸려 와 용늪에 육상식물이 침투하는 등의 용늪 육지화를 방지하기 위해 군부대를 용늪과 수계를 달리하는 지역으로 이전하였다고 한다.)

대암산 등산코스는 세 곳이다. 양구군과 인제읍 가아리에서 출발하면 차량을 통해 대암산 9부 능선에 해당하는 용늪까지 수월하게 오를 수 있지만, 산행을 즐기며 자연을 탐방하는 곳은 인제군 서화면 서흥리가 유일한 산행지 출발점이다.

계절의 주기는 추분을 지나 지난 주말 세차게 내린 비의 영향으로 가을 속으로 빠르게 빨려가고 있는 상황에서 산행 들머리인 강원도 인제군 서화면 서흥리에 자리한 대암산 용늪방문자지원센터의 도착이다, 지역 주민인 안내원으로부터 장황한 산행 주의사항을 들은 다음 안내원 인솔하에 산행이 시작된다.

서울에서 이동하는 도중에 자욱했던 안개는 대부분 걷혔지만 푸른 하늘 아래 미처 빠져나가지 못한 산안개가 숲 가장자리에서 서성이고 있다. 맑은 날씨 징후가 예상되는 가운데 은빛 햇살이 시원한 기운과 함께 찬란하게 쏟아져 내려 산행 또한 좋은 예감이다.

구성진 안내원의 해설과 함께 널찍한 임도를 따라가다 대암산 나무꾼들이 쉬어간다는 너래바위에서 전열을 정비한다. 산행하면서 항상 가이드가 따라붙기 때문에 산행과 달리 다리의 쉼도 일사불란하게 행동을 통일해야 한다.

너래바위를 털고 일어나 계곡 위 출렁다리를 횡단하자 바로 오르막 숲길로 이어진다. 얼기설기 다듬어 놓아 반듯하지는 않지만, 인공이 배제된 자연 돌계단이 보는 이로 하여금 자연감과 편안함을 가져다주어 오르기도 자연스럽다.

풀이 무성하고 재미있는 사연이 깃든 어주구리(漁走九里) 쉼터이다. 용늪에서 살고 있던 물고기가 용이 승천하는 소리에 놀라 달아나다 나무꾼에게 잡혔는데, 다음 날 나무꾼이 도망쳐온 거리를 재어 보니 십 리에서 조금 모자라는 구리(九里)라고 해서 붙어진 이름이란다. 옛사람들의 과학적인 사고방식이 재미있게 느껴지는 이야기이다.

완만하게 에둘러 올라가는 산길에서 이따금 불어오는 산들바람과 온갖 수목에서 뿜어 나는 체취가 최북단 청정 트렌드 이미지와 맞물려 더욱 싱그럽다. 이윽고 이정표가 나타나고 멀지 않은 곳에 오늘 산행의 또 하나의 하이라이트인 용늪이 있음을 알게 되니 늘어졌던 몸에 기대감 높은 에너지가 솟는다.

용늪 도착 전에 큼직한 돌로 닦아 쌓은 포장도로가 먼저 눈에 띈다. 이 도로는 용늪 밑의 이탄층(부패와 분해가 완전히 되지 않은 식물의 유해가 진흙과 함께 늪이나 못의 물 밑에 퇴적한 지층)의 유실 방지 목적으로도 쓰인다고 한다. 이곳부터 행정구역이 강원도 인제군에서 강원도 양구군으로 바뀌고 한 번 마시면 10년은 젊어진다는 용샘에서 목을 축인 다음 용늪 생태 탐방을 향해 이동이다.

용늪 내부는 올해 들어 7월 15일 최초로 일반인에게 개방되었으며 원주지방환경관리청에서 나온 자연환경 해설사의 안내 및 통제를 반드시 따라야 한다. 해발 1,000m 이상 고지에서 광활한 면적과 2.8m 이탄층을 보유하는 자연 습지는 세계적

으로 매우 드물다는 해설이다. 용늪은 국방부, 문화재청, 환경부, 산림청이 소관별로 각자의 업무를 분담 관리하고 있어 체계적인 환경관리가 잘 되어 있는 것으로 보인다.

용늪 탐방을 마치고 정상으로 향하는데 좁은 등산로 양옆에 출입 금지하는 줄과 함께 온통 지뢰밭 경고 팻말이 무성하다. 용늪과 이 부근은 국방부에서 한국전쟁 때 희생된 전사자의 유해 발굴이 계속 진행 중이라는 자연환경 해설사의 설명이다. 이렇게 멋진 탐방로에 아직도 분단의 역사가 빚어낸 민족의 슬픈 유물이 도사리고 있다는 현실에서 씁쓸한 감정을 떨치지 못한다.

정상을 향한 마지막 오르막이다. 내리쬐는 따가운 햇볕은 녹음이 가려 주고 산들바람이 지친 체력에 활기를 넣어 주는 덕분에 비교적 손쉽게 정상에 다다른다. 본격적인 가을이 오기 전에 이미 계절의 혜택을 받은 셈이 되었다.

정상은 대암산 부분 개방 이후 한참 있다가 다시 확대하여 개방되었다는데, 최정상을 알리는 흔하디흔한 정상석 하나 없고 허접스럽게 나뭇가지 줄에 매단 나무 팻말만이 정상임을 확인시켜 준다. 더군다나 정상부 바위는 많은 위험 요소가 도사리고 있음에도 제대로 된 안전시설이 전혀 없고 좁디좁은 공간에서 양방향 통행이 어려워 세심한 주의가 필요하다. (이후 제대로 된 정상석이 세워졌다고 한다.)

정상은 너무 협소하고 계속해서 오가는 사람들로 붐비는 곳이기 때문에 다음 사람들을 위해 인증 사진만 찍고 바로 되돌아서야 해서 정상 가까운 곳에서 대리 조망한다. 다소 아쉽더라도 쓸쓸한 멧부리를 뒤로한 채 올라올 때와는 다른 길이지만 원점 회귀를 목표로 하산이다.

오를 땐 미처 못 보았던 산등성이가 마치 초록 융단을 펼쳐놓은 듯한 모습으로 나타날 즈음 온몸에 젖은 땀을 바람이 훑고 지나간다. 잠시 쉬어가라는 자연의 메시지로 여기고 한 곳에 모여 자리를 튼다. 일행과 남은 음식으로 정을 나눠 먹으며 산행에 관한 이야기꽃이 진지하게 이어진다.

더위의 끝자락에서 계절의 산 주인은 가을로 바뀌었다. 그토록 구성지던 매미 울음은 다 사라지고 숲속은 완연히 가을 풀벌레 소리로 접수되었다. 지난여름을 그리워하는 산객들은 추억 하나를 추가하고 이제는 10월의 아름다운 가을 산행 이야기를 기다려야 한다.

대암산(大岩山 1,304m)

주요 코스

① 서흥리탐방안내소 ➡ 너래바위 ➡ 출렁다리 ➡ 어주구리쉼터 ➡ 포장도로 ➡ 용늪 ➡ 생태탕방덱 ➡ 전망대 ➡ 용늪관리소 ➡ 대암산 정상 ➡ 숲길 ➡ 서흥리탐방안내소

② 가야리탐방안내소 ➡ 용늪관리소 ➡ 대암산 정상 ➡ 갈림길 ➡ 서흥리탐방안내소

대야산(大耶山)

충청북도 괴산군, 경상북도 문경시

기암괴석과 폭포, 소(沼)가 어우러져 아름다운 경관을 이루고 있으며, 속리산 국립공원에 포함된 지역이다. 용추폭포와 촛대바위가 있는 선유동계곡과 '월영대'가 특히 유명하다.

백두대간의 자리에서 거친 듯하면서 아담하고 정제된 아름다움이 배어 나온 경북 문경의 진산으로 명성이 높은 대야산(大耶山 931m)은 속리산국립공원 구역에 속하며 백두대간 마루금을 경계로 충북 괴산군과 서로 접하고 있다. 과거에는 대하산, 대화산, 대산, 상대산 등으로도 불렸고 1789년에 발행된 《문경현지》는 지금의 대야산으로 표기하고 있다.

자연과 사람이 동화되어 한데 누릴 수 있는 국립대야산자연휴양림은 문경시 8경의 중심부에 위치한다. 휴양림에는 산악인을 위한 방문자 안내소, 가족들이 편히 쉬어갈 수 있는 산림문화휴양관과 함께 도자기 체험장, 숲 체험로 등 다양한 시설을 고루 갖추고 있으며 앞으로 산막과 야생 화원, 야생식물 관찰원, 숲속 교실 등도 조성될 예정이란다.

용추계곡의 양쪽 옆 바위에는 신라 시대 최치원이 쓴 세심대, 활청담, 옥하대, 영차석 등의 글씨가 음각으로 새겨져 있는 것으로 전한다. 인근에 신라 후기 구산선문의 봉암사, 견훤 유적지, 운강 이강년 생가지, 문경새재 등 역사적 명소가 많다.

충북 괴산군 청천면 이평리 농바위 마을회관을 들머리로 하여 산행이 시작되고 숲으로 들어가자 시끌벅적한 풀벌레 소리로 가득하지만, 느낌은 싫지 않고 청량하게 와닿는다. 메뚜기가 가을에 한 철을 맞는다면 계절이 여름 한복판으로 자리를 잡으면서 풀벌레의 전성기가 찾아왔다. 풀벌레 정취에 취해 느슨한 경사 길을 2㎞ 남짓 가서야 농바위 또는 대 슬랩 방향을 택일해야 하는 삼거리 이정표이다.

가는 방향에 자리한 대 슬랩으로 오른다. 하늘이 탁 트이고 흰 구름에 휩싸인 산을 마주 보고 있는데 슬랩의 거대한 바위가 속살을 드러내며 위에서 아래로 매끈한 몸매를 보여 준다. 바람도 숨이 멎은 채 이글거리는 태양을 등에 지고 내친김에 뒤도 돌아보지 않고 네 발로 단숨에 기어 올라가는 짜릿한 리치 손맛을 본다. 뙤약볕을 피해 절벽 그늘 속에서 얼음물 처방과 함께 대 슬랩의 여운을 느끼며 꿀맛 같은 휴식으로 산행의 백미를 만끽한다.

정오가 지나고 정상을 가기 위해 넘어야 할 중대봉에 이르러 기념을 남긴다. 허기가 엄습해 오고 자연스럽게 삼삼오오 무리를 지어 각자의 도시락으로 끼니를 때운다. 협곡을 사이에 두고 바로 맞은편 봉우리가 오늘의 최고봉 대야산이라는 누군가의 말에 일제히 정상을 향해 고개를 돌린다. 하늘 아래 우뚝 솟은 대야산이 위용을 드러내며 존재감을 보여 준다.

중대봉에서 내리막을 거쳐 정상을 향해 다시 거친 오르막의 도약이다. 높이 솟은 봉우리에 속리산과 조항산 그리고 백두대간으로 이어지는 분기점과 만나고 하늘이 열리면서 조망이 확 좋아진다. 오른쪽 멀리 앞으로 도전하여야 할 희양산으로 짐작되는 산까지 시야에 들어온다.

까칠한 오르막 데을 따라 유난히 솟구쳐 오른 대야산 정상에 안착이다. 정상에는 충북 괴산과 경북 문경 일대의 멋진 풍경이 사방으로 펼쳐진다. 그늘이 없는 정

상에서의 머묾은 누구나 길게 허락하지 않는다. 올랐던 길을 다시 내려와 피아골과 월영대 방향으로 하산이다.

등산로가 패이고 깎인 경사가 급한 내리막이다. 밀재로 분기하는 갈림길 이후에는 계단으로 이어지지만 가파른 정도는 마찬가지이다. 돌이 풍화되어 부스러진 마사토가 미끄러짐을 유발하는 관계로 밧줄에 의지하여 피아골로 접어든다. 정상에서부터 1.2㎞ 떨어진 지점이다.

정상에서 월영대, 용추골 방향으로 하산하는 길은 나무 덱이 끝없이 이어지는 만큼 고도가 급강하한다. 급하게 떨어지는 비탈에서 계단은 불가피한 수단임에도 불구하고 많은 사람이 계단에 대한 인식은 부정적이다. 계단은 오를 때와 내려갈 때마다 무릎에 와 닿은 물리적 충격이 다르므로 계단을 설치할 경우 계단의 넓이와 폭을 인체공학적으로 검토하는 검증이 선행하여야 한다고 강조한다.

피아골에서 월영대까지 비교적 쉽게 내려온다. 수량이 풍부한 계곡이 탐방로 길가에 나란히 이어진다. 허연 바닥을 드러낸 계곡에 옥처럼 맑은 물이 흘러내리고 하트 모양으로 파인 소(沼)에 이르자 가득 담긴 물빛이 신비스러운 푸른빛을 띤다.

휘영청 밝은 달이 높이 뜨는 밤이면 희디흰 바위와 계곡을 흐르는 맑디맑은 물 위에 어린 달그림자가 더할 나위 없이 낭만적이라는 월영대를 비롯하여 계곡마다 물놀이 인파로 가득하다. 월영대는 충북 괴산군 화양동의 파천을 축소한 느낌이 든다는 평을 받을 정도로 여름 계곡으로 유명하다.

문경 팔경 중의 으뜸으로 쳐주는 대야산 용추계곡이다. 깎아지른 바위와 온갖 형상의 기암괴석으로 둘러싸인 폭포의 장관이야말로 명소 중의 명소로 암수 두 마리의 용이 하늘로 오른 곳이라는 전설을 증명이라도 하듯 용추 양쪽 거대한 화강암 바위에는 두 마리의 용이 승천을 할 때 용트림하다 남긴 용 비늘 흔적이 신비롭게도 선명하게 남아 있다. 이곳은 아무리 가물어도 물은 마르는 일이 없어 예부터 극심한 가뭄이 들면 이곳에서 기우제(祈雨祭)를 올리기도 하였다고 한다.

이렇듯 명소 중의 으뜸 명소에 왔는데, 이곳을 그냥 지나치는 것은 산악인으로서 명소에 대한 기본 예의가 아니다 싶다. 급기야 손과 발을 담갔으나 성이 차지 않아 결국 온몸을 담그는 알탕을 치르고서야 직성이 풀리고 피로 또한 말끔해진다.

날머리가 가까워지면서 자연 휴양림답게 야영객과 피서객으로 더욱 북새통을 이룬다. 다음 주부터 본격적인 여름휴가로 접어들면 이곳은 최고의 절정기를 맞이하며 진가를 유감없이 발휘할 것 같다. 경북 문경시 가은읍 완장리 대야산 국립대야산자연휴양림 주차장 도착으로 모든 산행을 마무리한다.

붉은 햇살 사정없이 쏟아지고 염소 뿔도 녹는다는 대서(大暑) 언저리이다. 도시의 홍염은 눈이 아릴 정도로 눈 부시만 수림이 절정을 이룬 대야산에 오면 넉넉하고 평온함을 가져다준다. 삶에 지치고 생이 무거운 짐으로 느껴질 때 심신의 보살핌과 활력을 얻기 위해서 여름 산만한 것이 또 있을까 한다.

대야산(大野山 931m)

주요 코스

① 농바위마을 ➡ 농바위골 ➡ 대슬랩 ➡ 중대봉 ➡ 대야산 정상 ➡ 건폭 ➡ 피아골 ➡ 월령대 ➡ 용추골 ➡ 용추폭포 ➡ 벌바위 ➡ 선유동

② 버리미기재 ➡ 전나무숲 ➡ 곰넘이봉 ➡ 미륵바위 ➡ 블란치재 ➡ 촛대봉 ➡ 대야산 정상 ➡ 중대봉 ➡ 대슬랩 ➡ 농바위골 ➡ 농바위마을

덕숭산(德崇山)

충청남도 예산군

지역 주민들이 소금강이라고 할 만큼 기암괴석과 어우러진 경관이 수려하다. 백제 법왕 때 지명법사가 창건한 수덕사(修德寺)와 보물인 마애불과 덕산온천이 유명하다.

충남 예산의 덕숭산(德崇山 495m)은 호서 지방의 금강산이라 할 만큼 아름다워 인근 가야산(678.2m)과 더불어 덕산도립공원으로 지정되어 있다. 이 산이 품고 있는 대표적인 관광지는 599년 백제 법왕 때 지명 법사가 창건한 수덕사(修德寺)이며 가수 송춘희가 '수덕사의 여승'을 불러 히트함에 따라 절도 함께 더 유명해졌다.

수덕사는 대웅전 앞마당의 국보 삼 층 석탑을 비롯한 많은 문화재와 미술품을 간직한 천오백 년 된 고찰로 명성을 얻다 보니 한편에서는 덕숭산을 수덕산이라고도 불린다. 절 입구에는 전통과 현대를 아우르며 동□서양의 정신세계를 접목하고 승화시켜 근현대 미술사의 선구자적인 예술가로 평가를 받는 이응로 화백의 사적지가 있다.

덕숭산 지구와 가야산 지구로 구분하여 1973년에 지정된 덕산도립공원은 산악내륙형 특성에다 자연경관이 수려하고 독자적인 특성을 보인 데다가 국토의 중심부에 위치하는 관계로 많은 관광객이 찾고 있다.

2016년 아들하고 단둘이서 덕숭산 인근에 모신 부모님 산소에서 성묘를 마친 다음 바로 올랐던 덕숭산을 아들과 함께 다시 찾아왔다. 당시 상황을 되새기는 의미에서 더 나아가 나름대로 변변한 추억 하나를 아들에게 남겨주기 위함인데, 평소 무뚝뚝한 아들이 자의 반 타의 반 의지로 동행해 주니 고맙기가 그지없다.

차량으로 2시간에 걸쳐 충남 예산의 수덕사 주차장에 도착해서 여장을 정비한다. 바람이 자고 포근한 날씨라서 산행하기에 퍽 좋은 날이다. 운집한 식당가를 헤집고 10여 분을 올라가 수덕사 일주문을 지나자마자 왼편으로 '선미술관'과 이응로 선생의 사적지가 차례로 등장한다.

솔향으로 그윽한 사찰 경내를 요리조리 살피다가 금강문에 이르렀는데, 예전에 사찰 입장료 매표소가 커피숍으로 바뀌었다. 한때 산만 오르는 산객마저 입장료를 강요하는 행위를 여러 차례 지적하였는데, 알고 보니 문화재청과 대한불교조계종이 업무협약을 체결하여 대한불교조계종 산하 65개 사찰에서 징수하던 문화재 관람료를 2023.5.4부터 면제되었다 한다. 늦었지만 산악인 한 사람으로서 무척 다행스럽게 받아들인다.

단청을 거부하는 수덕사 대웅전을 벗어나 이정표를 따라 산으로 들어간다. 봄이 들어선다는 입춘 언저리 때문일까? 산길 좌우를 넘나드는 계곡물에는 봄을 기다리는 나무들이 물을 빨아들이도록 끊임없이 졸졸 흘려보낸다.

엉성하게 다듬어진 길쭉한 돌들이 계단을 형성하고 산객들에게 아늑한 길이 되어준다. 산길은 등산로 역할뿐만 아니라 수덕사의 여러 부속 암자와 접근하기 위한 동선인 만큼 기계로 다듬어진 천편일률적인 형태보다 유서 깊은 대사찰 분위기에 어우러지도록 옛 방식이 더 고풍스럽고 자연스럽다고 하겠다.

아직도 등산로 곳곳에 견성암, 화소대, 조사전과 금선대 등의 수덕사 관련 암자가 나오며 사찰 분위기에서 벗어나지 못한 상황이다. 위로 올라갈수록 활엽수들이 소유욕을 버려야 진정한 평화와 자유를 얻을 수 있다는 법정 스님의 '무소유'를 실천하려는 듯 이파리 모두를 내려놓고 나목이 되어 산을 두르고 있다.

산 정상까지 중간 지점에 나타난 수덕사 만공 스님의 업적을 기리는 만공탑이다. 승탑 형식이 육각의 지대석 위에 둥근 고임돌을 놓고 그 위에 세 개의 기둥을 세운 다음 둥근 돌을 올려놓은 모습으로 근대 사찰 조형물로서 가치가 높을 뿐만 아니라 일제강점기 때 왜색 불교를 배척하고 한국 불교의 자주성과 정통성을 지켜냈다는 스님의 사상을 잘 품어냈다고 한다.

봄을 기다리는 마음으로 아들과 동행하니 무난한 산행이 더욱 여유롭다. 함께 사진을 찍는가 하면 일상에서 접어두었던 대화로 소통의 싹을 키우며 부자간의 돈돈한 새싹도 트여간다. 출발 전 다소 서먹서먹하고 부자연스럽던 씀씀이마저 누그러지며 고도가 높아질수록 부자간의 정도 두텁게 쌓인다. 정상을 500여 미터 남겨두고 덱 계단이 정상까지 탄탄대로 이어준다.

덕숭산 정상 표지석이 8년 전 그대의 모습으로 출현한다. 산 북쪽 저 멀리 가야산이 아스라이 자리하고 고도가 높지 않은 만큼 산 아래 시골 마을이 선명하게 다가온다. 동쪽으로는 경기도 안성 칠장산에서 남하하여 이곳을 거쳐 태안반도 안흥진까지 이르는, 이른바 금북정맥의 산줄기가 시야로부터 끊임없이 멀어져 간다.

여유로움이 시간을 지배하며 아들과의 추억 쌓기가 늘어진다. 낯선 사람과 음식을 나눠 먹다가 특별한 역사를 써 가는 한 60대 부부의 산사랑 기부(寄附) 이야기에서 많은 시사점을 얻는다. 오래전부터 산을 오를 때마다 자신의 나이 세대에다 산 높이를 곱한 만큼의 금액을 공공기관에다 산 이름으로 기부함에 따라 기부 금액이 일 년이면 수백만 원에 달한다고 한다. 남다른 방식으로 버킷리스트를 실천해 가는 모습에서 예사롭지 않은 숭고함이 느껴진다.

하산은 예전과 다르게 덕숭산에서 벗어나 금북정맥을 타기로 한다. 덕숭산이 고도가 낮은 데다가 단조롭고 코스마저 짧은 까닭이어서이다. 하지만 일반 등산객들의

발길이 뜸한 산길이라서 덕숭산 등산로와 금북정맥의 분기점을 찾기가 쉽지 않다.

어렵사리 길목을 찾았지만, 정령 제대로 된 길이 맞는지 긴가민가한 낯선 길을 더듬거리며 조심스러울 수밖에 없는 상황이다. 준비한 아이젠은 무용지물인데도 예보에 없던 비가 창궐하니 설상가상의 지경이다. 산행 경험과 감각을 보태서 한참을 내려가 여러 산악회 리본이 발견됨에 따라 비로소 안도의 마음을 추스른다. 산길에 눈이라도 쌓였다면 절대 불가능했을 미지의 길을 마치 새로 개척이라도 했다는 듯이 뿌듯함이 묻어 나온다.

가풀막진 길이 바닥에 비스듬히 기대며 산길이 안정을 찾자 풍채가 당당한 송림으로 들어찬다. 길바닥에는 솔잎으로 푹신하게 깔아 놓고 발바닥을 부드럽게 안정시키며 기분이 너그럽게 평안해진다. 불현듯 귓가에 들려오는 차량 소리로부터 곧이어 고도가 바닥을 친다는 신호를 보낸다.

기기묘묘한 형상의 괴석들로 어우러진 절묘한 산세가 한 작품을 이루며 멋진 모습으로 다가온다. 단조로운 산행에서 벗어나고 새로운 도전을 하느라 겪은 심란함을 보상이기도 하듯 깜짝 풍경 하나를 뚝딱 선사하는 셈이다. 금북정맥의 선택은 우여곡절이 따랐더라도 기대가 맞아떨어지는 결과를 낳았다.

산행 막판에 40번 국도를 가로지르는 지점에 도립공원 경계를 지은 울타리가 앞길을 떡하니 막고 있는 난감한 상황이다. 결국, 시행착오를 겪으며 어렵사리 나마 헤쳐 나올 수 있었지만, 아들과의 유기적인 협력이 있었기에 그나마 가능했다. 40번 국도를 따라 수덕사 주차장으로 원점회귀라는 내내 이슬비 내림이 지속하였음에도 아들과 함께하는 특별한 산행인 만큼 날씨에 아랑곳없이 마음은 훈훈한 봄기운으로 완연하였다.

덕숭산(德崇山 495m)

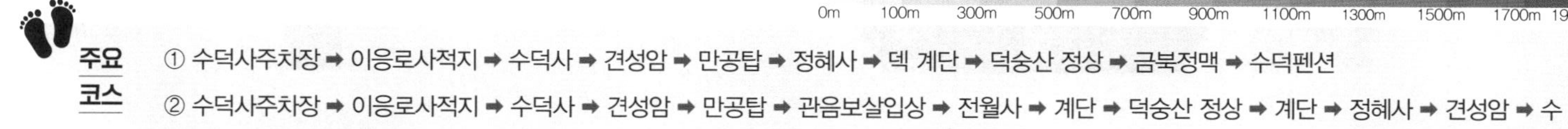

주요 코스

① 수덕사주차장 ➡ 이응로사적지 ➡ 수덕사 ➡ 견성암 ➡ 만공탑 ➡ 정혜사 ➡ 덱 계단 ➡ 덕숭산 정상 ➡ 금북정맥 ➡ 수덕펜션

② 수덕사주차장 ➡ 이응로사적지 ➡ 수덕사 ➡ 견성암 ➡ 만공탑 ➡ 관음보살입상 ➡ 전월사 ➡ 계단 ➡ 덕숭산 정상 ➡ 계단 ➡ 정혜사 ➡ 견성암 ➡ 수덕사 ➡ 수덕사주차장

덕유산(德裕山)

전북특별자치도 무주군·장수군, 경상남도 거창군·함양군

향적봉에서 남덕유까지 17km에 이르는 장대한 능선을 이루며, 금강과 낙동강의 수원지이다. 덕유산 북쪽으로는 약 30km에 걸쳐 흐르는 무주구천동계곡, 자연휴양림, 그리고 신라 흥덕왕 때 무염국사가 창건한 백련사(白蓮社) 등이 유명하다.

소백산맥의 중앙에 솟아난 덕유산(德裕山 1,614m)은 북덕유산(1,594m)과 남덕유산(1,507m)으로 이루어져 있으며 전북도와 경남도 북부 경계에 있는 산이다. 동쪽으로 황강과 남강, 서쪽으로 금강이 흐르는 분수령이 되고 있다.

잇달아 솟은 웅장한 능선과 봉우리들을 중심으로 25㎞에 걸쳐 펼쳐지는 무주구천동의 33경, 칠련, 용추폭포 및 주변 산지를 포함하여 1975년에 국립공원으로 지정되었다. 뛰어난 경치가 이어지는 덕유산국립공원은 봄의 철쭉, 여름의 무성한 녹음과 시원한 계곡, 가을의 단풍, 겨울의 설경 등이 일 년 내내 아름다운 경치를 자아낸다. 주변의 경치와 아름다운 조화를 이루는 무주구천동에는 수성대, 가의암, 추월담, 수심대, 수경대, 비파담, 구월담, 구천폭포 등이 있다.

산마루 근처에는 주목 군락이 펼쳐져 있다. 구천동계곡의 명승지로는 백련사와 안국사가 있다. 백련사는 신라 시대에 세운 절로 매월당 부도가 있으며, 안국사는 고려 시대에 세워진 절로 지방 문화재로 지정된 극락전이 있다. 고대 삼국 시대에는 동쪽은 신라 땅이고 서쪽은 백제 땅이었는데, 이 문으로 두 나라가 통하게 되었다 해서 불린 나제통문이 있다. 사면이 절벽으로 둘러싸여 있는 적상산성 등의 사적지를 비롯한 관광 자원이 풍부하여 관광객의 발길이 끊이지 않는다.

이른 아침 서울을 벗어난 버스는 경부고속국도를 거쳐 대전통영고속국도 무주 요금소를 빠져나온다. 산행 전날부터 눈 소식에 멋진 상고대를 기대하는 설렘과 들뜬 마음을 알아주었는지 무주에서부터 열렬한 새하얀 눈발 환영을 받으며 산행 들머리인 전북 무주군 설천면 심곡리 무주리조트에 도착한다.

정상은 걸어서 오르는 등산 대신 산악회 일정에 따라 곤돌라를 이용하기로 한다. 곤돌라 이용 표는 사전 예매를 하였음에도 탑승을 위한 긴 행렬이 끝없이 펼쳐지고 많은 시간이 소요된다. 눈이 많이 내린 덕유산 설경을 보고자 하는 관광객까지 합세하여 최고의 호황을 누린 이유이다. 긴 기다림에 짜증도 날법하지만, 설산에 대해 기대에 부풀어 모두가 거짓이나 꾸밈이 없이 순수한 어린 시절로 돌아가 즐거운 표정을 감추지 못한다.

리프트에 이끌려 오르는 동안 유리창 밖으로 보여주는 덕유산의 설경에 모두 탄성이 터져 나온다. 걸어서 오르면 수 시간은 족히 걸릴 거리를 기계의 힘을 빌려 9부 능선의 설천봉까지 쉽게 다다랐으니, 산객의 체면이 깎인다 싶고 고산 준봉에 대한 미안함도 느껴진다.

설천봉에서 정상 향적봉까지 아름다운 눈꽃 행렬이 펼쳐지고 꿈속 같은 은세계가 펼쳐진다. 온 산과 나뭇가지마다 하얀 솜털로 뒤덮인 환상적인 설국에서 남녀노소 모두 동심이 따로 없고 아름다운 동화 속의 나라로 돌아가 멋진 추억을 만드느라 황홀한 무아지경에 빠진다. 올겨울 최고의 백미를 장식한다.

느끼고 즐기는 기간은 길었지만, 정작 걸어서 등산하는 시간은 짧게 덕유산 정상 향적봉에 도착한다. 점심때가 되었다. 국립공원에서 마련한 대피소는 이미 와 있는 산객들로 입추의 여지가 없고 매점 상품은 극히 한정된 품목뿐이다. 눈 위에 바람을 피해 삼삼오오 모여 각자의 음식으로 허기를 때우며 진지하게 꿀맛 같은 시간을 갖는다.

정상을 지나고서야 산행다운 산행이 본격 시작된다. 향적봉까지는 눈꽃을 즐기는 풍경이었다면 향적봉에서 중봉에 이르는 구간은 하늘이 드넓게 열리고 광활한 남덕유산의 위풍당당한 산세가 아스라이 펼쳐진다.

백암봉에 내려가고 올라서면 동업령갈림길이다. 곧장 가면 남덕유산으로 향하는 코스인데 당일치기는 곤란하고 무박 2일은 잡아야 하는 긴 종주 길이다. 덕유산이 여성적이라면 남덕유산은 덕유산에 비해 고도는 약간 낮지만, 남성미가 철철 넘쳐나는 겨울 산으로 최고로 쳐준다. 남덕유산 산행은 다음을 기약하며 우측으로 틀어 칠연폭포 방향으로 향한다. 오랜 산행에서 체력이 소진되고 지치지만, 구간마다 은세계를 이룬 덕유산의 겨울 산행 진수는 시쳇말로 대박이다.

산행 날머리인 전북 무주군 안성면 공정리 덕유산 안성탐방지원센터에서 산행을 모두 마치며 언젠가는 다시 찾아올 수밖에 없는 겨울 덕유산의 멋진 매력을 듬뿍 담아간다.

<남덕유산 산행>

소백산맥 중심부에서 경남 함양의 남덕유산(봉황산, 1,507m)은 북덕유산이라 불리는 전북 무주의 덕유산 향적봉(1,614m)과 쌍봉을 이루며 남덕유산이 덕유산을 대표한다 해도 별 무리는 없을 듯싶다. 남덕유산은 밋밋하고 단조로운 덕유산에 비해 다양한 코스가 다이내믹하여 산악인들 사이에서 겨울철 인기 명산 중에 최고로 쳐주는 데에 주저하지 않는다.

몇 년 만에 찾아온다는 전국적인 한파에도 불구하고 열정과 함께하는 산행 만남이 기다리고 있기 때문인지 집을 나서는 새벽바람은 오히려 온순하기까지 하다.

애초 산행 코스를 육십령, 할미봉, 서봉을 거쳐 남덕유산으로 올라가는 것으로 잡았으나 많은 폭설로 산행이 통제될 수 있다는 우려에 따라 기수를 돌려 덕유산국립공원 안내소가 있는 산행 들머리인 경남 함양군 서상면 상남리 영각탐방지원센터 주차장에 도착한다. 덕유산이 전북 무주 지역이라면 남덕유산은 육십령을 제외하면 행정 소재지가 대부분 경남 함양에 속한다.

산죽이 유난히 많은 비교적 완만한 길을 따라가다 남덕유산이 1.9㎞ 남았음을 알려주는 이정표가 나온다. 병목현상이 나오는 거로 보아 이제부터 본격으로 치고 오르는 급경사임을 예고한다. 쉬어가라는 메시지로 알고 갈증을 해소하며 여장을 정비한다.

정상으로 가기 전에 포근한 곳을 골라 점심 먹고자 터를 잡았는데 일행들의 준비물이 만만하지 않다. 벌려놓은 차림새로 보아 못해도 1시간 이상 소요될 심산이다. 오늘 목표는 남덕유산에서 오던 길로 유턴하여 원점으로 회귀하는 계획이라는데, 필자를 포함 4명은 산행 대장의 양해를 받고 대열에서 빠져나와 최대한 주어진 시간을 쪼개서 내친김에 갈 데까지 더 산행하기로 한다. 애초에 가려고 했던 서봉과 육십령이 일정에서 빠졌기 때문에 그곳에 최대한 접근할 수 있도록 해보자는 의도도 깔린 까닭이다. 나아가 그토록 기대했던 남덕유산에 대한 열망까지 보태져 엄중한 날씨 상황에도 용기백배할 수 있었다.

제법 고도가 높아지고 전망 또한 훤하게 들어온다. 겨울 산행의 백미는 설산인데 한동안 유난히도 그리워했고 간절하게 고대했던 눈다운 눈이 봉우리마다 두루 쌓여

있다. 우뚝 솟은 바위를 따라 남덕유산 최고의 조망을 자랑하는 곳에 명물로 거듭난 철재 계단을 배경으로 기념을 남긴다.

애초 목적지인 남덕유산 최고봉 정상을 찍었으나 여기서 끝이 아니다. 인증을 남기고 다음 목표 서봉을 향해 내리막으로 이어지자 기다렸다는 듯이 강한 삭풍이 몰아치자, 머리가 띵하게 아려 온다. 두터운 비니에 방한 후드를 깊게 덮어쓰고 옷차림을 단단히 고쳐 입는다.

고도가 바닥을 치고 다시 서봉을 향해 올라챈다. 허벅지까지 푹푹 빠지는 눈길 오르막을 거듭할수록 차오르는 카타르시스의 짜릿한 눈(雪) 맛이 일품이다. 허기가 몰려와 나뭇가지와 눈 뭉치를 가지고 에스키모식 이글루를 만들고 단출하게 속전속결로 식사를 해결한다.

배 속이 든든한 대신 숨이 차는 수고를 감내하며 드디어 남덕유산 서봉 전망대에 선다. 작렬하는 맑은 햇빛과 차디찬 파란 하늘 그리고 순백의 눈(雪)까지 삼원색 잔치를 이루며 2년 전 이맘때 왔던 저 멀리 덕유산과 오늘 애초에 갈려고 했던 육십령까지 순백의 향연이 거리를 두고 끝없이 펼쳐진다. 식사 시간을 쪼개어서 여기까지 온 만큼 기분이 뿌듯하고 느낌이 진하게 퍼진다.

가능하다면 무한정 머물고 싶은데 이렇게 멋진 잔치판을 뒤로하고 하산해야 하는 아쉬움이 따른다. 오늘의 아름다운 잔상은 특별하게 오래 남을 것이다.

남덕유산 정상으로 되돌아와 뒤따라온 나머지 일행과 다시 만나 함께 하산이다. 나머지 대부분 구간을 올라왔던 곳으로 내려와 산행 들머리 인근의 경남 함양군 서상면 상남리 경상남도 덕유교육원에서 모든 산행을 접는다.

올수록 또 오고 싶은 덕유산은 한 번도 못 와 본 사람은 있어도 한 번만 온 사람은 없다는 겨울 덕유산이라는데, 다시 올 수만 있다면 반드시 겨울 산행을 고집할 것이다.

에필로그

덕유산국립공원에 속한 남덕유산은 덕유산 향적봉에 최고봉 자리를 내주었지만 100대 명산을 떠나 덕유산 산행을 소개한다면 장엄하고 헌걸차게 펼쳐지는 남덕유산이야말로 덕유산을 대표하는 으뜸이라 해도 과언이 아닐 것이다. 특히, 겨울철에 맞이하는 남덕유산은 최고의 산행지로 꼽아도 손색이 없을 만큼 내세우고 싶었기에 별도의 남덕유산 산행기를 정리하여 남기게 되었다.

덕유산(德裕山 1,614m)

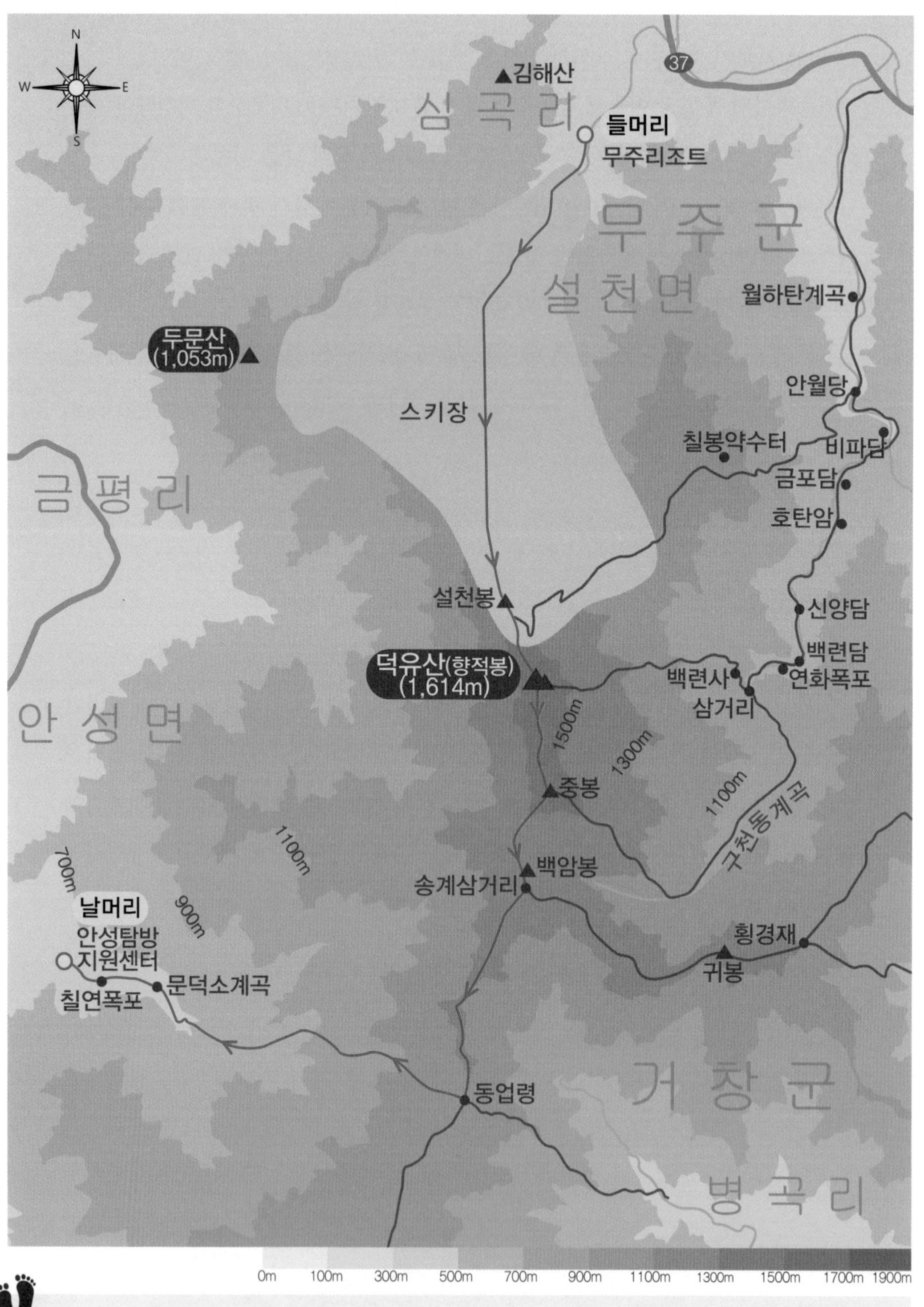

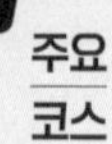

주요 코스

① 무주리조트 ➡ 스키장 ➡ 설천봉 ➡ 덕유산 정상 ➡ 중봉 ➡ 대피소 ➡ 백암봉 ➡ 송계삼거리 ➡ 동업령 ➡ 문덕소계곡 ➡ 칠연폭포 ➡ 안성탐방지원센터

② 영각탐방지원센터 ➡ 덕유교육원 ➡ 철계단 전망대 ➡ 남덕유산 정상 ➡ 서봉 ➡ 할미봉 ➡ 육십령

남덕유산(南德裕山 1507m)

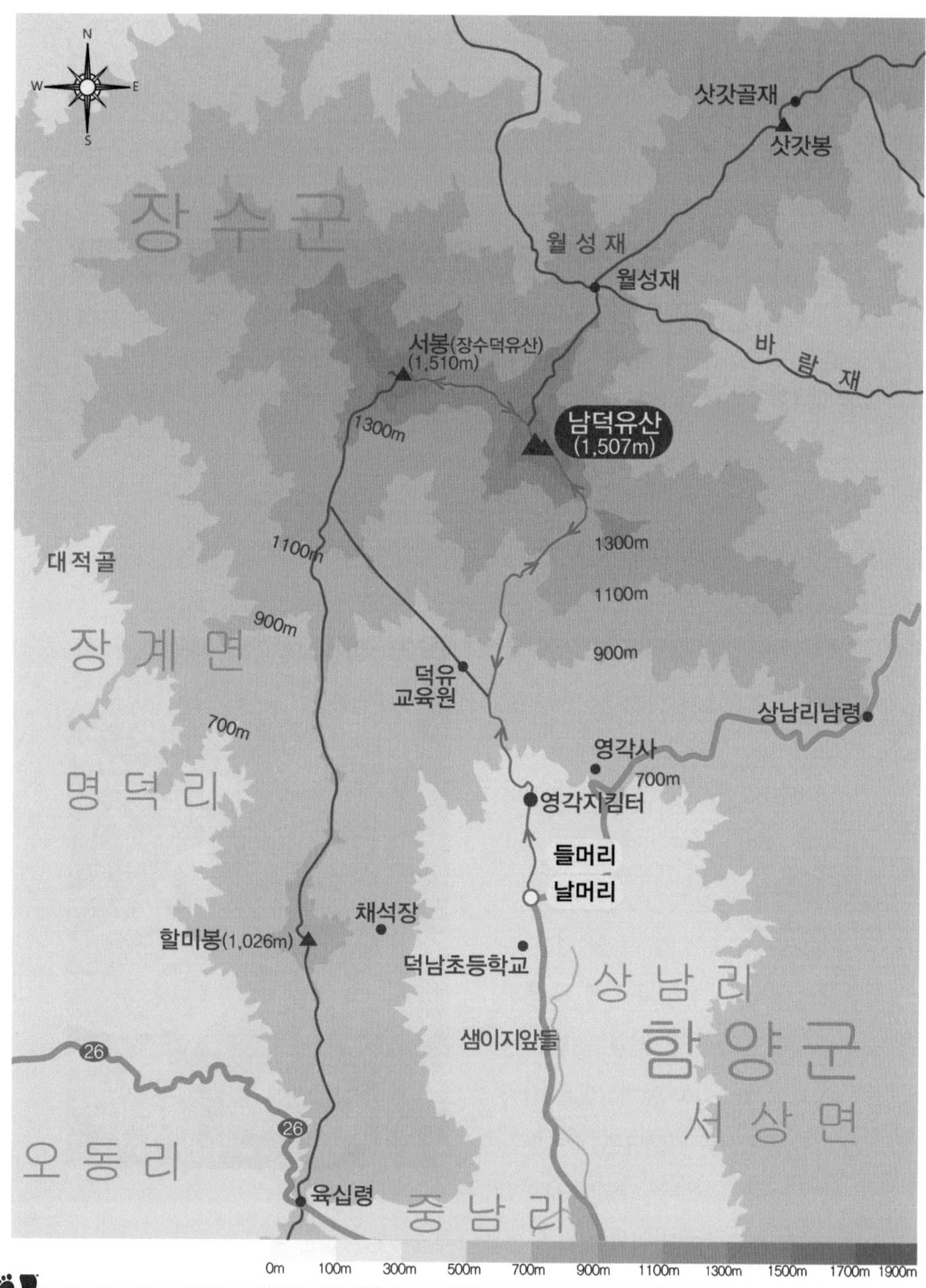

주요 코스

① 육십령 ➡ 할미봉 ➡ 삼거리 ➡ 서봉 ➡ 남덕유산 정상 ➡ 전망대 ➡ 영각지킴터

② 영각지킴터 ➡ 전망대 ➡ 남덕유산 ➡ 서봉 ➡ 남덕유산 정상 ➡ 전망대 ➡ 영각지킴터

덕항산(德項山)

강원특별자치도 삼척시·태백시

전형적인 경동지괴(傾動地塊) 지형으로, 기암절벽과 초원이 조화를 이루고 있다. 갈매굴, 제암풍혈, 양터목세굴, 덕발세굴, 큰재세굴 등 여러 석회동굴이 있으며, 그중에서도 약 4~5억 년 전에 형성된 길이 6.9km, 천장 높이 30m의 동양 최대 동굴인 환선굴이 특히 유명하다.

동양 최대 석회 동굴이며, 지하 금강산이라 불리는 천연기념물 환선굴을 품고 있는 덕항산(德項山 1,071m)은 강원도 삼척시와 태백시에 걸쳐져 있으며, 태백산맥 줄기에서 백두대간의 분수령을 이룬다.

덕항산은 북쪽에 강원도의 명산 두타산(1,353m)과 남동쪽에 응봉산(999m)이 있으며 지극산과 능선을 나란히 하고 있다. 동쪽 비탈면은 경사가 가파르나 서쪽 비탈면은 경사가 완만하다. 동남쪽으로는 기암괴석으로 이루어진 병풍암이 펼쳐져 있으며 하늘로 우 뚝 솟은 많은 촛대봉 외에 깎아 놓은 듯 반듯한 암석과 거대한 암벽들이 수려한 산세를 이룬다. 계곡을 따라 동쪽으로 약

12㎞ 길이의 무릉천이 흘러 오십천(五十川)에 합쳐진다. 덕항산은 봉우리마다 독특한 멋이 있고 산 입구에 들어서는 순간 여인의 품과 같다는 찬사를 얻을 만큼 포근함이 느껴지는 산이다. 주변에는 너와집, 굴피집, 통방아 등의 민속유물이 자연 그대로 보존되어 있어 산행과 더불어 또 다른 볼거리를 제공한다.

'소서 때는 새색시도 모를 심어라', '소서 때는 지나가는 사람도 달려든다.'라는 말처럼 더위가 더해지고 농부의 일손이 한층 더 바빠진다는 소서(小暑) 언저리에 산행 들머리인 강원도 태백시 하사미동 도로변에 버스가 잠시 정차된 틈을 이용하여 일행이 동시에 우르르 내린다.

인적이 끊긴 시골 동네에는 산행에 대해 별다른 안내판이 보이지 않는다. 도시와 달리 자연스럽게 제멋대로 난 길이라서 초행이 아니라는 사람마저 헷갈리는 길을 잠시 헤매다가 마을 앞을 흐르는 조그만 냇가와 외나무다리를 건너서 마을 어귀로 빠져나간다. 곳곳에 태양이 작열하는 비탈진 고랭지 배추밭이 제일 먼저 시야에 들어오며 강원도의 전형적인 시골 풍경을 그려낸다.

동네는 한창 바쁜 농사철인지 사람은 물론 강아지 한 마리 찾아볼 수 없는 적막이 흐른다. 평온한 태백의 시골 마을 풍경은 불어난 계곡물로 우렁차게 소용돌이를 치던 지난주 가리왕산 들머리와 너무나 대조적이다.

뙤약볕을 이고 포장길을 따라 하사미분교와 예수원을 지나자 숲과 계곡이 나타난다. 지난 우기 때 미처 빠져나가지 못한 습한 곳에서 풍긴 비릿한 물비린내에 아랑곳하지 않고 시원한 계곡 바람 유혹에 이끌려 여장을 정비할 겸 걸음을 멈춘다.

쉼 없이 오르막을 오르고 또 오른다. 기구한 팔자를 타고나 서방만 얻으면 죽고 또 죽어 무려 아홉 서방을 모셨다는 기구한 삶을 살았던 여인의 전설이 서려 있는 구부시령삼거리는 숲속 나그네들의 쉼터 격이다.

구부시령은 백두산에서 지리산까지 등줄기가 한 번도 잘리지 않는다는 한반도의 뼈대인 백두대간이 이곳에서 합류하는 곳이기도 하다. 그래서인지 삼거리 이정표를 알리는 각종 산악회 리본이 유난히 많이 붙어있는 모습이다.

삼거리 쉼터 충전소에서 활기찬 기를 얻는 덕분에 가파른 정상을 향해 힘차게 올

라선다. 옛날 삼척 사람들이 이 산만 넘으면 화전 농사를 할 수 있는 평탄한 땅이 많아 덕메기산이라는 데서 유래되었고, 그 뜻이 한자로 표기된 덕항산(德項山) 정상에 도착이다.

정상에는 돌로 된 정상석 대신 방향을 알려주는 나무와 조그만 철재로 만들어진 각각의 이정표에 현재 위치만을 표시할 정도로 초라한 모습이다. 정상 표식물이 아무리 허접하고 주변 경관이 우거진 녹음에 가려 조망은 어렵지만, 여타 산과 마찬가지로 산객들에게는 소중한 정복의 목표이며 인증 장소이다.

또 다른 정상 지각산(환선봉)까지 이어지는 산길은 적당한 장단과 리듬으로 호흡을 들이켜고 내뱉을 정도의 오르막과 내리막이 반복되는 백두대간의 연장선이다. 날씨는 덥지만, 햇볕이 가려진 탓에 바람이 느껴지는 수월한 진행이다.

사연을 알 수 없는 커다란 고사목이 하필이면 탐방로 앞에 자빠져서 걸음을 더디게 하는 것을 빼면 촉촉한 산길에다 부드러운 발 디딤과 그늘이 형성된 무난한 길이다.

때는 바야흐로 여름의 중심에 와있고 오늘 하루 중에서도 한복판을 가리킨다. 어느 방향으로 고개를 돌려도 자연의 향이 짙을 수밖에 없는 분위기 속에서 자리를 펴고 산중에서 맛있는 오찬이 차려진다. 낯선 사람과 마주 보며 정을 나누어 먹는다. 산행하면서 먹는 즐거움 역시 일상과 마찬가지로 주요한 의식이다.

하산하는 제2전망대에서 기념을 남기고 발아래 풍경을 통해 상쾌한 내음을 몸속 깊이 빨아들인다. 기분이 상쾌해지고 머리가 맑아진다. 하얀 뭉게구름이 산봉우리에 걸쳐져 푸르름과 대조를 이룬다. 산야는 세상 어떤 물감으로도 대신할 수 없는 순수 자연산 초록 향연이다. 여름이 무르익어 가는 숲에서 유려하게 흐르는 산길을 바라보며 또 어떤 추억 하나 새겨질까 생각의 나래를 편다.

얼음골 선녀폭포에 이르면 모두가 천금을 얻은 것처럼 탄성을 자아낸다. 바람이 실종되고 된비알 하산으로 인해 질척질척 땀으로 범벅이 된 몸과 기분을 말끔히 해소해 주는 곳이기 때문이다. 떨어지는 물소리 화음과 환선굴 지하에서 실려 오는 차디찬 암반수가 얼음골의 분위기를 살려주는 몰이꾼이며 이곳의 주가를 높여주는 일등 공신이다. 주저앉아 자리를 뜰 줄 모르다가 아쉬움을 뒤로하고 날머리로 향한다.

하산을 거의 다 마칠 무렵 뒤돌아서 올려다보는 덕항산 모습은 운무가 조금 가려져 있지만, 바위 봉우리들이 어우러진 아름다움은 실로 빼어난 광경이다. 봉우리마다 독특한 산세는 아늑하고 여인의 품처럼 포근하기까지 하다. 산행하면서 미처 못 보았던 참모습이 이곳에서 샅샅이 드러난다.

버스 출발보다 이른 도착이다. 귀경 시각에 쫓겨 절절매며 날머리를 향해 허둥지둥 발걸음을 재촉했던 상황에 비하면 이렇게 그늘에서 일행들과 이런저런 뒷이야기로 줄을 잇는 지금이야말로 가장 여유로울 수밖에 없다. 무더운 여름날 오늘도 명산 하나 안전하게 완주하고 대과 없이 끝맺음할 수 있어 감사한 마음이다. 산행 날머리인 강원도 삼척시 신기면 대이리 환선굴 주차장에서 모든 산행을 마친다.

덕항산(德項山 1,071m)

주요 코스

① 하사미교 ➡ 예수원 ➡ 구부시령 ➡ 구미사봉 ➡ 새메기고개 ➡ 덕항산 정상 ➡ 사거리쉼터 ➡ 지각산 ➡ 장암재 ➡ 환선굴 ➡ 폭포 ➡ 주차장

② 주차장 ➡ 갈림길 ➡ 동산고뎅이 ➡ 장암목 ➡ 926계단 ➡ 사거리쉼터 ➡ 덕항산 정상 ➡ 새메기고개 ➡ 구미사봉 ➡ 구부시령 ➡ 예수원 ➡ 하사미교

도락산(道樂山)

충청북도 단양군

소백산과 월악산 사이에 위치한 이 지역은 단양8경 중 하선암, 중선암, 사인암 등이 산재한 바위산으로, 경관이 매우 수려하다. 남한강의 지류인 단양천을 따라 약 10km 구간에 펼쳐진 하선암(下仙岩)과 쌍룡폭포, 옥렴대, 명경대 등의 웅장한 바위가 있는 중선암(中仙岩), 그리고 경천벽, 와룡암, 일사대, 명경담이 있는 상선암(上仙岩)이 유명하다.

소백산과 월악산 중간의 바위산인 도락산(道樂山 964m)은 충북 단양군에 위치하며 일부 지역이 월악산국립공원에 포함되어 있다. 단양은 영춘, 청풍, 제천과 함께 내사군에 속하는데, 그중에서 으뜸으로 치는 청풍명월의 도를 즐기는(道樂) 곳이 도락산이다. '깨달음을 얻는 데는 나름대로 길이 있어야 하고 거기에는 또한 즐거움이 따라야 한다.'라는 뜻의 도락산에 대한 우암 송시열의 일화가 전해 온다.

도락산을 끼고 북쪽으로 사인암과 상선암, 중선암, 하선암 등 이른바 단양팔경의 4경이 인접해 있어 주변 경관이 매우 아름답다. 능선에는 신선봉, 채운봉, 검봉, 형봉 등이 성벽처럼 둘러 있다. 바위,

계곡, 숲길의 풍치가 뛰어나고 정상까지 바위틈에 솟아난 청송은 암벽과 조화를 이루며 멋진 산수화를 보여준다. 단 양 군수를 지낸 퇴계 이황 선생도 이곳 절경에 감탄했다고 한다.

도락산과 빗재를 사이에 두고 있는 황정산(黃庭山 959m)은 그동안 단양팔경의 그늘에 가려 제대로 대접받지 못하다가 최근에 황정산의 칠성바위가 신단양8경 중의 하나로 지정되면서 이곳을 찾고 싶어 하는 유혹이 생겨나고 있다.

입동이 지나고 몇 차례 영하의 날씨가 겨울의 서곡을 알리는가 싶더니 아름다운 이 가을을 보내기가 아쉬웠는지 다시금 평온한 만추의 주말을 내어주었다. 이번 주는 이산 저산 산행 일정이 취소되는 등 뒤얽히고 복잡한 사정이 따랐지만 결국 언젠가는 도전해야 할 도락산으로 최종 결정되었으니 전화위복이 된 셈이다. 충북 단양군 단성면 가산리 상선암 주차장을 들머리로 잡아 산행이 시작이다. 포장된 도로를 어느 정도 따라가다가 월악산국립공원 단양지소 출입구에 이른다. 산불방지 플래카드가 보이고 알록달록한 나뭇잎 색깔이 가을이 아직 진행 중을 알려준다.

가을 색이 짙은 숲길은 잠깐만에 사라지고 파란 하늘과 맞닿은 바위가 산객들을 산으로 안내한다. 암벽과 암벽 사이 된비알 구간은 국립공원답게 돌계단과 철재 계단으로 잘 정비되어 있고 일정한 간격으로 이정표가 도움을 준다.

하늘은 티 없이 맑다. 사방으로 시야가 트이고 분재 감으로 손색이 없는 노송들이 즐비한 장면은 실로 압권이다. 정상으로 향하는 동안 숨을 거칠게 몰아쉬며 험난한 암벽을 지나기도 하지만, 때로는 한 폭의 진경산수화를 가슴에 그리며 오를 수 있

어 오히려 산행의 정겨움이 쏠쏠하다.

도락산은 이름만 멋진 게 아니다. 산을 오를수록 풍광도 이름 못지않다. 힘들게 오르는 수고스러움도 암벽 아래를 내려다보는 아찔한 전율도 감탄스러운 산세로 인해 금세 즐거움으로 뒤바뀌니 우암 송시열과 퇴계 이황이 그토록 극찬하였다는 말 그대로의 도락산(道樂山)이다.

인간의 나이보다 훨씬 더 돼 보인 노송 한 그루가 오래전에 고사한 듯 바위 속에 몸을 한데 섞은 채 등산로 한편에서 세월의 이정표처럼 서 있다. 죽어있는 게 이 정도이니 젊은 날의 푸르른 모습은 꽤 위풍당당하였을 것이다.

검봉을 거쳐 채운봉에 이르고 제봉에 서 오는 방향과 합류하는 도락산삼거리에서 걸음을 멈추고 쉬어간다. 이곳은 벼락 다발 지역이라는 안내 표지판과 함께 비 올 때 또는 벼락에 대한 예보가 있을 경우 출입을 삼가라는 안내가 있는 거로 보아 고도가 꽤 높아졌고 따라서 정상이 머지않음을 알 수 있다.

신성봉에 이르러 파란 하늘이 열린다. 남쪽으로 백두대간의 황장산이 조망할 수 있는 하얀 바위에서 기념사진을 남긴다. 이곳은 너른 바위의 규모나 형태로 보아 신선봉보다 신선대라는 표현이 적절하다는 생각이다.

도락산 정상에 도착이다. 정상을 조금 지나 조망이 트인 절벽 위에서 가야 할 남동쪽으로 황정산이 자리하며 일행을 어서 오라 손짓하는 듯하다. 정상에서 점심을 먹자마자 긴 일정 때문에 바로 자리를 비워주고 떠야 한다.

다음 연계 산행지 황정산으로 가기 위해 빗재로 하산해야 하나 초입부터 길 찾기가 만만치 않다. 정식으로 개설된 등산로가 없기 때문인데 결국, 시간이 지나 전문 산꾼들이 간간이 이용한 비장의 길을 어렵게 찾아 절벽 사이 좁은 공간을 휘돌아서 바위를 안고 한 발자국씩 이동하는데, 과정이 아찔한 난코스이다.

빗재까지 급경사 내리막이 한참 동안 이어진다. 빗재에 다다라 거의 산행 들머리에 해당하는 위치에서 바닥을 치고 이제부터 황정산 정상만을 위한 상승이다. 올라가는 길은 대체로 육산이지만 경사는 심한 편이다. 길은 바위에서 벗어났고 주변은 숲으로 채워졌는데, 늦가을 낙엽의 정취가 가득하다. 산길 암벽은 암벽대로 숲은 숲만의 색깔로 만추를 불태우고 있다.

황정산 정상을 300m를 남겨두고 뒤돌아보니 아까 몸담았던 도락산이 멀리서 눈높이 만큼에서 나타나고 보는 방향이 바뀐 이유인지 거대한 바윗덩어리가 하늘을 찌를 듯한 기상이다. 저 높은 곳에서 여기까지 이동하였다는 게 실로 대견스럽고 뿌듯하게 느껴진다. 황정산은 도락산에 버금가는 높이의 산임에도 불구하고 정상석은 다소 초라해 보인다. 같은 단양군에 소재하면서도 도락산과 달리 국가 지정의 명산이 아닌 제도권 밖의 산이기 때문이겠지만 산객들에게는 다 같은 마음으로 도

전하여 보듬어 주고 싶은 아름다운 우리의 산이다.

이제는 오롯이 산행 날머리인 충북 단양군 대강면 황정리 대흥사 주차장을 향해 하산만을 남겨둔 상황인데, 정상아래 펼쳐진 산세가 장난이 아니다. 더군다나 현재 시각이 갈 길이 멀어 서둘러야 할 처지까지 부담으로 겹쳐온다. 희미한 등산로는 쌓인 낙엽에 숨겨진 상황인데, 이정표는 안 보이고 나뭇가지에 매달린 효자 길라잡이인 산악회 리본마저 보물찾기 수준으로 보이지 않는다.

하산하는 동안 험한 암벽을 거꾸로 오르는 것은 에너지 부담이 한층 더 상승시킨다. 군데군데 도사리고 있는 난코스는 설상가상이다. 진행 속도는 시속 1㎞에 불과하여 해 질 녘까지 버스 출발 전에 도착할지 의문이 생긴다. 하지만 이곳에서 함께 하는 많은 사람을 빼놓고 차가 출발하기는 쉽지 않을 거라는 요행을 믿고 다들 편하게 안전 산행하기로 맘먹는다. 어둑어둑할 즈음에 어렵사리 마친 산행이었지만 올해 들어 가장 짜릿하고, 멋지고, 인상적인 산행 중의 한 곳으로 기억될 것이다.

도시의 시간은 나날이 암울한 정치적 이야깃거리가 속절없이 쏟아져 나오지만, 산에서는 일상의 짜증스러운 따위들은 다 떨쳐버릴 수 있게 희망의 생각과 긍정의 활력으로 충전해 준다. 이해관계에 얽히지 않은 사람들과 힘들게 땀을 흘리고 어려운 코스를 동행하며 물 한 컵 과일 한 쪽도 나누어 먹는 산이 맺어준 인연은 쉽게 끊을 수 없는 필연의 공동체이다. 눈과 비, 햇빛과 바람이 한데 어울려 멋있는 자연의 조화가 연출하듯 다양한 인격체가 모인 사람들과 함께 산행하는 동안에는 종교 이념과 나이 등이 다르더라도 한결같이 순수한 친구일 뿐이다.

도락산(道樂山 964m)

주요 코스

① 상선암휴게소 ➡ 상선암 ➡ 범바위 ➡ 채운봉 ➡ 형봉 ➡ 신선봉 ➡ 도락산 정상 ➡ 빗재 ➡ 황정산 ➡ 영인봉 ➡ 원통암 ➡ 계곡입구 ➡ 임도 ➡ 원통암 팻말

② 상선암휴게소 ➡ 상선상봉 ➡ 제봉 ➡ 형봉 ➡ 신성봉 ➡ 도락산 정상 ➡ 광덕암 ➡ 빗재 ➡ 직티골

도봉산(道峰山)

서울특별시 도봉구, 경기도 양주시·의정부시

최고봉인 자운봉을 중심으로 만장봉, 선인봉, 원도봉계곡, 용어천계곡, 송추계곡 등 수려한 경관을 자랑하며, 수도권 시민들의 대표적인 휴식 공간이다. 암벽 등반에 최적지로 알려져 있으며, 회룡사(回龍寺), 망월사(望月寺), 천축사(天竺寺), 보문사(普門寺) 등이 유명하다.

서울시와 경기도 의정부 및 양주에 걸쳐 있는 도봉산(道峰山 740m)은 최고봉인 자운봉을 비롯하여 남쪽의 만장봉과 선인봉, 서쪽의 오봉과 여성봉 등의 걸출한 바위봉우리와 함께 암벽 등반의 최적지로 꼽는다. 문사동계곡, 원도봉계곡, 오봉계곡 등 수려한 계곡들이 함께 어우러져 수도권 시민의 최대 휴식 공간이자 일찍이 서울의 금강으로 불렀다.

도봉산은 북한산과는 독립적으로 100대 명단 서열에 각각 올랐지만 넓은 의미로 한 권역을 이루고 있어 1983년 북한산국립공원 지역으로 편입되었다. 고도로 따지면 북한산보다 다소 낮지만, 고저 차이가 심한 등의 난이도 면에서는 오히려 높아 인명 사고가 종종 발생한다. 특히 신선대에서 포대능선으로 이어지는 구간의 Y계곡은 도봉산에서 가장 험한 코스 중의 하나임과 동시에 한편에서는 산 마니아에게 짜릿한 손맛을 느끼게 하는 곳이기도 하다.

도봉산을 아우르는 북한산국립공원은 도시의 '녹색 허파'로서의 역할을 훌륭히 수행하며 수도권 이천만 주민들의 자연 휴식처로도 크게 애용되고 있다. 수도권 전철 1호선 가운데 도봉역, 도봉산역, 망월사역, 회룡역과 서울 지하철 7호선 도봉산역이 산 입구에 있어 접근성이 쉽고 다양하다. 이런 연유로 2009년 기준 연평균 탐방객이 865만 명에 이르러 기네스북에 '단위 면적당 가장 많은 탐방객이 이용한 국립공원'으로 기록되었다.

민족의 대명절인 설 언저리 까치설날, 서울 강북지역에 자리한 도봉산으로 향한다. 도봉산은 90년대 이 일대에 살면서 주말마다 찾았던 고향 뒷동산 같은 산이라서 추억 어린 도봉산으로 떠날 때면 늘 가슴 뛰는 설렘이 앞선다. 오늘도 도봉산역에서 내리자마자 휘황찬란한 등산객 옷차림새에 휩싸이는 가운데 들뜬 마음이 가라앉지 못한다.

별거 아닌 것도 한참을 생각해야 하는 요즘인데도 도봉탐방지원센터에 들어서자 다가올 산행 코스가 익숙하게 그려지며 모퉁이를 돌기 전에 예전의 추억들이 기억 저편에서 자동으로 튀어나온다. 가족들과 오붓하게 산행했던 시절에다 직장 동료 틈바구니에 낀 삼사십 대 시절의 모습까지 선하게 그려진다.

서울에서 현존하는 유일한 도봉서원 터에 이르러 여장을 고치며 일정을 점검하기로 한다. 도봉서원은 1573년 선조 때 조광조를 기리기 위해 지었으며 선조로부터 도봉(道峯)이란 현판을 사액으로 받았다. 구한말 흥선대원군이 서원을 철폐하는 과정에서 없어졌다가 1972년 복원하였다. 현재 서원 정비를 위해 건물이 헐린 채 터만 남아 있는데, 해마다 유림 주최로 음력 3월 10일과 9월 10일에 제사를 지낸다.

계곡을 횡단하는 조그만 서원교를 넘자 조금씩 산행다운 분위기로 바뀌어 간다. 겨울 계곡임에도 그런대로 수량이 풍부한 계곡을 벗 삼아 느슨하고 단조로운 산길을 원만하게 오른다. 응달진 곳에서 꼭꼭 숨었다가 가끔 보여주는 희끗희끗한 눈

무더기만 아니라면 진정 겨울 도봉산의 참모습인지 의심스러울 정도로 포근한 날씨다.

지나간 숱한 시간에서 수많은 등산객이 닳고 닳도록 오르내리던 길이라서 그런지 길바닥이 반들반들하다. 4일간의 설 연휴 중에서 그 첫 번째 날에 도봉산 자락에 아늑하게 안겼다고 생각하니 산행의 즐거움과 함께 느긋하게 밀려오는 행복감을 주체할 수 없다.

성불사, 천진사와 보문능선으로 갈라지는 삼거리를 지나자 돌과 흙, 낙엽으로 어우러진 길가 계곡에는 맑은 물이 조용히 흐르고 파란 하늘에는 겨울 햇볕이 뉘엿뉘엿 흐른다. 어느 것 하나 자연스럽지 못한 게 없는 자연 속에 한데 섞인 산객이야말로 자연인일 수밖에 없다.

도봉산의 너른 가슴을 마음껏 내어주며 산객들의 지친 심신을 아늑하게 보듬어주는 마당바위가 햇살 가득 양지바른 곳에서 반갑게 나타난다. 정상을 기준으로 하여 중간 지점에 이른 마당바위는 도봉산의 각 방향으로 연결되고 집약되는 허브(hub) 역할을 하는 관계로 항상 많은 산객이 모이고 흩어지는 이동의 중심지이다.

마당바위를 지나자 군데군데 빙판이 모습을 드러내며 점차 겨울 분위기로 반전하며 내려오는 산객에게는 아이젠을 강요한다. 오르막 본색이 역력한 가운데 자운봉을 400m 남겨둔 지점이다. 가풀막진 산길에 송림이 빼곡하게 들어섰다. 산객의 입에서는 거친 숨이 쏟아지고 맑은 햇살이 헤집고 내려와 발등으로 뚝뚝 떨어진다.

삼면이 거대한 바위봉우리로 가려져 있는 상황에서 포근하고 아늑하게 자리 잡은 '선인쉼터'다. 편평한 공간에는 심폐소생술 안내와 각종 상비약을 갖춘 구급함까지 마련해 둠으로써 산객의 쉼터로서 손색이 없다. 위상이 드높은 만장봉을 배경으로 나온 왜소한 인물사진에서 자연 앞에 너무나 초라한 인간의 존재를 확인한다.

오늘의 정상 신선대로 오르기 위해 비좁은 철제 가드레일에 어렵게 의지하고 올라서야 한다. 군데군데 뭉쳐있는 빙판에다 산봉우리를 휘감고 엄습해 오는 매서운 칼바람이 장난이 아니다. 협소한 공간에도 불구하고 내려오는 사람과 뒤섞인 관계로 양보를 미덕으로 삼아 신중한 긴장의 끈을 놓지 않는다.

도봉산의 사실상 정상인 신선대에서 바라보는 숨 가쁜 아름다운 조망은 올 때마다 실망을 주지 않고 감동으로 넘쳐난다. 정상 앞에서 우뚝 솟은 선인봉, 만장봉과 자운봉의 자태는 실로 압권이며 북한산의 인수봉, 백운대, 만경대의 산세에도 뒤지지 않는다. 귓바퀴가 시릴 만큼 거센 바람 속에서도 눈이 시릴 만큼 파란 하늘 아래의 도봉산 실체가 파노라마처럼 펼쳐지는 풍광에서 쉽게 자리를 뜨지 못한다.

신선대에서 내려와 도봉산 북쪽으로 넘어가는 길목에는 온통 응달진 빙판이라서 아이젠 착용이 불가피해졌다. 깊게 팬 협곡에 검은 봉우리와 하얀 눈이 채색 없는 조화를 이루며 대형 수묵화 한 폭을 그려낸다. 한겨울 도봉산에서만 볼 수 있는 진경이 눈 앞에 펼쳐지고 있다.

포대 능선의 경계점에서 도봉산 최고봉 자운봉의 자체가 온전하게 드러낸다. 수억 년 인고의 세월 속에서 수많은 비바람과 눈보라에 시달렸을 것이고 뜨거운 태양에 달구어질 때는 온몸으로 받아들이며 소리 없는 아우성으로 하소연하였을 것이다. 견디어내기 힘든 상황이 지속하더라도 오직 이곳을 지켜야 한다는 굳은 침묵 하나로 거대한 암석 하나가 지금의 제자리를 꿋꿋하게 버티고 있다.

도봉산과 사패산을 이어주는 사패능선 초입에 Y계곡이 기다리지만, 반대 방향에서만 진입이 가능한 일방통행이라서 우회해야 하는 상황이다. Y계곡을 에둘러 가는 내리막에는 올겨울 내린 눈이 죄다 쌓여있는지 푹푹 빠지는 설산 산행이다. 앞서간 산객이 다져놓은 산길을 밟을 때마다 뽀드득거리는 울림소리와 함께 올라오는 산객에서 펴져 나온 거침 숨소리가 높낮이를 달리하며 어울려 설경 속으로 흩어진다.

포대능선으로 치고 오르는 비탈진 곳에서 정면으로 마주친 산객 한 사람이 쩔쩔매며 안타까운 모습을 보여준다. 내리막 상황에서 아이젠을 미처 못 갖춘 사정 때문이란다. 겨울 산행에서 여벌 옷과 아이젠 그리고 비상 식품 등은 설령 한 계절 내내 무용지물이 되더라도 예기치 못한 상황에 대비하기 위해 필수적으로 챙겨야 한다. 운전하면서 사고 여부와 무관하게 누구나 안전띠를 의무적으로 매는 것처럼 산

행에서 안전에 대한 대비는 아무리 강조해도 지나치지 않을 만큼 몸에 밴 습관을 지어야 하겠다.

포대능선에서 사패산으로 이어지는 하얀 눈길 트랙킹은 겨울 산행지로서 새로운 멋을 연출해 준다. 높낮이가 고른 능선길은 사방이 가릴 곳 없는 조망을 보장하며 시선을 호사롭게 한다. 신선이 도를 닦는 바위라 하여 붙여진 선인봉, 높디높은 산봉우리라는 뜻으로 날카로운 형상을 한 기암 만장봉과 높은 산봉우리에 붉은빛이 아름다운 구름이 걸려 있다는 의미의 자운봉이 각각 시선 하나로 몽땅 들어온다.

설경에 취하고 시선 두기 바쁜 와중에 '산불감시초소' 갈림길에서 사패산 방향이 아닌 원효사 쪽으로 빠지고 말았다. 산길이 눈 속에 가려진 탓도 있겠지만, 능선의 멋진 조망에 시선을 빼앗기느라 생각을 간과했을 것이다. 도봉산에서 사패산까지 종주하고자 이른 아침부터 서둘렀던 계획에 차질이 일어났지만 되돌아가기에는 이미 무리한 시점에 다다랐다.

예상 밖의 산길이라 생소함으로 가득하다. 아직은 북한산국립공원 지역에 포함된 관계로 산길은 무난하게 정비된 상태지만 산객의 출현은 아예 뜸하다. '피할 수 없으면 즐기라'는 의미를 굳이 떠올리지 않더라도 산길 하나마다 새롭게 다가오는 느낌이 너무 쏠쏠하다. 나락으로 벗어났다는 성급한 판단은 기우에 그쳤고 전화위복의 상황에서 또 다른 산행 재미를 체험한다.

안말공원지킴터를 최종 목표로 가닥을 잡고 하산하는 도중에 급경사지로 떨어지는 암릉에서 새로운 국면을 맞는다. 긴장감 만점의 수직 암릉은 Y계곡에 버금가는 재미를 선사하며 진흙 속에서 찾아낸 보석 같은 재미를 만끽한다.

시선이 잡아주는 풍경이 도심으로 변한다. 산길은 오솔길로 접어들며 어느새 일정의 끝자락이 들머리로 향하고 있다. 설 연휴 특별하게 주어진 연휴의 첫 하루를 도봉산에 안기는 동안 즐겁고 행복했던 산행이 뒤끝 개운하게 갈무리한다.

도봉산(道峰山 740m)

주요 코스

① 도봉산역 ➡ 도봉탐방지원센터 ➡ 광륜사 ➡ 도봉서원터 ➡ 승락사 ➡ 마당바위 ➡ 신선대 정상 ➡ Y계곡 입구 ➡ 물개바위 ➡ 산불감시초소 ➡ 원효사 ➡ 영산법화사 ➡ 안말지킴터

② 구 우이암매표소 ➡ 원통사 ➡ 우이암 ➡ 삼거리 ➡ 오봉고개 ➡ 주봉 ➡ 신선대 정상 ➡ 마당바위 ➡ 천축사 ➡ 도봉산장 ➡ 광륜사 ➡ 도봉탐방지원센터

두륜산(頭輪山)

전라남도 해남군

한반도의 최남단 해남반도에 솟아 있는 산으로서 왕벚나무의 자생지가 있으며, 다도해를 조망하기에 적합하다. 봄의 춘백, 여름의 녹음, 가을의 단풍, 겨울의 동백 등으로 유명하며 유자(柚子), 차(茶)의 산지로 알려져 있다. 보물인 삼층석탑을 비롯하여 많은 문화재를 보존하고 있는 대흥사(大興寺)가 있다.

소백산맥의 남단에서 남해를 굽어보며 우뚝 솟아난 두륜산(頭輪山 703m)은 산 형태가 사방으로 둥글넓적한 모습을 하고 있다는 데에서 유래되었다고 한다. 한때 두륜산이 품고 있는 사찰의 이름이 대둔사에서 대흥사로 바뀌면서 산 이름 또한 대둔산, 대흥산으로 불린 적도 있었다.

산 동쪽 사면은 급경사를 이루며 반대편 서쪽 사면은 완만하다. 동백나무 등의 난대성 활엽수림과 546년 신라 진흥왕 7년 아도화상이 창건한 고찰 대흥사를 비롯한 유적지의 경관이 뛰어나며 임진왜란과 한국전쟁 때에도 재난을 입지

앉았던 곳으로도 유명하다. 정상에서 남서해안 일대를 굽어보면 남국의 정취를 느낄 수 있게끔 산악 공원 역할을 한다. 주변에는 매년 10월에 개최는 민속축제인 강강술래와 다도해해상국립공원, 월출산국립공원과 고산 윤선도의 녹우당 유적지가 있다.

대흥사 입구에는 깨끗하고 풍부한 계곡물에다 영화『장군의 아들』과 KBS 예능프로인『1박 2일』촬영지로 유명한 고택 여관이 자리하며 숙박과 식당 이용 목적으로 일반 관광객이 많이 찾는다.

우리와 같은 북반구에서 낮이 가장 길고 일사 시간과 일사량이 가장 많다고는 하지 언저리에 대낮 폭염 주의보가 예고된 날이다. 서울 사당역 4번 출구 산악회 출발지는 이른 아침임에도 전국 각지로 떠나는 많은 산악회 버스와 등산객들로 인해 한여름을 방불케 하는 열기로 가득 찼다.

오늘 산행지 두륜산은 직장 동료, 친구 등과 다양한 추억이 아늑하게 서려 있고, 산에 오르는 횟수가 다섯 손가락을 벗어날 만큼 인연이 잦은 산이다. 두륜산은 갈 때마다 가슴속에 잔잔하게 설렘이 여울져 흐르는 이유는 산이 주는 포근함과 시원한 조망, 주변의 먹거리 게다가 볼거리 많은 역사적 문화재와의 만남 때문이다.

전남 해남군 북일면 흥촌리 오소재의 도착이다. 지금까지 경험을 토대로 산행 코스를 추천한다면 대흥사 입구를 날머리로 정하여 산행 후에 산행의 깊은 뒷맛이 오랫동안 이어지고 다양한 먹거리를 넉넉하게 체험하기 위한 코스이다. 다행히 주최측에서 오늘 산행 시작을 오소재로 잡고 대흥사로 내려오는 방향으로 잡은 현명한 일정에 대해 공감이 갈 수밖에 없다.

산행 들머리 오소재는 약수터를 갖추고 있어 산행을 준비하는 사람과 약수를 길어다 먹는 사람들로 혼잡을 이룬다. 길 양옆에는 갖가지 나무들과 이름 모를 풀들이 무성하지만, 초목에는 오랜 가뭄 탓에 뜨거운 먼지만 풀풀 날린다.

산행이 시작되고 바로 오심재, 노승봉, 두륜봉으로 표시된 이정표를 따라가면 아늑한 숲길로 인도된다. 느슨한 오르막을 따라 가볍게 준비 운동하는 기분으로 숲속을 헤쳐나간다. 수백 명이 쉬면서 족히 머무를 수 있는 오심재의 도착이다. 하늘이 훤하게 열리니 드넓은 평지를 보는 것만으로 기분이 후련하다. 오심재 또는 오심인재는 고개가 험하고 힘들었기에 50명이 모여서 넘어갔다고 해서 생겨난 이름이란다. 한때 이곳에는 서낭당이 있어 길손들이 돌을 던져 안녕을 기원하였다고 하니 그 옛날 이곳을 넘나들었던 백성들의 애환이 꽤 서렸을 것이라는 느낌이 온다.

앞으로 1㎞ 거리에 있는 정상 가련봉을 목표로 역량을 모아야 한다. 늦은 아침에 도착하여 산행을 시작한 관계로 시간은 이미 정오를 지나 불비처럼 쏟아지는 더위에 가쁜 숨을 거칠게 몰아쉰다. 산길은 바람이 실종되었고 뙤약볕만 내리쬐니 얼굴과 목에는 흘러내린 송골 땀으로 바질바질 하다.

노승봉을 200m 남겨두고 쉬어가기 좋은 헬기장이 기다린다. 너른 공간에 모여 있어야 할 산객들이 가장자리의 좁은 나무 그늘로 흩어져 눌러앉는다. 그늘을 찾아온 바람을 맞으며 아늑함에 젖는다.

오늘 무더위는 낮 11시를 기해 국민안전처(現, 행정안전부)에서 폭염 주의보를 내린 탓도 있겠지만 요즘 며칠 사이를 두고 갑작스럽게 창궐한 불볕더위에 아직 적응하지 못한 이유이다. 오늘 같은 땡볕을 자연스럽게 이겨내는 훈련을 거쳐야만 앞으

로 닥칠 한여름 산행을 무난하게 견뎌낼 수 있을 것이다.

나무 덱으로 된 계단이다. 예전에는 이곳에서 노승봉과 가련봉까지 오직 밧줄과 쇠사슬에 의지하며 힘들게 오른 바윗길이었는데 계단 설치로 상황이 너무나 대조적으로 개선되었다. 경사는 가팔랐지만, 거저 오르다시피 하여 노승봉에 다다른다. 사방이 하늘 아래로 탁 트이게 펼쳐지고 뒤로는 지금까지 올라왔던 길이 선명하게 보인다.

내리막과 오르막을 거쳐 잠시 후에 다시 두륜산 정상 가련봉에 이른다. 정상의 바람을 온몸으로 지그시 받는다. 해남과 강진 땅의 평화로운 마을이 그림처럼 펼쳐지고 북쪽으로 영암 월출산, 남쪽으로 다도해의 작은 섬들이 매혹적으로 다가온다. 최고로 맑은 날에는 이곳과 제주도 한라산이 마주할 정도라 한다.

정상을 찍고 내리막으로 치닫는데, 이곳 또한 예전과 달리 나무 덱으로 정비가 잘 되어있다. 두륜산이 도립공원임에도 등산로와 이정표에 대한 배려가 국립공원 못지않은 수준이기 때문에 전국에서 사계절 내내 많은 등산객으로 인기가 높은 이유 중의 하나이겠다 싶다.

말 등과 같은 형태의 만일재에 이르러 억새 언덕배기로 불어오는 후련한 바람을 맞는다. 가련봉과 두륜봉 양 가운데 넓게 자리한 만일재는 두륜산에서 각 방향으로 통하는 교통의 요지며 넓은 억새와 산죽을 비롯하여 키 작은 수목으로 우거졌다.

두륜봉 아래 어른 서너 발이면 건널 수 있는 구름다리는 산안개가 갠 날 아래쪽에서 보면 구름 사이에 있는 다리처럼 보여 붙여졌다는데, 누구나 사진으로 담고 싶을 만큼 관심을 끈다. 구름다리는 인공 구조물이 아닌 오직 바람과 비 그리고 세월로 빚어내 아치형의 자연 돌다리이다.

등산로에서 한쪽으로 비켜나 동백나무 그늘을 벗 삼아 점심을 먹는데, 빨갛게 익은 얼굴에서 하얀 소금이 묻어 나온다. 짓궂게 맛을 봤더니 아주 찝찔하다. 늘 가져온 점심은 가볍고 빈약하지만, 이 순간만은 즐겁고 행복하다. 계절은 이미 여름 한복판으로 들어와 부동의 자리를 잡은 태세다.

동백으로 이룬 숲을 100m 에둘러 돌아가면 마당만 한 너럭바위 한복판에 두륜봉이 나타난다. 두륜산에서 두륜봉이란다. 이름만 보면 정상 같지만, 실제 정상은 높이가 낮아 가련봉에 내어주었다. 그렇더라도 이곳 또한 가련봉 못지않게 탁월한 조망을 보여준다. 시원한 바람과 맑은 공기가 탁 트인 자연경관 앞에 일상에서 맛보지 못한 자유가 느껴진다.

본격적으로 하산이다. 정비된 나무 덱 계단을 잠시 내려가면 아늑하고 푸르름이 짙은 숲속으로 들어간다. 지금이야말로 숲은 계절의 진가를 유감없이 발휘하며 산객들에게 최고의 안식처를 제공한다. 일찍이 『여지도서』에서 두륜산에 대해 말하기를 '월출산에서 뻗어 나온다. 잡목과 동백이 빽빽이 우거져 숲을 이루고 있으나 온 산이 항상 붉은빛과 초록빛으로 가득해 나뭇잎이 떨어져 있을 때가 없다'라고 기록될 정도로 푸른 동백나무와 잡목이 하늘을 가리고 터널을 이룬다.

가파른 너덜겅 길이 마칠 무렵 표충사가 1.4㎞ 남았다는 이정표와 함께 험한 길이 착한 오솔길로 바뀐다. 바닥에는 낙엽이 잔잔하게 드리우고 맑은 숲과 새소리가 지저귀는 가운데 고즈넉한 분위기로 빠져든다. 등산을 온 건지 산책을 나온 건지 분간하기 어려울 지경이다.

서산대사와 우리의 전통차 문화를 꽃피운 초의선사의 얼이 녹아 있는 표충사이다. 풋풋한 자연의 품에서 찻잔을 기울이던 초의선사는 덧없는 세상살이를 속세에 내려놓고 지팡이 하나에 의지하여 두륜산을 오르내렸다는데, 어스름 안개가 짙게 깔리는 날이면 그의 숨결이 공기를 타고 전해진다고 한다. 표충사는 대흥사와 바로 맞붙어 있어 독립된 하나의 절이라기보다 서산대사와 제자인 사명대사의 위패가 모셔진 사당과 같은 곳이다.

신라 진흥왕이 어머니인 소지 부인을 위해 아도화상을 통해 창건하였으며 피안의 세계로 안내한다는 대흥사이다. 대흥사는 임진왜란 때 서산대사가 거느린 승군의 총본영이 있던 곳이며 대흥사를 두고 서산대사는 '전쟁을 비롯한 삼재가 미치지 못할 곳으로 만 년 동안 훼손되지 않은 땅'이라 하였다.

실제로 대흥사는 임진왜란은 물론 한국전쟁 때에도 화를 면했다 하니 다가오는 일을 미리 짐작하는 서산대사의 지혜가 밝다고 할 것이다. 한편, 사찰 내 대웅보전

등의 장엄한 건물의 현판은 추사 김정희 등의 명필 필적이라고 한다.

일주문을 지나 매표소로 내려가는 길이 계곡과 함께 송림과 동백나무로 우거져 있어 정겹게 다가온다. 숨을 깊게 들이켜면 상쾌한 공기가 온몸으로 퍼져 산행의 피로를 말끔하게 씻어 준다. 봄날에 이 길을 두고 봄 길이 그만큼 길고 좋다는 뜻에서 구곡장춘(九曲長春)이라는 표현을 붙였다 한다.

날머리 대흥사 매표소에서 서울로 올라가는 버스에 올라 나머지 일행을 기다리는 동안 꿀 같은 잠이 파도처럼 밀려와 잠시 눈을 붙인다. 오는 데 4시간 반, 산행 4시간 반 그리고 상경하는 데도 4시간 반, 하루의 절반 이상 걸리는 일정이지만 전혀 아깝지 않다는 생각이다. 오직 산을 좋아하며 산행을 즐기기 때문이다.

두륜산(頭輪山 703m)

주요 코스

① 오소재 ➡ 오심재 ➡ 노승봉 ➡ 두륜산 정상 ➡ 만일재 ➡ 두륜봉 ➡ 구름다리 ➡ 남미륵암 ➡ 배바위 ➡ 금당폭포 ➡ 표충사 ➡ 대흥사 ➡ 해탈문 ➡ 백화암 ➡ 구 매표소

② 구 매표소 ➡ 대둔사계곡 ➡ 백화암 ➡ 해탈문 ➡ 대흥사 ➡ 북암 ➡ 북미륵암 ➡ 만일재 ➡ 두륜산 정상 ➡ 노승봉 ➡ 오심재 ➡ 고계봉 ➡ 백화암 ➡ 구 매표소

두타산(頭陀山)

강원특별자치도 동해시·삼척시

경관이 아름다운 무릉계곡을 비롯해 삼화사(三和寺), 관음암(觀音庵), 두타산성(頭陀山城) 등이 있어 주목받는 산이다. 바위에 50여 개의 크고 작은 구멍이 패여 '쉰움산(五十井山)'이라는 이름이 붙었으며, 예로부터 기우제를 지내는 등 토속신앙의 기도처로 유명하다.

속세의 번뇌를 떨치고 불도 수행을 닦는다는 뜻에서 이름이 유래된 두타산(頭陀山 1,353m)은 태백산맥에 자리 잡고 있으며 청옥산, 고적대 등과 함께 태백산맥의 동·서간의 분수령을 이룬다.

북쪽과 동쪽은 급경사를 이루어 험준하며 서쪽 사면은 비교적 완만하다. 두타산과 청옥산의 신비와 아름다움을 상징하는 무릉계곡에는 신라 시대에 창건된 삼화사를 비롯해 무릉반석, 관음사, 학소대, 금란정 등이 있다. 특히 학소대에서는 4단 폭포가 기암괴석을 타고 쏟아져 내리는 광경을 볼 수 있다. 그 밖에 두타산성, 용추폭포, 천은사 등이 있다. 이 일대에 새로운 등반로가 개설되어 많은 등산객과 관광객이 찾아들며, 시내버스가 동해시에서 무릉계곡까지 운행되고 있다.

이른 아침 서울에서 출발한 버스가 구불구불한 고개를 돌고 돌아 댓재에 도착할 때는 오전 11시를 조금 넘긴 후이다. 댓재에 설치한 큼직한 입석에서 이곳이 두타산과 백두대간의 교차 지점임을 알려준다.

그간 두타산을 다시 찾는 동안 계절이 여섯 번 바뀌었지만, 지난번 여름 산의 잔상은 추억 속에 고스란히 남아 있었다. 바뀐 게 있다면 산야가 짙은 녹음에서 온통 하얀 눈꽃을 뒤집어쓰고 소복 단장한 모습으로 변했을 뿐이다.

산행 코스는 예전과 마찬가지이다. 등산로는 올겨울 신상품인 꽃눈이 두꺼운 주단으로 깔아 주고 나뭇가지는 환상의 상고대로 치장하였다. 정상으로 갈수록 계절은 더욱 깊고 눈 두께는 그만큼 깊어진다. 무릎 위까지 차오른 눈을 헤치고 오르는 산길은 생각보다 녹녹하지 않다.

불현듯 산에서 내려오는 세 명의 청년과 마주친다. 우리보다 이 길을 앞서 올라갔었는데 눈이 많이 쌓여 길이 보이지 않아 도저히 전진할 수 없어 포기하고 되돌아온단다. 한눈에 봐도 청년들의 차림새와 산행 장비가 너무 아니다 싶다. 두타산의 한겨울 산행을 너무 쉽게 생각한 나머지 안일한 마음가짐으로 산에 올라갔음이 역력해 보이는 이유에서이다.

온통 은세계가 펼쳐지는 설산 분위기에 취하며 도란도란 산행 이야기가 즐겁게 퍼져나간다. 여기저기서 눈꽃 풍경을 담느라 걸음이 멈칫하거나 정체를 이루며 산행 진행이 더뎌진다. 탐스럽게 소복이 쌓인 눈을 바라만 봐도 신바람이 절로 나온다. 겨울 산행의 진수가 지금, 이 순간 겨울 두타산에서 가없이 흘러간다.

일행 중 한 사람이 근육 마비가 와서 산행을 포기하겠다고 한다. 산행에서만큼은 생사고락을 외치던 일행인데 환자 홀로 놔두고 갈 형편이 아니라서 설상가상 진퇴양난이다. 고민과 갈등이 교차하는 상황에서 이 분야에 일가견 있는 산우로부터 전문적인 물리치료가 이루어졌고 1시간이 지난 다음 산행이 재개된다. 그래서 인적이 드문 혹독한 겨울에 나 홀로 산행은 위험천만하며 금기사항이다.

정상에 더 다가갈수록 바람이 거센 곳은 쌓인 눈이 흩어져 원 바탕이 드러내지만 바람이 잠잠한 데는 그만큼 평균 이상으로 눈이 깊게 쌓였다. 허리춤까지 찬 눈 때문에 앞사람이 지나간 자리에는 어김없이 눈구덩이가 생겨나고 그 눈구덩이는 뒷사람의 발디딤이 되어준다. 길은 실종되고 눈대중 방향 감각과 어쩌다 나타나는 산악회 리본에 의지하며 군복무 시절의 독도법으로 정상을 향해 전진한다.

28명이 하나 되어 불굴의 의지 하나만으로 평소 3시간이면 충분한 거리를 5시간에 걸쳐 어렵사리 정상에 안착한다. 정상부는 사방이 확 트인 만큼 불어오는 바람 또한 많고 사납다. 그런데도 정상 인증은 물론 단체 기념을 남기고자 시간을 쓰는 데는 다들 인색하지 않다.

바삐 하산해야 할 상황에서 반대편에서 쌕쌕거리며 한 무리의 산악인들이 정상으로 몰려온다. 온갖 고생을 견뎌내며 몹시 애쓴 모습이 우리와 별반 다르지 않다. 오늘 비로소 만난 사람끼리 마치 수십 년을 함께한 동지처럼 감격의 하이파이브를 연신 작렬하며 올라온 사정과 앞으로의 일정을 교환하다가 파이팅으로 격려를 아끼지 않는다.

시각이 오후 4시 40분, 진짜 하산을 서둘러야 한다. 올라온 만큼의 거리를 내려가야 하는 상황이다. 아직은 날이 밝아 내려가는 속도에 가속이 붙겠지만 계절의 시간에 충실한 겨울 해는 야속하게 저 멀리 지평선을 향해 빛의 세기가 잃어가는 중이다. 야간 산행에 익숙한 일행은 마음의 준비에 들어가고 전열을 가다듬어 실전 준비 태세를 갖춘다.

푹푹 빠지는 비탈을 1시간가량 내려왔을 무렵, 갈 길이 3분의 2 이상이 남아 있는 상황에서 어둠이 급격하게 몰려온다. 모두가 랜턴을 착용하며 앞사람의 불빛을 따라 긴장의 끈을 놓지 않고 엉금엉금 내려간다. 칠흑 같은 어둠 속에 길게 늘어진 불빛 행렬이 춤추듯이 위에서 아래로 이어지고 보이지 않은 곳에서 계곡 물소리가 구슬프게 들려온다.

무박 산행으로 왔다면 지난해 여름에 마주했던 무릉계곡의 쌍폭폭포, 광음폭포, 용추폭포에서 토해내는 물줄기를 보고 감탄을 쏟아내다가 내친김에 청옥산까지 치고 올랐을 터인데 지금은 생각마저 언감생심이다. 긴 산행에서 모두 지치고 몇 번에 걸쳐 딴 데로 새는 시행착오를 겪었지만, 서로를 다독여 가며 늦은 밤길 산행을 무사히 마치고 저녁 8시 반에 9시간의 산행이 막을 내린다.

지친 피로가 엄습해 온다. 허기가 겹친 몸을 이끌고 유일하게 불이 켜지고 산행하기 오래전에 예약을 마친 식당으로 들어가 몸을 녹이며 꿀맛 같은 만찬을 갖는다. 폭설로 등산객이 거의 끊긴 상황에서 모든 가계가 영업을 중단하였음에도 오직 우리만을 위해 음식을 차려 놓고 노 쇼(no-show)를 감수하면서 늦은 시간까지 믿고 기다려 준 식당 사장님이 그렇게 고마울 수가 없다.

상경하는 동안 버스 안의 훈훈한 공기만큼 산행 뒷맛 또한 개운하고 달곰하였으며 새벽 2시 집에 도착할 때까지 특별 산행의 특별한 뒷맛이 이어진다.

두타산(頭陀山 1,353m)

주요 코스

① 댓재 ➡ 목통령 ➡ 통골목이 ➡ 두타산 정상 ➡ 박달재기 ➡ 문바위 ➡ 청옥산 ➡ 학동골 ➡ 용추폭포 ➡ 신선봉 ➡ 신선입구 ➡ 학소대 ➡ 삼화사 ➡ 구 매표소

② 삼화사 ➡ 쌍폭 ➡ 번개바위 ➡ 벼락바위 ➡ 박달골 ➡ 돌탑 ➡ 박달래기 ➡ 두타산 정상 ➡ 통골목이 ➡ 목통령 ➡ 댓재

마니산(摩尼山)

인천광역시 강화군

단군 시조의 전설이 깃든 산으로, 역사적 · 문화적 가치가 크다. 사적지인 참성단(塹星壇), 함허동천, 삼랑산성이 있으며, 많은 보물을 보존하고 있는 정수사(淨水寺)와 전등사(傳燈寺)가 있다. 또한, 전국체전 성화가 채화되는 장소로도 유명하다.

강화도 마니산 내력은 고려사, 세종실록지리지, 태종실록 등에 전해오며 우두머리라는 의미의 두악頭嶽에서 유래하는 등 민족의 머리로 상징되어 영산으로 불려 왔다. 인천광역시에서 가장 높다는 강화도의 마니산(摩尼山 472m)은 그래 봤자 해발 500m에도 조금 못 미치지만, 사면이 급경사를 이루며 널따랗게 분포된 암반에서 느껴지는 산행의 묘미는 여느 산 못지 않다.

정상에 오르면 거리낌 없는 조망으로 경기만 일대의 섬들이 한눈에 들어온다. 정상 부근의 참성단은 고조선을 창업한 단군왕검이 하늘에 국태민안을 기원하며 제사를 지낸 곳이다. 참성단은 지금도 개천절이면 제례를 올리는 등 마니산보다 더 유명세를 치른다.

정상 북동쪽 정족산 기슭에는 단군의 세 아들이 쌓았다는 삼랑성과 함께 아도화상이 창건한 전등사가 자리를 잡고 있다. 동쪽 기슭에는 탐방객이 즐겨 찾는 함허동천 계곡과 야영장에 이어 신라 선덕여왕 때 창건한 정수사가 명소로 이름을 남긴다.

마니산 일대는 1977년 마니산국민관광지로 지정되었다. 전국에서 기(氣)가 가장 세다고 하여 연초에 이르면 여러 업 · 단체나 동호회 등에서 안전 기원제나 수주 기원제 등을 올리려 몰려온다. 마니산국민관광지 주차장에서 출발하여 원점 회귀하는 인천 둘레길 15코스를 산행으로 택한다면 감각이 무딘 초보자마저 깔끔하게 정비된 등산로와 친절하게 갖춰진 이정표 덕분에 무난하게 진행할 수 있다.

여느 때처럼 익숙한 마니산국민관광지 매표소로 들어선다. 아직 산행이라기보다 관광하는 기분으로 포장도로를 따라가는데, 길가 곳곳에 마니산 유래, 마니산 치유 숲, 오천 년 역사 성화 채화 장소라는 안내판으로 소리 없는 해설을 들려준다. 올림픽 성화가 그리스의 섬 크레타에 있는 헤라클리온에서 발화된다면 우리나라의 전국체육대회 등의 국가적인 행사는 이곳의 성화로 점화해서 의례를 치른다는 내용이다.

탐방객들의 주의를 끌기 위해 '추억은 가슴속에, 쓰레기는 배낭 속에, 마니산에서 추억을 남기세요!'라는 간결하고 분명한 문구가 시선을 사로잡는다. 그 아래로 빼곡하게 달린 여러 단체의 배너와 시그널이 바람에 흩날리며 표어에 동참하겠다는 응원의 메시지를 역동적으로 보여준다.

산행이 시작되는 시점에 탄소로부터 자유로운 쉼을 위하며 치유의 숲을 조성하였더라는 안내판이 나온다. 이렇게 소나무 산림 유전자 보호림으로 다량의 피톤치드가 방출하는 치유의 숲길인 참성단(단군로)으로 접어든다. 매미의 울음과 흐르는 물소리가 하모니를 이루며 그윽하게 여울지는 가운데 박석처럼 깔린 바닥이 길을 드리우며 서서히 오르막을 유도한다. 인적이 드물고 다소 고요한 분위기이지만 숲은 제6호 태풍 카눈의 흔적이 채 지워지지 않은 탓에 습하디습한 기운이 가득 내려앉았다.

이끼 두른 참나무의 허리에 걸린 인천 둘레길 로고가 동행을 자처하며 길동무로 나선다. 아직은 본격적인 산행이라기보다 둘레길 수준의 산길은 폭넓은 등산로에 완만한 기울기로 이런저런 겨를을 챙길 만큼 마음이 여유롭고 평화롭다.

첫 번째 오르막 웅녀계단이 문질려 닳을 만한 시간이 지났음에도 예전 그대로의 상태로 다가온다. 지나간 태풍이 한바탕 적셔놓은 물 먹은 나무 덱이 무거운 색채를 띠고 산객들이 내딛는 물리적 짓눌림에도 아랑곳없이 숨을 죽인다. 산행에서 더위는 육체를 지치게 만들지만 높은 습도는 발길을 무겁게 만든다.

오르막이 진정되고 능선이 보일락 말락 한 지점에서 송송 뚫린 나무 틈새로 이는 바람이 비집고 나온다. 몸이 바람의 원천을 알아차리고 의식 없이 이끌려 나간다. 탁 트인 서해가 거짓말처럼 눈앞에 펼쳐지며 바람이 펑펑 쏟아진다. 발아래로 자를 대고 그은 듯한 해안선의 두 끝이 끝없이 이어지고 바둑판처럼 반듯한 간척지의 논두렁을 보는 순간 시원함이 배가된다.

'372계단'이 정상을 내어주는 조건으로 인내를 강요한다. 구성진 풀벌레 소리와 격하게 자지러지는 매미 울음에 장단 맞춰 거뿐거뿐 발걸음을 내디딘다. 하늘이 열렸다 닫히기를 반복하며 바람이 감질나게 들락날락한다. 여전히 습한 기운이 맴도

는 가운데 고도를 높이기 위해 안간힘을 쓴다. 고도를 덜어내고자 힘에 부치는 어려움 따위를 감내하며 에너지를 깡그리 쏟아부으며 오르고 또 오른다.

정상까지 70m 남겨놓은 곳에 참성단 입구 출입문이 10:00~ 16:00 개방 시각에 맞추어 활짝 열려있다. 참성단에 이르면 표현할 수 없는 무언가의 기운이 느껴지는 듯하다. 한민족과 긴 세월을 함께하며 정신적 상징이 되어준 참성단은 현장 관리자를 상주할 정도로 국가지정문화재로 지정하고 특별하게 관리 중이다. 원석을 다듬어 쌓은 참성단 제단은 하늘은 둥글고 땅은 네모지다는 천원지방의 사상을 담고 있다. 참성단 돌단에는 열악한 여건에서 150년을 버텨온 천연기념물 소사나무 한 그루가 홀로 서 있어 신성한 분위기를 한층 돋보여 준다.

마니산 정상이다. 정상 표지판은 텅 빈 곳에서 5년 전이나 12년 전 모습 그대로 둥근 나무 말뚝으로 외로이 서 있다. 햇빛이 말려놓은 허연 암반 위로 하얀빛을 마구 퍼붓고 달구는 중이다. 가릴 것 하나 없는 벌판에서 쏟아지고 반사되는 빛을 온몸으로 몽땅 받아들인다. 이곳을 기준으로 한라산과 백두산까지의 거리가 거의 같다고 하니 이 또한 마니산의 존재가 특별하게 다가온다.

뒤를 돌아보니 여정의 흔적이 누에 등처럼 고불고불 늘어지며 아스라이 펼쳐져 있다. 가야 할 방향으로는 하얀 산등성이가 까마득하게 들어온다. 하산을 위해 더 이상의 지체는 의미가 없어졌다. 원점회귀 대신 함허동천으로 가기 위한 새로운 도전의 출발이다. 수풀을 헤쳐 나가는 동안 고도가 뚝뚝 떨어진다. 그늘이 대세를 이루며 전형적인 하산의 패턴이다.

등산로에서 다소 비켜난 곳에 1717년 조선 숙종 때 강화유수 최석항이 참성단이 파손되어 자진해서 새로 보수하였다는 참성단중수비가 암각으로 새겨져 있다. 참성단 보수는 고려 원종과 조선의 인조, 숙종, 영조 때도 보수한 기록이 전해 온다. 이는 국가적으로 참성단의 보존을 중요하게 다루면서 후손 대대로 우러러보며 공경할 곳으로 여겼다는 의미로 해석된다.

내리막을 보여주던 능선이 이내 오르막으로 돌변한다. 길은 큼직한 바위가 얽히고설키고 자빠진 채 아무런 패턴이 없이 듬성듬성 놓여있다. 걸음걸이가 터덜터덜하며 뒤 둥그러지는 동안 바닥을 짚어주는 스틱의 역할 분담이 제격이다. 가는 방향 좌우로 전개되는 풍광은 그야말로 장관이지만 곳곳에 추락 위험을 경고하는 안내판이 설치된 상황이다. 바짝 경계하는 자세로 보호난간에 의지하며 긴장을 늦추지 않는다. 진행이 더디고 햇볕에 온전히 노출되어 지루함이 늘어진다.

오고 가는 사람이 비껴갈 틈도 없는 좁다란 내리막이 이어지다가 출현한 갈림길에서 능선길 대신 계곡 방향을 선택한다. 언제부터인지 물소리가 발길에 따라붙어 있다. 시간이 지날수록 물소리가 거세지고 함허동천 계곡에 이르자 피서객들로 북새통을 이룬다. 함허동천의 유래는 마니산 정수사를 중수한 조선의 승려 기화(己和)의 당호인 '함허'에 따온 내력인데, 아직도 흐르는 너럭바위 바닥에 '涵虛洞天'(함허동천) 네 글자가 깊고 굵게 그리고 뚜렷하게 새겨져 있다.

함허동천 야영장과 주차장을 거쳐 나오니 어느새 정수사를 우회하여 하산하였음을 감지한다. 들머리인 함허동 매표소에 이르러 산행 일정이 마무리된다.

마니산(摩尼山 469m)

주요 코스

① 마니산국민관광단지주차장 ➡ 매점 ➡ 단군로 ➡ 고개 ➡ 372계단 ➡ 참성단 ➡ 마니산 정상 ➡ 삼거리 ➡ 정수사갈림길 ➡ 함허동천

② 마니산국민관광단지주차장 ➡ 매점 ➡ 개미허리 ➡ 기도원 ➡ 918계단 ➡ 산불감시초소 ➡ 참성단 ➡ 마니산 정상 ➡ 372계단 ➡ 고개 ➡ 단군로 ➡ 매점 ➡ 원점회기

마이산(馬耳山)

전북특별자치도 진안군

특이한 지형을 이루고 있으며, 섬진강과 금강(錦江) 발원지임. 중생대 백악기에 습곡운동을 받아 융기된 역암이 침식작용에 의하여 형성된 산으로 산의 형상이 마치 말의 귀를 닮았다 하여 마이산으로 불린다. 암마이산 남쪽 절벽 밑에 있는 80여 개의 크고 작은 돌탑이 있는 탑사(塔寺)와 금당사(金塘寺)가 유명하다.

소백산맥과 노령산맥의 경계에 넓게 펼쳐져 있는 마이산(馬耳山 686m)은 조선의 태종 이방원이 말의 귀를 닮았다 하여 현재의 이름인 마이산으로 불리기 시작했다. 산 전체가 거대한 암석으로 이루어졌으나 정상에는 식물이 자라고 일정한 공간을 갖추고 있다.

사방이 급경사로 이루어졌으며 섬진강과 금강의 지류가 발원한다. V자형 계곡의 자연경관과 은수사, 금당사 등의 사찰을 중심으로 1979년에 도립공원으로 지정되었다. 정상을 이루는 서봉인 암마이봉과 동봉인 수마이봉은 세계 유일의 부부봉이라고도 한다. 암마이봉 남쪽 기슭에 위치하는 전북도 기념물 제35호 탑사(塔舍)는 자연석으로 절묘하게 쌓아 올린 원뿔꼴 기둥과도 같은 80여 개의 돌탑이며 마이산 신 등을 모시는 탑이 있는 암자이다.

마이산은 놀이와 휴식에 적합한 관광 등산코스로 유명하다. 입구 3㎞ 진입로에는 벚나무가 터널을 이루고 있어 매년 벚꽃이 만개하는 4월 중순쯤에 마이산남부주차장 입구에서 전북 진안군 주관으로 벚꽃축제가 열린다.

산행 버스 출발지 복정역을 향해 집을 나선 시각은 오전 6시가 안 된 상황이다. 세상은 어스름한 어두움으로 조용히 채워지고 마이산에 산행에 관한 기대는 부풀어 한껏 채워진다.

원정 산행하는 날은 아침 일찍 집에서 나오는 게 다소 부담이 가지만 언제부터인가 주말의 하루는 의당 산행하는 것으로 몸이 '조건 반사' 하듯 받아주니 너무 다행스럽다. 때로는 관념에 따라 자기 생각을 이리저리 휘두르게 하는 발상의 전환이 필요할 때도 있어야 겠다.

때는 일 년 중에 춥지도 덥지도 않으며 봄 경치가 한창 무르익는 춘삼월인 만큼 마이산주차장 가기 전 삼거리부터 상춘객과 등산객을 실은 차들로 입추의 여지가 없을 정도로 유명세를 누리는 중이다.

꽃피는 4월이면 남으로부터 봄바람이 온다는 노래 가사처럼 저 빛깔 고운 산행 기대에 이끌려 들머리 전북 진안군 마령면 동촌리 마이산도립공원 남부주차장에 도착한다. 포장된 도로를 따라 산책하듯이 올라가면 아직 벚꽃의 만개까지는 조금 이르다 싶지만, 그런대로 부족함이 없는 벚꽃이 눈부시게 화사하다.

양 길가에는 갖가지 맛 향을 풍긴 음식점과 지역 특산품 가게들이 즐비하게 늘어져 있어 산행 뒤풀이의 즐거움을 미리 연상시켜 준다. 이럴 때마다 길손들을 상대로 하는 아줌마들의 구수한 지역 사투리의 호객행위는 어디서나 빼놓을 수 없는 우리네의 넉넉한 풍경들이다.

금당사를 지나 탑영제를 바라보며 고금당으로 가기 위해 숲으로 이어지고 경사는 오르막이다. 숲속의 활엽수는 아직 겨울 흔적에서 벗어나지 못한 채 앙상한 나목을

보여주는 데에 반해 침엽수만이 숲의 푸름을 독차지하고 있다.

햇빛 가리개 구실을 못 하는 앙상한 나뭇가지 사이로 봄볕이 그대로 내려앉아 얼굴에 따갑게 쏟아붓는다. 오르막 경사가 점점 기울어지는 만큼 숨은 거칠어지고 얼굴의 땀은 머물지 못하고 이내 흘러내린다.

전망대로 가기 위해 우측으로 향하는 길에 애티 나는 소담스러운 꽃봉오리가 기특한 모습으로 산객의 눈길을 사로잡아 카메라에 고스란히 담는다. 봉오리 단계를 벗어나면 볼품없는 하찮은 것들도 이맘때의 모습은 모두가 그저 흐뭇하고 아름다울 따름이다.

자연의 흐뭇한 신선함을 내내 버리지 못하고 힘차게 가파른 철 계단을 올라 전망대에 도착이다. 조금 멀리 암마이봉이 당당한 모습을 드러내고 그 뒤로 수마이봉이 조그맣게 살짝 비켜나 있다. 전망대 아래 너른 바위 위의 한 그루 나무 밑의 그늘을 골라 점심시간을 갖는다.

오늘 처음 산행에서 만난 산우와 100대 명산에 대해 새로운 정보를 주고받으며 앞으로의 산행 계획을 진지하게 나눈다. 둘이 다 100대 명산 완등을 목적으로 하는 만큼 금세 친해진다. 전망대에서 내려가는 급 내리막길에도 산행에 대한 이야깃거리는 그칠 줄 모른다. 화제가 산행에 관한 이야기라서 스스럼없이 친해지는 것은 산행에서 종종 일어나는 흐뭇한 현상이다.

탑영제에 이른다. 너른 호수를 이루는 수면에 두 마이봉이 흐트러짐 없이 투영된 거로 보아 오늘 날씨는 그야말로 바람 한 점 없는 잔잔한 봄날임이 틀림없다. 한편에서 다소 허접스러운 오리 보트 등을 갖추고 영업하는 공간만 없다면 산정의 멋진 호수로서 높은 평가와 함께 마이산의 또 다른 명물로 자리매김할 수 있을 텐데 하는 아쉬움이 따른다.

탑사 입구에 이르러 두 봉 아래에 설치한 불가사의한 돌탑들이 시선을 확 끌어당긴다. 국내 어디에서도 찾아볼 수 없는 이국적인 절경에 입이 딱 벌어지고 바라 눈이 의심스럽다.

80여 개의 돌탑으로 구성된 마이산 탑사는 처사 이갑용(李甲用)이 쌓은 것으로 유명하다. 돌탑의 형태는 규모가 다양하고 대부분이 일자형과 원뿔형으로 이루어져 있다. 대웅전 뒤의 돌탑들은 1800년대 후반 이갑용이 혼자 쌓은 것으로 알려졌다. 어른 키 약 3배 높이의 가장 큰 천지 탑 한 쌍이 있는데, 이렇게 높은 탑을 어떻게 쌓아 올렸는지는 아직도 정확히 밝혀지지 않아 사람들의 궁금증과 함께 신비스러움을 불러일으킨다.

이갑용은 낮에 돌을 모으고 밤에 탑을 쌓았다고 한다. 백팔번뇌에서 벗어나고자 하는 온갖 염원을 탑사에 그대로 담아 놓은 정성 때문일까? 100년이 넘었음에도 아직 아무리 거센 강풍이 불어도 무너지지 않고 용케 버티고 있다 하니 그저 신기할 뿐이다. 이곳이 프랑스 숼랭그린가이트에서 별 3개 만점을 받았다고 홍보하고 있는 점까지 고려하면 마이산에 탑사가 있으므로 인해 100대 명산으로서 전혀 손색이 없는 개성 만점의 산이라 할 수 있을 것이다.

탑사의 주역 이갑용은 전북 임실군에서 태어나 전국의 명산을 돌아다니며 수행한 후 25세에 마이산에 들어와 솔잎으로 생식하며 1880년대부터 30여 년간 만불탑을 축조하고 1957년 98세의 일기로 세상을 떠났다. 그는 마이산에 탑이 쌓인 뒤 사람들이 시주 한 돈과 곡식으로 송아지를 길러 한국의 독립운동가들에게 독립운동 비용으로 황소를 전달했다고 전한다.

암마이봉으로 올라가는 도중에 불교 태고종 종단의 은수사가 자리한다. 조선을 건국한 태조 이성계가 왕의 꿈을 가지고 기도를 했다는 곳으로 기도 중에 마신 물이 은처럼 맑아 은수사로 불리게 되었단다. 기도 후에 산돌배의 일종인 청실배나무를 심은 게 현재 600년이 넘어 천연기념물 제386호로 지정되었다는 설명이다.

경사가 가파르지만 넓고 잘 정비된 나무 덱 길을 따라 한참을 올라가면 천황문 길로 이어지며 쉬어가는 벤치가 나온다. 쉼터 우측 계단 위 수마이봉 아래에는 봉우리를 타고 내려와 석간수로 고인 작은 샘이 있는데 이 물을 마시면 득남한다는 전설이 내려온다. 샘이 있는 화엄굴 내부는 넓지만 깊숙한 곳에 손이 닿을 듯 말 듯 자리하고 있는 데다가 득남할 이유도 없어 구태여 마시지 않기로 한다.

예전에는 지세가 위험하여 접근이 어려웠던 암마이봉을 향해 정비된 계단을 따라 꽈배기 꼬듯이 돌고 돌아 오른다. 일정 구간이 지나면 계단 폭이 좁아 일방통행으로 이어지는 양 갈래로 변한다.

중간 지점의 전망대에 이르러 흐르는 땀을 바람에 날려 보낼 겸 건너편에 우뚝 솟은 수마이봉을 배경으로 기념사진을 남긴다. 수마이봉의 우뚝 솟은 뾰쪽한 모습이 예사롭지 않고 신비스러운 자태를 보여준다. 아직 수마이봉은 산세가 험하여 등산로가 개설되지 않아 일반인들은 오를 수가 없다.

해발 686m 마이산 정상 암마이봉에 올라선다. 정상석은 산 이름을 새긴 독특한 서체가 인상적이며 지금은 중천에서 내리쬐는 햇볕을 받아 그림자를 드리우며 역광의 자세로 따뜻한 봄을 맞고 있다. 정상부는 멀리서 바라볼 때와 다르게 암반이 아닌 나무와 함께 고운 흙으로 깔려있다. 생각보다 너른 공간을 확보하여 산객들에게 아늑한 휴식 자리를 제공해 준다. 정상석 앞에는 인증을 받으려는 사람들로 길게 늘어서 있다.

정상으로서 올라왔던 일방통행의 반대쪽으로 내려와 북부주차장을 거쳐 다시 남부주차장으로 원점 회귀한다. 마이산의 독특한 생김새와 특별한 유명세는 익히 알았지만 이처럼 신비의 산을 이제야 비로소 찾아왔다는 게 괜스레 미안스럽다는 생각마저 든다.

산행 날머리에서 절정을 향하여 치닫는 벚꽃 군락까지 관람하며 싱그러운 봄을 두루 섭렵한다. 누구에게나 마이산을 추천할 수 있다는 신념을 가지고 수지맞는 산행을 모두 마무리한다.

마이산(馬耳山 686m)

주요 코스

① 남부주차장 ➡ 금당사 ➡ 전망대 ➡ 비룡대 ➡ 북부주차장 ➡ 천왕문 ➡ 암마이산 정상 ➡ 천왕문 ➡ 은수사 ➡ 탑사 ➡ 탑영제 ➡ 금당사 ➡ 남부주차장

② 남부주차장 ➡ 금당사 ➡ 탑영제 ➡ 탑사 ➡ 은수사 ➡ 천왕문 ➡ 암마이봉 정상 ➡ 천왕문 ➡ 북부주차장 ➡ 비룡대 ➡ 전망대 ➡ 나옹암 ➡ 금당사 ➡ 남부주차장

명성산(鳴聲山)

강원특별자치도 철원군, 경기도 포천시

도평천, 영평천, 한탄강의 수계를 이루며, 가파른 산세와 곳곳의 바위가 어우러져 아름다운 경관을 자랑한다. 산 북쪽에는 삼부연폭포, 남쪽에는 산정호수가 위치해 있다. 전설에 따르면, 이곳은 왕건에게 쫓기던 궁예가 최후를 맞은 장소로도 유명하다.

가을철 억새 산행지와 국민 관광지 산정호수가 먼저 떠오르는 강원도 철원군과 경기도 포천시의 명성산(鳴聲山 922m)은 등산과 호수의 정취를 함께 만끽할 수 있는 곳이다.

산세가 전체적으로 바위와 암벽으로 이루어져 있다. 동쪽은 경사가 완만하며 남쪽에 있는 삼각봉 동편 분지에는 억새가 무성하여 1997년부터 매년 9월 말에서 10월 초에 억새꽃 축제가 열린다.

태봉국을 세운 궁예의 애환이 호수 뒤편에 병풍처럼 펼쳐진 명성산에 숨겨져 있다. 그의 부하 왕건과 최후의 결전을 벌인 후 전의를 상실한 궁예가 망국의 슬픔을 통곡하자 산도 따라 울었다는 설과 주인을 잃은 신하와 말이 산이 울릴 정도로 울었다고 하여 울림산으로 불리다가 울 '鳴' 자, 소리 '聲' 자를 써서 지금의 鳴聲山(명성산)으로 정하였다는 전설이 내려오고 있다.

그 밖의 궁예 관련 사연을 찾아보면 후삼국 시대 궁예가 왕건에게 쫓겨 은신했던 '궁 예왕굴', 궁예 군사에게 항복을 받은 '항서받골', 궁예가 단신으로 도망간 골짜기라는 '패주 골', 궁예가 도주하면서 흐느껴 울었다는 '눌치' 등 지금도 수많은 궁예의 이야기들이 이곳 명성산에 깊이 녹아 있다.

서울에서 2시간여 만에 산행 들머리인 강원도 철원군 서면 자등리 자등현에 도착하였으니 원정 산행 셈 치고 접근성이 좋은 곳이다. 더군다나 황금연휴 첫째 날 짧은 시간에 부리나케 달려왔으니 나머지 산행도 여유 있고 하루를 알차게 보낼 수 있게 되었다. 가을 냄새가 진하게 풍기는 10월 첫째 날 햇볕은 구름에 가려 흐릿하고 기온까지 서늘하여 산행하기에 안성맞춤이다.

1차 목표로 각흘산을 향하여 비탈길을 오른다. 들머리에는 산안개가 자욱하여 사방이 분간하기 어려울 정도이고 출발할 때 서늘했던 기온이 오름을 거듭함에 따라 땀이 차고 몸이 더워진다. 이럴 때는 잠시 쉬어서 최고의 처방전인 얼음물로 달래야 한다. 얼음물은 계절과 무관하게 산행하면서 더워진 몸의 열을 낮추어주고 갈증 해소에 그만이다. 산안개가 서서히 걷히고 가을이 더 선명하게 느껴진다. 느리게 걷고 느긋하게 주변 풍광과 함께하니 오를수록 이들에게 마음이 빼앗긴다.

시간이 지날수록 산행의 맛이 절로 나고 정취에 몰입하면서 숨이 가쁠 틈이 없다. 진정 가을 산행의 진수가 10월 첫날 이루어진다.

각흘산 정상에 도착하자 강원도와 경기도의 산야가 전망 좋게 펼쳐진다. 저 멀리 북서 방향으로 특별하게 다가오는 용화저수지가 산정호수로 착각할 정도로 멋있어 보인다.

오늘의 최고점 명성산 쪽에는 산봉우리를 에워싸고 있는 산 구름이 희끗희끗 보일 뿐인데 마음은 벌써 정상에 도착한 듯 설렘으로 가득 찬다.

다음 목표지 명성산으로 가기 위해 내리막의 연속으로 인해 출구가 보이지 않는다. 굴곡이 커다란 오르막과 내리막을 반복하다가 결국, 약사령사거리까지 내려왔는데 해발고도가 얼추잡아 첫 들머리 자등현과 맞먹는다.

약사령에서 내리막이 지쳐 바닥을 치고 새로운 산행이 시작된다. 헬기장을 거치고 한참을 지나 하늘이 열리고 맑은 빛이 머리 위로 들어온다. 피로는 쌓이지만, 하루에 두 산을 종주한다는 뿌듯함과 사명감으로 마음을 다독인다.

각흘산에서 바라보았던 풍경을 발이 따라잡아 마침내 명성산 정상에 도착한다. 다른 때 보다 두 배의 힘을 보탠 만큼 하산하는 마음이 더 홀가분하다.

삼각봉을 지나면서 높낮이가 일정한 능선으로 이어진다. 등산로에 보라색 계열의 야생화가 반갑게 나타나 발길을 잡아준다. 예쁘게 찍어 기념으로 담아간다.

바위 따라 펼쳐지는 기암이 사방으로 트인 조망과 어우러져 한 작품으로 만들어낸다. 한편에서 산정호수가 비로소 나타난다. 늘 옆에서만 바라보고 주변에서 함께했던 산정호수를 산 위에서 내려다보니 전혀 다른 호수의 모습이다.

팔각정에 도착하면서 억새 군락이 장관을 이루고 정상에서 내려오는 산객과 산정호수에서 올라온 일반 나들이객들이 한데 뒤섞여 사진 찍기에 여념이 없다. 등산객이 아닌 일반 관광객들을 위해 진품보다 더 진품 같은 모조품인 명성산 정상석 앞에 평상복 차림으로 줄지어 기념 촬영하는 모습들이 재미있다. 지자체에서 개발한 좋은 아이디어이다.

팔각정을 지난 다음에도 억새의 향연이 계속 이어지다가 산길이 진정될 무렵 소나무 숲으로 변신한다. 산길에는 등산객보다 관광객이 분위기를 주도하며 날머리가 서서히 가까워지고 있음을 암시한다.

궁예의 울음이 폭포가 되어 내린다는 등룡폭포에는 많은 관광객으로 붐빈다. 휴게시설까지 갖추어 놓고 한쪽에는 궁예 관련 역사적 사연과 전설로 기록된 안내 해설도가 자리한다. 궁예는 죽어서도 이 지역에 관광 브랜드를 남긴 다음 명소로 거듭나는 데에 일등공신이 되었다.

천하를 다 얻을 것 같았던 자가 하극상으로 인해 패자가 되어 처절한 죽음 앞에서의 심정은 어떠했을까? 불현듯 역사극 대하드라마에서 배우 김영철이 열연했던 황

금 곤룡포를 입은 애꾸눈 궁예의 마지막 모습이 떠오른다.

최근 들어 비무장지대 일대에 남아 있는 태봉의 유적지인 궁예 도성에 관한 관심이 높아지고 있다. 유구한 역사의 흔적을 간직한 채 남아 있는 궁예 도성 유적을 발굴한다면 더 많은 역사적 사실을 고증할 수 있을 것으로 짐작한다. 궁예와 그가 세운 나라 태봉은 신라나 고려보다 역사가 짧지만, 승자에 의해 저술된 역사의 기록들 때문에 제대로 평가를 받지 못하고 있는 것이 사실일 것이다. 더욱 많은 역사적 고증을 통해 패자의 역사가 더욱더 객관적이고 진솔하게 평가되길 바라는 마음이다.

긴 여정을 마치고 한창 진행 중인 억새꽃 축제의 볼거리는 버스 이동시간 때문에 다음 기회로 미루어야 한다. 경기도 포천시 영북면 산정리 산정호수 주차장을 날머리로 모든 산행을 갈무리한다.

명성산(鳴聲山 923m)

주요 코스

① 자등현 ➡ 공터쉼터 ➡ 각흘산 ➡ 삼거리 ➡ 고사목 ➡ 삼거리 ➡ 약사령 ➡ 삼각봉 ➡ 명성산 정상 ➡ 삼각봉 ➡ 갈림길 ➡ 팔각정 ➡ 등룡폭포 ➡ 비선폭포 ➡ 산정호수

② 산정호수 ➡ 비선폭포 ➡ 고개 ➡ 팔각정 ➡ 갈림길 ➡ 삼각봉 ➡ 명상산 정상 ➡ 삼각산 ➡ 약사령 ➡ 삼거리 ➡ 내약사동 ➡ 외약사동 ➡ 약사

명지산(明智山)

경기도 가평군

경기도에서 두 번째로 높은 산으로, 경기도 최고봉인 화악산(1,468m)과 가평천을 사이에 두고 있다. 강씨봉, 귀목봉, 청계산, 우목봉 등 웅장한 산세를 자랑하며, 산 동쪽으로 20여 km를 흐르는 가평천 계곡과 익근리 계곡의 명지폭포가 특히 유명하다. 이 일대의 산과 계곡들은 경기도에서 손꼽히는 심산유곡으로 알려져 있다.

경기도 가평군 북쪽을 거의 차지하고 있는 명지산(明智山 1,267m)은 산세가 높고 산림이 울창하며 한북정맥의 준봉들 가운데 하나이다. 정상 부근의 능선에는 잣나무, 굴참나무 군락과 고사목 등이 장관을 이룬다.

명지산 북동쪽으로 가평산지의 최고봉인 화악산(1,468m)이 있으며 남쪽으로는 검봉산, 대금산 등의 여러 산으로 둘러싸여 있다. 서사면은 급경사를 이루지만 동사면은 비교적 완만한 능선과 계곡이 어우러져 있다.

원래 이름은 맹주산이라 칭했었는데 이는 산의 형세가 마치 주위 산들의 우두머리와 같다는 데에서 유래하였다 한다.

이후 맹주산이 점차 변하여 지금의 명지산으로 불리는 것으로 짐작된다. 조선 후기 고지도인 해동지도에는 화악산의 서쪽에 명지봉이 있으며 영평현과 경계에 있는 것으로 묘사되어 있다. 기타 조선지지자료, 가평군 읍지에서의 서술도 이와 크게 다르지 않다.

1991년에 지정된 명지산 도립공원 내에 있는 명지산생태전시관에서는 다양한 자연환경 프로그램 체험을 통해 친환경 생활 방식을 유도하고 체계적이고 지속적인 환경 교육을 받을 수 있다. 가평군에서 개최하는 축제는 '가평잣축제', '연인산자연생태축제', '자라섬씽씽겨울바람축제', '운악산산사랑물사랑축제', '유명산단풍축제' 등이 있다.

경기도 가평군 익근리 산행 입구에 비구니의 도량인 승천사가 있고 30여 ㎞에 이르는 명지계곡은 여름철 수도권의 피서지로 인기가 높다, 명지산은 가평 8경 중 제4경인 '명지 단풍'으로도 유명하다.

산행 들머리 경기도 가평군 북면 백둔리로 들어선다. 조용한 시골 마을 어귀를 벗어나 물이 마른 계곡을 따라 산행이 시작된다. 어제 낮에 직장 동료들과의 가을 체육 대회에 이어 저녁에는 동기들과 새벽까지 송년회를 치른 탓에 산행 시작부터 불금의 진한 여운이 몸으로 무겁게 전해 온다.

주중에 싸늘했던 기온이 주말 들어 포근하게 풀린 이유로 아재비재로 오르는 너덜지대에서 겉옷을 다 벗었음에도 땀으로 범벅이다. 겨울 산행은 겨울다운 날씨가 제격인데 봄날같이 따사로운 기온 탓에 갈증을 해소하기 위한 쉬어가는 멈춤이 잦아진다.

옛날 계속되는 가뭄과 찌든 가난으로 굶주린 임산부가 고개 중턱에서 출산하고 나서 옆에 있는 물고기를 잡아먹고 정신을 잃었는데 정신이 든 후 물고기가 아닌 자신의 아기를 먹었다는 걸 안 다음 결국 산모는 미쳤다는데, 이후 '아기를 잡아먹는 고개'라는 뜻에서 이름이 유래된 갈림길 '아재비고개'에 들어선다. 가난으로부터 완전히 자유로워진 요즘 상식으로는 이해가 안 가겠지만 이 지역이 과거 화전민들이 많은 살았던 오지 중의 오지였다는 사실과 우리나라 여타의 많은 지명이 숨은 유래

를 담고 있다는 점을 함께 살펴볼 때, 이 같은 이야기를 한낱 전설로 치부하기에는 곤란하다고 생각한다. 아비재고개와 합류하기 위해 곱게 드리운 연인산 능선으로 시선을 돌리며 애달프고 씁쓸한 사연은 이만 접기로 한다.

따사로운 햇볕이 쏟아지는 평탄한 능선이 쭉 이어진다. 당장 닿을 듯 보였던 실체가 다른 명지 제3봉이 몇 차례 뒤로 사라진다. 앞선 마음을 발길이 따라주지 못한 탓이다. 생각보다 긴 시간에 걸쳐 유난히 하얀색을 띤 커다란 바위의 명지 제3봉에 이른다.

하늘은 높고 새파란데 하늘 밑에 오염된 미세 먼지가 층을 지어 있음에도 가평군의 또 다른 명산인 연인산, 청계산, 운악산 모습은 또렷하게 다가온다. 명지 제3봉에서 명지 제2봉으로 향하자마자 돌연 음지로 바뀌면서 찬바람과 함께 한기가 강하게 느껴진다.

배낭 속에 접었던 겉옷을 다시 껴입고 내리막 빙판을 조심스럽게 어렵사리 내려간다. 겨울로 가는 산에서는 날씨 변하는 정도가 비할 데 없이 심하므로 기상에 대비한 여벌 옷과 안전 장비는 필수이다. 자세를 가다듬고 정상으로 도약하기 위한 마지막 내리막이다.

명지산 제1봉 정상이다. 정상에서 바라다보고 느끼는 곳마다 탄성과 환호가 절로 터져 나온다. 가파른 산길을 오르는 동안 버거웠던 들숨과 날숨의 고통에 대한 보상은 정상에서 말끔히 보답받는다. 모르는 사람들과 찍어주고 찍히는 예견된 정상 인증이 어김없이 이어진다. 정상에서는 항상 새로운 에너지가 샘솟으며 다음 산행을 기약하게끔 원동력을 보상으로 받는다. 명지산 정상은 세 갈래 분수령을 알려주는 이정표가 있다. 갈림길에는 오가는 누구라도 '수고했습니다.'라는 격려의 대화가 끊이지 않는다. 내가 뱉은 격려는 부메랑으로 되돌아와 내가 받은 격려가 된다. 다들 표정이 즐거울 수밖에 없는 분위기 속에 양지바른 곳을 찾아 준비한 음식으로 요기를 때운다.

날머리인 경기도 가평군 북면 익근리 주차장을 향한 하산은 음지와 양지가 반복되는 너덜겅 길의 연속이다. 불규칙하고 높은 계단을 내디딜 때마다 무릎에서 피로감이 전해 온다. 어제 행사의 연장선이 누적되어 하산까지 이어지는데, 명지폭포는 들릴 틈도 없이 어느새 지나쳤다. 이런 하산을 장장 6㎞를 내려가야 하나 싶더니 승천사를 지난 다음부터 거친 길이 완만해지고 경사가 부드러워진다.

산길은 오솔길로 평정을 되찾았다. 나뭇가지 사이에 언뜻언뜻 잿빛 하늘이 열리고 눈물겹도록 황홀하던 이 가을 단풍들도 자연의 법칙에 따라서 이젠 앙상하게 잎을 떨어뜨리며 그윽한 한 폭의 수묵화를 그려낸다. 겨울이 오는 길목은 한 주가 다르게 산 풍경을 변화시킨다. 산객들은 눈 오는 겨울 서곡을 노래하기 위한 채비에 들어간다.

명지산(明智山 1,267m)

주요 코스

① 구 백둔초교 ➡ 양짓말삼거리 ➡ 아재비고개 ➡ 3봉 ➡ 2봉 ➡ 명지산 정상 ➡ 갈림길 ➡ 명지폭포 ➡ 승천사 ➡ 익근리주차장

② 익근리주차장 ➡ 선바위 ➡ 사향봉 ➡ 화채바위 ➡ 명지산 정상 ➡ 2봉 ➡ 백둔봉 ➡ 구 백둔초교

모악산(母岳山)

전북특별자치도 전주시·김제시·완주군

진달래와 철쭉으로 유명한 호남 4경 중 하나로, 신라 말기 견훤이 이곳을 근거로 후백제를 세운 것으로 전해진다. 금산사(金山寺)에는 국보인 미륵전과 보물인 대적광전, 혜덕왕사응탑비, 5층석탑 등 많은 문화재가 있으며, 특히 미륵전에 있는 높이 11.82m의 미륵불이 유명하다.

전북 전주시, 김제시 및 완주군의 경계를 이루며 어머니가 어린아이를 안고 있는 모양의 바위가 있어서 유래되었다는 모악산(母岳山 793m)은 능선이 북동에서 남서 방향으로 뻗어 있으며 동쪽 사면을 제외한 전 사면이 비교적 완만하다.

동쪽 사면에서 발원한 계류는 구이저수지에 흘러든 뒤 삼천천을 이루어 다시 전주시로 흐른다. 서쪽 사면에서 발원하는 두월천, 원평천은 동진강에 흘러들어 김제 벽골제의 수원이 되기도 한다.

모악산 일대는 신라 말 견훤이 후백제를 일으켰다고 전해진 곳이기도 하며 풍수지리설에 따라 명당이라 하여 한때 수십 개의 신흥종교 집단이 성행했다 한다.

서쪽 기슭에 자리한 금산사에는 11.82m 높이의 국보급 미륵전을 비롯하여 여러 보물과 문화재를 보유하고 있다. 모악산은 빼어난 자연경관과 수많은 문화유적이 있어 호남 4경의 하나로 꼽히어 1971년 12월 도립공원으로 지정되었다. 봄 벚꽃, 가을 감나무 숲이 운치를 더해주며 매년 10월에 민속축제인 김제벽골문화제가 열린다.

화창한 봄날 봄비 예보에 따라 우중 산행 채비를 갖추고 전북 완주군 구이면 원기리 모악산관광단지 주차장의 도착이다. 하늘의 기상 상황은 아직 비가 올 기미는 보이지 않고 산행하기 좋을 만큼 적당하게 흐린 날씨를 보여준다.

대부분 가까운 전주에서 오는 사람들로 보이는 많은 나들이 관광객 틈에 휩싸여 즐비하게 늘어선 상가를 따라 올라가 큼직한 바위로 세운 표지석 앞에서 산행 첫 번째 기념사진을 남긴다.

서서히 하루가 다르게 푸른 옷으로 단장하려는 나무는 풋풋한 내음을 내보내며 봄의 정취가 더해진다. 산행 들머리 모악산관광단지에서 잠시 올라가 '선녀폭포와 사랑바위' 사연이 전해지는 곳에 다다른다. 보름달이 뜨면 선녀들이 내려와 목욕을 즐기며 수왕사 약수를 마시고 모악산 신선들과 어울리곤 하였는데, 그중에 한 선녀와 나무꾼이 눈이 마주치게 되었고 두 남녀가 대원사 백자골 숲에서 사랑을 나누며 입을 맞추려는 순간 난데없이 뇌성벽력이 요란하게 울리면서 두 남녀가 돌로 굳어져 사랑 바위라 부르게 되었는데 이곳에서 지성을 드리면 사랑이 이루어진다는 내용이다.

선녀폭포를 지나 계속해서 대원사로 오르는 길이다. 가족 단위 나들이객이 쉽게 다니도록 천연 야자 매트가 깔려있어 수월한 진행이다.

점차 오르막으로 전환되고 다소 숨이 거칠어질 무렵 등산로 가까이 비켜 있는 아담하고 소박한 암자인 수왕사의 도착이다. 선녀들이 목욕을 즐긴 다음 마셨다는 콸콸 쏟아지는 샘물로 목을 축이며 산들산들 불어오는 봄바람에 땀을 식힌다.

다시 또 오르고 얼마 지나지 않아 무제봉에 이르러 어쩐지 수상하다 싶었던 날씨가 기어코 비를 예보하는 스산한 바람을 몰고 와 산자락을 통째로 칭칭 휘감으며 전망 좋다는 무제봉의 조망마저 앗아간다.

쉬어가는 타임을 생략하고 서둘러 발걸음 재촉한다. 경사가 급한 목제 계단이다. 덱이 설치되기 전에는 꽤 힘들었을 오르막을 한 계단 한 계단 오르면 통신탑 안테나가 끝부터 모습을 드러내며 서서히 다가온다. 정상에 도착하자마자 기다렸다는 듯이 봄비가 후드득 쏟아진다. 정상 인증을 뒤로 미루고 서둘러 후미진 곳을 찾아, 비를 피해 점심부터 해결한다. 좁은 공간에 옹기종기 많은 사람이 모여드는 관계로 이럴 때는 거하게 준비한 음식 대신 간편식이 제격이다.

비가 개면서 정상에서 인증을 남기려는 사람들이 한꺼번에 몰리는 바람에 순서를 정하는 줄이 늘어선다. 정상에서 바라보면 앞으로 내려갈 김제평야와 내려가야 할 금산사의 모습이 희미하게 시선으로 들어온다.

언제 다시 내릴지 모르는 비 걱정에 떠밀려 하산을 재촉하는 바람에 진행이 서둘러진다. 내리막과 오르막을 통해 신선대는 거쳤지만 장근재 방향은 이정표가 불확실하여 우측으로 접어든다. 내리막으로 치닫는 끝에 길가에 자리한 모악정에 이른다. 정자에 올라 자리를 잡고 먼저 온 일행들과 간식을 나누어 먹으며 산행에 관한 이야기 주제가 꼬리를 물며 늘어진다.

서둘러 하산하는 관계로 벌어놓은 시간이 많아 금산사서 지체할 수 있는 여유가 생졌다. 599년 백제 법왕 원년에 창건된 금산사는 신라 진표율사가 금당에 미륵장육상을 모시고 도량을 중창하여 법상종을 연 끝에 미륵신앙의 근본 도량으로 삼았던 오랜 전통의 사찰이며 웅장하고 큰 규모가 예사롭지 않다.

겉모습은 3층탑 모습이지만 내부는 하나의 통층으로 이루어져 미륵전을 떠받치는 아름드리 기둥과 옥내 입불로 자그마치 11.82m에 달하는 세계에서 가장 큰 미륵보살상이 압권이다. 국보는 이 정도 규모는 되어야지, 무턱대고 아무나 지정되지 않다는 걸 눈으로 확인시킨다.

산사를 벗어나면서 빗줄기가 더욱 굵어져 배낭에 덮개를 덮고 결국 온몸에 판초까지 뒤어쓴다. 비에 맞는 촉감이 청량하고 비에 실려 온 시원한 바람이 피곤한 기분을 누그러뜨린다. 후미가 도착하는 동안 빗속에서 낭만의 해찰을 부린다.

금산사에서 전북 김제시 금산면 금산리 김제 관광안내소 날머리로 향하는 길가에는 청순한 철쭉과 노란 민들레가 비를 맞고 더 신바람 났다는 듯 짙은 색으로 치장하며 멋을 낸다. 우듬지에 매달린 탱글탱글한 빗방울도 그네를 타며 좋단다. 산행 마지막 우중 산행 덕분에 자연에서 느껴보지 못했던 특별한 감정을 더 몰입하고 더 다가갈 수 있는 의미 깊은 산행이 되었다.

모악산(母岳山 794m)

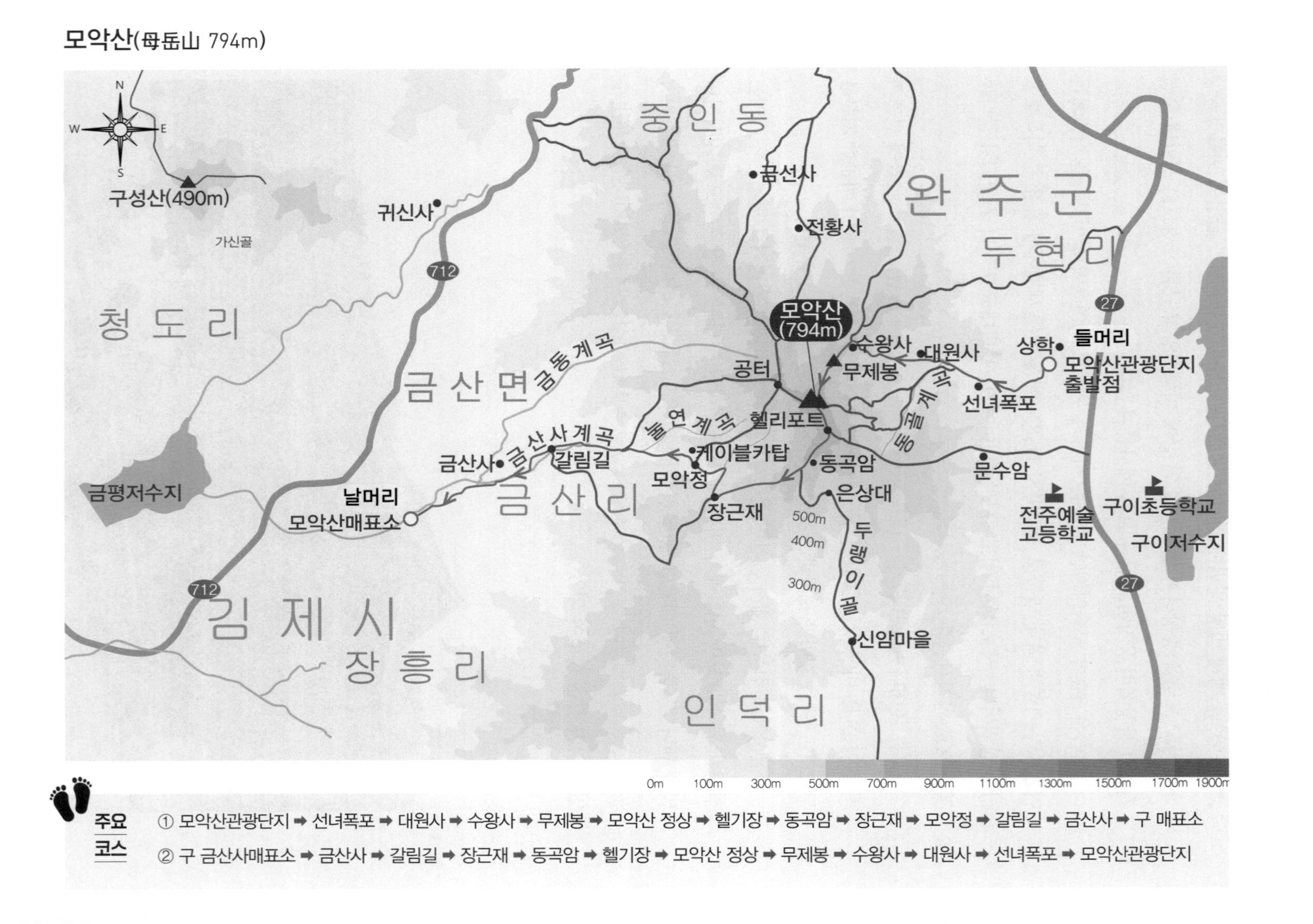

주요 코스

① 모악산관광단지 ➡ 선녀폭포 ➡ 대원사 ➡ 수왕사 ➡ 무제봉 ➡ 모악산 정상 ➡ 헬기장 ➡ 동곡암 ➡ 장근재 ➡ 모악정 ➡ 갈림길 ➡ 금산사 ➡ 구 매표소

② 구 금산사매표소 ➡ 금산사 ➡ 갈림길 ➡ 장근재 ➡ 동곡암 ➡ 헬기장 ➡ 모악산 정상 ➡ 무제봉 ➡ 수왕사 ➡ 대원사 ➡ 선녀폭포 ➡ 모악산관광단지

무등산(無等山)

광주광역시 동구, 전라남도 화순군·담양군

최고봉인 천왕봉 근처에는 원기둥 모양의 절리가 발달해 기암괴석이 빚어내는 경치가 뛰어나며, 도시민의 휴식처로 사랑받고 있다. 이 지역에는 보물인 철조비로자나불좌상이 있는 증심사(證心寺)와 원효사(元曉寺)가 유명하다.

무등산(無等山, 1,187m)은 사방으로 뻗어 나온 골짜기로 이루어졌지만 유별나게 단 하나의 봉우리로 이루어졌다고 한다. 무등산의 자랑인 입석대, 서석대, 규봉의 바위 군상은 보는 이를 압도할 만큼 대단하다. 하지만 무등산은 전반적으로 완만한 산세이며 대부분이 흙산으로 이루어져 있다. 골짜기들은 맑고 깊은 물을 품어서 광주의 젖줄 노릇을 해왔다.

무등산에는 8종의 천연기념물과 지정문화재 17점을 보유하고 있다. 2012년 21번째 국립공원 지정에 이어 지난 5월 유네스코 세계자연유산 등재를 위한 심사 과정의 목적으로 유네스코 책임자의 현장 실사까지 마친 상태이다. 세계자연유산 대상으로 지목되는 입석대, 서석대, 광석대의 주상절리는 세계에서 유일하게 해발 1,000m 이상 고산지대에 위치함이며, 국제적으로 지질학적 가치의 우수성을 인정받기 위함이란다. (2018. 4. 12. 파리 유네스코 본부에서 세계 137번째 '세계지질공원'으로 인증받았으며 국내에서는 제주도와 경북 청송에 이어 세 번째이다.)

무등산 정상은 일 년에 딱 네 번을 개방하는데, 오늘이 올해 들어 두 번째에 해당하는 날이다. 그 때문에 이 기회를 놓치고 싶지 않은 사람들이 가세하고 날씨까지 좋아 밀려드는 차량 혼잡을 피하고자 애초 날머리로 잡았던 광주시 동구 운림동 증심사 주차장을 산행 들머리로 변경하게 되었다.

증심사로 가기 전에 큼직한 바위만 한 돌에 멋진 필체의 무등산국립공원 표지석이 정중하게 반긴다. 증심사 일주문을 통과하여 아름다운 숲속을 지나면 증심사 이후부터 본격적인 산행이 시작된다. 증심사와 중머리재를 거쳐 무등산 정상으로 가는 지금의 코스는 남녀노소 누구나 무난하게 갈 수 있어 가장 많이 이용한다.

탐방로는 국립공원답게 너른 폭으로 잘 정비되어 있고 돌계단을 지나 마을의 수호신으로 모시며 제사를 지냈던 수령 500년이 넘은 당산나무와 마주한다. 숲속 오솔길을 지나치면 육산에서 벗어나 돌과 계단, 바위너설들이 함께하는 다소 험난한 길이다.

봉황대에서 올라오는 삼거리와 만난 후 넓게 자리한 평원이다. 바로 중의 머리같이 생겼다 하여 이름 붙여진 중머리재이다. 중머리재는 서인봉, 용추폭포 등의 방향으로 갈라지는 무등산 등산길의 요충지로서 무성하게 자라는 억새와 철쭉으로 유명하다.

중머리재를 출발하면서부터 경사가 서서히 급해진다. 20분 정도 지나 용추삼거리가 나오고 계속된 급경사를 30분 더 올라가면 장불재의 출현과 함께 시원한 바람이 가득한 확 트인 공간이 자리한다. 장불재는 광주광역시와 전남 화순군의 경계가 되는 해발 900m의 고갯길로 옛날 화순 동복마을 사람들이 광주에 오기 위해 꼭 넘어야 했던 지름길이다. 장불재는 무등산국립공원관리공단에서 운영하는 산장을 비롯하여 산사람들을 위한 편의시설을 갖추고 여러 갈래로 갈라지는 산길 교통 요충지로서의 길목 역할을 제대로 해준다.

장불재에서 정상을 향해 조금씩 벗어나면 경사가 완만한 곳에 주변 식생을 보호하기 위한 목재 덱이 설치되어 있어 힘들이지 않고 오를 수 있다.

상서로운 빛을 머금고 높은 덕을 풍긴다는 평가와 함께 광주광역시민들의 사랑을 듬뿍 받는 오늘의 백미 입석대가 마침내 등장한다. 고대 페트라 유적과 파르테논 신전이 불가사의한 인간의 작품이라면 완벽한 인터로킹을 유지한 채 8,000만 년 이상 버텨온 입석대와 서석대의 파노라마 주상절리는 신만이 빚어낼 수 있는 최고의 걸작이라고 할 수 있다. 입석대에서 받은 감동이 아직 가시지 않은 가운데 서석대로 향한다. 고도가 조금씩 높아지며 무등산과 광주시가지의 아름다운 경치를 한눈에 감상하면 금세 서석대에 이른다. 입석대와 서석대 일대는 무등산의 가장 대표적인 경관자원으로 2005년 천연기념물 제465호로 지정되었으며 세계적으로 희귀한 주상절리이다.

무등산이 일 년에 4번에 걸쳐 개방하더라도 최고봉 천왕봉은 군사 시설이 있어 접근이 어려우므로 무등산 정상을 인증받기 위해서는 어느 때나 접근이 가능한 이곳 서석대가 역할을 대신한다.

서석대가 최고봉 역할을 하는 관계로 여기에서 바로 하산을 해야 하지만 오늘은 서석대에서 정상 인증과 점심을 마친 다음 공군부대의 신원 확인 및 통제와 안내를 받아 그동안 신비 속에 감추어졌던 천왕봉 주상절리 지대에 이르러 귀중한 광경을 사진으로 담을 계획이다.

정상부 광장에는 모처럼 개방에 따른 안전사고 방지 등을 위해 광주광역시, 공군부대, 국립공원관리공단 관계자 및 119 구급대가 대기 중이며 천왕봉에서 나오는 약수를 탐방객들에게 서비스로 제공해 준다.

특별한 날 특혜 받아 오른 특별 산행이다 싶었지만, 정작 최고점 천왕봉은 접근 차단으로 포기할 수밖에 없다. 군사 분계선에서 훨씬 떨어진 남도에까지 분단의 이데올로기가 얽혀 있다는 현실이 안타깝기만 하다. 아쉬움이 남지만, 나머지 정상 천왕봉마저 확대 개방하기를 산악인 한 사람으로서 기대와 희망을 걸고 학수고대한다.

오늘 특별 개방으로 인해 이만큼 올라온 것만으로 대만족하며 올라왔던 반대 방향의 포장도로를 따라 하산이다. 사방으로 노출된 뙤약볕이 내리쬐는 무미건조한 군부대 전용 콘크리트 포장길을 하염없이 내려간다. 결국, 우측 숲속으로 들어가면 새소리 지저귀는 고즈넉한 원효사 옛길로 이어지고 분위기가 완전히 반전이다.

치마바위부터 숲속 그늘과 계곡 물소리가 더해지고 편안하게 날머리인 무등산국립공원 주차장까지 이어진다. 처음 예상했던 대로 교통 상황이 여유로운 주차장에서 쉽게 빠져나와 여유롭게 상경한다.

무등산(無等山 1,187m)

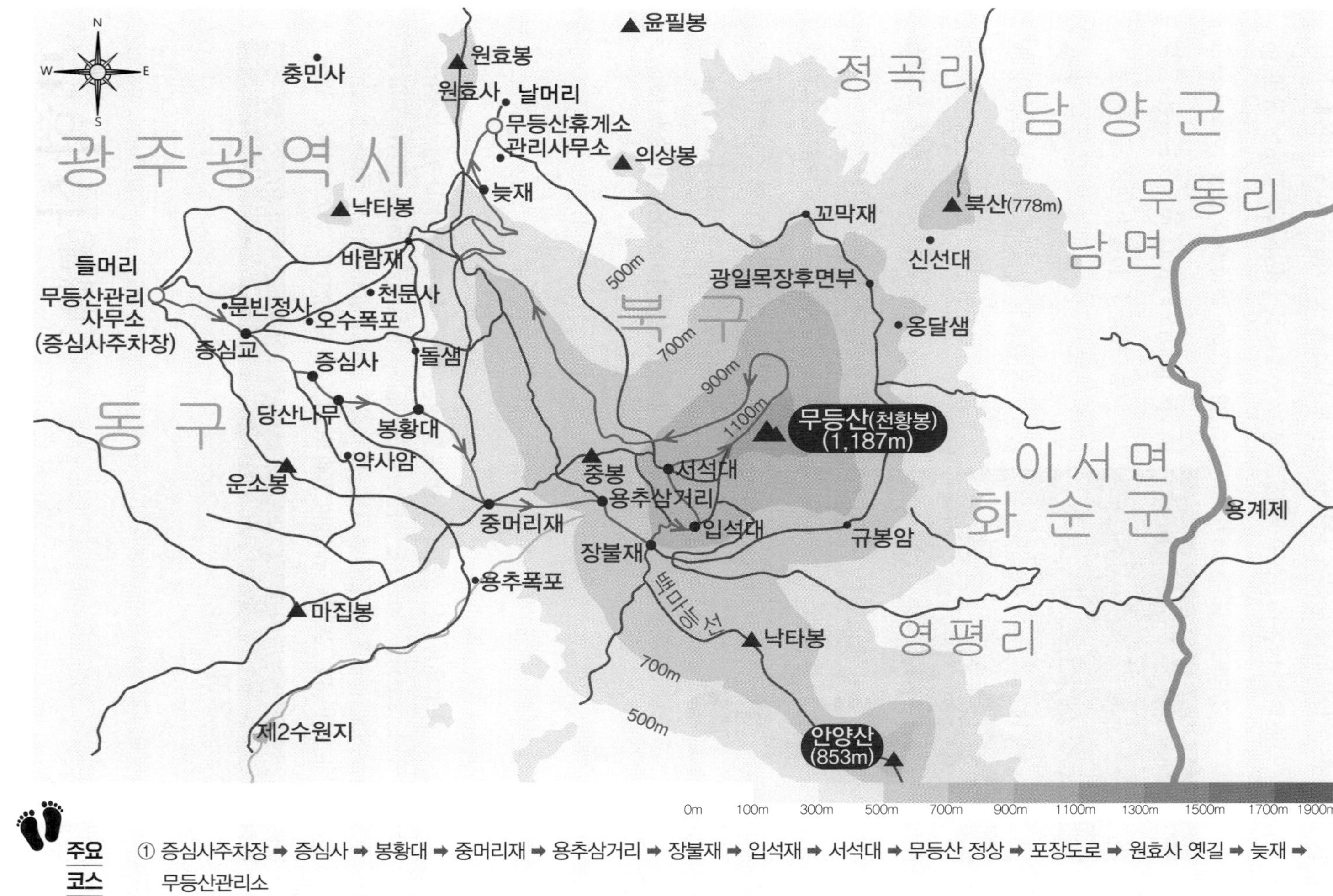

주요 코스

① 증심사주차장 ➡ 증심사 ➡ 봉황대 ➡ 중머리재 ➡ 용추삼거리 ➡ 장불재 ➡ 입석재 ➡ 서석대 ➡ 무등산 정상 ➡ 포장도로 ➡ 원효사 옛길 ➡ 늦재 ➡ 무등산관리소

② 증심사주차장 ➡ 증심사 ➡ 약사암 ➡ 마집봉 ➡ 중머리재 ➡ 용추삼거리 ➡ 장불재 ➡ 입석대 ➡ 서석재 정상 ➡ 중봉 ➡ 중머리재 ➡ 돌샘 ➡ 바람재

무학산(舞鶴山)

경상남도 창원시 마산합포구

도시민의 휴식처로서, 아기자기한 능선과 다도해를 바라보는 탁 트인 조망이 뛰어나다. 정상 북서쪽에 위치한 시루봉 일대의 바위는 훌륭한 암벽등반 훈련장으로 알려져 있다. 무학산을 품고 있는 마산은 예전부터 양조업이 번성할 정도로 수질이 좋았으며, 서원골 입구에는 최치원의 제자들이 세운 관해정(觀海亭)이 있고, 인근에 원각사와 백운사 등이 유명하다.

산의 형상이 마치 학이 춤추듯 날개를 펴고 날아가는 자세와 흡사하다는 데서 불리는 무학산(舞鶴山 761m)은 산세가 전체적으로 급한 편이며 크고 작은 능선과 여러 갈래의 계곡으로 이루어져 있다. 동쪽의 서원곡 계곡은 무성한 수목과 멋진 경관으로 인해 창원 시민들이 즐겨 찾는 휴식처가 되고 있다.

무학산은 진달래꽃이 산록을 붉게 물들이는 봄철이면 대곡산 일대의 진달래 군락이 가장 화려하고 밀도가 짙어 붉은 치마를 산 사면에 널어놓은 듯한 느낌을 준다. 이곳의 진달래는 전국적인 관심 대상이 되어 봄철이면 첫 진달래가 만개하는 모습에 목말라하는 상춘객들이 진달래꽃을 보러 먼 길을 찾아오곤 한다.

정상에 서면 가장 먼저 남해와 마산의 명소인 돝섬 그리고 진해의 장복산이 시야에 들어온다. 한편, 붉은색 진달래와 대비되는 가곡 '내 고향 남쪽 바다'로 불리는 바다 정취는 감탄사가 절로 나올 정도로 푸르다. 무학산은 옛 마산시에서 관광객 유치 홍보를 위해 선정한 9경(景) 5미(味) 중 9경의 한 곳이기도 하다.

요즘 같은 봄이 되면 사람들은 유난히 더 산으로 떠나고 싶어 한다. 산과 들에 꽃내음이 일어나고 따뜻한 봄바람이 일면 온몸이 근질거리고 자꾸 산에 오르고 싶은 산 마니아들의 봄 앓이가 시작되는 시기이다. 일 년의 4분의 1이 지나고 4월이 시작하는 첫날에 남녘에서 불어오는 봄의 향기 따라 100대 명산 마산 무학산으로 향한다.

마산은 지금으로부터 30년 전후하여 젊은 열정으로 공직에서 4년간 재직할 때 남쪽 바다가 훤히 내려다보이는 무학산 자락에서 가족과 거주했었고 숱한 추억이 깃들었을 뿐만 아니라 필자의 장남이 태어난 곳이기도 하다.

일행을 태운 버스는 서울에서 4시간 반 만에 마산 시내로 들어온다. 낯이 익을 만한 옛 거리의 모습이지만 지나간 세월은 이미 강산이 세 번 바뀌고 상전벽해의 긴 시간이 흐른 뒤라서 방향 감각마저 가물가물하다.

산행 들머리인 경남 창원시 마산회원구 내서읍 중리 내서우체국의 도착이다. 날씨는 약간 흐린 가운데 바람이 자고 온화하여 산행하기 좋은 봄날이다.

산행 초입 만만치 않은 잠깐의 오르막 나무 계단을 빼면 몇 번의 오르내리는 봉우리를 포함하더라도 대체로 부드러운 능선길이다.

나지막한 봉우리 서너 개를 오르고 내린 끝에 마재고개 방향과 지리산 영신봉에서 분기한 낙남정맥과 만나는 삼거리 갈림길이 나타난다. 이곳 삼거리는 들머리와 정상까지의 거리가 앞뒤로 각각 2.9㎞로 이곳이 딱 중간 지점이다.

525봉을 거쳐 오르면 숲이 우거져 지형 식별이 곤란하다. 야생화와 봄꽃이 군데군데 어우러진 고즈넉한 산길을 따라 662봉에서 여장을 정리할 겸 걸음을 멈춘다. 쉬는 동안 나뭇가지 사이로 시루를 엎어 놓은 듯한 평평한 사루바위가 갈림길 너머

로 살포시 모습을 드러낸다.

봄의 목마름을 해갈시켜 주는 양 보슬보슬 소리 없이 봄비가 내린다. 비에 젖은 이파리들의 연둣빛이 눈이 부시도록 보석처럼 영롱하다. 오늘이 지나면 갖가지 봄꽃과 화음을 이루면서 초록빛은 더 짙어지고 이파리들은 더욱 무성하여 숲의 주요 구성원이 될 것이다.

바닥에 떨어진 나뭇잎이 비에 젖어 푹신한 오르막으로 내어준다. 오름길 좌측 너머로 정상에서 흘러내린 서마지기 평원이 나타나 정상이 거의 다 왔음을 암시한다. 서마지기에는 봄에는 진달래, 가을에는 억새 군락으로 유명하다는데 이곳이 고산지대라서 그런지 진달래를 구경하기에는 시기상조이다.

발걸음이 한시 빨리 마산 앞바다를 보여주고 싶다는 듯 고도를 높이며 가야 할 거리는 당겨준다. 이윽고 무학산 정상에 도착이다. 눈부신 바다 풍경에 시선을 떼지 못하고 바닷바람에 실려 오는 상큼한 봄 냄새를 맡으며 정상을 정복할 때마다 느끼는 짜릿한 성취감을 또 한 번 확인한다.

정상에서 고개를 다시 돌린다. 마산만과 돝섬 유원지가 보이고 저 아래 어디쯤에는 한때 필자가 열정을 가지고 근무했던 직장 소재지 월포동이, 그리고 가족과 단란하게 거주했던 중앙동과 그 일대의 옛 마산시청, 마산소방서, 성모병원 등의 위치를 이리저리 어림잡아 헤아리며 지난 추억을 곰곰이 더듬는다.

정상에서 김밥으로 점심을 먹는 도중에 때아닌 겨울도 아닌데도 갑자기 세찬 바람을 동반한 기습적인 우박이 쏟아진다. 허둥지둥 부리나케 우의를 두르고 나머지 음식은 먹는 둥 마는 둥 자리에서 쫓겨나듯이 일어선다. 정상 인증을 마치고 개나리 능선과 만날고개로 가기 위해 서둘러 하산이다.

더불어 하는 산행에 비해 나 홀로 산행은 걷고 멈추는 결정이 자유롭고 누구랑 입장을 맞추거나 상황을 감수하는 그 어떤 번거로움과 부담감 없이 나만의 자유를 누릴 수 있다. 필자의 경우와 같이 산행기를 쓰거나 사진을 찍는 작가들은 장소를 불문하고 선택과 집중이 수월하여 감정을 몰입할 수 있는 이점도 나 홀로 산행의 강점이다.

이렇게 나 홀로 산행하는 세 사람이 불현듯 뭉쳐 하산길에 동행이 되었다. 아이러니한 상황 반전이다. 새로운 일행과 다음 산행지에 대한 정보를 교환하며 각자마다 품앗이 사진작가가 되고 한편으로는 사진 모델이 되기도 한다. 대곡산(516m)에 이르러 내리던 비와 우박도 멈추고 화창한 봄날로 되돌아왔다. 걸음 속도를 조절하며 여유로운 행보로 봄 산행을 만끽한다.

이런저런 산행 분위기에 젖는 동안 710봉은 이미 한참 전에 지나고 어느새 안개약수에 이르러 물맛을 확인한다. 이 지역의 유명 브랜드인 '무학소주'와 '몽고간장'이 말해 주듯 마산 하면 물맛 좋기로 유명하지 않은가?

새빨간 꽃망울을 활짝 열어놓은 동백과 분홍빛 벚꽃으로 무학산 자락에서 봄기운이 약동하는 날머리인 경남 창원시 마산합포구 예곡동 만날고개에 다다른다. 만날고개의 유래는 부잣집 아들이지만 반신불수에 언어장애인인 남편한테 시집간 가난한 집 큰딸이 친정 식구를 다시 만났다는 애틋한 전설을 전하고 있다.

산행을 모두 마무리하고 평화로운 만날재 공원 옆 목로주점에서 나 홀로 삼인방들이 출발 시각을 기다린다. 해가 비를 따먹고 날씨가 갰다. 파랗게 움터 올라오는 연초록 잎새가 우거지는 가운데 날갯짓을 뽐내며 하늘로 날아오르는 새들의 지저귐을 안주 삼아 30년 전의 옛 추억으로 거슬러 올라가 회포를 풀어놓는다.

무학산(舞鶴山 761m)

주요 코스

① 내서우체국 ➡ 줄바위 ➡ 재넘어고개 ➡ 갈림길 ➡ 시루봉 ➡ 서마지기 ➡ 무학산 정상 ➡ 갈림길 ➡ 대곡산 ➡ 만날고개

② 마재고개 ➡ 두척동 ➡ 두척골 ➡ 갈림길 ➡ 팔각정 ➡ 쉼터 ➡ 서마지기 ➡ 무학산 정상 ➡ 걱정바위 ➡ 무학폭포 ➡ 용주암 ➡ 원각사 ➡ 관해정

미륵산(彌勒山)

경상남도 통영시

미륵도(彌勒島) 한가운데에 솟아 있는 이 산은 한려해상국립공원의 아름다운 경관을 한눈에 조망할 수 있다. 지형도에는 용화산(龍華山)으로 표기되어 있으며, 석조여래상과 고려 중기의 작품인 지장보살상과 시왕상이 보존된 용화사(龍華寺)가 있다. 또한 도솔선사(兜率禪師)가 창건한 도솔암, 관음사(觀音寺), 봉수대 터 등이 유명하다.

미륵산(彌勒山 461m)은 약속의 땅, 통영시 남쪽 미륵도 중앙에 우뚝 솟은 산이다. 한편에서 용화산(龍華山)이라고 부른 이유는 이 산에 자리한 고찰 용화사에서 비롯되었다. 미륵산 자락에는 용화사 외에도 미래사, 관음암, 도솔암의 사찰이 있다. 정상에 오르면 한려수도의 아름다운 비경을 한눈에 조망할 수 있으며 청명한 날에는 일본 대마도, 지리산 천왕봉, 여수 돌산도까지 볼 수 있다. 그래서 동양의 나폴리라 불릴 정도로 100대 명산으로서 덕목을 두루 갖추고 있다. 미륵산 남쪽에는 2008년에 개통한 케이블카가 설치되어 있다.

미륵산은 해발고도만 따지면 그리 높은 산은 아니지만 봄 진달래와 가을 단풍이 빼어나고 울창한 수림 사이로 맑은 물이 흐르는 계곡과 함께 각양각색의 기암괴석과 바위굴이 자랑거리이다. 통영 앞바다의 미륵도는 교량이 연결되어 있으나 애초에는 육지와 섬 사이에 얕은 해협이 있어 일찍이 1932년에 동양 최초로 해저 터널이 놓였던지라 실질적으로 섬이 아닌지 이미 오래된 곳이다.

통영에는 역사적으로 왜구 침략이 잦은 곳이라서 왜적을 물리치며 활약했던 고려 공민왕 때 최영 장군과 조선 선조 때 이순신 장군의 숨결이 남아 있다. 이 지역 출신 문학인으로 토지의 박경리와 21세기 한국 시단을 이끈 김춘수가 유명하며 통영에서 성장기를 보낸 일제강점기 시인 유치환을 들 수 있다. 나아가 서양 음악에 동양적 요소를 가미하여 독자적인 분야를 개척한 윤이상도 이곳에서 유아기를 보낸 음악가이다.

미륵산을 7년 만에 다시 찾는다. 심야 고속버스로 새벽에 도착하였으니 무박 산행이 되었다. 7년 전 기억을 되살려 산행 들머리인 산양읍사무소로 향하였는데 읍사무소가 수년 전에 이전하는 바람에 산행 입구를 찾을 수가 없어 출발부터 차질이 발생하였다. 동네 주민들한테 물어물어 들어선 곳이 4년 전에 개설한 둘레길이라서 결국 이래저래 2시간을 허송하게 됐다. 주민들 시선에선 등산이나 둘레길 걷는 복장이 같아 보여 둘레길 이용객도 등산으로 생각했을 것이다. 결국, 산행 전부터 준비 운동으로 다리품 하나를 제대로 판 셈이 되었다. (들머리는 통영시 산양읍 양산길 10-3, 10-4 건물 사이 골목으로 추후 확인됨)

둘레길 위쪽을 가리키는 '구망봉 05㎞' 표지판이 빼꼼히 드러내며 마침내 본격적인 산행 시작이다. 범왕산을 젖히고 구망봉으로 바로 건너뛴 상황이라서 시작부터 수직에 가까운 비탈이 갈지자를 그으며 산 위로 유도한다. 습한 기운은 바람이 이내 날려주지만 거친 숨은 숨길 수가 없다. 첫 단추를 잘못 꿴 귀책으로 인해 고된 신고식을 치르며 첫 번째 고지인 구망봉에 이른다. 다음 목적지는 현금산 고개인데 이내 급경사 내리막이다. 정상을 내어주기 위해서 앞으로 내리막과 오르막은 수없이 이어질 태세이다.

한적한 산길은 거침없이 미끈하고 너무 아름답다. 깨끗한 숲만이 풍겨줄 수 있는 싱그러운 선물이 가득하다. 고도가 서서히 높여지자 숲속에 가려졌던 도시의 풍경이 비친다. 걸으면 걸을수록 시간이 거꾸로 흘러 과거로 돌아가 잊을 수 없는 기억 하나가 소환되어 머릿속에 새겨진다. 1986년 7월 이곳 통영에 장기 출장 와서 가족과 함께 그해 연말까지 머물렀던 추억이다. 낙후된 충무(통영)항의 개발을 위해 열과 성을 다해 고군분투한 결과 현재의 통영으로 비약하는 데에 적게나마 일조하였다고 자부하니 옛 기억들에 대한 애정이 사무치게 그려진다. 그래서일까. 나뭇가지 사이로 언뜻언뜻 비친 그때 그 월셋집이 들어올 것만 같다.

고갯마루 하나를 넘어오자 '현금산 고개'가 지나쳤다는 이정표가 나타난다. 산모퉁이들 돌 때마다 숨겨둔 보물이 나타나며 발걸음을 신나게 한다. 지금, 이 순간 유려한 산길에는 시원한 향기가 밀려오고 호젓한 은은함이 그윽한데, 2016.07.16. 폭우 속에서 악전고투하던 기억이 새삼 되살아난다. 두툼한 먹구름이 급기야 막무가내 장대비를 쏟아부었던 우중 산행이었다. 정상에선 세찬 비바람이 가세해 결국 제대로 된 정상 인증마저 남기지 못하였기에 다음을 기약하였는데, 그게 7년이 지난 오늘이 되었다.

미륵치 네거리에 이르자 각각의 출발지에서 올라온 사람들로 웅성대는 전형적인 쉼터의 모습이다. 마르지 않은 가을 햇살 따라 저마다의 이야기가 구성지게 흐르고 이 모든 것을 감싸주는 넉넉한 자연이 무대가 되어준다. 모르는 사람까지 실시간 대화의 방으로 초대되고 서울에서 새벽녘에 내려온 산객의 이만저만한 사연은 단연코 으뜸 관심사가 되기 충분하다.

미륵산을 0.9㎞ 남겨놓고 마지막 오르막이다. 모든 산은 높은, 낮든 깔딱 구간은 있게 마련이다. 지난밤을 뜬눈으로 지새운 마당에 초장부터 부질없는 다리품을 판 까닭에 배낭의 짐까지 더해지니 고통의 무게가 서서히 엄습해 온다. 끝없이 이어질 것 같은 이 오르막도 머지않아 끝이 있다는 확신에 찬 희망을 품고 생각을 긍정으로 추스른다. 고도가 오른 만큼 바람의 세기도 비례한다. 누군가는 헛되고 부질없는 바람일지라도 산객의 땀방울을 훔쳐 가는 바람은 한없이 마땅한 응원군이 되어준다.

큰 돌은 나무가 받쳐주고 틈새는 작은 돌들이 나무뿌리와 얽히고설켜 흘러내지 않게 천연의 돌계단이 만들어졌다. 시간이 지나면 풍화되고 침식되기보다 자연 구성원들의 유대가 돈독하여 틈새를 조여주고 인간의 발길이 다져줌으로 인해 더욱 견고하고 완전한 동일체가 되었다. 바라볼수록 감탄의 시선이 연발한다.

울창하던 나무 그늘이 하나둘 벗겨지다가 사방으로 막힘없는 풍경과 푸른 바람이 기다렸다는 듯이 밀려든다. 산허리에 커다랗게 뚫린 공간으로 또 다른 모습의 통영 앞바다와 전원마을이 시선 두기 바쁘게 들어온다. 산행 초반에 알바(실수로 헤매는 행위)했던 그곳의 모습도 아스라이 시선에 잡히며 쓴웃음을 부채질한다.

미륵산 정상이다. 정상은 드넓은 한려수도를 조망하기 위해 두 말이 필요 없는 최적의 장소이다. 그동안 산행하는 동안 '미륵치 네거리' 말고 한적했었는데, 미륵산의 모든 사람이 이곳에 모여든 듯 정상 풍경이 마치 장이 선 장터를 방불케 한다. 미륵산이 대한민국이 엄선한 100대 명산뿐만 아니라 모 아웃도어에서 상업적으로 지정한 '섬&산100'의 한 곳인 점 그리고 케이블카를 타고 온 관광객까지 합세한 양상이다.

하산은 첫발부터 순전히 덱 계단이다. 계단의 높낮이가 순하게 설치되어 있어 비교적 편안한 자세로 고도를 낮춰간다. 난간 사이로 수선화과에 속하는 가을의 전령사 붉은 꽃무릇이 군데군데 피어나 단풍으로 곱게 물든 가을풍경을 재촉한다. 바라보는 산객의 마음도 꽃무릇처럼 마음을 화사하게 누그러준다. 다만 한 가지 옥에 티를 꼿는다면 이정표가 줄곧 '미래사'와 '케이블카' 방향만 고집한다는 것이다. 다행히 친절한 산객의 도움을 받아 두 번의 갈림마다 좌측으로 틀어 마지막 종착지인 용화사 방향을 알아차렸다. 바뀐 초입부터 솔향이 그윽하게 진동한다. 산행 시작은 다소 착오를 겪었지만, 우리의 삶에서 소소한 스트레스는 건강에 이롭듯이 산행에서 적당한 혼선은 오히려 산행의 묘미를 즐기며 산행에 대한 이야깃거리와 뜻깊은 추억을 남길 수가 있다.

풍성한 초록에다 심신을 다독여 준 낭만의 여름이 이젠 기세 좋던 된 더위마저 한풀 누그러져 산행하기에 안성맞춤인 시절이 찾아왔다. 어느새 계절의 끝자락까지 털어내며 산빛도 물빛도 점차 여물어간다. 어찌 사랑하지 않을 수 없는 이 아름다운 여정의 끄트머리에서 이제 돌아가는 여름을 배웅해야만 한다.

미륵산(彌勒山 461m)

주요 코스

① 구 산양읍사무소 ➡ 연화사 ➡ 금평마을 ➡ 임도 ➡ 구망봉 ➡ 세포고개갈림길 ➡ 현금산 ➡ 미륵치 ➡ 미륵산 정상 ➡ 용화사 ➡ 봉평동

② 봉평동 ➡ 관음사 ➡ 도솔암 ➡ 미륵치 ➡ 미륵산 정상 ➡ 루지체험장 ➡ 청소년수련관 ➡ 케이블카 매표소

민주지산(岷周之山)

충청북도 영동군, 전북특별자치도 무주군, 경상북도 김천시

1,000m 이상의 고산준봉을 거느리고 울창한 산림과 바위와 어우러져 있으며, 국내 최대의 원시림 계곡인 물한계곡이 있다. 이 계곡은 물이 차다는 뜻의 한천마을 상류에서부터 약 20km에 걸쳐 흐르는 깊은 계곡으로, 정상 남쪽 약 50m 아래에는 삼두마애불상이 있다. 또한, 충북, 전북, 경북의 경계에 위치한 삼도봉과 맞닿아 있다.

전라북도 최동북단에서 충청도, 전라도, 경상도 삼도를 다 아우르는 민주지산(岷周支山 1,242m)은 각 도의 사투리와 풍속 등을 모두 볼 수 있다. 민주지산을 주산으로 각호산, 석기봉, 삼도봉과 산줄기를 이루며 산세는 사방이 급경사를 이루는 화강암 지대이다. 역사적으로 민주지산은 천여 년 전 백제와 신라가 서로 차지하고자 각축전을 벌였던 곳이다. 산행 들머리는 삼도마다 내어주지만 주로 충북 영동군의 도마령과 국내 원시림 가운데 하나로 손꼽히는 물한계곡을 많이 찾는다.

매년 10월 10일이 되면 이 지역에서 전북 무주군, 충청도 영동군과 경북 김천시가 한데 모여 삼도의 문화를 활발하게 교류하고 지역감정을 없애기 위하여 산신제, 삼도 풍물놀이, 터울림 사물놀이 등을 펼치며 삼도봉 이름에 걸맞게 훈훈한 명맥을 이어가고 있다.

민주지산자연휴양림에서 제공하는 바에 의하면 이곳 휴양림은 소백산맥 줄기에 분포하는 각호산과 민주지산 등의 주변 명산에 둘러싸여 사계절 숲의 아름다움을 만끽할 수 있는 여건을 갖추고 태고의 신비를 간직한 자연 그대로의 휴양림이란다. 깨끗하게 정돈된 숙박 시설과 철 따라 산행의 즐거움이 차별화하는 등산로에다 피톤치드 풍부한 삼림욕장 그리고 건강 지압을 위한 맨발 숲길, 야간조명으로 관람하는 사방댐 분수는 일상에 지친 몸과 마음을 맑게 해준다.

민주지산을 다시 찾는다. 12년 만이다. 호형호제하는 동호회 일행과 민주지산 산행을 한 바 있었는데 돌이켜 보면, 한데 섞여 어우러졌던 어슴푸레한 기억뿐이고 시간이 흐를수록 당시의 정취는 가물가물하다. 그래서 이번 산행은 차분한 시공의 흐름 속에서 감정을 이입하고 더 느낄 수 있는 역량을 끌어내기 위함이며 나름의 소소한 서정을 이야기로 남긴 다음 산을 오르려는 누군가에게 필자의 흔적이 합리적인 길라잡이 되어준다면 더할 나위가 없겠다는 기대감 또한 숨길 수가 없는 이유이다.

전세버스에 실려 이리저리 구부러진 고갯길을 힘겹게 헤집고 올라채면 산행 들머리인 충북 영동군의 도마령이 어렵사리 출현한다. 산행 들머리 여건은 특징적인 표지물 하나 갖추지 못한 관계로 몇 번을 다녀온 사람마저 쉽게 인식하지 못하고 이곳을 지나치거나 산행 방향을 반대로 착각할 만큼 속박됨이 없는 한가한 곳에 있다.

고갯마루 뒤편 풀숲에 가려졌던 목재 계단을 보자 여정의 어귀임을 바로 알아차린다. 수직 계단에 아랑곳없이 다들 기세등등하게 오르지만 이내 화려한 단청으로 치장한 팔각정 형상의 상용정이 도사린다. 사전 약속이라도 한 듯이 대장정에 나서기 위해 차림새를 고치는 등 여장 정비로 분주하다. 그리고 '삼도봉 명품숲길 종합안내'에 따라 저마다 합당한 산행 코스로 가닥 잡은 다음 본격적인 산행 출발이다.

촘촘하지 않은 나뭇가지의 숲길 안으로 오뉴월 강한 햇빛이 듬성듬성 내려앉는다. 바닥에는 옅은 빛으로 수놓은 그물망이 그려지고 이리저리 모양을 바꿔가며 산

객의 발길을 따라 동행이다. 산천은 이미 연두색을 벗어버리고 짙은 초록으로 칠해 놓았다. 저절로 피어난 갖가지 야생화는 그들만의 본색을 드러내고자 몸단장으로 분주하다.

한적한 등산로에 자연의 소리를 벗 삼아 나아간다. 여름철 기운으로 지저귀는 새소리가 여름을 타고 유유히 퍼져나간다. 나뭇가지 위에 새가 선창하면 지르밟을 때마다 검불이 으깨며 부스럭대는 소리가 다음을 이어간다. 적막함과 침묵의 소리에 집중하다 보면 하늘 위 비행기 소리마저 집어삼킨다. 함께하는 이 순간 모든 자연의 소리는 무엇보다 소중하고 누리고 싶은 동반자이다.

곧추세운 오르막이 지속한다. 지나온 도마령이 1.5㎞, 나가야 할 민주지산이 3.0㎞ 지점에 갈 길을 가늠할 수 있는 이정표가 나온다. 바로 해발 1,202m의 각호산이다. 정상석 주변에는 먼저 온 모르는 사람들이 자리를 차지하고 뒤따라온 산객에게 아는 사람처럼 격려와 응원을 보내준다. 다소 거친 숨소리를 진정시키며 '추락 주의' 표지판 너머로 시선을 돌린다. 민주지산과 견줄만한 이름 모를 고봉들이 봉긋봉긋 솟아 있고 원근에 따라 푸름의 정도가 다르게 다가온다. 파노라마처럼 펼쳐지는 풍경에 빠지는 동안 계곡에서 넘어온 시원한 바람이 각호산을 향해 불어 올린다.

정상을 2.0㎞ 조금 못 미쳐 야생화 군락이 나타나며 산길은 능선으로 드리운다. 길은 넓어지고 나무뿌리가 드러난다. 더도 말고 덜도 말고 이 길만 같았으면 좋겠다는 투정 어린 푸념을 털어놓을 만큼 이전까지 격이 다른 무장애 길이다. 쏟았던 에너지를 재충전하고 힘을 안배하며 내리쬐는 뙤약볕에 아랑곳없이 느긋한 심정으로 발걸음을 거분거분 옮겨간다.

정상을 300m 남짓 남겨둔 지점에 인적이 드문 수풀 사이로 임시 구호 목적의 대피소가 나오고 그 위로 다소 허전한 형태의 위령비가 세워져 있다. 1998년 5공수특전여단이 야간 행군 도중에 악천후를 만나 이곳에서 순직한 6위의 이름을 새겨놓고 그들의 숭고한 넋을 위로한다는 글이다.

허리춤까지 차지하는 풀숲을 헤치고 하늘이 가린 터널길이 여정을 재촉하며 정상으로 늘어졌다. 하루의 시각은 정오를 지나 2시를 향해 빠르게 흘러간다. 가도 또 가도 다시 출현하는 '민주지산 0.3㎞' 이정표를 주시할 때마다 허탈해지는 까닭은 피로가 겹친 데다 시장기가 극도로 엄습 상황에서 끼니를 때우기로 한 정상이 그토록

기다려지기 때문이다.

민주지산 정상이다. 지난날을 헤아려보니 11년 9개월 20일 만이다. 산천은 그대로 의구한데, 정상석은 나지막한 오석에서 듬직하고 튼실한 장대석으로 탈바꿈하였다. 오늘 지나온 길을 되돌아보면 도마령으로 짐작된 지점과 각호산이 아스라이 들어오고 가야 할 석기봉과 그 너머 삼도봉이 민주지산과 비슷한 고도에서 백두대간의 한 등줄기를 당당하게 드러낸다.

다음 목적지는 정상과 같은 높이의 석기봉 등정인데, 출발부터 고도가 뚝뚝 곤두박질을 친다. 지루한 내리막이 진정될 무렵 석기봉까지 1.1km 남긴 지점부터 초심으로 돌아가 내려온 만큼의 고도를 서서히 높여야 하는데, 바람은 죄다 실종되고 무더위는 기승을 부리는 가운데 남아 있는 고도를 지워야 할 판에 얄궂은 내리막이다.

가야 할 길이 위험하다는 이유로 통제한다는 경고성 안내판이 떡하고 버티는 바람에 우회해야 하는 상황에 부닥쳤다. 몇 사람의 생각을 교집합으로 짜낸 계책에 따라 우회 길로 들어섰지만 어디서부터인지 시행착오적 혼선이 생겼다. 결국, 필요 이상의 거리를 덤으로 감내하고서야 석기봉에 도착할 수 있었다.

석기봉을 0.5km 지나 삼도봉을 1.0km 남겨둔 삼거리에서 물한계곡으로의 하산이 불가피한 상황이다. 전세버스의 출발 시각을 무엇보다 염두에 고려해야 하는 이유이다. 촉촉하게 그늘진 음습한 내리막에서 마음이 바빠졌다. 비탈진 된비알이 일방적으로 반복되고 발돋움할 때마다 허벅지에 힘이 들어간다. 주변의 어떤 것으로부터 받은 느낌을 받아들이거나 자신의 감정을 불어넣을 만한 겨를이 없이 가야 할 거리와 남아 있는 시간 지우기에 급급하다.

어둑어둑한 숲에서 피어난 고사릿과 식물이 커다란 이파리를 낮은 자세로 넓게 펼치고 군락을 이룬다. 키 큰 나무들이 햇빛을 독점하다시피 한 열악한 조건에서 숲속의 여린 식물들이 살아남기 위해서는 위로 자라는 대신 몸을 한껏 낮추고 넓은 사발 모양의 이파리를 최대한 벌려 조그만 햇빛이라도 효율적으로 받아들이려는 생의 위대한 생존 전략으로 이해된다.

고도가 한참 떨어지자 계곡 물소리는 높은음자리로 옥타브를 변신한다. 어느덧 석기봉으로부터 5.0㎞ 벗어난 지점에 이르자 길은 아늑한 잣나무 숲으로 내어준다. 바닥이 진정되자 마음을 내려놓고 거뿐하게 걷는 동안 생각의 여유가 잦아든다. 겨를이 없었던 자연과의 감정 이입이 살아난다. 날머리에 즈음하여 나타난 출렁다리에 이끌러 가니 웬걸 조그만 사찰 경내지만 이내 들머리인 물한계곡 주차장으로 향한다. 강산이 초록으로 오롯이 물든 계절에 주말이 아닌 평일에 고산 하나 등정하고 나니 기분이 뿌듯하다.

민주지산(岷周之山 1,242m)

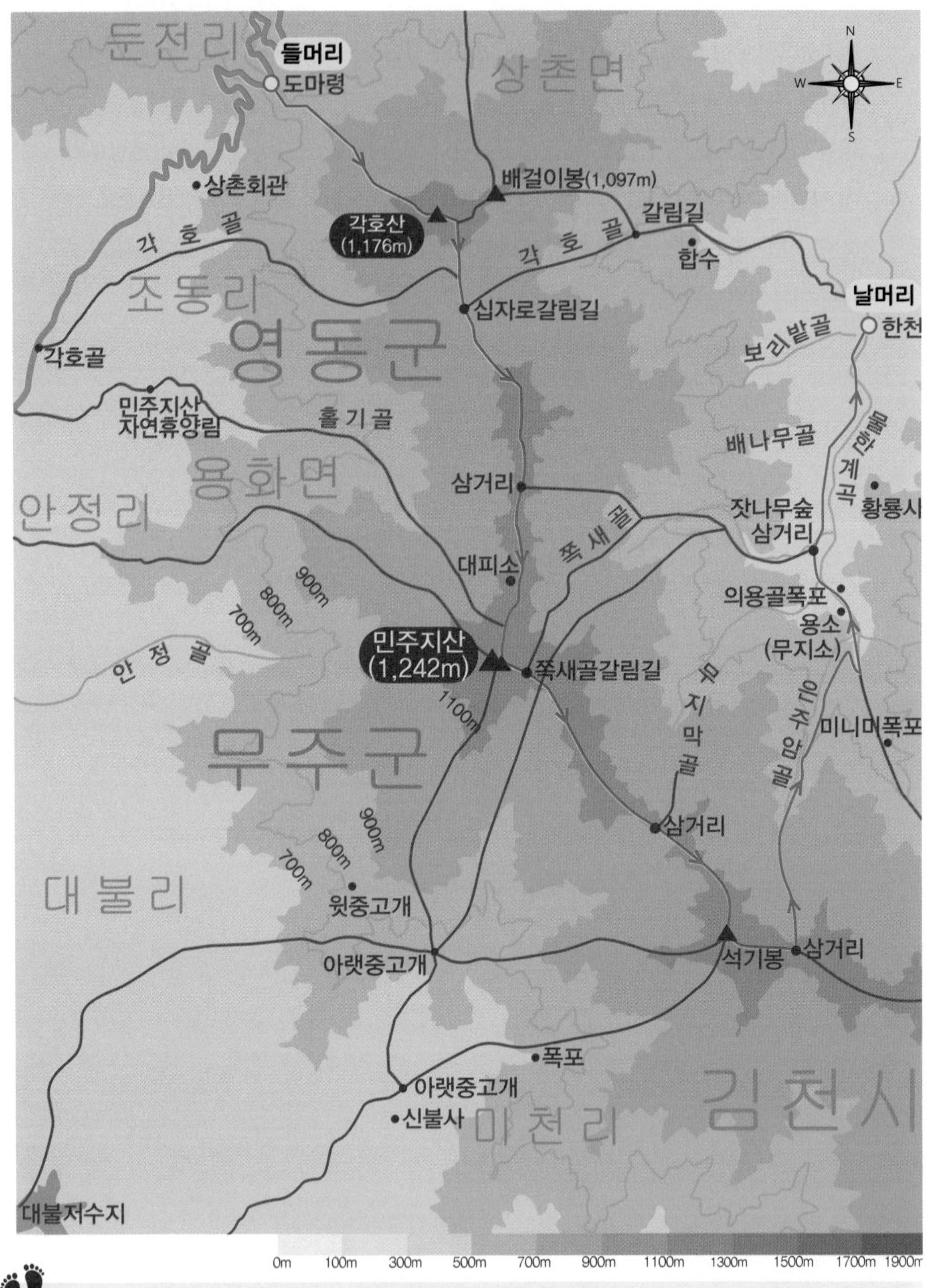

주요 코스

① 도마령 ➡ 상용정 ➡ 각호산 ➡ 십자로갈림길 ➡ 삼거리 ➡ 대피소 ➡ 민주지산 정상 ➡ 쪽새골갈림길 ➡ 석기봉 ➡ 삼거리 ➡ 용소 ➡ 의용골폭포 ➡ 잣나무숲 ➡ 물한계곡

② 물한계곡 ➡ 황룡사 ➡ 잣나무숲삼거리 ➡ 쪽새골 ➡ 민주지산 정상 ➡ 대피소 ➡ 삼거리 ➡ 십자로갈림길 ➡ 각호골 ➡ 물한계곡

방장산(方丈山)

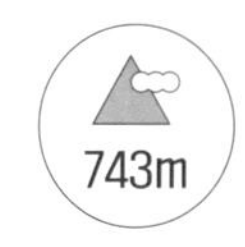

전북특별자치 정읍시·고창군, 전라남도 장성군

예로부터 지리산, 무등산과 함께 호남의 삼신산으로 불려왔으며, 전북과 전남을 가르는 웅장한 산세를 자랑한다. 옛 이름은 방등산으로, 백제가요 '방등산가'에 나오는 방등산이 바로 이 방장산이다. 정상에서는 멀리 서해와 동쪽의 무등산까지 조망할 수 있다.

지리산, 무등산과 더불어 호남의 삼신산으로 불리는 방장산(方丈山 743m)은 호남평야의 남단에서 전북도와 전남도를 양분한다. 예전에는 방등산 또는 반등산으로 불렀다가 조선 인조 때 명나라를 숭상하던 조선 사대부들이 중국 삼신산의 하나인 방장산을 닮았다는 이유로 이름을 방장산으로 고쳤다 한다. 방장산에는 천년 고찰인 상원사, 임공사가 있으며 근래에 세운 미륵암이 있다. 주변에 내장산, 백암산, 선운산 등의 명산을 지척에 두고 있으면서도 결코 기세가 눌리지 않은 당당함을 보인다.

산 중턱에는 2000년 7월 문을 연 방장산자연휴양림이 있다. 휴양림 내에는 참나무류와 소나무, 편백, 낙엽송, 리기다소나무 등이 많이 자란다. 고창 방면으로 난 임도를 따라가면 벽오봉(640m)과 고창고개 중간의 능선에 닿는다. 주 능선에는 서해로부터 불어오는 시원한 바람을 이용하여 패러글라이딩 동호인들이 종종 찾는다.

호남고속국도에서 내장산IC로 빠져나와 전라남북도의 경계를 이루는 산행 들머리인 전남 장성군 북이면 원덕리에서 익산지방국토관리청에서 관리하는 국도의 한 복판인 장성갈재의 도착이다.

산행 시작은 국도와 연결된 임도를 따라 100m 정도 들어간 다음 우측으로 틀어야 하는데 이곳을 다녀간 경험자가 아니면 등산로 입구를 찾기가 어려워 지나치기 쉽다. 더군다나 오늘같이 산길로 접어들면서 미세 운무가 희뿌옇게 깔려 산세를 가늠하기가 어려운 상황에서는 더욱더 세심한 관찰이 필요하다.

비교적 따뜻한 남쪽 지역과 마주한 방장산은 오늘따라 포근함이 더해져 계절이 절기를 초월해 겨울답지 않은 이상기후를 보여준다. 결국 '설국 산행'이라는 산행 제목에 걸맞은 옷차림은 490봉을 오르는 동안마저 보기 좋게 거부당하고 겉옷부터 차례로 벗어젖히기를 강요당한다.

다음 봉우리를 오르는데 봄날 같은 기온 탓에 얼었던 땅이 녹으면서 오르막길이 매우 질퍽질퍽하다. 마치 모래밭을 걷듯 오르려는 마음과 달리 발은 자꾸 후진이다. 미끄럼을 방지하기 위해 나뭇가지와 바위를 비롯하여 잡을 수 있는 모든 대상을 가리지 않고 단단히 붙잡으며 용을 쓰고 어렵게 고도를 높여간다.

그렇게 높은 산은 아니지만, 겨울도 봄도 아닌 어정쩡한 기온에 어렵게 다섯 개 봉우리를 오르고 내려가기를 반복하다 보니 땀이 흠뻑 밴 옷 속 살가죽으로 바람이 들어온다. 시원함이 이렇게 정겨울 수가 없다.

쓰리봉(734m)을 지나고 봉수대(715m)에 이어 방장산 정상(743m)에 닿는다. 지나왔던 여러 봉우리가 차례로 봉긋 솟아 뫼 '산(山)' 자를 그린다. 고개를 돌리면 흩날리는 운무 틈새로 저 아래 시골 마을이 어렴풋이 평화롭게 들어온다. 21명이 순서 없이 인증을 남긴 다음 준비한 음식을 내려놓고 양지바른 곳에 자리를 편다. 김치, 떡국, 매생이, 누룽지, 참외 등 갖가지 음식을 골라 먹는 천상의 뷔페가 건하게 차려진다. 봄날 같은 고운 햇살을 받으며 꿀맛 나는 시간이 덧없이 흘러간다.

정상 정복에 대한 성취감과 넉넉한 포만감을 가지고 자리를 털고 일어나 하산 단계에 들어간다. 겨울잠에서 깬 산이 물을 머금고 봄맞이 채비 중인 햇빛 가득 내린 능선으로 하산이다. 지금 지나간 이 길은 계절의 윤회를 거듭하며 지난겨울 자리를 다가오는 봄에 기꺼이 내어줄 것이다. 그리고 오늘 같은 지난날을 그리워하며 추억이라는 자산으로 삼아 보다 나은 서정을 살찌울 것이다.

벽오봉을 지나면 역사적인 한을 간직한 크고 널찍한 방장동굴이 나온다. 방장동굴은 온 세상이 어지러운 신라 말기 인근 곡창지대인 고창평야에서 수송되는 풍요로운 곡물을 약탈하는 도적 떼들의 소굴로 이용되었다 한다. 도적 떼들에게 양갓집 장일현이라는 한 여인이 잡혀갔는데 남편이 구하러 오지 않음을 탄식하면서 지은 노래가 '방등산가'로 구전되어 '고려사' 권 71에 '삼국속악조(三國俗樂條)'에 제목과 유래가 전하고 있다.

방장동굴은 구한말 병인양요 때 충청도 천주교 신자들이 노령산맥을 넘어와 신앙을 지키며 은거지로 삼은 바 있다. 한국전쟁 때는 빨치산들의 은둔지로 사용하는 등 방장동굴은 역사의 소용돌이와 함께 숱한 사연을 담고 있다.

내려가는 길이 엇갈려 알바를 거듭한 끝에 이 지역 출신 박의(朴義) 장군이 병자호란 때 청나라 누르하치 장군의 사위인 적장 양고리(陽古利)를 사살한 것을 기념하여 붙인 양고살재에 이른다. 1636년 병자호란이 발발하자 인조 임금은 남한산성으로 피난하였지만, 박의가 수원 광교산 전투에 참여하여 적장 양고리(陽古利)를 사살하였다 한다.

산행 날머리 산자락에는 편백 군락과 더불어 참살이 문화의 대표 격인 방장산국립자연휴양림이 자리한다. 모르긴 해도 방장산이 100대 명산 반열에 올라서기까지 자연휴양림의 한몫 작용하였을 것으로 여겨진다.

봄으로 다가갈수록 전국적으로 황사와 미세 먼지의 극심한 창궐이 예상된다. 이를 해소할 마땅한 대안을 찾는다면 의당 산행을 꼽을 수 있다. 나아가 방장산처럼 산행 자락에 국립휴양림이 있다면 금상첨화다.

방장산(方丈山 743m)

주요 코스

① 장성갈재 ➡ 515봉 ➡ 쓰리봉 ➡ 전망대 ➡ 안부 ➡ 방장산 정상 ➡ 고창고개 ➡ 벽오봉 ➡ 방장산동굴 ➡ 별봉 ➡ 양고살재 ➡ 방장사 ➡ 방장산자연휴양림

② 방장산자연휴양림 ➡ 청운교 ➡ 별봉 ➡ 방장산동굴 ➡ 벽오봉 ➡ 고창고개 ➡ 방장산 정상 ➡ 안부 ➡ 저수지 ➡ 신기 ➡ 가평초교

방태산(芳台山)

강원특별자치도 인제군

가칠봉(1,241m), 응복산(1,156m), 구룡덕봉(1,388m), 주걱봉(1,444m) 등 여러 고산 준봉을 거느리며, 한국에서 가장 큰 자연림으로 꼽힐 만큼 나무가 울창하다. 이곳은 희귀식물과 희귀어종이 많은 생태적 특성을 지니고 있으며, 『정감록』에는 난을 피해 숨을 만한 피난처로 기록된 곳이기도 하다.

강원도 인제군과 홍천군의 경계를 이루는 방태산(芳台山 1,444m)은 북쪽으로 설악산과 점봉산, 남쪽으로 개인산과 접하고 있다. 사방이 긴 능선과 깊은 골짜기로 뻗고 있어 풍광이 뛰어나 『정감록』에서 이 산의 오묘한 산세에 대해 여러 번 언급되어 있다.

방태산은 멀리서 보기에 주걱처럼 생겼다고 하여 이름 붙여진 주걱봉(1,443m)과 구룡덕봉(1,338m)을 근원지로 하고 있다. 여름철에는 하늘이 보이지 않을 정도로 울창한 수림과 차가운 계곡물 때문에 계곡 피서지로 적격이다. 가을이면 방태산의 비경인 적가리골과 골안골, 용늪골, 개인동계곡은 단풍으로 만발한다.

1997년에 문을 연 방태산자연휴양림은 구룡덕봉과 주억봉계곡에 걸쳐 분포한다. 다양한 천연림과 낙엽송 및 인공림으로 구성되어 있어 계절에 따라 녹음, 단풍, 설경 등 자연경관이 수려하다. 방태산 일대는 산림문화휴양관과 생태관찰로, 숲 체험로를 갖추고 있고 가족 야영장과 청소년 야영장을 구분하여 운영하고 있으며 교통이 불편한 관계로 아직도 많은 곳이 오염되지 않은 깨끗한 계곡을 간직하고 있다.

지난달 영서지방에 내렸던 폭설은 기온이 낮은 탓에 고산지대 대부분의 산악에는 흰 눈이 고스란히 남아 있어 당분간 눈이 오지 않더라도 설산에 대한 기대는 계속 이어질 전망이다. 그래서 설산 산행을 기대하는 산객들의 마음은 매우 고무적이다. 그런 연유로 지난주 두타산 눈 산행을 다녀온 대부분 일행이 오늘 산행을 함께하는 관계로 서울에서 방태산까지 이동하는 내내 특별했던 두타산 눈 산행에 대한 화제가 자연스럽게 이어진다.

들머리인 강원 인제군 기린면 방동리 방태산자연휴양림 주차장을 시작으로 산행 안내판이 있는 데까지 평탄한 도로를 따라 낯이 익숙한 일행들과 사진 찍기를 교환하며 오순도순 한가롭게 진행이다.

도로를 마지막으로 남겨 두고 본격적인 산행이 시작된다. 사방이 온통 하얀 눈 일색에서 눈 속에 파묻혔던 너럭바위가 유독 까맣게 존재를 드러내며 군계일학이 되어 시선을 잡아준다. 하얗게 쌓인 눈 밑으로 맑은 물이 산객들의 발걸음 장단에 맞춰 경쾌하게 흐른다. 산행하면서 바람 소리는 기상과 산행 정도에 따라 내 편이 되기도 하고 춥고 귀찮은 대상이 되지만 물소리만큼은 사계절 내내 친숙하고 다정한 소리로 산객들의 영혼을 맑게 정화해 준다.

산길로 이어지고 10분 만에 갈림길이 나온다. 좌측은 매봉령과 구룡덕봉을 에둘러 정상으로 가고 우측은 정상으로 바로 가는 직 코스이다. 어느 방향으로 가나 이곳으로 원점 회귀하기는 마찬가지지만 갑론을박을 통해 결국, A, B 두 팀으로 나누어 양 갈래로 흩어졌다가 다시 합류하기로 한다. 필자가 포함된 많은 사람이 속한 A팀은 코스가 길더라도 매봉령과 구룡덕봉에서 펼쳐지는 조망을 기대하며 왼쪽으로 진행한다.

평탄한 길이 시간이 갈수록 고도를 높여가는 정도가 심해진다. 입 밖으로 뱉어지는 숨소리는 적막을 뚫고 은은하게 숲속으로 퍼져나간다. 출발한 지 2시간 가까이 지나 3.1㎞ 올라온 지점에 매봉령 안부가 나오면서 풍경을 바라보는 여유가 생긴다.

그토록 빼곡했던 숲이 산과 더불어 겨울을 타는 모습이다. 산야는 듬성듬성 탈모된 채 새하얀 눈 이불을 덮어쓰고 동면에 들어갔다. 방태산의 모든 사물이 숨을 죽이고 햇빛도 그들을 배려한 듯 조용하게 느릿느릿 내려 준다.

매봉령 평탄한 곳을 골라잡아 점심을 준비하는데, 임시로 설치한 간편 비닐하우스가 등장한다. 비닐은 원래 승용차 덮개로 나온 용도인데 접으면 부피가 작아 배낭에 넣고 다니기에 편리하며 산에서 혹독하게 추운 겨울철에 바람과 추위를 막아주는 매우 긴요한 방편이다. 비닐하우스 내부에서 버너를 켜면 열기로 인해 내부 공기가 팽창하면서 공간이 부풀어 오르기 때문에 최대 20명까지 수용할 수 있다. 한겨울 산에서 따뜻한 음식을 먹는다는 것은 특별 한 분위기로 이어지며 좁은 공간에서 일행들과의 우정이 더욱 돈독해진다.

비닐하우스 밖으로 나오자 삭풍이 거세져 추위가 엄습한다. 설상가상 매봉령을 벗어나면서 등산로가 실종되고 급기야 일행 중 절반 이상이 정상 도전을 포기하고 하산하기에 이른다. 일사불란한 산행일지라도 안전과 관련해서 스스로 내키지 않은 이들의 판단과 행위는 누구도 거스르지 못하며 존중해 줘야 한다.

선발대가 거센 바람을 가르며 무릎

넘게 차오른 눈을 헤치고 러셀(Russell)로 등산로를 만들어 나가면 다음 사람들은 선두의 발자국을 그대로 밟고 따라간다. 오로지 오랜 경험에서 얻어지는 산행 대장의 기지가 엿보인다. 여러 번의 시행착오를 겪은 끝에 군사용 도로(임도)와 만나면서 일단 고생길에서 벗어난다.

중간 목표 지점인 구룡덕봉에 이르러 한숨을 돌린다. 시야가 트이고 밝고 맑은 햇볕 사이로 멀리 가리산, 점봉산과 설악산 대청봉이 또렷하게 나타난다. 구룡덕봉 산등성이에서 펼쳐지는 은세계가 그동안의 수고를 보상해 주듯 별천지를 만들어놓았다. 겨울철 낮이 짧아 갈 길이 멀지만 멋진 풍광에 매료되어 지루할 짬을 차단한다. 아름다운 눈 세상을 서로가 찍어주고 찍히느라 정상 못지않게 많은 시간이 지체된다.

또다시 능선으로 이어지는 눈꽃 산행을 오르내린 끝에 드디어 해발 1,444m 방태산 정상 주억봉의 도착이다. 방태산은 백두대간에서 약간 비껴져 있지만 장쾌한 능선은 백두대간 못지않게 웅장하고 장엄하다.

겨울바람이 세차고 기온은 뚝 떨어진 상황이다. 정상부에는 최종으로 남은 일곱 사람뿐이다. 반대 방향으로 올라간 B팀들 역시 눈이 차올라 모두 중간에 포기하고 되돌아갔다. 28명을 대표해서 오직 7명만이 누리는 정상 정복에 대한 성취감과 즐거움은 배가될 수밖에 없다.

시간이 저녁으로 기울어지면서 날씨는 바람과 함께 한층 더 혹독하다. 정상에서 더 지체할 수가 없어 부리나케 하산이다. B팀들이 오르고자 계획하였던 지당골 코스는 경가가 급하므로 시간에 쫓기어 내려가기가 만만하지 않다.

등산로는 올라올 때와 달리 식별은 가능하지만, 허리춤 가까이 쌓인 눈길에서 굴러 내려가듯 속도에 박차를 가한다. 날이 어두워지기 전에 시간이 더 지체하지 않도록 강행군이다. 원점으로 회귀하여 날머리에 도착할 무렵에는 이미 땅거미가 지고 시야가 어둑어둑해졌다. 중간에 포기하여 이미 식당에서 기다리는 일행들로부터 환영의 박수를 받으며 의기양양하게 안전 귀환하며 산행을 모두 마친다. 긴 산행으로 배가 허기져 시장이 반찬이건만 수육과 막국수 그리고 정갈한 반찬들의 맛까지

더해져 최상의 만찬이다.

오늘 산행은 어느 산 못지않게 체력 소모가 최고에 달하였지만 쉽게 지치지 않는 것은 자연이 주는 아름다운 모습이 아직 마음을 들뜨게 하였기 때문이다. 많은 눈으로 인해 발자국 없는 산길을 헤쳐가면서 맞닥뜨린 아름다운 설화와 뜻하지 않는 경이로운 풍광이 주는 오늘의 환희는 아마 아름답고 벅찬 기억으로 오랫동안 뇌리에 남겨질 것이다.

방태산(芳台山 1,444m)

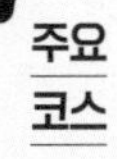

주요 코스

① 방태산자연휴양림 ➡ 구 매표소 ➡ 마당바위 ➡ 이폭포 ➡ 저폭포 ➡ 갈림길 ➡ 구룡덕봉 ➡ 삼거리 ➡ 방태산 정상 ➡ 삼거리 ➡ 지당골 ➡ 구 매표소 ➡ 방태산자연휴양림

② 방태산자연휴양림 ➡ 구 매표소 ➡ 대골삼거리 ➡ 삼거리 ➡ 방태산 정상 ➡ 삼거리 ➡ 지당골 ➡ 매봉령 갈림길 ➡ 이폭포 ➡ 저폭포 ➡ 구 매표소 ➡ 방태산자연휴양림

백덕산(白德山)

강원특별자치도 평창군·영월군

사자산(1,120m), 사갓봉(1,020m), 솟때봉(884m) 등 산들이 솟아 있어 웅장한 산세와 깊은 계곡을 자랑하며, 평창강과 주천강의 수계를 이루고 있다. 신라 시대에 자장율사가 창건했다고 전해지는 법흥사(法興寺)와 그 경내에 있는 보물 징효대사보인탑이 유명하다.

울창한 수림과 원시림이 장관을 이루는 백덕산(白德山 1,350m)은 차령산맥 줄기의 이름난 산으로 능선의 곳곳에 절벽이 깎아지른 듯 서 있고 바위틈에서 자라는 소나무는 분재처럼 장관을 이루어 등산 애호가들의 사랑을 많이 받는다.

백덕산의 주 계곡에는 태곳적 원시림을 아직도 그대로 간직하고 있는 모습이다. 크고 작은 폭포, 소(沼)와 담(潭)이 수없이 이어진 계곡은 10월 중순에서 하순까지 단풍이 가장 아름답다.

산 이름에서 알 수 있듯이 겨울철이면 풍부한 적설량에다 곳곳에 설화가 만발해

백덕산을 찾는 등산객들에게 풍부한 아름다움을 선사한다. 백덕산의 산행 묘미를 살릴 수 있는 대표적인 코스는 바로 법흥사를 시작으로 관음사를 거쳐 가는 산행이다.

서남쪽 기슭에는 중석을 채굴하는 백년광산이 있으며 산 중턱에는 천연 고인돌이 있다. 사자산과의 사이에 있는 법흥리에는 신라 시대 때 창건되었던 흥녕사지에 보물 제612호로 지정된 영월흥녕사 증효대사탑비와 요즈음에 세워진 법흥사가 있다.

가을을 넘나드는 계절의 문턱에서 9월의 마지막 주말 아침 기온은 20℃ 남짓으로 기온만 보면 아직은 여름에 가까운 날씨이다.

서울을 빠져나온 버스는 조용한 강원 평창군 방림면 운교리 문재터널 입구에 일행을 내려놓는다. 백덕산 등산 안내도가 설치된 표지판 앞 좁은 도로변에 모여 여장을 점검한 후 터널 좌측을 따라 관목이 무성한 데다 발길 흔적이 흐릿한 오르막을 산행 들머리로 잡는다.

백덕산이라는 산 이름을 처음 접했을 때 생소했던 것만큼 산행 분위기가 다소 낯설고 가는 길마다 생소하게 다가온 이유는 한 사람 정도 겨우 다닐 수 있는 좁은 길과 산길에서 오고 가며 마주치는 사람 보기가 어려운 탓이다.

정상까지 2㎞ 남았을 알려주는 낡은 이정표 방향으로 들어섰는데, 이게 길이 맞나 싶은 생각이 든다. 계단이나 다른 시설은 차지하더라도 등산로의 흔적은 거의 찾아볼 수 없는 비탈진 사면이 앞을 가로막는다. 달리 정확한 정보가 없는 터라서 조금 당황스럽긴 하지만 경험에서 오는 느낌 하나만으로 일단 오르기로 한다.

의구심은 여전한 가운데 계속 오르고 오르니 어느새 사람들이 다녔음을 알려주는 반가운 흔적이 눈에 들어온다. 산행과 전정에서 그 어떤 정보보다 더 생생하고 믿음직한 산악회 시그널이 출현한 까닭이다. 고도가 높아질수록 길은 조금씩 거칠어지고 고산답게 종종 암벽이 도사린다. 여전히 고요한 정적이 무겁게 흐르는 가운데 산길은 사람이 지나간 흔적이 희미하다. 세상의 기준으로 보면 유명세가 떨어진 산이지만 호젓하고 자연 보전이 잘 되어 있어 여타의 산에 비교해 보존 가치와 자연미가 높은 산이다.

은은한 솔바람만 숲속을 지배하는 길목에서 팔자가 기구한 운영인지 커다란 N자

모양으로 등이 휜 희귀한 소나무 한 그루가 산객들의 단골 포토존으로 등장한다. 기형으로 자란 소나무는 등이 휘도록 세월의 짐을 지고 이산의 산증인처럼 버티고 있다.

무난하게 오르막을 거쳐 해발 1,350m 백덕산 정상에 도착이다. 반대편에서 올라온 산객들과 합류하며 일상적인 인사와 격려를 교환한다. 오늘 산행에서 처음 만난 사람인 만큼 반가움이 더 클 수밖에 없다.

정상에서 개인별 단체별로 인증을 마치고 배낭을 풀어헤쳐 점심시간을 갖는다. 먹는 즐거움을 나누며 자연 속에서 세상 중심의 대화가 이어진다. 산속에 사람 냄새가 물씬 풍긴다. 순순한 자연의 터전을 인간들이 거저 점령하다시피 그들만의 잔치가 이어진다. 그들은 성역을 가리지 않고 이곳에 추억 쌓기라는 명분으로 발자국 하나를 남기고 간다.

하산에 대한 정보가 불확실한 가운데 이리저리 갈팡질팡하다가 어림잡아 길 하나

를 골라 내려간다. 산은 내려가서 어디로 가느냐가 문제이지 내려가는 방법은 고도를 낮추는 방향으로 전진하면 그만이다. 일행은 대장의 선도에 따라 일사불란하게 한 방향으로 꾸역꾸역 내려간다.

오름길과 달리 내리막길은 인간의 발길이 전혀 닿지 않았나 싶을 정도로 태고의 원시림을 그대로 옮겨진 듯 습기 찬 돌과 바위에 더덕더덕 낀 이끼로 에워싸는 상황이다. 가끔 푸드덕 소리 내며 정적을 깨는 새소리는 소름 끼치도록 놀라움과 신비스러움을 더한다.

모양이 특이한 자연산 고인돌 하나가 다가온다. 사람이 인위적으로 옮겨 놓은 지석묘가 아닌 석회암이 녹아서 형성된 종유석 모양의 큰 바위인데, 네다섯 군데 인위적으로 돌이 고여 있는 거로 보아 분명히 인간이 가공한 고인돌 형태이다.

고인돌 안에는 대여섯 명이 들어갈 수 있는 굴이 있다는데, 선사 시대 지배층의 무덤이 요즘에는 산 기도를 올리거나 굿을 하는 무당들의 발걸음이 그치지 않고 있다 하니 참으로 아이러니하다. 보전 가치가 높아 훼손되지 않도록 문화재로 지정하여 철저한 관리가 필요하다.

내리막은 해발 1,350m 규모가 말해 주듯이 울창한 수림을 길게 통과하여야 하며 바위가 미끄러운 너덜지대 계곡으로 이어지는 등 신비의 원시림이 쉽게 허락해 주지 않아 쉬엄쉬엄 진행이다.

비록 정상에서 시행착오를 겪어 예정된 강원도 평창군이 아닌 강원도 영월군으로 길이 벗어났지만, 예상 밖의 신비스러운 백덕산의 참모습을 볼 수 있는 전화위복의 기회를 얻은 셈이 되었다. 나아가 앞으로 산행하기 전에 산에 대한 세심한 정보를 좀 더 파악해서 산행에 임하여야겠다는 교훈도 얻어간다.

날머리 관음사에 거의 왔을 무렵 맑고 청량한 계곡물에 발 담그는 상쾌함으로 여름 끝물 산행을 갈무리하며 이제는 달이 바뀌는 10월부터 가을 산행을 준비하여야 한다.

백덕산(白德山 1,350m)

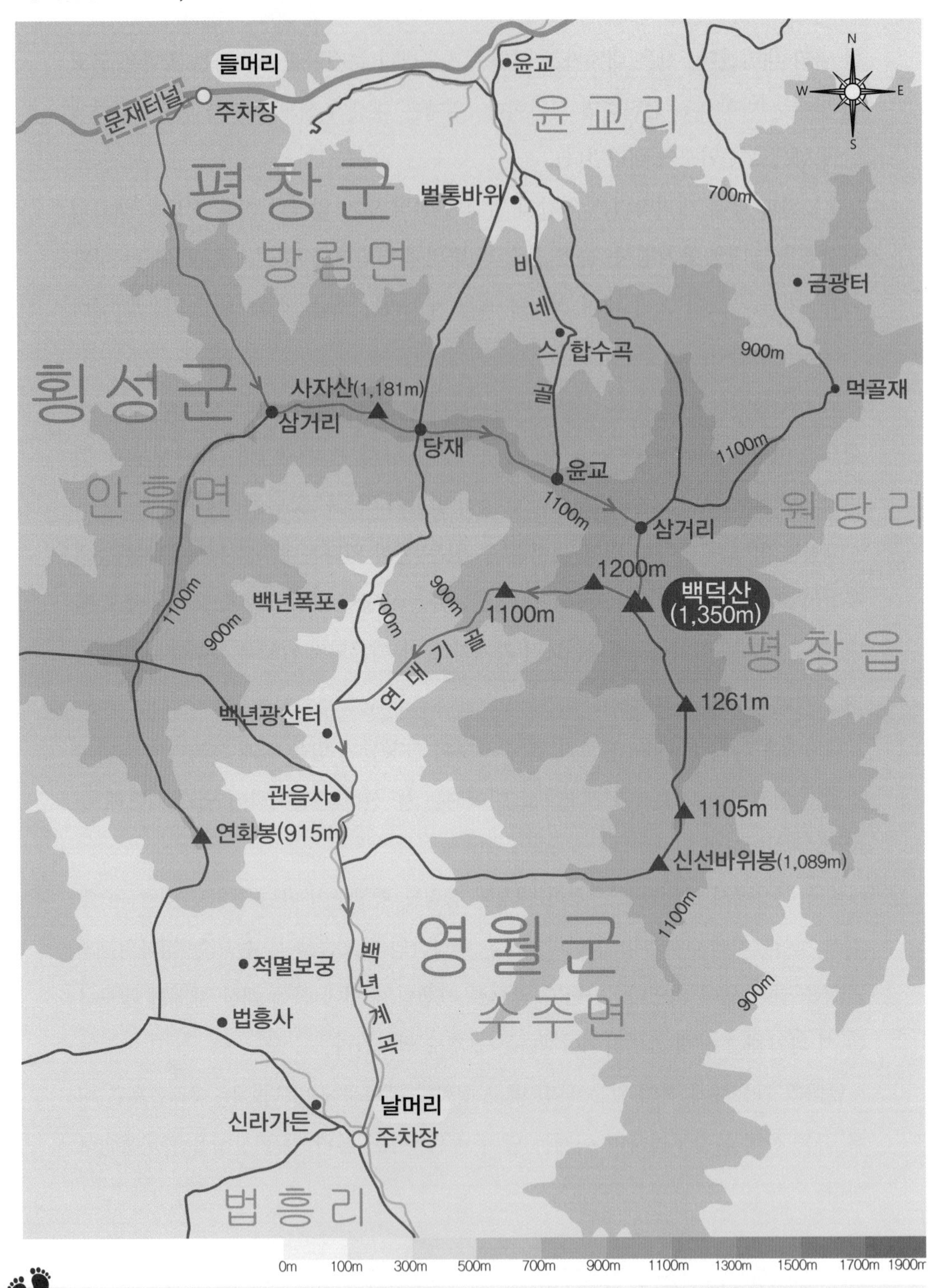

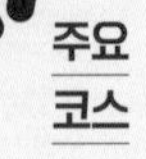

주요 코스

① 문재터널 입구 ➡ 삼거리 ➡ 사자산 ➡ 당재 ➡ 윤교 ➡ 삼거리 ➡ 백덕산 정상 ➡ 1100봉 ➡ 백년광산터 ➡ 관음사 ➡ 백년계곡 ➡ 법흥리주차장

② 관음사 ➡ 백년광산터 ➡ 연대기골 ➡ 1100봉 ➡ 1200봉 ➡ 백덕산 정상 ➡ 삼거리 ➡ 윤교 ➡ 당재 ➡ 벌통바위 ➡ 윤교

백암산(白岩山)

전북특별자치 순창군, 전라남도 장성군

봄에는 백양, 가을에는 "내장"이라는 말이 있을 정도로 경관이 수려하며, 천연기념물인 비자나무와 굴거리나무가 집단으로 분포하고 있다. 내장산국립공원 구역에 속한 이곳에는 소요대사 부도, 대웅전, 극락보전, 사천왕문, 청류암의 관음전, 그리고 경관이 아름다운 쌍계루 등 수많은 문화유산을 보존하고 있는 백양사(白羊寺)가 유명하다.

노령산맥이 남서쪽으로 뻗어 가다 호남평야에서 솟구쳐 오른 백암산(白巖山 741m)은 내장산국립공원 남부지구에 속하며, 절경은 결코 내장산에 뒤지지 않는다, 일반적으로 가을 단풍철 산행은 백양사를 출발하여 약수동 계곡으로 올랐다가 최고봉인 상왕봉을 거쳐 학바위로 내려오는 코스를 잡는다. 약수동 계곡의 단풍 터널 속을 뚫고 나가는 즐거움과 학바위 주변의 단풍을 함께 볼 수 있기 때문이다.

백양사는 내장산국립공원 산기슭에 자리며 내장산과 가을 단풍을 비롯하여 일 년 내내 다양한 아름다운 경치를 보여주는 곳이다. 대한불교조계종 고불총림인 대사찰 백양사는 백제 무왕 33년인 632년에 여환이 창건하여 백암사라고 부르다가 조선 선조 때 환양이 중창하고 지금의 이름으로 고쳐 불렀다. 한편에서는 환양이 백학봉 아래에서 제자들에게 설법하고 있을 때 백양 한 마리가 깨우침을 얻고 눈물을 흘렸다 해서 사찰의 이름이 백양사로 되었다는 전설이 전해 온다.

단풍의 남하 속도에 뒤질세라 이른 아침 서울에서 전세버스로 내달려 백양사를 산행 들머리로 잡을까? 하였지만, 전국에서 몰려든 엄청난 인파와 차량이 러시를 이룬다는 정보에 따라 비교적 주차하기 한적한 산행 시작점인 전남 장성군 북하면 신성리 남창주차장을 산행 들머리로 잡는다. 주차장에 이르는 동안에 도로 옆 가로수는 벌써 빨강과 노랑으로 아름답게 색 단장을 하고 뜻밖에 찾아온 먼 이방인들을 화려하게 환대해 준다.

남창탐방지원센터를 출발하자마자 등산객들의 산행 향방이 갈리기 쉬운 첫 번째 삼거리다. 오른쪽으로 방향을 잡고 백양사와 상왕봉 및 몽계폭포를 가리키는 곳을 좇아 본격적인 산행 시작이다.

이어폰을 귀에 꽂아 일상의 상념을 접고 가을이 익어가는 정취를 눈으로 담으며 정상을 향해 반사적으로 오른다. 30분을 걸어가 몽계삼거리가 나오고 등산로에서 50m 벗어난 곳에 물이 말라 졸졸 흐르는 몽계폭포에 이른다. 물이 흐르는 소리는 밋밋하지만 떨어지는 소리는 청량하고 경쾌하여 가을바람에 실려 은은하게 멀리 퍼져나간다.

몽계폭포는 상왕봉과 사자봉 사이에 흐르는 계곡물이 합류하여 20여 m 높이에서 떨어지는 물줄기로서 조선 시대 학자인 하곡 정운용 선생께서 폭포의 이름을 명명하였으며 주변 바위에 '몽계폭포(蒙磎瀑布)'라고 선명하게 새겨진 명필 흔적과 함께 그 내력이 전해 온다. 다시 등산로로 되돌아와 나무로 축조된 몽계교를 건너 정상으로 향한다. 정상으로 올라가는 길은 배낭을 메지 않고 가벼운 옷차림의 산행객이 많을 정도로 완만한 오르막이라서 초보 산행객들이 즐겨 찾는 코스이다. 올라가는 내내 계곡물이 시원스레 흘러가고 계곡 가장자리에 수북이 쌓인 낙엽 더미의 깊이만큼 가을도 소리 없이 점점 깊어가는 중이다.

1시간 정도 올라갈 무렵 능선사거리의 도착이다. 오른쪽으로 가면 사자봉인데, 정상인 상왕봉으로 가기 위해 왼쪽으로 방향을 잡아야 한다.

정상을 불과 얼마 남지 않은 상황에서 조망이 확 트여 온다. 너럭바위에 올라 아름다운 광경을 조망하는 동안 지체가 길어진다. 파란 하늘 아래 흰 구름이 나지막하게 자리하고 울긋불긋한 단풍으로 물든 산자락과 푸른 숲이 시야를 온통 자리한다. 지금, 이 순간을 제치고 가을 말하는 것은 의미 없는 것이며 이 순간 이 자리에서 무르익어 가는 가을 정취에 취하는 것은 의미가 깊다고 해야겠다.

백암산 최고봉인 상왕봉 도착이다. 지금까지 올라왔던 계곡이 가운데에 드리우고 순창새재와 내장산으로 넘어가는 능선이 오른편에 걸쳐져 있다. 상왕봉이라 적혀 있는 좁은 공간에는 먼저 온 사람들과 일행으로 엉켜져 정상 인증을 받느라 북적댄다.

상왕봉에서 조금 벗어난 곳에 주변 경관과 잘 어울리는 멋진 정원수 한 그루가 전시되어 있다. 자연이 선사한 최고의 걸작이라 해도 손색이 없을 만큼 예술적인 자태로 산객들의 인기를 독차지하며 백암산의 대표적인 포토존으로 자리 잡고 있다. 우아한 유혹에 이끌려 결국 기념사진을 남기고 만다.

백암산(白巖山)은 흰 바위라는 뜻풀이와 다르게 거의 다 육산(肉山)이라서 조망이 별로인 것처럼 단정할 수 있겠으나 정상 아래쪽에 우거진 숲들이 대부분 활엽수로 이루어져 있어 가을 단풍만큼은 최고로 쳐준다. 특히 백암산을 비롯하여 이곳 백양사 이파리는 크지 않고 애기 손만 하다고 해서 '애기단풍'이라고 불리는데, 캐나다산의 새빨간 서양 단풍은 보기에는 화려하고 좋아 보여도 사진을 찍으면 이곳 애기단풍보다 훨씬 못한다는 평이 지배적이다.

날머리 입구 백양사로 접어든다. 소문대로 경내는 단풍이 절정을 이루는 명불허전인 가운데 등산객과 일반 관광객으로 섞여 수많은 사람으로 북새통을 이룬다.

사찰 내 감나무는 가지마다 방문객 수만큼 열린 노란 감이 익어가며 가을의 정취를 더해 주고 있다. 내가 심고 내가 가꾼 감나무는 아니지만 달린 감만 보아도 내 것처럼 마음이 흡족하다. 나뭇가지에 매달려 바람에 흔들리는 감의 율동은 산행을 마친 산객의 기분을 대변하듯 신바람 나는 모습이다.

마지막 저무는 가을은 스스로 몸을 붉게 불태우며 아름답기가 그지없다. 하늘은 구름 한 점 티 한 점 없이 깨끗하고 부드러워서 보는 이의 마음을 해맑게 한다. 마지막 남은 짧은 가을을 눈과 마음에 담아 두고두고 간직할 수 있다면 시린 겨울이 오더라고 달곰한 가을 냄새는 계속 여전할 것이다.

백암산(白岩山 741m)

주요 코스

① 남창주차장 ➡ 하곡동굴 ➡ 사자봉 ➡ 백암산 정상 ➡ 백학봉 ➡ 영천굴 ➡ 약수암 ➡ 백양사 ➡ 백양사주차장

② 백양사주차장 ➡ 백양사 ➡ 금강폭포 ➡ 금강암 ➡ 운문암 ➡ 백암산 정상 ➡ 소죽근재 ➡ 순창새재 ➡ 남창주차장

백운산/광양(白雲山)

전라남도 광양시

주봉을 중심으로 또아리봉, 도솔봉, 매봉, 억불봉 등 웅장한 산세를 이루고 있으며, 억새와 철쭉 군락지, 그리고 온대와 한대 식물 약 900종이 자생하는 등 뛰어난 경관과 생태적 특징을 자랑한다. 이 지역에는 자연휴양림이 있으며, 백운사(白雲寺)와 성불사(成佛寺) 등이 유명하다.

전라도와 경상도를 가로지르며 유장하게 흐르는 섬진강을 사이에 두고 지리산과 남북으로 마주하고 있는 백운산(白雲山 1,222m)은 반야봉, 노고단, 왕증봉, 도솔봉, 만복대와 더불어 소백산맥의 고봉으로 꼽히는 등 전남에서 두 번째로 높은 산이다. 백운산 정상부는 폭이 30여 m는 족히 됨직한 바위 위의 표지석을 중심으로 백운산의 장쾌한 파노라마가 펼쳐지고 한려수도와 광양만이 내려다보인다. 남한에서 한라산 다음으로 식생이 다양하고 보존이 잘 되어 있어 자연생태계 보호구역으로 지정되어 있다. 자라나는 900여 종의 식생 중 단풍나뭇과에 속하는 고로쇠나무의 수액은 관절염과 류머티즘 등에 좋다는 약수로 유명하다.

백운산 남쪽 산기슭에는 고려 초기에 도선국사가 창건했다는 백운사가 있다. 광양 백운산은 편백과 삼나무가 무성하고 천연림과 인공림이 조화로운 백운산 자연휴양림으로 널리 알려졌다.

겨울잠 자는 벌레나 동물이 깨어나 꿈틀거린다는 경칩을 맞이하여 위장병에 뛰어난 약효로 소문난 명품 고로쇠의 고장 광양 백운산으로 명산 도전에 나서기 위해 이른 아침 사당역으로 향한다. 산객을 실은 버스는 경부고속국도와 순천완주고속국도를 거쳐 산행 들머리인 전남 광양시 옥룡면 동곡리 진틀마을에 도착하니 시계가 오전 11시 10분을 가리킨다.

콘크리트 포장도로에 첫걸음을 옮기며 가볍게 준비 운동을 하듯 10여 분 오르면 병암산장이 나온다. 병암계곡의 맑은 물소리는 경칩을 알리는 신호탄인가? 물소리와 함께 등산로 방향이 표시된 이정표가 나오면서 본격적인 산행으로 접어든다.

계곡 물소리를 옆에 끼고 양지바른 오르막을 꾸준하게 오르니 어느새 진틀삼거리가 나오고 좌측으로 방향을 틀어 정상가는 지름길 대신 신선대로 향한다. 나무 계단 양 가장자리의 산죽은 봄 햇살에 맥이 풀려 특유의 소리도 숨죽인 채 춘곤증을 앓고 있는 양 미동도 없다. 바람도 햇빛도 느슨하게 굼뜬 모양이다.

첫 번째 고지 신선대를 향해 가파르게 오르다 보면 어느 순간 헐벗은 나뭇가지들 사이로 백운산 정상 '상봉'이 빠끔히 드러난다. 봄 채비에 한창인 산야는 지난겨울에 모든 것을 내어주고 벌거벗은 민낯으로 단출한 풍경 하나를 뚝딱 보여준다. 산이 한 계절을 떠나는 마당에도 인간에게 아름답고 갸륵한 덕행을 베푸는 풍경이다.

가쁜 숨을 내 몰아쉬며 가풀막진 길을 올라채면 거대한 바위로 이루어진 신선대에 이르고 화가들의 '이젤 포인트'로 쳐주는 봉우리에서 신선대 이름에 걸맞은 비경과 마주한다. 멀리 남녘에는 완연한 봄의 전령사가 모락모락 피어오르며 금방이라도 다가올 듯하다. 시야가 뻥 뚫린 산꼭대기에서 새 계절이 바람에 따뜻한 기운을 실어 피부로 전해준다.

정상으로 가는 오름길에서 뒤를 돌아보니 형제봉에서 또아리봉으로 이어지는 백운

산 서쪽 능선이 억센 골격을 자랑한다. 잔설이 남아 있는 서쪽 능선과 봄기운을 제대로 받는 동쪽 능선은 선명한 색채 하나로 대조를 보인다.

아슬아슬한 밧줄에 의지하여 정상석의 규모와 글씨체가 예사롭지 않은 백운산 정상인 상봉에 선다. 날씨가 풀린 좁은 정상석 앞에는 사진을 찍으려는 사람들로 북적댄다. 저 멀리 헌걸차게 달려가는 지리산 풍채에서 감탄사가 나오고 한동안 눈을 뗄 수가 없다. 정상에서 있는 동안에 오를 때의 힘든 과정과 모든 상념까지 다 지워버린다.

내리막 하산이 쭉 이어지는 동안 양지와 음지가 번갈아 가며 나타난다. 겨울 흔적을 지우느라 질퍽해진 내리막 음지 구간은 육산답지 않게 여간 성가시게 한다. 그래도 한 가지 다행스러운 것은 한겨울 빙판에서도 못 느꼈던 스패츠 착용 효과를 톡톡히 본다는 점이다. 스패츠 착용은 겨울뿐만 아니라 우중이나 질퍽한 흙길에도 매우 효과적이다.

계곡으로 하산하는데 너덜지대가 도사린다. 몸의 중심이 쏠린 발끝에 감각을 집중하며 천천히 한 걸음 한 걸음 내려가다 보면 주변을 살피는 여유는 차라리 잊어야 한다.

일찍이 제1 헬기장과 제2 헬기장을 거친 다음 억불봉 대신 선동마을 방향으로 우회하는 바람에 백운사 경내를 거칠 수 있었다. 도선국사가 절터를 잡고 말년에 은거하다 입적한 백운사 대웅전은 화려한 단청으로 치장하고 봄맞이가 이미 끝난 상태다. 백운사 목조아미타여래좌상 안에는 불상의 조성 과정 등을 기록한 한지와 쪽 염색을 한 비단 발원문이 있는데, 보존 상태가 양호하고 작자와 연대가 확실하여 조선 시대 불교문화 이해에 도움이 되는 점의 이유로 2013년에 불상과 함께 유형문화재로 지정되었다. 조용한 경내를 여유롭게 둘러보는 도중에 사람들 말소리에 이끌려 간 곳에서 인심 후덕한 고로쇠 두 잔을 내리 얻어 마신다. 그 대가로 나이 든 보살로부터 고로쇠 생색내기와 고로쇠 효능에 대해 이만저만한 얘기까지 긴 시간을 들어주어야 했다.

오늘 산행은 전형적인 육산이다. 한때 오르고 내려오는 순간은 조금 힘들었을지라도 바람도 잔잔해서 산행을 즐기기에 더도 말고 덜도 말고 오늘만큼 완벽한 날씨가 또 있었는가 싶다. 산행을 마치고 나니 마음은 새 옷으로 갈아입은 듯 개운하고 날아갈 듯 행복하다.

혹독한 시절을 잘 견뎌내고 기어코 새 생명을 잉태하는 어머니 품과 같은 광양 백운산은 전국에서 산재한 30개 넘는 백운산 중의 하나로서 포천 백운산과 영월/정선 백운산에 이어 이곳 광양 백운산을 마지막으로 국가지정 100대 명산에 들어가는 세 곳 백운산 모두를 섭렵함에 이른다.

백운산/광양(白雲山 1,218m)

주요 코스

① 진틀마을 ➡ 병암계곡 ➡ 삼거리 ➡ 신선대 ➡ 백운산 정상 ➡ 갈림길 ➡ 헬기장 ➡ 상백운암 ➡ 백운사 ➡ 선자동계곡 ➡ 선동마을

② 동동마을 ➡ 선동마을 ➡ 용소 ➡ 묵방 ➡ 상백운골 ➡ 백운사 ➡ 상백운암 ➡ 헬기장 ➡ 갈림길 ➡ 백운산 정상 ➡ 신선대 ➡ 병암폭포 ➡ 진틀마을

백운산/정선(白雲山)

강원특별자치도 정선군·평창군

동강 한가운데에 위치해 아름다운 경관과 뛰어난 조망을 자랑하며, 생태계보존지역으로 지정되었다. 산 이름은 흰 구름이 늘 끼어 있는 모습에서 유래했으며, 오대산에서 발원한 오대천과 조양강이 모여 남한강으로 흐르는 동강과 천연기념물로 지정된 백룡동굴(白龍洞窟)이 특히 유명하다.

흰 구름이 늘 꼈다고 하여 불리는 강원도 동강 백운산(白雲山 883m)은 이 지역 주민들로부터 '배비랑산' 또는 '배구랑산'이 라고도 부른다. 백운산은 오대산에서 발원하고 정선에서 합류하여 붙여진 조양강과 다시 동남천이 합쳐져 강원도 영월에 이른 동강 구간에 크고 작은 6개의 봉우리로 구성되어 있다.

산자락을 굽이굽이 감싸고 흐르는 동강은 경관 조망이 좋고 아름답다. 산에서 조감하는 모습은 숨겨진 보석을 발견한 듯 색다른 느낌을 준다. 동강 일대는 2002년 생태계보전지역으

로 지정되었으며 부근에 천연기념물 제260호 백룡동굴이 있다.

백운산은 경사가 급하고 등산로가 동강 변을 바라보는 방향 끝으로 아슬아슬하게 걸려 있는 구간이 많아 나 홀로 산행은 바람직하지 않으며 비 오는 날은 땅과 바위가 미끄러우므로 세심한 주위가 필요한 산이다.

민족 대명절 언저리 까치설날에 산행 버스는 일산 대화역을 시작으로 백석역, 김포요금소를 거쳐 부천 송내역에서 필자를 태워준다. 차는 서울외곽순환고속국도로 접어들고 광주원주고속국도와 중앙고속국도를 거쳐 백운산 기슭을 굽이굽이 돌고 돌아 3시간 반 만에 들머리인 강원 정선군 신동읍 운치리 점재다리의 도착한다.

예로부터 정월 초하루를 즈음하여 내리는 눈은 상서롭다 하여 '서설(瑞雪)'이라 불렀다. 오늘 새벽에 내린 서설로 인해 산행 대한 예감이 좋고 다행히 밀려든 귀성 차량이 없어 지체 시간까지 해소되었으니 기분 좋은 출발이다.

백운산 산행은 홍수 때가 되면 잠수교가 되는 다리를 반드시 건너야 한다. 강변을 따라가는 동안 조용히 흐르는 물소리가 마중 나와 길동무를 자처한다. 띄엄띄엄 나타나는 시골 마을을 지나고 수확을 이미 끝난 밭 가운데를 횡단하니 본격적인 오르막과 함께 산행이 시작된다.

수직에 가까운 오르막을 1㎞ 정도 오르고 정상가는 방향과 반대로 벗어나면 쉬어가는 전망대가 나온다. 산 아래로 동강의 물결이 산을 에둘러 흐르는데 물길 모양이 마치 뱀이 똬리를 튼 형상이다.

2㎞의 거리에서 600여 미터의 고도를 올라가기 위해서는 경사가 계속 가파를 수밖에 없다. 산을 오를수록 숨이 목을 넘어 머리까지 차오르지만 보는 즐거움과 느끼는 아름다움은 더한다. 산객들이 산에 오르는 이유 중의 하나이다.

거친 숨을 잠시 진정시킬 데를 찾던 중에 강 조망이 좋은 능선으로 이어진다. 같은 동강이고 바라보는 위치만 바뀌었음에도 시시각각 새로운 멋으로 변신한다.

물의 흐름은 S자 몸매를 유지하며 겸손하게 낮은 곳을 향해 그저 묵묵히 흐를 뿐이고, 막히면 어김없이 돌아가는 등 물이 갖는 여섯 가지 덕목의 지혜를 발휘한다. 이는 노자가 말하는 수유육덕(水有六德)에서 나오는 대목을 보여주는 것이다. 산

위에서 뉘엿뉘엿 내려오는 겨울 햇볕에 반사된 강물은 보석처럼 빛나고 마치 산에 갇힌 호수처럼 고요하다. 그 빛을 따라 잠시 고개를 들어 하늘을 쳐다보니 겨울치고는 가슴이 시리도록 푸른 하늘이 너무나 광활하다.

산길 절벽 편으로 아담하게 자란 노송 서너 그루가 아름다운 자태를 드러낸다. 노송 사이에 뻥 뚫린 틈으로 한가로운 마을 농가와 밭뙈기가 듬성듬성 자리를 잡고 평화로운 시골 풍경을 보여준다. 햇빛을 얼굴로 받으며 느린 속도로 전진한다. 정상까지 남아 있는 정도를 가늠하기 어렵게 좀처럼 이정표가 나타나지 않는다. 일방적인 오르막으로 지루하고 지칠 무렵 예고 없이 백운산 정상석이 떡하니 나타난다. 무척 반가울 수밖에 없다.

정상부 주변은 눈으로 쌓였지만 바람이 자서 포근한 분위기 속에서 여유롭게 인증을 남긴다. 정상석 옆에는 어설프게 쌓아놓은 돌탑이 쓸쓸하게 정상석을 지키고 있다. 어떻게 그냥 무심히 그냥 지나칠 수 있겠는가? 새해의 소박한 소망 하나를 담아 조심스럽게 돌 하나를 얹어 놓는다.

우측에 끼고 올랐던 동강이 내리막에서는 왼쪽으로 따라붙었다. 날씨 또한 수시로 상황이 역전된다. 햇빛과 바람에 따라 양지바른 붉은 흙길이 나타나는가 하면 쌩쌩 부는 바람과 함께 눈으로 뒤덮인 한겨울 모습이 모퉁이 하나 사이를 두고 극과

극의 상황을 반전시킨다.

등산화 바닥과 아이젠 사이에 눈 덩어리가 찰떡궁합처럼 붙어서 발바닥에 힘을 주어 일부러 비비기 전에는 좀처럼 떨어질 줄 모른다. 덕지덕지 붙은 따위들은 잠깐은 지압 효과가 있겠지만 시간이 지나면 피로와 겹쳐 발바닥 통증을 유발한다.

직벽에 가까운 계단이 한참 동안 이어지고 고도를 기준으로 중간쯤 내려왔을 때 다시 치고 위로 올라서야 한다. 하산길에서 벌써 네 번째 오르막이다. 백운산은 다른 산에 비교해 거리는 짧지만 높은 봉우리를 다섯 번씩 오르고 내리는 것으로 다른 산만큼의 난이도를 강요한다.

하산을 1㎞ 남겨둔 시점에 전망대를 낀 칠족령 갈림길의 도착이다. '한국의 산하'에서 제공한 칠족령에 대한 전설을 요약해 보면 옛날 선비가 기르다 사라져 버린 개를 찾던 중에 집에서 가구를 칠하기 위해 마련한 옻나무 진 항아리에 개가 발을 담근 것으로 생각하고 옻이 묻은 개 발자국을 따라가다 발견한 풍경에 넋을 잃었다는

데, 옻칠한 개 발자국을 따라가다 발견한 곳이라 하여 칠족령(漆足嶺)이라는 이름을 갖게 되었다는 사연이다.

산행 들머리 부근에 있는 날머리 제장마을로 가기 직전에 강변이 도사린다. 강변에 펼쳐진 크고 작은 돌들이 하나 같이 바닷가의 몽돌 모양이다. 수 겁의 세월 속에 서로 동고동락하며 모가 나면 살 수 없다는 이들만의 살아가는 방식에 따라 저마다 둥글둥글한 형태를 유지하고 있는 거 같아 마치 인간사의 한 단면을 시사한다.

백운산 하산은 영월 태화산과 마찬가지로 급격히 비탈진 강으로 떨어지는 난코스이다. 오늘은 눈이기에 그나마 다행이지만 우기에 하산은 미끄러움으로 인해 위험천만하기가 그지없을 것으로 보인다. 태화산, 백운산 모두 비가 오거나 비가 그친 후의 산행은 될 수 있는 대로 피해야 할 것으로 판단한다.

명절 연휴 첫날 뜻밖의 정선 백운산 공지가 나와 새로운 도전지 한 개를 무탈하게 달성한다. 자칫 간과할 수도 있었던 오늘의 선택에 감사한 마음을 갖는다. 음력 기준이지만 한 해를 만족스럽게 마무리할 수 있어 뿌듯함이 느낀 하루이다.

백운산/정선(白雲山 883m)

주요 코스

① 점재다리 ➡ 동강 ➡ 민박집 ➡ 전망대 ➡ 병매기고개 ➡ 백운산 정상 ➡ 갈림길 ➡ 칠족령능선 ➡ 돌탑 ➡ 추모비 ➡ 니륜재 ➡ 칠족령 ➡ 밤나무집 ➡ 제장다리

② 제장다리 ➡ 동강 ➡ 밤나무집 ➡ 칠족령 ➡ 니륜재 ➡ 추모비 ➡ 돌탑 ➡ 칠족령능선 ➡ 갈림깅 ➡ 백운산 정상 ➡ 병매기 고개 ➡ 전망대 ➡ 민박집 ➡ 점재다리

백운산/포천(白雲山)

경기도 포천시, 강원특별자치도 화천군

수려한 계곡미를 자랑하며, 광덕산, 국망봉, 박달봉 등 높은 봉우리들과 함께 독특한 계곡과 단애(斷崖)로 이루어진 경관을 지니고 있다. 이곳에는 백운동 계곡과 신라 말 도선이 창건했다고 전해지는 흥룡사(興龍寺)가 유명하다.

강원도 북부 지방의 남쪽으로 내려와 광주산맥 줄기에서 뻗어 나온 백운산(白雲山 903m) 은 우리나라에서 가장 많은 산 지명 가운데 하나이며 전남 광양의 백운산과 강원도 동강의 백운산과 더불어 산림청 선정 100대 명산만 무려 3곳이나 된다.

흰색을 좋아하는 민족적 정서와 함께 운치 있는 산과 구름을 아우르는 백운(白雲)이라는 단어는 지명, 사람 이름, 호, 다리, 사찰 등에서 이름으로 많이 등장한다. 백운계곡을 품고 있는 오늘 산행지 백운산은 경기도 포천과 강원도 화천 사이에서 도 경계를 구분 지어 주면서 계곡과 더불어 대표적인 여름 산이다.

산보다 계곡으로 더 유명한 만큼 많은 사람이 요즘 같은 여름철 피서지로 백운계곡을 찾아 물놀이를 즐긴다. 계곡 전 구간에 걸쳐 시원한 물줄기와 큰 바위들이 조화롭게 멋지다는 평이 자자하다.

백운산에는 신라 말기 도선국사가 창건한 흥룡사가 있는데, 도선이 나무로 만든 세 마리의 새를 날려 보내고 그중 한 마리가 날아서 앉은 데다가 흑룡사를 세웠다는 설화가 내려오고 있다.

경기도 포천과 경계를 이루는 강원도 화천군 사내면 광덕리 광덕고개는 차들이 쉬어가는 휴게소임과 동시에 오늘 산행의 들머리이다. 광덕고개를 캐러멜 고개라고 부르는 이유는 두 가지 이유가 있다고 한다. 한국전쟁 때 이 고개를 감찰하던 사단장이 운전병의 졸음을 쫓기 위해 캐러멜을 운전병에 주었다는 말과 광덕재의 꾸불꾸불한 언덕이 카멜(camel, 낙타)의 등같이 생겼다는 데서 나왔다는 이야기다.

시간은 바야흐로 여름이 거의 지나 더위도 가시고 선선한 가을을 맞이하게 된다는 처서를 불과 사흘 앞둔 주말이다. 간간이 불어오는 바람에서 온도 차를 느낄 수 있는 시원함이 묻어나더라도 무더위가 다 물러났다고 생각하면 큰 오산이다.

들머리 광덕고개 쉼터 우측으로 많은 등산객이 북적대는 철제 계단을 오르면 완만한 능선으로 접어든다. 해발 660m에서부터 산행이 시작되고 하늘빛을 가린 숲속

흙길 덕분에 무난하게 정상까지 수월하게 오를 것 같았던 예상은 바로 빗나갔다. 중간 고도 무렵부터 오르막과 내리막이 반복되기 때문이다.

출발한 지 0.88㎞ 지나 나타난 이정표에서 잠깐 쉰 다음 곧장 출발이다. 군사 지리적으로 전방지역과 가까워 조용한 산길 분위기에서 참나무와 물푸레나무들 사이로 아름답게 고즈넉한 산길이 이어진다. 계속된 오르내림이 있지만, 전체적으로 완만한 오르막이다.

광덕고개에서 3.2㎞를 지나고 1시간 반 가까이 걸어 백운산 이름만큼 하얀 화강암 바탕에 까만 글씨로 쓰인 정상석이 기다린다. 정상에서 가까운 주변은 나무에 가려 다소 답답하지만, 걸어온 방향 너머로 광덕산이 장수처럼 우뚝 솟아 있다.

정상에서 비스듬히 비켜나면 남쪽으로 국망봉, 동쪽으로 명지산과 화악산이 조망된다. 정상석의 뒷면에 조선 전기의 문신이며 서예가인 양사언 선생의 시가 있어 꼼꼼히 옮겨본다. '거문고 타는 백아의 마음은 종자기만 알아듣는다오. 한 번 타매 또 한 번 읊조리니 맑디맑은 바람 소리 먼 봉우리에 일고 강달은 아름답고 강물은 깊기도 해라.'

백운산 정상을 밟았다고 해서 바로 하산이 아니다. 이곳에서 흥룡사로 하산을 하는 방안이 있지만, 진행 방향으로 계속 더 가 백운산보다 높이에서 우위를 점한 해발 918m 삼각봉에 이어 오늘 산행의 최고봉 해발 937m 도마치봉에 이른다. 산세는 백운산 정상과 비슷하며 헬기장을 갖춘 정상부의 모습 또한 유사하다.

주변에 갖가지 야생화가 즐비한 그늘진 곳에서 도시락으로 식사를 때운다. 대부분 낯선 산우들과 옹기종기 모여 진지한 대화를 섞어가며 먹는 점심은 어떤 오찬보다 맛있다. 곁들이는 한 잔의 반주는 세상 어느 감로주보다 더 달콤하다. 하지만 긴 식사는 산행에서 큰 부담을 주기 때문에 자리를 털고 일어나야 한다.

하산길은 바로 급강하로 이어지고 오르막과 달리 더위가 다시 기승을 부린다. 목둘레에 땀이 샘물처럼 솟아나고 이마에 두른 버프가 흥건히 젖어 들어 짤 때마다 땀이 낙수 되어 뚝뚝 떨어진다.

얼마 지나면 입추인데도 절기는 늘 계절의 시간을 앞서가곤 한다. 아직도 여름은 계절의 한복판에서 기승을 부린다. 24절기는 중국 주나라 때 화북지방의 기상에 맞춰 만들어졌다고 한다. 우리나라에는 1291년 고려 충렬왕 때 24절기가 도입되어 충선왕 때부터 널리 사용되었으며 중국과 우리나라뿐만 아니라 일본과 베트남에서도 쓰이고 있다는데, 도입 당시부터 위도상으로 우리나라보다 위쪽에 있는 중국 화북지방 날씨와는 차이를 보였을 것이다. 그 이후에도 엘니뇨 현상과 지구 온난화 등으로 평균 기온이 올라가 절기와 계절의 괴리가 더욱 커졌다고 볼 수 있다.

비교적 공간이 너른 안부 삼거리에서 발걸음을 멈추고 연신 얼음물을 들이켠다. 이 순간 물이 없었다면 과연 어떻게 될까. 생각만 해도 아찔하다. 산에서 물의 고마움이 절로 느껴지는 대목이다. 여름에 배낭 무게를 줄인다는 목적으로 식수를 적게 가져가면 절대 금물이며 산행하면서 물을 구걸하는 것은 산객들에게 매우 굴욕적이고 금기시하고 있다. 여름 산행에서 물은 생명수와 진배없기 때문이다.

안부 삼거리 갈림길에서 휴식이 끝날 무렵 진행 방향을 결정하는 갑론을박 고민거리가 생겼다. 결국, 흑룡봉 쪽보다 다소 짧은 계곡 길로 내려가게 되었는데, 장장

5㎞의 너덜 정도가 극에 다할 정도로 심하다. 크고 작은 돌 틈새를 헤집고 초록 물감을 뿌려놓은 것 같은 이끼 낀 미끄덩한 돌 위에서 중심 잡기가 어려웠던 점도 장애의 한 요소이다. 피로가 엄습한 상황에서 다리 근육마저 풀렸으니 일행 모두 다치지 않은 게 천만다행이다. 계곡 갈림길 방향의 선택은 정보가 부족한 이유였지만, 바둑에서 장고 끝에 악수를 두는 꼴이 되었다.

날머리가 가까워지자 예상했던 대로 청청한 백운계곡의 유명세를 눈으로 확인할 수 있다. 정해진 시간 관계로 비록 짧은 시간이지만 웅덩이를 가득 채운 맑은 물에 누가 먼저랄 것도 없이 몸을 던져 알탕의 세계로 푹 빠진다. 땀을 쏟아내며 내달려온 하산길에 물을 만나니 한 가닥 숨통이 확 트이는 기분이다. 무더운 여름 산행은 힘겹도록 큰 수고를 주문함에도 물놀이로 뒷마무리를 하고 나면 이전까지의 모든 힘듦을 다 보상받고 산행 뒷맛이 개운하다는 것은 산행에서 일반적인 진리로 통한다.

백운산/포천(白雲山 904m)

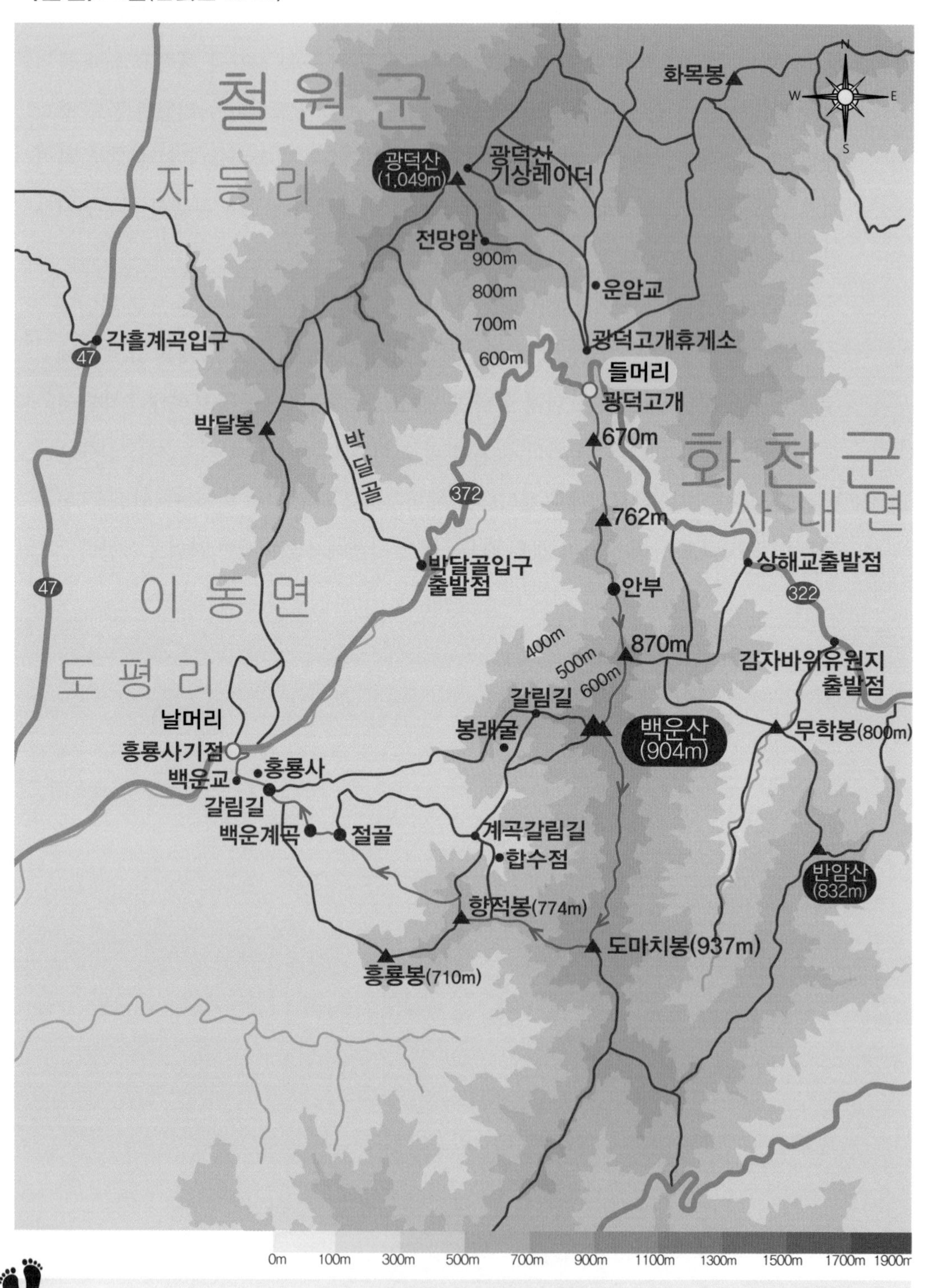

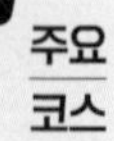

주요 코스

① 광덕고개휴게소 ➡ 670봉 ➡ 762봉 ➡ 안부 ➡ 870봉 ➡ 백운산 정상 ➡ 도마치봉 ➡ 향적봉 ➡ 절골 ➡ 백운계곡 ➡ 흥룡사 ➡ 백운교 ➡ 주차장

② 주차장 ➡ 백운교 ➡ 흥룡사 ➡ 백운계곡 ➡ 절골 ➡ 갈림길 ➡ 향적봉 ➡ 도마치봉 ➡ 백운산 정상 ➡ 870봉 ➡ 안부 ➡ 762봉 ➡ 670봉 ➡ 광덕고개휴게소

변산(邊山 508m)

전북특별자치도 부안군

울창한 산과 계곡, 모래 해안과 암석 해안, 그리고 사찰들이 어우러져 뛰어난 경관을 이루고 있다. 산이면서도 바다와 직접 맞닿아 있는 독특한 지형이 특징이며, 직소폭포, 가마소, 봉래구곡, 채석강, 적벽강과 같은 명소들과 내소사, 개암사 등의 사찰이 유명하다. 또한, 호랑가시나무와 꽝꽝나무 등 희귀 동식물이 자생하고 있다.

호남정맥에서 분리된 하나의 줄기가 서해로 튕겨 나 온 듯한 곳에 자리한 변산반도국립공원 안의 변산(邊山 508m)은 해안선을 따라 산과 바다가 어우러지는 절경이 독특한 풍광을 이루며 유명세를 자랑한다. 최고봉은 의상봉(508m)이나 군사 시설로 인해 접근이 곤란하여 관음봉(424m)에서 인증을 받는다.

변산은 크게 바다를 따라 이어지는 바깥 지역을 외변산, 안쪽의 남서부 산악 지역을 내변산으로 구분하며 통상적으로 변산을 산행한다고 하면 내변산 지역을 말한다. 전체적으로 해발

고도가 낮지만 대부분 산봉우리가 바위로 이루어져 기묘함을 더해준다. 그사이의 계곡에는 폭포와 소 그리고 담과 여울이 어울리며 아름다움을 한껏 보태 준다.

주변에는 유천 도요지, 구암 지석묘군, 호벌치 및 우금산성 등의 역사 유적지와 내소사, 월명암이라는 유서가 깊은 사찰이 있다. 1995년 내변산의 부안댐 완공으로 물이 차고 계곡이 호수로 변하면서 천연 단애를 이룬 기암괴석과 조화로운 모습을 연출하며 새로운 장관을 연출한다.

2014년 변산을 처음 찾아왔을 때 늦가을 서정을 불태우며 현란한 세리머니로 산 사람들을 설레게 했던 그때의 만산홍엽은 이제 세월 속의 낙엽으로 차곡차곡 쌓여 추억 저편으로 물러갔다. 하지만 변산에 대한 그리움 해소는 아직 성이 차지 않아 녹음이 지친 한여름에 변산을 다시 찾기를 작정하고 나선다.

우리나라에서 유일하게 반도에 자리 잡은 전북 부안군 변산면 중계리 변산반도국립공원의 남여치 매표소에 도착인데, 전혀 예상 못 한 이슬비가 아침부터 내려 길을 촉촉이 적신 상황에서 신록은 짙은 옷으로 갈아입었다. 우의를 입을 만큼의 비는 아니지만, 배낭 덮개를 씌운다.

대수롭지 않게 여겼던 무난한 산길이 여름 무더위와 높은 습도가 한꺼번에 겹쳐 어느새 옷이 땀으로 젖어 든다. 출발하여 900m 가는데 고도를 360m를 높였으니 수학적인 평균 경사도가 40%에 이른 셈이다.

월명사 방향 700m 표시 이정표와 함께 법구경에 나온다는 '살아있는 것들의 행복을 위하여'라는 제목의 글이 등산로에 쓰여 있어 마음에 와닿는 몇 구절을 간추려 본다. '모든 것은 폭력을 두려워하고 죽음을 두려워한다. 이런 이치를 자기 몸에 견주어 남을 죽이거나 죽게 하지 말라. 모든 생명은 안락을 바라는데 폭력으로 이들을 해치는 자는 자신의 안락을 구할지라도 뒷세상의 안락은 구하지 못한다. (중략)' 생명을 소중하게 다루는 종교적 해석으로 받아들인다.

들머리부터 1.6㎞ 지나 쌍선봉 삼거리에 도달하고 월명암이 300m 남겨둔 갈림길에서 쌍선봉을 다녀오는 사람과 그냥 직진하는 사람들로 갈린다. 하지만 무슨 사연인지 쌍선봉 가는 길이 '출입금지 특별단속'이라는 경고 플래카드로 인해 대다수 사

람은 가던 방향으로 직진이다.

아직도 월명암으로 가는 길은 육산이고 산림욕 하기 좋게 소나무 군락으로 드리운다. 잠시 내리막으로 이어지다 산길 왼편으로 아늑한 대나무 숲이 나타난다. 발걸음을 내디딜 때마다 대나무 향을 맡으니 일상의 무거운 짐을 자연의 품에 내려놓은 듯 마음이 편안하며 홀가분하다. 어디선가 불어오는 시원한 바람에 이끌려 쌍선봉 아래에 자리한 월명암으로 인도된다.

월명암은 서기 692년 신라 신문왕 12년에 부설거사가 창건한 곳으로 약 1,300년이 넘는 역사를 지닌 유서 깊은 사찰이다. 월명암은 변산 팔경 중 월명무애와 서해 낙조를 자랑하며 인근 낙조대에서 바라보는 석양은 황홀함의 극치를 이룬다고 한다.

꽃이 한 번에 피고 지는 게 아니고 여러 날에 걸쳐 번갈아 피고 져서 오랫동안 피어 있는 것처럼 보여 일명 '백일홍'이라고도 부르는 월명사의 배롱나무가 비에 젖은 탓에 유난히 예뻐 보인다.

재백이재 고개로 향하기 위해 월명암을 벗어나기 직전 법보장경에 나오는 '걸림없이 살 줄 알라'라는 글귀가 눈길을 잡는다. '유리하다고 교만하지 말고 불리하다고 비굴하지 말라 무엇을 들었다고 쉽게 행동하지 말고 그것이 사실인지 깊이 생각하여 이치가 명확할 때 감히 행동하라. (중략)'

정상 고도만큼 올라왔다가 다시 곤두박질이다. 아직 직소폭포는 한참을 더 가야 하는 상황에서 하늘이 밝게 열린다. 날씨는 흐려도 운무가 없는 덕분에 저 멀리 관음봉에서 다음 봉우리로 이어지는 능선이 마치 파도가 일 듯 넘실대는 모습이다.

비가 머금은 미끄러운 바위를 따라 조심스럽게 한참을 내려오면 고작 해발 50m에 이른다. 고도가 바닥을 치면서 내변산 분소 사자동 주차장에서 오는 길과 만나는 갈림길이다. 내변산 쪽에서 올라오는 탐방객들은 거의 평지 수준으로 오기 때문인지 간편한 복장에다 나들이 차림새이다.

깨알 같은 글씨가 빼곡하게 쓰인 자연보호 탑에서 직소폭포 방향으로 경사진 탐방로를 오르면 안전을 위해 경계 목책이 설치된 직소보와 함께 시원한 경관을 볼 수 있다. 직소보는 부안댐이 건설되기 전에 부안 군민의 비상 식수원 목적으로 만들어진 인공 보이다. 직소폭포에서 떨어진 물이 분옥담과 선녀탕을 거쳐 이곳에서 호수를 이룬다. 사랑의 하트 직소보 전망대는 녹색 명소이다. 직소보 수면에 비치는 관음봉과 주변 녹색 경관이 수려하여 사진 찍기 좋은 곳이다.

직소보 덱을 지나 이정표 좌측으로 100m를 벗어나면 선녀탕이 나온다. 물이 고인 소에는 우기에 유입된 갖가지 혼합물로 물이 탁하게 흐려져 있고 그나마 조망 좋은 곳은 탐방객들이 눌러앉아 있어 오늘은 아니다 싶어 갔던 길로 되돌아 나온다.

직소폭포 조망이 수월한 직소폭포 전망대에 이르자 등산객과 가족 단위 나들이객으로 혼잡을 이룬다. '변산의 소금강'이란 별명을 붙게 한 장본인 직소폭포는 남녀노소 누구나 쉽게 오를 수 있는 완만한 길로 이루어져 있어 많은 탐방객이 찾아오는 명소로서 매년 4월 하순 직소폭포를 배경 삼아 만개한 산 벚꽃을 주제로 사진 촬영 세례를 받는 곳이다.

다시 조용하고 운치 있게 산행의 참맛을 느끼는 오솔길로 이어진다. 산길 좌우에는 키 작은 산죽과 그 뒤로 높은 소나무와 참나무가 사이좋게 높낮이 조화를 이루며 고즈넉한 분위기를 자아낸다. 길은 점점 재백이재를 향하여 빨려 들어간다.

갑자기 웅성거리는 소리와 함께 원암 가는 길과 갈라지는 재백이고개에 이른다. 제대로 된 바윗길이 경사를 이루며 꽤 너른 바위가 쉬어가라 유혹한다. 앉아 쉬는 김에 먼저 도착한 일행과 합석해서 저마다의 음식으로 소박한 점심이 차려진다.

이어가기 오르막을 거쳐 관음봉 삼거리의 도착이다. 여기서 관음봉까지는 600m 이지만 후덥지근한 날씨에 비좁은 바윗길과 계단을 내려가고 올라가길 반복하는 관계로 오늘 산행 중에서 비교적 난코스에 해당한다.

해발 424m의 관음봉은 탁 트인 조망과 함께 쉬어가기 좋은 편익시설을 갖춰놓았다. 변산 8경 가운데 최고로 쳐준다는 관음봉에서 바라보는 조망을 '웅연조대'라고 한다. 줄포에서 시작하여 곰소를 지나는 서해의 정경 곰소만에 떠 있는 어선과 어선에서 밝혀주는 야등이 물에 어리는 장관과 어우러져 어부들이 낚싯대를 둘러메고 청량하게 부르는 경치를 말한다. 관음봉 삼거리로 회귀하여 내소사 방향으로 하산인데 초반부터 경사길 돌입이다.

얼마쯤 내려왔을까. 소강상태를 유지하던 이슬비가 다시 내리기 시작하고 벗어젖혔던 배낭 커버를 원위치한다. 후덥지근한 날씨에 축축한 몸을 이끌고 한 시간 이상 이골이 나게 내려가야 하는데 올라왔을 때 버금가게 땀으로 뒤범벅이다.

내리막 경사가 상당히 진정되었을 무렵 멋지게 설치한 나무다리와 마주한 다음

일상으로 들어가는 듯한 문으로 들어가 내소사로 향한다. 선운사의 말사 내소사는 서기 633년 백제 무왕 34년에 혜구두타 스님이 창건하였다. 처음에는 소래사라는 이름이 붙여졌다가 당나라 소정방이 석포리에 상륙한 후 이 절에서 군중재를 시주한 기념으로 내소사로 바꿔 불렀다고 전하지만 사료적인 근거는 없다고 한다.

내소사 경내를 바깥 방향으로만 휙 둘러만 보고 그냥 나오는데 템플스테이 하는 사람들이 제법 눈에 띈다. 불자는 아니지만, 선사 체험의 세계가 무엇인지 오래전부터 관심을 가지고 많은 궁금증을 품어왔던 만큼 언젠가는 기회가 닿을 것으로 기대하고 자리를 뜬다. 이국적인 전나무가 양 길가에 늘어서서 지나가는 산객들에게 비를 가려 주고 안식을 제공하는 산책로를 따라 내소사 일주문을 빠져 나온다. 산행 날머리인 전북 부안군 진서면 석포리 내소사 주차장에서 모든 산행이 갈무리된다.

변산(邊山 508m)

주요 코스

① 구 남여치매표소 ➡ 관음약수 ➡ 쌍선봉 ➡ 월명암 ➡ 자연보호비 ➡ 직소폭포 ➡ 재백이고개 ➡ 관음봉삼거리 ➡ 변산 정상 ➡ 내소사

② 지강암 ➡ 내소사 ➡ 관음봉삼거리 ➡ 변산 정상 ➡ 재백이고개 ➡ 직소폭포 ➡ 자연보호비 ➡ 실상사 ➡ 내변산탐방지원센터

북한산(北漢山)

서울특별시 강북구·성북구·은평구·종로구, 경기도 고양시·양주시

최고봉인 백운대를 비롯해 인수봉, 만경대, 노적봉 등 수려한 경관을 자랑하며, 도시민들의 대표적인 휴식처이다. 북한산성, 우이동계곡, 정릉계곡, 세검정계곡 등이 유명하고, 도선국사가 창건한 도선사(道詵寺)를 비롯해 태고사(太古寺), 화계사(華溪寺), 문수사(文殊寺), 진관사(津寬寺) 등 많은 고찰이 자리하고 있다.

세계적으로 보기 드문 도심 안의 자연공원인 북한산(北漢山 836m)은 수려한 경관과 문화유적 등이 많으며 산행 코스가 다양하다. 산 전체가 도시 지역으로 둘러싸여 있어 수도권 도시민들의 휴식처로 주목받고 있다. 나아가 국내외적으로 사계절 내내 인기가 높아 연평균 찾아오는 탐방객이 5백만 명에 이르러 단위 면적당 가장 많은 탐방객이 찾는 국립공원 기네스북에 올라와 있다. 북한산에는 백제 때 북방 방어로 축조되었다가 조선 시대 행궁 목적으로 축성한 14성문의 북한산성이 있다.

북한산 원래 이름은 삼각산이라고 불렀다. 이는 고려의 수도 개경 관점에서 백운대, 인수봉, 만경대 세 봉우리가 뿔처럼 솟았다는 데서 유래해 근대까지 삼각산으로 불려왔는데, 일제강점기 때 일본인 '이마니시 류'가 한강 이북의 서울 행정구역명인 북한산을 잘못 이해한 데서 비롯됐다.

서울시 강북구는 백운봉 등 3개 봉우리 지역이 '삼각산'이란 이름으로 국가지정문화재 명승으로 지정된 것을 근거로 '삼각산 제 이름 찾기 범국민 추진위원회'를 구성하여 중앙정부에 명칭 복원을 건의하는 등 '삼각산 제 이름 찾기를 전개 중이다. 한국의 산을 사랑하는 많은 사람, 특히 인터넷 산악회원 대다수는 굳이 '삼각산'이라는 명칭을 고집한다.

아직도 보름달은 차고 추석 연휴까지 겹쳐진 9월의 마지막 날에 넉넉한 시간을 가지고 북한산 종주에 나선다. 구기동에서 이북오도청과 연화사로 접어든 길목은 차량도 인적도 무척 한가롭다. 산행 시점이 모호한 상황에서 물소리를 따라 오르니 연화사, 금선사, 비봉, 문수봉을 가리키는 이정표가 반갑게 나타난다. 비봉탐방지원센터를 통과하자 본격적인 산행 시작과 함께 고요한 산사에서 은은한 목탁 두드리는 소리가 청량하게 흐르고 길 안내를 맡았던 물소리는 숨을 죽이고 사라진다.

땀이 제법 흐를 만큼 오르자 가을바람이 소나무, 떡갈나무 사이를 헤집고 습하게 실려 나오는가 싶더니 이내 빗방울로 표정을 바꾼다. 각본 없는 기상이지만 간혹 산악에서만이 발동하는 이상 현상이다. 흩뿌리는 가랑비는 길을 적시고 산객은 서둘러 능선을 향해 발걸음을 재촉한다. 비봉능선으로 접선하자 비인지 땀인지 분간이 어려워진 상황에서 젖은 느낌이 몸으로 전해 온다. 원인은 불문가지, 한 시간가량 비탈을 치고 올라온 산행의 대가이며 수고에 대한 흔적이 아니겠는가?

허연 등허리를 활짝 내어준 승가봉으로 오른다. 구태여 네 발을 자초하며 손바닥으로 전해오는 감촉을 만끽한다. 봉우리에 도달하니 지나온 비봉과 사모바위가 언제 지나쳤나 싶게 아스라이 멀어져 있다. 저 멀리 용출봉, 증취봉, 나월봉과 나한봉 따위로 이루어진 풍채 당당한 의상능선이 북한산의 위상을 드높이며 헌걸차게 뻗어났다. 산봉우리에서 불어오는 바람 소리에서 가을 가을 하는 속삭임이 들리는 듯하다. 유난히 기세를 떨치던 불볕더위는 이제 모두 사라지고 여름은 끝자락까지

탈탈 털어내고 되돌아가 갔다. 10월이 시작하는 내일이면 북한산의 산빛도 하늘빛도 한층 여물어질 것이다.

문수봉으로 올라채기 위해 '청수동암문'을 향해 치밀어 오른다. 곧추세운 비탈에는 크고 작은 돌들이 뒤엉켜서 된비알을 만들었다. 이 돌들은 문수봉 일부가 풍화돼 떨어져 나온 부스럭 돌이라고 한다. 이들이 급경사지에서 오랜 세월 겹겹이 쌓여 돌밭을 이루고 전문 용어로 애추(talus)라고 하는데, 순우리말로 '너덜' 또는 '돌서렁'이라 부른다는 북한산국립공원의 설명이다.

문수봉을 우회하여 북한산성에서 문루를 갖춘 6성문의 하나인 대남문에 이른다. 시각이 시각인 만큼 대남문의 너른 공간에서 점심을 때우는 사람들로 붐빈다. 고색창연한 문루에서 잇따른 성곽 위로 담쟁이넝쿨이 푸른빛을 벗어버리고 벌써 붉은 옷으로 갈아입었다. 수없이 찾아온 대남문인 만큼 곱게 단장한 담쟁이 모습을 바라보는 순간 손에 잡힐 듯한 가을날 추억들이 몽글몽글 피어오른다.

오전에 내린 가랑비가 지나가는 줄 알았는데 무슨 미련이 있는지 되돌아와 대뜸

거세게 몰아붙인다. 대성문 문루에는 먼저 도착하여 발이 묶인 산객들이 진을 치고 옹기종기 눌러앉아 있다. 모르는 사람마다 침묵의 소리가 잠잠히 흐르고 하늘의 불청객이 사라지기만을 바라는 표정들이다. 예기치 못한 가을비는 힘든 산행에서 쉼표 하나 내려놓으라는 자연의 계시로 겸허히 받아들인다. 시간이 속절없이 흐른다.

산행이 재개되었지만, 운무가 끼어 있어 조망은 포기해야 한다. 거침없이 미끈하고 아름다운 성곽을 따라 걷는 재미가 쏠쏠한 까닭은 성곽 따라 드리운 길 위로 흐드러지게 핀 야생화의 향연 때문이다. 구절초, 벌개미취와 고들빼기가 군락을 이루고 성벽 옥개석에는 비에 젖은 담쟁이가 더불어서 편승해주니 엉뚱한데 한눈팔 새가 없다.

오르막 내리막이 이어질 때마다 성벽과 산길이 파도를 탄다. 수직에 가까운 성벽에서 힘에 부치더라도 선조들이 쌓아 올린 힘든 노력에 비하면 우리가 누리는 수고는 새발의 피일뿐이다. 이마저도 호사로 여긴다는 각오로 이들과 어깨동무하듯 즐거운 마음으로 무장한다.

가설 울타리를 두르고 해체 보수 중인 보국문과 대동문을 거쳐 동장대로 향한다. 산길이 많이 누그러졌다. 지체된 일정을 만회하기 위해 보폭을 넓히고 속도를 올려 동장대에 수월하게 다다른다. 동장대는 북한산성 3개의 장대 가운데 가장 높은 곳에 있는 동쪽의 장대이며 금위영의 장수가 지휘하는 곳이다. 운무 속의 가려진 동장대는 단청이 약간 퇴색되었을 뿐 기골이 장대하고 위풍당당한 모습이다.

오후로 접어들수록 바람이 거세진다. 용암문을 지나 노적봉 입구에 이르자 바람 등쌀에 못 이긴 운문가 서서히 걷혀나간다. 노적봉과 만경봉의 실체가 조금씩 드러내며 정상 인증에 대한 긍정의 신호를 보내준다. 나뭇잎 사이로 햇볕이 스며들고 길바닥에 물방울무늬 닮은 그늘이 듬성듬성 드리운다. 시각은 점점 오후로 치닫는데 세상은 밝아진다. 정상가는 발걸음에 신바람이 인다.

절벽에 걸터앉은 덱 계단이 그림 같이 펼쳐진다. 바람에 놀아난 운무의 짓궂음으로 백운대의 거대한 마천루가 보였다 감추어진다. 마지막 이정표가 백운대 0.4㎞를 가리킨다. 정상가는 길이 수직에 가까운 암반이다. 쇠말뚝과 철봉의 조합이 암벽에 뿌리내리고 보호난간이 되어준다. 내려오는 사람과 올라오는 사람이 번갈아 양보하며 한정된 공간을 뚫고 나간다. 아슬아슬한 낭떠러지에 바람이 거세져 모자를 벗어야 할 상황이다. 살 떨리게 죄어오는 긴장과 짜릿한 산행의 묘미가 교차한다. 비좁은 산꼭대기 봉우리를 빙 돌아가는 긴장감 만점의 수고를 감내하자 상황이 완전히 반전된다. 막힘이 확 트인 너른 공간이다.

백운대 코앞의 인수봉과 저 멀리 만경봉과 노적봉도 온전한 실체로 드러난다. 백운대에서 바라보는 풍광은 어느 봉우리마다 나무랄 데 하나 없는 북한산만의 진경산수화이다. 정상에는 국적과 세대를 불문하고 많은 사람이 환호를 띠며 자리를 지키고 있다. 짙은 운무가 거짓말처럼 사라진 멋진 상황에서 새로운 정상 인증을 남길 수 있었으니 불행 중에 행운을 잡았다.

백운봉암문을 뒤에 두고 하산이다. 갈 길은 먼데 시각은 저녁 무렵으로 깊어져 쓸데없이 해찰 부릴 여유가 없어졌다. 백운산장을 스쳐 인수암에 이르자 일찍 서두른 백열등에서 불빛이 새어 나온다. 하루재에 이르러 영봉을 바라보고 오르막으로 이어지자 땅거미가 서서히 짙어진다. 날머리인 우이령 탐방지원센터에 도착했을 때 시야는 제법 어둑어둑해졌다. 장장 8시간의 북한산 종주 산행이 비로소 갈무리된다.

북한산(北漢山 837m)

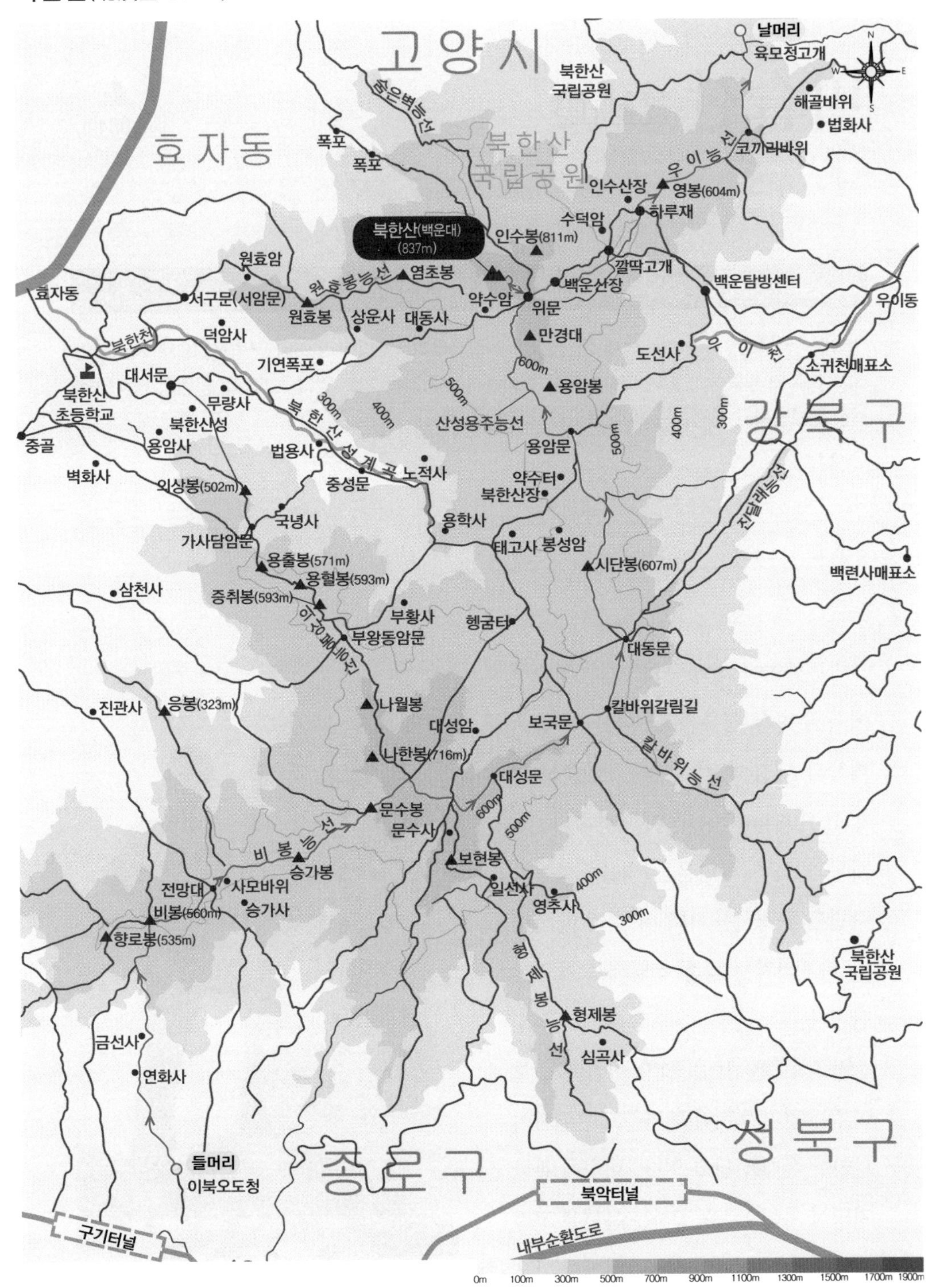

주요 코스

① 이북오도청 ➡ 연화사 ➡ 비봉 ➡ 사모바위 ➡ 승가봉 ➡ 문수봉 ➡ 대성문 ➡ 보국문 ➡ 대동문 ➡ 시단봉 ➡ 용암문 ➡ 북한산 정상 ➡ 백운산장 ➡ 하루재 ➡ 영봉 ➡ 육모정

② 우이동 ➡ 백운탐방지원센터 ➡ 하루재 ➡ 깔딱고개 ➡ 백운산장 ➡ 위문 ➡ 북한산 정상 ➡ 약수암 ➡ 대동사 ➡ 무량사 ➡ 대서문 ➡ 산성탐방지원센터

비슬산(琵瑟山)

대구광역시 달성군, 경상북도 청도군

봄에는 진달래, 가을에는 억새 등 경관이 아름다우며, 조망이 뛰어나 군립공원으로 지정되었다. 북쪽의 팔공산과 함께 대구분지를 형성하며 낙동강을 끼고 있다. 고려 말 공민왕 7년(1358년) 진보법사가 창건한 소재사(消災寺) 등이 유명하다.

대구광역시 달성군과 경북 청도군에서 주변의 청룡산, 우미산 및 홍두깨산과 더불어 걸쳐 있는 비슬산(琵瑟山 1,084m)은 산정이 평탄하다. 남서쪽과 북쪽 사면은 절벽을, 북동쪽 사면은 완경사를 이루며 수려한 산세와 어우러지는 명품 진달래로 유명한 산이다.

비슬산(琵瑟山)은 한자 이름에서 보여주는 것처럼 비파와 거문고 관련하여 다양한 유래를 담고 있다. 비슬에 관한 지명이 처음으로 등장하는 문헌은 고려시대 때 일연스님의 삼국유사에서 나오는 여상우포산(女嘗寓包山)인데 여기서 '포산'은 비슬산의 옛 명칭을 말한다.

비슬산의 봄철에는 진달래와 철쭉이 만발하여 고산 일대에는 군락을 형성하며, 가을에는 자생하는 억새가 절정기에 이뤄 장관을 이룬다. 그리고 울창한 수림과 어우러진 계곡이 여러 갈래를 이루며 빼어남을 보여준다.

이 일대 가창 저수지는 용계천을 막아 조성한 용수 공급원이며 경치가 뛰어나 피서지와 유원지로 개발되어 대구 시민이 즐겨 찾는다. 이처럼 산 전체의 멋진 경관과 소중한 자연 가치를 두루 평가하여 이 지역이 1986년 2월 비슬산군립공원으로 지정되었다.

봄기운이 여름의 경계를 살짝 넘겨다보는 따사로운 황금연휴의 마지막 날에 서울에서 긴 시간을 버스로 이동하여 산행 들머리 대구광역시 달성군 유가면 양리 유가사 주차장에 도착이다. 아직도 전국에서 비슬산을 찾아오는 등산객 인파로 붐비는 걸 보면 진달래가 만발하는 한창때의 유명세가 가히 가늠된다.

주차장에서 포장도로를 따라 잠시 오르면 오른편에 유가사가 자리한다. 대구 동화사의 말사인 유가사는 신라 흥덕왕 2년에 도성국사에 의해 창건되었으며 대구 시민에게 사랑받는 가족 나들이 코스로서 주목받는 곳이다.

황금빛 유가사 경내에 인간의 지극 정성이 빼곡히 담겼을 108개 돌탑이 제법 오랜 시간이 지났을 법한데도 흐트러짐 없이 자연 무대에 출품하고 산객들의 시선을 끌어 잡는다. 경내를 둘러보는 곳곳에는 봄의 서정을 담은 주옥같은 시가 조각 작품으로 새겨져 품격을 높여준다. 그냥 보고만 갈 수 없어 봄을 대표하는 김소월의 '진달래꽃' 한 편을 사진으로 담아간다.

경내에 머무는 동안 시각이 너무 지체되었다 싶어 서둘러 산행에 접어드니 금세 수도암에 이른다. 이제부터 점차 경사가 급해지기 시작한다.

숲이 우거진 계곡을 지나 거의 직벽에 가까운 가파른 비탈진 오르막을 땀 흘려 올라가면 시야가 확 트이면서 밝은 하늘 아래에 장쾌한 조망을 담을 수 있는 전망대가 나온다. 전망대에는 시원한 바람과 함께 따사한 햇볕이 내리쬐는가 하면 한편에는 쉬어가기 좋은 나무 그늘이 있어 요기를 때우며 잠시 휴식을 취한다.

능선에 너른 평원이 펼쳐진다. 정상 평원에서 만난 지금의 억새는 푸른색으로 갈

아입었지만, 올가을 은빛으로 물들어 방영될 예고편을 미리서 본 듯하다. 가을 햇살 받으며 넘실대는 멋진 억새 군무를 상상해 보니 은근히 가을 비슬산이 그리워지며 그런 산행 기회가 오기를 기대한다.

정상으로 향하는 우측에 유가사의 부속 암자이며 비슬산에서 가장 오래된 암자인 도성암이 비슬산 중턱에 자리하며 주변 경관과 조망이 뛰어나다 하는데 오늘은 일정에 밀려 그냥 통과한다.

또다시 긴 능선을 따라 도성국사가 도를 깨쳤다는 도통바위에 이른다. 경관이 좋고 쉬기에 알맞은 바위 봉우리와 오솔길이 번갈아 나타나 산행의 참맛을 느낀다. 적당한 기온과 살랑대는 봄바람이 함께하는 능선 오름은 산행이라기보다 차라리 소풍이 제격이다 싶다.

진달래 군락지의 평원 지대가 펼쳐진다. 비슬산의 모든 진달래는 이미 지고 그 자리에 듬성듬성 산철쭉이 채워졌다. 우리나라 사람들의 서정적인 정서가 잘 녹아 있는 봄꽃의 대표 격인 진달래는 여린 듯 요란하지 않으면서도 소담스러운 격조가 있다. 진달래꽃은 여느 하찮은 바람도 마다하지 않고 겸손하게 하늘하늘 흔들어 반긴다. 진달래는 식용할 수 있어 참꽃이라 하고 식용이 어려운 철쭉은 개꽃이라 한다. 진달래 대신 참꽃이라는 칭호는 순우리말이라는 점에서 매우 정겹게 다가오는 까닭에 꽃의 대푯말이라고 해야 하겠다.

전망대부터 능선으로 이어진 길을 비슬산 정상 천왕봉까지 대체로 편안하게 와 다다랐다. 정상에 서면 서남쪽으로 유유히 흐르는 낙동강이 보이고 멀리 가야산 줄기도 한눈에 들어온다. 애초 비슬산의 최고봉은 대견봉이었다. 2014년 3월 1일 달성군 개칭 100주년 되는 날 새로운 명소 대견사의 개산대재 목적으로 치른 정상석 제막식에 맞추어 하루 전날인 2014년 2월 27일 지금의 천왕봉으로 바뀌었다고 한다.

천왕봉 바로 아래 크게 보고, 크게 느끼고, 크게 깨우친다는 뜻을 가진 대견사지의 도착이다. 대견사지는 해발 1,000m의 하늘 아래 거대한 바위를 등지고 비교적 너른 대지에서 최고의 전망대에 위치한다. 절벽 위의 우뚝 솟은 삼 층 석탑은 금방이라도 하늘로 오를 듯한 기세로 우뚝 서 있다.

대견사는 일제강점기 때 대마도의 기운을 누른다고 하여 일제가 강제 폐사시켰으나 지금은 위풍당당하게 새로운 사찰로 복원이 되어 등산객과 함께 산 입구와 대견사를 오가는 전기차 이용 관광객들로 붐빈다.

비슬산의 정기를 담은 천(千)고지 천년(千年) 샘에서 솟아 나온 대견사의 천천수 한 잔을 마신다. 대견사를 벗어나고 돌무덤을 거쳐 마령재에서 소재사로 내려가기 위해 계곡으로 빠져 내려간다. 하산하는 내내 천천수의 여운이 가시지 않는다.

비슬산(琵瑟山 1,084m)

N W E S
김흥리
화원읍
금천리
대구광역시
도통바위
전망대
비슬산(대견봉) (1,084m)
용천사
용천사사리탑
도성암
둥지
수도암
삼봉재
들머리
청룡지맥 분기점
전원주택
전망암
유가사
석불상
공터
양 2리
수성골
갈림길
오산리
달성군
마령재
실신골
유가면
월광봉(1,003m)
청도군
경상북도
날머리
팔각정
전망테크
삼거리
영불암 석탑
대견사지
각북면
조화봉
용리
너덜
소재사
전망암
비슬산 자연휴양림
0m 100m 300m 500m 700m 900m 1100m 1300m 1500m 1700m 1900m

주요 코스

① 유가사 ➡ 수도암 ➡ 도통바위 ➡ 전망대 ➡ 비슬산 정상 ➡ 대견사 ➡ 청룡지맥분기점 ➡ 마령재 ➡ 월광봉 ➡ 삼거리 ➡ 너덜지대 ➡ 비슬산자연휴양림 ➡ 소재사

② 용천사 ➡ 둥지 ➡ 공터 ➡ 갈림길 ➡ 삼봉재 ➡ 청룡지맥 분기점 ➡ 대견사 ➡ 비슬산 정상 ➡ 전망암 ➡ 석불상 ➡ 수성골 ➡ 유가사

삼악산(三岳山)

강원특별자치도 춘천시

고고시대에 형성된 등선계곡과 맥국시대의 산성터가 있는 유서 깊은 산으로 기암괴석의 경관이 아름답고, 의암호와 북한강 상류가 한눈에 든다. 남쪽 골짜기 초입의 협곡과 등선폭포(登仙瀑布)가 특히 유명하고, 흥국사(興國寺), 금선사(金仙寺), 상원사(上院寺) 등 7개 사찰이 있다.

화악산(華岳山)의 지맥이 남쪽으로 뻗어 오다 북한강과 마주치는 곳에 자리한 삼악산(三岳山 654m)은 북한강으로 흘러드는 강변을 끼고 경춘 국도의 의암댐 바로 서쪽에 위치한다. 주봉인 용화봉과 청운봉(546m), 등선봉(632m)과 더불어 삼악산이라는 이름이 붙어졌다.

삼악산에는 천혜의 요새로서 삼악산성이 있다. 이는 태봉의 궁예가 철원에서 왕건에게 패하고 피신한 근거지라는 설과 함께 삼한 시대 맥국(貊國)의 성터라는 전설이 각각 전해 온다.

삼악산은 기암절벽이 험준한 산세를 이루고 있는 만큼 기암절벽을 바탕으로 한

다양한 명소가 계곡을 중심으로 널리 분포한다. 높이 15m를 자랑하는 등선폭포를 비롯한 여러 폭포와 용소(龍沼)가 하산하는 내내 이어진다. 삼악산을 에워싸고 있는 의암호와 청평호가 호반의 풍경을 자아내며 산기슭에는 흥국사를 비롯하여 상원사, 정양사, 동천사, 금선사, 봉덕사 등의 사찰이 있다.

삼악산에서 자동차로 10분 거리에 자리한 강촌역은 수도권 전철뿐만 아니라 'ITX-청춘열차'까지 정차하는 관계로 접근성이 양호하다. 의암호매표소와 등선폭포매표소에는 주차장이 완비되어 있어 많은 등산객과 나들이객까지 많이 찾는 곳이다.

24절기 가운데 2023년의 마지막 절기인 대한(大寒)이다. 그 춥던 겨울 한파는 다 어디 가고 '포근하지 않은 대한이 없다.'라는 말이 생겨날 만큼 포근한 주말이다. 용산역에서 춘천행 ITX-청춘열차를 타고 강촌역에서 내려 택시를 이용해서 호반의 도시 강원도 춘천에 있는 삼악산의 들머리인 의암호매표소의 도착이다. 올해 들어 첫 빙판길이 예상되는 산행이다.

호수와 맞닿은 산행 첫머리부터 덱 계단이 고개를 쳐들고 산객을 산길로 인도한다. 한때 산악산장매표소로 쓰였던 (사)한국체육진흥회 강원도지부 건물을 돌자 시끄러웠던 차량 소음을 떼어버리고 발아래로 의암호가 시린 빛을 발산하며 평화롭게 담겨 있다.

마른 산길을 무난하게 뚜벅뚜벅 오른다. 얼마쯤 지났을까? 풍경 소리에 시선을 치켜들자 상원사가 지붕 끄트머리부터 보이다가 이내 모습을 보여준다. 출발해서 0.65㎞에 20분 만이다. 규모가 조촐한 상원사 경내는 이미 내린 눈이 얼어서 빙판으로 변했다.

산길은 이미 빙판 일색이다. 어쩌다가 출현하는 등산객 말고 나 홀로 이 숲을 차지하다시피 걸어 오른 상황이다. 발을 내디딜 때마다 아이젠에 찍힌 뽀드득거리는 소리가 정적을 파헤치며 퍼져나간다. 언뜻언뜻 속내를 보여주던 활엽수는 이제 투명한 나목이 되어 저 멀리 춘천 시내와 호수의 모습마저 몽땅 비춰준다. 녹음이 짙은 여름에는 절대 볼 수 없는 겨울 삼악산의 풍경이다.

출발해서 정상까지 딱 중간 지점에 나타나는 깔딱고개다. 수직에 가까운 절벽을 쇠밧줄에 의지하는 고군분투가 시작된다. 삼악산이 이름에 걸맞은 악산(惡山) 본능을 어김없이 드러내며 본디 그대로의 속성이 현실에서 펼쳐진다. 스틱은 이미 접었지만, 바위에서 쭉쭉 미끄러지는 아이젠은 이젠 성가신 애물단지다. 아무 때나 빙판으로 돌변하는 바람에 그때마다 아이젠을 벗을 수도 없는 이유여서이다.

곧추세운 바위가 드러눕자 고도가 진정되는가 싶었는데 급기야 서슬이 아슬아슬한 칼바위로 표정을 싹 바꾼다. 한 모퉁이를 돌자 '대한(大寒)'이가 거센 삭풍을 몰고 와 본색을 드러내며 정상을 함부로 내어줄 수 없다며 심란하게 시위를 벌인다. 불편한 공간에서 엉거주춤 쭈그리고 배낭 속에 접어둔 겉옷을 껴입고, 모자 안에 말아 넣었던 귀마개를 펴서 귀를 싸맨다. 급기야 바람을 등지고 나니 언제 그랬나 싶을 정도로 포근함이 밀려온다.

정상을 얼마 남겨두고 산정에 목제 덱으로 갖춘 전망대가 설치되어 있다. 일관되게 거친 길바닥에서 비로소 고르고 판판한 공간을 맞이한다. 전망대에는 반대편으로 올라온 산악회 일원 몇 팀이 바람을 피하고자 가림막 둥지를 틀고 눌러앉았다. 즐거운 점심시간을 가진 이들 모습에서 예전 이맘때의 산악회 활동이 기억 저편에서 들고일어난다.

전망대에서 바라보면 남쪽으로 검봉산과 봉화산이 보이고 북쪽으로는 화악산, 용화산과 오봉산으로 여겨지는 강원도의 내로라하는 명산들이 아스라이 펼쳐진다. 산아래 그윽하게 담긴 평화로운 의암호를 내려다보고 나서야 가슴을 쓸어내리며 악전고투하며 올랐던 힘든 순간을 되돌아본다. 산은 어렵게 오르고 힘든 과정을 거칠수록 그만큼의 감동이 더 여울지고 세월이 훌쩍 지나더라도 기억 저편에서 오랫동안 머물며 지난날이 그리워지는 것 같다.

정상 안착이다. 정상에는 다양한 사람이 왁자지껄하게 사람 냄새를 풍기며 여태껏 정상에서 맛본 환희를 쏟아내며 정상만의 특수를 누리는 중이다. 그동안 수도 없이 다녀간 정상 용화봉이지만 18년 전이나 지금에도 정상석은 세 뼘 남짓한 자그마한 오석(烏石) 그대로다. 자세를 낮추고 정상 눈높이에 맞춰 선명한 인증을 남긴다. 여름이든 겨울이든 삼악산에 올 때마다 정상 인증은 역광에다 매우 부자연스러운 자세였는데 오늘 인증은 그나마 양호한 편이다.

흥국사 방향의 하산은 오를 때와 딴판이다. 길은 말라서 마른 낙엽으로 뽀송뽀송 아늑하다. 오르막 암릉 등반에서 용을 쓰다가 종아리에 배인 응어리가 누그러지는 듯 치유하는 기분이다. 조그만 분지를 이룬 구간에 이르자 불현듯 9년 전 여름 산행이 떠오른다. 세계가 크게 주목했던 여성 산악인 오은선 일행과 이곳에서 우연히 만났던 기억이다.

그녀는 2004년 에베레스트 등반에 이어 여성으로 7대륙 최고봉 등정에 이어 2010년 4월 27일 마지막으로 안나푸르나에 오름으로써 여성 세계 최초로 히말라야 8,000m급 14좌 완등에 성공한 자랑스러운 슈퍼우먼이다. 그녀는 작은 체구와 곱상한 미모에도 불구하고 하체에서 느껴지는 건강미는 장난이 아니었다. 우리 일행과 그들이 반대 방향으로 산행하는 관계로 긴 이야기는 못 나누었지만, 함께 기념사진을 남기는 행운을 얻을 수 있었다.

하산 구간 가운데 가장 비탈진 곳에 333계단이 놓여있다. 인공으로 가공하지도

않고 나무로 켜지도 않은 채 그냥 자연에서 굴러다니는 자연석을 바탕으로 깔아 놓은, 요즘 보기 드문 계단이다.

흥국사 옆에 조촐하고 허름한 식당 하나가 문을 걸어 잠긴 채 동면에 들어갔다. 산행 지도에서는 '간이매점'으로 소개되지만, '三岳山 운파 산막'이라는 문패를 내걸고 산악인 무료 휴식처라는 안내문과 함께 주인장이 걸어왔던 산악인으로서의 인생 이야기를 소상하게 써 놓았다.

이제 길은 등선봉 1.2㎞, 청운봉 0.8㎞의 이정표가 달린 흥국사를 마지막으로 물소리 가득하고 길바닥이 유순한 새 국면을 맞게 된다. 정상을 향해 오직 치고 올랐던 상황과는 전혀 딴판이다. 구불구불한 협곡을 내려가는 동안 지루할 틈을 주지 않는다. 휘어진 모퉁이를 돌 때마다 시선이 따라가기가 힘들 정도로 수려한 경관에 흠뻑 빠지는 재미가 쏠쏠하다.

주렴폭포와 비룡폭포, 옥녀탕에 이어 백련폭포가 연달아 이어지며 어느새 산객을 규암 절리로 가파르게 날 선 기암괴석의 협곡 안으로 가두고 말았다. 세찬 바람과 비가 조화롭게 만들어낸 신비로운 협곡에 포근하게 감싸인 채, 마치 어머니 앙가슴에 안긴 것 같은 아늑함에 젖는다.

그만인가 싶었던 산길은 기어이 몸짓을 최대한 키우고 세련되게 다듬어서 삼악산의 최고의 백미인 등선폭포를 내어준다. 높이만 15m에 이르는 등선폭포는 수량을 최대한 담아 마지막으로 북한강에 흘려보냄으로써 산행도 함께 갈무리한다.

삼악산(三岳山 654m)

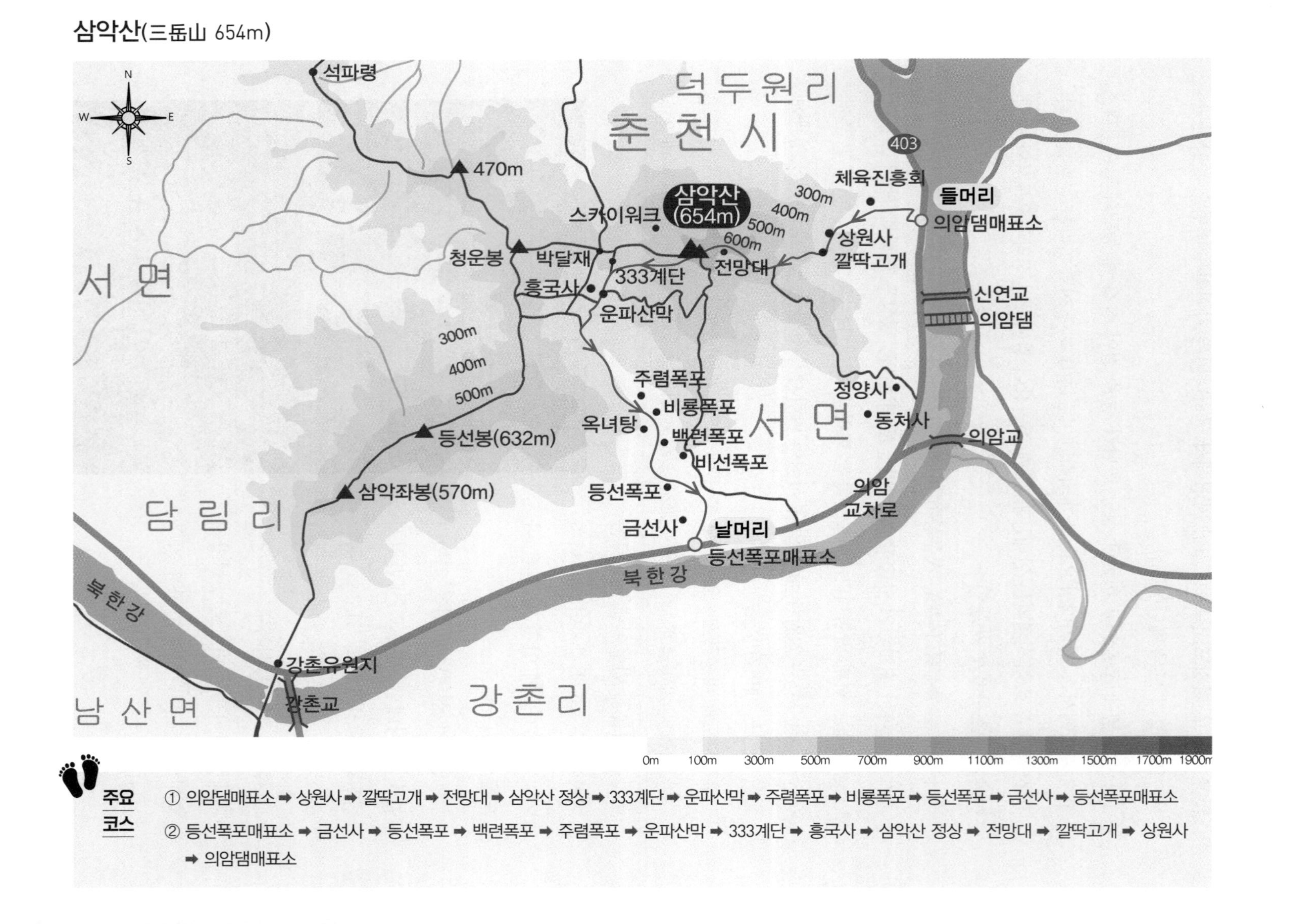

주요 코스

① 의암댐매표소 ➡ 상원사 ➡ 깔딱고개 ➡ 전망대 ➡ 삼악산 정상 ➡ 333계단 ➡ 운파산막 ➡ 주렴폭포 ➡ 비룡폭포 ➡ 등선폭포 ➡ 금선사 ➡ 등선폭포매표소

② 등선폭포매표소 ➡ 금선사 ➡ 등선폭포 ➡ 백련폭포 ➡ 주렴폭포 ➡ 운파산막 ➡ 333계단 ➡ 흥국사 ➡ 삼악산 정상 ➡ 전망대 ➡ 깔딱고개 ➡ 상원사 ➡ 의암댐매표소

서대산(西大山)

충청남도 금산시, 충청북도 옥천군

충청남도에서 가장 높은 산으로, 곳곳에 기암괴석과 바위 절벽이 있어 중부의 금강이라 불릴 만큼 경관이 아름답다. 산 정상에서의 조망이 뛰어나며, 용굴, 사자굴, 견우장년대, 직녀탄금대, 북두칠성바위 등이 유명하다.

충남 지역의 최고봉이며 충북 옥천군과 경계를 이루는 서대산(西臺山 904m)은 비교적 큰 산인데도 주변 산과 줄기가 이어지지 않고 독립된 원뿔꼴처럼 우뚝 솟아 있는 독특한 형태를 보이는 산이다.

곳곳의 울창한 수림 사이로 울퉁불퉁하고 거뭇거뭇한 봉우리가 높이 치솟아 있는 가운데 육중한 바위가 병풍처럼 둘려 처진 이 산은 뭇사람들을 유혹하기에 모자람이 없다. 동쪽과 서쪽 사면에는 넓은 완사면이 나타나 충남 금산의 대표적 특산품인 인삼의 재배지가 개발되고 있다. 북쪽과 서쪽 사면에서 발원하는 계류가 서대천으로 흘러들며 남서쪽 사면에는 원흥사와 성불암 등이 있다.

신선바위, 북두칠성바위, 장군바위, 탄금대, 석문 그리고 무명의 기암절벽 등과 함께 장쾌한 풍광이 유감없이 펼쳐지고 바위를 뚫고 솟아나는 직녀탄금약수대가 일품이다. 이 일대에는 임진왜란 때 고경명 등 칠백 의병이 금산을 점거한 왜병과 싸우다가 순절한 의사들을 모신 칠백의총의 유적지 관광이 있다. 서대산의 산길은 모두 가파르지만, 바위로 이어지는 산길을 타고 돌아 오르는 등 아기자기한 재미가 있다.

무더위가 기승을 부리는 7월의 마지막 주말에 올림픽 축구의 스웨덴전 승전보가 있어 출발하는 버스 안의 분위가 즐겁게 고조된다.

덕을 널리 고루 퍼뜨린다는 충남 금산군 추부면 성당리 개덕사(開德寺)를 산행 들머리로 잡는다. 사찰 옆에는 서대폭포(개덕폭포)가 자리한다. 폭포 아래는 오랜 세월 세차게 떨어져 깊고 움푹 파인 소의 흔적이 뚜렷하지만, 오늘은 수량이 적은 관계로 한창때의 광경은 상상에 맡겨야 한다. 하지만 가느다란 물줄기 때문에 바위 속살이 드러난 모습이 흡사 여성 생식기를 보여 주는듯하며 예술적 형상이라는 이구동성 찬사가 이어진다.

개덕사를 우측에 끼고 본격적인 산행이 시작된다. 위에서 내리쬐는 햇볕과 땅에서 치밀어 오는 다습한 기운이 함께 엄습해 온다. 설상가상 초반부터 된비알 산행이다. 이쯤 되면 잡념이 스며들 리 없다. 오르는 일에 몰입하는 동안 삶의 찌꺼기와 온갖 군더더기 생각 따위를 날려버리고 산행을 집중할 수는 이유에서다. 주변은 오롯이 나무, 바위, 하늘, 햇빛 그리고 잎새에 이는 바람만이 함께하며 공감하는 동반자일 뿐이다.

정상 바로 아래에 있는 옥녀탄금대 바위틈에서 샘이 솟아난다. 이곳 영수(靈水)를 7번 이상 마시면 아름다운 미녀가 되어 혼인길이 열리고 첫아들을 낳는다는 전설을 간직한 샘이다. 높은 절벽 지대의 탄금대는 서산대사가 공부하던 곳이라 하며 바위 안쪽 자연동굴에 치성단을 만들어 기도처로 이용하고 있다. 기운이 음산하고 분위기가 허름하여 자연경관을 훼손할 수 있다는 우려가 생긴다. 지금은 아름다운 전설을 보존하고 원형을 최대한 유지할 수 있게 체계적인 정비가 요구된다.

긴 코스는 아니지만, 해발 200m부터 시작하여 900m 정상까지 오직 오르막으로 이어진다. 어쩌다 마주친 맛 보기식 바람을 제외하면 사실상 바람까지 실종되었고 특별한 볼거리는 하산 때나 기약해야 한다. 이렇듯 힘들었던 산행도 정상에 오면 바로 잊어버린다. 서대산 정상은 엉기성기 얽혀 쌓은 돌탑과 정상석 하나만 있을 뿐이고 그늘도 없어 마땅히 쉴 만한 공간이 나오지 않는다. 하지만, 힘들게 오른 산이라서 정상에서 맛보는 짜릿함은 여느 산과 마찬가지이다.

정상에서 바라보면 비교적 날씨가 맑은 탓에 멀리 이름 모른 산들이 파노라마로 연출한다. 하늘에는 두둥실 흰 구름이 제자리에서 한가롭게 머물고 있고, 산 아랫마을 풍경이 손에 잡힐 듯한 곳에서 평화롭게 펼쳐진다. 대자연 모두 숨을 죽이고 멈춘듯한데 정상을 차지한 산객의 표정은 활발하고 움직임에서는 생기로 넘친다.

정상 부근에 자리하는 일명 장녕대바위라고도 부르는 장군바위는 두 개의 바위 사이에 거대한 돌이 끼어 있는 모양인데, 돌 아래 좁은 틈으로 빠져 정상으로 이동을 할 수 있는 곳을 석문이라고 부른다. 서대산 정상부에는 여러 거대한 바위로 구성되어 있으며 장군바위는 서대산을 대표할 만큼 위용을 자랑한다.

하산 내리막 또한 내내 비탈진 너덜길이고 등산로와 이정표 정비가 너무 미흡하여 불편함이 가일층하다. 요즘같이 불볕더위 특보가 발표한 상황에서 피로가 누적된 하산은 안전사고 요인으로 작용할 수 있다.

서대산은 국립공원도 도립공원도 아니므로 해당 기초자치단체의 열악한 재정만으로 등산로 정비사업을 시행하기에는 많은 한계가 따를 것이다. 산행하면서 늘 느끼는 점은 서대산과 같이 최소한 국가에서 지정한 100대 명산만이라도 정부의 재정 지원이 있으면 좋겠다는 생각이다. 등산은 건전한 국민 건강 증진 목적으로 세대를 불문하고 등산 붐이 전국적으로 확산하는 추세이며 그중에서 100대 명산의 인기가 높아만 가고 있는 점을 십분 헤아릴 필요가 있다.

용바위를 비롯해서 거대한 바위 밑에 한낱 부실한 나뭇가지 몇 개로 바위를 지탱해 놓은 모습이 종종 잡힌다. 나뭇가지로 바위를 받쳐놓는 행위는 아무런 의미가 없음에도 처음 누군가 막연하게 저지른 행위로 시작한 것이 서대산 탐방객들에게 번져서 지금까지 이어왔을 것으로 판단한다. 하지만, 하찮아 보인 대상을 가지고 무언가의 소원을 담으며 합장하는 사람들도 더러 있다고 한다.

오를 때와 달리 사자바위, 마당바위, 용바위 등과 만남은 그나마 좋은 추억거리이지만 명소의 바위마다 이정표가 표시되고 위치 안내와 설명을 붙여준다면 서대산을 이해하고 기억하는 데 도움을 줄 수 있겠다는 생각이 들어 아쉬움이 남는다. 서대산이 단지 충남의 최고봉이라는 상징 하나만으로 명성을 유지하기보다 현재 서대산만의 독특한 바위산의 의미를 최대한 개발하고 최소한의 기본 정비를 통해

더욱 새롭게 거듭나는 서대산이 태어나길 산악인의 한 사람으로서 간절히 바라는 바이다.

여름 산행인데도 산행이 다 끝나도록 계곡이 없어 물소리 흐르는 계곡 정취에 빠질 수 없고 족탕의 낭만도 기대하기 어렵지만, 들머리와 가까운 곳에 자리한 리조트 주차장에 마련되어 있는 착한 무료 샤워장에서 개운하게 씻을 수 있어 그나마 다행이다.

서대산(西大山 904m)

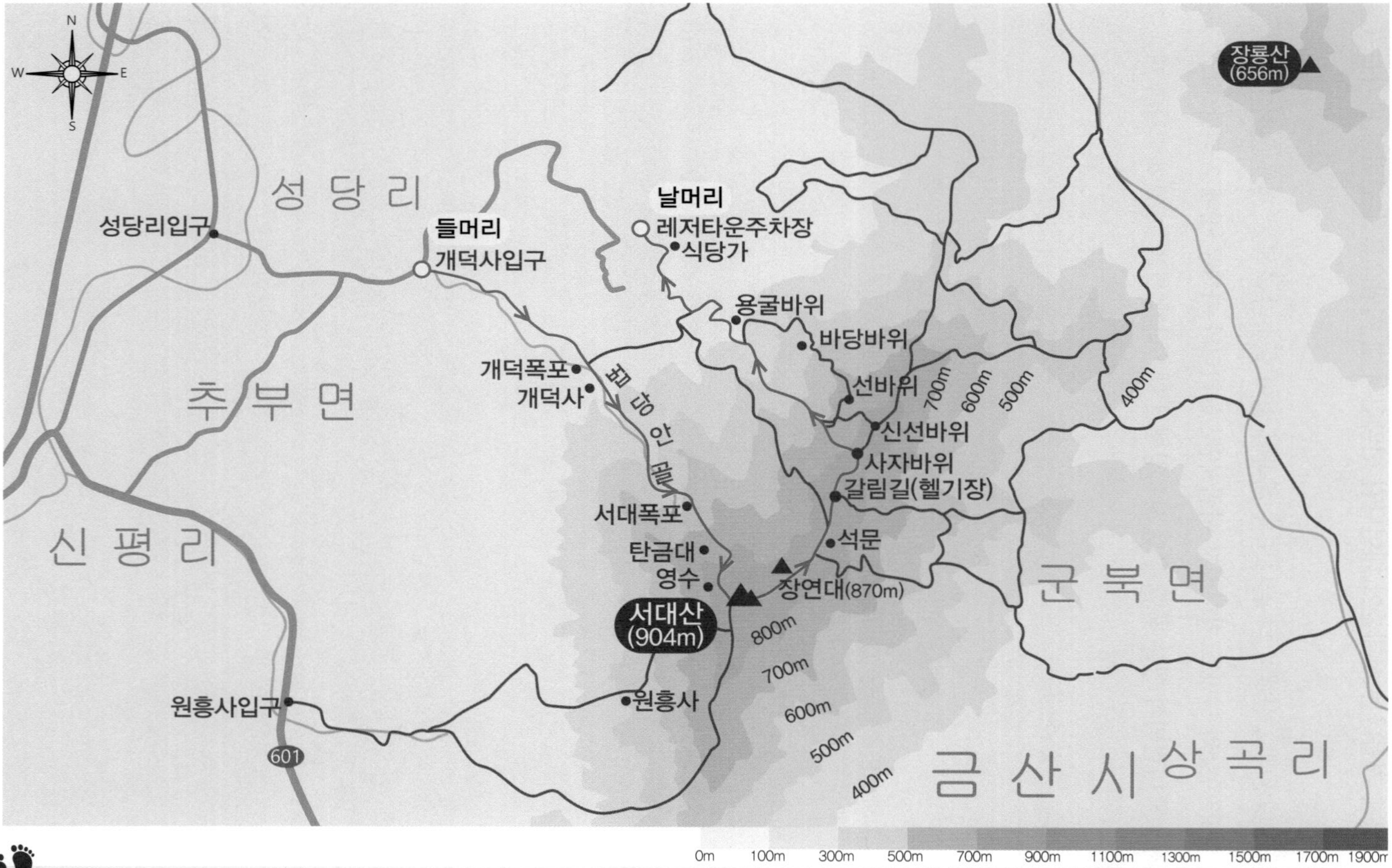

주요 코스

① 개덕사 입구 ➡ 개덕폭포 ➡ 개덕사 ➡ 서대폭포 ➡ 탄금대 ➡ 영수 ➡ 서대산 정상 ➡ 장연대 ➡ 석문 ➡ 헬기장 ➡ 사자바위 ➡ 용굴바위 ➡ 레저타운 주차장

② 주차장 ➡ 용굴바위 ➡ 마당바위 ➡ 선바위 ➡ 신선바위 ➡ 사자바위 ➡ 헬기장 ➡ 석문 ➡ 장연대 ➡ 서대산 정상 ➡ 탄금대 ➡ 서대폭포 ➡ 개덕사

선운산(禪雲山)

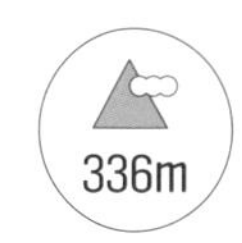

전북특별자치도 고창군

산세는 크지 않지만, 울창한 숲과 곳곳에 기암괴석이 어우러져 경관이 뛰어나며, 천연기념물로 지정된 동백나무 숲이 있어 생태적 가치가 크다. 백제 위덕왕 때 검단선사가 창건한 선운사(禪雲寺)와 수령 500년의 동백나무 3,000여 그루가 군락을 이루고 있는 선운사 동백숲이 특히 유명하다.

산세는 별로 크지 않으나 숲이 울창하고 곳곳이 기암괴석으로 이루어져 있어 경관이 빼어난 선운산(禪雲山 336m)은 본래 이름이 도솔산이었다가 백제 위덕왕 때 검단선사가 창건한 유명한 사찰 선운사가 있어 지금의 선운산으로 붙여졌다.

선운산은 수령 500년의 동백나무 3천여 그루가 군락을 이루는 등 천연기념물 제184호 동백나무 숲이 생태적 가치가 크다. 봄이면 동백꽃과 벚꽃으로 유명하여 '호남의 내금강'으로 불리는 등 1979년 도립공원으로 지정되었다.

이름 그대로 구름 속에 누워 선을 닦는다는 '참선 와운'의 산으로 선운사를 비롯하여 참당암, 도솔암, 석상암, 동운암 등의 유서 깊은 사찰과 암자가 산자락에 자리 잡고 있다. 선운산의 대표적인 사찰 선운사는 한때 89개의 암자를 거느리기까지 하였다가 현재는 네 곳만 남았다 한다.

선운사 도솔암 마애불에는 옛날 마애불 배꼽 속에 신기한 비결이 들어 있고 그 비결이 나오는 날 한양의 이(李)씨가 망한다는 재미난 전설을 간직하고 있는데, 동학혁명이 일어나기 전 동학 간부 손화중이 배꼽을 열고 그 비결을 꺼내 갔다고 전한다.

입추가 지나 진정 가을로 가기 위한 서곡일까? 주간 내내 무더위를 온전하게 식혀 줄 비가 내린 탓인지 달구어진 지열은 온데간데없고 어쩌다 새벽녘에 몸으로 스며드는 가을 이방인으로 인해 서늘하게 움츠려지는 계절의 변화가 싫지 않다. 은근히 가을 산행에 대해 기대가 스멀스멀 다가온다.

3년 전 가을 색채가 내장산 못지않다던 선운산으로 냉큼 내달려가 산행 내내 고운 단풍에 취하고 선운사 경내에서 뚝뚝 떨어지는 노란 은행 잎사귀의 황홀경에 빠졌던 추억 어린 선운산을 다시 찾아간다.

전북 고창군 아산면 삼인리 선운사 주차장의 도착이다. 선운사로 올라가는 초입에 복분자의 고장답게 고창 복분자 홍보관이 제일 먼저 나타나 멀리서 찾아온 산객들을 인상 깊게 맞이한다. 길 따라서 매표소로 늘어선 장에는 계절의 변화가 감지되는 햇농산물이 선보이고 지난주와는 확연하게 달라진 선선한 공기가 산으로부터 밀려와 얼굴을 감싼다.

산을 오르기 위해 불가피하게 선운사를 거쳐 어쩔 수 없이 잠시 스쳐 지나갈 뿐인데도 시설 사용료와 별도로 문화재 구역 입장료를 의무적으로 지급해야 한다.

산으로 이어지는 실개천을 끼고 가벼운 마음에다 산책하듯 오르면 선운산 템플스테이와 아담한 차밭과 함께 자리한 차 문화 체험관이 단정하게 모습을 드러낸다. 이어서 선운골 생태 마을을 차례로 지나 조그만 암자가 있는 석상암 입구 갈림길에 이른다.

도로에서 벗어나 숲속으로 들어간다. 지난밤에 내린 비로 숲속은 습기로 가득하고 바닥은 축축하게 젖어 내딛는 촉감이 부드럽게 와닿는다. 바람이 자서 날씨는 후덥지근한 가운데 풀벌레와 매미의 합창으로 분위기가 갑자기 요란하다. 자연 속에서 자연의 소리에 심층 빠지다 보면 기분이 금세 그윽하게 누그러진다. 이렇게 무난한 숲길 오르막을 700m 오르면 마이재와 갈림길이 나온다. 삼거리의 갈림길에는 오른쪽 경수봉 가는 방향의 2.2㎞와 앞으로 가야 할 수리봉 0.7㎞의 이정표가 설치되어 있다.

마이재부터 능선을 따라 포근하게 이어지는 숲길의 연속이다. 출발하여 1시간 만에 '미륵불이 있는 도솔천궁의 뜻으로 불도를 닦는 산'이라는 선운산의 다른 이름인 해발 336m 도솔산 정상 수리봉의 도착이다. 정상에는 똑바로 세운 입석 대신 예쁜 글씨체로 '수리봉'이라고 쓰인 금속판이 돌바닥에 박혀있고 사방이 나무로 가려져 있다.

수리봉을 조금 지나면 흐린 하늘금이 그려지고 야트막한 능선 아래로 풍성한 오곡이 익어가는 들판과 너른 서해가 아스라이 들어온다. 높지 않은 산길임에도 정상과 같은 분위기로 반전되고 다채로운 풍광이 번갈아 가며 펼쳐진다.

선운산 자락에 포근하게 안긴 선운사를 바라보고 가면 수리봉에서 0.52㎞ 떨어진 포갠바위에 이른다. 이름 그대로 두 개의 바위가 아래위로 포개 놓은 듯 붙어있는 모양이다. 전체적으로 고도가 낮아 산행의 맛이 싱거운 이유인지 산길은 내리막을 강요하며 밋밋한 산행 분위기에 변화를 시도한다.

소리재를 1.0㎞ 남겨둔 참당암 입구에서 잠시 망설이다가 걸음을 보태 살펴보기로 한다. 현재의 참당암은 선운사의 조그만 암자로 사격이 몹시 위축되었지만, 신라 시대 의운화상이 새로 세운 도량으로서 본래는 화려한 거찰이었다고 전한다.

쉬어가기 좋은 갈림길 소리재에서 잠시 머문 다음 낙조대로 가는 도중에 또다시 멋진 풍경이 연출한다. 낮은 지대인데도 먼 산과 가까운 산이 색조를 달리한다. 물결치듯 일렁이는 능선들의 너울과 한껏 멋을 부리는 풍경에서 여름 선운사의 진가를 엿본다.

서해로 떨어지는 낙조를 조망하는 등 이름만큼 해넘이 모습이 아름답다는 낙조대에 이른다. 낙조대에는 과거 최고의 인기 드라마『대장금』에서 최 상궁이 최후를 맞이하는 장면을 촬영한 곳이라는 안내문이 설치되어 있다. 이곳에서 당장 낙조는 볼 수 없더라도 전망 좋은 입지임을 바로 알 수 있다.

낙조대에서 지척의 거리 천마봉이다. 수리봉과 마찬가지로 흔하디흔한 정상석 하나 없이 소박한 봉우리에 이름 석 자 쓰인 금속판만 거대한 바위에 박혀있는데도 천마봉이 내어준 풍광은 꾸밈없이 자연스럽고, 수수하지도 않고 부족함이 없다.

계절의 숲은 여물대로 여문 짙은 초록이라서 웬만한 조망이라도 눈이 시원하다. 사방이 탁 트이고 가슴속까지 시원해지는 조망에다 산마루로 불어오는 선선한 바람은 머지않아 산으로부터 다가올 계절의 변화를 예고한다.

가풀막진 내리막 계단을 한참을 내려가 거친 바위에 터를 잡은 도솔암 언저리에 이르면 수직 절벽에 조각한 보물 제1200호 석가여래좌상이 눈길을 잡는다. 오랜 인고의 세월을 딛고 버텨온 마애석불은 웅장한 바위보다 위세가 더 커 보인다.

도솔암을 벗어나면 산사 입구에 자리한 '도솔암 찻집'에는 차보다 생활 속의 갖가지 액세서리가 고운 색으로 두르고 각종 약초와 허브가 어우러진 향기를 풍기며 산객들의 눈요깃감으로 등장한다. 이것저것 살피고 만지기만 했을 뿐인데 천연 허브 향기에 취해 시간 가는 줄 모른다.

산길은 더는 떨어질 수 없는 고도로 내려앉아 사실상 산으로부터 완전히 벗어나 평탄한 산책로로 접어들었다. 어느새 물소리 졸졸대는 도솔천이 옆에 따라붙으며 동행을 자초하니 스틱을 모두 접고 분위기 속으로 동화된다.

맑디맑은 도솔천의 물이 유독 검게 보여 미관상 오염된 것처럼 오해받는 이유는 주변에 떫은맛을 내며 염색 원료로 쓰인 타닌 성분이 함유한 도토리나무, 상수리나무의 열매와 낙엽이 도솔천의 하상과 바닥 자갈 등에 쌓여서 생긴 지극히 자연스러운 현상 때문이라는 이유에서이다.

신라 진흥왕이 수도하였다는 굴로 많은 사람이 찾아와 마음의 안식을 얻었다는 진흥굴 옆에 뿌리내린 600살 먹은 장사송의 수려한 모습에 감탄이 쏟아진다. 지난 수백 년간 뭇사람의 영혼을 흔들어 놓았을 아름다운 자태에서 누구나 마음을 빼앗길 수 있다는 현상은 지금까지 그랬듯이 앞으로도 무궁하게 이어질 것 같다.

도솔천을 따라 생태공원을 지난다. 선운사로 향하는 길가에는 다가올 추석 무렵에 만개하여 바닥에 불난 것처럼 화려하게 연출할 선운산의 대표 브랜드 꽃무릇이 길가에서 몸을 다듬는 중이다.

이윽고 선운사에 도착한다. 지은 지 1,000년을 더 거슬러 가야 하는 고찰 선운사가 배산임수의 터에 자리를 잡고 동백꽃 군락에 둘러싸여 있다. 선운사는 555년 신라 진흥왕이 왕위를 내놓은 날 미륵삼존이 바위를 가르고 나오는 꿈을 꾸고 감동하여 절을 세웠다는 설과 557년 백제 위덕왕 24년 검단선사가 창건했다는 등 양론이 존재하지만, 한편에서 진흥왕이 창건하고 검단선사가 중건하였다는 양자의 설을 합리적으로 수용하는 기록도 설득력이 있어 보인다.

선운사 일주문을 나와 산책로와 도솔천을 번갈아 가며 원점 회귀하고자 내려가는 길가에는 초록으로 가득하다. 지금은 비록 녹색 단풍과 파란 꽃무릇이 주제도 없이 드리우지만, 선운사에 달이 바뀌면 눈이 부시도록 붉게 두른 꽃무릇으로 만개할 것이며. 단풍은 3년 전에도 20년 전에도 연출했듯이 곱게 물들어 꽃비를 쏟아내는 그대로의 감동을 연출할 것이다.

선운산(禪雲山 336m)

주요 코스

① 선운사주차장 ➡ 석상암 ➡ 마이재 ➡ 선운산 정상 ➡ 포갠바위 ➡ 개이빨산 ➡ 소리재 ➡ 용문굴 ➡ 낙조대 ➡ 천마봉 ➡ 도솔암 ➡ 자연의집 ➡ 선운사 ➡ 주차장

② 주차장 ➡ 선운사 ➡ 자연의집 ➡ 진흥골삼거리 ➡ 참당암 ➡ 포갠바위 ➡ 선운산 정상 ➡ 마이재 ➡ 석상암 ➡ 일주문 ➡ 주차장

설악산(雪岳山)

강원특별자치도 속초시·인제군·양양군

남한에서 세 번째로 높은 봉우리인 한계령, 마등령, 미시령 등 고개와 산줄기, 계곡이 어우러져 한국을 대표하는 산악미의 극치를 이룬다. 이곳은 국립공원으로 지정되었으며, 유네스코 생물권 보전지역으로도 선정되었다. 백담사, 봉정암, 신흥사, 계조암, 오세암을 비롯해 흔들바위, 토왕성폭포, 대승폭포 등이 특히 유명하다.

한라산, 지리산에 이어 남한에서 세 번째로 높으며 태백산맥 연봉 중에서 북쪽에 자리한 설악산(雪嶽山 1,708m)은 '동국여지승람'에 의하면 한가위에 덮이기 시작한 눈이 이듬해 하지에 이르러 녹는다고 하여 설악이라는 이름이 붙여졌다 한다.

최고봉 대청봉을 중심으로 북쪽으로 마등령과 미시령, 서쪽에는 한계령에 이르며 그 동부를 외설악, 서부를 내설악이라 한다. 또한, 동북쪽의 화채봉을 거쳐 대청봉에 이르는 화채릉, 서쪽으로는 귀때기청봉에서 대승령과 안산에 이르는 서북릉이 있으며 남쪽의 오색약수와 장수대 일대를 남설악이라고 부른다.

설악산은 금강산에 버금가는 명승, 명산으로서 수려한 경관이 뛰어나고 주변에 문화재와 관광 명소가 많아 산 일대가 설악산국립공원으로 지정되었다. 아울러 다양한 동식물 서식처로서의 가치를 인정받아 유네스코 생물권 보전지역으로 지정되었으며 설악의 아름다운 경관은 계절마다 다른 멋과 향기를 선사한다.

본격적인 여름 휴가철로 접어든 8월 첫 번째 주말에 장마가 완전히 물러나고 이른 아침부터 습한 기운과 함께 매우 후텁지근한 날씨이다. 오전 6시 50분 서울 시청역을 출발하여 여름휴가 차량과 뒤섞여 가다 서기를 반복한 끝에 오후 1시가 다 되어 산행 들머리인 강원도 양양군 서면 오색리 한계령 휴게소의 도착이다. 평소 2~3시간에서 장장 6시간이 소요된 셈이다.

설악산을 찾는 것은 1983년 10월 1일 이래 어림잡아 9번째이며 이곳 한계령에서 시작하는 산행은 2008년 10월 이후 두 번째임과 동시에 한여름 산행은 이번에 처음 시도한다. 설악산과 인연이 잦은 이유는 설악산이 주는 멋진 산세와 계절별로 개성 만점을 자랑으로 하는 하나의 이유이다.

내설악과 남설악 경계를 잇는 산업도로로써 또는 관광도로로서 소통의 연결 고리 역할을 하는 한계령 중심부의 한계령 휴게소는 예나 지금이나 산행을 준비하는 사람들과 몰려든 차량으로 붐비며 너른 공간과 편의 기능을 갖추고 휴게 기능을 톡톡히 해낸다.

현지 도착이 4시간 가까이 더 지체되는 관계로 산행 계획을 원천 조정한다는 산악회 측의 일방적인 발표로 큰 차질이 생겼다. 이동 버스의 다음 날 운행 관계로 안내 산악회 일 정상 귀경 출발이 오후 6시까지로 제한되었기 때문에 오늘, 한계령-〉 서북능선삼거리-〉 끝청-〉 중청-〉 대청봉-〉 설악폭포-〉 오색주차장(16㎞)으로 이어지는 8시간 산행은 진행이 어렵다는 내용이다.

2대의 차에 나눠 탄 90명 가운데 5명은 산악회 버스에서 모든 짐을 챙겨서 내린 다음 애초대로 한계령 코스로 개별 산행하기로 한다. 한계령 코스를 고집하는 이유는 대청봉 정상 인증 사진이 절실하였기 때문이며 모처럼 잡은 기회를 놓치지 않음은 물론이고 설악산 서북 능선의 다양하고 멋진 경관을 보고 싶은 이유이다.

한계령 휴게소 통과 제한 시간인 오후 1시에 딱 맞춰 옆 계단을 오르면 전망 좋은 설악루가 나오고 위령비를 지나면서 본격적인 산행이다. 시작부터 숲과 바위로 어울려진 경관이 펼쳐지며 설악산의 참모습을 서서히 예고한다. 등산로는 국립공원답게 잘 정비되었지만, 지형 특성상 급경사 계단이 많아 초반부터 온몸이 땀으로 젖는다.

출발하여 1㎞ 남짓 올라왔을 무렵 빛이 밝아지고 왼편으로 서북능선 줄기가 힘차게 뻗어 나는 광경을 보여주는가 싶더니 이내 숲속으로 숨어든다. 기껏해야 고작 올라왔던 고도마저 까먹으며 내리막으로 치닫는다. 갈 길이 먼 산객의 마음이 조급해진다.

계절은 태양의 전성기인데 현재 시각은 거침없이 하루의 절정을 향해 치닫고 있다. 각기 다른 모양과 빛깔로 제각각으로 놓인 돌길을 밟으며 정상을 향하여 가파른 능선을 한 걸음씩 더디게 옮겨간다. 얼음물로 짜릿하게 목을 축이며 파란 하늘을 보니 오늘도 꽤 덥겠다 싶다. 마음을 단단히 고쳐먹는다.

출발하여 2.3㎞ 지점에서 휴식을 취하는 서북능선 삼거리는 앞으로 6㎞를 더 가야 만나는 대청봉과 좌측의 귀때기청봉, 대승령과 장수대 가는 쪽으로 각각 갈라는 곳이다. 이처럼 설악산은 다양하고 수많은 코스가 분포함으로 인해 설악산에 왔던 산 마니아들은 다시 찾기를 거듭한다. 오고 가는 낯선 사람들이 모여 앉아 정겨운 산속 대화가 무르익은 분위기를 남겨두고 한계령 삼거리를 벗어나 능선을 오른다.

하늘이 열려있어 곳곳의 멋진 조망이 들어오지만, 불볕더위가 더해져 온몸의 땀을 죄다 쥐어짜 낸다. 얼음물을 마시면 마신 즉시 땀으로 조건 반사되고 낙수 되어 앞길에다 흔적으로 남겨놓는다.

맑은 하늘에서 하얗게 피어오른 운무가 찾아든다. 조망 따위와 습한 기운은 아랑곳없이 시원함이 엄습해 온 것만으로도 기분이 좋다. 조용한 분위기 속에 운무로 둘러싸인 한여름 산은 꿈속에서 헤매듯 고즈넉하다. 뜻하지 않게 산안개로 물든 산속에서 나를 찾아 뒤돌아보며 산악인으로 거듭나고 있는 자신에게 감사함을 느낀다.

칼날 같은 너덜지대로 힘이 벅차지만, 가끔 보여주는 기암괴석과 멋진 풍광을 위로 삼아 즐기는 기분으로 오르고 또 오른 다음 산행 3시간 가까이 이르러 서북 능선 끝청 전망대에 이른다. 설악산국립공원에서 제공하는 경관 안내도에 '귀때기청봉'에 얽힌 사연이 재미있다. 설악산 대청봉에서 시작하여 서쪽 끝 안산으로 이어지는 서북주능에 있는 귀때기청봉은 자기가 제일 높다고 으스대다가 대청봉, 중청봉, 소청봉 삼 형제에게 귀싸대기를 맞아서 이름이 붙여졌다는 내용이다.

끝청 지나 중청 가는 능선에 주목이 나타나 고도가 제법 높아졌음을 예고한다. 높은 고도에서 벼락 맞고 고사한 것으로 추정되는 주목은 죽어서도 멋진 품위를 유지한다. 이 주목은 많게는 천년의 세월을 설악산과 함께했으며 앞으로 계속 설악의 역사를 써나갈 것이다.

중청을 향해 가는 도중에 설악산에서 으뜸으로 쳐주는 용아장성과 공룡능선이 선명하게 드린다. 중청대피소에서 숙박할 수 있다면 공룡능선을 넘어 마등령까지 내달리고 싶지만, 지금의 멋진 광경을 보는 것만으로 만족해야 한다.

바위길 능선을 벗어나 하늘이 열린 숲으로 들어간다. 산 야생화가 핀 흙길로 된 오솔길이 이어지고 중청 갈림길에 선다. 설악동탐방지원센터, 소청봉, 백담사와 대청봉 갈림길 이정표에서 가는 방향으로 바라보면 장엄한 대청봉이 산자락을 드리우며 떡하니 나타나고 그 아래로 중청대피소가 대청봉 품에 포근하게 둘러싸여 안겨 있다.

중청대피소에 배낭을 풀어놓는다. 대피소의 냉장 시설은 태양광 발전을 통해 생산된 전력 탓에 시원함은 조금 못 미치지만, 산에서는 생명수와 같은 생수 한 병과 초코파이 세 개를 사서 단단히 챙긴다. 초코파이는 34년 전이나 지금도 중청대피소 매점의 주요 메뉴이며 산행하면서 열량 높은 비상식량인데, 파이 한 개 값이 단돈 500원이란다.

지금부터 9년 전 초가을, 산행에 대한 견문이 많이 부족한 상황에서 공룡능선과 마등령을 타기 위해 지금까지의 코스로 밤늦게 중청대피소에 도착하였으나 사전에 잠자리 예약을 못 한 관계로 노천에서 새벽 강추위에 기승떨며 뜬눈으로 밤을 지새웠던 씁쓸한 추억을 떠올리며 입가에 쓴웃음을 짓는다.

특별한 추억이 어린 중청대피소만 그 자리에 남겨두고 대청봉을 향해 계단을 오른다. 사연 깊은 중청대피소가 뒤에 자리해서인지 무언가 허전하고 마음에 걸린 듯

아쉬운 생각에 뒤를 자꾸 돌아다본다. 예전 같으면 정상을 찍고 이곳으로 되돌아와 봉정암을 거쳐 희운각 대피소로 내려갔겠지만, 오늘은 대청봉을 넘어서 오색으로 바로 내려가기 때문이다.

정상아래 멋진 기암괴석의 마중을 받으며 드디어 설악산 정상인 해발 1,708m 대청봉에 선다. 정상에는 멀리 속초 시내와 동해까지 아스라이 들어오며 사방 모든 곳에서 아름다운 설악의 전경이 조망된다. 산꼭대기가 푸르게 보인다고 하여 불린 대청봉이지만 정상 주변의 불규칙한 기후와 추위 탓에 키 작은 고산식물만 분포된 양상이다.

출발하여 정상에 4시간 반 만에 도착하였음에도 풍광에 매료당하느라 삽시간에 30분을 까먹었다. 출발하려는 순간에 허기가 몰려와 먹다 만 김밥과 사과 한 개를 게눈 감추듯이 후딱 해치운다. 지금 시각 오후 6시 이제부터 가파른 내리막을 이골 나도록 지루한 하산의 시작이다.

정상에서 오색 분소까지 딱 5.0㎞여서 보통 같으면 2시간이면 충분히 내려갈 거리인데도 이 길이 설악산에서 가장 가파른 코스이기 때문에 서둘러야 함은 물론이고 될 수 있는 대로 아주 어두워지기 전에 도착하기 위해 최대한 시간 단축을 해야 할 상황이다.

때가 늦은 만큼 산 통째로 나 홀로 하산이 예견된다. 정상에서 점점 멀어질수록 시간은 늦은 저녁으로 향하고 중청대피소에서 잘 목적으로 오색분소에서 올라오는 사람은 점점 줄어든다. 더운 해는 내일의 해로 거듭나기 위해 서서히 져가지만 내려가는 속도가 빠른 만큼 연신 들이켜는 물의 양은 올라올 때 보다 더 늘어난다.

해발 950m 지점에서 조금 벗어난 곳에 자리하는 설악폭포(雪嶽瀑布)는 일명 칠떡밭폭 포라고도 한다. 칠떡밭폭포는 대청봉과 오색 매표소를 기점으로 하여 어느 쪽에서 출발하더라도 각각 2.5㎞의 중간 지점에 자리하며, 등피미골에서 왼쪽으로 50m쯤 내려가면 50m 높이에서 흘러내리는 폭포를 볼 수 있다는데, 시간을 알뜰하게 쪼개 쓰는 지금으로서는 언감생심이다.

날머리까지 1.7㎞를 남겨둔 시점에 저녁노을이 거의 다 질 무렵 사진으로 담고자 부단하게 움직였음에 불구하고 해가 많이 넘어가 아쉬운 광경 하나만 겨우 건진다. 시간이 지날수록 땅거미는 점점 짙어지고 급기야 불빛에 의지하며 어둠을 헤쳐 내려간다. 결국, 밤 8시에 이르러 날머리인 강원 양양군 서면 오색리 설악산오색분소의 도착이다.

오후 6시에 서울로 출발한 산악회 버스는 이미 포기한 상황이다. 인적이 드문 어두운 길에서 어렵게 길을 물어물어 속초 가는 시외버스에 올라타고 속초고속버스터미널에서 서울 가는 심야 고속버스를 타고 설악산을 품고 있는 속초시를 벗어난다.

오늘은 무더위가 기승을 부린 데다가 야간 산행까지 겹친 관계로 강행하는 힘든 산행이었다. 그동안 여러 차례 설악산 산행 기회를 놓치다가 오늘마저도 자칫 지나칠 뻔했던 산행이 안전하게 마무리된 만큼 새벽 1시가 넘어 귀가하였음에도 묵은 숙제를 해결한 듯 마음은 개운하고 뿌듯하다.

설악산(雪岳山 1,708m)

설악산국립공원
저항령
▲달마봉
신흥사
소공원
속초시
청룡담
북면
백담사
백담산장
황장폭포
800m
1100m
비선대
비선산장
금강문
마등령
설악골
천불동계곡
여호담
나한봉
케이블카
육담폭포
권금성산장
비룡폭포
▲집선봉
토왕성폭포
영시암
오세암
민경대
오세폭포
범봉
천화대
▲칠성봉(1,077m)
1200m
800m
▲작은감투봉(971m)
수렴동 대피소
옥녀봉
천왕문
가야동계곡
공룡능선
오련폭포
양폭포
음폭포
천당폭포
외설악
▲화채봉(1,320m)
강현면
대승령
무너미고개
관음폭포
희운각대피소
▲큰감투봉(1,409m)
용소폭포
쌍용폭포
사리탑
봉정암
▲1408m
백운폭포
소청대피소
▲소청봉(1,550m)
서북능선
▲귀때기청봉(1,578m)
중청봉(1,676m)
설악산(대청봉) (1,708m)
1500m
1400m
1200m
끝청봉(1,604m)
한계령갈림길
남설악
1500m
1400m
1200m
양양군
독주폭포
설악폭포
들머리
한계령휴게소
인제읍
서면
800m
▲큰감투봉(1,409m)
날머리
오색온천
0m 100m 300m 500m 700m 900m 1100m 1300m 1500m 1700m 1900m

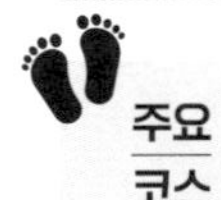

주요 코스

① 한계령휴게소 ➡ 한계령 갈림길 ➡ 끝청봉 ➡ 중청봉 ➡ 중청대피소 ➡ 설악산 정상 ➡ 설악폭포 ➡ 오색

② 백담사 ➡ 영시암 ➡ 수렴동대피소 ➡ 용소폭포 ➡ 관음폭포 ➡ 봉정암 ➡ 소청봉 ➡ 중청대피소 ➡ 설악산 정상 ➡ 중청봉 ➡ 끝청봉 ➡ 귀때기청봉 ➡ 대승령

성인봉(聖人峰)

경상북도 울릉군

휴화산인 울릉도의 최고봉으로, 울릉도의 모든 하천 수원이 이곳에서 시작되며, 특이한 식생의 원시림이 잘 보존되어 있다. 울릉도에서 유일한 평지인 나리분지와 천연기념물로 지정된 원시림이 유명하다. 또한, 나리동의 울릉국화와 섬백리향 군락도 천연기념물로 지정되어 있다.

동쪽 바다의 외딴섬 울릉도 중앙에서 우뚝 솟아난 울릉도의 최고봉 성인봉(聖人峰 984m) 주변에는 미륵산, 관모봉, 두리봉, 나리봉, 송곳산과 형제봉 등이 함께한다. 울릉도 성인봉에서부터 세 방향으로 산맥이 뻗어내려 울릉군의 서면, 남면과 북면의 행정구역 경계를 이룬다.

울릉도의 형성과 변천은 신생대 제3기에서 제4기에 걸쳐 화산활동으로 분출된 화산섬이며 성인봉의 유래는 마치 성인들이 노는 장소처럼 산이 높고 유순하다고 해서 붙여졌다.

나리분지는 울릉도 유일한 분지임과

동시에 전국에서 최다 대설지역이다. 성인봉을 중심으로 한 곳에 식물만 300여 종이 분포하고 있고 정상 부근 원시림은 천연기념물 제189호로 지정되어 있는데, 이 가운데 특종 식물이 40여 종이나 된다.

울릉도 산행의 매력은 원시림 사이로 가파르게 이어지는 산길과 길옆으로 펼쳐진 섬에 이어 특산물이다. 그리고 정상 모든 방향에서 망망대해를 향하며 호연지기를 기르는 데에 있다.

성인봉 산행은 울릉도에 여행 왔다가 일반 차림으로 등산하는 모습을 본 적이 있는데 산행에서 자만은 금물이며 특히, 눈이 쌓이는 겨울철 산행은 특별한 주의가 필요하다.

지난달 7월 2일 99번째 점봉산 산행 이후 12주 동안 와신상담 끝에 드디어 마지막 100대 명산의 도전 기회를 잡게 되었다. 도전 전날 무박 일정으로 울릉도 성인봉을 오르기 위해 밤 11시 25분 청량리역 심야 무궁화 열차에 승차한다. 동해안으로 일출 맞이하러 가는 낭만 가득한 관광객 틈에 뒤섞여 밤새도록 덜컹거리는 열차에서 강원도 구석구석을 내달린 끝에 도전 당일 새벽 5시 종점인 정동진의 안착이다.

정동진은 광화문을 기준으로 정동(正東) 쪽에 있다 하여 붙여진 해돋이의 명소이다. 1994년 정동진역에서 촬영된 TV 드라마 『모래시계』가 폭발적인 관심을 얻으면서 정동진도 더불어 관광 명소가 되었다. 정동진역은 바닷가에서 가장 가까운 기차역으로 기네스북에 등재된 기록을 보유하고 있다 한다.

정동진역에서 내리자마자 자동차 편으로 강릉으로 이동한다. 달리는 차 창밖 수평선 너머로 저 멀리 울릉도에서 실려 왔을지도 모를 비릿한 바다 내음이 코를 감싼다.

강릉항(안목항)에서 울릉도 가는 배 시간을 기다리는 동안 일출을 기다리는 짬이 생긴다. 어둑했던 새벽 바다가 차차 여명이 여울지며 드넓은 동해가 어슴푸레 드러난다. 눈썹만 한 빨간 해가 빠끔히 수줍은 듯 고개를 쳐들다가 이내 동그란 자태로 세상을 향해 힘차게 떠오른다. 생각 밖의 동해 일출을 볼 수 있다는 것만으로도 벅찬 행운이다.

오전 8시 강릉항에서 쾌속선에 이끌려 3시간 20분간 동해의 물살을 가르며 촛대

바위를 등대 삼아 거대한 방파제 안에 자리를 튼 울릉도 저동항에 입항한다. 하늘에서는 고운 햇살을 바람에 실려 축하 세례를 쏟아 준다.

뭍으로 나가는 마지막 출항 시각에 맞춰 촌각을 다투는 카운트가 시작되는 만큼 택시를 타고 울릉군 울릉읍 도동리 KBS한국방송 울릉중계소 앞에 도착한다. 산행 시작하기까지 집을 나선 지 날이 바뀌고 결국 14시간이 보태졌다.

시골스러운 길을 걸어가다 예쁘게 쓰인 성인봉 가는 길 안내판을 따라가면 이내 울창한 숲속으로 등산로가 나온다. 첫 느낌부터 확연히 다른 태고의 신비를 그대로 유지해 온 원시림 속으로 빨려 들어간다. 이처럼 울릉도가 원시림을 오랫동안 유지하고 있는 비결은 한국전쟁을 비롯하여 큰 외란을 입지 않는 데서 찾는다.

나뭇잎 사이로 스며드는 부드러운 햇살을 받으며 거친 오르막을 쉼 없이 오른다. 울창한 나무들이 햇빛을 막아주는 것까지는 좋았는데 바람마저 차단하는 바람에 흐르는 땀을 훔쳐 가지 못하고 이내 몸으로 흘러내린다.

경사도가 어느 정도 안정을 찾을 무렵 나무 덱과 연결되는 구름다리가 나타나 분위기를 반전시킨다. 다리를 건너는 동안 흔들림 율동에 장단 맞추고 나면 길은 넓고 평탄하여 성인봉을 향한 발걸음에 신바람이 실린다.

정상을 1.5㎞ 앞둔 이정표부터 다시 가파른 오르막과 함께 계단이 이어진다. 숲속이 가을 풀벌레 소리로 가득 채워진 상황에서 낡아 해지고 모양새가 다소 너저분한 팔각정 휴게소가 나타난다. 정면에서 지붕만 바라보면 형태가 애매하지만, 대청마루가 확연하게 정팔각형을 이룬다. 팔각정 뒤로 돌아가면 울릉도 저동항의 전경과 동해의 수평선 조망이 시원스럽게 열린다.

완연한 가을 분위기에서 쉼 없이 오르다 보면 안평전 방향과 분기되는 갈림길이 출현해 쉬어가기로 한다. 갈증이 심할 때 땀을 식히는 얼음물은 계절과 무관하게 일품이다.

하늘이 서서히 열린다. 바닥에는 울퉁불퉁 팔뚝만 한 나무뿌리들이 땅 위에 드러누워 자리를 틀고 터줏대감 노릇을 한 식물 군락지를 지난다. 울릉도 원시림에서 만날 수 있는 색다른 현상이다.

정상으로 가는 마지막 쉼터에 야생화에 대한 안내판이다. 세계적으로 울릉도 성인봉과 나리분지에서만 분포한다는 우리나라 특산종인 백합과의 '섬말나리'는 한때 많은 개체 수가 있었으나 인간의 간섭과 기후 변화로 급격히 줄어들어 현재 멸종이 우려된다고 한다.

고사릿과 식물과 산죽이 한데 어울리는 부드러운 등산로를 따라가면 송골송골 흐르는 땀을 찬 기운이 엄습해 와서 식혀 주는 마지막 쉼터다.

몇 발자국 더 오르면 드디어 울릉도 최고봉 성인봉에 생애 첫발을 힘차게 내디딘다. 마지막 도전지 정복을 위해 각고의 기회를 엿본 끝에 공식적으로 100번째 명산에 대한 종지부를 찍게 되는 순간이다.

지금까지 도전의 여정을 돌이켜 보니 감회가 특별하고 느끼는 회포가 표현하기 힘들 만큼 여울져 온다. 작년 말 무릎에 이상 신호가 와서 산행을 계속할지를 수없이 고민하였다. 설상가상 올해 설 연휴에는 한강 빙판에 미끄러져 오른쪽 손목에 작은 골절상까지 입어가며 이 자리까지 온 게 대견스럽고 참으로 다행스럽게 여긴다.

정상에서 바다 쪽으로 20m를 더 내려가 조망이 끝내주는 자리로 옮긴다. 높아진

하늘만큼 넓은 능선이 이어지고 환상적인 산세가 드리운다. 가까운 데나 먼 데로 눈을 돌려도 모두가 신비스럽지 않은 곳이 없다. 딴 세상에 온 듯 경이롭다. 산이 내준 이름처럼 이곳에서 바라다보면 모두가 성인(聖人)이 되겠다는 느낌이다. 정상에는 안내판 하나 없지만 보고 느끼는 것만으로 설명이 충분하다.

대원사로 내려가는 하산이 시작되고 정상 아래로 나리분지로 갈라지는 삼거리가 나온다. 시간이 여유를 허락해 준다면 나리분지로 하산하여 3년 전 친구들과 울릉도 일주 관광하면서 마셨던 지역 특산주인 '씨껍데기' 동동주 한 잔을 들이켤 수 있겠지만 소중했던 추억이 더는 희석되거나 흐트러지지 않고 고이 간직하기 위해서라도 예정된 일정에 따라 서둘러 내려가야 한다.

KBS한국방송 중계소 방향과 갈라지는 합류 지점에서 대원사 쪽으로 접어들면 고도가 뚝뚝 떨어지는 급경사이다. 하늘은 가을만큼 맑고 태양은 아직도 숲속을 들락거리며 자신의 존재를 과시한다. 지금의 기세로 보아 더위는 9월을 다 채울 때까지 기승을 부릴 태세이다.

산행 시작부터 줄곧 배 출발 시각에 사로잡혀 산행 내내 심리적 압박을 받아서일까? 지금은 오히려 시간적 여유까지 생겼다. 때마침 대원사와 폭포로 갈라지는 삼

거리에서 나타난 산속 주막 같은 곳에 자리를 틀고 나이 먹은 주인아주머니와 울릉도에 관한 이런저런 이야기를 나누는 해찰을 부린다.

대원사로 내려가는 콘크리트 포장도로의 경사가 너무 심해서 배낭 무게와 더불어 몸의 중심이 발가락 끝으로 쏠리는 바람에 그냥 서 있기에도 곤란할 지경이다. 더듬거리듯이 게걸음으로 내려가지만 벌어놓은 시간 여유가 생겼으니 마음은 그저 흡족하게 홀가분하다.

고도가 거의 떨어지고 날머리 가까이에 경주 불국사의 말사인 대원사가 등산로 한편에 서 있다. 사찰 안에는 역사적 유물 대신 절 입구의 도동신당만이 유명함을 독차지하고 있는데, 일본 강점기에 사직단(社稷壇) 철폐령이 내려지자 산신을 모셔놓고 위장하였다 한다.

멀리 푸른 바다가 시야에 들어오고 푸른 숲에 파란 하늘까지 세상은 온통 파랑 계열이 다 차지한 풍경이다. 성인봉 완등을 마지막으로 100대 명산을 다 차지하였으니 지나온 갖은 수고와 어려운 과정은 아랑곳없이 그저 시원섭섭하고 뿌듯하다.

성인봉(聖人峰 984m)

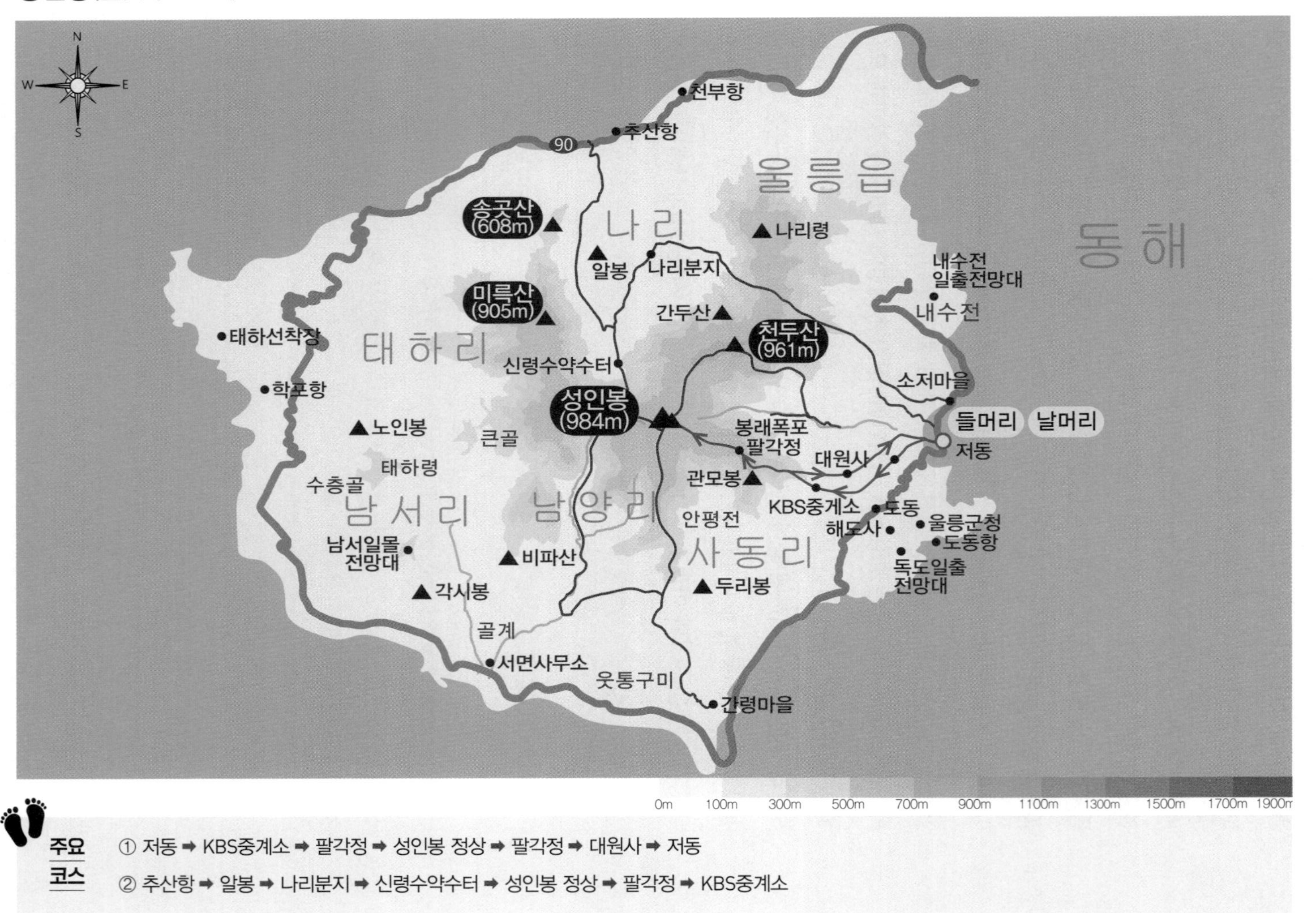

주요 코스

① 저동 ➡ KBS중계소 ➡ 팔각정 ➡ 성인봉 정상 ➡ 팔각정 ➡ 대원사 ➡ 저동

② 추산항 ➡ 알봉 ➡ 나리분지 ➡ 신령수약수터 ➡ 성인봉 정상 ➡ 팔각정 ➡ KBS중계소

소백산(小白山)

충청북도 단양군, 경상북도 영주시

국망봉에서 비로봉, 연화봉으로 이어지는 해발 1,300여m의 일대 산군으로 1,000m 이상은 고원지대와 같은 초원을 이루고 있으며, 주봉인 비로봉 일대에는 주목군락지와 한국산 에델바이스인 솜다리가 군락을 이루고 있다. 희방사(喜方寺), 구인사, 소수서원, 부석사(浮石寺), 온달성, 국립천문대 등이 유명하다.

백두대간이 거느리는 명산 중의 하나인 소백산(小白山 1,439m)은 웅장한 산악 경관에다 천연의 삼림과 폭포가 많다. 주변에 부석사(浮石寺)나 온달산성 등의 명승고적이 널리 분포하고 있어 1987년 12월에 소백산국립공원으로 지정되었다.

주봉인 비로봉과 나라가 어려울 때이 고장 선비들이 임금과 국가 태평을 기원하였다는 국망봉을 비롯하여 제1연화봉, 제2연화봉, 도솔봉 등 1,000m 이상의 많은 봉우리와 고원이 자리한다. 小白山은 이름만 보면 작은 흰 산으로 오해할 수 있겠으나 우리나

라에서 지리산과 설악산에 이어 세 번째로 넓은 면적과 수려함을 자랑하는 산이라 한다.

산이 깊어 계곡에 수량이 풍부하며 등산로가 전체적으로 완만하고 포근함을 안겨주는 흙산이다. 소백산은 예로부터 신성시되어 오는 산이며 신라, 백제, 고구려 삼국이 경계를 이루며 수많은 역사적 애환과 문화유산을 담고 있다.

충북 단양군 단양읍 천동리 소백산천동탐방지원센터 천동매표소의 도착이다. 콸콸 흐르는 천동계곡을 옆에 끼고 자연 그대로의 원시림을 울타리 삼아 완만하게 오르는 탐방로가 국립공원답게 잘 정비되어 있다. 천동계곡의 맑은 물을 바라보며 약 2시간에 걸쳐 4.2㎞를 올라가면 천동쉼터와 만난다. 쉼터에는 소백산국립공원의 대표적인 탐방 코스답게 화장실까지 갖추고 있다. 하지만 이곳에 소백산의 유일한 매점이 있다는 소백산국립공원 홈페이지의 설명과 달리 막상 현장에 도달하니 이미 2년 전에 폐쇄하였다 한다.

천동쉼터에서 30분 남짓 더 오르면 눈앞에 넓은 시야가 들어온다. 그리고 한숨을 고르며 능선을 따라가면 긴 오름 끝에 좌우로 500년 수령을 자랑하며 천연기념물로 지정된 주 목 군락지에 다다른다. 대표적인 주목 주변에 맵시 좋은 휴게 기능을 갖추고 쉬어가도록 해 놓았는데 고사한 주목을 기념사진으로 담기 위해 산객들로 장사진이 섰다. 죽어서 천 년을 더 산다는 이 주목은 웬만한 사람이 살아서 누리지 못한 귀한 대접을 죽어서도 받고 있다.

백두대간 코스와 만나는 천동 삼거리에 도착하면 조망이 확 트이며 능선으로 접어든다. 파란 하늘 아래 드높은 능선에서 싱그러운 초원과 철쭉군락이 어울려 자신들만의 색깔과 산 내음을 한껏 토해내며 산 사람들을 마음껏 유혹한다. 멋진 광경을 볼모로 하여 정상가는 산객들은 발목이 잡히고 삼삼오오 모여 앉아 점심을 때우며 해찰 부린다.

비로봉으로 통하는 주 능선 길이 덱으로 이어진다. 탐방로 옆에는 숭숭 돋은 털과 까칠한 잎사귀 사이로 맑은 꽃을 틔워 내는 산철쭉의 진지함이 사뭇 대견해 보인다. 이들 산철쭉은 아마도 지난겨울 황량한 벌판에서 세찬 바람과 눈보라를 견뎌내

며 오늘의 모습으로 거듭났겠다 싶다. 국내 최대 규모의 철쭉 군락지이자 하늘 정원이라 해도 손색이 없을 만큼 눈앞에서 펼쳐진다는 광경이 너무나 황홀하다. 소백산 철쭉제의 백미는 주 능선을 타고 수북하게 만개한 연분홍 철쭉 물결을 현지에서 보는 즐거움일 것이다.

주목을 관리하는 초소로 짐작되는 서구 스타일 건물이 능선 저편 외딴곳에 홀로 자리한다. 탐방로 앞뒤로 길게 늘어진 능선을 따라 등산객들로 가득 채워진 행렬이 끝없이 이어지는 모습은 지금이야말로 소백산의 인기도가 절정에 달했음을 눈으로 확인시켜 준다. 흥이 솟아난 산행 분위기에 젖는 동안 어느새 소백산 정상 비로봉의 도착이다.

정상 역시 인증을 받으려는 등산객으로 질서 정연하게 긴 줄이 늘어섰다. 비로봉이 충청북도와 경상북도의 도계를 이루고 있어 충북 단양군과 경북 영주시가 각각 정상석을 세운 덕분에 인증받은 줄이 두 갈래로 나뉘는 관계로 생각보다 긴 기다림은 면할 수 있다.

여름을 닮아가는 도시의 5월은 계절의 정체성이 모호하지만, 소백산 정상에는 봄바람 리듬에 맞춰 살랑대는 아리따운 철쭉이 특유의 화사함을 보이며 아직도 봄이 진행 중임을 고집한다. 하지만 아쉬운 티가 하나 있다면 축제 기간 몰려든 인파 중에 일부 몰 상스러운 사람들이 지정된 울타리를 벗어나 사진을 찍을 요량으로 마음대로 휘젓고 다니는 안타까운 모습이다. 덧붙여 말하면, 어느 산이든지 무분별하게 식물을 채취하거나 도토리 등 열매를 모조리 채취하는 것은 자연의 훼손과 야생동물의 먹이를 빼앗는 적폐 행위이므로 반드시 버려야 할 등산 문화이다.

우리나라의 많은 등산로에서 쉽게 볼 수 있는 과도한 표지 리본도 잘못된 등산 문화이다. 길이 뻔히 있는데도 표지 리본을 중복해서 매단 것은 존재를 과시하는 행위에 불과하다. 산 정상에 올라 함성을 지르는 일도 그렇다. 긴급 상황이 일어나 구조를 요청할 경우가 아닌 이상 소리를 지르는 것은 반드시 삼가야 할 행동이다. 야호! 소리를 지르거나 고성방가는 야생동물들에게 지나친 스트레스를 주게 된다. 이는 흡사 남의 집 앞에서 큰소리를 지르는 것과 별반 다르지 않다고 한다. 산은 인간에게 아낌없는 베품을 무한으로 채워 주지만 우리는 산에 대하여 얼마큼이나 이해하고 제대로 보답하였는지 필자부터 많은 자성과 성찰을 해야 할 것이다.

비로봉을 지나 목재 덱으로 된 탐방로를 따라 하산이 이어진다. 백두대간 국망봉 가는 방향과 갈라지는 어의곡 삼거리를 지나면 주로 돌길로 가꾼 내리막이다.

전체적으로 하산하기에 무난하지만 날머리까지 총 5㎞ 구간 중에서 절반 정도 내려왔다. 경사가 심해지며 긴장이 고조될 무렵 보라색 야생화 붓꽃이 나타나 상큼하

게 기분을 맑게 해준다. 맑은 기운을 받아 계속 내려가는 동안 신갈나무 군락지와 어의곡 자연 관찰로가 차례로 나타나 지루하다 싶은 분위기를 지워준다. 이렇듯 산에서는 보잘것없는 소소한 야생화 한 잎이라 할지라도 때로는 산객의 마음을 휘저으며 감동을 주곤 한다.

비교적 원시 생태가 잘 보전된 내리막이다. 이 지역은 탐방객이 집중되지 않아 훼손되지 않은 원시림과 맑은 계곡물이 잘 어우러졌지만, 요즘에 와서는 점차 등산객들이 많이 찾는다고 한다. 충북 단양군 어의곡탐방지원센터에서 소백산 정상 비로봉으로 이어지는 이 코스는 약 2시간 반의 최단 시간에 올라가는 소백산에서 가장 짧은 코스란다.

산행 날머리인 충북 단양군 가곡면 어의곡리 어의곡탐방지원센터를 지나면 공식적인 산행이 모두 끝난다. 목제 교량을 지나고 귀경 버스가 기다리는 새밭주차장 부근까지 20여 분을 더 내려가 먼저 도착한 일행들과 막걸리 한 잔으로 산행의 여운을 나눈다.

소백산(小白山 1,439m)

주요 코스

① 천동주차장 → 천동계곡 → 쉼터 → 야영장 → 옹달샘 → 주목감시초소 → 소백산 정상 → 어의곡갈림길 → 어의계곡 → 벌바위 → 새밭(율전)

② 새밭 → 벌바위 → 늦은매기고개 → 상월봉 → 국망봉 → 어의곡갈림길 → 소백산 정상 → 달밭골 → 비로사 → 구 삼가매표소

소요산(消遙山)

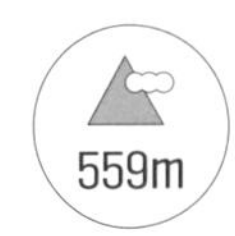

경기도 동두천시·포천시

규모는 작지만 상백운대, 하백운대, 중백운대 등 아름다운 경관을 자랑하며, 등산객들에게 인기가 높다. 원효폭포, 청량폭포, 선녀탕 절벽과 가을철 단풍이 특히 유명하다. 또한, 신라 무열왕 때 원효대사가 창건한 것으로 전해지는 자재암이 있다.

산의 내력이 서경덕, 양사언과 김시습이 이곳을 자주 소요(逍遙)했다 해서 이름 붙여진 경기도 동두천시의 소요산(逍遙山 587m)은 봄에는 진달래와 철쭉으로 유명하다. 여름에는 시원한 계곡과 폭포가 가을에는 오색 단풍으로 경관이 매우 빼어나 휴양하기에 좋은 경승지이다. 이 같은 특성으로 인해 '경기의 소금강'이라는 명칭까지 얻어냈다.

정상인 의상대를 비롯하여 하백운대, 중백운대, 상백운대와 나한대, 공주봉으로 이어지는 여섯 봉우리가 마치 말발굽 모양의 능선을 이룸과 동시에 기암괴석까지 더해져 절묘한 산세를 자랑한다. 소요산에는 신라 시대 원효대사와 태종

무열왕의 딸 요석공주와의 애틋한 사랑 이야기가 곳곳에 서려 있으며 산행 과정에서 요석 공주에 관한 흔적이 종종 나타난다.

소요산의 접근은 서울에서 60㎞ 정도 떨어진 '소요산역'에서 도보로 15분 거리에 산행 들머리가 있어 수도권을 기준으로 접근성이 매우 양호하다. 이런 이유로 필자에게 소요산은 오래전부터 직장과 가족, 동호회 등을 통해 수없이 다녀간 곳이라서 이번 산행만큼은 마음 내키는 새로운 국면에서 산행 코스를 삼아 진행하고자 한다.

하루가 더해질수록 단풍의 색채가 점점 짙어지는 시기, 소요산의 가을 속으로 빠지고자 단단히 작정했던 날이다. 지하철 1호선의 최종점인 '소요산역'에서 불과 400m의 거리의 '홍덕문추모비'가 산행 들머리로 내어준다. 첫걸음을 떼자 '제35회 소요단풍문화제' 개막을 하루 앞두고 예사롭지 않은 축제 분위기가 펼쳐지고 단풍이 절정기에 이르렀음이 감지된다.

신라의 대유학자인 설총을 낳은 원효대사와 무열왕의 딸 요석공주에 관한 이야기가 잔잔하게 흐르는 요석 공원이다. 들레길 걷는 심정으로 유유자적하는 동안 마르지 않을 만큼 조용히 흐르는 계곡을 따라 가을 속으로 서서히 들어간다. 고색창연한 일주문을 지나 첫 갈림길이다. 이전까지 굳어진 '자재암' 방향 대신 시계 반대 방향에 자리한 '공주봉'을 첫 도전지로 삼고 산행 채비에 박차를 가한다.

계곡을 벗어나 힘찬 오르막이다. 요석공주와 원효대사의 고귀한 사랑을 확인시켜 주는 '구절터'가 길목에 자리한다. 시기적으로 본격 산행을 위해 스틱을 갖추고 차림새를 고치기에 안성맞춤이다. 아직도 산행은 시작에 불과하지만 가야 할 방향에서 하산한 산객들은 산행을 다 마쳤다는 듯이 여유로운 표정으로 느긋하게 자리를 틀고 앉았다. 갈색 바닥을 휘저으며 찬바람이 휙휙 날아들지만 싫지 않고 오히려 시원하다. 시원함이 찬 기운으로 전환될 무렵 미뤄놨던 오르막을 이어간다.

누군가의 소원을 가득 담아 지극 정성으로 쌓아 올린 돌탑 무리가 이색적인 형태를 갖추고 길가에 자리한다. 오랜 세월 동안 수많은 폭우와 눈에 거센 바람까지 수없이 불었을 터인데 십 년 전과 같은 묵은 모습이다. 흐트러짐 없는 의연한 자태를 보면 마음이 조심스럽고 엄숙해진다. 돌 하나를 집어 믿거나 말 거나를 떠나 소망

하나 꾹꾹 눌러 담아 놓고 떠난다.

정상에 버금가는 공주봉을 향한 계단이 기세등등하게 고개를 쳐들어 산객을 위로 실어 나른다. 고도가 높아질수록 인내의 강도가 더해지지만 계절 분위기는 진지하게 성숙해진다. 파란 하늘 아래로 봉긋봉긋 솟은 봉우리마다 화색이 돋아나고 산천은 가을 향기로 만연하다. 산객의 숨소리는 거칠게 퍼져나가지만 자연은 성대하게 잔치를 벌이며 아름다운 시절을 노래한다. 거친 오름이 힘들고 마음에 들지 않거나 못마땅하더라도 즐거운 비명에 불과할 뿐이다.

요석공주가 남편을 향한 애끓은 사모를 기려 붙여진 공주봉이다. 가을바람과 가을 햇살이 듬뿍 내려앉은 드넓은 정상부는 산 사람들의 다양한 파티가 펼쳐지고 화기애애한 산 이야기가 끊임없이 흐른다. 누구 하나 짜증스럽거나 탄식 어린 표정은 찾아볼 수 없다. 괴로움과 슬픔 따위는 다 저버리고 즐겁고 해맑은 풍경이 무르익으며 가을 하늘로 퍼져나간다. 누군들 이 분위기에 동참하지 않고 벗어날 재간이 없을 지경이다. 덩달아 산행의 즐거움이 샘솟는다. 여정의 본분을 잠시 접어두고 가없는 시간이 흐른다.

공주봉에서 벗어나는 내리막은 급경사 덱 계단이다. 고도가 진정되고 삼거리를 지나자 길은 산허리를 휘감으며 다시금 가을 속으로 빠져든다. 가을 가을하는 바람 소리와 바스락거리는 낙엽 반주를 삼아 산길을 헤쳐 나간다. 산을 좋아하는 사람들은 이런 맛에 가을 산행의 진수에 푹 빠지며 일 년 중 이 시절이 산행하기 가장 적기라고 자신 있게 말한다.

소요산의 최고봉인 의상대이다. 정상은 산길에서 벗어나 인증하기 쉽게 널찍한 덱 공간을 갖추고 소요산에 대한 설명과 함께 한쪽에서는 먼 풍경을 당겨서 조망할 수 있게 편의 기능을 마련해 놓았다. 정상 인증 공간이 모자라 옹색하기 짝이 없을 만큼 답답했던 예전과 비교하면 가장 실속 있는 혁신의 변화라고 해야겠다.

나한봉이 어느새 지나갔나 싶을 정도 의상대와 나한봉은 지척의 거리를 두고 있다. 산길의 내리막은 유순해지며 나뭇잎은 울긋불긋 다채롭고 눈이 부시도록 아름답다. 오색 주단을 깔아 놓은 산 바닥을 걷노라면 상쾌함이 넘쳐나고 고운 생각으로 똘똘 뭉쳐진다. 여느 시절이 이 순간처럼 산행하기 좋을까 싶을 정도로 너무나 최적의 날이다.

크고 작은 편마암이 칼날처럼 날카롭고 뾰쪽하게 무장한 칼바위가 능선으로 이어지며 긴장의 변화를 불러일으키는 가운데 또 다른 산행의 묘미를 가져다준다. 산행 내내 마냥 룰루랄라로 이어지는 길만 있다면 이는 산행이 아니라 산책에 불과할 것이다. 진정한 산행은 시시각각 바뀌고 달라지는 느낌과 적당한 긴장이 수반됨으로써 산행의 재미는 톡톡해질 것이며 실속 있는 산행이라고 말할 수 있다.

소요산 일주문에서 오르면 왼쪽 등산로를 일컫는 세 개의 백운대 중의 상백운대이다. 백운대는 웅장한 산세와 함께 단풍의 아름다움이 멋들어진 곳인데 세 곳의 으뜸은 단연 상백운대이다. 상백운대의 하늘 위로 유유히 흐르는 흰 구름이 산세와 어우러져 작은 금강산이라고 불렀다고 한다. 또한 이 대목에서 대한민국이 엄선한 100대 명산으로서 위상을 당당하게 드러낸 이유라고도 하겠다. 한편 상백운대는 태조 이성계가 왕자의 난으로 권좌에서 물러나 소요산에 머물며 이곳 상백운대에 올

라 경치를 즐기며 자신의 회한을 달랬다고 전해 온다.

중백운대, 하백운대를 거쳐 조망을 즐기고 하산으로 이어진다. 다음 여정은 좌측으로 틀어 마땅히 '자재암'으로 이어질 만한데도 직진으로 나아가 새로운 길로 향한다. 내리막은 이미 진정되고 산길은 오솔길로 접어들었다. 이때쯤이면 산행 분위기를 그만 누그러뜨려 산책하는 느낌으로 전환해야겠다. 발길도 기분도 거분거분해지며 산책로로 아주 그만이다. 팔각정을 경유하여 날머리인 삼림욕장 입구인 홍덕문추모비까지 생각은 이미 가을을 타고 유유자적이다. 화담 서경덕과 봉래 양사언, 매월당 김시습이 이곳을 자주 소요(逍遙)했다 해서 '소요산'이라는 이름이 붙여졌다고 하니 오늘만큼은 앞서간 선현의 심정이 이해되는 듯하다.

소요산(消遙山 559m)

주요 코스

① 소요산역 ➡ 이태조행궁지 ➡ 일주문 ➡ 구 절터 ➡ 넓적바위 ➡ 공주봉 ➡ 소요산 정상 ➡ 나한대 ➡ 칼바위 ➡ 상백운대 ➡ 중백운대 ➡ 하백운대 ➡ 팔각정 ➡ 홍덕문추모비

② 소요산역 ➡ 이태조행궁지 ➡ 일주문 ➡ 원효폭포 ➡ 자재암 ➡ 하백운대 ➡ 중백운대 ➡ 상백운대 ➡ 칼바위 ➡ 나한대 ➡ 소요산 정상 ➡ 옥류폭포 ➡ 일주문 ➡ 소요산역

속리산(俗離山)

충청북도 보은군·괴산군, 경상북도 상주시

산세가 수려해 제2금강 또는 소금강이라 불릴 만큼 경관이 아름답다. 이곳에는 망개나무, 미선나무 등 1,000여 종이 넘는 동식물이 자생하고 있으며, 법주사, 문장대, 천연기념물인 정이품송과 망개나무가 유명하다.

태백산맥에서 남서 방향으로 뻗어 나온 소백산맥 줄기가 가운데 위치하며 봉우리 아홉이 뾰족하게 일어섰기 때문에 구봉산(九峯山)이라고도 부르는 속리산(俗離山 1,058m)은 수려한 경치와 다양한 동식물, 규모 큰 사찰인 법주사와 여러 암자가 있어 1970년에 국립공원으로 지정되었다.

속리산은 산세가 수려하여 한국 8경 가운데 하나로 예로부터 많은 사람의 사랑을 받아왔다. 정상인 천왕봉과 비로봉, 문장대, 관음봉, 입석대 등 9개의 봉우리로 이루어진 능선이 장쾌하게 펼쳐지며 국립공원답게 탐방로도 잘 닦여 있어 등산객들이 많이 찾는다.

주변에는 천연기념물인 정이품송과 망개나무 등 1,055종의 식물이 자생하고 있다. 또 한, 까막딱따구리, 하늘다람쥐 등 천연기념물과 희귀 동물을 포함하여 1,831종의 동물이 서식하고 있다.

봄에는 산벚꽃, 여름에는 무성한 녹음, 가을에는 아름다운 단풍, 겨울에는 마치 묵향이 그윽한 한 폭의 동양화를 방불케 하는 등 모든 계절마다 특색을 가지고 장관을 이룬다.

부슬부슬 가랑비가 흩뿌리는 상황에서 오전 10시 들머리 경북 상주시 화북면 장암리 속리산 화북탐방지원센터의 도착이다. 출발부터 30여 분을 장쾌한 계곡 물소리 정취와 함께 어린이와 노약자도 무난하게 걸을 수 있게 평탄한 나무 덱과 흙길 그리고 짧은 돌계단을 산책로처럼 오르면 마지막 화장실을 갖춘 휴게시설이 나온다.

시간은 정오를 향해 달려가지만, 빛은 다소 어둑어둑 이른 아침 같은 분위기에 여름빛이 물든 나뭇잎 사이로 부슬비가 안개비 되어 흰 가루를 날린다. 여린 초록빛에서 짙은 녹색이나 갈색으로 변하는 숲의 보호색이 비 오는 날 특유의 운치로 연출한다. 그다지 경사가 급하지 않지만, 덱 계단과 자연석 돌계단이 번갈아 나타나며 숲속에서 싱그러운 체취가 느껴진다. 여유롭게 오르다가 조금 지치다 싶을 때 쉬어가기 좋게 평평하고 너른 바위가 쉼터로 나선다.

돌계단 오르막이 이어지고 이따금 보여주는 등산로 주변의 낙석 주의 알림과 함께 경사의 각도가 점차 커진다. 어렵게 오르는 구간에서 운무에 휩싸인 기암괴석이 신비스러운 운치로 힘찬 응원을 보탠다. 미끄럽고 가파른 오르막이기에 이곳으로 하산을 하면 세심한 주의가 필요하다.

계곡 물소리는 여전히 식을 줄 모르고 요란하게 산속으로 울려 퍼진다. 일상에서 굉음은 소음 공해이지만 산에서 나는 물소리는 세기가 아무리 크더라도 영혼을 정화해 주는 치유의 산물이다. 해발 900m를 넘어서면서부터 물소리는 산새 지저귀는 소리로 배턴을 넘겨주고 청아한 분위기로 패턴이 바뀐다.

산행 시간이 지나도 능선은 운무에 가려 보이지 않는 대신 주변에 듬성듬성 솟아 있는 큰 바위들만 눈에 들어온다. 고온 다습한 기운으로 힘이 든 만큼 더 천천히 여유롭게 오른다.

어느새 문장대 사거리 도착이다. 출발하여 2시간 만이다. 사통팔달 탁 트인 곳에서 불어오는 시원한 바람에서 산행의 참맛을 느낀다.

200m를 더 올라 더 가서 문장대를 밟는다. 세 번 오르면 극락에 간다는 전설이 전해지며 속리산에서 등산객들이 가장 많이 찾는다는 문장대(1,054m)의 원래 이름은 운장대로, '구름 쌓인 봉우리'라는 뜻이었으나 조선의 세조가 속리산에서 요양하면서 명시를 지은 책을 이 자리에서 읽으면서 강론을 했다고 하여 문장대라 불리게 되었다.

문장대에서 기념을 남기고 되돌아와 신선봉과 천왕봉 방향으로 향한다. 몸은 습기와 땀으로 버무려져 찝찝함에도 간간이 산바람이 시원하게 옷 속을 헤집고 들어와 느낌이 좋다. 정비가 잘 된 탐방로인 만큼 비교적 수월한 산행이다.

평평한 능선이다 싶었던 산길이 오르고 내려가기를 수차례 반복되다가 호젓하게 평탄한 길이 나타나 힘을 분배시켜 준다. 그러다가 고즈넉한 분위기를 시샘이나 하듯 바람이라도 불면 나뭇가지에 맺힌 빗방울이 후드득 쏟아지며 산속 정적을 파투낸다. 문장대 출발을 기준으로 30분을 이동하면 주변의 봉우리들이 솟아 있고 신선대까지 이어지는데 백두대간 인증이 필요한 사람들은 멈추어 쉬어간다.

해발 1,026m 높은 국립공원 지역에서 개인이 운영하는 상점이 차려진 이유는 사유지이기 때문이란다. 신선이 놀았을 정도로 빼어난 자리 한복판에 허접스러운 식당 건물과 탁자들로 점령당하고 있다는 게 참으로 안타깝다. 북한산의 백운산장처럼 국립공원관리공단에서 토지와 시설을 적정하게 보상하여 주변 경관에 걸맞게 정비할 필요가 있다. 소유자가 보상에 응하지 않더라도 공익적 가치가 크다면 관계법에 따라 강제성을 가지고 토지수용이 가능하다고 알고 있다.

신선대 갈림길이다. 여기서부터 천왕봉까지는 난도가 다소 높아지므로 속리산국립공원 측의 권장 안내에 따라 우회하여 바로 하산하는 사람이 있음에도 속리산 정상 인증이 절실한 사람들은 오직 천왕봉을 향한 전진만이 있을 뿐이다.

아직도 능선 곳곳에는 갖가지 기암괴석과 솟아 있는 봉우리들이 눈을 호강시켜 주는 상황에서 운무에 가려 자칫 스쳐 지나칠 뻔한 계단 우측에 불현듯 입석대가 나온다. 13m의 기둥 같은 모양의 입석대는 임경업 장군이 속리산에서 수련한 지 7년째 되던 해에 세웠다는 이야기가 전해 온다.

다음 목표 지점인 비로봉으로 향한다. 하나의 봉우리를 지나고 앞서간 사람들이 고릴라처럼 우뚝 솟은 바위를 배경 삼아 기념사진을 찍은 분위기이다. 휴식 삼아 걸음을 멈추고 분위기에 맞장구를 쳐준다.

천왕봉이 1㎞ 남짓 남았을 무렵 숲에서 벗어나 하늘이 열리는 능선으로 나온다. 키 낮은 나무가 주종을 이루는 군락지에 하얗게 피어오른 산안개에 둘러싸인 세상은 꿈속에서 헤매는 듯 적막하고 고즈넉하다. 한 폭의 산수화가 따로 없다.

또다시 이어지는 능선을 따라가면 장각동과 천왕봉으로 분기되는 삼거리가 나온다. 정상까지 300m를 남겨두고 한 사람만 겨우 지나갈 수 있는 풀숲을 비집고 헤쳐 나간 다음 바위 봉우리를 더 오르면 오늘의 하이라이트인 속리산 최고봉인 해발 1,058m의 천왕봉이 반갑게 기다린다. 산행 초입부터 7여 ㎞의 거리이며 시간상으로는 약 3시간 반 만이다.

이정표와 탐방로가 잘 정비된 길을 따라 그 유명한 법주사와 선덕여왕이 관련된 법주사탐방지원센터로 내려가는 대신에 다양한 경험을 섭렵할 수 있도록 장각동으로 직진한다. 천왕봉 삼거리로 다시 되돌아오면 장각동 방향으로 너른 헬기장이 비에 젖은 채로 텅 빈 자리를 그대로 내준다. 헬기장에서 여장을 정비한 다음 미끄러지듯 지루한 하강의 시작이다.

나무로 만들어진 터널을 지나면 시원한 물소리의 원천인 계곡이 나온다. 오를 때 물소리는 산객에게 힘을 보태주고 내려갈 때는 쌓인 피로가 누그러진다. 산행하면서 산과 물은 불가분의 관계이며 어느 하나 모자라면 무언가 허전하다.

비가 갠 다음 숲속에 몸을 숨겼던 산새들이 마음껏 지저귀다가 어느 때에 이르면 매미들이 뒤를 이어 한껏 목청을 돋운다. 자연의 소리가 지속하게 유지하는 것은 생태 환경적으로 건강하다는 증표이며 산의 가치를 높이고 산객의 머리를 맑게 해준다.

계곡의 물은 불어나고 물이 오를 대로 오른 숲의 향연은 더욱 그윽하다. 산행 고도가 안정적으로 자리를 잡고 나무와 풀이 꽃을 피운 평탄한 내리막에서 즐거운 웃음꽃을 피우는 것은 산객들의 몫이다.

장각폭포를 향해 하산을 거듭하고 등산로에서 조금 벗어나 계단을 올라가면 밭 한가운데에 황금색을 띤 보물 제683호 상오리 7층 석탑이 홀로 서 있다. 기단 구성이 특이한 칠층석탑은 1층 몸돌이 위층 기단보다 훨씬 높아 다소 부조화를 이룬 듯하지만 큼직한 몸돌이 아래에서 든든하게 받치고 있어 전체적으로 안정된 균형을 유지한다. 축조 시기는 신라 시대 또는 고려 시대로 의견이 양분된 상황이다.

천왕봉에서부터 발원한 물이 장각동 계곡을 굽이쳐 흘러 높이 6m 절벽을 타고 헤아릴 수 없을 만큼 깊디깊은 검푸른 용소로 떨어지는 장각폭포이다. 이 폭포가 유명한 이유는 폭포 위의 기암을 기초로 하여 세워진 '금란정'과 주역(周易)에서 두 사람이 마음을 같이 하면 그 이로움은 쇠붙이도 끊을 수 있다는 내용이 적힌 '금란정기' 비석이 세워졌다는 점 그리고 주변의 운치 있는 노송이 한 데 어울려 분위기를 받쳐주는 이유에서다.

오늘 장각폭포는 장맛비의 영향으로 위용이 대단하다. 장각폭포는 2008년 오늘과 같은 여름철에 북한 개성에서 보았던 박연폭포의 모습과 흡사하며 폭포수의 수량과 소의 규모만 따지면 박연폭포를 능가할 정도다. 한 가지 아쉬운 점이 있다면 피서철과 맞물려 주변에 장삿속의 유료 야영장과 평상 대여가 성행 중이며 정자 대청의 피서객과 소 주변에는 수영하는 사람들로 몸살을 앓고 있는 현상이다.

날머리 경북 상주시 화북면 상오리 청소년 수련관에 다다라 산행에서 속칭 '족탕'으로 불리는 족욕을 즐긴다. 족욕은 맹자 탁영탁족(濯纓濯足)에서 나오는 말로써 '흐르는 물이 맑으면 나의 갓끈을 씻고, 흐르는 물이 흐리면 나의 발을 씻는다.'라는 말이 있을 만큼 우리의 옛 성현들은 산수가 좋은 곳에서 탁족을 즐겼다고 한다. 요즘에 와서 산객들은 산행 끝 지점에서 무릎 이하 발목까지 과부하 한 열을 식혀 주는 시원한 족탕으로 뒷마무리를 한다.

속리산(俗離山 1,057m)

주요 코스

① 화북탐방지원센터 ➡ 성불사 ➡ 문장대 ➡ 문수봉 ➡ 신선대 ➡ 입석대 ➡ 비로봉 ➡ 속리산 정상 ➡ 합수점 ➡ 칠층석탑 ➡ 장각폭포 ➡ 학생야영장

② 장각폭포 ➡ 칠층석탑 ➡ 헬기장 ➡ 속리산 정상 ➡ 배석대 ➡ 상환암 ➡ 세심정 ➡ 목욕소 ➡ 법주사 ➡ 수정암 ➡ 일주문 ➡ 야외취사장

신불산(神佛山)

울산광역시 울주군

영남알프스 산군에 속하며, 능선에는 광활한 억새밭과 바위 절벽, 완만한 지대가 조화를 이루고 있다. 이곳에는 작천계곡과 파래소폭포가 있으며, 신불산 폭포자연휴양림이 특히 유명하다.

간월산, 취서산 등과 더불어 태백산맥의 여맥에 솟아난 신불산(神佛山 1,209m)의 서쪽 사면은 완경사를 이루고 단양천과 배내천이 발원하며 동북쪽 사면은 급경사를 이루고 태화강의 지류와 작괘천이 이곳에서 발원한다.

산정에 자리한 연대 미상의 산성은 둘레가 4,050자에 이르며 그 안의 천지는 사철 마르지 않는다고 한다. 조선 영조 때 암행어사 박문수가 영남지방을 순행할 때 단조봉에 올라 이곳 성을 보며 산성의 견고함이 만부가 당해도 열지 못할 것이라며 탄복하였다 한다.

정상 부근에는 큰 절벽이 있고 동쪽 기슭에 선상지가 발달하여 언양분지가 펼쳐진다. 간월산 사이의 북쪽 비탈면에는 기암괴석이 많고 북동쪽에는 계곡이 발달하여 생긴 홍류폭포가 유명하다. 신불산은 간월산과 더불어 1983년 11월 3일 울주군이 군립공원으로 지정하였으며 가을철 일대 평원에는 은빛 억새의 군락지가 형성되어 많은 등산객과 관광객이 몰려든다.

서울역에서 첫 KTX를 타고 울산통도사역에 도착한 다음 다시 20여 ㎞를 차로 이동한 끝에 울산시 울주군 상북면 양등리 배내고개 주차장의 도착이다. 배내고개는 능동산으로 오르려는 곳이며 동시에 오늘 산행하게 될 간월산 방향으로 각각 분기되는 갈림길이다.

배내봉과 간월산으로 오르기 위해 가벼운 준비 운동을 거친 다음 곧바로 산행으로 들어간다. 출발한 지 얼마쯤 지나고 경사가 가팔라지자 땀이 서서히 몸속으로 젖어 든다. 요즘 아침저녁은 싸늘한 기온으로 가을이 공고히 자리 잡았지만, 낮 시간대에는 아직도 여름 잔재가 남아 오르막 텃세를 부리곤 한다. 두 계절이 동거하는 낮 산행에는 적절한 산행 눈높이 맞추기가 다소 혼란스럽다. 아직은 그래도 이른 시각이라 선선하지만 해가 중천으로 떠오르기 전에 속도에 박차를 가하여 산행거리를 늘려야 한다.

중국의 차와 티베트의 말을 교환하기 위해 중국과 티베트를 거쳐 비단길로 이어지는 '차마고도(茶馬古道)'와 대비되는 영남알프스의 우마고도인 '배내고개 오두메기'이다. 오두메기는 기러기처럼 떠도는 장꾼이나 보부상들이 상북 거리오담(간창, 하동, 지곡, 대문동, 방갓)에서 오두산 기슭을 감고 돌아 배내고개를 잇는 꼬불꼬불한 고갯길을 말한다.

배내봉에 이르기 위해 굵다랗게 긴 침목으로 설치된 계단이 줄기차게 위로 이어진다. 오르막에서 능선으로 바뀌면 시원한 바람과 함께 조망이 터진다. 오른쪽 멀리 천왕산(재약산) 정상 사자봉이 옅은 구름에 가린 채 아스라이 보일 듯 말 듯하다.

해발 966m 배내봉 정상이다. 정상에 서면 올라왔던 반대 방향으로 영남알프스의 최고봉 가지산 정상이 자리하고 가야 할 방향으로 간월산이 보인다. 오른쪽으로 산행 날머리로 예정된 울산광역시 울주군의 복합웰컴센터가 자리한 등억온천단지가 내려다보인다.

울창한 억새 숲을 지나고 능선을 따라 외길 순서를 밟아 간월산으로 향한다. 가공된 나무로 엮어 엉성하게 만든 계단이 흙이 패면서 나무가 통째로 드러난다. 보폭이 맞지 않아 불균형을 이루며 불합리하게 설치된 계단을 장애물 넘듯 조심스럽게 오른다.

암반 위에 하얀 몸체로 곧추세워진 해발 1,069m 간월산 정상석 앞에 도착한다. 정상에는 어디에선가 불어오는 선선한 가을바람으로 인해 기분이 조용히 가라앉으며 자연 속에 포근하게 감싸 안기듯 아늑하다.

맑은 하늘 아래로 파란색 일색의 하늘이 펼쳐지고 산야는 가을의 깊은 곳을 향해 점점 붉게 타들어 가는 모습이다. 계절은 하루가 다르게 가을 속으로 바삐 빠져들고 산객은 가을 정취에 흠뻑 젖는다.

간월사라는 사찰에서 유래한 간월산에서 간(肝)은 우리 민족이 오랫동안 써온 신성이라는 뜻을 품고 있으며, 월(月)은 신명이라는 말에서 유래되어 평원을 의미하는 벌의 뜻을 담고 있어 간월(肝月)은 '신성한 너른 벌판'이라는 해석이 나온다.

간월재가 내려다보이는 곳이다. 억새에서 일렁이는 가을바람을 온몸으로 맞으며 계단으로 내려간다. 은빛 억새가 바람결 따라 넘실대는 너른 평원에 간월재 휴게소가 드리우고 억새밭 한가운데로 고불고불하게 가르마 타듯 길게 이어지는 탐방로에는 형형색색 차림의 등산객과 관광객들로 가득하다.

등산로에 침엽수 겉씨식물이 화석으로 변한 '간월산 규화목'이 또렷한 나무 흔적을 유지하고 있다. 규화목은 화산활동으로 파괴된 목재 조직이 산소가 없는 수중으로 이동한 다음 지하수에 융해되어 있던 다양한 무기물들이 오랜 시간에 걸쳐 목재의 세포 내강 또는 세포 틈에 물리적, 화학적으로 침적이나 치환되어 형성된 화석이라 한다.

간월산과 신불산 두 형제봉으로 이어지는 서쪽 사면에서 억새 평원으로 둘러싸인 상황이다. 독특한 경관을 이루며 주변 환경과 잘 어울리는 간월재의 도착이다. 간월재 마루는 가르마처럼 잘록한 형태로서 영남알프스의 관문 역할을 하며 많은 사람이 편하게 쉬어가게끔 너른 덱 공간과 바람을 가려 주는 실내 휴게소가 있다.

바람도 쉬어간다는 간월재는 과거 요맘때가 되면 초가집 지붕 이엉으로 쓰기 위해 억새를 베러 온 배내골 주민과 울산 소금장수, 언양 소장수가 줄을 지어 넘었던 애달픈 삶의 길목이었다. 요즘은 등산객들의 휴식처와 나들이객들의 관광지로 탈바꿈되었다.

아직도 옛 정취가 어린 간월재 주변의 여러 돌탑을 보면 옛사람들의 애환 섞인 소망이 오롯이 담겨있을 것 같고, 돌탑의 높이와 무게만큼 애달픈 시절의 처연한 사연이 빼곡히 녹아 있을 것 같아 마음이 애잔하다.

간월재에서 지체 시간이 길어지자 싸늘한 산바람이 엄습해 와 몸이 으스스해진다. 자리에서 박차고 일어나 옷맵시를 새롭게 여미고 나무 계단이 길게 늘어진 신불산으로 서둘러 오른다.

한참을 오르다가 뒤를 돌아다보니 지나온 간월재가 제법 멀어져 있지만, 바람이 일렁일 때면 저 평원의 억새마저 금방이라도 우르르 몰려와 가슴에 안길 듯한 기세다. 잠시 상념에 젖으며 자연의 이치를 헤아린다. '남자는 가슴을 움직이는 시원한 가을을 사랑한다.'라는 말이 불현듯 실감 난다. 집에서 멀리 떠나와 이렇게 아름다운 풍경과 함께할 수 있는 이 순간이 너무 행복하다. 한참을 오르니 억새 대신 키 작은 고산식물과 산죽이 길가에 나열한다. 이 가을 억새는 억새대로 멋지지만, 산을 오르내리면서 자주 만나게 되는 산죽은 황막한 벌판에서 사시사철 늘 푸른 모습을 보여준다. 그래서 산죽을 대하면 항상 새롭고 반가운 산 동무처럼 다정하다. 산죽이 정원수로 심을 수만 있다면 미래의 전원주택에서 울타리로 삼아야겠다는 생각을 가질 정도로 늘 애착이 가는 식물이다.

정상을 0.9㎞ 남겨두고 모퉁이를 돌아서자 뜻밖에 전망대가 나온다. 고개를 쳐들면 파란 하늘에는 새하얀 양떼구름이 끝없이 펼쳐지고 올라온 뒤로는 억새로 두른 간월재와 지금의 눈높이만 한 곳에서 간월산이 아스라이 드리운다. 서쪽 능선으로 유난히 곱게 물든 단풍이 억새와 대조를 이루며 이 계절을 아름답게 수놓고 있다.

오르막에서 벗어나고 시야가 사방으로 확 트인다. 파래소폭포로 향하는 갈림길에서 좌측으로 접어들자 정상까지 0.5㎞의 이정표와 함께 서봉이 나타난다. 이제부터 멋진 조망과 함께 신불산 정상까지 높고 낮음이 거의 없는 평탄한 능선길이다.

신령이 불도를 닦는 산이라고 하여 이름 붙여진 신불산 정상에 도착이다. 남쪽으로 영남 알프스의 한 축이며 양산 통도사를 품고 있는 영축산이 드리운다. 기억은 조금 희미하지 만 80년대 초 울산에서 직장 동료들과 함께 만산홍엽으로 물든 영축산 산행을 떠올리며 지금은 앨범 한쪽에서 빛바랜 사진으로 남아 있을 그 시절 추억을 아련하게 그려낸다.

정상 옆에는 뜻 모른 돌탑이 정성을 다해 곱게 쌓아졌지만 아무런 설명이 없어 궁금증만 증폭시킨다. 바람을 피한 양지바른 곳에 휴게 기능의 너른 덱에는 옹기종기 모여 점심을 때우는 등산객으로 차 있다. 볕이 잘 든 곳을 찾아 가볍게 요기를 때운다.

울주군 등업온천단지 방향으로 하산이 이어진다. 신불재로 갈라지는 첫 번째 분기점에서 자수정동굴, 홍류폭포가 표시된 좌측으로 접어든다. 이윽고 홍류폭포로 가는 삼거리에서 안전한 우회로 대신 신불산 공룡능선을 선택한다. 신불산 칼바위 능선으로도 불리는 공룡능선은 신불산 산행에서 조망과 긴장감 만점인 오늘의 백미 코스이기 때문이다.

바위 능선 마루가 뾰쪽하고 칼등처럼 이어지는 칼바위능선은 오고 가는 한 사람마저 피하기 힘들 만큼 좁은 공간에서 아슬아슬하게 양 계곡의 경계를 가르며 산객들의 흥미를 이끌어준다. 설악산 공룡능선이 웅장한 산세를 자랑한다면 신불산 공룡능선은 규모는 작지만 쏠쏠한 전율이 흘러내린다.

두 번의 갈림길을 거쳐 간월사지 뒤편 신불산 중턱 계곡에서 갈수기에 접어든 홍류폭포에 이른다. 떨어지는 폭포의 높이가 33m나 되고, 봄철에 흩어지는 폭포수는 무지개가 서리고 겨울철에는 고드름이 절벽에 매달릴 정도로 멋진 광경을 자랑한다는데, 지금은 물줄기 가늘고 힘없이 떨어지는 모습이다.

긴 내리막을 거쳐 산행 날머리인 울산시 울주군 상북면 등억리 웰컴복합센터의 도착이다. 웰컴복합센터는 한국인이 꼭 가봐야 할 100선 중의 하나인 영남알프스 일대의 자연경관을 함축하여 조성된 산수정원을 비롯하여 산악 관련 문화시설과 주변에 온천 단지가 잘 갖춰져 있다.

온천욕으로 산행 뒷마무리를 풀어줄 수 있다면 좋겠지만 상경하는 열차가 기다리고 있는 관계로 이곳에 아쉬운 마음만 홀연히 남겨두고 울산역으로 향하는 304번 시내버스에 몸을 맡긴다.

신불산(神佛山 1,209m)

주요 코스

① 배내고개 주차장 ➡ 배내봉 ➡ 간월산 ➡ 간월재 ➡ 파래소폭포 ➡ 신불산 정상 ➡ 홍류폭포 ➡ 등억리온천지구 ➡ 등억마을

② 선리마을 ➡ 청수골산장 ➡ 불성사 ➡ 신불재 ➡ 신불산 정상 ➡ 홍류폭포 ➡ 등억리온천지구 ➡ 등억마을

연화산(蓮華山)

경상남도 고성군

경관이 아름답고 오래된 사찰과 문화재가 많으며, 산 중턱에 큰 대나무숲이 있다. 유서 깊은 옥천사(玉泉寺)와 연대암 · 백련암 · 청연암 등이 유명하다.

산의 형상이 연꽃을 닮았다 하여 붙여진 연화산(蓮華山 528m)은 옥녀봉, 서도봉, 망선봉의 세 봉우리로 이루어져 있으며 산의 북쪽 기슭에 옥천사와 백련암, 청연암, 연대암 등의 암자가 있다.

연화산을 등반하는 재미 가운데 하나는 연화산 자락에 둥지를 튼 신라 문무왕 때 의상이 창건한 옥천사를 둘러보는 것으로서, 천년고찰 이 절은 가람의 배치가 세심한 화엄 10대 사찰에 속한다고 알려졌다.

연화산에 오르면 동쪽으로 당항포 쪽빛 앞바다가 한눈에 들어오고 연봉 속에 파묻힌 옥천사의 전경과 불교 유물 전시관을 볼 수 있다. 산세가 순탄하고 길이 잘 닦여 산행이 수월하므로 가벼운 마음으로 호젓한 산행을 즐길 수 있다.

옥천사 대웅전 뒤에 있는 옥천 약수는 위장병, 피부병에 효험이 있다고 소문나 있다. 인근의 천연기념물 제411호 백악기(1억~1억 2,000만 년 전) 공룡 화석지는 미국 콜로라 도, 아르헨티나 서부 해안과 함께 세계 3대 공룡 발자국 화석지로 꼽힌다.

대동강 물이 풀리고 오는 봄은 밤마다 그리움의 홍수로 콸콸 넘친다는 24절기 중의 두 번째 절기인 우수(雨水)가 막 지났다. 그동안 팔목 부상으로 산행을 못 한 3주간의 긴 기다림 속에서 벗어나 좀처럼 기회를 찾기 힘든 연화산으로 마침내 87번째 명산 도전에 나서게 되어 사뭇 긴장과 설렘으로 가득하다.

산행 들머리인 경남 고성군 대가면 신전리 연화산도립공원 안내소 앞의 도착이다. 산행하기에 앞서 입구에 자리한 공룡 화석지에서 발걸음을 고정하고 시선을 주시한다. 옥천사 계곡의 공룡 발자국은 표면이 울퉁불퉁하여 모양이 뚜렷하지 않고 산만해 보이지만 발자국들을 잘 연결하면 공룡이 걸어간 형태라 한다.

지구의 역사를 거슬러 올라갈 때 공룡에 관한 수많은 얘기를 들어왔지만 정작 현장을 찾아서 공룡의 발자국을 직접 확인하고 체험하는 건 이번이 처음이다. 한때 땅과 바다, 그리고 하늘의 지배자였던 공룡이 괴멸하지 않고 아직도 존재한다면 과연 인간의 유전자가 지금까지 안전하게 유지하며 발 편히 뻗고 만물의 영장 노릇을 한다고 누구도 장담 못 할 것이다.

산행 안내판이 설치된 나무 덱에서 바로 산행 채비에 들어가고 겨울 흔적이 남은 계곡과 아직 낙엽이 소복이 쌓인 지그재그 오솔길을 따라 무난한 산행이 진행한다.

시간이 낮으로 향하면서 봄기운이 더해져 서서히 몸을 덥혀간다. 가파른 오르막에 이르니 머리서부터 한여름에 버금가는 땀으로 범벅이다. 절기상으로 봄이 찾아왔지만, 아침은 겨울이고 낮에는 한여름 같은 사계절이 동시에 교차하는 과도기이다.

무난한 오르막과 능선을 따라서 연화봉에 도착한다. 아직도 넘어야 할 정상이 남아 있음에도 연화봉에서 마치 마지막 하산을 하듯 900m 내리막을 미끄럼 타듯 내려가면 아스팔트 포장도로와 맞닿은 느재고개가 나온다.

정상으로 곧장 치고 올라가는 빠른 길을 피해 측백나무와 소나무가 번갈아 가며 힐링 숲을 이룬 군락지를 천천히 에돌아 월곡재(싸리재)에 다다른다. 부처의 불상을 진신사리로 대신한다는 적멸보궁은 봉안 상태인 까닭에 지난해 겨울 오대산의 상원사 방문 때처럼 안내문만 훑어보고 그냥 지난다.

출발한 지 2시간여 만에 연화산 최고봉 정상에 이른다. 정상 표고는 528m에 불과하여 다른 산에 비교해 고도가 낮은 탓에 조망 따위는 기대하지 않아도 좋다. 오늘 같은 비정상적인 몸 상태로 정상 한 개를 접수하였다는 사실이 중요하며 그 자체만으로 충분히 만족한다. 긍정의 힘으로 무장하니 뿌듯함이 생겨나 푸른 하늘은 더없이 맑아 보인다. 남녘의 따뜻한 공기와 풋풋한 산 내음이 한데 섞여 향기롭게 밀려온다.

나무껍질이 유난히 매끈한 서어나무를 정상에 남겨놓고 하산이다. 남산을 거쳐 황새고개로 하산하는데 얼었던 땅이 해빙되어 질퍽거린 급경사 구간에서 긴장이 옥죄어온다. 평소와 달리 오른쪽 손목에 가해지는 물리적 부담으로 인해 스틱을 제대로 쥘 수 없기 때문이다. 바닥이 빙판이면 아이젠에 의지할 수 있지만, 쭉쭉 밀려지는 내리막에서는 안전주의가 최선책이다.

황새고개부터는 그리 높지 않은 나지막한 봉우리들이 겹겹이 자리하고 볼록볼록한 봉우리 너머로 다소곳한 풍경에서 큰 산에서는 절대 느낄 수 없는 아기자기한 정겨움이 그윽하게 느껴진다.

마치 여염집 같은 청련암에서 석간수 한 모금으로 쉼표 하나를 찍고 바로 옥천사로 내려간다. 옥천사 대웅전 뒤에서 끊임없이 솟아나는 달고 맛있다는 옥샘(玉泉)은 옥천사 이름을 연유시킨 장본인이라서 일부러 들려 유래를 살펴본다. 그리고 도로를 1㎞ 남짓 따라서 산행 시점인 날머리의 도착이다.

연화산은 규모가 크지 않고 전망 또한 특별하게 내세울 만하게 대단하지도 않다. 그런데도 국가지정 100대 명산에 선정된 이유는 오래된 사찰 옥천사를 비롯하여 연대암, 백련암, 청연암 등의 많은 문화재와 가지산과 더불어 경남에서 두 곳뿐인 연화산도립공원 지정 요인에서 찾을 수 있다. 국가 100대 명산 지정은 2002년 세계산의 해를 기념하고 산의 가치와 중요성을 새롭게 조명하기 위해 각계 전문가로 구성된 선정위원회를 통해 그해 10월 산림청에서 산의 역사, 문화성, 접근성, 선호도, 규모, 생태계 특성 등 5개 항목에 가중치를 부여하여 발표하였다.

연화산은 연화산만의 아기자기한 산행과 역사적 가치를 되돌아보며 문화 관람을 통해 다른 산에서 느끼지 못한 차별화된 의미를 부여해야 할 것이다.

지난 설 연휴 끝자락에 한강에서 산책하는 도중에 빙판에서 넘어져 오른쪽 손목에 상처를 입고 온전하지 못한 상태에서 3주 만에 새로운 100대 명산 하나를 무사히 달성하게 됨은 맞춤형 연화산이 있었기에 가능하였고 결과적으로 무탈하게 산행을 마치게 되어 무척 다행스럽다.

시절은 바야흐로 3월을 내다볼 수 있는 2월 하순에 접어들었다. 겨울 자국은 점점 희미해져 가도 소나무의 푸르름은 여전하다. 머지않아 산 너머 남촌에서 봄바람이 남으로부터 올는지 아니면 더 멀리 바다 건너 아지랑이와 함께 밀려올는지 앞으로 꽃샘추위가 몇 번은 더 시샘하겠지만 차가운 겨울 기운이 서서히 누그러지고 내 몸 또한 온전하게 회복되게끔 봄기운 완연한 그런 날이 기다려진다.

연화산(蓮華山 528m)

주요 코스

① 도립공원안내소 ➡ 공룡화석지 ➡ 연대암 ➡ 연화2봉 ➡ 연화1봉 ➡ 느재고개 ➡ 월곡재 ➡ 적멸보궁 ➡ 연화산 정상 ➡ 남산 ➡ 청련암 ➡ 옥천암 ➡ 일주문 ➡ 공룡화석지

② 도립공원안내소 ➡ 공룡화석지 ➡ 일주문 ➡ 옥천사 ➡ 청련암 ➡ 남산 ➡ 연화산 정상 ➡ 적멸보궁 ➡ 월곡재 ➡ 갈림길 ➡ 연화1봉 ➡ 백련암 ➡ 일주문 ➡ 공룡화석지

오대산(五臺山)

강원특별자치도 강릉시·평창군·홍천군

국내 제일의 산림지대를 이루고 있으며, 연꽃 모양으로 둘러선 다섯 개의 봉우리가 모두 평평한 대지를 이루고 있는 데서 산 이름이 유래되었다. 월정사(月精寺), 적멸보궁(寂滅寶宮), 상원사(上院寺)를 비롯해 골짜기마다 사찰과 암자 등 많은 불교 유적이 산재해 있어 ,우리나라 최고의 불교 성지로 유명하다.

태백산맥 중심부에서 차령산맥이 서쪽으로 길게 뻗어 나온 지점에 있는 오대산(五臺山 1,563m)은 중심부 중대(中臺)를 비롯하여 동대, 서대, 남대, 북대가 오목하게 원을 그리며 다섯 개의 연꽃잎에 쌓인 연심(蓮心)과 같다는 데서 이름이 연유되었다.

오대산은 전형적인 육산이며 토양이 비옥해 산림자원이 풍부하고 겨울철에는 강설량이 많다. 특히 월정사 입구에서 시작되는 빽빽한 잣나무 숲과 중턱의 사스래나무, 정상 부근의 눈측백나무와 주목 군락, 호령계곡의 난티나무 군락이 장관을 이룬다.

오대산은 맑고 깊은 계곡과 울창한 수림 그리고 대한불교조계종 제4교구 본사인 월정사(月精寺), 상원사(上院寺), 적멸보궁(寂滅寶宮), 북대사, 중대사, 서대사 등의 유서 깊은 사찰과 오대산 사고지 등 많은 역사적 유물 유적과 어우러지며 1975년 국립공원으로 지정되었다. 우리나라의 대표적인 산림지대로 생물상이 다양하고 풍부하다.

오대산에는 총 2,748종의 동물이 서식하고 있으며 월정사 옆의 금강연은 천연기념물인 열목어와 메기, 탱수, 뱀장어 등이 서식하고 있어 특별어류 보호구역으로 지정되어 있다.

대동강 물이 풀린다는 24절기 중 2번째 절기인 우수가 막 지난 토요일에 평소 자주 이용하지 않은 산악회 일정에 편승하여 오대산으로 향한다. 낯선 구성원 틈에 끼어 서먹서먹한 분위기이지만 오직 오대산에 대한 기대와 희망에 이끌려 서울에서 출발하여 3시간여 만에 강원 평창군 진부면 동산리 오대산 상원탐방지원센터 상원주차장의 도착이다.

상원주차장을 벗어나자 제법 넓은 임도가 나온다. 산행하는 분위기가 아닌 둘레길처럼 걷는 산길은 고불고불 길게 산을 휘감고 오른다. 이 임도는 과거 지방도에서 폐지된 탐방로로 예전에는 나무를 이송하기 위해 차량이 다닐 수 있었음에도 지금은 걸어서만 가능하다.

비교적 포근한 날씨에 지루함까지 겹친다. 2시간 가까이 지나면 북대사(미륵암)에 이르러 비로소 임도에서 벗어나 상왕봉을 향한 산길로 들어선다, 산길이라서 아이젠 착용은 필수이며 오르막의 거친 산길에다 오늘따라 몸 상태가 별로인 날은 인내를 강요당한다.

흰 눈 밟히는 소리가 뽀드득거린다. 영하의 기온이라도 바람이 자는 바람에 칼바람과 영하의 날씨가 만들어낸다는 상고대는 기대에서 벗어났지만, 백색가루 뒤집어쓴 멋진 주목 군락이 상고대에 버금가는 즐거움을 선사한다. 이 모든 게 우수가 지났음에도 산 기온이 내려가서 생긴 자연 현상들 때문이다.

때로는 높이의 차이가 크지 않고 탐방로가 풀과 흙으로 되어 있어 어렵지 않게 고도를 높여가며 꾸준하게 오른다. 오르막과 내리막을 몇 차례 반복한 끝에 해발

1,491m 상왕봉의 도착이다. 상왕봉에서 비로봉으로 가는 2.3㎞의 길은 심설에 묻힌 설국의 오솔길 같은 능선이다. 상왕봉은 높은 고도에도 불구하고 산세가 부드러운 느낌마저 감돌아 우아한 분위기이다. 등산로에서 조금만 벗어난 곳에는 골짜기에서 불어온 바람이 눈 언덕을 형성하고 있어 무릎까지 눈 속에 빠진다. 북풍이 강한 이 능선엔 겨우내 눈이 쌓이기만 하지 쉽게 녹지 않는 곳이다.

눈의 무게에 못 이겨 가지가 찢어진 주목과 전나무가 역전의 장군처럼 눈 속에 독야청청 서 있다. 바람이 불 때마다 나무껍질이 유난히 하얀 자작나무에서 제멋대로 뻗어 나온 가지들이 파란 하늘을 배경으로 춤을 추듯 하늘거린다.

해발 1,563m 오대산 정상 비로봉이다. 정상에서 바라보는 조망은 오대산국립공원 전경이 한눈에 들어오며 장쾌하기 이를 데 없다. 지금까지 지나온 루트와 앞으로 내려갈 길이 자연스럽게 가늠되고 오대산의 다섯 봉우리가 마치 원을 그리듯 발 아래로 펼쳐진다. 하늘에는 운무가 엷게 끼였지만 멀리 설악산 쪽을 바라보면 대청봉, 중청봉에서 귀때기청봉으로 뻗친 서북 능선이 북쪽 지평선을 가로막고 있는 모습이다. 정상에서 조망의 정도가 다소 떨어지더라도 정상에서 느끼는 특별한 성취감 하나는 다른 산과 다르지 않다.

적멸보궁으로 하산하는 길은 나무 계단을 내려간 다음 급경사가 많아 등산객이 힘들다고 느끼는 코스이다. 정상을 정복하고 하산하는 사람들은 여유롭게 날머리를 향해 내려가지만 반대 방향에서 헉헉대며 오르는 산객들의 표정이 안쓰럽게 보인다.

대동강 물이 풀린다는 우수는 지났지만, 아직도 심설이 깊은 곳은 겨울 눈꽃 산행이 유효하다는 소리 없는 백색의 향연이 진행 중이다. 중국에서 만든 절기의 시간과 한반도 태양의 시간이 괴리가 너무 커서 우리나라 실정에 맞는 새로운 절기를 개발한다면 좋겠다는 생각을 늘 해왔는데 가능할지 모르겠다.

석가모니의 사리를 봉안한 오대산 적멸보궁(寂滅寶宮)이다. 적멸은 모든 번뇌가 남김없이 소멸하여 고요해진 열반의 상태를 말하고, 보궁은 보배같이 귀한 궁전이라는 뜻이다. 불교 입문서인 《불교의 모든 것》에 의하면 우리나라에는 오대산 상원사를 비롯하여 설악산 봉정암, 정선 정암사, 영월 법흥사, 양산 통도사 등 다섯 곳의 적멸보궁이 있다고 소개하고 있으나 100대 명산인 연화산 산행지인 경남 고성의 연화산에도 적멸보궁이 있는 것으로 확인된 바 있어 행여 나머지 모르는 곳이 추가로 확인된다면 그 수는 더 늘어날 것으로 짐작된다. 한편, 적멸보궁에는 석가모니불의 사리를 봉안했기 때문에 별도의 불상을 모시지 않는다고 한다.

중대사 사자암에 이르러 나타나는 샘터에는 비로봉을 오르는 사람들의 타는 목을 축여주는 곳이다. 그래서 사자암으로 들어가는 대다수가 이 샘터에 이끌려온 것으로 짐작된다. 상원사로 하산하는 동안 산사에서 은은하게 들려주는 이름 모른 소리 울림이 몸과 마음을 맑게 풀어준다. 소리가 전하는 바를 이해 못 하더라도 조용한 산기슭에서 산울림으로 퍼져나가는 낭랑한 소리에 잠시 발길을 멈칫하고 귀를 기울인다.

724년 신라 33대 선덕여왕 23년에 건립된 오대산 상원사이다. 사찰 내에는 국보로 지정된 상원사 동종과 대리석 탑이 있으며, 현재의 건물은 광복 후에 개축한 것이라 한다. 1951년 1·4후퇴 때 연합 사령부가 월정사와 함께 상원사를 소각하라는 명령을 내렸으나 승려들의 저항으로 문만 떼어내서 불태웠다는 일화가 있다.

오대산을 시계 반대 방향으로 한 바퀴 돌아 원점으로 회귀하여 날머리 상원사 주차장으로 돌아왔다. 일상의 시간은 하룻볕이 다르게 봄을 향하고 있지만, 오대산의 정상부는 여전히 눈꽃 산행의 여운이 번지는 가운데 겨울이 현재 진행형이다. 봄이 오기 전에 겨울 산행에 미련이 있다면 최소한 다음 한 주까지 오대산 정상으로 치고 오르면 겨울 오대산을 즐길 수 있을 것이다.

오대산(五臺山 1,563m)

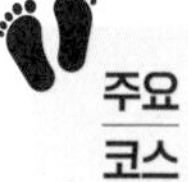

주요 코스

① 상원사주차장 ➡ 상원사 ➡ 갈림길 ➡ 임도 ➡ 북대미륵암 ➡ 북대삼거리 ➡ 상왕봉 ➡ 오대산 정상 ➡ 적멸보궁 ➡ 중대사자암 ➡ 상원사

② 상원사주차장 ➡ 서대염불암 ➡ 갈림길 ➡ 오대산 정상 ➡ 상왕봉 ➡ 북대미륵암 ➡ 큰소명골 ➡ 상원사 ➡ 상원사주차장

오봉산(五峰山)

강원특별자치도 춘천시·화천군

바위와 수목이 어우러진 아름다운 경관을 자랑하는 이 산은, 다섯 개의 바위 봉우리가 연이어 솟아 있는 모습에서 이름이 유래되었다. 신라 때 아도화상이 창건한 것으로 전해지는 청평사와 구성폭포가 유명하며, 청평사 경내에는 보물로 지정된 회전문이 있다.

소양강댐 건너 청평사 뒤에 솟아 있는 오봉산(五峰山 779m)은 비로봉, 보현봉, 문수봉, 관음봉, 나한봉으로 연이은 다섯 봉우리를 말한다. 옛 이름은 경운산 또는 경수산이었고 오봉산, 경수산, 청평산으로도 부르다가 등산객에게 알려지면서 오봉산이 되었으며 기차와 배를 타고 가는 철도 산행지, 산과 호수를 동시에 즐길 수 있는 호반 산행지로 잘 알려진 산이다.

오봉산 남쪽 자락에서 천 년이 넘은 강원기념물 55호 고찰 청평사에는 보물 제164호 청평사회전문 등이 있으며 청평사 주변에 구송폭포, 공주굴, 공주탕이 자리한다.

중국 원나라 순제의 공주와 상삿뱀의 전설이 얽힌 삼층석탑과 연못의 시조라는 영지(남지) 등을 둘러볼 수 있다. 또한, 고려 시대에 만든 정원터가 있어 옛 정원 연구의 중요한 자료가 되고 있다.

오봉산은 수도권에서 접근성이 좋아 춘천과 배후령 간 운행하는 시외버스를 타거나, 춘천까지 전철로 이동한 다음 춘천 시내에서 소양강댐이나 배후령으로 운행하는 시내버스를 이용하면 된다. 소양강댐에서 배를 타면 청평사까지 20분 걸리며 승용차로 바로 찾아가려면 46번 국도로 청평과 가평 및 춘천시를 거쳐 배후령까지 갈 수 있다.

서울 근교 위주의 산행을 하다가 모처럼 원정 산행이다. 산악인들 사이에서 소위 '원정산행'이란 대체로 산행지가 서울 경기 지역을 벗어나고 대중교통 대신 버스를 전세하여 원거리 지역으로 이동하는 산행을 말한다. 서울 출발지는 대중교통의 접근성이 좋은 합정역, 사당역, 신사역, 군자역, 교대역 그리고 중간 경유지로 양재역, 복정역과 죽전 간이휴게소 등을 주로 이용한다.

보통 때와 마찬가지로 주말 이른 사당역 13번 출구는 원정 산행을 떠나려는 사람과 버스들로 혼잡을 이룬다. 오늘 산행은 오랫동안 애정을 쏟아왔던 산악회에서 특별하게 진행하는 의미 깊은 산행이다. 2년 전 함께 등반했던 동료 산우께서 불의의 사고로 먼저 간 춘천 오봉산에서 산악회 공식 행사로 추모식이 있기 때문이다.

산행 들머리인 강원도 춘천시 신북읍 유포리 배후령 주차장의 도착이다. 산행에 앞서 추모식을 하기 위해 고인의 미망인을 포함하여 28명의 산우들은 엄숙한 분위기 속에서 앞서간 고인에 대하여 추모를 기리는 의식을 거행하고 추도사를 남겼다.

지금으로부터 2년 전인 2011년 5월 28일로 되돌아가 본다. 그날 역시 눈이 부시게 푸르른 신록의 계절 5월의 토요 주말이었다. 지금 이 자리에서 의례적인 절차에 따라 산행 대장의 구령에 맞춰 준비체조가 끝나자 산행 준비를 하는 동안에 개인별로 해후가 이어졌다. 고인은 산악회 선배이자 같은 동네에 사는 네 살 위의 형이었으며 미망인 또한 같은 산악회 동료이면서 동갑내기였기에 이들 부부는 나에게 각별한 사이여서 고인과 오랜만에 만난 반가움의 표시로 깊은 포옹을 나누었다.

《추도사 전문》

오늘, 서기 이천십삼년 오월 이십오일 이곳 오봉산 자락에서 ㅇㅇ산악회 일동은 산을 너무나 사랑하셨던 분을 이곳 오봉산에서 불의에 사고로 돌아가신 하** 임을 추모하기 위하여 이렇게 모였나이다. 살아생전 누구에게나 자상한 형처럼 오빠처럼 저희에 대하여 주신 하** 임을 좋은 곳으로 인도해 주시고, 편안히 쉬게 해주소서. 그리고 남아 있는 유가족에게는 건강과 행복을 누리게 해주소서. 오늘 여기에 산우들이 모여 한마음으로 하** 임을 추모하고자 정성껏 술과 음식을 준비했사오니 어여삐 여기시고 즐거이 받아주소서. 서기 이천십삼년 오월 이십오일 ㅇㅇ산악회 회원 일동

무거운 분위기를 애써 추스르며 산행 대장의 선도에 따라 산행 시작이다. 시작부터 흙이 쓸려 내려가고 나무 침목만 드러난 가파른 계단을 따라 천천히 오른다. 평소와 달리 출발 전 들뜬 분위기는 될 수 있는 대로 자제하고 잠잠한 진행이다.

오르막 산길에 오랜 시간 많은 사람이 다녀간 이유로 길이 파헤쳐진 나머지 아름드리 소나무 한 그루가 볼썽사납게 굵은 뿌리를 허옇게 드러내놓고 무언가 잔뜩 하소연하는 표정이다. 산은 인간에게 아낌없이 다 퍼주지만 우리는 산을 좋아한다는 허울 좋은 명분으로 산을 위해 얼마나 애정을 가지고 보살폈는지 깊은 반성을 느껴야 하는 대목이다.

고도가 점차 높아지고 오봉만의 본색이 드러나며 경관이 좋아진다. 평평한 흙길과 멀리 첩첩산중까지 내다보이는 바윗길을 번갈아 가며 오르막과 내리막의 반복이다. 그렇게 제1봉, 제2봉, 제3봉, 제4봉을 차례로 거침없이 나아간다. 그리고 바위 속에 박힌 철주에 연결된 두 밧줄에 의지하여 오석(烏石)으로 곧추어진 오봉산 정상에 도착이다. 정상에는 사방으로 이름 모를 조망이 나타나지만 그래도 확실하게 알 수 있는 곳은 저 멀리 드리운 소양강댐이다.

청평사 방향으로 하산이다. 한 사람 겨우 빠져나가는 홈통바위와 급경사 구간을 거쳐 2년 전 사고지점인, 일명 망부석으로 불리는 촛대바위에 도착한다. 일행 모두 전열을 가다듬은 다음 다시 한번 엄숙하게 고인에 대해 국화로 헌화하는 예를 갖춘다.

고인이 마지막 산행하는 날 사랑하는 아내와 유난히 다정하게 산행하던 모습을 떠올리며 함께하였던 우리들의 마음을 더욱 안타깝게 한다. 이들 부부 모두는 명문 S대를 나와 교육계 석학으로 존경받는 분이었으며 평소 누구보다 산을 사랑하였고 동료 산우들에게는 희생과 봉사를 몸소 실천하였다. 더더구나 고인은 개인적으로 한 동네 사는 다정한 이웃이었기에 고인에 대해 그리움이 더 크게 와닿는다. 그동안 고인에 대해 무심하게 지내다가 계절이 8번 바뀐 오늘 비로소 많은 산우들이 참석한 가운데 애정 어린 추모를 치를 수 있어 그나마 다행스럽게 여기며 앞으로 산악회 차원에서 오늘의 의미를 지속해서 기리기로 하였다.

오봉산(五峰山 779m)

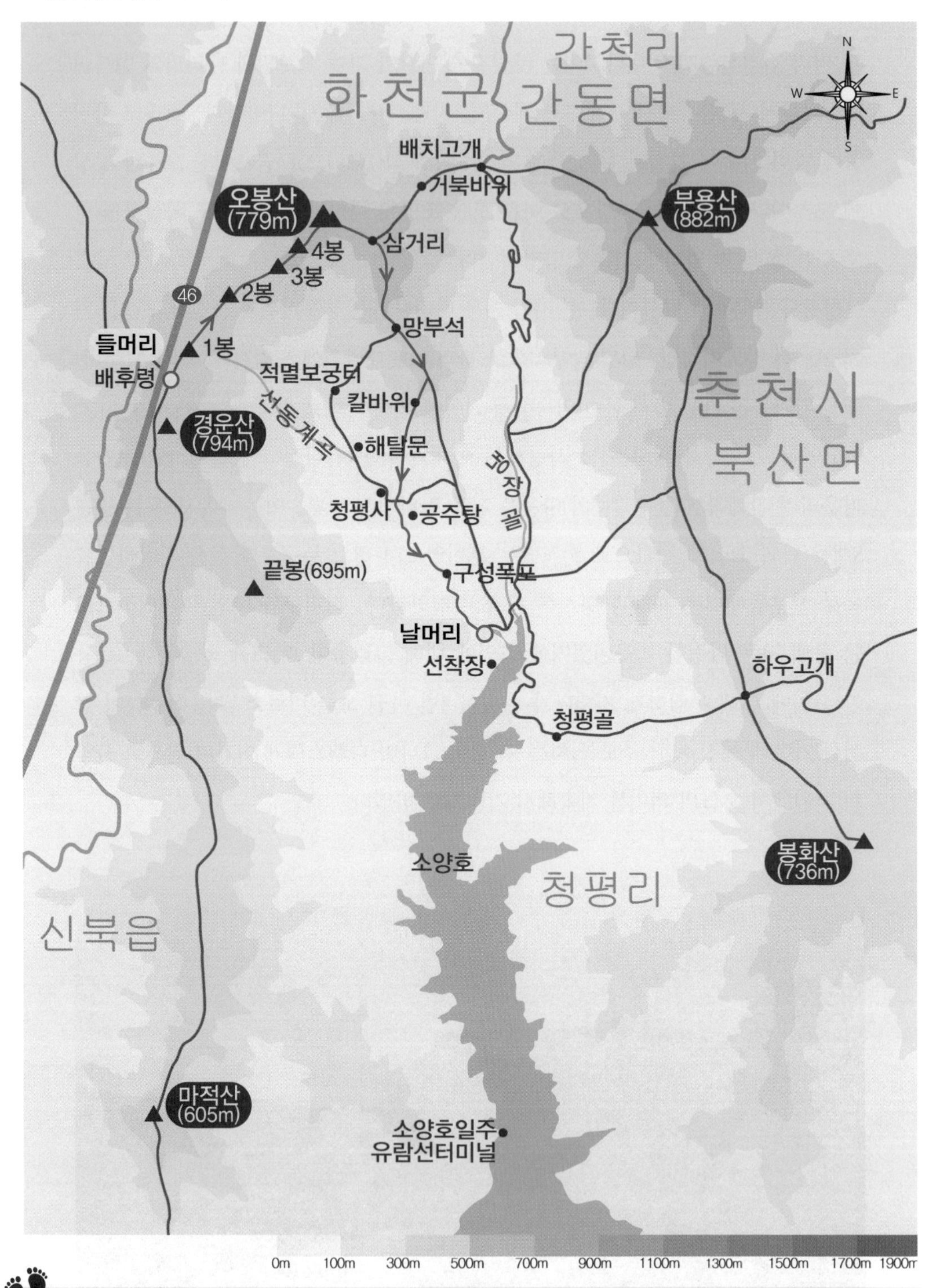

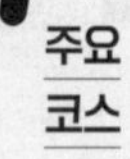

주요 코스

① 배후령 ➡ 1봉 ➡ 2봉 ➡ 3봉 ➡ 4봉 ➡ 오봉산 정상 ➡ 삼거리 ➡ 망부석 ➡ 칼바위 ➡ 청평사 ➡ 구성폭포 ➡ 선착장

② 소양호선착장 ➡ 냉장골 ➡ 배치고개 ➡ 거북바위 ➡ 삼거리 ➡ 오봉산 정상 ➡ 4봉 ➡ 3봉 ➡ 2봉 ➡ 1봉 ➡ 배후령

용문산(龍門山)

경기도 양평군

예로부터 '경기도의 금강산'이라 불릴 만큼 기암괴석과 고산준령이 어우러진 뛰어난 경관을 자랑한다. 특히 신라 선덕여왕 때 창건된 용문사와 높이 62m, 둘레 14m에 달하는 은행나무가 있어 역사적 · 문화적 가치가 높다.

산세가 너무 웅장하고 빼어나며 골이 깊어 경기의 금강산으로 불리는 용문산(龍門山 1,157m) 주변에는 북쪽의 봉미산, 동쪽의 중원산 그리고 서쪽으로 대부산이 있다. 산정은 평탄하며 능선은 대지(臺地)가 발달하였고 급경사의 동남 사면은 용계 등 깊은 계곡과 폭포 및 기암괴석이 어울려 경치가 수려하다.

용문산에는 용문사(龍門寺)를 비롯하여 윤필암(潤筆庵), 상원사(上院寺) 등의 유명 사찰이 있다. 신라 진덕여왕 3년 원효(元曉)에 의해서 창건된 용문사는 1907년 구한말 의병과 왜군이 싸움할 때 소실되고 재건되었으나 한국전쟁 때 또다시 부분적으로 파괴되었다.

아름다움이 깃든 용문산 자락의 용문산자연휴양림에는 산림 휴양관, 숲속의 집, 야영장, 다목적 운동장, 산책로 및 등산로 등의 다양한 산림 휴양시설을 갖추고 있다. 또한, 휴양림 주변에는 펜션, 민박과 여관을 비롯한 숙박 시설과 주차장, 식당, 상가 등 각종 위락과 편의시설이 갖추어져 있다.

동서울터미널에서 용문시외터미널까지 정기 버스가 운행되고 용문역 가는 전철 역시 운행 빈도가 잦다. 용문산자연휴양림은 뛰어난 산세와 경관, 유서 깊은 유적과 더불어 연중 관광객이 끊이지 않는다.

마지막 명산 울릉도 성인봉 도전을 눈앞에 두고 제19호 태풍 '탈림'의 영향으로 동해 남부 먼바다까지 많은 비와 바람을 동반하는 예비 특보가 발효됨에 따라 부득이하게 열차와 배편 모두 취소하고 용문산을 대체 산행지를 나서게 된다. 전국 고속국도는 조상께 미리 벌초하려는 성묘 차량으로 인해 도로의 정체가 예상되고 교통 혼잡도가 다소 떨어질 것으로 예상함에 따라 서울에서 가까운 경기도 양평의 용문산으로 10여 년 만에 다시 찾아가는 계기를 마련한다.

집에서 출발하여 2시간 30분 만에 경의 · 중앙선 용문역에 도착하여 다시 택시로 갈아탄 다음 경기도 양평군 용문면 연수리에 내려 상원사 방향의 포장도로를 따라 이동한다. 보통 전세버스 이용이나 차를 가져가는 사람은 용문사 입구를 산행 시점으로 잡지만 나 홀로 산행이라서 용문사 반대편에 자리한 상원사로 올라가고 산행 날머리인 용문사로 내려가 수월한 대중교통으로 용문역으로 가기 위함이다.

정상까지 3.64㎞ 남겨둔 시점에 상원사가 자리한다. 상원사는 창건한 연대 기록은 없으나 조선 초기인 1398년 태조 7년 조안선사가 중창한 거로 보아 그 이전인 고려 시대의 건물로 추정되며 무학대사가 왕사에 물러난 다음 이곳에서 잠시 머물렀다고 한다.

산행 입구 표시가 없는 조그만 계곡을 횡단하는 나무다리를 건너 본격적인 산행 시작이다. 잠시 후 우측으로 백운봉, 장군봉 방향의 이정표가 나오면 바로 오르막으로 이어진다. 대기의 기운은 서늘한 가을이지만 풀과 나무가 무성한 푸른 산은 아직 여름이 진행형이다.

출발한 지 얼마 되지 않은 곳에 고개 숙인 새하얀 야생화가 시선을 잡아당긴다. 그냥 지나칠법하지만 화려하지 않으면서 맑고 아름다운 모습에 걸음을 멈추자, 낯선 산객이 '나도수정초'라고 귀띔해 준다. 나도수정초는 숲속 토양이 비옥한 곳에 자라는 부생 식물로서 꽃은 4월에서 9월 사이에 흰색으로 피고 열매가 성숙할 때는 곧추서서 핀다고 하는데, 찬 바람 부는 끝물 시기라 그런지 시들어 고개를 숙이고 있음에도 불구하고 우아한 자태는 그대로이다.

아직도 바람이 자는 한낮 기온은 따스하다. 오르는 동안 우측으로 용문산 정상으로 보이는 여러 통신탑이 가끔 나타나지만 대체로 싱그러운 가을 향을 풍기는 빼곡한 숲길이 분위기를 지배한다. 이 숲길은 시간이 지나고 나뭇잎이 하나둘 지게 되면 듬성듬성 뚫린 틈새로 가려졌던 풍경의 전모가 서서히 드러날 것이다.

지도에 표시된 운필 암투로 예상되는 너른 공간에서 더 올라가야 하는 자리에 장군봉이 기다리고 있는데도 내리막으로 향한다. 등산로가 크게 에둘러 산허리를 돌아갈 심산이다. 산모퉁이를 돌고 돌 때마다 바람이 나타나고 사라지기를 반복하며 바람 찾아 숨바꼭질하는 동안 해발 1,065m 장군봉에 도착한다.

장군봉에는 정상치고는 조망이 전혀 없고 정상석만 숲속에 덩그러니 놓여있는 대신 백운봉, 함왕벌로 갈라지는 삼거리 휴게소로 더 어울리는 모양새이다. 주변에 장군약수가 있다지만 도무지 찾을 수가 없어 산길 안내에 대해 정비가 필요한 실정이다.

천고지 봉우리 한 개를 오른 대가로 편안한 능선을 보상받았으니 보폭이 넓어지고 걸음이 빨라진다. 조망이 터진 하늘에는 솜을 쌓아놓은 것처럼 뭉실뭉실한 구름이 떠가며 가을 구색을 갖춰 가고 있다.

다시 흙길과 너덜길이 반복되고 단조로운 오르막을 가는 도중에 퇴적층이 융기되어 시루떡처럼 켜켜이 쌓인 바위에 신기한 눈초리를 던진다. 궁금한 마음에 쉬어가기로 하지만 지질에 대해 특별히 아는 게 없어 그저 요리조리 살펴볼 뿐이다.

용문산 정상까지 110m 남은 이정표가 나온다. 계단 높이가 버겁고 경사가 가파른 목제 계단이 힘겹게 정상으로 이어진다. 계단이 거의 끝날 무렵 푸른 녹음 위에 파란 하늘 조망이 터지며 멀고 가까운 봉우리들의 실체가 하나씩 드러난다.

해발 1,157m 용문산 정상 가섭봉이다. 서쪽으로 함왕봉, 백운봉과 두리봉 등이 조망되고 북서쪽으로 산머리가 듬성듬성 벗겨진 듯한 유명산이 내려다보인다. 천고지 정상에서 맛볼 수 있는 광활함과 망망함이 한껏 느껴진다. 용문산 최고봉 자리는 거북스러운 통신기지에 다 내주고 인근에 자리한 조그만 정상석 옆에는 용문사의 트레이드마크인 은행나무 조형물이 금박으로 예쁘게 물들어져 있다.

정상 바로 아래 전망대로 내려가 평편하고 너른 공간에서 푸른 신록을 감상하며 점심을 먹는다. 차린 것은 소박하지만 맛은 달다. 일상과 달리 산에서 소식하는 이유는 오르는 동안 숨이 덜 차기 위함이며 산행 내내 몸을 가볍게 하기 위함이다.

경사가 심한 내리막 계단을 따라 용문사 방향으로 하산이다. 제법 큼직한 바위가 곳곳에 나타나고 옆으로 매끄러운 능선이 위에서 아래로 곱게 뻗어 있다. 이제 달이 바뀌고 계절이 지쳐갈 때쯤 초록은 알록달록한 단풍 옷으로 갈아입고 파란 하늘과 대조를 이루며 자신만의 화려한 능선을 자랑할 것이다.

정상으로부터 900m를 내려오고 마당바위 못미처 상원사 방향과 분기하는 갈림

길에서 쉬어가기로 한다. 짬짬이 메모한 내용을 중간 정리하고 날머리에서 용문역 가는 30분 간격의 시간표를 나름대로 계산하며 산행 시간을 조절한다.

경사가 심한 너덜길이 계속 이어지고 계곡이 시작하는 무렵 이름과 딱 어울리는 마당바위가 나온다. 집 마당처럼 넓고 평평하여 붙여진 이름으로 평균 높이 3m에 둘레 19m인 다소 비스듬한 평면 위에는 이미 여러 사람이 눌러앉아 즐겁게 지내는 모습이다. 이곳의 시원한 계곡물에 무르팍까지 담그며 족탕을 통해 열기를 식혀 주니 몸이 한층 가볍다. 마당바위부터 흐르는 청량한 물소리와 동행하며 계곡으로 내려간다. 길이 지루하지 않고 머리가 맑아진다.

용문사의 용마루부터 시야에 들어오고 수령 1,100년으로 추정되는 천연기념물 제30호 동양 최대의 용문사은행나무가 위용을 자랑하며 위풍당당한 모습을 보여준다. 이 은행은 신라 마지막 비운의 황태자 마의태자가 나라 잃은 설움을 안고 금강산으로 가다가 심었다고도 하고, 신라 고승의 상대사가 짚고 다니던 지팡이를 땅에 꽂았더니 뿌리가 내려 성장한 것이라는 등 여러 설이 내려온다. 이는 오랜 세월과 전란에도 불타지 않고 살아남은 나무라 하여 천왕목이라 부르며 조선 세종 때에는 정3품에 해당하는 당상직접의 벼슬을 하사받았다 한다. 은행나무 높이가 무려 건물 24층 규모여서 최대한 나무 형체 위주로 인증을 담고 용문사 경내로 관통하는 등산로를 따라 사찰을 빠져나간다.

용문사에는 템플스테이 수련관, 전통찻집을 비롯하여 금동관음보살좌상 등의 보물로 지정된 여러 문화재가 있어 더 유명세를 치른다. 한 줄 기둥으로 세워 일심(一心)을 상징한다는 용문사 일주문을 나와 실질적인 산행을 마친다.

용문산(龍門山 1,157m

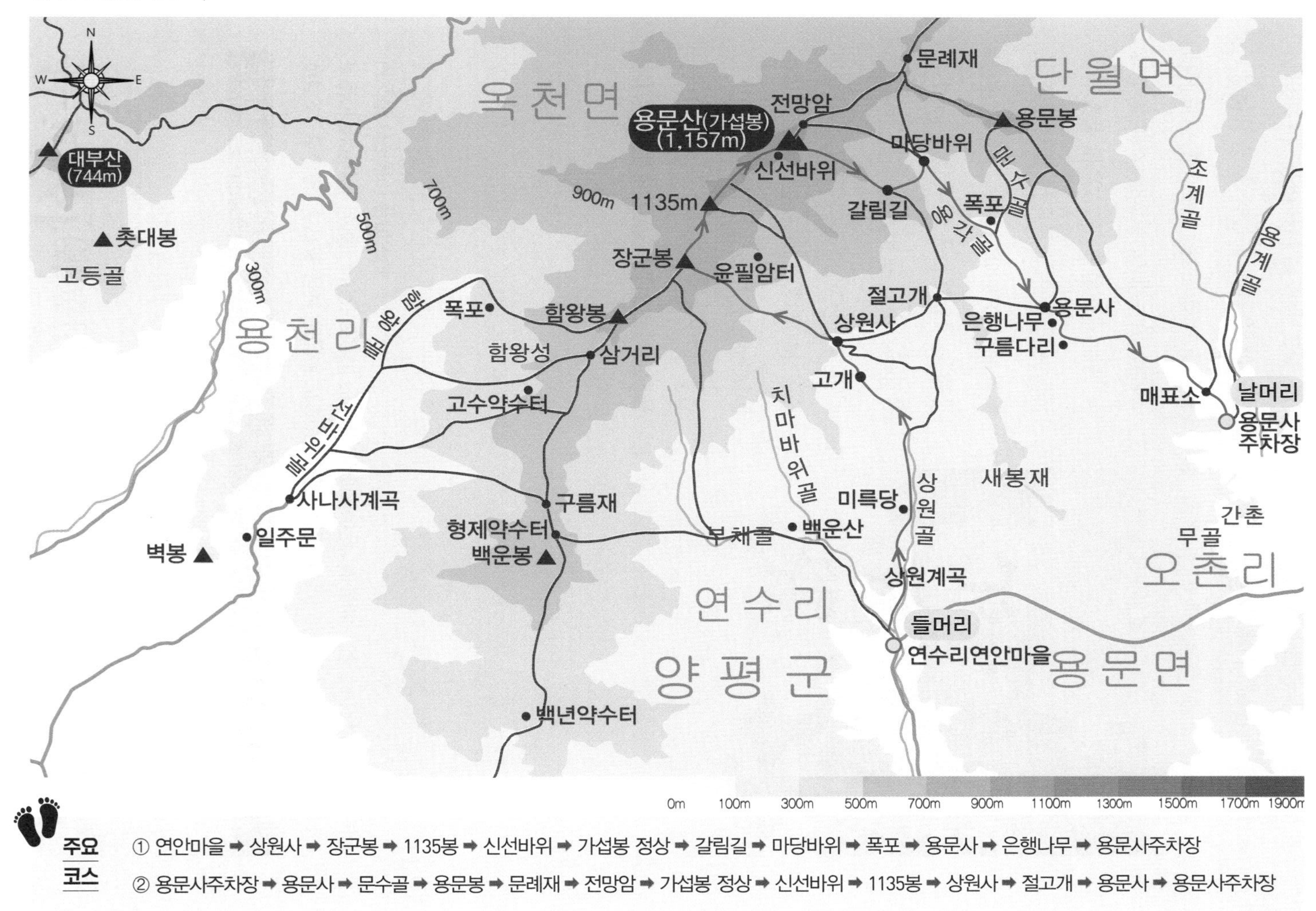

주요 코스

① 연안마을 ➡ 상원사 ➡ 장군봉 ➡ 1135봉 ➡ 신선바위 ➡ 가섭봉 정상 ➡ 갈림길 ➡ 마당바위 ➡ 폭포 ➡ 용문사 ➡ 은행나무 ➡ 용문사주차장

② 용문사주차장 ➡ 용문사 ➡ 문수골 ➡ 용문봉 ➡ 문례재 ➡ 전망암 ➡ 가섭봉 정상 ➡ 신선바위 ➡ 1135봉 ➡ 상원사 ➡ 절고개 ➡ 용문사 ➡ 용문사주차장

용화산(龍華山)

강원특별자치도 춘천시 · 화천군

파로호, 춘천호, 소양호 등과 연접해 있으며 산림과 기암괴석이 어우러져 경관이 아름다우며 조망이 뛰어나다. 성불사 터가 있으며 광바위, 주전자바위, 바둑바위 등 갖가지 전설을 간직한 다양한 바위들이 유명하다.

강원도 화천군과 춘천시의 경계를 이루는 용화산(龍華山 878m)의 주봉은 만장봉이며 김부식의 삼국사기에 의하면 고대 국가 맥국(貊國)의 중심지였다는 기록이 있다. 용화산은 지네와 뱀이 서로 싸우다가 이긴 쪽이 용이 되어서 하늘로 올라갔다는 용화산 탄생 전설이 내려오고 있다. 옛날에 가뭄이 들면 화천군수가 제주가 되어 기우제를 지냈으며, 요즘에는 매년 용화축제 때 시산제를 지내는 등 화천군민에게는 정신적인 영산(靈山)이자 명산이다.

용화산 준령 북쪽에 성불령이라는 고개에는 성불사 터가 있다. 예부터 성불사 저녁 종소리, 용화산의 안개와 구름, 기괴한 돌, 원천리 계곡의 맑은 물, 부용산의 밝은 달, 죽엽산의 단풍, 구운소의 물고기 등을 화천 팔경이라 불렀다.

용화산을 중심으로 국립용화산자연휴양림과 주변에 오봉산, 대룡산, 금병산, 북배산이 있다. 화천군과 춘천시를 이어주는 국내 최장 배후령 터널이 개통되는 등 수도권에서 용화산의 접근성이 한 층 개선되어 이 지역 산들에 대한 등산객들의 발길이 많이 이어지고 있다.

절기의 시간은 늘 계절을 한발 앞서간다고 하더라도 무더위 기세가 꺾일 줄 모르는 상황에서 시나브로 입추를 바라본다는 게 참으로 아이러니하다. 더더구나 올여름은 오랫동안 무더위가 기승을 부린다고 하니 당분간 여름 산행에 대한 각별한 준비가 요구되는 때이다.

산행 들머리인 강원도 춘천시 사북면 고성리 사여교부터 햇볕이 노출된 뙤약볕이다. 출발 전인데도 날씨가 맑은 하늘이라서 멀리 용화산 정상과 바위 구간이 멋진 모습으로 눈앞에 선하게 펼쳐진다. 산행 입구에서 잠시 지나면 장독대에 각종 항아리가 가득 찬 일반 가정집 같은 용화사 신통암이 산객의 호기심을 불러일으킬 만큼 특별하게 다가오지만, 일행과의 보조를 맞추고자 눈길만 한 번 건네줄 뿐 곧장 임

도를 따라 산행으로 들어간다.

출발한 지 30분이 지나 그늘진 숲이 나오지만, 잠시뿐이다. 햇볕에 숨었다가 들키기를 반복한다. 바닥은 흙길 대신 울퉁불퉁하고 하늘이 열릴 때마다 나뭇가지 사이로 바위산의 형태가 드문드문 드러난다.

경사는 크게 가파르지 않지만 바람 없는 햇빛이 발목을 잡는 바람에 느리게 진행하면서 자주 쉬어가면 화천과 춘천의 경계를 이루는 큰 고개 지점에 이른다. 큰 고개는 화천 방향에서 차량 진입이 가능하여 많은 산악회에서 용화산 산행 들머리로 잡는 장소이기도 하다.

큰 고개에서 우측 이정표를 따라 걷기 편안 육산이 나오는가 싶더니 이내 커다란 암벽들이 도사린다. 정상이 좀 더 가까워졌다는 신호인데, 등산로에 자리한 바윗돌이 하나 같이 까칠까칠 모나지 않고 둥글둥글하다는 것은 그만큼 많은 사람의 발길이 이어졌다는 흔적이다. 산행객들 체취가 역력한 암반을 느리게 숨 고르며 천천히 오른다.

고도를 높일수록 멋진 조망이 들어오고 하늘은 눈이 부시도록 따사로운 여름빛을 쏟아붓는다. 산객들은 불볕더위 속에 인내심을 키우며 하염없이 정상 고도를 향해 오르고 또 오르는데, 의젓함과 꿋꿋함을 보여주는 660봉 바위가 쉬었다 가라 붙잡으며 숨 고를 틈을 내어준다. 텁석 주저앉아 시원한 바람과 맑은 공기를 맡으며 싱그러운 자연 속에 빠져든다.

고개를 잠깐 돌려 까마득한 절벽 끝 암반에 뿌리를 내리고 독야청청 의연하게 수백 년 이상 버텼을 소나무 기개에 이끌려 쓰다듬어주고 보듬어 기념을 남긴다.

타는 목을 얼음물로 달래며 오르기를 반복하니 오른편으로 또다시 장엄한 풍광이 산객의 눈을 매료시킨다. 얼음물로 더위를 진정시키며 보는 즐거움이 아늑하다. 만장대와 칼바위를 핑계 삼아 인증을 남기고 그 자리에 눌러앉아 해찰을 부린다. 시원한 막걸리가 등장하는가 하면, 점심도 하기 전에 배낭 무게를 가볍게 하려는 듯 저마다 온갖 준비물이 쏟아져 나온다. 산행 중 음주는 금기사항이다. 그런데도 구태여 고집한다면 정상을 밟고 상징적 의미로 '정상주' 정도로 한 잔에 그쳐야 한다.

정상을 400m 남겨두고 다들 기진맥진이다. 햇빛 기세에 눌려 바람은 아예 종적을 감추어버렸다. 가까운 정상이 멀리 있는 길처럼 야속하게 느껴질 무렵 드디어 정상에 도착이다. 정상석 앞에서 인증을 남기고 뒤에 새겨진 용화산 됨됨이를 살피면서 참고할 만한 내력을 훑어본다.

남쪽으로 춘천시를 에워싼 파로호, 춘천호, 소양호, 의암호가 아스라이 펼쳐진다. 부족 국가 시대 석성인 용화산성이 있었다는 정상부에서 참나무 그늘을 골라 도시락으로 중식을 해결한다.

안부, 고탄령을 거쳐 사여계곡 쪽으로 하산하는 계획을 잡고 자리를 뜬다. 내려가기를 거듭할수록 계곡 모습이 뚜렷해지고 졸졸 흐르던 물소리는 더 거세진다. 산행에서 물소리는 시도 때도 없이 가리지 않고 희망의 메시지로 들린다.

후끈대는 열을 식히고자 계곡물에 몸을 허락하고 알탕(몸 통째로 물속으로 들어가는 행위)을 마치고 나니 걸음걸이가 날아갈 듯 개운하다. 하산할 때 기회 닿는 대로 의당 하는 치레지만 오늘같이 무더운 날 알탕 효과는 최고의 처방이다.

무더위에서 관절에 부하가 걸리면 찬물에 족탕이나 알탕 하는 처방은 부종이 줄어들고 염증이 감소하면서 통증을 가라앉아 회복이 빨라짐에 따라 얼음찜질에 버금가는 효과가 있다. 산행에서 제대로 된 족탕이나 알탕 하나만으로 날머리까지 깔끔한 기분으로 유종의 미를 거둘 수 있는 이유이다.

평소 용화산 산행은 평범한 중급 이하이지만 오늘같이 한낮 불볕더위 산행은 난도를 한 단계 높여야 한다. 이럴 때일수록 충분한 식수와 더딘 진행 그리고 중간마

다 휴식이 절대 필요하다. 오늘 준비한 2.5ℓ의 얼음물이 여유가 없는 이유도 무더위 산행 때문이다. 산은 볼 때와 오르내릴 때가 다르다. 높다고 모두 힘든 것도 아니며 낮다고 쉽게 여겨서도 안 된다. 몸 상태나 기상 상황에 적절하게 대응하고 자연의 순리를 겸허하게 순응하여야 한다.

처음 산행을 시작할 때는 가족력에 대한 우려와 건강관리를 목적으로 산행을 시작하였다. 초창기 힘들고 지루했던 산행이 이제는 좋아서 선택하는 취미 생활이자 즐겁게 다니는 산행이 되었다. 일상의 7분의 1을 꼬박 산행에 투자하는 게 절대 밑지지 않는다는 셈법도 꾸준한 산행을 통해 터득하였다. 몸이 허락한다면 불볕더위가 기승을 부리더라도 명산 도전은 계속될 수밖에 없는 숙명과 같은 것이다.

용화산(龍華山 878m)

주요 코스

① 사여교 ➡ 새낭바위골 ➡ 양통개울 ➡ 삼각바위 ➡ 큰고개 ➡ 주전자부리 ➡ 만장대 ➡ 칼바위 ➡ 용화산 정상 ➡ 안부 ➡ 고탄령 ➡ 절터 ➡ 암반합수점 ➡ 사여교

② 용화산자연휴양림 ➡ 사여령 ➡ 고탄령 ➡ 안부 ➡ 용화산 정상 ➡ 칼바위 ➡ 촛대바위 ➡ 양통개울 ➡ 새낭바위골 ➡ 사여교

운문산(雲門山)

경상북도 청도군, 경상남도 밀양시

구연동(臼淵洞)과 얼음골이라 불리는 동학(洞壑), 해바위(景岩) 등 천태만상의 기암괴석들이 계곡과 어우러져 수려한 경관을 자랑한다. 이곳에는 보물로 지정된 대웅전, 삼층석탑, 석등, 원응국사비, 석조여래좌상 등 다양한 문화유적을 간직한 운문사가 있으며, 석남사 경내에는 수령 400년을 자랑하는 처진 소나무가 유명하다.

경북 청도군 운문면에 있는 운문산(雲門山 1,188m) 은 경북과 경남의 경계를 이루며 가지산 등과 더불어 영남알프스 중의 하나이다. 곳곳에 기암괴석, 바위 봉우리와 울창한 숲이 있고 천문동 계곡, 목골, 배넘이골, 큰골, 학심이골 등이 유명하다.

운문산의 유래는 삼국사기와 삼국유사의 기록에서 나타나는 운문사에서 연유되었다. 삼국유사를 지은 일연선사와 화랑도가 낭도에게 세속오계를 전수한 원광국사가 운문사에서 머물렀던 곳으로 알려져 더욱 유명해졌다.

운문사 내에는 천연기념물 제180호 운문사 처진 소나무가 있다. 청도 팔경 중 하나로 꼽는 운문효종은 희미하게 드러나는 운문사의 새벽 종소리가 잘 어우러진다고 알려졌다. 수려한 자연경관과 고찰 운문사로 매년 많은 관광객이 찾아 자연환경 훼손이 된다는 이유로 2011년까지 자연 휴식년제를 시행한 결과 사라진 동물과 식물 등 자연 생태가 많이 복원되었다 한다.

경북 청도 소재 운문산생태 탐방로가 다시 휴식년제로 접어드는 관계로 청도 측의 운문산이 입산 통제가 되는 바람에 경남 밀양으로 급하게 에둘러 산행 계획을 수정한다.

멀고 긴 여정에 편승하고자 이른 아침 5시 30분 용산발 KTX에 몸을 싣고 울산역(통도사)을 거쳐 택시, 시내버스와 시외버스를 번갈아 탄 끝에 오전 10시 13분 산행 들머리인 경남 밀양시 산내면 석골사 입구 원서 정류장의 도착이다.

큰 하천이 흐르는 평화로운 마을 어귀로 들어선다. 길 오른쪽으로 밀양 얼음골 사과의 고장답게 마을은 온통 하얀 사과꽃으로 소복 단장한 풍경이다. 마을을 벗어날 무렵 임진왜란 때 나라를 위하여 밀양 최초로 의병을 일으킨 창의유적 기념비가 생각 밖에서 나타난다.

30분을 걸어 석골사의 도착이다. 계곡 옆에 아담하고 단아한 사찰은 석가 탄신일에 즈음하여 연등놀이 때 밝힐 각양각색의 등불 달기가 한창이다. 보는 재미를 마치고 석간수에 목을 축이고서 본격으로 산행 시작이다.

경쾌함이 묻어 나오는 계곡의 물소리에 도취하여 얼마쯤 올라왔을까? 아뿔싸! 계곡을 횡단하여 청송 사씨 무덤을 따라 능선으로 오르려는 길을 놓치고 말았다. 다시 돌아가기에는 너무 지나쳤기에 함께한 일행과 너털웃음 한 번 짓고 계속해서 계곡을 따라 오르기로 한다. 몇 시간을 오르니 가파른 오름길로 이어지고 얼굴에 송골송골 땀이 맺힌다. 길은 하늘을 뒤덮은 신록의 숲속이어서 아직은 발걸음이 가벼운 상태이다.

빽빽하게 들어선 숲 틈새로 뽀얀 햇살이 속살을 내어주듯 수줍은 속내를 드러낸다. 가느다란 햇살이 정오를 향해 치달으며 점점 빛의 세기가 더해짐을 피부로 느낀다.

옛날 마고 할멈이 정구지(부추의 경상도 방언)를 앞치마에 담은 채 산길을 가다가 잠시 이곳 바위에서 쉬었는데 그중 일부를 흘려버리는 바람에 지금까지도 바위에 정구지가 난다는 데서 붙여진 정구지 바위에 이른다.

고도가 제법 높아졌어도 골이 깊고 수량이 많아 흐르는 계곡과 함께 등산로가 형성되어 있다. 계곡을 지그재그로 건너는 쏠쏠함과 간혹 나타나는 계단 그리고 바위에 깔린 밧줄의 출현으로 산행하기에 지루하지 않다. 이렇게 물이 많은 산과 계곡은 여름 산행지로도 괜찮다는 생각이다.

고도 800m의 지점에서 휴식을 하게 되는 이유는 시원한 바람을 맞기 위함도 있지만 비탈진 곳곳에 쌓아놓은 무더기 돌탑에 대한 궁금증이 더했기 때문이다. 평지도 아니고 길옆도 아닌 아슬아슬한 경사진 곳에 어떤 사연으로 지극 정성을 담았는지 곰곰이 생각해도 사유는 못 밝히고 의문점은 더욱더 증폭될 뿐이다.

해발 1,034m(트랭글 기준)의 고지에 소박하지만 품이 너른 암자 상운암이 자리한다. 상운암은 석골사의 부속 사찰로 수행의 도량이다. 제대로 된 당우를 갖추지 못해 산속 오두막 같은 분위기이지만 이곳에서 바라보는 전망과 머릿속까지 얼얼한 얼음장 같은 약수는 이 순간 무엇보다 일품이다.

상운암에서 400m 지나면 억산과 딱밭재로 갈라지는 삼거리이다. 이제 정상까지 불과 300m만 남겨둔 시점에서 비교적 완만한 외길 능선이다. 여유로움이 생겨서일까? 산에 오르면 늘 비슷하게 접하는 풍광인데도 보고 또 봐도 너무 좋다. 수수하면 수수한 대로 황홀하면 황홀한 대로 재물이 줄지 않고 계속 쏟아진다는 화수분처럼 새로운 풍광을 두고 감동이 끊임없이 솟아난다.

천천히 다가가 오늘의 정상 운문산에 이르니 행복감이 쓰나미처럼 밀려온다. 저 멀리 마주 보는 곳에는 지난여름 뙤약볕 내리쬐던 날 어렵게 올랐던 재약산을 비롯하여 가지산, 신불산, 영취산이 또렷하게 보이고 산 아래는 바둑판처럼 그어진 전답과 바둑알 모양의 농가가 보는 이의 마음을 평화롭게 녹여준다. 일상으로 되돌아가면 다시 아옹다옹 그리고 아등바등 살지언정 이 순간만은 모든 상념을 털어버리고 이 기분만을 마냥 누리고 싶다.

이곳 운문산(1,188m)을 포함하여 영남알프스라고 이름 지어진 가지산(1,240m), 재약산(천황산 1.1180m), 신불산(1,209m), 영축산(취서산 1,059m), 고헌산(1,032m), 간월산 (1,083m) 등의 7개 산은 경상남북도의 경계 부근에서 고도 1,000m 이상을 유지하며 유럽의 알프스처럼 높고 아름답다 해서 붙여진 이름이다.

하산 방향은 당초에 오르고자 했던 능선길이다. 여전히 정상 못지않은 전망이 계속되는 가운데 남쪽 능선에는 만개한 진달래와 필 시기를 저울질하는 어린 철쭉 꽃봉오리 그리고 노랑 야생화 군락이 한데 어울리며 따사로운 볕을 한가로이 쬐고 있다. 정녕 봄은 높은 산정에서까지 마다하지 않고 아름다운 계절을 노래하고 있다.

생각보다 해발 1,107m 함화산이 금세 지나고 인적이 뜸한 상황에서 완만한 내리막이 계속 이어진다. 가파른 내리막에 이어 급기야 곤두박질하다시피 고도가 뚝뚝 떨어진다.

이정표는 물론이고 길라잡이 하는 산악회 리본마저 사라졌다. 좌우 아래위로 헤매다 길이 잘못 들어섰음을 직감한다. 산에서 처음 만난 일행과 한편이 되어 산세와 지형을 탐색하다가 경험에서 오는 감각을 발휘하여 급기야 오전에 오르던 계곡으로 다시 합류한다. 일부 구간이 올라왔던 계곡과 중복되었지만 길이 착해지고 물소리의 지원을 받아 피로가 사라진다. 100대 명산에 대한 탐방로와 이정표 정비가 다시 한번 시급한 실정임을 피부로 느낀다.

산행의 시작과 끝을 같이하는 산행 날머리 석골사의 도착이다. 석골사 옆에 자리한 석골계곡의 진경 석골폭포는 높이가 상당한 데다 폭도 넓어 아래로 떨어지는 물줄기와 소리가 장쾌하고 시원하다.

산행을 다 마치고 폭포 아래 물가에 편히 앉아 무릎까지 바지를 걷어 올린 후에 계곡물에 담근다. 아직은 물속에 발을 계속 넣기에는 차갑지만, 발과 무릎의 열을 식히는 데에는 차가운 물이 최고이다. 야구에서 투수가 전력투구 후에 혹사당한 어깨에 얼음찜질하는 모습을 보곤 하는데 지금과 마찬가지의 처방일 것이다. 앞으로 날이 따뜻해지고 여름으로 치달을수록 산행의 백미 족탕의 재미도 쏠쏠해질 것 같다.

운문산(雲門山 1,188m)

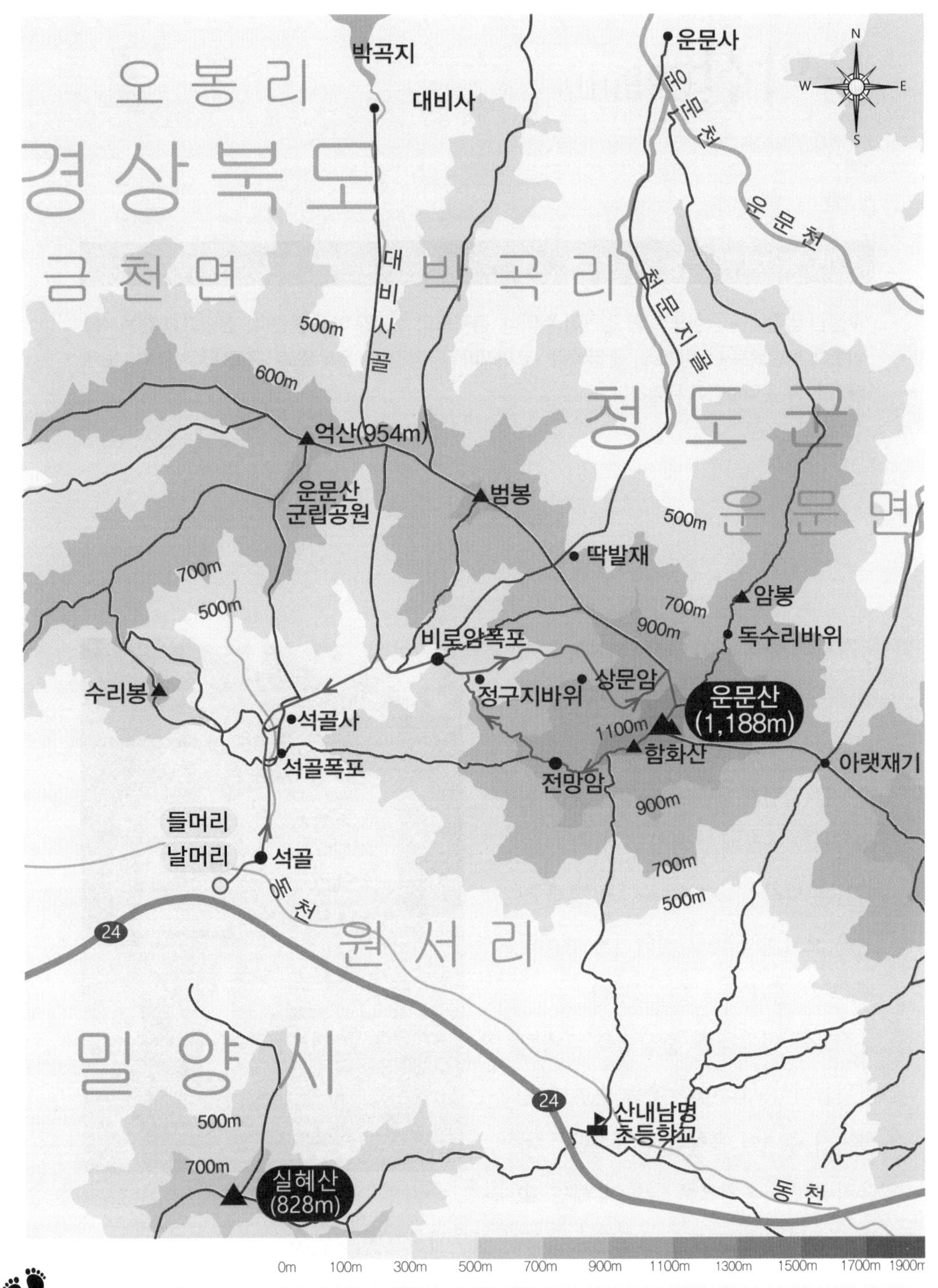

주요 코스

① 원서정류장 ➡ 석골 ➡ 석골폭포 ➡ 석골사 ➡ 비로암폭포 ➡ 정구지바위 ➡ 상문암 ➡ 운문산 정상 ➡ 함화산 ➡ 전망암 ➡ 정구지바위 ➡ 석골사 ➡ 석골

② 운문사 ➡ 천문지골 ➡ 딱발재 ➡ 능선길 ➡ 운문상 정상 ➡ 상문암 ➡ 정구지바위 ➡ 비로암폭포 ➡ 석골사 ➡ 석골폭포

운악산(雲岳山)

경기도 포천시·가평군

주봉인 망경대를 중심으로 한 경관이 뛰어나 '경기도의 소금강'이라 불린다. 천년고찰 현등사를 비롯해 백년폭포, 오랑캐소, 눈썹바위, 코끼리바위, 망경대, 무우폭포, 큰골내치기암벽, 노채애기소 등 운악 8경이 유명하다.

경기도 동북 산간 지역에 있는 운악산(雲岳山 937m)은 기암과 바위 봉우리로 이루어져 있어 시원하게 펼쳐진 화강암 슬랩과 곳곳에 자리한 높은 단애가 시원스럽게 펼쳐지는 산이다. 운악산은 멀리서 봐도 아름답고 실제 능선을 오르면서 봐도 산악미가 빼어나 제2의 '소금강'이라고도 불린다.

주봉인 만경대를 중심으로 우람한 바위들이 봉우리마다 우뚝 솟아 있는 골짜기 주변의 울창한 활엽수림은 가을이면 만산홍엽으로 물들어 매년 10월 중순쯤 경기도 포천시 화현면 운악산 입구에서 '운악산단풍제'가 열린다.

휴양림 조성 초기에 조선 후기로 추정되는 민수용 자기가 발견되면서 가마터를 복원해 한강 주변에서 최초로 자기를 굽던 향토유적지인 가마터가 생겨났다. 한편, 후고구려의 흔적인 궁예의 성터가 운악산 일대에 남아 있다.

대중교통을 이용하여 서울 근교에 자리한 운악산을 다시 찾아가기를 헤아려보니 어언 만 9년이다. 청량리역 4번 출구에서 청량리역 환승센터 1번 승차장에서 1330-44번 경기 가평 직행버스를 타고 무려 98번의 정류장을 거쳐 2시간 40분 만에 버스 종착지인 경기도 가평군 조종면 운악리 운악산 입구에서 내린다.

입장료 없는 매표소를 지나면 현등사 일주문이 나오고 가평군의 상징인 푸른 잣나무가 양 길가에서 숲을 이루며 길손을 반긴다. 다시 현등사로 이어지는 비포장길을 잠시 따라가다 첫 번째 이정표를 만난다. 정상 2.61㎞, 망경로 방향의 우측 능선길로 빠지자마자 목재로 엉기성기 얽힌 오르막 계단이 나타나면서 가파름이다.

선녀를 기다리다 바위가 되었다는 눈썹바위가 산길 정면에 나타나 호기심을 불러일으킨다. 옛날에 한 총각이 계곡에서 목욕하는 선녀들을 보고 치마 하나를 훔쳤는데, 총각이 선녀를 집으로 데려가려고 했지만, 선녀는 치마를 입지 않아 따라갈 수 없다고 하자 총각은 덜컥 치마를 내주었다. 치마를 입은 선녀는 곧 돌아오겠다며 하늘로 올라갔고 선녀의 말만 믿고 총각은 하염없이 기다리다 눈썹바위가 되었다는 사연이다.

후텁지근한 날씨에 바람까지 자는데, 등산로는 예나 지금이나 험하다. 고개를 숙이면 땀이 낙수 되어 발등으로 뚝뚝 떨어진다. 연신 얼음물을 들이켜지만 이내 갈증 나기는 별반 차이가 없다. 이정표가 없어 목적지 가늠이 곤란하다. 힘들고 안 힘들고를 떠나 불확실한 산행 정보까지 겹쳐 열악한 상황이다.

얼마쯤 지나왔을까. 험한 된비알은 아직도 여전하다. 제법 선이 굵은 능선이 눈앞으로 다가온다. 힘을 모아 정성을 다해 오르다 보면 앞서간 사람들이 갑자기 정체를 이룬다. 운악산의 비경 병풍바위가 산객들의 눈길을 사로잡아 발목을 잡은 이유이다.

전망대에 이르러 안내판과 마주한다. 신라 법흥왕 때 인도 승녀 '마라하미'가 운악산을 오르다가 병풍처럼 펼쳐진 바위와 맞닥뜨렸는데 자꾸만 미끄러지는 이유가 부

처의 뜻이라고 여기고 계속 고행하다가 그 자리에서 죽었다는 데서 인도 승을 내친 바위, 즉 병풍바위가 연유되었다는 내용이다.

거의 암벽 등반이라는 수준의 바윗길을 오른다. 한참을 오르면 매끈한 돌에 예쁘게 음각된 표지석과 함께 떡하니 미륵바위가 나타나 시원한 조망을 내준다. 힘들게 오른 피로가 누그러진다.

머물고 싶은 미륵바위 전망대에서 오래 머물다 보니 생각하지 못한 옛 동료와 지인들을 우연히 만나는 뜻하지 않은 행운을 얻는다. 가는 방향이 반대인 상황에서 평소와 다른 차림으로 산행 도중에 의외의 만남이다. 반가움으로 만나 진지한 대화가 이어지다가 아쉽게 끝났다.

여전히 암벽 수준의 바위가 계속 이어진다. 쇠밧줄과 바위에 뿌리를 내린 쇠 발판을 밟아가며 앞사람과의 일정한 간격을 유지한다. 천천히 한 걸음 한 걸음 옮기더라도 그만큼의 고도가 높여진다.

철제 사다리 지점을 표시하는 이정표와 함께 정상이 390m 남았음을 알려준다. 동시에 눈앞에 펼쳐진 풍광에 매료되어 잠시 숨을 고른다. 예쁘면 다 용서된다고 했던가? 멋들어지게 파노라마처럼 펼쳐진 운악산 조망을 바라다보니 그간의 힘듦을 다 보상받는 기분이다.

악산의 본색이 이미 드러낸 채 가파르고 아슬아슬한 바윗길이 계속 이어진다. 저 높은 철 재 계단마저 다 오르면 정상인 줄 알았는데 웬걸, 만경대 안내 표시판이란다. 정상을 쉽게 내어주는 대신 마지막 하나의 관문을 더 거치도록 산객의 인내를 시험한다. 치른 대가에 상응하듯 만경대 전망대에서 바라보면 경기의 금강으로 불릴 만큼 산세와 기암괴석, 계곡이 잘 어우러져 절경을 이룬다.

이제 더는 피할 수 없는 정상 표지석이 서서히 눈앞으로 다가온다. 정상은 예전에 포천시에서 세운 평범한 글씨체와 사뭇 다르게 바로 옆에 가평군에서 멋진 필체로 세운 '운악산비로봉' 여섯 글자가 큼직한 돌에 새겨져 당당하게 서 있다. 예전에는 보지 못했던 새하얀 화강암인 것이다. 정상부는 경기도 가평군과 포천시의 경계를 긋고 너른 공간이 자리하며 쉬어가기 안성맞춤이다. 그늘진 곳에서 가볍게 김밥으로 점심을 때우고 시원한 냉 막걸리 한 잔으로 갈증을 가라앉힌다.

짧은 점심과 휴식을 마치고 절고개와 현등사 방향으로 하산이다. 소원을 빌며 기도하면 아들을 낳게 해준다는 남근바위 전망대는 그 자체만으로 산객들한테 관심을 끌 만하다. 우연의 일치로 생겨난 작품인지 아니면 조물주의 오묘한 조화인지 카메라 줌으로 당겨 보니 영락없이 튼실한 남근 형상이다. 유독 운악산 입구의 가게에서 남근 형상을 한 갖가지 지역 특산품의 원천이 이곳 남근바위에서 비롯되었다고 한다.

눈썹바위부터 시작하여 코끼리바위까지 갖가지 사연을 가지고 곳곳에 친절하게 설치된 표지판은 운악산만의 훌륭한 강점이다. 반면에 악산의 명성에 걸맞게 징그러운 바위 봉우리를 거쳐 오르는 것도 모자라 내려가는 길은 마냥 너덜지대의 계곡으로 하산이다.

부처 앞에 자신의 등불을 올린다는 뜻으로 새긴 현등사는 가평군에서 규모가 가장 큰 고찰이다. 절에 도착하면서 마음이 겸손해지고 산행 분위기가 잠잠하게 가라앉는다. 신라 법흥왕 때 인도 승려가 신라에 포교하러 온 기념으로 창건한 현등사

는 오랫동안 폐사되었다가 898년 고려 효공왕 때 중창하였다 한다. 경내에는 조선 중기의 뛰어난 도학자인 서경덕의 부도가 있다. 임진왜란 일어나기 전에 도요토미 히데요시가 국교 교섭에 대한 선물로 보낸 금병풍 1점을 이곳에서 보관하다가 한국 전쟁 때 분실되었다고 한다.

원점 회귀를 향하여 가파른 콘크리트 포장도로를 따라 내려간다. 햇볕을 피하고자 오른쪽과 왼쪽을 요리조리 번갈아 내려간다.

구한말 을사늑약 체결에 반대하여 자결한 민영환 선생이 기울어 가는 나라의 운명을 걱정한 나머지 탄식하고 새겼던 암각서에 이르러 마음이 숙연해진다. 암각서를 끼고 운악산 품에 안겨 있는 현등사 계곡은 평소에 그토록 흐르는 물이 많기로 소문났지만, 작금에는 심한 가뭄으로 인해 볼품없는 몰골을 유지하고 있어 지켜보는 마음이 너무 민망스럽다.

민영환 선생께서 나라 걱정했던 정도는 아니더라도 현재 전국적으로 긴 가뭄이 극심해 모든 사람의 걱정이 이만저만이 아닌 상황이다. 조금 전부터 하늘에서 간간이 떨어지는 한두 방울의 비가 큰비로 쏟아져 내리기를 간절히 바란다.

운악산(雲岳山 936m)

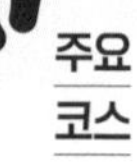

주요 코스

① 운하교 ➡ 구 매표소 ➡ 갈림길 ➡ 눈썹바위 ➡ 미륵바위 ➡ 만경대 ➡ 운악산 정상 ➡ 남근석 ➡ 절고개 ➡ 코끼리바위 ➡ 절고개폭포 ➡ 현등사 ➡ 무우폭포 ➡ 구 매표소

② 운주사 ➡ 무지개폭포 ➡ 운악산성 ➡ 운악산 정상 ➡ 만경대 ➡ 현등사 ➡ 무우폭포 ➡ 현등로 ➡ 구 매표소

운장산(雲長山)

전북특별자치도 완주군·진안군

운일암(雲日岩)과 반일암(半日岩)으로 유명한 대불천(大佛川) 계곡이 있다. 맑은 물과 암벽, 울창한 숲이 어우러져 경관이 아름다우며, 자연휴양림도 조성되어 있다. 북두칠성 전설이 깃든 '칠성대'와 조선 시대 송익필의 전설이 얽힌 '오성대'가 특히 유명하다.

전북도 내륙 깊숙이 자리하며 노령산맥 여러 봉우리 중의 으뜸인 운장산(雲長山 1,126m)은 일대가 고산지대로 이루어져 있어 조망이 무척 뛰어나며 웅장한 산세를 형성하고 있다. 비교적 높은 산임에도 교통이 편리하고 훼손되지 않은 자연 그대로의 원시림이 잘 보존돼 있으며 양산유곡의 옥류가 흐르는 계곡은 여름철 피서지로 주목을 받는다.

북쪽으로 대둔산과 계룡산, 동쪽으로 덕유산국립공원, 남쪽으로는 마이산도립공원과 그 뒤로 지리산 전경까지 시야에 들어온다. 운장산 주변 마을은 토종꿀, 토종닭, 흑염소 등의 특산물로 유명하다. 산 비탈면에 인삼과 버섯이 많이 생산되고 산허리에서는 많은 감나무가 자란다.

구름에 가려진 시간이 길다는 뜻을 가진 운장산은 북두칠성 별들의 전설이 담겨 있는 칠성대를 지난 다음 나타나는 오성대 자가운장에서 조선 중종 때의 성리학자 운장(雲長) 송익필(宋翼弼) 선생이 은거한 데서 유래하였다고 전해진다.

며칠 전부터 남부지방에 대한 겨울비 예고로 내심 걱정거리를 안고 있었는데 다행히 기우에 그쳤다. 한겨울 설산 기대가 부풀대로 부푼 요즘 산에서 우산을 받치거나 판초 우의를 뒤집어쓴다는 걸 상상만 해도 아찔하다.

3시간 동안 차량으로 이동하여 들머리인 전북 완주군 동상면 신월리 피암목재에 들어선다. 올겨울 이상기후로 눈 구경하기 어려운 상황이라 아쉬움이 따르지만 그래도 매서운 날씨가 아닌 포근한 기후 덕분에 배낭 무게도 가벼워졌고 그만큼 발걸음도 상쾌하다. 산행 시작부터 맑고 진한 햇볕을 등에 지고 양지바른 비탈길을 오르는데 밤사이 얼었던 땅이 해빙되어 질퍽질퍽하다. 이렇게 1㎞ 정도 별 쉼 없이 오르고 또 오르니 산허리쯤에 도달하고 이름 없는 작은 봉우리 하나가 살며시 고개를 내민다.

물 한 모금을 들이켰고 이내 가슴 가득히 시원하게 체증이 내려간다. 지금까지 들인 만큼의 정성을 마지막 구간에 쏟아부으며 고도를 높여간다. 대화는 끊기고 거친 숨소리만 흐르는 가운데 가파른 비탈을 얼마쯤 치고 올라왔을까? 마른 나뭇가지와 우거진 산죽 사이로 강한 햇살이 반갑게 손을 내민다.

앞서간 산객들의 시끌벅적한 수다가 점점 가까이 들려오고 이윽고 오늘 1차 목표치 서봉에 도착하였음을 확인한다. 서봉에서 진행 방향의 우측으로 벗어나면 북두칠성의 일곱 성군이 운장산에 살던 스님과 선비를 시험하기 위해 내려왔다가 하늘로 되돌아갔다는 칠성대가 나온다.

칠성대 아래에 굽이굽이 깊은 골마다 구름바다로 채워졌다는 솜털 같은 구름은 간데없고 그 자리에 높고 맑은 빛으로 채워졌다. 산등성이에는 눈 대신 떠도는 구름 그림자로 듬성듬성 덧칠해졌고 오늘이 다시 한번 맑은 날씨임을 보여준다.

서봉으로 되돌아 나오는 순간 칠성대 바로 옆에 웬걸! 형체가 분명하고 허름한 묘 한기가 나타난다. 해발 1,120m의 산정에 후손들은 어떤 지극 정성의 염원을 담았기에 이곳에 묫자리를 잡았을까 궁금해진다. 고인의 마지막 유언일까? 아니면 음양오행을 바탕으로 한 풍수지리학적 사고일까에 대해 의문은 꼬리를 물지만, 도무지 알 방법이 없다.

서봉에서 목재 덱을 타고 내려간 만큼 다시 운장대를 향하여 치고 올라서야 한다. 역시 정상은 쉽게 허락하지 않는구나 싶은 순간 해발 1,126m의 운장산 정상이 일행을 끌어안는다. 산세가 온 사방으로 겹겹이 산으로 휘둘러져 있고, 장쾌한 산줄기가 힘차게 매달린 운장산은 백두대간에서 금강 아래로 뻗어 나간 금남정맥의 최고봉으로 국가에서 지정한 100대 명산에 당당히 이름을 올리고 있다.

정상부는 지나온 서봉과 주봉인 중봉(운장대) 및 다음 목표 지점인 동봉(삼장봉)이 삼각형을 이루고 있다. 세 봉우리를 잇는 광활한 능선에는 듬직한 먹빛 기암괴석이 자리한다. 높낮이가 심하지 않은 능선에 접어들면 호흡이 안정되고 여유로움이 묻어나 주변을 충실하게 살필 수 있다. '더도 말고 덜도 말고 이 능선길만 같아라.'이다.

정상인 운장대(1,126m)보다 더 높은 동봉(삼장봉 1,133m)을 끝으로 본격적인 하산이다. 직진하면 구봉산 가는 길이지만 오늘의 날머리 내처사동으로 가기 위해서는 기수를 좌측으로 틀어야 한다.

내리막길은 미끄러운 얼음 빙판이다. 더군다나 가끔 나타나는 험준한 내리막 복병으로 인해 발끝에 긴장을 놀 수 없다. 결국, 아이젠에 의지하여 편안한 안전산행이다. 이미 해가 바뀌고 나이에 숫자 하나를 더했으니 무릎 민감도에도 영향이 미칠 수 있어 세심한 관심과 관리가 필요할 것이다. 안전할수록 안전에 최선을 다하여야 한다는 겸손한 마음가짐으로 하산에 임한다.

군데군데 빙판길에서 벗어나더라도 아이젠을 착용하니 마찰력이 더 커져 비탈진 내리막임에도 속도에 탄력이 붙는다. 예정된 시간보다 1시간 가까이 날머리에 이른다. 흐르는 계곡물에 아이젠, 스패치, 스틱과 등산화까지 씻는 여유가 생겼다.

날머리인 전북 진안군 주천면 대불리 내처사동 주차장에는 등산객을 상대로 시골 할머니들께서 손수 지어 온 농산물로 임시 시골 장터가 생겼다. 도시에서는 볼 수 없는 전통 먹거리를 직거래를 통해 구매한다. 산행뿐만 아니라 싱싱하고 순수한 농산물까지 챙겼으니 마음이 흡족한 날이다.

대한이도 울고 간다는 소설 언저리 겨울 한복판에서 산은 포근한 품을 열어놓고 누구나 아낌없이 자신을 내어준다. 그뿐만 아니다. 산 마니아들을 자발적으로 유혹시켜 시린 계절에도 낭만을 잃지 않도록 따스한 산 동무라는 인연을 맺게 해준다.

운장산(雲長山 1,126m)

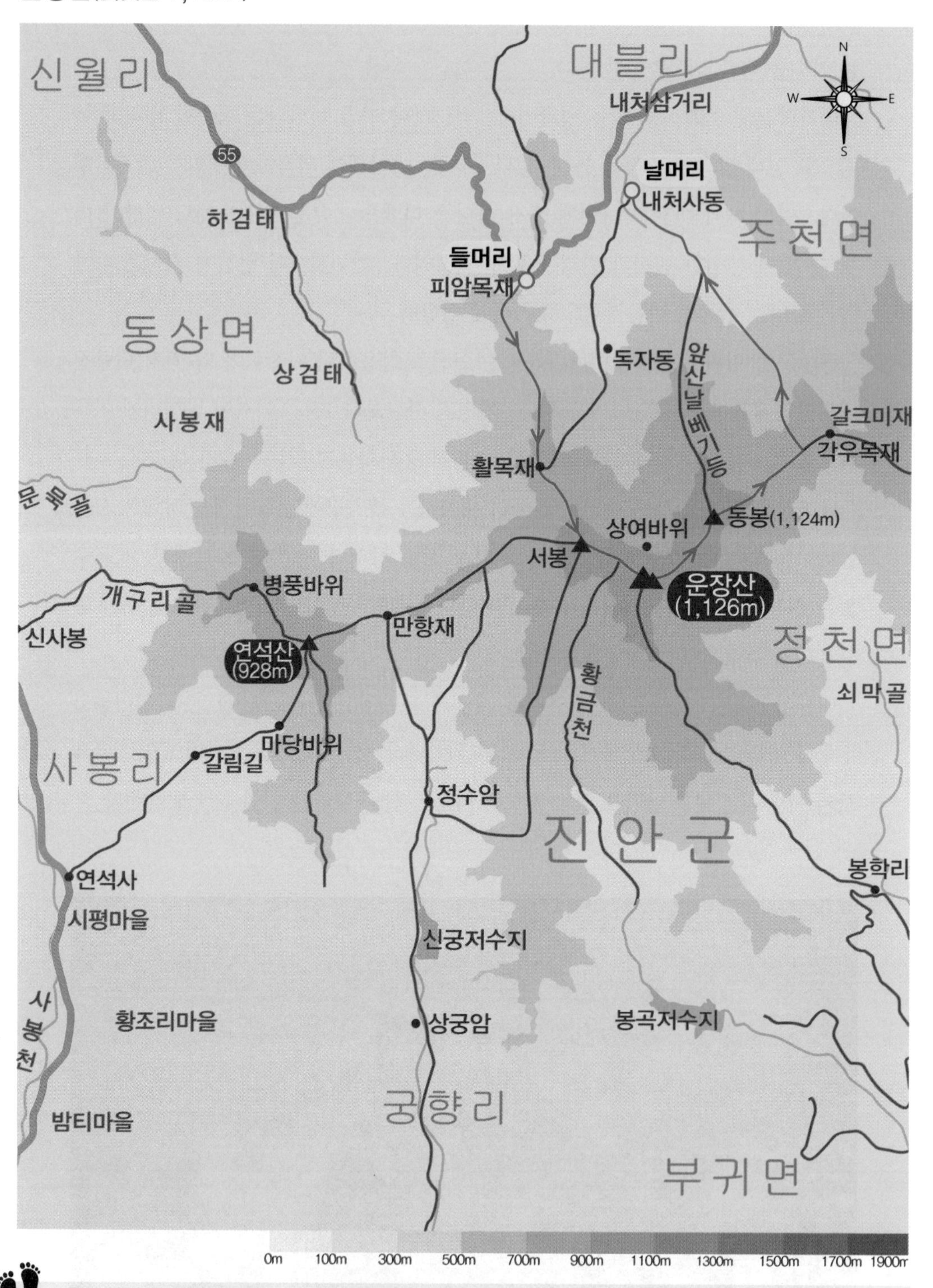

주요 코스

① 피암목재 ➡ 활목재 ➡ 서봉 ➡ 칠성대 ➡ 서봉 ➡ 운장산 정상 ➡ 동봉 ➡ 각우목재 ➡ 내처사동

② 내처사동 ➡ 독자동 ➡ 상여바위 ➡ 운장산 정상 ➡ 서봉 ➡ 칠성봉 ➡ 정수암 ➡ 신궁저수지 ➡ 상궁암 ➡ 궁향리마을

월악산(月岳山)

충청북도 제천시

산세가 험준하고 기암이 어우러져 예로부터 신령스러운 산으로 여겨졌으며 송계 8경과 용하 9곡이 있으며, 신라 말 마의태자와 덕주공주가 마주 보고 망국의 한을 달래고 있다는 미륵사지의 석불입상, 덕주사의 마애불 및 덕주산성 등이 유명하다.

충북도와 경북도의 경계지점이며 소백산맥의 중심부에 있는 국립공원인 월악산(月岳山 1,097m)은 한국의 5대 악산(岳山)의 하나이며, 달이 뜨면 영봉에 걸린다고 하여 이름이 붙여졌다 한다.

삼국 시대에는 월형산이라 하였고 후백제 견훤이 이곳에 궁궐을 지으려다 무산되어 와락산이라고 하였다는 이야기가 전해 온다. 세종실록지리지에 '명산은 월액이요'라 하였으며 신증동국여지승람, 여지도서 등 여러 옛 지도에 월악산은 빠짐없이 기록될 정도로 명산으로 인식됐다. 주위에 주흘산, 문수봉, 하설산 등이 함께 솟아 있으며 남한강 줄기인 광천과 달천이 산의 동쪽과 서쪽을 흐르고 있다.

월악산은 속리산, 수안보 온천, 충주 댐을 연결하는 곳에 자리 잡고 있어 관광객이 많이 찾으며 월광폭포, 망폭대, 학소대, 수경대, 자연대, 수렴대 등의 8경과 정상인 국사 주봉에서의 풍광이 매우 뛰어나다. 특히 달천이 흐르면서 만든 계곡을 월악계곡 또는 송계계곡이라 하는데, 7㎞에 달하는 이 계곡은 경치가 무척 아름답다.

눈이 많이 내린다는 24절기 중 21번째 절기 대설이 지났음에도 날씨는 겨울답지 않게 포근한 상황에서 12월 하순 언저리에 접어든다. 정서적 흥취에 대한 희망과 함께 월악산 산행 기대에 부푼 채 등산 안내도와 월악산 노래비가 있는 산행 대장의 리드에 따라 산행 체조로 가볍게 몸을 풀어준다.

날씨와 무관하게 겨울 산행은 준비물이 많다. 아이젠은 필수이며 두꺼운 복장과 여벌 옷을 비롯하여 열량이 높은 행동식을 단단하게 챙긴 다음 신륵사 반대편에서 산행을 시작한다. 종합 안내판 옆으로 난 길을 따라 평탄한 비포장도로로 이어진다. 출발하여 500m 지난 시점에 첫 번째 이정표가 나오고 신륵사 삼거리까지 2.3㎞가 남아 있음을 알 수 있다.

월악산 산양에 관한 월악산국립공원 사무소 안내판이다. 산양은 세계적인 희귀동물로 우리나라 경우 천연기념물 지정 및 멸종 위기 야생 동·식물 1급으로 지정하여 보호하고 있다는데, 산양은 월악산과 같이 기암절벽으로 둘러싸인 산림지대를 천적으로부터 방어할 수 있는 최적의 서식지로 삼고 있다고 한다.

완만한 경사로 이어지다 서서히 경사가 높아지고 이마에서 시작된 땀이 안으로 파고들어 옷이 흠뻑 젖는다. 급기야 겉옷부터 한 겹씩 벗게 만든다.

나무 계단과 돌계단을 거쳐 어느 정도 올라올 무렵 정상을 기준으로 앞뒤 1.8㎞이다. 거리로만 보면 이곳이 딱 중간 지점에 도달한 셈이지만 에너지 소모로 따진다면 아직 절반에도 못 미쳤다.

월악산 신륵사 코스는 전체적으로 탐방로가 잘 정비되어 있고 시설물도 잘 설치

되어 있어 산행하는 데 불편함이 없지만, 목재와 돌로 이루어진 계단이 번갈아 이어지므로 오르는 동안 전체적인 체력 안배가 필요하다.

신륵사 삼거리 이후부터 대부분 바위로 이루어진 구간에는 경사가 심해짐에 따라 비탈에 세워진 계단은 거의 높은 교량 수준이다. 고도가 높아질수록 조망은 멋지게 펼쳐지고 운무로 인해 산허리에 굽이굽이 갇힌 구름이 몽환의 그림을 그리듯이 몽실몽실 피어난다.

애초 설국 여행을 기대하고 나선 만큼 시작은 많은 실망을 가져다주었지만 겨울답지 않게 눈발도 바람도 구름까지 다 물러난 자리를 햇살 고운 맑은 빛이 채워 주어 그나마 다행이다. 유난히도 선명한 동양화 같은 한 폭의 그림으로 펼쳐지는 멋진 광경으로 인해 상황이 전화위복이 되었다는 긍정의 생각에서 새로운 에너지가 솟아난다.

보덕암 삼거리를 거쳐 마지막 오르막이 정상으로 향한다. 오롯이 철제 계단에 의지하며 지그재그 고도를 높여간다. 돌고 돌아가는 계단 아래 펼쳐지는 멋진 풍경과 스릴감 넘치는 월악산 최고의 하이라이트를 만끽하며 우뚝 솟은 최고봉 영봉의 도착이다.

정상 위로 딱 멈춰버린 구름과 하늘이 맞닿은 수평선을 주시한다. 어쩌면 눈 산행에서 놓칠 뻔한 풍경을 눈에서 가슴으로 한가득 담는다. 정상에서 조망하는 멋진 풍광과 신선한 내음의 종합세트가 다 무료라니 이 자리를 차지하고 있는 모두가 자연의 수혜자들이다.

정상에서 하산하는 방법은 네 군데가 있는데 예정대로 덕주사 방향으로 가닥을 잡는다. 신륵사 삼거리를 되돌아와 송계삼거리 방향으로 내려가는데, 뒤를 돌아다 보면 조금 전에 올랐던 우뚝 솟은 영봉의 자태가 실로 장엄하다. 산세는 험하나 기암괴석과 어우러진 소나무가 보는 이의 탄성을 자아내는가 하면, 한편에서는 충주호가 맨눈으로 들어온다.

마애불을 지나면서 고도가 낮아지고 바람까지 잔다. 도저히 겨울이라 할 수 없을 만큼 계절은 한 단계를 건너뛰어 포근한 봄 날씨를 보여준다. 모두가 약속이나 한 듯 외투를 벗어 던진 지 이미 오래다. 마지막 셔츠 하나만 입은 대신 배낭은 터질 듯 옷으로 가득 찼다. 산행이 끝날 무렵 법주사(法住寺)의 말사 덕주사에 이른다. 덕주사는 신라의 마지막 공주 덕주공주가 마의태자와 함께 금강산으로 가던 도중에 마애불이 있는 이곳에 머물러 절을 세우고 덕주공주가 금강산으로 떠난 마의태자를

그리며 여생을 보냈다는 전설을 간직한 곳이다.

덕주사 입구에 '동양의 알프스 월악산 영봉'이라 쓰인 큼직한 표지석 앞에서 여장을 정리한 다음 석간수로 목을 축인다. 포근한 대기의 기운과 명산 하나를 해치웠다는 뿌듯함이 보태져 물맛이 따뜻하고 달다.

물이 졸졸 흐르는 계곡을 끼고 내려가는 덕분에 눈과 귀가 즐겁다. 산행 여장을 해체하고 가벼운 마음으로 자연 관찰로와 아스팔트 길을 따라 산책하듯 날머리인 충북 제천시 한수면 송계리 덕주탐방지원센터로 향한다.

막걸리 맛은 물맛에서 온다고 했던가? 송계 8경인 동문, 학소대, 수경대, 자연대를 지나 덕주골 뒤풀이 식당에서 만찬과 곁들인 소백산 막걸리 맛이 이를 말해 준다. 백문이 불여일미(百聞不如一味) 그대로이다.

월악산(月岳山 1,094m)

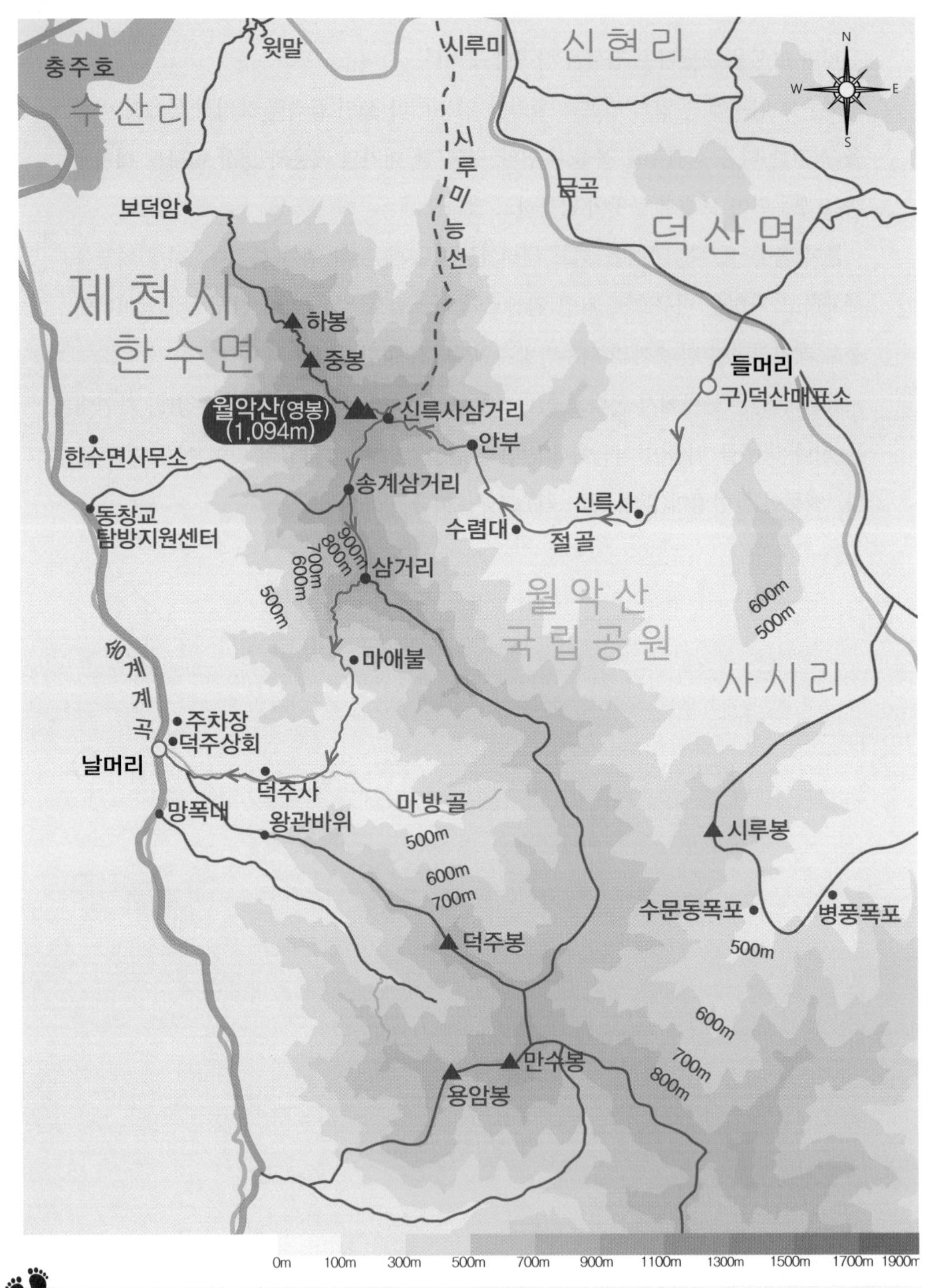

주요 코스

① 구 덕산매표소 ➡ 신륵사 ➡ 수렴대 ➡ 안부 ➡ 신륵사삼거리 ➡ 월악산 정상 ➡ 송계삼거리 ➡ 삼거리 ➡ 마애불 ➡ 덕주사 ➡ 덕주주차장

② 수산리마을 ➡ 보덕암 ➡ 하봉 ➡ 중봉 ➡ 월악산 정상 ➡ 신륵사삼거리 ➡ 안부 ➡ 수렴대 ➡ 절골 ➡ 신륵사 ➡ 구 덕산매표소

월출산(月出山)

전라남도 영암군·강진군

경관이 아름다우며 난대림과 온대림이 혼생하여 생태적 가치가 크고 천황봉을 중심으로 국보인 무위사 극락보전과 도갑사 해탈문이 있다. 구정봉 밑 용암사 터 근처에는 우리나라에서 가장 높은 곳에 있는 국보인 마애여래좌상이 유명하다.

소백 산계에 속하며 해안 산맥의 말단부에 높이 솟아 있는 월출산(月出山 809m)은 삼국 시대에는 달이 난다 하여 월라산이라 하고 고려 시대에는 월생산이라 부르다가 조선 시대부터 지금의 월출산이라 불러왔다. 천왕봉을 주봉으로 동쪽에서 서쪽으로 구정봉, 사자봉, 도갑봉, 주지봉 등이 하나의 작은 산맥을 형성하는데, 깎아지른 듯한 기암절벽이 많아 영산으로 불러왔다.

예로부터 월출산 자락에서 살아가는 사람들은 바위 하나하나에 의미를 부여하고 경외감을 가져왔다. 신라 말기에는 사찰이 99개에 이르렀다 하나 현재는 도갑사, 무위사, 천황사 등이 있으며, 불교 문화재 국보 제13호 강진 무위사 극락보전, 국보 제144호 월출산 마애여래좌상 등이 유명하다.

'대한민국 구석구석 여행 이야기'에서는 어둠이 세상을 완전히 뒤덮기 바로 직전 달이 뜨는 순간 월출산의 아름다움은 절정에 덜하다고 한다. 세상 모든 산 위로 달이 뜨건만, 유독 월출산만이 그 이름에 달을 세운 것은 검푸른 시계 속 그 순간의 아름다움이 다른 어느 곳과도 견줄 수 없기 때라고 소개한다. 달뜨는 월출산에 대한 예찬이 이처럼 대단하다는 평으로 보아 이곳 영암의 대표 노래 '영암 아리랑'도 그런 연유에서 나왔다고 볼 수 있다.

이른 아침 서늘한 공기를 가르며 네 개의 고속도로를 갈아탄 끝에 산행 들머리인 전남 영암군 영암읍 회문리 월출산기찬랜드의 도착이다. 보통 월출산 산행은 도갑사를 시작으로 하지만 올해 3월부터 30년 만에 새로 개방한 숨겨진 비경, 일명 '공룡능선'이라 불리는 산성대 명품 코스로 잡는다.

산행을 시작하자마자 이름마저 멋진 '기찬묏길'에 들어섰는데, 소나무와 가는 대나무가 어우러져 자그만 숲을 이루어진 길을 걸으며 마치 둘레길처럼 아늑하다.

숲에서 바로 벗어나 바위와 군데군데 리치가 가미된 탐방로가 나오면서 재미가 쏠쏠하다. 월출산은 자신이 바위산이라는 걸 보여주고 산객들은 기대했다는 듯이 '직립원인' 이전으로 돌아가 네 발로 걸어 올라가는 손맛을 제대로 본다.

얼마쯤 올라왔을까. 능선과 능선 사이에서 서해의 출렁이는 물결을 연상하듯 가을 억새가 하늘하늘 춤추며 너른 들판을 형성한다. 농촌 들녘에는 추수를 다 마친 듯 논두렁 밭두렁의 경계가 선명한 가운데 시골 풍경이 풍요롭고 평화스럽다.

광암터 삼거리에서 단아한 모습으로 핀 가을의 전령사 쑥부쟁이가 가을 향을 내뿜으며 쉬어가라 유혹하는데 모른 척할 수 있겠는가. 멈추면 비로소, 느끼는 감정을 추스르며 쉬어 가는 여유도 생기기 마련이다.

어느 틈에 오후가 훌쩍 지나고 허기가 엄습해 와 늦은 점심을 허겁지겁 먹는다. 정상을 300m를 앞둔 통천문 삼거리부터 급경사 계단을 오르는 동안 몸이 무겁게 짓눌린다. 단지 배낭 무게가 배 속으로 옮겨졌을 뿐인데 숨이 차서 느린 전진이다.

통천문을 거쳐 월출산의 정상 천왕봉에 오른다. 정상에는 수백 명은 족히 품을 수

있는 넓고 평평한 암반이 있기에 마음이 탁 트이고 기분이 느긋하다. 정상에서 바라보면 월출산 주변에는 큰 산이 없는 까닭에 더없이 펼쳐진 평야가 사방으로 드리워지고 저 멀리 긴 역사와 함께 도도히 흘러왔을 영산강의 다양한 지류가 꿈틀대며 살아 숨 쉬고 있다.

산 동쪽에는 지난주 다녀온 팔영산이 기억은 선명한데 모습은 희미하게 보이고 남쪽으론 해남 두륜산이 아스라이 들어온다. 정상에 서면 올라올 때 흘린 땀만큼 가슴이 후련하고 톡톡히 즐거운 순간으로 보상해 준다. 기념사진과 추억을 가슴에 두둑하게 담고 하산이다.

정상에서 구름다리, 청계사, 천왕탐방지원센터로 하산하기 위해서는 통천문으로 다시 되돌아와 내려가야 한다. 통천문의 유래는 정상을 지나 하늘로 통하는 문이라는 데서 이름이 붙여졌다. 통천문은 좁은 공간에서 특별한 의미를 담고 멋진 바위 때문에 사진으로 담아가는 사람들로 인해 상습적으로 지체가 심하다.

구름다리로 향하는 길에서 숲은 거의 찾아볼 수 없고 바위 봉우리와 철재 계단으로 이어진다. 하나하나의 모든 바위 군락이 절경이고 다이내믹한 오르막 내리막 과정이 설악산 공룡능선에 버금갈 정도로 빼어난다. 호남의 금강산 또는 남도 문화

답사의 1번지로 불리는 이유를 이곳에서 실감한다.

산 중턱에 높이 120m 세워진 월출산 구름다리이다. 우리나라에서 가장 긴 54m 연장이라는 설명이 덧붙여있는데, 설치 기준과 보는 시점에 따라 가변적이기 때문에 그때마다 확인이 필요하다. 여러 지자체에서 출렁다리(구름다리) 길이 경쟁을 벌이고 있는 이유에서이다.

구름다리와 수직에 가까운 철재 계단은 모양과 스릴감이 대둔산을 연상하게 한다. 인공 구조물 설치에 관하여 일부에서 찬반양론으로 대립하지만, 이러한 인공 시설물은 험한 산을 오르고 내리는 데에 편리함과 안전을 제공하며 자연과 인간의 관계를 보다 밀접하게 이어주고 이해하도록 촉매 역할을 해준다고 생각한다. 다만, 구조물을 설치할 경우 되도록 주변 경관을 저해하지 않고 생태환경에 미치는 영향이 최소화되게끔 지혜를 모아서 소통한다면 많은 사회적 갈등이 해소되고 결국, 유익한 시설로 거듭날 것이다.

고도가 거의 떨어질 무렵 청왕사에 다다른다. 지금까지와는 산길 분위기가 사뭇 다르게 산죽이 우거지고 제법 초목으로 갖춘 등산로로 접어든다. 이윽고 전남 영암군 영암읍 개신리 월출산 천왕탐방지원센터가 가까워질 무렵 공원 오솔길에서 버스가 기다리는 곳까지 마무리 운동하듯 마저 내려가 가을 산행의 진수를 모두 갈무리 한다.

10월의 마지막을 보내고 11월이 시작되는 첫 번째 주말에 자연의 시간은 한 치의 어긋남이 없이 가을의 중심에서 계절을 황홀하게 불태우고 있다. 마지막 혼을 다 쏟아냈음에도 색깔마저 곱게 물들지 못한 채 이름 없는 낙엽으로 사라져 가는 하찮은 이파리 하나도 아름다운 이 가을을 연출하는 대자연의 일원이며 주역들이다. 무엇 하나 부족함이 없는 풍성한 계절에 75번째 명산 도전을 마치고 이제 한 쿼터의 숙제만 남겨두게 되었으니 농심의 가을걷이 수확만큼 마음이 풍성하다.

월출산(月出山 809m)

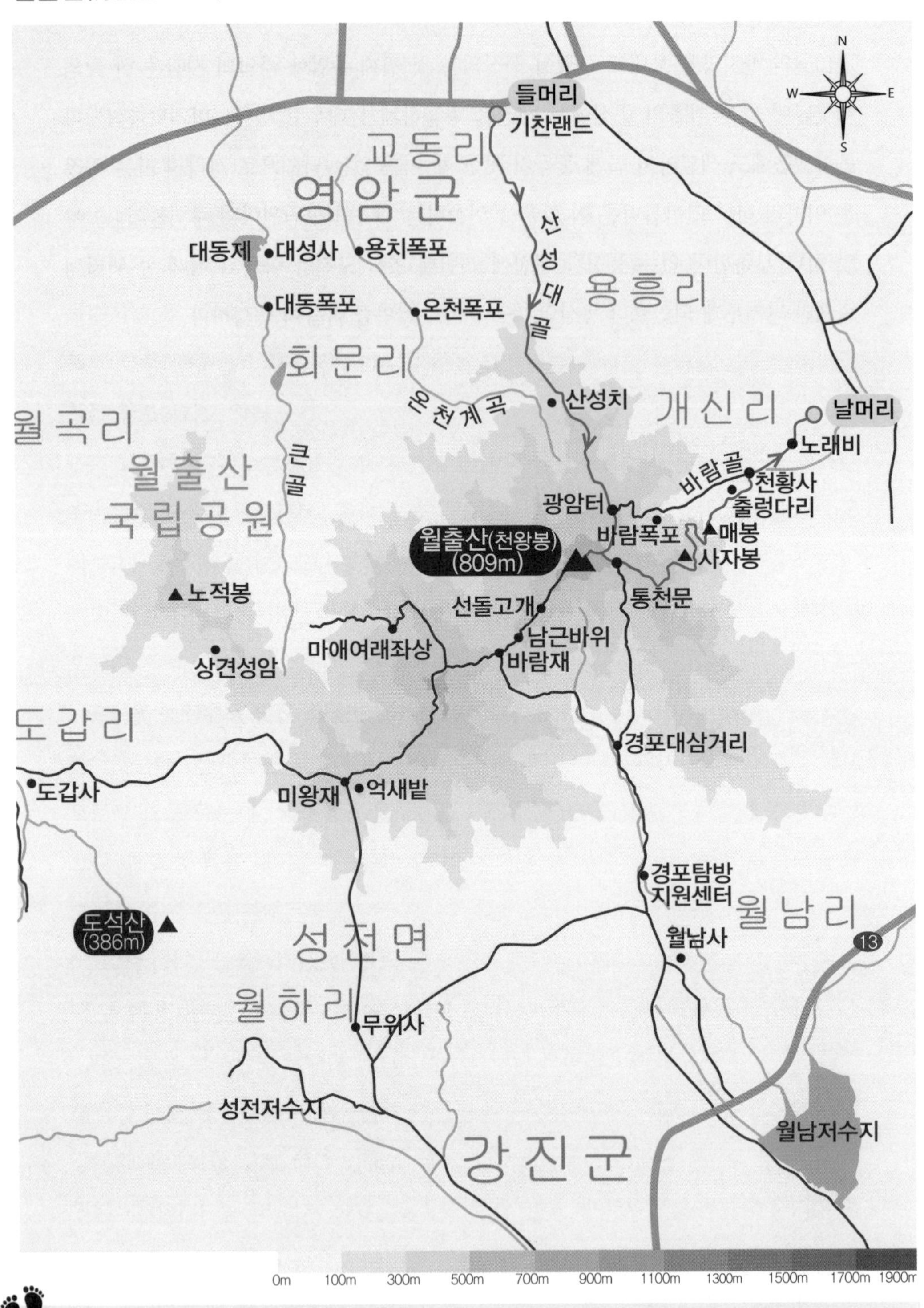

주요 코스

① 기찬랜드 ➡ 산성치 ➡ 광암터 ➡ 월출산 정상 ➡ 통천문 ➡ 사자봉 ➡ 매봉 ➡ 출렁다리 ➡ 천황사 ➡ 노래비 ➡ 천황탐방지원센터

② 도갑사 ➡ 미왕재 ➡ 억새밭 ➡ 바람재 ➡ 남근바위 ➡ 선돌고개 ➡ 월출산 정상 ➡ 광암터 ➡ 산성치 ➡ 기찬랜드

유명산(有明山)

경기도 가평군·양평군

능선이 완만하고 부드러우며, 수량이 풍부한 계곡과 기암괴석 및 울창한 숲이 어우러져 경관이 아름답다. 신라 법흥왕 때 인도에서 불법을 우리나라에 들여온 마라가미 스님에게 법흥왕이 하사한 사찰인 현등사가 유명하고 자연휴양림이 있다.

기암괴석이 드리운 계곡에 사계절 끊임없이 흐르는 물로 등산객의 애호를 받는 유명산(有明山 862m)은 조선 성종 때 편찬한 동국여지승람에 의하면 산 정상에서 말을 길렀다 해서 마유산이라고 불렀다 한다. 하지만 현대에 와서 지형도에 산 이름이 빠졌다가 1973년 국토자오선 종주 등산 일행이었던 진유명 씨가 자신의 이름을 따서 지금의 유명산으로 부르게 되었다. 산 동쪽으로 용문산(1,157m)과 인접해 있으며 5㎞에 달하는 계곡이 있다.

양평 쪽에서 오르면 광활하고 탁 트인 초원지대의 파노라마가 펼쳐진다. 용이 하늘로 승천하였다는 전설을 간직한 용소와 용문산에서 흘러내린 물줄기와 합쳐져 생긴 유명계곡(입구지계곡)이 유명하다. 산줄기가 사방으로 완만하게 이어졌으며 산림욕장을 비롯한 체력단련장과 캠프장 등을 갖춘 자연휴양림이 있어 가족 산행지로도 알맞은 곳이다.

오전 8시 20분 잠실역 5번 출구에서 7000번 시외 직행버스를 타고 50분을 달려 경기도 가평군 설악면 가일리 국립유명산자연휴양림의 도착이다. 서울 잠실과 자연휴양림과의 이용 버스가 하루에 네 번뿐이라서 버스를 이용할 때는 사전에 유명산 자연휴양림사무소(T. 031-589-5487)를 통해 배차 정보를 반드시 확인해야 한다.

자연휴양림 주차장 입구에 마을의 안녕과 질서를 지키고 모든 액운을 막는다는 제주도의 대표적인 상징물 돌하르방이 나타난다. 유명산에 웬 돌하르방인가 하였더니 유명산자연휴양림과 제주절물자연휴양림 간의 자매결연 기념으로 제주시에서 기증하였다 한다. 봄의 분위기가 물씬 풍기는 가운데 개화 시기를 다투지 않고 목련꽃과 벚꽃이 길 가장자리에서 사이좋게 만개하였다. 날씨는 포근한 데다 하늘은 맑고 봄바람까지 산들산들 불어오니 산행 시작부터 발걸음이 너무나 가볍다.

휴양림으로 관통하는 길목에는 야외에서 가족 단위로 화목하게 멋진 추억을 만들 수 있게끔 잣나무 숲 아래 넓게 펼쳐진 평상 같은 휴식 공간 덱이 군락을 이루고 있는가 하면, 한편에서는 어제 도착한 듯한 부지런한 가족들은 이미 단란한 아지트를 구축하고 주말 여가를 즐기는 모습이 행복해 보인다.

산행에 들어가기에 앞서 산행 안내 코스를 살핀 다음 산행 경로를 선택한다. 계절은 봄의 한복판으로 들어와 기온이 높아졌기 때문에 지난주 감악산과 달리 내려올 때 시원한 계곡의 기운을 맞기 위해 옹달샘 샘터가 있는 능선으로 올라가기로 한다.

맑고 청량한 계곡에서 흐르는 물과 사방댐에서 떨어진 낙수가 합쳐져 계곡에는 몹시 요란하게 굉음으로 진동한다. 갈림길에서 산책로를 따라가다 곧이어 정상가는 좌측 숲속으로 들어간다. 예상했던 대로 시작은 초입부터 된비알이지만 새벽에 적당하게 흩뿌린 봄비로 인해 땅은 촉촉하고 공기는 풋풋한 산 내음으로 가득하다.

'헬리콥터 구조 포인트 조성 작업' 중이라는 안내 플래카드와 함께 나무들이 잘려

나간 너른 공간이 볼썽사납게 산길을 차지한다. 아름드리 잣나무들이 통째로 베어져 무척 쓰리고 허전해 보이지만 산불방지 및 조난 사고 발생 시 긴급 구조 활동을 위해 필요한 장소라 한다. 기왕 공사를 저지른 김에 탐방객들이 쉬어 가는 편의시설까지 아우를 수 있는 배려가 있으면 좋겠다는 생각이다.

잣나무가 깊게 우거진 은은한 숲으로 들어간다. 잣나무는 편백에 버금가는 피톤치드를 내뿜어 주는 캐어의 나무이다. 숲은 자연의 정수기이며 자연정화 노릇을 하고 숲은 초록 쉼터이자 사계절 아름다운 자연 풍경을 제공해 주는 자연 미술관이다. 이곳 국립자연휴양림에 따르면 산림의 공익 기능에 대한 자산 가치는 3,800조 원을 은행에 예금해 놓고 연간 109조 원의 이자를 받는 정도라 하니 실로 대단하다.

하늘이 밝게 열린 능선으로 나와 오름길이 계속된다. 군데군데 설치된 안전 밧줄에 의지하며 고도를 높여간다. 몸은 열기로 달아올라 땀방울이 목을 타고 이내 옷을 적신다. 잠시 쉬며 한 움큼씩 산 공기를 연신 들이마시니 자연과 몸이 하나 되어 기분이 상쾌해진다.

이윽고 어디선가 불어오는 바람결이 온몸을 스쳐 간다. 시원하다 못해 포근하게 감싸 안기듯 편안한 경지로 접어든다. 이런 맛을 느낀 사람들은 왜 힘들게 산에 오르느냐고 감히 묻지 못할 것이다.

파랗게 움터 올라오는 연초록 이파리에서 초록이 더해진 짙푸른 잎사귀 사이로 소담스러운 야생화가 관심을 가져 달라 하며 유혹의 손길을 내민다. 봄 야생화를 대하는 산객에게는 커다란 힘이 되어주고 피로를 해소해 주는 희망의 전령사이자 숲속의 충실한 안내자이다.

마지막 다 올라왔을 즈음 나무 계단을 천천히 헤아리며 올라서자 유명산 정상에 이른다. 정상에는 용문산, 중미산, 대부산, 화야산 등이 겹겹이 물결을 이루며 한눈에 들어온다. 넓은 산과 큰 줄기의 풍광을 굽어보니 유명산만의 특별한 풍경이다. 마주하는 하나하나의 풍경들은 온갖 시련을 다 견뎌내면서 예전에도 그렇듯이 억겁의 시간이 지나도 산은 변환 없는 자연 그대로의 산일뿐이다.

주변의 그늘에서 점심을 먹은 다음 흩어진 배낭 짐을 하나하나 주워 거두고 왼쪽으로 돌아 계곡으로 하산이다. 내려가는 초입은 보폭이 넓어지고 발에 밟히는 낙엽의 촉감까지 느낄 만큼 발바닥에서 머리까지 아늑하게 전해진다.

쉬어가기 위해 멈춤이 아닌 주변 상황을 느낌과 생각에 따라 글로 정리하면서 가다 서기를 반복한다. 도착 시각이 제한을 받지 않아 멈추고 쉬어감도 자유롭다. 무리에 얽매이지 않고 나 홀로 산행에서 세상의 시간을 온통 차지한다.

희미했던 물소리가 점점 실감 나게 다가오고 계곡으로 접어든다. 흙길이 너덜경길로 바뀌면서 고르지 않은 바위 사이를 휘젓고 내려가니 자세가 뒤뚱거린다. 발바닥에 와닿은 충격이 무릎으로 고스란히 전달되고 전진 속도를 천천히 안전 모드로 변경한다.

지루하다 싶은 계곡이 끊임없이 이어지고 입구지계곡의 명소에서 빼놓을 수 없는 용소가 나온다. 용소는 주변 기암괴석이 용의 모양으로 생겼으며 용이 승천하였다는 전설이 있다. 규모는 그렇게 크지 않으나 꽤 깊어 보이는데, 용의 저주가 서렸는지 여름철 익사 사고가 종종 발생한다고 한다.

수량이 풍부하여 콸콸대며 쏟아지는 물소리가 계곡 안에서 웅장하게 울려 퍼지니 가슴속이 정화되듯 개운하다. 봄을 지나 여름으로 갈수록 산에서 물소리만큼 상쾌하고 시원한 소리는 없을 것이다.

계곡으로 내려오는 내내 족탕에 대한 미련을 버리지 못하다가 계곡이 끝날 무렵 박쥐 소에 이르러 물속에 들어간다. 무릎까지만 담갔을 뿐인데 온몸으로 짜릿한 전율이 여울진다. 족탕 효과가 최고조에 달하는 이곳 박쥐소에는 바위 밑에 사람 5, 6명이 들어갈 수 있는 굴속에 박쥐가 서식한다고 알려져 있다.

올라갈 때의 갈림길 삼거리로 다시 회귀하고 해는 중천에 떠서 봄이 한창 무르익도록 무수한 봄 햇살을 쏟아붓는다. 14시에 서울 잠실로 출발하는 7000번 버스 시간표에 맞춰 잣나무 아래 평상에서 오늘 찍은 사진과 적어놓은 메모를 뒤적거리며 92번째 명산 기행을 정리한다.

유명산(有明山 862m)

주요 코스

① 유명산자연휴양림 ➡ 주차장 ➡ 등산로 입구 ➡ 갈림길 ➡ 잣나무길 ➡ 유명산 정상 ➡ 합수지점 ➡ 마당소 ➡ 용소 ➡ 박쥐소 ➡ 등산로 입구 ➡ 야영장

② 갈현분교 ➡ 숫고개 ➡ 억새고개 ➡ 어비산 ➡ 합수지점 ➡ 유명산 정상 ➡ 잣나무길 ➡ 갈림길 ➡ 등산로 입구 ➡ 야영장

응봉산(鷹峰山)

강원특별자치도 삼척시, 경상북도 울진군

아름다운 계곡을 끼고 있어 계곡 탐험코스로 적합하며, 산림이 울창하고 천연 노천온천인 덕구온천과 용소골의 폭포와 소가 많은 등 경관이 아름답다. 울진 조씨가 매사냥을 하다가 잃어버린 매를 이 산에서 찾아서 산 이름을 응봉이라 한 뒤 근처에 부모의 묏자리를 쓰자 집안이 번성하였다는 전설이 전해지고 있다.

백두대간 낙동정맥의 한 지류로서 산세가 험준하고 변화가 매우 심한 응봉산(鷹峰山 999m)은 동해를 굽어보며 우뚝 솟은 산의 모습이 매를 닮았다 하여 예전에는 매봉이라고도 불렀다 한다.

정상에서 바라보면 멀리 백암산, 통고산, 함백산, 태백산 등이 보이며 등산로가 많이 개발되어 있지 않아 지정된 등산로 외에는 오르기 어려운 산이기도 하다.

응봉산 서쪽에는 용소골, 보리골, 문지골 등 여러 비경의 계곡이 있어 일부 동네는 이름마저 풍곡리(豊谷里)라 부른다. 이곳이 산림청 지정 100대 명산에 들어간 이유도 산세보다 온천과 수려한 계곡 때문이었을 것으로 짐작이 간다.

용소골 코스는 원시림 속에 꼭꼭 숨겨져 있는 우리나라 최후의 비경 지대이며 협곡이 많아 비가 내리면 물이 금방 차오르기 때문에 위험하므로 계곡 산행에 필요한 장비를 반드시 갖추어야 한다.

수 주 전부터 매 주말을 이용하여 본격적인 100대 명산에 도전하기로 작정한 이후 매에 관한 사연이 깊이 녹아 있는 응봉산으로 가기 위해 아침 일찍 집을 나선 다음 들머리인 경북 울진군 북면 덕구리 덕구온천 주차장에 도착한다.

초반에 산행 입구를 찾느라 우왕좌왕 다소 혼선이 있었지만, 주차장에서 조금 벗어난 다음 산 입구 초소를 기점으로 하는 산행 출발점을 찾게 된다. 산행을 시작하자마자 완만한 경사지에 기계로 찍어낸 듯 가지런한 계단을 밟으며 본격적인 산행이 시작된다.

오월 중순으로 접어든 따사로운 날씨이다. 산길은 그늘지고 완만한 옛재능선을 따라 비교적 수월하게 오른다. 쉬며 걷기를 몇 번 반복하여 중간쯤 올랐을 무렵 첫 번째 헬기장에 도착하였으나 숲에 가려져 있어 특별한 조망은 찾을 수 없고 가끔 큰 나무 사이로 보여주는 정체를 모르는 풍광이 전부이다.

두 번째 헬기장으로 올랐다. 첫 번째 헬기장보다 하늘이 열린 관계로 시원한 바람과 함께 저 멀리 동해가 아스라이 들어온다.

옛날 어느 조 씨가 매사냥하다가 잃어버린 매를 찾아 산 이름을 '응봉'이라 한 뒤 근처에 부모의 묏자리를 쓰자 집안이 번성하였다는 전설을 돌이켜 볼 때 이 정도 높은 곳이면 한때 응봉산에서 성행하였다는 매사냥 터의 한 곳이 아니었을까? 유추한다. 섣부른 추정일지 모르나 조망이 트여서 느낌이 더 드는 곳이다.

사람이 매를 통해 최초로 사냥한 기록은 자그마치 기원전 3000년경 몽골 고원이라 한다. 우리나라 매사냥 기록은 삼국 시대에 비로소 나타나는데, 인터넷에서 매를 뜻하는 응봉산 또는 매봉을 검색하니 전국에 수십 군데가 쏟아져 나온다. 우리의 고운 민요인 새타령에 나오는 수지니, 날지니, 해동청, 보라매 모두가 매를 지칭하는 것으로 보아 우리나라 사람들의 매에 관한 다양한 정서와 매 사랑이 사뭇 남

다르다는 생각이 든다.

열린 하늘에서 부서지는 오월 중순의 햇볕을 받으며 해발 998.5m 응봉산 정상의 안착이다. 정상석을 보호하는 듯 주변을 밧줄로 울타리를 설치하였음에도 정상석에 조금이라도 가까이 다가가 기념을 남기려는 산객들의 의지가 행동으로 옮긴다. 정상은 조망도 좋지만 산 전체에 대한 등산로와 이정표를 설치하여 친절하게 안내를 돕는다.

정상 한편에 자리한 나무 그늘을 찾아 싱그러운 햇살과 시원한 바람을 반찬 삼아 점심을 해결하고 목제 덱으로 시작되는 계단을 따라 하산이다. 계곡으로 이어지는 하산은 우거진 떡갈나무와 금강송, 새소리, 물소리와 함께 심심산천을 이룬다.

황장목, 적송, 강송, 춘향목이라는 또 다른 이름을 가진 예전의 금강송은 국가 이외 일반인의 벌목을 철저히 금지하였으며 금강송을 채취할 경우 정부 관계자가 교지를 펴 들고 현장에서 '어명(御命)이요'를 크게 세 번 외쳤다는데, 지금도 쩌렁쩌렁하게 어명을 외쳤던 그날의 목소리가 숲속에서 울려 퍼지는 듯하다.

하산을 거듭할수록 빽빽했던 숲의 밀도가 점차 옅어지고 경사 또한 느슨해진다. 산길이 어느새 물줄기가 모여 물길을 이룬 계곡 옆으로 인도하며 하산 분위기가 새로운 국면으로 접어든다.

계곡의 폭이 점점 넓어진다. 계곡을 지그재그 횡단하는 곳마다 세계 유명한 교량을 축소하여 설명과 함께 새로운 볼거리를 제공하는데, 이곳은 근처에서 숙박하는 관광객들이 아침 산책로로 이용하는 환상적인 테마 계곡이라 한다.

온천수를 채취하는 원탕인 효자샘에 도착하면 무한으로 보충되는 자연 노천에서의 발 담그기 체험 장소가 나온다. 발을 담그며 잠시 명상에 빠지다 보면 산행 끝에서 쌓인 피로를 푸는데 확연히 효과를 느낀다. 노천 체험 장소는 길가에 있어 아는 사람 모르는 사람이 거쳐 가는 곳이다.

효자샘 바로 옆에 뜨거운 온천이 용천수로 하염없이 쏟아지기에 한 모금 마셨더니 맛은 밋밋할 뿐이다. 등산로를 따라 하산하면 이곳에서 채취된 온천수가 파이프라인에 실려 계곡을 따라 숙박 시설로 이어지는 광경이 눈에 들어온다.

이곳 울진에는 국내 유일의 자연 용출 온천이 있어 41℃나 되는 온천수를 데우거나 섞지 않고 사용한단다. 주성분인 약알칼리성 탄산수소나트륨이 피부병, 신경통, 위장병에 효험이 있다 하며 일반인에게는 덕구온천으로 더 많이 알려졌다. 우리나라에서도 용출 온천이 있다는 게 생각할수록 신기하기만 하다.

올라가는 곳과 내려오는 곳이 달랐지만, 시계 반대 방향으로 크게 에돌아 결국, 원점으로 회귀한다. 매와 금강송, 용천수 온천의 키워드를 지닌 응봉산 산행을 모두 마무리한다.

응봉산(鷹峰山 999m)

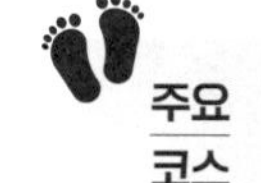

주요 코스

① 덕구삼거리 ➡ 덕구온천 ➡ 민씨묘 ➡ 제1헬기장 ➡ 제2헬기장 ➡ 응봉산 정상 ➡ 폭포골 ➡ 원탕 ➡ 신선샘 ➡ 용소폭포 ➡ 덕구계곡 ➡ 덕구온천

② 덕구온천 ➡ 덕구계곡 ➡ 용소폭포 ➡ 신선샘 ➡ 원탕 ➡ 폭포골 ➡ 응봉산 정상 ➡ 서북릉 ➡ 전망바위 ➡ 큰다래지기골 ➡ 장군바위골 ➡ 마을

장안산(長安山)

전북특별자치도 장수군

덕산계곡을 비롯한 크고 작은 계곡들, 윗용소와 아랫용소 같은 연못, 그리고 기암괴석이 울창한 산림과 어우러져 있다. 산등에서 동쪽 능선으로 펼쳐진 광활한 갈대밭과 덕산용소계곡이 특히 유명하다.

금강과 섬진강의 발원지임과 동시에 소백산맥 자락에 있는 장안산(長安山 1,237m) 은 백두대간이 뻗어 전국 8대 종산 중에서 가장 광활한 위치를 차지한 금남호남정맥의 기봉인 호남의 종산이다. 북쪽의 무령고개, 남쪽의 어치재를 통하여 경남도와 전북도의 경계를 이룬다. 동쪽은 백운산과의 사이에 물을 모아 섬진강의 상류가 되는 백운천(白雲川)이 흘러내리고 서쪽 사면은 완만히 경사져 장수읍의 낮은 분지로 유입한다. 장안산은 1986년에 군립공원으로 지정되었다. 기암괴석과 원시 수림이 울창하고 심산유곡에 형성된 연못과 폭포가 절경을 이루는 관광지로 주요 경관 지역이 울창한 수림과 어울려 수려함을 자랑한다.

장안산의 또 다른 비경은 산등선에서 동쪽 능선으로 등산로를 따라 펼쳐진 광활한 억새 군락지이다. 흐드러지게 핀 억새밭에 만추의 바람이 불면 온 산등성이 하얀 억새의 파도로 춤추는 듯이 하는 풍경은 장관을 이루며 등산객을 경탄하게 한다.

나들이하기에 좋은 날인데 산행하기엔 더 좋은 날이다. 징그럽게 내리쬐던 여름날의 기억은 점점 뒤로 멀어져 가고 가을을 그리워하는 일행을 태운 버스가 산행 들머리인 전북 장수군 장계면 대곡리 무룡고개 주차장의 도착이다.

해는 이미 중천에 떠서 눈부시게 부서지는 가을 햇살 가득한 곳을 골라잡아 아스팔트로 포장된 길을 따라 잠시 올라간다. 장안산 등산 안내도와 함께 오른편으로 들어가 산행이 시작되는 비탈진 계단이다.

산행이 시작되는 초입에서 높은 산 낮은 산 가리지 않고 모든 사람을 힘들게 하는 이유는 몸이 풀리지 않은 상황에서 낯선 환경에 적응해 가는 과정이기 때문이다. 몸이 적응하는 동안 힘듦을 감수하고 초반 분위기를 극복하며 꾸준하게 오른다. 멍석을 깔아 놓은 듯 부드러운 흙산이 이어진다. 어설픈 사거리 우측에 팔각정 가는 이정표가 나타났지만, 정자에서 머물러 쉬어가기엔 조금 이르기 때문에 그냥 통과다.

푹신푹신한 오솔길을 가운데 두고 산죽이 길가에 곱게 늘어선다. 사계절 내내 늘 푸름을 자랑하는 산죽이지만 역광을 받으면 눈이 부시도록 하얀 모습으

로 다가온다. 산행에서 산죽은 분위기를 띄우는 산객의 단골 벗이다.

출발한 지 30여 분 남짓 지났을까? 첫 번째 전망대가 나오면서 드넓은 억새밭이 가을바람에 일렁인다. 시기가 일러 아직 화려하지는 않지만 탁 트인 능선으로 뻗어 나는 광경만으로도 멋진 모습을 보여준다.

두 번째 전망대에 이르러 잠시 뒤돌아보니 오던 길 맞은편에 장안산 높이와 비슷해 보이는 백운산이 가을을 닮아가며 자리한다. 첫 번째 전망대가 어느새 이만큼 올라왔나 싶을 정도로 저만치 물러나 있다.

지나올 때 밋밋해 보였던 억새밭이 멀리서 보니 주변과 확연하게 색의 대조를 보이며 제법 절정기의 모습을 드러낸다. 장안산 억새가 최고조에 이르면 소슬바람과 함께 휘날리는 은빛 억새꽃 광경은 그야말로 최고의 운치를 자랑한다는데, 고도를 높여갈수록 점점 더 무르익은 자태를 뽐내는 모습이다. 땀을 훔쳐 가는 바람은 잦음에도 대체로 산행에는 별 무리 없이 완만한 오르막과 능선을 지난다.

가을엔 어느 산을 가더라도 하늘만큼은 정말 멋진 것 같다. 너무도 선명한 하늘은 보는 사람의 마음마저 선명하게 해준다. 사계절에서 가을 하늘을 최고로 쳐주는 이유가 무엇일까? 어느 시인이 노래한다. '가을 하늘을 바라보면 서글픈 상념이 사라지고 유혹하는 만족이 떨친단다. 잊혀간 추억을 다시 만나고파 파란 하늘에 편지를 쓰면서.'

대다수 산이 그러하듯이 정상을 앞두고 마지막 구간에는 체력이 지치며 녹록하지 않은 상황에 부닥치게 된다. 처음이자 마지막으로 생각되는 깔딱고개를 힘차게 오르며 출발하여 1시간 반 만에 정상에 도착이다. 눈 앞에 펼쳐진 산정들을 보며 잔잔한 감동이 일렁이고 지리산 천왕봉에서 노고단으로 이어지는 능선도 저 멀리서 아스라이 들어온다.

등산객으로 북적대는 틈에 편편하고 표면이 깔깔한 정상석을 보듬고 사진으로 담아간다. 28명의 일행과 즐거운 식사를 하는데 산들바람이 불어오는 가을 길목에서 먹는 재미가 그칠 줄 모르게 이어진다.

정상에서 범연동까지 5㎞ 거리를 확인하고 어치재 방향으로 하산이다. 음식으로 배를 잔뜩 채운 뒤라서 숨 가쁜 오르막 대신 내리막이라서 그나마 다행이다 싶다. 시간이 조금 지나자 오를 때와 달리 경사 심한 비탈과 군데군데 바위도 도사리고 있다. 다행히 길게 늘어선 비탈길 정체 덕분에 숨 고르기에 들어갈 수 있게 여유가 생긴다.

하산하는 동안 여러 가지 야생화와 성미 급하게 갈아입은 단풍이 가을 분위기에 보태고 산객 또한 가을 분위기를 탄다. 하늘에는 푸르고 맑은 가을하늘이 드리우고 땅에는 이름 모를 야생화까지 곱게 합세하니 어느 하나 아름답지 않은 것이 없다.

날머리 전북 장수군 장수읍 덕산리 범연동에 이르러 사과 과수원에서 부업으로 운영하는 옻닭 집으로 향한다. 장수하면 고랭지 사과로 유명한데 먹음직스러운 사과 수확이 한창이다. 한 편에는 까치가 한입 쪼아 먹어 상품성은 떨어지지만, 맛은 최고로 쳐주는 사과를 인심 좋은 젊은 귀농 부부가 마음껏 먹도록 배려해 준다. 주인 부부의 야무진 손맛 야무진 음식과 시골의 아름다운 인심을 흠뻑 맛보며 정겨운 시골의 늦은 오후가 달곰하게 무르익어 간다.

한때 귀촌을 꿈꾸던 시절을 회상해 보며 지금도 그 꿈이 헛되지 않기를 빌어본다. 도시 생활을 스스럼없이 내팽개치고 자연에 묻혀 귀농의 재미에 푹 빠져있는 이들 부부의 생활상이 미래의 내 모습이었으면 좋겠다.

장안산(長安山 1,237m)

주요 코스

① 무령고개주차장 ➡ 팔각정 ➡ 호남정맥길 ➡ 억새밭 ➡ 장안산 정상 ➡ 중봉 ➡ 덕천 ➡ 덕천고개 ➡ 법연동

② 법연동 ➡ 어치재 ➡ 하봉 ➡ 중봉 ➡ 장안산 정상 ➡ 억새밭 ➡ 호남정맥길 ➡ 팔각정 ➡ 무령고개주차장

재약산(載藥山)

울산광역시 울주군, 경상남도 밀양시

산세가 부드러우면서도 정상 일대에 거대한 암벽이 있어 경관이 아름답다. 또한, 우리나라에서 가장 넓은 억새밭인 사자평과 삼복더위에도 얼음이 어는 천연기념물 얼음골이 있다. 신라 진덕여왕 때 창건되었고, 서산대사가 의병을 모집했던 표충사도 유명하다.

천년 고찰 표충사를 품고 우뚝 솟아 오른 재약산(載藥山 1,189m)은 태백산맥 남쪽 끝자락의 영남 동부지역에서 해발 1,000m 이상을 아우르는 7개 산악군과 더불어 유럽 알프스산맥에 빗대어 '영남 알프스'라고 일컫는다. 아직도 많은 지형도와 정상석에는 천황산과 재약산이 별개의 산으로 구분되어 있지만, 인근의 천황산이 일본 강점기에 붙여진 이름이라 하여 밀양시에서 우리 이름 되찾기 목적으로 재약산과 천황산을 통합하여 재약산으로

통칭하기로 함에 따라 천황산 사자봉이 재약산 주봉이 되었다. 나아가 '한국의 산하' 지형도의 사자봉(천황산)을 재약산으로, 이전의 재약산은 수미봉으로 표시한다. 한

편, 재약(載藥)의 유래는 서기 829년 신라 흥덕왕의 셋째 왕자가 이곳 영정 약수를 마신 다음 병을 고쳤다는 데서 나왔다고 한다.

재약산 정상부 평탄한 곳에 환경부에서 보호구역으로 지정한 국내 최대 규모의 사자평 고산 습지가 형성되어 있으며, '재약산 산들늪'으로도 알려져 있다. 이 지역은 옛날 신라 시대 때 화랑도가 호연지기를 길렀던 수련장이었으며, 임진왜란 때 사명대사께서 왜군을 물리치기 위해 승병을 훈련했던 역사적 유서가 깊은 곳이다.

이른 아침 서울에서 출발한 버스는 5시간 이상을 내달려 경남 밀양시 산내면 남명리 밀양 얼음골 휴게소에 도착하니 산행 출발 시각이 정오에 이른다. 한 것 달구어진 태양은 이미 중천에 떠서 이글이글 천하를 다 덮을 듯한 위용으로 산객들을 맞이한다. 올해 들어 가장 강력한 무더위가 예상되는 상황에서 산행하기에 앞서 남다른 각오로 무장하며 마음을 추스른다.

계곡을 횡단하는 다리를 건넌 다음 리조트를 지나 광배(光背: 회화나 조각에서 인물의 성스러움을 드러내기 위해서 머리나 등의 뒤에 광명을 표현한 둥근 빛)만 없을 뿐 대좌와 몸체로 이루어져 있는 통일신라 시대의 대표적 불상인 보물 제1213호 밀양 천황사 석조 비로자나불좌상이 있는 천황사 앞에서 우측으로 튼 다음 나무다리를 건너뛰면 본격적인 산행이 시작된다.

얼음골 결빙지의 도착이다. 천연기념물 제224호로 지정된 밀양 얼음골은 재약산 북쪽 기슭에 절벽으로 둘러싸인 골짜기로서 더위가 시작되는 6월 중순부터 살얼음이 끼기 시작하여 8월이면 계곡 바위틈마다 석류알 같은 얼음이 박힌다고 한다. 이러한 현상은 9월까지 계속되고 처서가 지난 다음 찬 바람이 불면 얼음이 녹는다. 겨울이면 바위틈에서 15℃ 내외의 따뜻한 공기가 새어 나온다는데, 여름과 겨울에 일어나는 신비로운 골짜기는 밀양 4대 기적의 하나로 꼽힌다.

숲 그늘로 들어가는가 싶더니 잠시뿐이다. 머리 위로 뙤약볕이 내리쬐는 오르막 너덜겅 길이 한참 동안 이어진다. 산객의 인내를 시험하며 길고 지루했던 너덜겅 길이 끝나면 철재 계단이 나타나 숲속으로 빨려든다. 경사는 가파르지만, 계단으로 인해 보폭이 안정되고 그늘을 형성하고 있어 한층 아늑한 분위기이다.

갈림길 삼거리부터 푹신푹신하게 깔린 우드 칩이 촉감을 부드럽게 해주며 긴 오르막에서 오는 피로감을 누그러뜨린다. 오르막 정도가 느슨해지면서 두 줄로 된 목책 울타리가 산객을 가둔 형태로 산행이 진행한다.

능선길이 곱게 이어지는 대신, 눈이 부실 정도의 강한 햇볕이 온몸으로 내리쬔다. 메뚜기도 유월이 한철이라는데 제철 만난 땡볕의 기세를 누가 꺾겠는가. 피할 수 없으면 즐기라고 했던가? 긍정의 생각이 마음을 지배하는 동안 오늘의 최고봉 재약산(천왕산) 사자봉의 도착이다. 정상에는 정상만의 고마운 바람이 산객을 맞이한다. 탁 트인 자연 바람을 실컷 맞으며 지친 더위에서 벗어나 최고의 호사를 누린다.

이제부터는 재약산 수미봉으로 가기 위한 하산이다. 잘 정비된 덱 덕분에 천황재 분기점까지 무난한 내리막이 이어지고 중간 지점에 쉼터가 기다린다. 쉼터는 목제 덱과 나무 탁자 등의 편의시설까지 갖추고 산객들을 맞이하지만, 하늘이 완전히 노출된 뙤약볕이라서 넓은 공간이 텅텅 비어 공허하기만 하다.

쉼 없이 수미봉 정상까지 또다시 고도를 높이기 위한 도약이다. 거친 오르막은 아니지만, 더위가 발목을 잡으면 얼음물로 달랜다. 롤러코스터를 타면 전율이라도 있다지만 무더운 날 오르막과 내리막이 교차하는 산행은 육체적, 심리적인 부담이 따르기 마련이다.

시간이 지나고 마침내 수미봉 정상에 다다라 두 번째 정상 인증을 남김으로써 마치 오늘의 산행을 다 해치운 듯 홀가분하다.

수미봉 고산지대에서 드넓게 펼쳐지는 사자평이다. 이곳은 과거 농경지가 차차 변하여 지금의 습지로 변했다. 30년 전만 해도 화전민들이 약초를 심고 텃밭을 가꾸는 등 고사리 분교를 비롯하여 약 40여 가구의 주민이 이곳에서 생활하였으며 아직도 주거 흔적이 남아 있다고 한다.

사자평 억새를 중심으로 이어지는 하늘 억새 길을 따라 내려간다. 비교적 무난한 내리막이지만 거리가 멀어 지루하다. 넉넉하게 주어진 산행 시간이라지만 그동안 시간을 많이 까먹는 관계로 도착 시각에 대한 우려의 순간에 임도를 정비하는 업무용 트럭을 만난다. 체면을 무릅쓰고 산객 몇몇이 트럭 짐칸에 몸을 맡긴 다음 구불구불한 길을 돌고 돌아 경남 밀양시 단장면 구천리 날머리 부근의 통도사 말사인 표충사에 이른다.

표충사는 654년에 원효대사가 나라의 번영과 삼국통일을 기원하고자 명산을 찾아다니던 중 재약산 산정에 올라 남쪽 계곡 대나무 숲에서 오색구름이 일고 있는 것을

본 다음 이곳에 터를 잡아 절을 세우고 사찰의 이름을 죽림사(竹林寺)라 했다. 그러다가 1839년 조선 헌종 5년에 이르러 임진왜란 때 승병을 일으켜 국난 극복에 앞장선 서산대사, 사명대사, 기허대사를 모신 표충사당을 이곳으로 옮겨오면서 절의 이름을 '표충사'로 변경하였다고 한다.

출발 시각이 빠듯하여 사찰 관람은 건너뛰기로 한다. 그 대신 표충사 앞 커다란 계곡 속으로 더위에 지친 몸을 풍덩 빠져 계곡물을 침대 삼아 하늘을 행해 큰 대(大) 자로 드러눕는다. 파란 하늘에 한가로이 떠가는 뭉게구름처럼 자신의 처지가 너무나 여유롭고 행복감에 젖어 든다. 무더위가 최고조에 이른 한여름 산행에 대한 기억은 뇌리에 오래도록 남아 있을 것이다.

재약산(載藥山 1,189m)

주요 코스

① 얼음골 휴게소 ➡ 천황사 ➡ 얼음골삼거리 ➡ 재약산 정상 ➡ 천왕재 ➡ 수미봉 ➡ 사자평 ➡ 구 고사리분교 ➡ 층층폭포 ➡ 흑룡폭포 ➡ 표층사 ➡ 주차장

② 표층사 ➡ 금강폭포 ➡ 은류폭포 ➡ 한계암 ➡ 극락암 ➡ 재약산 정상 ➡ 얼음골삼거리 ➡ 천황사 ➡ 얼음골휴게소

적상산(赤裳山)

전북특별자치도 무주군

가을에 마치 온 산이 빨간 치마를 입은 여인네의 모습과 같다 하여 이름이 붙여질 정도로 경관이 뛰어나며 고려 공민왕 때 최영 장군이 탐라를 토벌한 후 귀경길에 이곳을 지나다가 산의 형세가 요새로서 적지임을 알고 왕에게 건의하여 축성된 적상산성과 안국사 등이 유명하다.

소백산맥에 자리한 적상산(赤裳山 1,034m)은 주변의 백운산, 대호산, 단지봉 및 시루봉 등과 함께 덕유산국립공원 북동부에 위치한다.

정상부는 깎아지른 듯한 암벽 위에 비교적 평평하며, 주변에는 단풍나무, 바위와 잘 어울리는 소나무가 많다. 산의 이름을 적상산이라 할 만큼 가을철이 되면 온 산이 빨간 옷을 입은 듯하다.

사적 제146호로 지정된 적상산성에는 조선 후기에 세워진 적상산사고가 있다. 성안에는 나라의 안위를 빌기 위해 축조한 안국사와 호국사가 있다. 1614년 세워진 호국사는 적상산사고를 보호하기 위함이며 정묘호란 때는 안렴대 아래 험준한 절벽 안에 사고를 옮겨와 숨겨두었다 한다.

적상산은 임진왜란을 겪은 후 조선 시대 4대 사고의 한 곳으로 지정될 만큼 사방이 천 길 낭떠러지의 안렴대와 적산산성 아래 하늘을 찌를 듯이 서 있는 장도바위 등이 천해 요새를 갖추고 있다.

여느 때와 달리 나 홀로 산행에 나선다. 용산역에서 KTX를 타고 오전 8시 3분 서대전역에 도착하여 마중 나온 지인의 안내를 받아 승용차로 최종 목적지로 이동이다. 적상산처럼 일반인들의 선호도가 떨어지는 산행은 전세버스를 이용하는 일반 산악회 운영 방식이 어려우므로 번거로움을 감내하는 일반교통을 이용할 수밖에 없다.

전북 무주군 적상면 사천리 서창탐방지원센터를 산행 들머리로 잡고 100m를 오르면 향로봉 3.4㎞, 안국사 3.7㎞가 표시된 첫 번째 이정표가 나오면서 산행이 시작된다. 능선까지 오르는 동안 신록이 짙어 특별한 조망은 기대하기 어렵다. 국립공원답게 등산로는 잘 닦여 있어 여름 산행 코스로서는 제격인데 올라가는 사람 내려오는 사람 만나기 어렵게 인적이 뜸한 산길을 통째로 전세 내어 오른다.

봄의 끝자락을 다 떠나보내고 새 계절이 오는 길목에 서 있는 등산로는 잿빛 바위에다 녹색 톤의 나뭇잎이 칠해지고 지저귀는 새소리와 나뭇잎 스치는 소리까지 더해져 자연이 만들어내는 앙상블로 은은하다. 꾸준하게 오르고 또 오른 다음 숲속에서 벗어나 밝은 빛으로 채운 조망터가 나온다.

지나온 서창 마을이 희미하게 내려다보이고 그 뒤로는 고속도로가 더 뒤로는 구불구불한 산들이 너울져 흐른다. 또렷하지 않고 멀지는 않더라도 시야에 들어오는 풍경만 바라보아도 시원하다. 지루함이 사라진다.

출발하여 1시간쯤 올랐을까. 목과 등줄기에 땀이 제법 흥건하게 젖고 경사가 주춤할 무렵 쉬어가기 좋은 벤치가 발걸음을 멈춘다. 이끼 덮인 바위에 바람이 옮겨다 놓은 나뭇잎이 켜켜이 쌓여있는 모습도 눈앞에 주저앉는다. 하얀 생각에 잠기며 땀을 식힌다.

올려다보는 하늘 금에 적상산의 끝자락이 보일 듯 말 듯 걸려 있다. 높다랗게 솟

은 봉우리들을 바라보며 저길 언제 가나 싶었으나 등산로가 산허리를 따라 지그재그로 나 있어 수월하게 고도를 높여간다.

평탄한 지형이 한동안 이어지고 고운 햇살이 찾아든다. 바닥에는 지난가을 잔재를 떨어내지 못한 갈색 잎사귀가 드리우고 나뭇가지에는 새 계절을 맞이하는 싱그러운 신록이 빛을 발한다. 힘겹게 오르는 일만 있을 줄 알았는데 생각 외로 낭만적이다.

무거운 색조로 가운데가 쩍 갈라진 거대한 장도바위 앞에 선다. 장도바위는 고려말 명장 최영이 적상산을 오르는데 바위 하나가 떡하니 길을 가로막아 서자 장도로 내리쳐 쪼갰다는 전설을 간직하고 있다. 마침 반대 방향에서 내려오는 산객과 반갑게 만나 장도바위를 배경으로 사진을 찍어주는 것으로 주거니 받거니 추억을 담아간다.

초면의 산객과 응원의 작별을 나눈다. 장도바위를 에둘러 돌아 올라가 위에서 내려다보니 조금 전에 사진 찍어준 산객과 눈이 마주치는 바람에 먼 거리를 두고 손짓 인사를 나눈다. 첫 인연이 찰나 사이에 구면이 된 셈이다.

적상산성과 함께 일명 '용담문'이라고도 부르는 '적상산성 서문지'이다. 산성의 축조는 삼국 시대까지 거슬러 올라가며 눈으로 보아도 보전 상태가 매우 양호하다. 길이가 8.143㎞로 동, 서, 남, 북으로 문이 있다. 규장각에 소장된 '적상산성조진성책'의 기록에 의하면 서문에는 2층에 3칸의 문루가 있었다고 한다. 서문지의 서창은 미창과 군기창이 있었던 사유로 지금도 마을 이름이 서창이라 부르게 되었다.

성곽 안에 드리운 길로 가는 기분이 특별하다. 숲속에는 숲 향기로 가득 차고 뚫어진 하늘 틈새로 주먹만 한 햇볕이 발등 위로 뚝뚝 떨어진다.

시야가 확 트이고 그다지 높이의 부담을 주지 않은 긴 계단에 올라서니 향로봉삼거리 안부가 나타난다. 서창 2.8㎞, 향로봉 0.7㎞가 표시된 이정표 아래서 잠시 숨을 고른다.

여전히 길은 인적이 뜸하다. 정상 인증을 찍어줄 사람이 없으면 무작정 기다릴 수밖에 없겠다는 걱정이 향로봉으로 향하는 내내 무겁게 생각을 짓눌렀으나 기우였다. 이미 도착하여 점심을 먹고 있던 산객들이 먼저 인사를 건네주니 반갑기가 그지없다. 처음 만난 산객들과 막걸릿잔을 주고받으며 분위기가 훈훈해진다.

적상산에서 사실상 최고봉 노릇한 정상 향로봉(1,024m)이다. 지도에 나오는 적상산 정상(1,034m)에는 정상석을 비롯하여 아무런 표지석이 없다. 다만 트랭글(tranggle/ 등산, 걷기, 자전거, 조깅, 마라톤, 패러글라이딩 등의 움직이는 모든 운동 종목에 대해 GPS를 통해 이동 경로, 해발고도, 이동 속도, 각종 위치 확인 등의 정보를 제공하는 스마트폰 앱)에서 배지만 제공할 뿐이다. 향로봉 일대는 울창한 숲으로 덮여있어 답답하고 조망도 없는 아쉬운 환경이다.

나중에 산길에서 만난 덕유산국립공원 직원에게 정상석에 관해 연유를 물었더니 지도상의 정상 표시는 잘못된 정보이며 실제 정상은 등산로에서 훨씬 벗어난 곳에 있는데, 군사 시설이 들어서 있어 일반인의 접근이 곤란하다는 설명이다.

향로봉에 갔다 되돌아와 다시 삼거리에 선다. 해발 1,000m 경계를 넘나드는 고도임에도 등산로는 평탄하고 무난하여 체력 안배를 유지하며 진행한다. 넓고 고른 공터에 이르자 기다렸다는 듯이 허기가 몰려온다. 오전에 지인이 안내하며 손수 싸준

쑥떡과 바나나로 맛있게 한 끼를 때운다.

계속되는 길은 능선 수준으로 높낮이가 완만하여 둘레길을 걷는 느낌이다. 바람은 소리 없이 주변을 맴돌며 시원함을 선사한다. 까마귀가 이따금 고요하고 정적을 흩뜨리며 울어댄다. 평소 살갑지 않게 여겼던 까마귀 소리마저 반갑고 정겹게 다가온다. 망중한 산행에서 반갑게 산 친구를 만난 셈이다.

안렴대 절벽 위에 있는 널찍한 반석이다. 안렴대는 거란의 침입 때 삼도 안렴사가 군사를 이끌고 이곳에서 진을 치고 난을 피한 곳이라는 데서 유래되었으며, 병자호란 때는 적상산사고 실록을 안렴대 절벽 밑에 있는 석실로 옮겼다는 유서 깊은 사적지이다. 장황하게 적힌 안내판을 다 읽지 않더라도 이곳이 아슬아슬한 천 길 낭떠러지 위에 있는 최고의 조망터임을 눈으로 확인할 수 있다.

한동안 조용하게 이어지던 숲에서 벗어나 길 너머로 안국사의 실체가 드러낸다. 어떤 내력을 간직하는지를 알기 전에 안국사라는 이름만으로도 편안한 느낌을 받는다. 언덕을 따라 들어선 인기척이 없는 사찰은 적막이 깃든다. 해발 1,000m 가까운 고도에서 이만한 규모의 사찰에 자동차도 다닐 수 있는 반듯한 도로까지 닦아 놓았다.

일주문을 지나 잘 닦인 아스팔트를 따라 내려간다. 하루 중에서 가장 덥다는 오후 2시 가 막 지난 시각이다. 치목 마을 2.7㎞, 송대 1.1㎞가 표시된 이정표를 따라 다시 산길로 들어선다. 숲은 우거지고 종종 계단으로 이어진다.

수직 철 계단을 길게 타고 내려오니 기대했던 송대가 기다린다. '적상산 남쪽 계곡의 급경사를 타고 흐르는 물줄기가 높은 안벽을 뛰어넘고 울창한 송림 사이의 층층 바위 암벽 위로 쏟아져 장관을 이룬다.'라는 설명과 함께 주변의 편백 군락에 휩싸여 송대의 진가가 유감없이 발휘한다.

30여 분을 더 걸어서 산행 날머리 전북 무주군 적상면 괴목리 치목마을로 내려온다. 낯설고 조용한 시골 마을 버스정류장에서 버스를 1시간 반을 기다려 무주시외버스터미널을 간 다음 서울로 가는 마지막 고속버스로 갈아탄다.

오늘 산행은 적상산이 간직한 역사적 사연만큼이나 유난히 굴곡 있는 여정이었지만 인적이 드문 나 홀로 산행을 통해 소중한 시간을 가질 수 있었고 명산 인증 하나가 마련되었으니 그저 흡족할 따름이다. 지난 10년간 다양한 인터넷 산악회를 통해 더불어 산행을 하였지만, 이제는 본격적으로 100산 도전에 나섰고 남아 있는 산이 점점 줄어들수록 산행지에 대한 선택의 폭이 점점 좁아져 나 홀로 산행이 잦아질 수밖에 없는 불가피한 지경에 이르렀다.

혹자는 여행에 대해 말하기를 '인간의 광합성'이라 한다. 여행은 일상을 떠나 자신과 다름을 만나는 과정에서 새로 거듭나 다시 일상으로 복귀하는 일련의 행위라고 생각한다. 이 과정에 낯선 이들과 부단히 만나고 소통하며 동화하는 게 우리의 삶이고 살아있는 모든 생명체의 존재 이유일 것이다. 그렇다면 나 홀로 산행은 혼자가 아니었다. 모르는 사람들과 산행 하나만의 과제로 느낌을 공유하고 산행하는 동안 차오르는 많은 생각뿐만 아니라 시시각각 펼쳐지는 모습이 산행 내내 동행이 되어주기 때문이다.

적상산(赤裳山 1,034m)

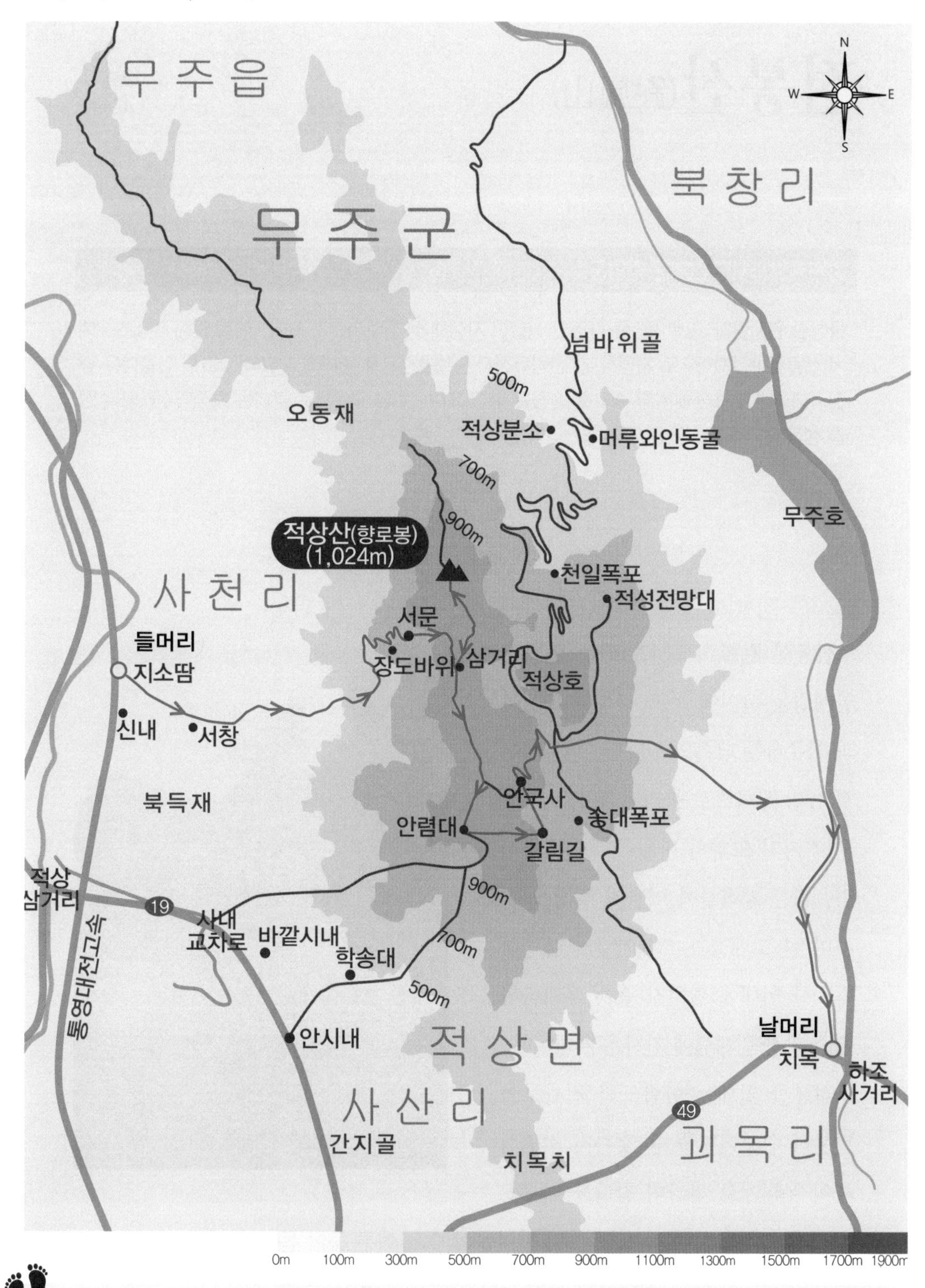

주요 코스

① 지소땀 ➡ 서창 ➡ 장도바위 ➡ 서문 ➡ 삼거리 ➡ 향로봉 정상 ➡ 삼거리 ➡ 안렴대 ➡ 안국사 ➡ 송대 ➡ 치목마을

② 안시내 ➡ 학송대 ➡ 갈림길 ➡ 안렴대 ➡ 삼거리 ➡ 향로봉 정상 ➡ 삼거리 ➡ 서문 ➡ 장도바위 ➡ 서창 ➡ 지소땀

점봉산(點鳳山)

강원특별자치도 인제군·양양군

울창한 원시림과 모데미풀 등 다양한 식물이 자생해 생태적 가치가 크다. 이로 인해 유네스코에서 생물권보전지역으로 지정하고, 산림유전자원 보호림으로 관리되고 있다. 제1회 아름다운 숲 전국대회에서 보전해야 할 숲으로 선정된 바 있으며, 12담 구곡으로 불리는 오색약수터와 주전골 성국사 터에는 보물인 양양 오색리 삼층석탑이 있다.

점봉산(點鳳山 1,424m)은 설악산 한계령을 사이에 두고 북쪽의 대청봉과 마주하는 남쪽의 산이다. 점봉산에서 12담 구곡으로 불리는 주전골은 좌우 갖가지 모양의 바위 봉우리, 원시림, 맑은 계곡물이 어울려 절경을 이루며 큰 고래골과 오색약수가 유명하다. 산 일대에 펼쳐진 숲은 우리나라에서 가장 원시림에 가까운 지대이다.

점봉산 일대는 아름드리 전나무를 비롯하여 모데미풀 등 갖가지 희귀식물이 무더기로 자라며 참나물, 곰취, 곤드레, 고비, 참취 등 10여 가지 산나물이 밭을 이룬 듯이 돋아나 있다.

점봉산은 한반도 식물의 남북방 서식지의 한계선이 맞닿아 우리나라 전체 식물

종의 20%에 해당하는 854종의 꽃과 나무들이 자생하는 보고로 유네스코가 지정한 생물권 보존 구역이다. 한편, 점봉산은 제1회 아름다운 숲 전국대회에서 보전되어야 할 숲으로 선정된 바 있다.

이번 산행은 오래전부터 다양한 정보를 동원하여 산행 공지를 기다린 끝에 어렵게 기회를 잡은 특별한 산행이기에 수일 전부터 장맛비를 예상했음에도 쉽게 포기 못 하고 산행을 강행하기에 이르렀다. 전국적인 극심한 가뭄으로 인해 온 국민의 타들어 가는 근심이 높아가는 상황이라서 비를 맞으며 산행하는 게 귀찮다는 생각은 그 자체가 사치스러운 발상이며 오히려 반갑게 받아들이고 감사해야 할 축복이라고 해야겠다.

2017년 나머지 절반이 새로 시작하는 첫날 자정 무렵이다. 애초 산행 신청자 쇄도로 많은 대기자까지 발생하였으나 많은 비의 예보로 인해 오히려 16개 좌석을 비운 채 서울에서 출발한 버스는 수도권과 동해안을 잇는 서울양양동서고속국도 개통 기념에 맞추어 다음 날 새벽 3시 강원도 인제군 기린면 진동리 상치전(뭇꽁바치) 마을의 도착이다.

예상했던 대로 장마의 서곡은 막이 오른 가운데 부슬부슬 내린 단비가 산객들을 맞이한다. 사방이 칠흑 같은 어둠으로 가득 찼고 비몽사몽 선잠에서 깬 일행은 들뜬 마음과 함께 알뜰살뜰 준비한 행장에다 주섬주섬 아침 요깃거리를 챙기느라 각자마다 분주함의 일색이다. 이른 시각에 산행을 강행하는 이유는 갈 길이 먼 이유도 있지만, 산행 자체에 많은 제약을 받기 때문에 긴 일정을 고려해서 일찍 나선다는 산행 대장의 답변이다.

사방이 캄캄한 상황에서 판초와 스패츠로 무장하고 이마에 부착한 랜턴으로 추적추적 내리는 새벽 비를 가르며 앞사람의 뒤를 졸졸 따라 대장정에 돌입한다. 고요한 적막 속에 갇혀있던 숲은 예상하지 못한 손님맞이로 불현듯 밝혀주는 가느다란 불빛 신호에 따라 임시 등산로를 내어주고 산객들이 지나간 후에는 어김없이 흔적을 지워버린다.

시간이 지날수록 비가 세차고 그칠 줄 모르게 내린다. 우의를 타고 들어온 비가 몸속으로 파고들고 스패츠가 무색하게 등산화마저 안으로 스며들어와 양말까지 젖는다.

한 손으로 안경에 서린 김을 연신 닦고 다른 손은 잡목을 헤쳐가며 가파른 산길을 이리저리 헤집고 나간다. 어두운 산행이라서 남설악의 아름다움을 볼 수 없는 아쉬움이 따르고 카메라 셔터를 눌러보면 가까운 곳의 바위 조각과 나뭇가지만 찍힐 뿐이다. 주변의 온갖 것을 어둠의 블랙홀로 죄다 삼켜버렸다.

5시 무렵 먼동이 틀 시각에 하늘이 조금씩 밝게 열리는 듯하지만, 기대했던 일출은 포기해야 한다. 산행 코스가 잘 알려지지 않은 특별한 미지의 길이라서 산행 정보가 빈약하다. 오로지 오랜 산행에서 터득한 현장감을 가지고 목적지를 향해 흔들림 없이 원시의 숲을 헤쳐 나간다.

여름 숲은 계곡 아래부터 시작하여 이제는 고지대까지 꽉 채워졌고 오랜 가뭄 끝에 단비를 맞았으니 물 만난 고기처럼 더욱 싱그럽다. 우의 안의 속옷은 점점 비와 땀으로 흠뻑 젖어가고 등산로는 온통 진흙으로 질퍽거리는 반죽이 되어 미끄럽다.

큰비가 더 내리기 전에 고도를 높여야 힘이 덜 부치기 때문에 부지런히 서둘러야 하는데 첩첩산중에 멧돼지들이 산길을 형체를 알 수 없을 정도로 마구 파헤치는 바람에 길 찾기가 만만하지 않다.

7㎞를 걸어서 첫 번째 목표인 해발 1,165m 가칠봉에 도착하였지만, 조망은 예상했던 대로 영 아니다. 조금 더 진행하다가 아침 요기를 위해 잠시 멈춘다. 보슬비가 내리는 가운데 자리를 펴지 못하고 선 채로 빗방울을 반찬 삼아 김밥 한 줄을 게 눈 감추듯이 해치운다. 여름 날씨이지만 고산지대라서 찬 음식을 먹고 나니 바람이 불고 한기가 스며들어와 으스스하다. 오래 지체 못 하고 서둘러 출발이다.

비는 멈추지 않는 가운데 산길 역시 지루할 만큼 어려운 진행이다. 풀 속에 숨겨진 길을 따라 한참을 가니 전망대가 나온다. 여름비에 촉촉이 젖어있던 짙푸른 산야가 백색의 운무와 대조를 이루며 흩어졌다 모이기를 반복한다. 평소에는 보잘것 없는 풍경일지라도 모처럼 확 트인 시야를 보니 기분이 밝게 전환된다.

해발 1,100m의 고지에 넓은 평원이 펼쳐진 곰배령에 이른다. 곰이 하늘로 벌떡

누워 배를 드러낸 모습을 하고 있다는 데서 곰배령이라는 이름이 붙여졌다고 한다. 곰배령 모습은 웅장하지도 그렇다고 화려하지도 않은 소박한 아름다움 그 자체이다. 혹자는 화장하지 않은 젊은 처자의 수더분하고 맑은 모습 그대로이라고 표현한다.

곰배령은 소박하지만 아름다운 자연경관을 배경으로 가족과 곰배령 사람들의 사람 냄새나는 삶을 조명하는 휴먼 전원 드라마인 〈천상의 화원 곰배령〉이라는 제목으로 방영되었고, 'KBS 인간극장'과 'MBC 스페셜'까지 곰배령을 배경으로 다루었다고 한다.

곰배령은 경사가 완만하여 할머니들도 콩 자루를 머리에 이고 장 보러 넘나들던 길이며 가족 단위의 탐방코스로 안성맞춤이어서 죽기 전에 가보아야 할 아름다운 산으로 소개되고 있다. 한편, 점봉산 정상에서 곰배령을 중심으로 희귀 야생화 및 산 약초, 산채류 등이 다양하게 다량 분포되어 있어 산림유전자원보호구역으로 지정 고시되었다.

곰배령으로 내려온 만큼 바닥을 치고 또다시 그 이상의 고도 높이기에 돌입한다. 이제는 점봉산을 향해 오롯이 오르는 일만 남았다. 고도를 제법 높이고 방향을 틀자 산모퉁이를 돌아 나오는 한여름의 황소바람이 거세게 몸속을 파고든다. 그동안

있으나 마나 한 거추장스러운 판초가 방한용 외투로 역할을 반전하며 든든한 바람막이가 되어준다.

이정표 없는 오르막을 오르고 또 오르고 피로가 엄습해 온다. 아직도 얼마큼 더 가야 하나 하는 순간 드디어 점봉산 정상이 나타난다. 정상은 운무가 삼켜버린 풍경 속에 갇히고 말았다. 극한 상황을 헤쳐 나온 산객들은 구름 위에 뜬 신선이 된 기분이다. 날씨 좋은 날에는 설악산의 장대함과 동해의 드넓음 조망이 한눈에 들어온다는데 오늘은 운무에 가려 상상으로 만족해야 한다.

정상을 지나 밋밋한 내림을 거쳐 녹색으로 드리운 부드러운 길로 접어드니 무박으로 못 잔 피곤함이 밀물처럼 몰려온다. 하지만 어렵게 그리고 특별하게 찾아온 점봉산이기에 어쩌면 이번이 처음이고 마지막일 수도 있겠다는 생각에 좀 더 진지한 마음을 가다듬어 지금의 모습을 기억하고 느낌을 담아가도록 생각을 다독이며 기분을 추스른다.

깊은 산속에서 발견된다는 금강초롱이 아침 빗방울을 머금고 수줍은 듯 모습을 드러낸다. 그리고 아무렇게나 우거진 나무들로 인해 앞이 제대로 보이지 않은 오솔길이 군데군데 뻗어 나 있다. 이따금 고요한 적막을 깨고 소스라치는 새소리에 새도 사람도 함께 놀란다. 타임머신을 타고 태고의 시절로 돌아간 듯 때 묻지 않은 대자연 속에 파묻혀 긴 시간을 내려가 날머리인 강원도 인제군 기린면 진동리 설악산 강선리분기점에 조성된 곰배령주차장에 도착한다. 장장 9시간 반에 걸친 20㎞의 우중 산행이 비로소 대단원의 막을 내린다.

에필로그

강원도 인제에 소재한 점봉산은 정상을 비롯하여 이 일대에 대한 입산이 통제되었다. 산을 좋아하고 100대 명산을 도전하는 한 사람으로서 아주 난감한 상황임을 깊이 인식하고, 이번 점봉산 산행을 통해 산림청에서 선정한 100대 명산에 관한 문제점을 지적함과 동시에 나름대로 합리적인 대안을 제시하고자 한다.

오래전부터 등산은 우리 국민에게 가장 친숙한 취미 활동으로 자리 잡은 현실을 누구도 부인할 수 없을 것이다. 현재 전국적으로 100대 명산을 인증받으러 다닌 사람은 수만 명 이상으로 추정되며 계속해서 한층 더 증가 추세이다.

2006년 산림청에서 실시한 '산림에 대한 국민의식조사'에 따르면 우리나라 18세 이상 성인 5명 중 4명이 연간 1회 이상 등산에 참여하고 있고 이를 연인원으로 따지면 4억 6천만 명이나 된다고 한다. 어쩌면 국토의 약 70% 정도가 산인 나라에 사는 사람들이 산에 오르고 즐기는 것은 당연한 결과일 것이다. 건전한 산행을 통해 국민의 건강을 증진키며 산을 이해하고 보전하는 데 있어 산행만 한 레저가 없다고 판단되는 이유이다.

국가에서 지정한 100대 명산은 '2002년 세계산의 해'를 기념하고 산의 가치와 중요성을 새롭게 인식하기 위해 2002년 10월 산림청에서 선정 공표하였으며 산림청에서 선정한 100대 명산은 학계, 산악계, 언론계 등 13명의 전문가로 구성된 선정위원회가 지방자치단체를 통해 추천받은 105개 산과 산악회 및 산악 전문지가 추천하는 산, 인터넷 사이트를 통해 선호도가 높은 산을 대상을 산의 역사, 문화성, 접근성, 선호도, 규모, 생태계 특성 등 5개 항목에 가중치를 부여하여 심사 후 선정하였다.

100대 명산에는 국립공원 16개소, 도립공원 17개소, 군립공원 11개소 지역에서 44개소 그리고 백두대간에 인접한 산 중에서 34개가 각각 선정되었다. 또한, 대암산, 백운산, 점 봉산 등 생태적 가치가 큰 산과 울창한 원시림을 자랑하는 울릉도 성인봉, 섬 전체가 천연 보호구역인 홍도 깃대봉 등도 100대 명산에 포함되어 있다.

그렇다면 국가지정 100대 명산이 생태적 가치가 크다는 이유로 입산을 제한을 받는다면 과연 무슨 의미가 있을까? 국가가 주도하여 선정한 명산인 만큼 일 년 중 일정 기간에 최소한의 한정된 인원만이라도 출입을 허용하거나 그것도 미흡하다면 해를 걸러 시행하는 격년제 또는 일정 기간마다 휴식년제를 도입하여 한시적으로 개방하는 합리적인 방안이 있어야 한다.

점봉산과 마찬가지로 생태적 가치가 크다는 것과 휴전선이 가까운 지역으로 각종 희귀 생물과 원시림에 가까운 숲이 잘 보전되어 천연보호구역으로 지정되었다는 사유로 산림청 선정 100대 명산인 강원도 양구군과 인제군에 걸쳐 있는 대암산(1,304m)의 경우 일 년 중 일정 기간만 개방하고 지역 주민(주민 인솔자 수당은 산행자 부담)과 원주지방환경관리청 담당자의 인솔 및 설명으로 산행이 정상적으로 진행하고 있다.

또한, 점봉산의 원시림이 울창하고 모데미풀 등이 자생하는 등 생태적 가치가 크다는 이유로 입산을 제한한다면, 전남 신안군에 소재한 홍도의 경우 섬 전체가 문화재보호법에 따른 천연보호구역임에도 정상 깃대봉을 등반하기 위한 등산로에 대해 생태환경을 고려한 탐방로를 개설하여 연중무휴로 수많은 탐방객이 자유롭게 이용하고 있는 현실을 고려할 필요가 있다. 정부의 너무 보수적인 보전 정책보다 최소한의 기간이나 구간에 대해 국민에게 개방하는 대신에 자연 생태에 관한 대국민 홍보 및 현장 교육을 통해 생물권 보존과 산림 유전자원 보호 등에 대한 국가 정책의 이해, 참여 및 실천하게 하는 방향으로 개선해야 할 필요가 있다는 것이다.

따라서 점봉산에 대하여도 최소한 대암산 수준의 절차를 통해 부분적인 개방을 해주던지, 그런데도 기존 정책을 굳이 고집한다면 거두절미하여 점봉산을 아예 국가지정 100대 명산에서 제외하여 주던 지하여 산악인들의 소박한 희망이 저버리지 않기를 간절히 바라는 심정이다.

현재 산림청에서 점봉산은 '원시림과 계곡이 조화롭게 어우러진 산'이라는 제목으로 점봉산과 함께하는 아름다운 자연명소에서 가족과 함께 5시간 이상 산행하는 곳으로 소개하며, 나아가 점봉산 주변에 방태산자연휴양림, 아침가리 계곡과 방동약수 그리고 설악산국립공원이 있다는 정보를 상세하게 추가하여 점봉산에 대한 위상을 홍보하고 있다. 하지만 모두에서 밝혔듯이 한편에서는 점봉산 정상을 비롯하여 이 일대에 대한 입산이 통제되고 있는 관계로 국가 정책이 엇박자를 이루며 국민을 혼란하게 만들고 있으며 필자가 2017년 4월 정부 국민신문고를 통해 위와 같은 불합리한 제도를 개선하여 줄 것으로 건의하였음에도 회신 내용은 뚜렷한 대안 없이

현 제도를 합리화하는 답변뿐이다.

위와 같은 국가 정책에도 불구하고 점봉산 산행에 대한 국민의 열의는 대단하다. 점봉산을 가기 위해 각종 산악회와 동호인 모임에서 비공식으로 회원을 모집하여 상업하는 행위가 성행을 이루고 있으며, 인터넷 포털 사이트를 검색하면 점봉산에 대한 산행기와 등산코스 등의 정보가 홍수를 이루며 넘쳐나고 있는 현실이다.

현행 제도에서 점봉산 일대를 입산할 경우 자연공원법 위반행위에 해당하여 과태료 부과 대상이며 필자도 이번 점봉산 산행을 한 이유로 함께한 일행 모두 과태료 처분을 받아 해당 기관에 부담금을 낸 적이 있다. 어쩌면 과태료를 냄으로 인해 최소한의 대가를 치렀다는 부담감에서 벗어날 수 있다 하더라도 입산 행위가 정당화될 수는 없을 것이다. 위와 같은 제도에도 불구하고 산을 좋아하고 사랑하는 나머지 많은 국민은 오늘도 내일도 점봉산을 찾아가는 숫자는 변환이 없을 것이며, 국가와 개인과의 관계를 규정하는 공법에 따라 개인의 의무 이행을 게을리한다는 이유로 오히려 위법자가 생겨날 것이며, 불합리한 제도를 정비하지 않은 국가 또한 범법자를 양산하는 데에 방관한다는 오점에서 벗어나지 못할 것이다.

점봉산(點鳳山 1,424m)

주요 코스

① 상치전마을 ➡ 가칠봉 ➡ 곰배령 ➡ 작은점봉산 ➡ 점봉산 정상 ➡ 홍포수막터 ➡ 너른이계곡 ➡ 삼거리 ➡ 설피마을 ➡ 곰배령주차장

② 오색 ➡ 단목령 ➡ 홍포수막터 ➡ 점봉산 정상 ➡ 작은점봉산 ➡ 곰배령 ➡ 와폭 ➡ 강선리 ➡ 점봉산생태관리센터 ➡ 설피마을

조계산(曹溪山)

전라남도 순천시

예로부터 소강남(小江南)이라 부른 명산으로 깊은 계곡과 울창한 숲 · 폭포 · 약수 등 자연경관이 아름답고, 불교 사적지가 많으며, 국보인 목조삼존불감, 고려고종제서, 송광사국사전 및 송광사와 곱향나무가 유명하다.

소백산맥의 말단부에 있으며 광주의 무등산(無等山), 영암의 월출산(月出山)과 삼각형을 이루는 조계산(曹溪山 884m)은 조계천 계곡을 사이에 두고 뻗은 능선이 동서로 나란히 대칭을 이룬다.

본래는 동쪽의 산군을 조계산이라 하고 서쪽의 산군을 송광산이라 했으나 조계종의 중흥 도량산이 되면서 조계산이라고 부르게 되었다 한다. 조계산은 수림이 다양하고 울창하여 전라남도 채종림(採種林) 지대로 지정되어 있다.

조계산은 1979년 12월 도립공원으로 지정되었으며 봄철의 벚꽃, 동백, 목련, 철쭉, 여름의 울창한 숲, 가을 단풍, 겨울 설화(雪花) 등이 계곡과 어우러져 사계절 모두 독특한 경관을 이룬다.

조계산의 서쪽에 있는 송광사는 삼보사찰 가운데 하나인 승보사찰(僧寶寺刹)로 우리나라에서 가장 규모가 큰 절이다. 경내에는 국보 제42호 목조삼존불감 등의 많은 국보와 보물 제175호 송광사경패 등의 다양한 문화재를 보유 중이다.

그동안 인터넷 산악 동호회를 통해 꾸준하게 산행을 해오다가 처음으로 일명 '안내산악회'로 불리는 교통편에 편승하여 합천 해인사, 양산 통도사와 더불어 전국 3대 사찰의 하나인 전남 순천의 송광사를 품고 있는 조계산으로 봄 마중 산행을 떠난다.

최근 산행에 대한 국민적 관심과 호응이 갈수록 고조됨에 따라 나를 찾아서 멀리 떠나는 산행이 수도권을 중심으로 매우 증가 추세이다.

안내산악회는 산행 코스에 대한 정확한 정보 제공과 합리적인 운영 방식을 통해 100대 명산 등의 전국 유명한 명소의 산을 안내하는 산악회이며 100대 명산 도전을 목적으로 하는 사람들에게 인기가 많다. 수년 전부터 안내산악회가 새로운 직업군으로 분류되면서 새 일자리를 창출하며 안내산악회가 경쟁적으로 성업을 이루고 있는 양상이다.

산행 들머리 전남 순천시 승주읍 죽학리 선암사 매표소의 도착이다. 우리나라에서 가장 아름답다는 돌로 짜맞춘 보물 제400호의 아치형 승선교를 건너 542년 백제 아도화상이 창건했다는 설과 875년 신라 도선국사가 창건했다는 두 가지 설을 간직한 선암사를 옆에 끼고 산행을 진행한다.

고즈넉한 비탈 도로를 잠시 올라가면 대각암 가는 길과 갈라지는 지점에 이른다. 왼쪽의 장군봉과 작은 굴목재를 가리키는 이정표를 따라 산행이 시작된다. 잠깐의 산행이 진행되다가 맑고 울창한 대나무 숲으로 이어지는 길에 삼삼오오 모여 정상으로 올라가는 사람과 사찰을 관람하는 등 다양한 형태로 저마다의 목적지가 분류된다.

안내산악회는 일반 산악회와 달리 산행 대장이 나누어 준 산행 지도와 유의사항만을 듣고 개인별로 날머리에 도착하는 방식으로 산행이 진행하는 관계로 빠른 속도로 산행하거나 중간에 멈추어 해찰하는 거와 상관없이 정해진 시간 내에 도착하는 등 일련의 과정이 매우 자율적이다.

선암사로부터 출발하여 1시간여 만에 향로암 터라는 안내판 앞의 도착이다. 향로암은 적멸암에 이어 선암사의 산 암자 중 두 번째로 높은 곳에 있는 암자 터란다. 산을 안내하는 책에는 절터로만 표시되어 있으며 인근 마을 사람들은 행남 절터라고 부른다. 창건에 관한 기록을 찾지 못해 정확한 연대는 알 수가 없지만, 절터 옆에서 암자의 식수원을 공급하며 오랜 세월을 말없이 자리한 조그만 약수터는 그 내력을 알 수 있을 것이다.

해발 884m 조계산 정상 장군봉의 도착이다. 지금까지 올라온 수고가 다 보상받는 듯 기분이 후련하고 정상에서 바라보면 모후산과 멀리 무등산까지 크고 작은 수많은 산봉이 멋들어지게 펼쳐진다.

그리 넓지 않은 정상에서 돌무덤과 함께 아이스케이크 파는 모습이 관심을 끈다. 맨몸으로 정상까지 올라오는 것도 벅찬데 무거운 아이스케이크 통을 지고 와 장사하는 모습에서 다들 대단하다는 찬사를 보낸다.

작은 굴목재와 보리밥집 그리고 송광사 방향으로 산죽이 드리운 아늑한 길을 따라 하산인데, 산길에 깔아 놓은 야자 매트가 발 디딤을 편하게 해준다. 천연 야자수 껍질에서 추출한 매트는 발바닥 촉감이 부드러울 뿐만 아니라 등산로 침식을 방지해 주는 자연 친화적인 환경 소재이다.

산길은 쾌청한 날씨에 살랑살랑 불어오는 봄바람을 타면서 가슴으로 스며드는 풀내음과 우거진 숲 향을 받아들이는 나무랄 데가 없는 환경이다. 앞사람과의 간격에 개의치 않고 그대로 멈추어 감정을 정리하거나 그때마다 멋진 모습을 사진으로 담을 수 있는 안내산악회만의 진행 방식이다.

시장기가 엄습할 무렵 산중의 보리밥집에 이른다. 보리밥집은 조계산에 오면 의당 거쳐 가다시피 할 정도로 유명한 정도가 대단하다. 산 곳곳 이정표에 다른 지명은 빠졌더라도 보리밥집은 버젓이 표시될 만큼 대접받는 데서 알 수 있다. 요즘에는 유명세에 편승해서 아랫집과 윗집으로 나누어 원조 보리밥집 경쟁까지 나서는 모습이다.

위 보리밥집은 '남도 삼백 리 천년 불심 길 조계산 보리밥집'이라는 간판을 달고 나무 그늘에 널찍한 평상과 추운 겨울철에 대비한 비닐하우스 등의 넓은 정원을 갖추고 있다. 보리밥과 산나물에다 산에서 직접 키운 채소와 함께 고추장을 넣고 비벼 먹는 맛은 입소문 그대로 일품이다.

한참을 내려오니 송강사의 산 내 암자 천자암이다. 이곳에서 단연 인기를 끄는 천자암 쌍향수(곱향나무)의 자태가 참으로 예술적이다. 쌍향수는 두 그루가 쌍으로 나란히 서 있고 줄기가 일정하게 꼬인 신기한 모습이다. 전설에 의하면, 고려 시대에 보조국사와 담당 국사가 중국에서 돌아올 때 짚고 온 향나무 지팡이를 이곳에 나란히 꽂은 것이 뿌리가 내리고 가지와 잎이 나서 자랐다고 한다. 수령이 800살로 추정된다는 향나무가 그동안 갖은 풍파도 맞았을 뻔한데도 한 치의 흐트러짐도 없이 아직도 쌩쌩한 모습이다.

송강사 경내로 들어간다. 송강사와 주변은 오염되지 않은 대자연의 품에서 울창한 수림과 맑고 깨끗한 계곡이 어우러져 불교의 성지다운 정취를 풍겨준다. 기암괴석과 쏟아지는 폭포는 없지만 풍부한 문화유적과 수려한 풍광은 소문대로 뛰어나다.

불일암과 왕복 1.2㎞ 거리로 이어지는 무소유길이다. 이 길은 법정 스님께서 자주 걸으셨던 길로 대나무 숲을 비롯하여 아름드리 삼나무, 편백, 상수리나무 등 다양한 식물들이 숲을 이루고 있다. 숲에서 들려오는 자연의 소리에 귀를 기울이며 법정 스님의 발자취를 따라가면 불일암에 다다른다. 불임암에는 평소 무소유를 몸소 실천하였던 법정 스님의 유언에 따라 스님께서 가장 아끼고 사랑했던 후박나무 아래 스님의 유골이 모셔져 있어 스님의 숨결을 느낄 수 있다.

과거 몇 차례 와 본 송광사이건만 생소한 곳이 많다. 기억이 오래된 사연부터 지워지는 건 어쩔 수 없는 생리현상인가 보다. 오늘 한차례 답습이 더해지고 100대 명산 도전 목적으로 의미 있는 흔적을 남긴다면 기억 속에서 쉽게 사라지지는 않을 것이다.

조계산 못지않게 유명한 송광사에서 벗어나 편백과 삼나무가 한데 어울려 하늘을 찌르는 길로 들어간다. 들머리 선암사에서 시작된 봄맞이 산행이 날머리인 송강사에 이르기까지 봄맞이 산행에 푹 빠진 하루가 되었다.

조계산(曹溪山 884m)

주요 코스

① 선암사 ➡ 대각사 ➡ 소장군봉 ➡ 향로암터 ➡ 조계산 정상 ➡ 배바위 ➡ 작은굴목재 ➡ 보리밥집 ➡ 송광굴목재 ➡ 천자임산 ➡ 천자암 ➡ 쌍향수 ➡ 인구재 ➡ 송광사

② 송광사 ➡ 비룡폭포 ➡ 연산봉 ➡ 접치갈림길 ➡ 범바위 ➡ 조계산 정상 ➡ 향로암터 ➡ 소장군봉 ➡ 대각사 ➡ 선암사

주왕산(周王山)

경상북도 영덕군·청송군

석병산으로 불릴 만큼 기암괴봉과 석벽이 병풍처럼 둘러서 경관이 아름다우며, 대전사(大典寺), 주왕암이 있다. 주왕굴을 중심으로 남아 있는 자하성의 잔해는 주왕과 고려군의 싸움 전설이 깃들여 있는 곳으로 유명하다.

설악산, 월출산과 더불어 3대 바위산 중의 하나인 주왕산(周王山 722m)은 고려 말기 고승 나옹화상(懶翁和尙)이 이곳에서 수도할 때 산 이름을 주왕산이라 부르면 이 고장이 번성할 수 있다 해서 붙여진 것이라고 전한다.

주변에는 태행산, 연화봉, 군봉 등이 솟아 있고 월외, 내주왕, 내원계곡의 기암절벽과 폭포들이 절경을 이룬다. 1976년에 국립공원으로 지정되었다.

산은 그다지 높지 않으나 산세가 웅장하고 아름다우며 봄에는 신록이, 가을에는 단풍이 매우 아름답다. 곳곳에 기암절벽이 솟아 있어 경북도의 소금강 또는 영남 제1의 명산이라 불린다.

주왕계곡 입구에 있는 대전사는 최치원, 나옹화상, 도선국사, 보조국사, 무학대사, 서거정, 김종직 등이 수도했고 임진왜란 때에는 사명대사가 승군(僧軍)을 훈련했던 곳이다. 조선 철종 때 발견된 달기약수탕은 주왕산관리공단 입구에서 서북쪽으로 약 8㎞ 지점인 청송읍 부곡리에 있으며 철 이온이 함유된 탄산수로 위장병과 피부병에 특효가 있단다.

직장생활 초기 직원들과 함께 온 이후 29년 만에 다시 찾은 주왕산은 오랫동안 몸담아왔던 산악회의 정기산행을 통해 이루어진다. 조석으로 다소 쌀쌀한 이른 아침 사당에서 출발한 버스는 4시간에 걸쳐 산행 들머리인 경북 청송군 부동면 상의리 상의주차장의 도착이다.

여장을 정리한 다음 정비된 포장도로를 따라 올라가면 672년 신라 문무왕 12년 의상대사가 처음 건립하였다고 전하는 대한불교조계종 은해사의 말사인 대전사가 나타난다. 대전사는 규모는 작지만 단아하고 기품이 넘치는 사찰이다. 산행하기 전이지만 대전사 뒤편에 하늘을 찌를 듯이 우뚝 솟은 기암을 보자 산행에 대해 기대가 한껏 부풀어지고 발걸음보다 마음이 앞선다.

가느다랗게 졸졸 흐르는 개울물 소리마저 듣고 느낄 수 있는 고요함 속에 편안한 산행이 이어진다. 탐방로를 지나 오름길이 시작되고 완만하지만 계속된 계단의 연속이다. 조금은 지루하다 싶을 때 뒤를 돌아보면 산 아래로 펼쳐지는 풍경이 무료함을 달래준다.

오르막과 평지를 오가며 이마에 송골송골 땀이 맺힐 무렵 조망이 좋은 전망대가 나타난다. 전망대에서 쉬는 동안에 울창한 산림 속에서 불어오는 시원한 산바람으로 꿀맛 같은 여유를 갖는다. 그야말로 산행의 참맛이 아늑히 흘러간다.

대전사를 출발하여 1시간 남짓 걸려 주왕산 주봉에 선다. 주왕산의 많고 거대한 바위에 비해 사람 키보다 더 작은 정상석은 너무나 왜소해 보인다. 정상에서 쳐다보는 파란 하늘과 하얀 구름이 너무나도 멋지게 어우러진 청명한 날씨라서 그 아래 펼쳐지는 풍경 또한 손에 잡힐 듯 투명하고 깨끗하다.

점심을 먹기 위해 몇 군데로 나누어 삼삼오오 편이 갈라진다. 간소하게 준비한 사

람이 있는가 하면 기쁨이 넘치도록 푸짐한 차림도 보인다. 준비가 많고 적음을 떠나 산행에서 먹는 시간만큼은 또 다른 즐거움을 가져다준다.

정상에서 맛보는 즐거움을 뒤로하고 칼등고개와 후리메기 방향으로 하산이다. 내려가는 곳곳의 소나무에서 송진을 채취한 흔적이 역력하게 드러난다. 아름드리 노송일수록 할퀸 상처가 심하여 보기가 너무 안타깝다. 산림청 자료에 의하면 일제가 강점기 말기에 전쟁물자인 송탄유를 만들기 위해 한반도 전역의 소나무에서 송진을 채취하면서 남긴 아픈 상처라 한다. 일본이 우리에게 사죄해야 할 대상이 또 하나 늘어난 것이다. 우리와 가장 가까운 이웃 나라의 속내가 드러나는 씁쓰레한 만행은 과연 어디까지 이어지고 과거의 아픈 청산은 언제 이루어질지 실로 답답하다.

계속된 내리막이 칼등고개를 지나면서 경사 정도가 심하고 계단이 많아진다. 자칫 미끄럼 사고에 유의해야 하며 무릎이나 발목 관절에 주의가 필요하다.

벼락으로 인해 고사한 한 그루 나무가 오랜 세월의 무게를 짊어지고 외롭고 처연하게 가을 주왕산에서 버티고 있다. 지금은 볼품없는 고목에 불과하지만, 나무 골격으로 짐작하건대 한때는 주왕산에서 위풍당당하게 사랑받으며 잘나가는 시절이 있었을 것으로 짐작된다. 후리메기 삼거리에서 좌측으로 틀어 내려가다 절구폭포로 향한다. 국립공원답게 오르는 길과 마찬가지로 내려가는 길 또한 정비가 잘 되어 있다.

다리가 제법 뻐근할 무렵 그늘에 무거운 몸과 짐을 잠시 내려놓고 큰 바위 사이로 은하수처럼 흐르는 옥녀탕에 발을 담근다. 사진작가들은 이국적인 기암절벽으로 경관이 빼어난 풍경을 연신 담느라 여념이 없고 산객들은 추억거리를 가슴에 가득 채워간다.

생김새가 측면에서 보면 마치 사람의 옆모습처럼 보이지만 정면에서 보면 떡을 찌는 시루와 같다 하여 이름 붙여진 시루봉과 만남이다. 시루봉은 옛날 어느 겨울 한 도사가 이 바위 위에서 도를 닦고 있을 때 신선이 와서 불을 지펴 주었다는 전설이 있는데, 바위 밑에서 불을 피우면 그 연기가 바위 전체를 감싸면서 봉우리 위로 치솟는다고 한다.

흙길 탐방로와 나머지 원위치로 회귀한 갈림길까지 주왕산의 참맛이 계속된다.

울창한 숲과 폭포 산행을 마칠 무렵 뒤돌아보면 6~8개의 봉우리가 연봉을 이루며 우뚝 버티고 있는 기암괴석 모습을 보여주는 등 산행을 마친 다음까지 깊은 멋에 대한 잔상이 여울져 흐른다.

주왕산을 한마디로 정리한다면 자그마한 산이 품고 있는 놀라운 풍광에다 어렵지 않은 산행이 가능하여 산행 초보자라 할지라도 무난하게 완주할 수 있는 산이다. 산행을 무사히 마치고 말미를 장식하는 뒤풀이에서 나온 이 지역의 특산품인 '달기 동동주' 한 잔이 더해져 달곰하고 즐거운 여운이 상경하는 내내 이어진다.

주왕산(周王山 721m)

주요 코스

① 대전사 ➡ 전망대 ➡ 주왕산 정상 ➡ 칼등고개 ➡ 후리메기삼거리 ➡ 철구폭포 ➡ 용연폭포 ➡ 용추폭포 ➡ 신선대 ➡ 연화굴 ➡ 대전사

② 대전사 ➡ 장군봉 ➡ 월미기 ➡ 성재 ➡ 삼거리 ➡ 대피소 ➡ 후리메기삼거리 ➡ 칼등고개 ➡ 주왕산 정상 ➡ 전망대 ➡ 대전사

주흘산(主屹山)

경상북도 문경시

소백산맥의 중심을 이루고 문경새재 등 역사적 전설이 있으며, 여궁폭포와 파랑폭포 등 경관이 아름답다. 야생화, 오색단풍, 산죽밭이 유명하며, 조선조 문경현의 진산으로 문경 1, 2, 3관문이 있다.

주변의 조령산, 포암산, 월악산 등과 더불어 소백산맥의 중심을 이루며 솟아난 문경의 진산인 주흘산(主屹山 1,108m)은 '우두머리 의연한 산'이란 한자 뜻 그대로 문경새재의 주산임을 의미한다. 주흘산은 과거 영남에서 한양과 기호 지방을 잇는 교통의 요지였으며 문경새재의 역사적 전설과 조선 시대의 애사가 깃든 유서 깊은 곳이다.

주흘산은 예로부터 나라의 기둥이 되는 큰 산으로 우러러 매년 봄과 가을에 조정에서 향과 축문을 내려 제사를 올리던 신령스러운 영산으로 받들어 왔다. 한눈에 비범한 산이 아님을 알 수 있으며 바라보는 것만으로도 가슴속이 후련할 정도의 산세를 보여주는 산이다.

주흘산과 조령 일원은 지리적, 전략적 특성이 우수하여 군사적 요새지인 세 개의 관문과 고려 말 공민왕이 홍건적의 난을 피하고자 행궁으로 사용한 어유동 등의 많은 사적지가 있으며, 신라 문성왕 때 보조국사 체징이 창건하였다는 혜국사가 산 중턱에 자리한다. 삼국 시대에는 고구려와 신라의 경계를 이루었으며 현재도 조령과 더불어 충청도와 경상도를 나누는 도계의 기준이 되고 있다.

추석이 지나고 전국 고속도로에 귀경 차량이 몰리는 반면에 남쪽으로 내려가는 차량은 거침없이 산행지까지 내달리는 교통 상황이다. 대만과 일본을 강타한 16호 태풍 말라카스의 간접 영향으로 전국은 바람을 동반한 많은 비가 내리는 관계로 주흘산 또한 예견된 순서에 따라 우중 산행을 피할 수 없게 되었다.

경북 문경시 문경읍 상초리 문경새재 주차장 매표소를 들머리로 하여 대한민국에서 걷기 좋은 길 1위에 선정된 문경새재 옛길을 따라 걷는 길이 마냥 편안하다. 문경새재는 예로부터 한강과 낙동강 유역을 잇는 영남대로 상의 가장 높고 험한 고개로 '새도 날아서 넘기 힘든 고개(鳥嶺)', '억새가 우거진 고개(草岾)', '새(新)로 만든 고개' 등의 뜻이 담겨 있다. 과거 길에 올랐던 수많은 선비가 장원급제의 소망을 안고 걸었던 길이자 고향에 기쁜 소식을 전해주는 희망의 길이기도 했다. 선비들뿐만 아니라 보부상과 일반 백성들도 이런저런 소망과 애환을 품으면서 이 문경새재를 넘나들었을 것이다.

제 1관문을 통과하자마자 여궁폭포와 혜국사로 가기 위해 우측으로 접어든다. 비는 점점 세차게 퍼부어 수량이 풍부한 탓에 20여 m에서 떨어지는 여궁폭포 소리와 계곡물 소리가 더해져 굉음이 장난 아니다. 여궁폭포는 수정같이 맑고 웅장하며 옛날 일곱 선녀가 구름을 타고 내려와 목욕했다는 곳으로 그 형상이 마치 여인의 은밀한 하반신과 같다고 하여 일명 '여심폭포'라고도 불리고 있다.

나무 계단을 오르고 에돌아가기를 몇 번을 거듭한 끝에 혜국사에 도착하였는데, 혜국사에서 예상하지 못한 갈등이 생겼다. 이정표가 실종되어 정상으로 갈 바를 몰

라 이리저리 한참을 헤매다 어쩔 수 없이 들머리 방향으로 유턴이다. 결국, 추적추적 내리는 비를 하염없이 맞으며 왕복 5㎞를 감수하고서 정반대 방향의 제2관문 쪽으로 에둘러간다.

걷기 편한 길에 자리한 KBS 드라마 세트장을 지나 2관문부터 또다시 새로운 산행이 시작한다. 짙게 깔린 운무로 먼 풍경의 조망이 어려운 상황에서 놓친 일행을 따라잡아야 하는 강박감이 짓눌리는 가운데 막막함이 엄습해 올 무렵 비 맞은 소나무 군락이 가지런한 모습을 보여주니 그나마 마음이 누그러진다.

아직도 산속은 온통 빗방울 부서지는 소리로 넘쳐나고 흘러내린 계곡물에서 여름이 남긴 초록 물비린내가 진동하며 비 내리는 주흘산의 현 상황을 고스란히 보여준다.

우중 산행은 시야가 한정되어 있어 특정 물체에 시선을 줄 수가 없는 데다가 산행길이 한가로우므로 도시의 복잡한 생각들을 내려놓을 수 있고 무상무념에 빠져들기에 십상이다. 이렇게 특별한 기상 상황의 산행은 아마 기억에 오래도록 남을 것 같다.

등산로 산허리에 돌의 규격과 흐트러진 모양에 구애받지 않는 돌 무리가 빗물 잔뜩 머금은 채 예술적인 자태를 보여준다. '꽃밭서덜'로 불리는 돌 무리는 도대체 얼마나 많은 사람이 이 길을 지날 때마다 정성스레 돌을 쌓고 소원을 빌었을까 상상해 본다. 위에서부터 쌓아 내려온 돌탑은 길을 벗어나 계곡까지 이어져 있고 들쑥날쑥하며 같은 모양은 하나도 없다. 누가 언제부터 이곳에 돌탑을 쌓았는지는 구체적으로 알 수도 없다고 한다. 문경새재박물관에 의하면 60년대부터 지역 명칭에 관한 조사하던 중에 70~80대 노인들한테 예전부터 '꽃밭서덜'이란 이름이 있었다고 확인함에 따라 근대사 훨씬 이전부터 형성됐을 것으로 추정한다. 주변이 너덜지대여서 쌓기 좋은 돌을 구하기는 어렵지 않았을 것이며 진달래 등의 야생화와 어우러지면서 '꽃밭서덜'이라는 예쁜 이름도 얻었다고 하겠다.

꽃밭서덜의 멋진 잔상이 가시지 않은 가운데 어느새 영봉을 1.1㎞ 남겨놓은 삼거리 갈림길에 이른다. 여기서부터 가파른 오르막이며 오늘 산행에서 가장 힘든 구간이 도사리고 있다. 마음을 가다듬고 여장을 단단히 고친다.

산행 초입에서 시행착오를 거치며 땀과 비로 범벅이 된 몸이 천근만근 다리를 짓눌리면서 쭉쭉 미끄러지는 거친 오르막을 가다 쉬기를 반복한다. 온몸으로 달아오르는 열기는 빗방울이 식혀 주지만, 비로 인해 거추장스러운 차림새는 걸림돌이다. 가야 할 길이 먼데도 악전고투의 시간이 더디게 흘러간다.

어렵게 주흘산 최고봉인 해발 1,106m 영봉과 비슷한 고도의 주봉(1,075m)에 다다랐지만, 비안개로 모든 조망이 어려운 상황이다. 사진 찍어줄 사람을 기다린 끝에 겨우 정상 인증만 남기고 바로 혜국사 방향으로 하산이다. 다행히 혜국사로 하산하는 대부분의 탐방로는 내려가기 수월한 나무 덱 계단이다. 안전에 유의하며 넘어지지 않을 만큼의 가속을 붙여 아래로 더 아래로 빨려 내려간다. 중간 그룹과 시공의 괴리가 안정권에 들자 여유가 생긴다. 그래서일까? 하산길에서 만난 이름 모른 야생화가 시선으로 훅 들어온다. 야생화는 빗속에서도 본연의 향기를 풍기고 사람들이 그윽하게 맡을 수 있어 너무나 고마운 존재이다. 신은 자신의 모습을 여기저기 다 나타낼 수 없어 이 세상에 꽃을 보냈다는 어느 글귀가 실감이 나는 현장이다.

다시 혜국사로 돌아오면서 산행 초반에 이정표 실종으로 헤맸던 수수께끼가 비로소 풀린다. 혜국사 인근의 넓은 부지는 옛날 고려 공민왕이 홍건적의 난을 피해 이곳에서 임시 궁궐을 만들었다는 대궐터로 추정되어 대궐샘 또한 공민왕과 관련이 있을 것으로 예상한다. 혜국사에서 정상으로 오르는 이정표 정비가 시급하다는 과제 하나 던져놓고 혜국사를 빠져나간다.

사연 많은 산행을 모두 마치고 원점으로 회귀한다. 올라가는 고속도로는 내려올 때와 반대로 막바지 귀경 차량이 더해져 매우 더딘 이동이다. 이번 연휴에 부모님 뵈러 고향 가기 위해 귀성 대열에 낀 사람들이 무척 부러웠었는데, 이들 차량과 함께 민족 대이동 대열에 합류하게 되었다. 이들의 수고와 비교하면 오늘 우중 산행의 힘듦은 오히려 사치스러울 것이다. 늦은 시각의 귀가였지만 한편으로는 오늘의 선택이 감사할 따름이다.

주흘산(主屹山 1,106m)

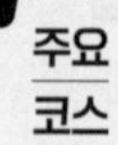

주요 코스

① 문경새재 주차장 ➡ 주흘관 ➡ 조곡관 ➡ 꽃밭서덜 ➡ 갈림길 ➡ 주흘산 정상 ➡ 주봉 ➡ 대궐터 ➡ 안적암 ➡ 해국사 ➡ 여궁폭포 ➡ 주흘관 ➡ 주차장

② 주차장 ➡ 주흘관 ➡ 여궁폭포 ➡ 해국사 ➡ 안적암 ➡ 대궐터 ➡ 주봉 ➡ 주흘산 정상 ➡ 꽃밭서덜 ➡ 조곡관 ➡ KBS세트장 ➡ 주흘관 ➡ 주차장

지리산(智異山)

전북특별자치도 남원시, 전라남도 구례군, 경상남도 산청군·하동군·함양군

최고봉인 천왕봉(1,915m)을 주봉으로 노고단(1,507m), 반야봉(1,751m) 등 동서로 100여 리의 거대한 산악군을 이뤄 '지리산 12동천'을 형성하는 등 경관이 뛰어나고 우리나라 최대의 자연생태계 보고이며 국립공원 제1호로 지정되었다. 어리석은 사람이 머물면 지혜로운 사람으로 달라진다고 한 데서 산 이름이 유래되었다.

산악인들의 인기 명산 순위 1위와 한국 8경의 하나이며 대한민국 국립공원 제1호로 지정된 지리산은 산세가 웅장하고 경치가 뛰어나기로 유명하다. 그 범위가 3개 도, 5개 군, 15개 면에 걸쳐 있으며 484㎢(1억 4,000만 평)에 걸쳐 광대하게 펼쳐져 있다. 남한 제2의 고봉 천왕봉(1,915m), 노고단(1,507m)으로 이어지는 1백 리 능선에 85개의 크고 작은 봉우리들이 있다. 정상에 서면 남원, 진주, 곡성, 구례, 함양 고을이 한눈에 들어온다.

청학, 화개, 덕산, 악양, 마천, 백무, 칠선동과 피아골, 밤밭골, 들돋골, 뱀사골, 연곡골의 12동천은 수없이 아름답고 검푸른 담과 소, 비폭을 간직한 채 지리산 비경의 극치를 이룬다. 이들은 숱한 정담과 애환까지 안은 채 또 다른 골을 이루고 있는데 73개의 골 혹은 99개의 골이라 할 정도의 무궁무진한 골을 이루고 있다.

지리산은 사계절 산행지로 봄이면 세석과 바래봉의 철쭉, 화개장에서 쌍계사까지의 터널을 이루는 벚꽃, 여름이면 싱그러운 신록, 폭포, 계곡, 가을이면 피아골 계곡 3㎞에 이르는 단풍과 만복대 등산길의 억새, 겨울의 설경 등 계절마다 아름다운 풍광을 자랑한다. 특히, 7~8월 여름휴가를 이용한 여름 산행지로 가장 인기 있다.

산행 전날 자정, 서울에서 출발하여 새벽공기 가르며 내달린 끝에 03시 30분, 경남 산청군 시천면 지리산중산리탐방안내소의 도착이다. 달도 별도 없는 사방이 온통 칠흑과 같이 어두운 새벽이라서 주변의 사물 식별이 도통 어렵다. 방향 감각은 포기한 채 오롯이 길은 랜턴이 밝혀주는 빛에 의지할 수밖에 없는 상황이다. 대다수가 비몽사몽간 앞 사람이 움직이는 방향대로 따를 뿐이다.

지리산의 많은 코스 중에서 중산리를 들머리로 잡는 경우 정상 천왕봉까지 최단거리로 갈 수 있는 대신 가장 가파른 경사로 이어지기 때문인데, 산행의 난이도를 종합적으로 따지면 어느 코스로 오르던지 별반 차이가 없다. 다만 중산리 출발 코스의 경우 산행이 다소 힘들지만, 산행 시간이 짧아 오늘처럼 먼 거리에서 원정을 오더라도 무박 당일이면 효과적으로 산행 일정을 모두 소화할 수 있다는 이점이 있다.

중산리 주차장을 들머리로 꼭두새벽 적막을 뚫고 산행이 시작된다. 계곡을 따라 시원한 계곡 물소리가 함께하는 상황에서 길은 어둡지만, 랜턴의 행렬은 또렷하다. 비를 머금은 미끄러운 돌계단을 조심스럽게 밟으며 28명이 하나 되어 일사불란하게 정상을 향해 뚜벅뚜벅 걸어서 오른다.

산행 시작 후 얼마쯤 지나자 높은 계단과 오르막이 이어진다. 한여름 새벽 공기는 선선하지만, 우리나라 남해안으로 내습하는 태풍 영향으로 습도가 포화상태라서 몸은 땀과 버무려져 끈적끈적하다.

칼바위에 다다랐을 무렵 선두와 후미의 구분은 의미가 없어지고 앞사람과의 간격도 흐트러진다. 아직도 어둠이 산길을 지배하는 가운데 어울려 산행하기보다 자연스럽게 개인별 산행으로 전환되고 오직 정상만을 향한 전진의 연속이다. 온몸이 땀으로 범벅이 되었음에도 가끔 불어주는 세찬 바람은 속이 후련하도록 시원하고 너무나 고맙기 그지없다.

출발한 지 2시간여 만에 날이 어슴푸레 밝아오는 로터리 대피소의 도착이다. 대피소에는 방마다 창을 통해 불빛을 흘려보내고 어제 숙박했던 사람들은 산행 준비를 위해 북적대는 소리를 내보낸다. 고요한 산행이 계속되다가 사람 냄새를 풍기며 어둠 속에서 불현듯 나타난 대피소는 그 자체만으로 무척 반갑게 다가온다.

로터리 대피소 바로 위에 법계사가 길가에 자리한다. 보물로 지정된 삼 층 석탑을 비롯해서 두루두루 훑어보고 싶지만 어두운 조망으로 인해 의미가 없어 그냥 다음 기회로 미룬다. 시간이 갈수록 고도가 점점 높아진다. 비를 동반한 바람이 거세지다가 조금 더 오르면 하늘이 낯을 향해 조금씩 열리기 시작한다. 시각은 아침을 향해 꾸준히 달려가는데 빛의 열림은 느리게 게으름을 피운다.

하루의 출발을 위해 준비하는 붉게 물든 빛이 구름과 운무에 가렸다 보이기를 반복한다. 어차피 현재의 시간상 천왕봉 일출은 어렵지만, 혹시나 하는 마음에 전망 좋은 중간 지점에서 일출 광경을 담고자 간절한 마음으로 최대한 높은 곳으로 향한다. 하지만 시간이 늦어서가 아니라 날씨 때문에 결국 포기하여야 한다. 지리산 천

왕봉에서 제대로 된 일출은 3대(代)가 덕을 쌓아야만 볼 수 있다는 말이 이럴 때 두고 한 말 같다.

장마는 기우에 불과했지만, 정상으로 다가갈수록 운무와 거센 바람이 기승을 부려 시원함과 싸늘함이 경계를 오간다. 일상의 7월 말은 한여름이지만 비바람 치는 지리산 고산지대는 초겨울 날씨에 버금간다.

중산리 칼바위 코스는 지리산의 역사와 문화를 동시에 감상할 수 있는 대표적인 코스 중의 하나이다. 바위마다 전설이 담겨 있어 자연뿐만 아니라, 지리산의 문화를 엿볼 수 있는데 오늘은 일기가 불순하여 정상을 향해 오르기에 급급하다.

개선문에서 기념사진을 남기고 오르다 보니 정상을 200m 앞둔 지점에 목제 계단이 나타난다. 지친 몸과 허기진 배를 이끌고 보호난간에 의지하며 한여름 칼바람과 맞선다. 천천히 밟아 오르는 산객들의 볼품없는 몰골에서 힘든 기색이 역력하다.

구상나무와 높이가 낮은 나무들이 자라고 있는 천왕샘에 이어 마지막 급경사 구간에 제법 큰 돌로 쌓은 돌계단을 오르면 드디어 민족의 명산 지리산 천왕봉이 정상을 아낌없이 내준다. 오전 8시 정각에 지리산 정상에서 인증을 남길 수 있어 아주 특별한 의미가 담긴다.

천왕봉에는 태풍의 영향을 받아 한겨울 못지않게 바람이 무척 거세다. 비바람과 운무에 가려 가시거리가 짧고 인증을 남기는 데도 쉽지 않다. 정상에서 단체로 기념사진을 남겨야 하는데, 일부는 먼저 도착하였으나 대다수는 언제 올지 모르는 상황이다. 구석진 곳에 옹기종기 모여 바람을 피해 보지만 시간이 지날수록 추위가 엄습해 온다. 급기야 합류 장소를 장터목 대피소로 변경하고 있는 사람끼리 하산이다. 한여름에 강추위에 쫓겨나는 기상천외한 사태가 벌어진 것이다.

내려오는 동안 날씨와 조망에 대해 아쉬움이 쉽게 가시지 않았지만, 움직이는 동안 몸이 데워져서 추위에서 벗어난다. 하지만 밤새도록 잠다운 잠을 못 잔 데다가 몸은 비와 땀으로 젖은 상태에서 허기와 피로가 몰려와 어지럼증까지 찾아든다. 산행하면서 처음으로 겪는 아찔한 상황이다. 자칫 방심하다가 미끄러운 길에서 넘어질 수 있다는 우려를 느끼며 서로를 다독여 주는 동지애를 발휘한다. 정신을 바짝

차리고 천천히 내려간다.

제석봉이 언제 지나왔는지도 모르는 가운데 천왕봉에서 1.7㎞의 거리 장터목에 도착하자마자 게 눈 감추듯 허기진 배를 채운다. 장터목 대피소는 산악인들에게 보금자리와 같은 소중한 공간이다. 숙박 제공과 담요 사용을 비롯하여 생수, 햇반 등 산행에서의 기본 필수품을 판매하며 음식물을 조리할 수 있는 시설이 갖춰져 있다. 장터목에서 맑은 날에는 남해 앞바다와 남해대교가 한눈에 보인다는데, 오늘은 모든 조망이 운무에 가려져 신비스러움만 가득할 뿐이다.

백무동으로 하산하는 탐방로가 부드러운 흙길로 바뀌고 비에 젖은 산길을 한참 더 내려간다. 소지봉에 이르러 습기가 완전히 사라지고 천지가 밝은 빛으로 채워진다. 기다렸다는 듯이 제대로 된 선명한 사진을 비로소 담는다.

산행 날머리 백무동이 점점 가까워진다고 생각하니 없던 힘이 솟아나고 이름 모를 야생화까지 바라보는 여유도 생겨났다. 이윽고 해가 중천으로 떠오를수록 어김없이 한여름의 7월 말 날씨로 변했다. 정오 무렵 산행 날머리인 경남 함양군 마천면 백무동탐방지원센터에 도착한다. 너나 할 것 없이 지리산 강청천으로 흘러가는 계곡물로 풍덩 빠져 말로 표현할 수 없는 짜릿함을 맛본다. 의미 깊고 특별한 지리산 산행을 모두 갈무리한다

지리산(智異山 1,915m)

주요 코스

① 중산리 ➡ 칼바위 ➡ 로타리대피소 ➡ 법계사 ➡ 개선문 ➡ 지리산 정상 ➡ 동천문 ➡ 장터목산장 ➡ 소지봉 ➡ 하동바위 ➡ 백무동

② 뱀사골 ➡ 화개재 ➡ 토끼봉 ➡ 삼각봉 ➡ 칠선봉 ➡ 영신봉 ➡ 촛대봉 ➡ 장터목산장 ➡ 지리산 정상 ➡ 치밭목대피소 ➡ 무제치기폭포 ➡ 유평리

지리산(智異山)(사량도)

경상남도 통영시

한려수도의 빼어난 경관과 조화를 이루고 특히 불모산, 가마봉, 향봉, 옥녀봉 등 산 정상부의 바위산이 기암괴석을 형성하고 조망이 좋으며, '지리산이 바라보이는 산'이란 뜻에서 이름이 유래하였으며, 지리망산이라고도 불리고 있다. 다도해의 섬을 조망할 수 있으며 기묘한 바위 능선이 유명하다.

맑은 날이면 지리산 천왕봉이 보인다고 해서 이름이 붙여진 사량도의 지리망산(智異望山) 또는 지리산(智異山 398m)은 해마다 봄이 오면 뭍사람들의 시선이 박힌다는 경남 통영 사량도의 8개 섬 중에서 상도에 있는 섬 산이다. 사량도에는 높이가 비슷한 지리산(398m)과 불모산 (399m) 두 개가 솟아 있는데, 모두 주릉 좌우가 천 길 낭떠러지라는 점과 정상에서 맛보는 조망권이 탁월하는 등 한려수도의 빼어난 경관과 어우러져 '한반도 남단 최고의 비경'으로 꼽는다.

지리산은 바위산으로서 불모산, 가마봉, 향봉, 옥녀봉 등과 연봉을 이루고 있어 연계 산행이 가능하다. 높이는 낮지만, 종합 유격 훈련을 연상할 만큼 험한 등산로가 오히려 아마추어 산행객의 성취욕을 자극하기에 충분하다.

누군가는 희망이고 누군가는 시작이라고 부르는 봄의 계절 춘분을 하루 앞두고 다도해의 봄빛으로 들어가 명산 도전하기 위해 무박 2일 일정으로 경남 통영 사량도의 지리산으로 떠난다.

서울서 자정쯤 출발한 두 대의 버스는 두 번의 휴게소를 거쳐 또 다른 땅끝 삼천포항에 도착하였다. 시간대는 아직도 새벽 무렵을 벗어나지 못하고 있는 상황에서 각자 간편식으로 아침 식사를 해결하며 배 출발 시각 전까지 자유시간이 주어진다.

새벽 6시, 어둑어둑한 선착장에서 바다 공기를 온몸으로 안고서 유람선에 오른다. 유람선은 호수처럼 고요한 남해를 미끄러지듯 헤쳐 나간 다음 사량도에 다다를 무렵 동녘 하늘에 불그스레한 햇무리가 번지기 시작한다. 선상으로 나온 사람들 시선이 한곳으로 집중되고 수평선 넘어 엷은 구름 사이로 오늘의 첫해가 출현한다. 산으로 가는 뭍사람들에게 뜻밖의 일출 보는 행운을 선사한다. 밤새 차로 내달려 피곤한 심신이 새 햇살의 기를 받아 사기충천한 듯하다.

뱃길로 40분을 달려 경남 통영시 사량면 돈지리 사량도 내지항에 입도한다. 간간한 바다 향기에 실려 오는 갯내음이 뭍에서 온 일행에게 섬의 향기를 선사하며 일행은 약속이나 한 듯 설렘 가득한 환호로 화답한다.

바다만 건넜을 뿐인데도 한 겹 더 봄이 짙어진 해안도로를 따라 올망졸망한 섬들과 푸른 바다를 곁눈질하며 산행 들머리로 향한다. 전국에서 다녀간 각종 산악회 리본이 유난히 몰려있는 분기점에서 좌측으로 틀면 산행이 시작된다.

봄 단장을 하느라 바쁜 우듬지는 덩굴 잡목이 우거진 숲에서 새순만 내민 채 기지개를 켠다. 앙상한 갈색 나무 틈 속 연두색 꽃망울이 아직 때가 이르다는 듯 은은한 정취를 숨기고 있다. 수줍음 타는 섬 속의 자연은 봄을 연출하기 위해 소리 없는 정열을 태우며 섬 손님맞이가 한창이다.

쫑긋한 칼바위 능선으로 올라서자 양쪽으로 시야가 트인다. 앞으로 걸어가면 바

다가 따라오고 바다를 바라보면 숲이 함께 내려다보인다. 섬 산행의 매력 중에는 어디로 가나 사방으로 바다를 접할 수 있다는 점이다. 섬 길은 느리게 걸을수록 좋은 여정으로 이어지고 정겨운 추억을 덤으로 얻어간다.

또 다른 산봉우리에 올라 큰 숨을 길게 토해낸다. 모든 상념을 저버리고 온 세상이 내 품에 안긴 듯 행복감에 젖어 든다. 반달 모양으로 그려놓고 남해의 푸른 바다를 품고 있는 그림 같은 돈지항이 맨눈으로 들어온다. 오랜 세월 비바람으로 빚어낸 깎아지른 낭떠러지에 모진 해풍에도 개의치 않고 꿋꿋이 버텨온 절벽 위의 노송은 요즘 지리망산에서만 볼 수 있는 때 묻지 않은 특별 자연 전시회장이다.

드디어 천왕봉의 지리산과 한자(漢字)까지 똑같은 사량도 지리산(智異山) 정상에 선다. 산 아래로 푸른 봄 바다가 펼쳐지고 수평선 넘어 바다는 희뿌연 운무에 싸여 희미한 하늘에 금을 그어놓았다. 감상에 젖어 눈과 코가 호사를 누린가 싶더니 어느새 머리까지 맑아지고 마음도 잔잔해진다.

정상 밑 내리막에서 화려한 진달래가 산길 동반자로 나선다. 이들과 함께하는 산객의 발걸음이 한결 가볍다. 그야말로 생의 황금기를 앞둔 지리산 진달래는 말마따나 사람으로 따지면 청춘의 시기를 맞는다고 하겠다. 이들에게 이른 시기에 에너지를 불어넣은 원천은 바로 남쪽에서 밀려오는 따뜻한 봄바람이다.

달바위로 가는 도중에 꽤 가파른 경사진 길을 만난다. 비록 섬이라 할지라도 산은 오르막과 내리막이라는 기본 구색을 갖추고 땀 흘리지 않은 댓가 없는 도전은 허락하지 않는다.

몇 번째 내리막인지 가름이 안 된 상황에서 절벽이 나타난다. 인간의 능력으로는 도저히 접근이 어려운 곳에 거의 수직에 가까운 철제 사다리가 설치되었다. 예전에는 유격 훈련하듯 밧줄로 오르고 내려왔다는데, 지금은 문명의 혜택을 받아 발로 밟으며 오르고 내려갈 수 있어 너무나 편리하다.

가마봉을 지나 하늘 아래의 산마루 나무 덱은 주변 경관과 잘 어울리면서 산객의 발걸음을 편안하게 해준다. 높은 계곡을 이어주는 출렁다리는 길이는 다소 짧지만, 바다 위에 솟은 듯 깎아지른 절벽을 내려다보는 전율이 최고임과 동시에 지리산의 최고 명소로 자리 잡았다.

산과 바다 계절이 하나 되어 찬란한 풍경을 이루듯 자연은 모나지 않고 어울릴 때 더욱 눈부시게 빛나며 아름답다. 사람 사는 지금의 정국도 자연을 닮아 자연스럽게 조화를 이루며 더불어 빛나도록 갈등 없는 사회가 만들어졌으면 좋겠다.

봉우리와 봉우리 사이 안부에 웬 간이식당이 나타난다. 옛날로 치면 주막인 셈인데 산행 중 음주를 부추긴다면 한 잔 선에서 머물러야 한다. 주막에서 달콤하고 정겨운 휴식을 취하는 동안 벌어졌던 선두와 후미의 간격이 자연스럽게 좁혀진다.

봉곳한 산봉우리 형상이 여인의 가슴을 닮았을 뿐만 아니라 산세가 여인이 거문고를 타는듯하다는 옥녀봉에는 옥녀에 관한 비련의 설화가 얽힌 곳이다. 옥녀봉 아래 사량도 상도(上島)와 하도(下島)의 경계를 그어 주며 비단처럼 펼쳐진 바다의 동강은 옥녀의 애달픈 한을 아는지 모르는지 그저 유장하게 흐르고 있을 뿐이다.

포구에서 배를 기다리는 동안 해삼과 우렁쉥이(멍게)를 안주 삼아 섬 할머니들이 직접 담근 막걸리 한 잔은 하산주로 최고의 일품이다. 또 하나의 일품인 봄 도다리를 뼈째 썬 생선회와 맑은 도다리쑥국은 일정 관계로 다음 숙제로 미루고 간다.

사량도에서 특별한 산행과 일정을 다 마치고 뭍으로 되돌아가는 유람선에 올라탄

다. 저 푸른 봄 바다를 가르며 물거품으로 부서지는 배 뒷머리에서는 갈매기가 무리 지어 헤어짐을 아쉬워하는지 한참을 따라와 배웅해 준다.

사량도 지리산은 매화가 벚꽃에 개화 시기를 넘겨줄 때까지 뭍에서 온 사람들로 몸살을 앓는다고 한다. 주말이면 수많은 산행객이 몰려와 등산로 곳곳에서 정체가 벌어지고 섬 전체가 들썩거린다. 이 조그만 섬에서 하늘로 솟은 작은 산 하나가 무엇이기에 개구리 들끓듯이 사람들로 바글바글 몰리는 것일까? 정답은 제철 맞는 요즘 지리산 산행을 통해 직접 체험하면서 찾는 수밖에 없다.

지리산(사량도)(智異山 398m)

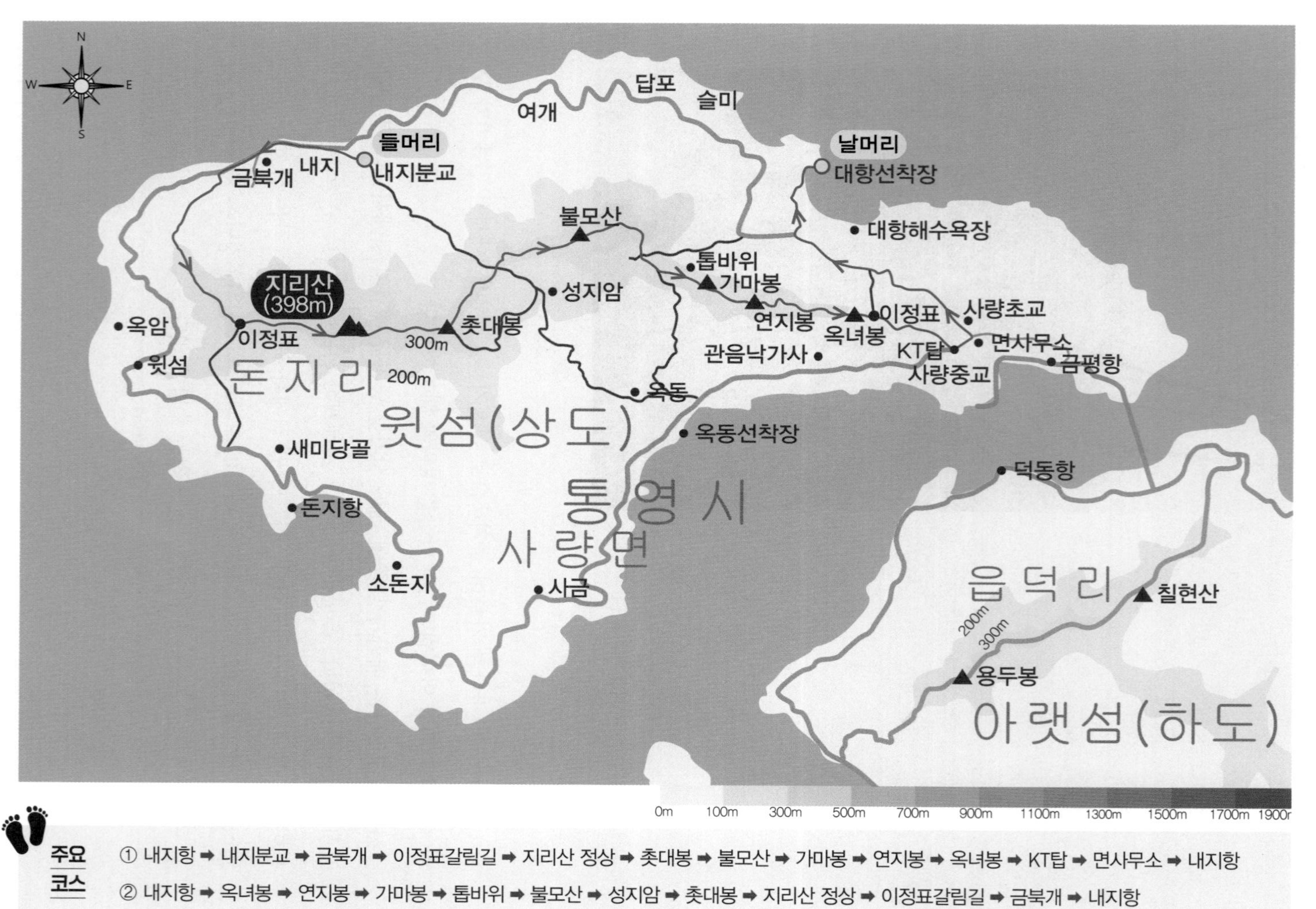

주요 코스

① 내지항 ➡ 내지분교 ➡ 금북개 ➡ 이정표갈림길 ➡ 지리산 정상 ➡ 촛대봉 ➡ 불모산 ➡ 가마봉 ➡ 연지봉 ➡ 옥녀봉 ➡ KT탑 ➡ 면사무소 ➡ 내지항

② 내지항 ➡ 옥녀봉 ➡ 연지봉 ➡ 가마봉 ➡ 톱바위 ➡ 불모산 ➡ 성지암 ➡ 촛대봉 ➡ 지리산 정상 ➡ 이정표갈림길 ➡ 금북개 ➡ 내지항

천관산(天冠山)

전라남도 장흥군

호남의 5대 명산으로 꼽을 만큼 경관이 아름다우며 조망이 좋고, 신라 시대에 세워진 천관사와 동백숲이 유명하고, 자연휴양림이 있다.

지리산, 내장산, 변산(또는 능가산), 월출산과 더불어 호남의 5대 명산으로 불리는 전남 장흥의 천관산(天冠山 723m)은 수려한 지형 경관을 자랑하는 가운데 신라 김유신(金庾信)이 소년 시절에 사랑한 천관녀(天官女)가 숨어 살았던 산이라는 데서 이름이 유래되었다 하는 설이 있는가 하면, 아기바위, 사자바위, 종봉, 천주봉, 관음봉, 선재봉, 대세봉 등을 비롯하여 수십 개의 기암괴석과 기봉이 꼭대기에서 봉긋봉긋 솟아 있는데 그 모습이 주옥으로 장식된 천자의 면류관 같다 하여 천관산이라 부른다.

천관산은 고려 시대까지만 하여도 숲이 울창함과 동시에 천관사, 옥룡사, 보현사 등 89개의 암자가 있었으나 현재는 절터와 몇 개의 석탑 그리고 석불만이 남아 있다. 가을에는 정상부의 억새 군락뿐만 아니라 단풍이 깊은 계곡을 아름답게 수놓고 있다. 겨울에는 푸른 동백과 함께 주변 경관이 뛰어나 많은 관광객과 등산객이 자주 찾고 있는 산이다.

낮 12시 10분, 5시간 10분 만에 산행 들머리인 전남 장흥군 관산읍 옥당리 천관산 도립공원 주차장에 늦은 시각 도착이다. 도착하니 나른한 봄기운과 함께 갑갑했던 공간에서 탈출한 기분이다.

20년 전 이곳 천관산 산행을 함께했던 당시 직장 동료들 대부분은 생생하게 기억되는데도 주변 상황은 왠지 낯설기만 하다. 생각날 듯 말 듯 자꾸 희미하게 움직이는 기억을 뒤로하고 '정남진 장흥 관광안내도' 앞에 모여 여장을 정비하고 산행 준비에 들어간다.

산행은 들머리를 기준으로 하여 좌우 어느 쪽으로 가나 정상이 나오는 것은 마찬가지이지만 많은 사람이 선호하는 금강굴 방향으로 올라가서 크게 한 바퀴를 돌아 장안사 방향으로 내려와 원점 회귀하는 방안으로 가닥을 잡는다.

편백이 군락을 이루는 숲길을 지나면 첫 번째 갈림길과 함께 이정표가 나온다. KBS 연애 프로그램인 〈1박 2일〉 팀이 다녀간 기념으로 된 이정표가 새롭게 마련되어 있는데, 약삭빠른 지방자치단체의 재치 있는 아이디어로 산길 이름을 인기 출연진 이름으로 바꾸어 놓았다. 일행은 '강호동'과 '이수근'의 길로 올라가서 '이승기' 길로 내려올 계획이다.

큰 개울가를 따라 올라가다 작은 도화교를 건너자마자 존재 위백규가 어려서 수확하고 후배를 양성하였다는 예스러운 고풍이 넘치는 장천재가 길가에 자리한다. 장천재 앞에 피사의 탑처럼 비스듬히 서 있는 노거수는 전남기념물 제245호로 지정된 태고송(太古松)으로서 바람에 따라 우는 소리로 날씨를 예측할 수 있다는데, 수령은 반계 위정명이 지은 태고송이라는 시에 나타난 것으로 보아 대략 500년 이상 정도로 예측한단다.

숲속으로 들어가 한참 동안 거친 오르막을 거쳐 능선으로 나오니 눈 부신 햇살과

밝은 빛이 섞여 시야에 꽉 차게 들어온다. 한 걸음 더 올라갈 때마다 새로운 경관이 펼쳐지며 가깝게 다가선 하늘에서는 구름 한 점 없이 맑은 빛을 토해낸다.

선인봉능선으로 가는 도중에 금강굴이 나온다. 신비스러운 굴 내부를 요리조리 살펴보니 굴속에 또 다른 굴과 함께 여기저기 치성의 흔적이 남아 있다. 금강굴은 '종봉의 동쪽 지변 명적암 아래 있는데 굴의 크기가 대청 방만하며 그 앞에 암자가 있어 서굴이라 한다.'라는 설명이 붙어있다.

금강굴에 관해 예사롭지 않다는 생각에 김영천 시인의 감정이 잘 드러낸 서정시 한 편을 옮겨 놓는다.

「천관산 금강굴」

하늘 바로 아래 은밀한 곳에 맑은 샘물이 있다.

어둠마다 찾아와 품에 안았을 바람조차 자취가 없다.

나그네 몇은 엎드려 물맛을 보고 더러는 얼굴만 비춰보고 간다.

이 높은 산정에도 저렇듯 맑은 물이 고여

뭇짐승들의 마른 목을 축이는 것이구나. 산정은커녕 가슴 그 언저리에

맑은 셈 하나 이루지 못하고 나이를 먹을수록 메말라 가는 내가 외려 부끄럽구나.

애인처럼 낮게 엎드려 입을 맞추려는데

산새인 듯 햇살 몇 개 날아와 정수리를 아프게 쫀다.

관음봉 맨 위쪽에 있는 봉우리 대세봉이다. 큰 암벽이 기둥처럼 버티고 서서 하늘을 찌를 듯한 모습인데 가히 우러러보지 못할 정도로 위엄 있고 당당한 자태다. 천주를 깎아 기둥으로 만들어 구름 속으로 꽂아 세운 것 같다는 천주봉까지 천관산 일대의 즐비한 기암괴석은 실로 예술에 가까울 정도로 아름답다.

마지막 오월의 정열을 담아 이글거리는 햇볕이 내리쬐는 길이다. 그늘이 그립고 문득 찾아온 바람이 그토록 반가운 능선을 쭉 따라간다. 넓은 평원 같은 곳에 책 바위가 네모나게 깎아지고 서로 겹쳐 있어 만권의 책이 쌓인 것 같은 환희대가 산정에 다 평평하게 자리를 틀었다.

누구라도 천관산 최고의 조망터로 쳐주는 환희대에 서면 가슴이 확 트이는 성취감과 환희에 찬 멋진 풍광을 맛볼 수 있다. 사방으로 펼쳐지는 멋진 풍경에 한동안 떠날 줄을 모른다.

환희대에서 정상까지 1㎞의 평탄한 능선에는 군데군데 쉬어가기 좋은 평상과 함께 천연 야자수 매트가 등산로 전 구간에 깔려있어 지친 탐방객에게 편익을 제공해준다. 야자 매트를 걷는 동안 시원한 자연 바람이 불어와 심신을 맑게 해주어 천상에서 펼쳐지는 최고의 길이라 해야겠다.

정상이 점점 가까워지면서 천관산의 트레이드마크인 억새 군락지가 나온다. 힘이 지치고 몸이 버거운 산객의 처지처럼 억새 또한 가늘게 축 휘어진 잎이 바람결에 따라 이리저리 흐느적거린다. 지금 억새는 한낱 볼품없는 이파리 무리에 불과할지라도 여름 성장기를 거쳐 올가을 절정기에 이르면 천관산 산정의 대평원에서 황금물결을 이루며 그 진가를 톡톡히 발휘할 것이다.

천관산의 최고봉 해발 723m 연대봉이 네모난 모양의 봉수대와 지척의 거리를 두

고 나타난다. 정상에 서면 동쪽과 남쪽으로 고흥의 팔영산 등 다도해의 너른 바다가 동양화처럼 펼쳐지고 북쪽으로는 광주 무등산과 영암 월출산 그리고 장흥의 제암산 모습이 바라다보인다. 맑은 날에는 무려 제주 한라산까지 보인다고 할 정도로 정상으로서 역할을 제대로 한다고 한다.

한편, 연대봉은 주위가 평평하지만, 남해로 쳐들어오는 왜적의 감시가 쉬워 1149년 고려 의종 3년에 봉화대를 설치한 이래 이곳 봉화대에서 연기가 피어오른다고 하여 연대봉(烟臺奉)이라는 이름을 얻었다고 전해 온다.

장안사 방향으로 하산하는 길에 정원석 같다는 데서 이름이 붙여진 정원석이다. 눈에 따라 겹겹이 포개진 모양 사나운 시루떡 같기도 하고 보는 각도에 따라 마치 외계인 '이티'처럼 느껴지기도 한다. 아무튼, 예사롭지 않은 바위에 서면 누구나 손으로 어루만져야 직성이 풀어질 모습을 여기저기서 보여준다.

봉황암과 갈림길 못 미친 곳에 바위를 깎아 세워서 남성의 상징물과 닮은 높이 15척 크기의 양근암(陽根岩)이 나타났는데, 공교롭게 건너편의 여성을 상징하는 금수굴과 서로 마주 보고 서 있다 하니 자연이 빚은 음양의 조화치고는 신기하다는 생각이 든다.

날머리 도립공원 주차장을 불과 500m 남겨두고 '이승기' 길이 시작되는 갈림길 삼거리로 되돌아왔다. 마지막 구간에 자리한 보살핌의 숲 아름드리 편백 아래에서 심호흡으로 연신 치유의 공기를 들이마시며 오늘도 무탈하게 산행을 마무리하게 됨을 감사히 여긴다. 오늘 산행으로 계절의 여왕 5월의 마지막 주말마저 세월의 뒤꼍으로 아쉽게 보내게 되었지만, 이보다 더 큰 미련이 남는 게 있다면 남도의 맛 고장 장흥의 산해진미를 마다하고 이 자리를 이만 떠나야 한다는 큰 아쉬움이다.

천관산(天冠山 723m)

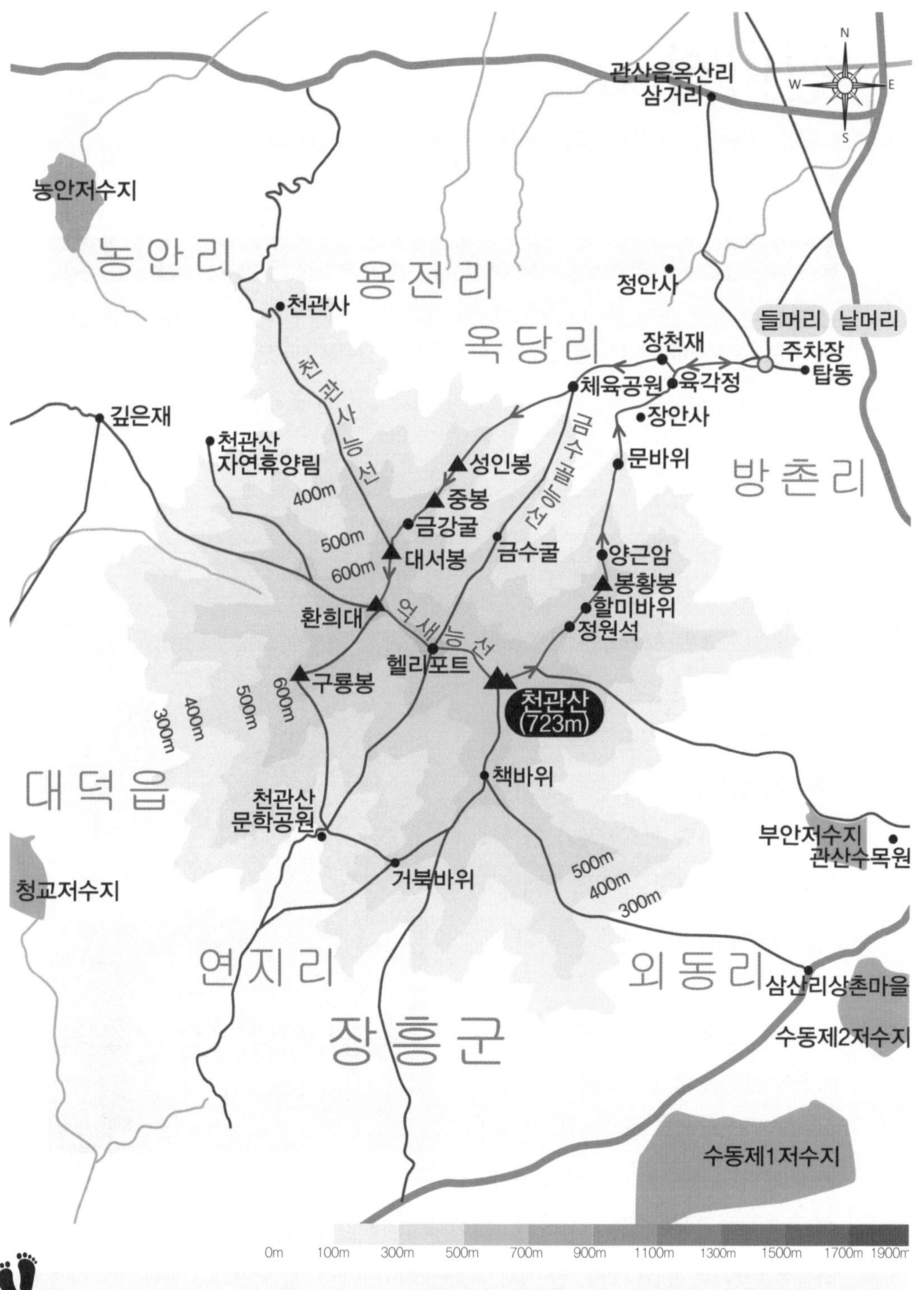

주요 코스

① 탑동주차장 ➡ 육각정 ➡ 장천재 ➡ 체육공원 ➡ 성인봉 ➡ 중봉 ➡ 금강굴 ➡ 대서봉 ➡ 환희대 ➡ 헬기장 ➡ 천관산 정상 ➡ 할미바위 ➡ 양근암 ➡ 육각정 ➡ 주차장

② 주차장 ➡ 육각정 ➡ 장안사 ➡ 문바위 ➡ 봉황봉 ➡ 천관산 정상 ➡ 환희대 ➡ 대서봉 ➡ 금강굴 ➡ 중봉 ➡ 성인봉 ➡ 장천재 ➡ 육각정 ➡ 주차장

천마산(天摩山)

경기도 남양주시

산꼭대기를 중심으로 능선이 사방에 뻗어 있어 어느 지점에서나 정상을 볼 수 있는 특이한 산세와 식물상이 풍부하여 식물관찰 산행지로 이름났다. 산 남쪽에 천마산스키장이 있다.

천마산(天摩山 812m)은 남쪽에서 바라보면 마치 달마대사가 어깨를 쭉 펴고 앉아 있는 형상을 하고 있어 웅장하고 차분한 인상을 준다고 한다. 서울과 가까우면서도 산세가 험하고 봉우리가 높아 조선 시대 때 임꺽정이 이곳에다 본거지를 두고 활동했다는 이야기가 전하는 곳이다.

천마산 유래는 고려 말에 이성계가 이곳에 사냥을 왔다가 산세를 살펴보니 산이 높고 아주 험준해서 '인간이 가는 곳마다 청산은 수없이 있지만, 이 산은 매우 높아 푸른 하늘이 홀(笏)이 꽂힌 것 같아, 손이 석 자만 더 길었으면 하늘을 만질 수 있겠다'라고 한 데서 '천마산'이라고 부르게 되었다고 한다. 즉 '하늘을 만질 수 있는 산'이라는 의미가 있는 것이다.

천마산은 온대 중부리에 속하는 지역으로 참나무류와 낙엽활엽수가 우점종을 이룬다. 급경사지의 분포도 넓은 편이며 고도보다 경사가 급한 편에 속하며 능선이 산꼭대기를 중심으로 방사상 형태를 이루고 있어 어느 지점에서도 정상이 바라보인다. 산기슭에는 천마산 야영교육장, 상명대학교 수련관 등 각종 연수원과 수련장이 들어서 있다. 남쪽 기슭의 천마산 스키장은 서울 근교 레저시설로 인기가 높다.

오래전 추운 겨울날, 늦은 밤 춘천을 가는 도로변에서 대낮처럼 밝은 야간 스키장 슬로프를 보며 그곳이 비로소 천마산이라는 이름을 처음 알게 되었고 한동안 천마산에 대한 미지의 모습을 동경하며 마음으로 간직한 적이 있었다.

따뜻한 햇볕 아래 맑은 공기 가득하며 꽃들의 향연이 서서히 꿈들 대는 가운데 태양이 적도 위를 똑바로 비추고 낮과 밤의 길이가 같다는 춘분(春分)이 지나면서 무술년 첫 분기를 마무리하는 삼월의 마지막 날이다. 두 번의 전철에 이어 경춘선에 몸을 싣고 서울 근교에 자리한 천마산 산행에 나선다.

2009년 성탄절 산행 당시 혹독한 눈보라가 몰아치는 바람에 정상에서 인증다운 사진을 못 남김에 따라 초록이 푸를 때 천마산을 다시 찾겠다는 그 시기는 못 지켰지만, 오늘은 지난 며칠 동안에 황사와 미세 먼지로 두껍게 채웠던 희뿌연 대기가 대부분 사라지고 푸른 하늘에다 신록이 움터오는 날이라서 5월의 어느 하루가 부럽지 않다.

계절만 바뀌었을 뿐 9년 전 시간이 그대로 내려앉아 있는 산세를 바라보며 유난히도 혹독했던 지나간 겨울을 이겨내고 따스한 햇볕이 쏟아진 천마산군립공원으로 들어선다. 끈끈한 인연의 고리가 씐 천마산이라서 그런지 생소한 계절마저 마치 예전에 와 본 듯한 편안함으로 발걸음이 무척 부드럽다.

관리사무소 경내를 벗어나자마자 계단이 나타난다. 계단 폭이 어중간한 관계로 부자연스러운 걸음걸이로 자세가 어설프지만, 등산로 주변은 예전과 다르게 무질서하게 널려있던 현수막은 죄다 사라지고 말끔한 환경으로 면모가 한층 쇄신되었다.

완만하고 호젓한 길을 오르면 벌거벗은 굴참나무 군락 아래에 마을 주민들의 체

육 시설과 함께 매끄럽게 다듬어진 화강암 약수터가 자리한다. 최근에 수질검사에서 적합 판정을 받은 콸콸 쏟아지는 물 한 바가지 벌컥벌컥 들이켜니 생각보다 맛이 달고 시원하며 눈까지 맑아지는 기분이다. 목을 축인 데 이어 간단한 세수로 달아오른 체온을 식힌다. 산의 물맛은 추울 때는 따뜻하고 더울 때는 시원하므로 늘 짜릿함이 느껴지게 마련이다.

산허리에 고불고불 휘감겨 있는 흙길에서 촉촉하고 부드러운 운치를 더해주니 비로소 내 몸이 산속에 있음을 깨어나게 한다. 벌거숭이 아름드리나무들이 무더운 여름날 그늘을 드리워 주고자 서서히 몸풀기에 들어가고 헐렁한 나뭇가지 사이로 바람이 쉴 틈 없이 드나들며 시원한 기운을 날라다 준다. 미동도 없는 덩치 큰 아름드리에 매달린 우듬지에서 강한 생명의 기운이 움튼다. 구태여 4월을 기다리지 않더라도 완연한 봄은 세상의 품으로 이미 자리 잡은 천마산의 모습이다.

짧은 코스에 비교해 고도가 가파른 깔딱고개로 들어선다. 예전 같으면 이 정도의 산은 중급 코스에 지나지 않았지만 지난 수개월간 평지 수준의 길을 걸어서인지 몸이 어렵게 받아준다. 그나마 다행스러운 게 있다면 지난주와 달리 모처럼 맑고 화창한 날씨로 인해 황사용 마스크가 필요 없다는 점이다. 고도가 높아질수록 공기는 더욱 깨끗해지고 바람은 시원해진다는 느낌이 확연하다.

깔딱의 가파름이 진정되면서 정상가는 중간 지점에 다산길7코스이며 천마산 마치고개 갈림길이 나온다. 쉬어가는 많은 사람이 다양한 차림새로 웅성대며 산객의 발걸음을 멈추게 한다.

정상을 459m 남겨둔 분기점 이정표에도 어김없이 천마산만의 시(詩) 한 수가 새긴 나무 팻말이 대롱대롱 매달려 있다. '(전략) 길은 가까워질수록 멀어질 것이니 멀어질수록 가까워진다는' 정일근 님의「갈림길」시를 감상하며 생의 마지막을 갈림길로 표현한 시인의 심정을 헤아려 짚어 보는 느림의 시간을 갖는다.

천마산 정상이다. 10년 전 천마산 시계는 겨울 한복판에서 눈보라로 절규하며 낯선 이방인에게 잠깐의 머묾마저 쉽게 허락하지 않았지만, 혹독한 겨울을 넘어온 화창한 천마산은 여유만만한 봄 분위기로 예전의 아쉬움을 보상이라도 해주듯 더 머물기를 재촉한다. 정상에는 높고 맑은 하늘 아래로 올라왔던 능선과 마석 시가지가 시원하게 펼쳐지며, 9년 전에 날머리로 잡았던 가곡리 쪽마저 선명한 시야로 들어온다.

올라왔던 길로 210m 되돌아와 호평동 방향의 이정표로 하산이다. 경사는 제법 비탈지지만, 습도가 적당한 흙길이라서 촉촉한 비탈은 미끄럼 없이 무난한 길이다.

오르는 사람 내려가는 사람 모두 각자의 방식으로 산행을 즐기는 가운데 바람이 자고 양지바른 바위틈에 보일 듯 말 듯 이름 모른 야생화가 다소곳이 자리한다. 오래 보아야 예쁘고 자주 보면 사랑스럽다 하였던가? 준비한 간편식으로 요기를 때우며 다 마칠 때까지 넋이 빠지도록 야생화에서 눈을 떼지 못한다.

험한 비탈에 길게 늘어선 나무 계단을 내려오면 해발 770m 지대에서 산세가 험해 조선 시대 임꺽정이 본거지를 두고 활동했다고 하는 꺽정바위다. '사람 인(人) 자'의 거대한 바위의 맨 꼭대기에는 함박나무가 자란다는 조그만 설명을 갖추어 놓았다.

밧줄에 매달려 그네 타듯 허공에다 발버둥 치며 거친 구간을 내려가면 응달 지대에서 봄바람이 매섭게 몰아친다. 하산하는 방향이 천마산 북서쪽이라서 그런지 지난 겨우내 찬 서리 타고 온 삭풍 탓에 활엽수는 아직도 잎이 져서 헐벗은 채 을씨년스러운 모습으로 천마산의 민낯을 그대로 보여준다. 이제 4월이 오면 남녘의 훈풍

이 대기를 데워주고 봄이 더 깊어져 봄비라도 흠뻑 적셔주면 모든 산야는 초록의 옷을 두르고 계절을 산뜻하게 색칠할 것이다.

천마의 집을 지나 콘크리트로 포장된 임도와 계곡 하산길을 번갈아 가며 경기도 남양주시 호평동에 있는 예전의 천마산호평동매표소에 이르러 공식적인 산행을 마쳤음에도 도심을 가른 하천변을 2.2㎞ 더 걸어 내려가 마침내 경춘선 평내호평역에서 모든 산행을 갈무리한다.

천마산(天摩山 812m)

주요 코스

① 천마산 입구 ➡ 심신수련장 ➡ 깔딱샘 ➡ 깔딱고개 ➡ 뾰족봉 ➡ 천마산 정상 ➡ 천마의집 ➡ 전망바위 ➡ 상명학원생활관 ➡ 천마휴게소 ➡ 평내호평역

② 천마산 입구 ➡ 심신수련장 ➡ 깔딱샘 ➡ 깔딱고개 ➡ 뼈족봉 ➡ 천마산 정상 ➡ 멸도봉 ➡ 과리리고개 ➡ 보광사 ➡ 마을회관 ➡ 벌애

천성산(千聖山)

경상남도 양산시

금강산의 축소판이라고 불릴 정도로 경관이 뛰어나고, 특히 산 정상부에 드넓은 초원과 산지 습지가 발달하여 끈끈이주걱 등 희귀식물과 수서곤충이 자생하는 등 생태적 가치가 높다. 봄에는 진달래와 철쭉, 가을에는 능선의 억새가 장관을 이루며, 원효대사가 창건했다는 내원사가 있다.

가을바람에다 국화 향기로 그윽한 10월의 한복판에 경남 양산시 소재 천성산(千聖山 922m) 등반에 나선다. 천성산의 유래는 원효대사가 천명의 대중을 이끌고 이곳에 이르러 89개 암자를 축조 후 화엄경을 설법하여 천명 모두를 득도하게 한 곳이라는 데서 천성산(千聖 천명의 성인)이라 전한다. 산 정상은 한반도에서 동해의 일출을 가장 먼저 볼 수 있는 곳으로 알려져 전국에서 해돋이 광경을 보기 위해 많은 관광객이 찾고 있다.

천성산에는 우리나라에서 쉽게 찾아볼 수 없는 화엄늪과 밀밭늪이 있다. 습지는 도롱뇽을 비롯한 희귀한 동식물과 곤충들의 생태가 아직도 잘 보전되어 있어 생태계의 보고를 이룬다. 경부고속철도 대구와 부산 구간에 있는 천성산에 원효터널이 관통하는 터널 공사 당시 지율 스님을 비롯한 환경 단체 관계자와 시민들은 늪지 훼손에 따른 생태계 파괴 등을 이유로 법원에 착공 금지 가처분 신청을 제출하였으나 패소했던, 한때 국민적 관심을 받았던 특별한 사연이 깃든 곳이기도 하다.

서울서 장장 5시간 30분을 달려 산행 들머리인 경남 양산시 상북면 대석리 홍룡사 주차장에 도착하여 콘크리트 포장길을 따라서 홍룡사에 다다른다. 예정된 코스를 잠시 벗어나 일부 몇몇에서 홍룡폭포의 멋진 광경을 담는다. 감기 기운이 있어 몸 상태가 별로였지만 발품을 판만큼 생각 밖의 추억을 얻어 온다.

홍룡사 대웅전으로 원위치하고 경내 해우소 오른쪽을 따라 정상을 향한 본격적인 오르막길이다. 수없이 다녀본 오르막에서 오늘따라 가다 쉬기를 반복한다. 오늘 산행 진행은 마음이 앞서는 대신 몸의 신호를 받아서 움직여야 할 형편이다.

단풍철에다 장거리 이동시간으로 주어진 산행 시간이 짧아서 조급한 마음이 앞서지만 자제해야 한다. 감기 기운이 오르막에서 큰 장애 요인이 되지만 천천히 고도를 높이며 오롯이 산행에만 몰입이다. 갑자기, 나뭇가지 부딪히는 마찰음에서 바람이 분 걸 알아차리고 멈춰 선다. 시원한 바람을 온몸으로 맞으니 몸 상태가 한결 나아지는 기분이다.

해발 150m를 출발하여 화엄늪에 이르니 해발 800m의 고도에서 드넓은 억새 군락이 눈을 의심할 정도로 온 사방에서 장엄하게 펼쳐진다. 역광을 받은 은빛 억새가 진가가 발휘되며 햇빛에 하얗게 부서지며 눈부시게 빛나는 은빛 억새는 진정 압권이다. 이쯤 해서 바람이 한번 크게 불어준다면 억새의 사각거리는 노랫소리와 물결치듯 일렁이는 춤사위도 함께 볼 수 있으련만 꼭꼭 숨어버린 바람이 야속하다.

가을 하면 으레 단풍을 떠올리지만, 산정에서 펼쳐지는 억새 또한 그에 못지않게 아름답다. 봄꽃이 화사하고 요란스러운 면이 있다면 가을꽃은 품위가 있고 깊이가 있다. 드높은 파란 하늘 아래 맑은 햇살과 시원한 바람이 함께하는 쾌적한 분위기 속에서 산객들의 사랑을 듬뿍 받기 때문일 것이다.

가을꽃 중에서 먼저 빼놓을 수 없는 억새가 있다. 억새는 잔잔하고 그윽하여 보는

이의 마음을 차분하게 가라앉히는 품격을 지녔다. 품격과 품위를 말할 때 김부식의 〈삼국사기〉에서 백제의 아름다움을 표현한 '검이불루 화이불치(儉而不陋 華而不侈)'라는 여덟 글자와 비교하곤 한다. 검소하지만 누추하지 않으며, 화려하지만 사치스럽지 않다.'라는 데서 당장 눈앞에서 펼쳐지는 격조 높은 천성산의 억새가 진한 감동의 그 모습으로 보여준다.

화엄늪을 기준으로 정상까지 거리는 출발해서 화엄늪까지 올라온 거리보다 더 멀지만 완만한 경사에다 지천으로 널려있는 억새들의 연출에 매료되어 잠깐만에 정상 원효봉에 도달한다. 정상이라고 해서 능선과 달리 유별나게 우뚝 솟거나 흔하디흔한 바위도 거부하며 바닥이 울퉁불퉁하지도 않고 반듯하게 고르고 널찍하다.

정상에서 바라보는 풍경뿐만 아니라 내리막 또한 어김없는 억새밭이다. 억새 군락지는 환경부 낙동강유역환경청에서 관리하는 습지보호 구역이라서 정비가 잘된 나무 덱 탐방로를 따라가야 하는데 이곳에서 부는 바람이 너무나 시원해서 땀으로 젖을 틈을 주지 않는다. 그야말로 가을 산행의 진수가 따로 없다.

오늘 천성산에서 만난 억새는 영남알프스 억새보다 전혀 뒤지지 않고 웅장한 규모에서도 강한 인상을 준다. 우리가 가을꽃 중에서 천사로 표현되기도 하는 억새를 좋아하고 사랑스러워하는 이유를 천성산 억새밭에서 충분히 확인하고 가슴으로 느낀다. 가을은 가을꽃이 있기에 매년 설렘을 안고 산을 오르고 산에서 정서를 성숙하게 한다. 산행하는 내내 잎새에 이는 바람 소리, 계곡 물소리와 한 떨기 야생화 그리고 하찮은 풀벌레 소리에서도 감성에 젖을 수 있어 이 계절이 값지고 멋지기만 하다.

오늘 산행에서는 출입이 금지되어 직접 확인은 곤란하였지만, 이곳 천성산 터널 개통 이후 현재 천성산 정상부 습지보호 구역에서 도롱뇽은 다행히 건재하다고 전해진다. 지율 스님의 우려는 기우에 그쳤지만, 천성산 경부고속철도 사업을 계기로 대단위 건설공사 과정에서 생태환경을 중요하게 고려하여야 한다는 사회적 공감대 형성은 환경보호에 대한 새로운 전환점을 마련하여 우리에게 큰 시사점을 던져준다.

용연천 내원사계곡을 따라 끝없는 하산이 이어진다. 계곡은 홍수로 인해 마구 파헤쳐져 아직 복구가 미루어진 상황이지만 내원사는 80년대에 수없이 자주 찾아왔었던 곳인 만큼 예전의 계곡 모습은 숨길 수 없을 정도로 기억 저편에서 확고히 자리 잡고 있다.

산길이 산책로 바뀌면서 생각을 정리하고 산행 마무리 단계에 들어간다. 어느덧 애초 산행 날머리 경남 양산시 하북면 용연리 내원사 주차장에 이르지만, 버스가 기다리는 곳으로 가기 위해 탐방로가 정비된 내원사계곡으로 한참을 따라 내려간다. 이길 또한 지난 추억이 주체할 수 없을 정도로 새록새록 묻어 나온 곳이다.

올해는 유난히도 9월 늦더위가 기승을 부렸지만, 10월 중순으로 접어들면서 조석 기온이 뚝 떨어져 계절은 이미 가을 깊숙한 곳으로 들어왔다. 요즘이야말로 산행하기 딱 좋은 시기이건만 지난 주말은 100대 명산의 남은 목표를 수행하기 위한 교통편이 없어 산행을 한 주 건너뛰었다. 앞으로 남은 과제가 점차 줄어들수록 교통편은 점점 더 어려울 것이므로 다양한 루트의 산행 일정을 파악하여 대책 마련이 필요한 형편이다. 오늘도 도전할 명산 한 개를 지울 수 있어 다행스럽게 여긴다. 무난한 산이지만 어려운 몸 상태에도 불구하고 큰 대가 없이 잘 마무리한 자신에게 감사하다.

천성산(千聖山 922m)

주요 코스

① 대석저수지 ➡ 홍룡사 ➡ 홍룡폭포 ➡ 산불감시초소 ➡ 화엄늪안내판 ➡ 천성산 정상 ➡ 갈림길 ➡ 은수고개 ➡ 내원사 ➡ 금강암 ➡ 이정표 ➡ 내원사 입구

② 내원사 입구 ➡ 금강암 ➡ 내원사 ➡ 은수고개 ➡ 갈림길 ➡ 천성산 정상 ➡ 화엄늪안내판 ➡ 산불감시초소 ➡ 홍룡사 ➡ 무지개폭포 ➡ 무지개산장

천태산(天台山)

충청북도 영동군, 충청남도 금산시

충북의 설악산으로 불릴 만큼 경관이 아름답다. 고려 시대 대각국사 의천이 창건한 영국사와 수령이 1000년 이상 된 은행나무, 3층석탑, 원각국사비 등이 유명하다.

충북의 설악이라 불릴 만큼 산세가 빼어나고 뛰어난 자연경관과 잘 정돈된 등산로 그리고 주변에 많은 명소가 산재하고 있는 천태산(天台山 714.7m)은 등산 동호인들의 사랑을 받으며 가족 단위 등산지로 주목을 받는 곳이다. 특히, 양산 팔경이 이곳 천태산 영국사를 제1경으로 시작되고 많은 문화유적이 그 신비함을 더해주는 곳이다.

천태산은 네 개의 등산코스로 이루어져 있으며 75m의 암벽 코스를 밧줄로 오르는 맛은 결코 빼놓을 수 없는 천태산만이 가진 매력이기도

하다.

천태산의 입구에는 1,300여 년 동안 이 산을 지키고 있는 천연기념물 제233호 영국사 은행나무의 뛰어난 자태를 볼 수 있다. 영국사는 신라 문무왕 때 창건하였고 그 후 효소왕이 육궁백관을 인솔하고 피난했다는 전설이 있는 옥새봉과 육조골을 남겨놓았다.

고려 문종 때 대각국사가 국창사라 한 것을 공민왕이 홍건적의 난을 피하여 이곳에서 국태민안을 기원함으로써 국난을 극복하였다 하여 영국사라 개칭한 곳으로 지금은 청소년들의 역사 교육의 장으로 이용되고 있다.

오늘은 적정 인원이 미달하였음에도 불구하고 산행 대장의 적극적인 추진력 덕분에 정상적으로 전세버스가 출발하였기에 자칫 무산될 뻔한 산행이 재개되어 의미가 깊은 산행이다. 들머리인 충북 영동군 양산면 누교리 영국사 주차장에 도착한 다음 천태산 등산 안내도부터 훑어본다. 등반코스를 가지고 갑론을박을 벌이다가 삼단폭포, 영국사, 미륵길, 정상, 헬기장, 남고개길 및 망탑을 거쳐 원점인 영국사로 다시 회귀하는 것으로 가닥을 잡는다.

비로소 낮이 길어진다는 춘분이 지나고 그야말로 봄맞이 산행이다. 날씨는 얼마나 화창하고 하늘은 얼마나 맑은지 또 바람은 왜 그렇게 시원한지 완연한 봄기운을 받으며 완만한 산책로를 따라 기분 좋은 출발이다. 지금만 같으면 산행이 아닌 마치 나들이 소풍 나온 것 같은 산뜻한 기분이다.

삼신 할멈께 소원을 빌며 지극 정성을 바친 조그만 돌탑 무더기가 나오고 그 위로 훅 불면 금방이라도 넘어질 듯한 삼신할멈바위가 주름진 얼굴에 인자한 모습으로 일행을 맞이해 준다. 세 번의 단을 넘어 흐른다는 삼단폭포의 옛날 이름은 용추폭포라 불리었는데, 수량이 적은 탓인지 생각만큼 위상이 작아 보이며 그저 폭포라는 명목만 유지하는 모습뿐이다.

영국사로 가기 위해 입장료를 지급하고 얼마쯤 지나자 전국 각지에서 다녀간 오색찬란한 산악회 리본이 철조망에 매달려 하늘하늘하며 이곳 천태산의 인기도를 대변한다. 모퉁이를 돌자 거대한 산 아래 영국사가 나타나고 바로 아래 덩치 큰 은행

나무 하나가 떡하니 버티고 고풍스러운 위엄을 드러낸다.

1,000년의 수령을 자랑하는 은행나무는 높이가 31m, 가슴 높이의 둘레는 무려 11m이며 길게 늘어진 가지들은 여러 지지대에 의해 근근이 지탱하고 있는 모습이다. 이 은행나무는 역사의 흐름 속에서 온갖 풍파를 다 겪으며 나라의 큰 난이 있을 때마다 소리내어 운다고 하니 성스럽고 경이롭기까지 하다.

본격적인 산행이 시작한다. 한참 동안 소나무 숲으로 이어진다. 뒤를 돌아보면 저 아래로 영국사가 아스라이 보이는 곳에 기다랗고 거대한 암벽이 앞을 가로막는다. 우회 길을 멀리하고 쭉 늘어뜨려진 밧줄에 인도되어 자만하지 않고 한발 한 발 내디디며 정상을 향해 위로 오른다.

정상을 800m 남겨놓은 지점에서 마지막 암벽을 오르기 위해 다시 힘을 보탠다. 아래를 내려다보면 짜릿하게 오금이 저리지만 한편에서는 적당한 긴장과 전율로 인해 짜릿한 즐거움을 자아낸다. 오름이 어느 정도 익숙해지고 몸이 받아들이자 오르는 동안에도 좌우 경관을 훑으며 여유를 부린다.

정상을 0.2㎞ 남겨둔 갈림길의 평탄한 지대는 이미 와 있는 산객들로 분비는 휴식처이다. 무리에 휩싸여 양지바른 곳을 찾아 점심을 먹는다. 따사로운 햇살과 적당하게 불어주어 산들바람 덕분에 밥맛이 살아나고 반찬은 빈약하더라도 싱그러운 봄바람이 불어주어 분위기 맛이 꿀맛이다.

참나무 주위를 둥그렇게 쌓아 둔 돌탑이 등산로 복판에 나타난다. 양 가장자리를 따라 가파른 길에 올라서니 천태산 정상석이 나타난다. 충북 영동군에서 올라왔는데 충남 금산군에서 세운 정상석이 보인 것은 이곳이 충북과 충남의 경계점이기 때문이다. 정상에서 서쪽으로 서대산, 남쪽으로는 멀리 덕유산, 계룡산과 속리산이 보인다.

헬기장 쪽으로 하산이다. 내려가는 길에 전망 좋고 넓적한 암반에 이르러 아예 신발까지 벗어 놓고 여유롭게 호사를 누린다. 느림의 미학으로부터 여유로움이 저절로 학습된다. 이제 막 물이 오르기 시작하는 드넓은 산야는 생동감 넘치는 활력으로 가득 차 있는 모습이다.

영국사가 눈앞에 보일 무렵 보물 제534호인 원각국사비가 있는 비각이다. 1154년 고려 의종 7년에 선사가 되고 1171년 명종 원년에 왕사가 된 원각국사의 행적을 기리기 위해 명종 10년 한문준이 비문을 지어 거북이형 돌 위에 세워졌다는 내용이다.

올라갈 때 못 본 영국사 경내를 둘러보기로 한다. 영국사는 668년 신라 문무왕 8

년에 창건하였다는 주장이 있으나 출처가 불분명하며 다만, 신라 후기에 창건되었다고 추정할 뿐이다. 하나 정확한 연대는 알 수 없단다. 영국사 대웅전 앞에는 보물 제533호인 삼 층 석탑이 천년 긴 세월의 산증인으로 자처하고 묵묵히 서 있다. 사찰 주변에 피어난 생강나무와 홍매화를 보며 이제는 누구도 부인할 수 없는 완연한 봄임을 알게 해준다.

천태산(天台山 715m)

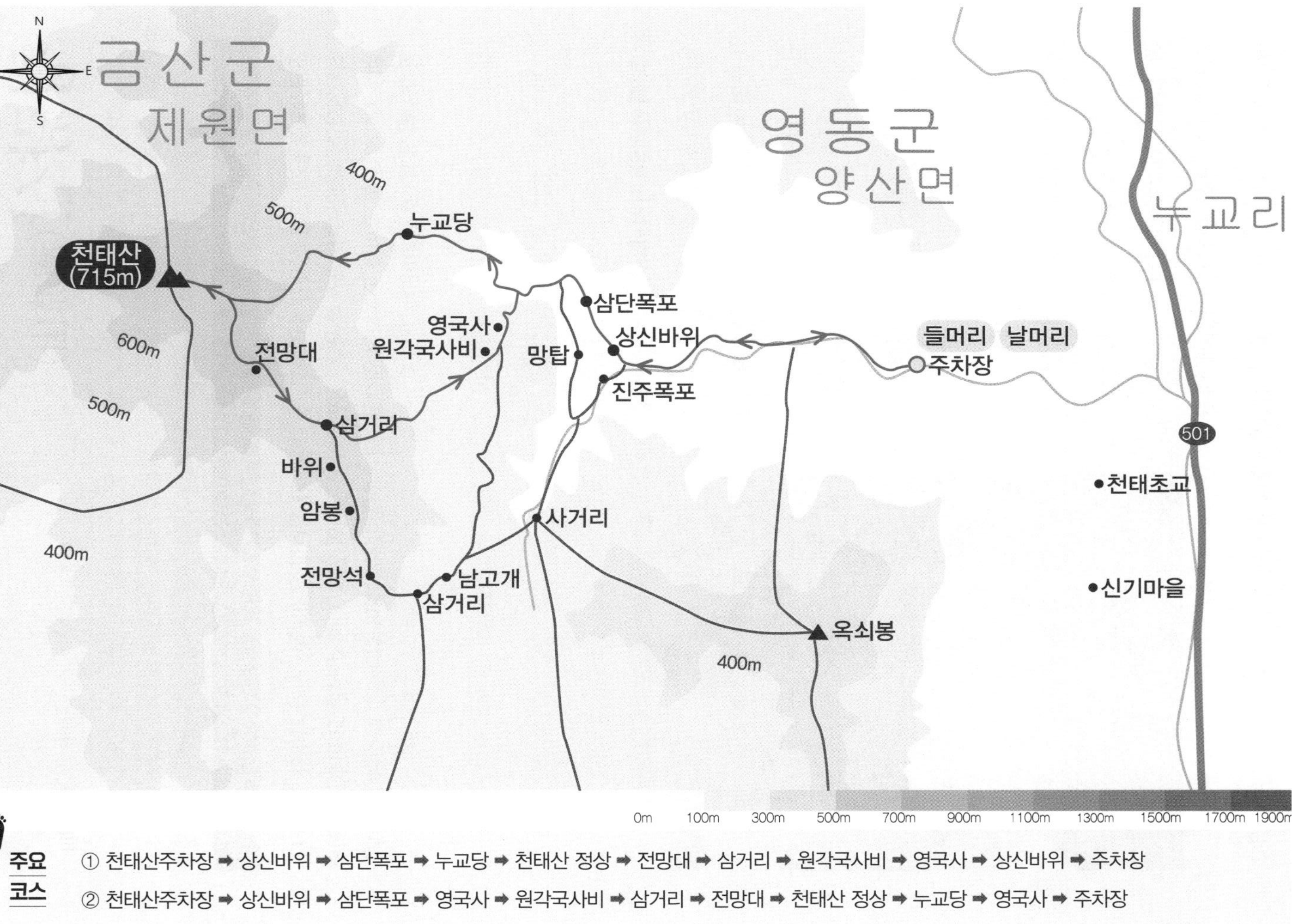

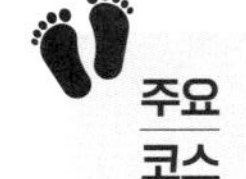

주요 코스

① 천태산주차장 ➡ 상신바위 ➡ 삼단폭포 ➡ 누교당 ➡ 천태산 정상 ➡ 전망대 ➡ 삼거리 ➡ 원각국사비 ➡ 영국사 ➡ 상신바위 ➡ 주차장

② 천태산주차장 ➡ 상신바위 ➡ 삼단폭포 ➡ 영국사 ➡ 원각국사비 ➡ 삼거리 ➡ 전망대 ➡ 천태산 정상 ➡ 누교당 ➡ 영국사 ➡ 주차장

청량산(淸凉山)

경상북도 봉화군

소금강으로 꼽힐 만큼 산세가 수려하고, 원효대사가 창건한 유리보전, 신라 시대의 외청량사, 최치원의 유적지인 고운대와 독서당, 공민왕이 홍건적의 난을 피해 은신한 오마대(五馬臺)와 청량산성, 김생이 글씨를 공부하던 김생굴, 퇴계 이황이 수도하며 집대성한 오산당(청량정사) 등 역사적 유적지로 유명하다.

태백산맥의 지맥에 솟아 있는 청량산(淸凉山 870m)은 주봉인 장인봉을 비롯하여 금탑봉, 연화봉, 축융봉, 경일봉 등 30여 개의 봉우리가 있다.

청량산은 우리나라 3대 기악의 하나로 꼽혀왔다. 퇴계 이황은 '청량산인'이라고 불릴 정도로 이 산을 예찬하며 후세인들이 그를 기념하여 세운 청량정사가 남아 있다. 산세는 기암절벽으로 이루어져 있으며 낙동강 상류가 서쪽 절벽을 휘감아 흐른다.

청량산의 남쪽 연화봉 기슭에 내청량사가 있으며 조선 후기의 불전 건물인 경북도 유형문화재 제47호인 청량사유리보전이 있다. 산의 동남쪽 금탑봉 기슭에 있는 외청량사는 높은 절벽 중간에 있으며 최고 절경으로 꼽히는 어풍대와 조화를 이룬다. 남쪽 축융봉에는 고려 공민왕이 피난하려고 와 있던 청량산성과 공민왕당이 있다고 한다. 그밖에 신라 명필 김생이 글씨를 공부한 곳으로 알려진 김생굴, 최치원이 수도한 곳으로 알려진 고운대 등이 유명하다.

낙동강 상류인 광석나루터 일대는 아름다운 경치와 맑은 물로 여름철 피서지로 이용된다. 자연경관이 수려하고 기암괴석이 웅장하여 예로부터 소금강으로 불린 명성만큼 현재 도립공원 지정과 산림청 100대 명산에 선정되어 있다.

만추의 이른 아침부터 집에 나서자마자 때아닌 가을비가 조용하고 가느다랗게 몸을 적시며 여정을 재촉한다. 계절은 이미 11월로 접어든 다소 늦은 가을이지만 경북 봉화군 명호면 관창리 청량산도립공원 안내도 들머리에는 막바지 단풍을 보러 온 산객들로 번잡하기까지 하다. 예고된 가을비를 인지하였음에도 불구하고 산 마니아들의 모습에서 오늘을 놓치고 싶지 않은 애정 어린 산 사랑을 읽을 수 있다.

콘크리트 포장이 잘 정비된 길을 따라 오른다. 비에 젖어 짙은 색으로 우러나오는 단풍은 최고의 절정에서 한발 물러선 상황이지만 그윽한 늦가을의 정취만은 그대로 품어낸다. 금탑봉의 아름다움에 눈길을 빼앗기며 오르다 보니 바로 청량사에 이른다.

청량사 경내에는 가을 속을 타고 은은한 산사 음악이 흘러나온다. 대웅전 앞에서 사방을 둘러보자 고즈넉한 산사의 아름다운 정취가 끝없이 밀려온다. 금탑봉과 연화봉을 좌우로 두고 먼 뒤편으로 자소봉, 탁필봉 그리고 연적봉을 일으켜 세운 절벽 아래에 다소곳이 자리 잡은 청량사 터를 바라보니 포근하고 아늑하게 느껴진다.

삼국사기에 따르면 김생은 한미한 집안에서 태어났으나 어려서부터 서도에 정진하여 예서, 행서 및 초서에 따를 사람이 없었다고 하여 '해동서성'으로 불렸다고 한다. 김생이 공부했다는 김생굴을 지나 거친 오름길로 이어진다.

태백산에서 발원하여 청량산을 거쳐 낙동강 물줄기를 유지하기 위한 해갈 책인가? 아니면 기온을 떨어트려 겨울을 초대하기 위한 계절의 서곡일까. 비와 땀이 뒤섞이고 낙엽과 버무려진 질퍽질퍽 불편한 산길이 쉼 없이 이어진다. 오늘 내리는 비는 느끼고 표현하는 것만으로는 사치스러울 정도로 고맙고 축복받는 가을 단비다.

자소봉에 이르러 큰바람을 피한 곳에서 바위에 등을 지고 중식을 해결한다. 잔잔한 바람은 불지만, 꿀맛 같은 기분을 억누를 수 없을 정도로 즐거운 시간이 이어진다. 땀이 식어 차게 느껴지는 찬바람에 등 떠밀려 짧은 식사가 끝나고 곧바로 산행이 재개된다.

단풍 물결에 취하고 탁필봉을 거쳐 연적봉에 오르자 또 다른 멋진 풍경이 기다린다. 지나온 자소봉, 탁필봉의 멋진 바위 봉우리들과 올라온 청량사 주변의 봉우리들이 한눈에 들어온다. 가을비로 심란했던 감정이 비로소 풀어지고 느긋해진다. 산

행의 즐거움 중의 하나는 감정의 몰입을 통해 긴장을 풀어주는 자연 치유의 마술사와 같은 매력이 있다는 것이다.

우리나라에서 가장 높은 곳에 설치되었다는 하늘 다리 현수교이다. 출렁이는 그물에 실려, 구름 위를 걷는 듯한 전율이 아찔하다 부족하여 오히려 유쾌한 즐거움으로 변한다. 바람이 불고 미끄러운 상태이지만 즐거운 비명을 지르며 모두가 사진으로 기념을 담느라 여념이 없다. 청량산도립공원에 따르면 청량산 하늘 다리는 해발 800m 지점의 선학봉과 자란봉을 연결하는 연장 90m, 통과 폭 1.2m, 지상높이 70m의 규모로서 국내에서 가장 긴 산악 현수교라 한다.

자란봉 아래 험준한 골짜기를 오르내리고 다시 가파른 계단을 오른다. 비에 젖어 불어난 나무 계단의 무게만큼 지치고 무거운 몸을 이끌어 청량산의 정상 장인봉의 도착이다. 먼저 온 단체 산객이 썰물처럼 빠져나간 자리에는 멀리서 이곳을 바라보았던 바위산에 대한 기대와 달리 조망마저 어려운 평범한 육산의 실체로 드러났다. 하지만 청량산 최고봉에 대한 예우를 갖추고자 찬바람에 맞서며 기다리는 끝에 정상 인증을 마친다. 갈망했던 최종 목표를 다 이룬 듯한 기분을 가지고 서서히 하산이다.

금강대를 거쳐 공원 관문인 탐방 안내소에 다다르니 빨갛고 노란색으로 드리운 단풍이 곱게 물들었다. 오히려 산보다 이곳의 단풍이 현란할 만큼 군락을 이루며 고운 빛깔을 자랑한다.

다소 차가운 날씨 덕분에 생각했던 것보다 일찍 산행이 마무리되어 여유를 가지고 청량폭포와 주변 풍광에 빠진다. 오늘 가을 산행은 단풍의 절정 시기는 비껴갔지만, 진정 늦가을 청량산 정취에 푹 빠져 황홀하도록 아름다운 하루였음에는 분명하다.

당분간 단풍은 남녘을 향해 아래로 더 아래로 내려가겠지만, 새로운 계절은 멀지 않은 곳에서 서서히 겨울옷으로 갈아입고 다가와 단풍이 머물었던 자리를 스스로 꿰차고 자신만의 계절을 누릴 것이다.

청량산(淸凉山 870m)

주요 코스

① 청량산공원관리소 ➡ 청량폭포 ➡ 육각정 ➡ 청량사 ➡ 오산당 ➡ 김생굴 ➡ 경일봉 ➡ 자소봉 ➡ 탁필봉 ➡ 자란봉 ➡ 청량산 정상 ➡ 두들마 ➡ 청량폭포

② 청량산공원관리소 ➡ 청량폭포 ➡ 육각정 ➡ 청량사 ➡ 두실고개 ➡ 자란봉 ➡ 선학봉 ➡ 청량산 정상 ➡ 두들마 ➡ 청량폭포

추월산(秋月山)

전북특별자치 순창군, 전라남도 담양군

울창한 산림과 담양호가 어우러져 경관이 아름다우며 추월난이 자생한다. 산 정상에서 65m 정도 아래 지점에 있는 보리암(菩提庵)과 전라북도 순창을 경계로 한 산록에 있는 용추사가 유명하다.소나무와 기암절벽이 어울려 아름다운 산세를 보여준다. 담양호 준공으로 호반의 진가를 유감없이 발휘한다.

가을 보름달이 산에 닿을 것같이 드높은 산이라는 뜻의 추월산(秋月山 731m)은 국가지정 100대 명산이다. 혹자는 호남의 5대 명산 중의 하나임을 주장하는 등 전남도 기념물 4호로 지정되었다. 추월산은 자연경관이 빼어나 세종실록지리지에서 담양 고을 북쪽에 우람하게 자리한 담양의 진산으로 기록하고 있으며 일출과 일몰의 경관이 뛰어난 곳으로 유명하다.

추월산에서 내려다보면 가득 찬 담양호의 파란 물결이 펼쳐진 광경을 볼 수 있다. 담양의 이름이 '못 담(潭)' 자를 쓰고 있고 고려 성종 때의 지명이 潭州로 불리는 데에서 알 수 있듯이 전국에서 강우량이 많은 곳으로 전해진다.

추월산은 인근의 금성산성과 함께 임진왜란 때 치열한 격전지였다. 동학혁명 때에도 동학군이 마지막으로 항거했던 곳이기도 하다. 담양읍에서 바라보면 스님이 누워있는 형상 같다고 해서 와불산이라고도 한다.

전남 담양군 용면 월계리 담양호국민관광단지 주차장을 들머리로 하여 산행이 시작된다. 차량으로 오는 도중에 자욱했던 안개가 도착하자마자 완전히 걷히고 대기가 밝은 빛으로 채워져 산행에 대하여 좋은 예감이다.

길가에는 두툼한 옷으로 치장한 아낙네들이 줄을 지어 정겨운 시골 장을 만들어 놓고 등산객들을 손님으로 반갑게 맞이하지만, 하산은 이곳 아닌 다른 데로 계획되어 있기에 아낙들의 호객에 일일이 응대할 수 없어 미안한 마음뿐이다.

산행 초입 일정 구간은 정비가 잘 되어 있는 관계로 산객들보다 가족 단위 나들이객들 숫자가 더 우세하다. 제1 등산로에 접어들자 까치집만 달랑 남겨놓은 앙상한 나뭇가지 위로 무겁게 내려앉은 가을이 계절의 변화를 예고한다.

어쩌면 올해 마지막 가을 산행이 될 수 있겠다는 생각마저 들어 산행에 대한 애착과 기대가 커진다. 기대가 따로 있겠는가. 그저 멋있게 눈으로 담고 즐겁게 느끼면 그만이지라는 생각으로 무장하고 즐거움의 발길을 옮겨간다.

산길에 드리운 소나무 가지 사이로 자르르한 영롱함이 찬란하게 흐르고 하늘에는 늦가을 공기가 맑고 상큼하게 흐른다. 숨을 크게 들이켜니 폐 속이 말끔히 정화되는 기분이다. 이곳의 신선한 공기를 담아갈 수는 없기에 연신 들이키며 주저앉고 싶은 생각이 절로 난다.

다소 가파른 덱 계단을 오르고 땀이 한 줌 배어날 즈음 추월산 전망대에 이른다. 햇볕에 반사되어 눈부시게 빛나는 담양호가 눈에 들어오고 주변의 평화로운 풍경이 그림 같이 펼쳐진다. 고개 우측으로 거대한 수직 절벽에 아슬아슬하게 자리 잡은 보리암의 절경을 보며 여기저기에서 아! 하는 가느다란 탄성을 듣게 된다.

또다시 이어지는 나무 덱 계단을 따라 해발 600여 미터에 이르면 바로 보리암의 도착이다. 수수하고 단아한 암자에서 흘러나오는 은은한 명상 낭송이 머리를 맑게 한다. '아니 오신 듯 다녀가시옵소서!'라는 글귀에 시선이 가고 마음이 숙연해진다.

절벽 아래에서 수호 장신처럼 보호하고 있는 수령 700년 느티나무가 눈길을 잡아준다. 한 뿌리에서 사이좋게 두 가지가 자라고 있어 일명 '사랑의 나무'라 부르는데, 이곳에서 소원을 빌면 좋은 인연을 맺고 부부 금실이 좋아진다고 한다.

추월산 산행에서 빼놓을 수 없는 백양사의 말사 보리암은 고려 시대 보조국사 지눌이 세운 유서 깊은 암자다. 보리암은 추월산 천 길 낭떠러지 위의 기암절벽과 시원하게 펼쳐지는 담양호가 한데 어우러져 아름다운 절경을 이룬다. 임진왜란 때 김덕령 장군의 부인 홍양 이 씨가 왜적에게 쫓겨 이곳 절벽에서 스스로 몸을 던져 순절했던 애절한 사연이 깃든 곳이다.

보리암에서 빠져나와 등허리에 땀이 적당히 젖어오는 무렵 해발 692m 보리암 정상에 이르자 정오를 막 넘긴 시간이라서 양지바른 곳에 옹기종기 모여 점심을 즐기는 풍경들이 다채롭다. 이곳 정상에서 바라보면 잔잔한 담양호를 끼고 저 멀리 북쪽으로 강천산과 금성산성이 보이고 비슷한 높이의 추월산 정상이 멀지 않은 곳에서 손짓하며 기다린다.

아쉬운 미련과 더 이상의 지체를 떨쳐버리고 정상을 향한 출발이다. 맑고 높은 하늘에서 쏟아지는 가을 햇살을 받으며 완만하게 펼쳐지는 능선길에 가을 풍경을 주섬주섬 주워 담으며 룰루랄라 진행이다. 이만하면 산행하기 딱 좋은 자연조건이다.

추월산 정상에 도착하여 100대 명산 일흔일곱 번째의 인증을 남긴다. 행운의 칠이 연거푸 겹치는 숫자에서 나 자신의 도전에 묘한 환희가 작동하고 입가에 천진난만한 소년의 미소가 번진다. 오늘따라 정상의 공기는 청신하고 하늘은 세상의 무엇보다도 고운 가을 색이다.

희미하지만 끊이지 않는 외길을 따라 마지막 봉우리 수리봉(726m)에 도착하여 지나온 능선을 뒤돌아보니 어머니 품 같이 포근한 긴 산줄기가 아름답게 늘어서 있다. 비록 절정의 단풍은 지나갔지만, 추월산 이름만큼의 정취는 만추의 그윽함으로 넘쳐난다.

복리암으로 하산하는 내리막에는 낙엽이 수북이 쌓여있어 밟히는 촉감이 말랑말랑 부드럽다. 나이테 하나 더 보태주고 생을 마감하는 이파리는 바스락바스락 작별의 노래를 보낸다. 가을이 끝나가는 아쉬움 속에 노을 녘 바람에 흩날리는 갈대의 모습이 저무는 해와 어우러져 붉게 물들었다.

복리암마을 방향 이정표를 따라 하산이다. 가파르고 다소 아슬아슬한 내리막을 거쳐 날머리인 원점으로 회귀하기 전에 복리암마을로 들어선다. 요맘때의 우리네 시골답게 동네 어귀에는 어김없이 감나무가 서 있고 탐스러운 감이 인심 좋게 주렁주렁 매달려 있다. 보기만 해도 마음이 풍성하고 배가 부른다. 이 계절의 끝자락에서 가을은 시나브로 멀어져 간다.

추월산(秋月山 731m)

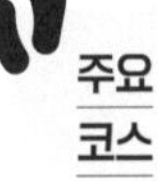

주요 코스

① 담양호관광단지주차장 ➡ 철계단 ➡ 제1등산로 ➡ 보리암 ➡ 제3등산로 ➡ 추월산 정상 ➡ 하늘재 ➡ 수리봉 ➡ 부리기고개 ➡ 복리암 ➡ 주차장

② 담양호관광단지주차장 ➡ 복리암 ➡ 뒷골 ➡ 하늘재 ➡ 갈림길 ➡ 추월산 정상 ➡ 보리암 정상 ➡ 제3등산로 ➡ 동굴 ➡ 제1등산로 ➡ 주차장

축령산(祝靈山)

경기도 남양주시·가평군

소나무와 잣나무 장령림이 울창한 숲을 이루고 단애가 형성되어 있으며, 산 정상에서 북으로는 운악산, 명지산, 화악산이 보이고, 동남쪽으로 청평호가 보이는 등 조망이 뛰어나다. 가평 7경의 하나인 축령백림과 남이장군의 전설이 깃든 남이바위, 수리바위 축령백림 등이 유명. 자연휴양림이 있다.

울창한 숲과 맑고 아름다운 축령산(祝靈山 886m)은 경기도 남양주시와 가평군 경계에 자리한 산이다. 조선을 창업한 이성계가 고려 말에 이곳으로 사냥 왔다가 한 마리의 사냥감도 잡지 못하자 한 몰이꾼이 '이 산은 신령스러운 산이라 산신제를 지내야 한다.'라고 하자 산 정상에서 제사를 지낸 후 멧돼지를 잡았다는 전설이 내오는데, 지금도 축령산에서 신년에 이르면 산악인들이 시산제를 즐겨 지낸다.

축령산 자락의 자연휴양림은 울창한 잣나무 숲과 함께 산림 휴양관, 물놀이장, 평상을 갖춘 야영장과 샤워장 등의 각종 편의시설이 잘 갖추어져 있다. 자연과 함께 숨 쉬며 지친 심신을 말끔히 씻고 쾌적함과 즐거움을 더해주는 관계로 가족 단위나 여러 단체 사람들이 즐겨 찾는 곳이다.

서리산 주변으로 13,000㎡에 달하는 연분홍 철쭉 군락지 터널과 사계절 푸른 수십 년생의 아름드리 잣나무 수림은 진한 감동과 긴 여운을 주는 관계로 여행의 설렘과 삶의 윤기를 더해주어 수도권 제일의 자연휴양림이라는 찬사를 받는다. 서울에서 1시간 거리에 자리하고 있는 축령산은 접근성이 양호한 데다가 축령산과 서리산이 능선으로 불과 3.0㎞ 거리로 연계되어 있어 하루에 두 산을 무난하게 종주할 수 있는 여건을 갖추어 놓았다.

손바닥만 한 그늘까지 아쉬웠던 8월을 보내고 처서 지나 이맘때이면 기온이 내려가 이슬이 맺힌다는 백로를 앞둔 9월의 첫 휴일에 10명의 일행이 3대의 승용차에 나눠 타서 경기도 남양주의 축령산자연휴양림에 도착한다. 그동안 많게는 10년 이상을 산 동무, 길동무하며 돈독한 정을 나누었던 일행들인데 오늘은 필자를 포함한 두 명이 고희(古稀)를 맞이하여 산행을 마친 다음 휴양림에서 축하 만찬이 마련된 의미 깊은 날이다.

출발부터 일기예보와 다르게 뜬금없는 우중 산행이다. 부슬부슬 내리는 가랑비로 촉촉해진 길바닥은 진한 갈색으로 갈아입고 가을을 닮으려는 산자락으로 안내한다. 우산을 받치거나 판초를 뒤집어쓰기가 모호한 상황이지만 가늘게 흩뿌리는 비가 싫지 않고 오히려 시원한 느낌이다. 가랑비쯤이야 생일을 축하해 주는 변주곡으로 받아들이며 생각을 긍정으로 무장한다.

널따란 임도가 산허리를 휘감으며 산으로 이끌어준다. 길가에 연자주색 벌개미취가 비에 젖어 초롱초롱 피어나 영롱한 자태를 보낸다. 계곡을 타고 흘러내리는 청량한 물소리와 함께 도란도란 정답게 얘기 나누는 목소리가 나직하게 퍼지며 산행 분위기가 무르익어 간다.

갈림길에 이르러 잠시 고민 끝에 그만 직진이다. 축령산 특유의 잣나무가 숲을 이루고 바닥에는 떨어진 잣나무 솔가지로 푹신푹신 깔아 놓았다. '오가네연못'을 끝으로 포장된 임도를 뒤로하자 비로소 맨땅에서 전해오는 산행 본연의 느낌이 전해 온다. 정상을 내어주기 위해서 마냥 룰루랄라만 할 수 없었는지 길은 이내 표정을 곧추세운다. 씩씩거리는 숨소리가 숲속으로 퍼져나가는 가운데 쭉쭉 뻗은 잣나무가 길가에 늘어서며 열병 자세로 산객들의 사열을 받는다. 활기찬 잣나무 군락의 정기를 받아 의기양양하게 오르자 머지않아 능선의 한 분기점인 절고개에 이른다.

절고개에서 잠깐의 머묾을 마치고 예정대로 일행들은 서리산으로 떠나갔다. 이제부터 반대 방향의 축령산을 향한 나 홀로 산행이다. 출발부터 오르막 나무 계단이 오랜 시간에 걸쳐 바람과 눈비 그리고 사람의 발길에 의해 망가진 바람에 제구실이 어려운 실정이다. 그나마 이쪽저쪽에서 뻗어 나온 나이 든 나무뿌리가 흘러내리는 흙의 침식을 막아주고 산객들의 디딤돌이 되어준다. 능선으로 이어지는 구간에서 시야는 운무가 지배하며 오리무중이다. 불과 일 년 만에 찾아온 축령산인데도 낯선 느낌에다 인적마저 뜸하다.

절고개에서부터 400m를 벗어났다. 어느새 행정구역이 남양주시에서 가평군으로 넘어왔음이 감지된다. 자연의 무대 또한 그토록 울어댔던 매미에서 처량한 가을 풀벌레 소리로 변해가는 과정이다. 오르막으로 거칠어지는 과도기적 구간에서 정상을 향한 인내가 강요된다. 송골송골 맺힌 이마의 땀이 챙에서 낙수가 되어 길바닥을 적시며 지나온 흔적으로 남긴다. 가을이 절실해지는 순간이다. 엄중한 상황이 지속하다가 불현듯 다가오는 맑은 빛의 출현은 정상이 다가왔음을 알려주는 희망의 메시지이다.

축령산 정상부만 밝은 세상에 드

러냈다. 기대했던 천마산, 호명산에 이어 가까운 아침고요수목원 조망마저 운무에 꼭꼭 숨어버렸다. 누군가의 정성으로 촘촘하게 쌓아 올린 돌탑을 배경 삼아 정상 인증을 찍어야 하는 상황인데 산꼭대기에 떠 있는 섬 하나가 생기고 산객은 나 홀로 울타리에 갇히는 모양새이다. 거친 오르막에서의 힘듦. 못지않게 위리안치 신세로 기다림의 인내가 기약 없이 흐른다.

왔던 데로 되돌아서 서리산을 향한 새 여정의 시작이다. 앞서간 일행과 틈새를 좁히기 위한 성급함이 발동된다. 비는 이미 멈췄지만 축축하게 젖은 길바닥 사정이 녹녹하지 않아 마음과 몸이 따로따로다. 절고개를 찍고 억새밭 사거리에 이르자 가평군 '잣 향기 푸른 숲'에서 올라온 몇몇 산객들이 길목을 메우고 있다. 이들과 몇 마디 말을 섞다가 눈빛, 손짓으로 인사를 교환한다. 산에서 마주치는 사람은 모르는 사이마저 불편함도 어색함도 사라지기 마련이다.

새로 단장한 것으로 보이는 푹신한 야자 매트가 서리산을 향해 느슨하게 드리우며 능선이 펼쳐진다. 같은 또래의 나이 어린 주목들이 키 큰 소나무의 보살핌을 받으며 곱게 자라나는 구간이다. 산객 눈높이만큼 자란 주목 한 그루마다 시선을 나눠주며 나만의 대화가 이뤄진다. 이들도 언젠가는 숲을 구성하는 미래의 주역으로 크게 자랄 거라는 생각에 잠기며 선두를 따라잡으려 했던 성급함을 잠시 내려놓는다. 자욱한 운무 속에 회갑은 넘겼을 법한 울창한 숲을 걷는 동안은 마치 꿈길을 헤매는 양 황홀함에 빠진다.

짝짓기 시기를 놓쳐버린 매미들의 쉰 목청소리가 처절한 구애로 애처롭게 울려 퍼지는 덱 계단을 넘자 밝은 하늘이 열리고 산봉우리 하나가 산객을 기다린다. 서리산 정상이다. 산 북서쪽 급경사지에 서리가 잘 내려 상산(霜山)으로도 불리는 서리산에는 갓 눌러앉은 가을이 자리를 틀었다. 먼저 간 일행들의 흔적을 찾는 동안 가을 색으로 둘러친 산들바람이 목덜미를 감싸며 갈 길 바쁜 산객의 발목을 잡는다.

자연휴양림으로 원점 회귀하는 하산길에서 맑은 빛이 펑펑 쏟아진다. 서리산에서 화채봉까지 700여 미터는 온통 50년 이상 자생하는 철쭉이 동산을 이루는 구간인데 이를 눈으로 실감하기 위해서는 철쭉동산 전망대에 이르러 조망하여야 한반도 형상의 멋진 철쭉 풍광을 제대로 즐길 수 있다.

지금은 철쭉 철이 지났지만 9년 전 5월의 상황이 떠오른다. 진도 팽목항에서 세월호 희생자 가족 지원 만근을 마치고 다음 날 찾아온 서리산에는 철쭉이 만발한 진풍경이었다. 하지만 그토록 연둣빛 물든 철쭉의 향연도 무책임한 어른들로 인해 생때같은 어린 생명을 잃은 아픔을 생각하면 가슴이 처연해지는 한겨울이었다. 작년 이맘때도 그랬듯이 아무리 해가 지나더라도 철쭉동산의 터널을 지나갈 때면 아물지 않은 세월호의 기억은 쉽게 사라지지 않겠다 싶다.

갈림길에서 질마재 방향으로 향하자 철쭉 일색의 터널이 사라지고 부드러운 야자매트도 없어졌다. 길바닥마저 표정이 거칠어지며 내리막 급경사 구간에서는 아랫도리에 긴장이 죄어진다. 어떻게 보면 산길 본연의 모습을 보여준 것뿐인데 그동안 내리막 상황이 너무나 호사를 누리며 안주한 타성에 젖은 이유일 것이다. 평상심을 가지고 하산에 박차를 가한다. 앞선 일행들의 속도 조율에 힘입어 선두를 따라잡을 수 있었기에 10명 모두 같은 시각에 들머리인 축령산자연휴양림에 안착할 수 있었다.

귀빠진 날, 더불어 자축하는 내생의 특별한 산행이 비로소 갈무리된다.

축령산(祝靈山 879m)

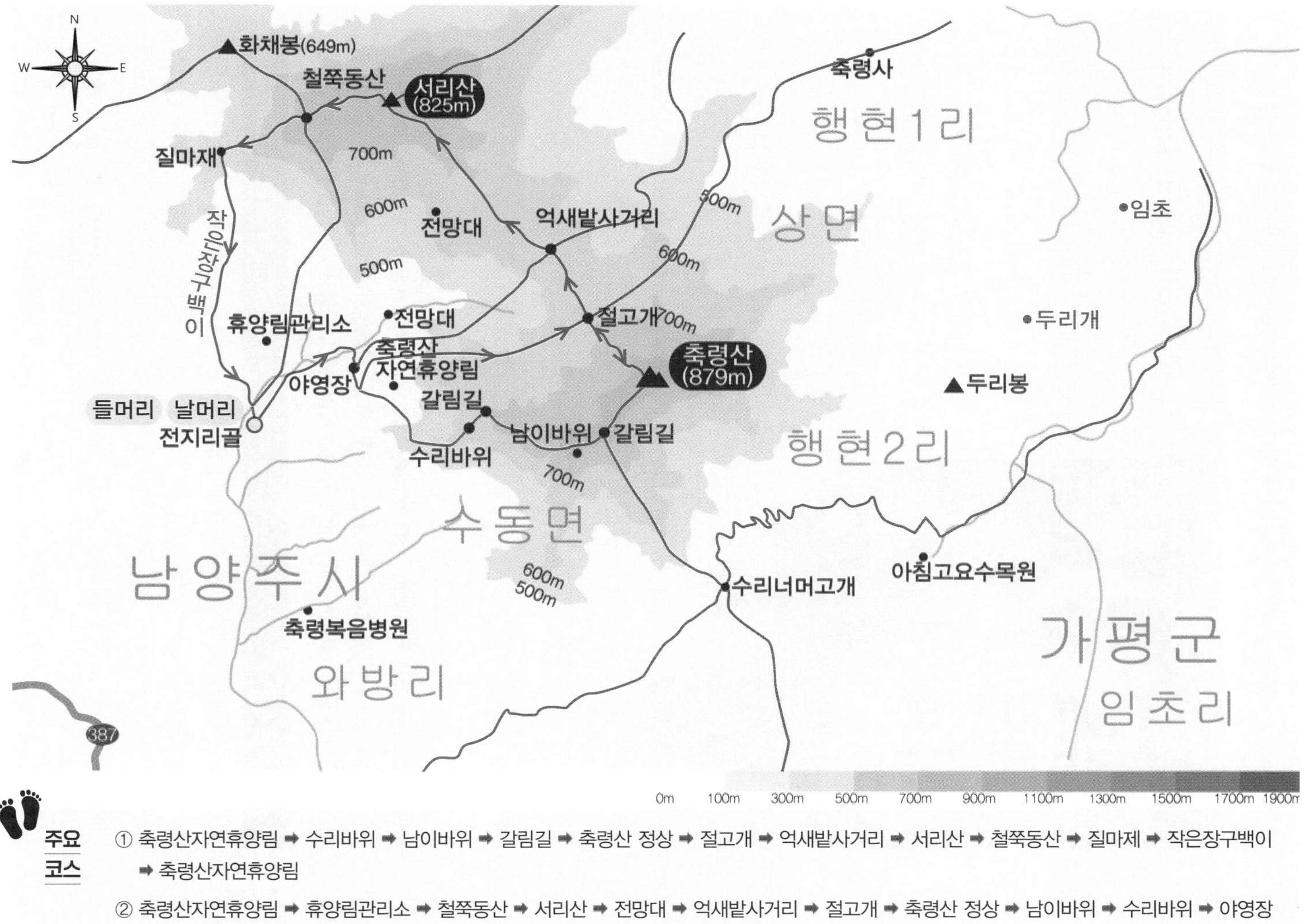

주요 코스

① 축령산자연휴양림 ➡ 수리바위 ➡ 남이바위 ➡ 갈림길 ➡ 축령산 정상 ➡ 절고개 ➡ 억새밭사거리 ➡ 서리산 ➡ 철쭉동산 ➡ 질마제 ➡ 작은장구백이 ➡ 축령산자연휴양림

② 축령산자연휴양림 ➡ 휴양림관리소 ➡ 철쭉동산 ➡ 서리산 ➡ 전망대 ➡ 억새밭사거리 ➡ 절고개 ➡ 축령산 정상 ➡ 남이바위 ➡ 수리바위 ➡ 야영장 ➡ 축령산자연휴양림

치악산(雉岳山)

강원특별자치도 원주시·횡성군

주봉인 비로봉을 중심으로 남대봉(1,181m)과 매화산(1,085m) 등의 고봉과 경관이 아름다우며 곳곳에 산성과 사찰, 사적지들이 널리 산재해 있고, 구룡계곡, 부곡계곡, 금대계곡 등과 신선대, 구룡소, 세렴폭포, 상원사 등이 있다. 봄 진달래와 철쭉, 여름 구룡사의 울창한 숲과 깨끗한 물, 가을의 단풍, 겨울 설경이 유명하다.

태백산맥의 오대산에서 남서쪽으로 갈라지다가 차령산맥의 줄기에 자리한 원주의 진산 치악산(雉岳山 1,288m)의 원래 이름은 가을 단풍이 아름답다고 하여 적악산이라 불리었다가 구렁이에게 잡힌 꿩을 구해준 나그네가 그 꿩의 보은으로 나그네 또한 위기에서 목숨을 건졌다는 데서 꿩 치(雉)자를 써 지금의 치악산으로 연유되었다고 한다.

조선 시대에는 오악 신앙의 하나로 동악단을 쌓고 원주, 횡성, 영월, 평창, 정선 등 인근 다섯 개 고을 수령이 매년 봄과 가을에 제를 올렸다 하며 많은 승려와 선비들의 수련장으로 사찰과 사적이 널리 분포한다.

치악산에는 한때 76개에 달하는 크고 작은 사찰들이 있었다고 하나 지금은 구룡사, 상원사, 석경사, 국향사, 보문사, 입석사 등이 남아서 찬란했던 불교문화의 명맥을 이어가고 있다. 산세가 웅장하고 아름다우며 많은 문화유적이 있어 1973년 도립공원에 이어 1984년 국립공원으로 승격되었다.

보리를 베고 수염이 있는 까끄라기 곡식의 종자를 뿌리기에 알맞은 시기라는 망종을 바로 앞둔 6월 첫 번째 주말이다. 계절은 봄을 다음 해로 보내고 여름으로 접어듦에 따라 계절에 맞는 옷차림으로 갖춰 입는다. 들머리 강원도 원주시 소초면 흥양리에 도착하니 커다란 돌에 치악산 입석사라는 표지석이 일행을 기다리듯 듬직한 자세로 서 있다.

여장을 정리한 다음 치악산국립공원 황골탐방지원센터에 도착이다. 황골탐방지원센터에서 다양하게 지원한다는 탐방 서비스를 마다하고 입석사 방향을 이정표로 삼아 온몸에 햇살을 안고 아득한 콘크리트 포장도로를 따라 하염없이 올라간다.

쏟아지는 햇살은 그로인데 평평했던 길이 점점 가팔라지고 자동차마저 오르기 힘들 오르막을 거쳐 탐방센터를 출발하여 1.6㎞ 거리의 입석사의 도착이다. 길 좌측으로 높은 축대를 쌓아 올린 곳에 조성한 입석사는 신라의 고승 의상(義湘)이 토굴을 짓고 수도하였다는 사찰이며 그 옆에 우뚝 서 있는 입석대 또한 유명하다고 하지만 뙤약볕 아래서 관람하기에 부담을 느낀 나머지 산행으로 곧장 직진한다.

치악산 주봉인 비로봉에 오르는 최단 탐방코스인 만큼 경사가 심하고 무더위에 설상가상 너덜지대로 이어지는데, 일행 중의 한 사람이 이 구간이 일명 치악산 깔딱고개라고 귀띔해 준다. 깔딱고개는 등산로에 따로 정하지 않더라도 거칠고 경사가 심하면 '깔딱'은 응당 따라붙은 보통 명사라고 생각한다.

가파른 오르막길의 숨 가쁜 상황에서 단아한 산목련이 예쁜 짓으로 손을 내민다. 기특한 꽃님 덕분에 여장을 풀어헤쳐 사진 한 컷을 남기고 그대로 주저앉으니 이만한 편안함이 있을까 싶다.

깔딱고개의 고비도 시간이 지나면 해결되고 깔딱고개를 오른 만큼의 거리를 능선으로 오르면 향로봉과 원통재에서 오는 길과 만나는 황골삼거리에 이른다. 삼거리는 마땅히 쉬어가는 쉼터인 양 눌러앉는다. 오는 방향이 다른 사람끼리 왔던 정보를 나누며 이야기의 줄거리가 줄기차게 꼬리를 문다.

능선을 따라 큰 어려움 없이 쥐너미재 전망대에 도착한다. 옛날 범골의 범사(凡寺)라는 절에 쥐가 많아 스님들이 쥐 등쌀에 견디다 못해 절을 떠났고, 그 후에 그 많던 쥐들마저 꼬리에 꼬리를 물고 줄을 지어 넘어간 고개라 하여 붙여진 쥐너미재부터 정상 비로봉을 향해 쉬엄쉬엄 오른다. 오르는 도중에 짙푸른 치악산 풍광은 물론이고 저 멀리 원주 시내까지 조망할 수 있다.

치악산 정상 해발 1,288m 비로봉이다. 주봉인 비로봉의 또 다른 이름은 시루를 엎어놓은 모양 같다 하여 '시루봉'이라고도 부른다. 정상에는 미륵 불탑으로 알려진 세 개의 돌탑이 정성스럽게 쌓은 다음 세월의 변화에도 흐트러짐 없이 단단한 모양을 유지하고 있다.

정상 부근에는 편히 쉴 수 있는 덱으로 조성된 너른 공간과 원통형 통나무로 만든 의자가 줄지어 놓여있다. 비로봉에서 바라보며 남대봉과 향로봉 방향의 전경과 함께 저 멀리 꿩의 전설을 담은 상원사가 아스라이 들어온다.

경사가 급하고 험한 사다리병창 길로 하산하는 너덜겅 길에서 옆 사람과 말을 섞다가 전방 주시를 게을리하는 바람에 왼쪽 발목을 접질렸다. 대수롭지 않게 생각하고 그냥 하산하였지만, 회복하는 데에 적지 않은 시간이 걸릴 모양이다. '병창'은 영서지방의 방언으로 벼랑, 절벽을 뜻하는 말이라는데 이름만큼 사나운 길은 아니다. 이곳을 지나면 청아한 계곡 물소리와 우람한 전나무 숲 그리고 곧게 하늘을 향하는 울창한 금강소나무가 함께하는 아늑한 길이다.

계곡을 마지막으로 횡단하는 곳에 멋지게 만들어진 다리를 건넌다. 해발 500m 등산로에서 75m로 떨어진 곳의 세렴폭포에 들렀다. 물이 말라 볼품이 없는 가운데에도 세렴폭포가 명소로 소개된 만큼 기념사진을 남기려는 사람들이 꽤 모여 있다. 기념사진을 담아 다시 되돌아오는 김에 계곡물에서 접질린 발을 마사지하듯 풀어주며 푹 담갔다가 나오니 우선은 뒤끝이 말끔하고 마음이 개운하다.

대곡야영장을 지나면 넓고 평탄한 길가의 우람한 전나무 숲에서 자아내는 풍경이 일품이다. 그늘을 만들어주는 숲길에서 심신을 다독이며 산행 마무리 단계에 이르니 아늑한 행복감이 밀려온다. 이곳을 산행 날머리로 잡았다니 무척이나 다행스럽다.

혹자는 '치악산에 왔다가 치를 떨고 악에 받쳐 간다.'라고 한다. 물론 치악산이 만만한 산은 아니지만, 실제 산행은 그렇게까지 어려운 산은 아니다. 단순하게 강한 어감의 산 명칭에서 나온 성급한 선입견이 아니었을까 나름대로 판단한다. 지금처럼 은은하고 쾌적하게 삼림욕을 즐기며 산책하기에 최적인 공간에서는 더욱 그렇기 때문이다.

맑고 시원한 계곡물을 가득 담은 소를 내려다보며 계곡을 횡단하는 출렁다리가 출현한다. 출렁이는 장단에 맞춰 가볍게 날아오르는 듯한 기분으로 다리를 건넌 다음 666년 신라 문무왕 6년 의상 대사가 창건하고 대웅전 자리에 아홉 마리 용의 전설이 숨어있는 구룡사의 도착이다. 규모가 꽤 커 보이는 절 앞에 오래된 은행나무가 구룡사를 다 덮을 기세로 웅장한 모습을 거침없이 드러낸다.

구룡사에서 일주문까지 흙길에는 금강소나무 군락지로서 울창하고 시원한 산책로가 일관하게 늘어져 있다. 일주문을 지나 산행 날머리인 강원 원주시 소초면 학곡리 구룡문화재매표소까지는 차도와 분리된 목조로 조성한 인도가 있어 안전하고 편안하게 이동하며 모든 산행을 접는다.

치악산(雉岳山 1,288m)

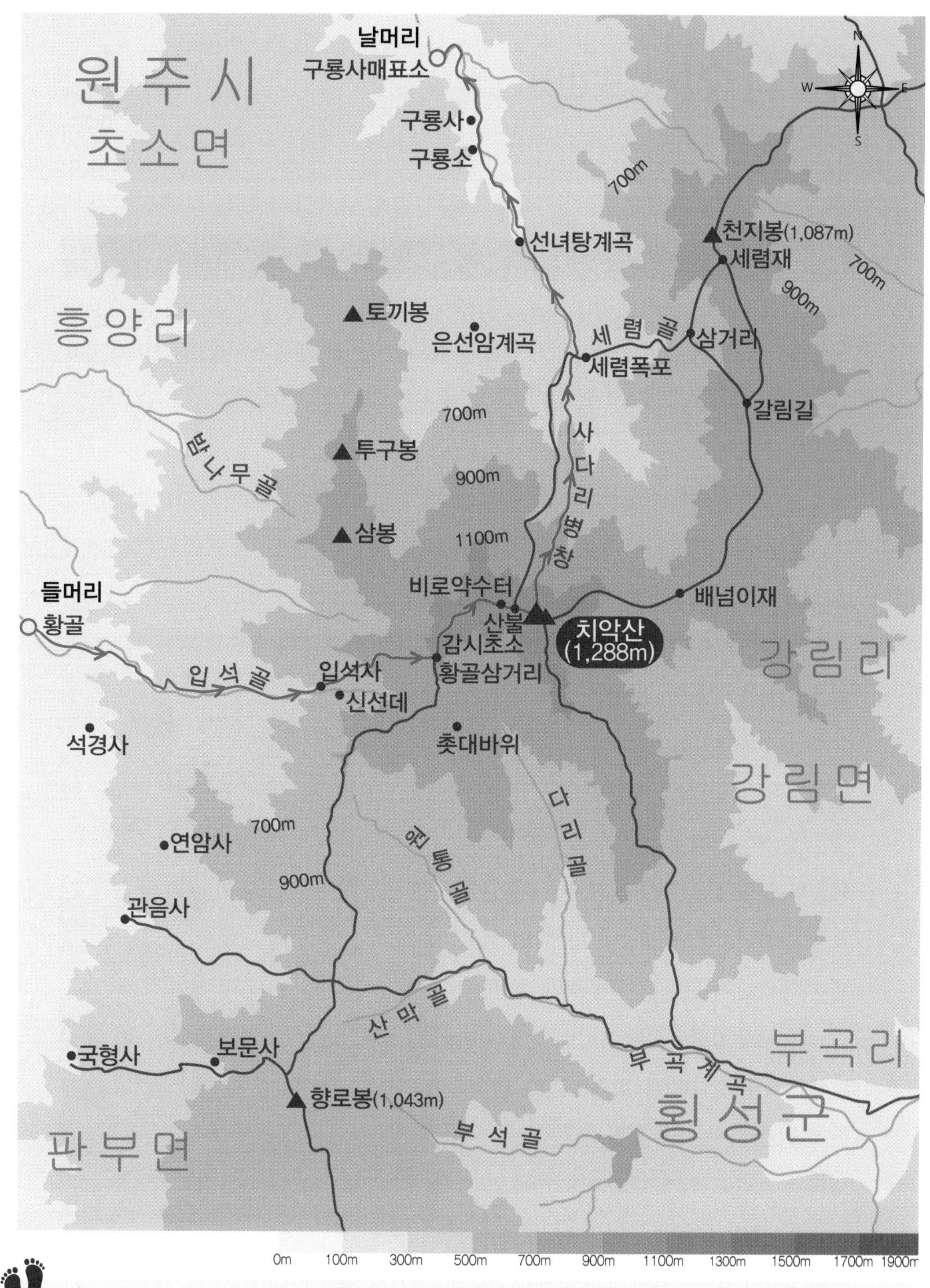

주요 코스

① 황골 ➡ 입설골 ➡ 입석사 ➡ 황골삼거리 ➡ 산불감시초소 ➡ 비로약수터 ➡ 치악산 정상 ➡ 사다리병창 ➡ 세렴폭포 ➡ 선녀탕계곡 ➡ 구룡사 ➡ 구 매표소

② 구룡사 ➡ 구룡소 ➡ 선녀탕계곡 ➡ 세렴폭포 ➡ 삼거리 ➡ 배넘이재 ➡ 치악산 정상 ➡ 비로약수터 ➡ 산불감시초소 ➡ 황골삼거리 ➡ 갈림길 ➡ 관음사

칠갑산(七甲山)

충청남도 청양군

백운동 계곡 등 경관이 아름답고, 계곡은 깊고 급하며, 지천과 계곡을 싸고돌아 7곳에 명당이 생겼다는 데서 산 이름이 유래되었다. 신라 문성왕 때 보조(普照) 승려가 창건한 장곡사(長谷寺)에 있는 철조약사여래좌상 등이 유명하다.

차령산맥에 속하며 산정에서 방사형으로 뻗은 능선이 면계를 이루는 칠갑산(七甲山 561m)은 북쪽으로 한치고개를 지나 대덕봉, 동북쪽으로 명덕봉, 서남쪽으로 정혜산 등과 이어진다. 이곳 하계망 역시 방사형을 띠며 교통이 불편하였던 옛날과 달리 1983년 대치터널이 완공되어 공주와 청양 간 교통이 원활하여졌다.

산림청 지정 100대 명산, 인기 명산 순위 35위와 국내 최장의 천창호출렁다리 그리고 인기 대중가요 제목으로 더욱 유명한 충남 청양의 칠갑산은 만물생성의 7대 근원인 칠(七) 자와 육십갑자의 첫 번째 갑(甲)을 써서 생명의 발원지로 전해오고 있다. 다른 한편에서는 금강 상류의 지천을 굽어보는 산세에서 일곱 장수가 나올 명당이 있어 칠갑산(七甲山)이라 불린다고 한다.

1973년 3월에 도립공원으로 지정되었으며 대치 주변은 봄에 벚꽃과 진달래가 장관을 이루고 고갯마루에는 최익현(崔益鉉) 선생의 동상과 칠갑정이라는 전망대가 있다. 칠갑산에서 흘러내리는 계류들은 맑은 물과 자연석이 어우러진 아름다운 경승을 이루어 지천구곡(芝川九曲)을 형성한다.

충남 청양군 정산면 천장리 천장호관리사무소 앞 주차장의 도착이다. 마치 봄맞이 오는 관광객을 유치하기 위한 유원지에 온 듯 각종 기념품과 식당가가 즐비한 관광단지 모습이다. 관광단지에는 등산객과 관광객이 뒤섞여 전통가요가 흐르는 커다란 장이 서듯 매우 분주하다.

산행하기에 앞서 누구나 따라서 부를 수 있는 국민가요인 '콩밭 매는 아낙네 상'을 둘러본다. 이어서 관광객에게는 칠갑산보다 유명세가 강한 천장호출렁다리를 건너는데, 다리 교각에는 세계에서 가장 큰 빨간 고추와 구기자 형상을 자랑거리로 내놓았다.

유명세를 치르는 덕분에 기념사진 찍는 진풍경으로 인해 다리 건너는 시간이 정체를 이룬다. 언제부터인가 명소에서 사진을 찍을 때는 명소는 물론이고 카메라 화면에 다른 사람이 나오지 않게 배려해 주는 문화가 정착되었기 때문에 화면 앞에 찍은 자세를 잡는 순간에는 서로가 기다려 주는 예의가 필요하다.

다리를 건너면 칠갑산 정상 3.6㎞ 거리 표시와 함께 용과 호랑이의 전설을 담은 안내판이 나온다. 칠갑산 아래 천장호는 천년의 세월을 기다리며 승천을 하려던 황룡이 자신의 몸으로 다리를 만들어 한 아이의 생명을 구하였고, 이를 본 호랑이가 영물이 되어 칠갑산을 수호함에 따라 이곳을 건너 칠갑산을 오르면 악을 다스리고 복을 준다는 황룡의 기운과 영험한 기운을 지닌 호랑이의 기운을 받아 아이를 낳는다는 전설이 내려오고 있다는 내용이다.

용과 호랑이 동상 앞에 설치된 목제 덱을 오르면서 산행이 본격화된다. 길게 그리고 경사진 계단을 오르면 전망대가 나오고 지금까지 걸어온 천장호의 푸른 물과 출렁다리가 한눈에 들어온다.

다시 시작된 산길은 칠갑산의 전형적인 흙길로 부드럽게 드리운다. 지난주까지 계절의 경계를 넘나들었던 겨울의 끝자락마저 찾아보기 어렵다. 봄기운이 완연한 따스한 날 이따금 살랑살랑 불어주는 봄바람이 이마에 젖은 땀을 연신 훔쳐 간다.

거리로 따지면 출발부터 정상까지 중간 지점에 이르고 산길은 여전히 완만한 가운데 미끄럼과 등산로 침식을 방지하는 천연 야자수 껍질로 만든 매트가 깔려 있어 발바닥으로 전달되는 부드러움이 한층 편안하다.

칠갑산에 대한 산세는 거칠고 험준하여 사람들 발길이 쉽게 닿지 않아 충남의 알프스라는 별명이 있다지만 실제는 산 정상이 해발 561m의 고도가 말해 주듯이 그렇게 높지 않고 전체적으로 편안한 흙산이다. 오히려 감기 기운으로 몸 상태가 열악한 필자에게도 딱 어울리는 맞춤형 산행에 불과하다.

산을 오르는 나무 사이로 칠갑산의 천문대가 보인다. 칠갑산천문대는 주간에는 태양 홍염(Prominence)과 태양 흑점(Sunspot)을 관측하며, 야간에는 지구의 단 하나뿐인 위성인 달을 비롯하여 금성과 안드로메다자리 등의 다양한 별을 관측한다.

산행 날머리로 예정된 곳에서 칠갑산천문대 스타파크는 KBS 〈1박 2일〉 촬영 팀이 다녀간 곳이라는 내용과 함께 이곳의 대표적인 볼거리의 하나로 홍보 중이다. 어린이를 동반한 가족 단위라면 등산로에서 멀지 않은 곳에 있는 칠갑산천문대를 둘러보며 다양한 체험을 하는 방안도 좋을 듯하다.

칠갑산 정상에 도착이다. 정상에는 하늘 아래 봄빛으로 가득 채워진 선선한 공기가 상큼하게 다가온다. 그다지 높은 산은 아니지만, 주변에 크게 높은 곳이 없어 웬만큼 높은 산보다 전망이 뒤지지 않는다. 드넓은 정상에는 쉼터와 헬기장이 갖추어져 있으며 한쪽에는 아이스케이크와 막걸리를 팔고 있다. 정상부 한편에서 점심시간을 갖는다.

하산 역시 부러운 길로 이어지는 상황에서 칠갑산 솔바람 길에서 멋있는 글귀가 산객의 마음을 잡아당긴다.

「수타니 파타 경전」 중에서

소리에 놀라지 않는 사자와 같이
그물에 걸리지 않는 바람과 같이
흙탕물에 더럽히지 않는 연꽃과 같이
무소의 뿔처럼 혼자서 가라

목표를 위해서는 무소처럼 주변에 아랑곳없이 거침없이 정진하라는 뜻 같기도 한데 알듯 모를 듯 난해하다. 이렇듯 계속 이어지는 솔바람 길에는 남녀 간의 애정의 깊음을 비유하는 '여인 소나무 이야기'를 비롯하여 '칠갑산 거북바위의 유래 이야기' 등 다양한 내용을 담은 안내판이 산행의 지루함을 해소하고 즐거움을 보태 주는 칠갑산만의 정서적 특징을 보여준다.

산행을 마칠 무렵 장곡사의 도착이다. 이곳에는 국보급과 보물을 보유하고 있으며 국내에서 유일하게 대웅전이 상하 두 곳으로 나누어져 있다. 이유에 대해 여러 가지 이야기가 전해 온다. 그중에서 가장 많이 회자하는 설은 장곡사에 기도 효험

이 커서 많은 사람이 찾아오는 바람에 이를 수용하기 위해 하나의 대웅전을 더 만들었다는데, 현실적이며 설득력 있어 보인다. 이렇듯 산행을 하다 보면 번외로 새롭고 흥미로운 이야깃거리가 도사리고 있어 산행하면서 지친 심신을 누그려주며 유종의 미를 거둘 수 있다.

날머리 충남 청양군 대치면 장곡리 칠갑산장승공원에 이르러 후미를 기다리는 동안 일반 관광객 틈에 끼여 저마다 기념으로 담을만한 풍경을 고른다. 갖가지 형태의 장승이 있고 보지 말고, 듣지 말고, 말하지 말라는 해학적인 조각상이 있는가 하면, 칠갑산을 유명하게 만든 일등 공신인 콩밭 매는 아낙네 상은 이곳의 인기 포토존이다. 산행을 통해 자연이 주는 고귀한 혜택을 계절이 변하고 장소가 바뀌더라도 얻을 수 있으며 산행이 아니고서는 느낄 수 없는 소중함을 선사 받은 멋진 하루가 되었다.

칠갑산(七甲山 561m)

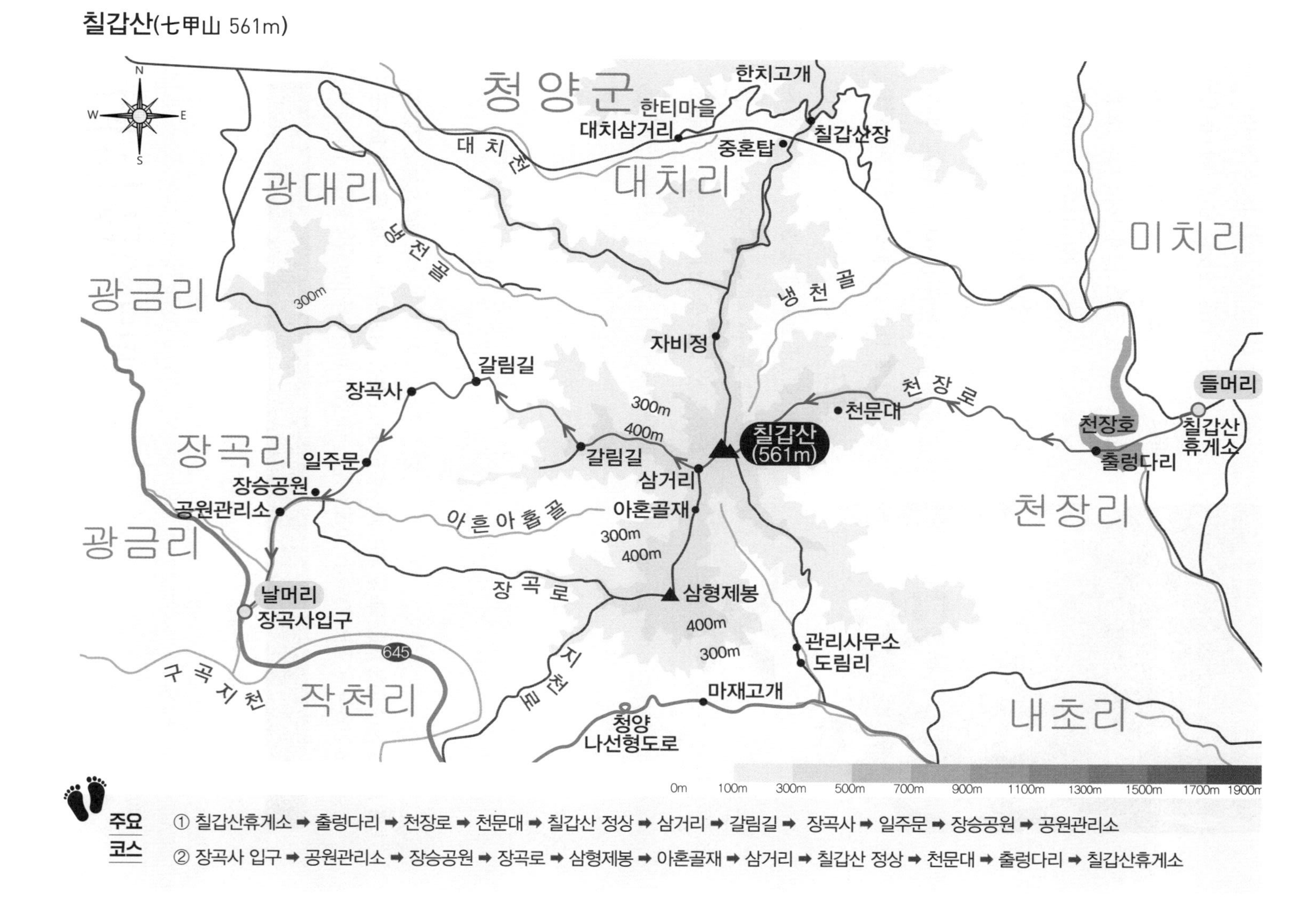

주요 코스

① 칠갑산휴게소 ➡ 출렁다리 ➡ 천장로 ➡ 천문대 ➡ 칠갑산 정상 ➡ 삼거리 ➡ 갈림길 ➡ 장곡사 ➡ 일주문 ➡ 장승공원 ➡ 공원관리소

② 장곡사 입구 ➡ 공원관리소 ➡ 장승공원 ➡ 장곡로 ➡ 삼형제봉 ➡ 아혼골재 ➡ 삼거리 ➡ 칠갑산 정상 ➡ 천문대 ➡ 출렁다리 ➡ 칠갑산휴게소

태백산(太白山)

강원특별자치도 태백시·영월군, 경상북도 봉화군

예로부터 삼한의 명산이라 불렸으며 정상에는 고산 식물이 자생하고 겨울 흰 눈으로 덮인 주목 군락의 설경 등 경관이 뛰어나다. 삼국사기에 산 정상에 있는 천제단에서 왕이 친히 천제를 올렸다는 기록이 있다.

태백산(太白山 1,567m)은 한국의 12대 명산의 하나로 꼽힘과 동시에 삼신산의 하나로서 영산으로 추앙받아 왔다. 태백산을 중심으로 북쪽에 함백산(1,573m), 서쪽에 장산(1,409m), 남서쪽에 구운산(1,346m), 동남쪽에 청옥산(1,277m), 동쪽에 연화봉(1,053m) 등과 함께 주변 20㎞에 1,000m 이상 고봉들이 100여 개나 연봉을 이루고 있어 하나의 거대한 산지를 이루고 있다. 산 이름은 흰모래와 자갈이 쌓여 마치 눈이 덮인 것 같다 하여 태백산이라 불렀다. 한편에서는 '크고 밝은 뫼'라는 뜻도 가지고 있다.

태백산은 천 년 동안 난리가 들지 않는

다는 영산(靈山)으로 불려 왔으며 단종의 넋을 위로하기 위한 단종비가 망경대(望鏡臺)에 있다. 이 산에는 태백산사라는 사당이 있었고, 소도동에는 단군성전(檀君聖殿)이 자리한다. 1989년 이 일대는 태백산도립공원으로 지정되었으며 정상부에는 옛날 통신수단으로 쓰인 봉수대 자리가 지금도 남아 있다. 그밖에 산성터, 낙벽사, 구령사 등의 절터가 있다.

을미년에서 병신년으로 넘어가는 세밑에 서울 사당역에서 출발하여 새해 첫 산행에 대해 기대가 한껏 부푼 가운데 서울을 유유히 빠져나와 태백으로 향한다. 새벽 공기를 가르며 새벽 3시 50분 강원도 태백시 혈동 유일사주차장의 도착이다.

공용 주차장에는 칠흑같이 어두운 이른 시간이지만 태백산 일출을 보기 위해 이미 전국 각지에서 찾아온 인파로 발 디딜 틈이 없이 시끌벅적하다. 태백산의 인기도가 실감 나는 것은 산악인뿐만 아니다. 어린 자녀 또는 부모님을 동반한 가족 단위의 관광객과 젊은 연인까지 남녀노소를 불문하고 이 시각 이 추운 곳을 함께하고 있다는 데서 찾을 수 있다.

칼바람을 막고자 버스를 바람막이 삼아 불편한 자세로 쪼그리고 앉아 라면에 어묵과 떡국을 넣고 즉석에서 끓여냄에 따라 효과적인 아침 식사가 해결한다. 라면은 많은 사람이 선호하는 대표적인 간편식으로 오늘 같은 날 더욱 진가를 발휘한다.

태백산 유일사매표소 앞에는 표를 사는 줄과 입장하는 줄로 갈라져 줄이 길게 늘어서 있다. 오전 5시 왼쪽으로 방향을 틀어 산행이 시작하고 포장도로를 따라 인파에 휩싸여 오르막으로 들어선다.

기대했던 눈은 멈췄으나 바닥에는 작년에 쌓였던 눈이 녹지 않아 아이젠 착용은 필수이다. 일출 시각에 맞추어 시간 조절이 필요하였음에도 산행 초반이라서 그런지 일출을 향한 마음 급한 사람들은 경쟁하듯 오르기에 바쁜 모습이다.

경사가 서서히 높여지고 시간이 갈수록 거칠어지는 숨소리와 뽀드득뽀드득 눈 밟는 소리가 화음을 이루며 어두운 적막을 뚫고 퍼져나간다. 영하의 추위가 여전함에도 오르막을 한참 올라오니 몸이 더워져 걸음을 멈춘다.

겉옷을 벗어 배낭에 넣고 여장을 정리하며 쉬어간다. 고개를 드니 하늘에는 유난히 별이 반짝이고 랜턴에 비치는 산객들의 모습에서 하얀 입김이 세차게 뿜어 나온다. 멈추는 동안에도 일출 시각에 차질이 없는지 수시로 시계를 확인하는 태도가 곳곳에서 관찰된다.

고도가 더욱 높아지고 삭풍이 세차게 불어온다. 하늘이 열리면서 태백산 순백의 실체가 서서히 드러난다. 주목 군락지에 은세계가 펼쳐지고 살아있는 주목이나 죽은 주목 모두 새하얀 옷으로 두르고 나타난 모습에 여기저기에서 감탄이 연발로 터져 나온다. 태백산은 덕유산과 더불어 겨울철 산행지로 손꼽히는 명소이다. 살아서 천년 죽어서도 천 년을 더 산다는 태백산의 주목은 겨울철이 되면 상고대와 어우러져 그 진가를 유감없이 발휘한다.

나뭇가지에 걸린 여린 상고대는 강한 바람에도 흩뜨림 없이 환상적인 형체를 유지하며 찬란한 품격을 유지한 채 산객들에게 멋진 새해 선물로 선사한다. 상고대는 주 행사인 일출을 연출하기에 앞서 고객관리 차원의 식전 행사를 선보이며 태백산 겨울 산행의 인기 비결에 힘을 실어준다.

정상을 얼마 남겨두지 않은 상황에서 오들오들 떨며 사색이 다 된 표정으로 무리지어 하산하는 광경이 종종 벌어진다. 어떤 이는 일출을 보기 위해 새벽 5시 이전에

정상에 올라왔으나 너무 오랫동안 기다리다 추워서 별의별 방법을 다 동원하여 버텼음에도 결국 포기하고 내려간단다. 지금 시각이 오전 7시가 조금 지났으니 강추위에 움직이지 않고 2시간 이상 버틴 것만으로도 대단하다. 일출에 대한 성급한 의욕도 좋지만, 사전에 산행과 일출 시각을 계산하여 상황에 맞게 대처하는 감각이 절대 필요하다.

일출 20여 분 전에 정상을 가기 전에 태백산의 최고 전망대인 천제단의 도착이다. 천제단에는 하늘에 제사를 지내기 위해 모였던 옛날 모습이 아닌 오늘은 병신년 일출을 보기 위해 집결하였다. 자리 좋은 곳에는 많은 인파로 입추의 여지가 없다.

끝과 시작이 한순간에 갈라져 전혀 다른 해로 바뀌었음에도 계절은 여전히 겨울 한복판에서 매서운 칼바람으로 에워싼다. 찰나의 시간마저 참기 어려워 발을 동동 구르며 남녀노소 아는 사람 모르는 사람이 칼바람을 막고자 한곳에 뒤엉켜 체면과 실례를 무릅쓰고 옆 사람의 체온을 고마워한다.

하늘이 온갖 색으로 버무려진 파스텔 색조로 바뀌고 세상이 마법에 걸린 듯 지평선 너머로 황금빛이 넘실댄다. 옛사람들의 소망이 하늘에 닿기를 기원하였던 천제단에서 백두대간을 박차고 찬란하게 떠오르는 병신년(丙申年) 첫 일출이 시작한다.

구름처럼 몰려든 사람들은 작심하고 추위도 아랑곳없이 장엄한 일출을 담기 위해 탄성을 자아내며 각자의 휴대전화를 태양으로 향하여 첫 햇살을 담기 위해 여념 없다. 이 순간 저마다 무언가의 소원을 가슴에 꼭꼭 담아 새해 소원을 빈 사람이나 휴대전화에 찍힌 모습을 보며 좋아하는 사람 모두 해맑은 표정이다.

장군봉으로 향하는 능선에는 키 작은 나뭇잎들이 떠오른 새 햇살을 받아 유난히 영롱한 빛을 발산하는 가운데 길게 늘어진 대열을 따라 태백산 장군봉에 이른다. 이곳에서도 일출을 마친 다음 일부가 미처 빠져나가지 못하고 날이 밝은 장군봉에서 장사진을 이룬다. 태백산 정상 인증을 받기 위함이다. 많은 사람이 마구 뒤섞여 차례를 지키지 않은 관계로 순서가 엉망진창이라서 한참을 기다린 끝에 겨우 소중한 인증을 받은 다음 곧바로 하산이다.

문수봉을 거친 다음 조금 더 내려가면 네거리 갈림길에서 좌측으로 방향을 바꾸

어 당골 주차장을 목표로 내려간다. 숲의 구성이 다양한 숲속으로 들어가 그동안 눈을 보았던 즐거움에서 숲속의 아늑함 분위기로 바뀐다.

산길이 끝나자 대자연에서 일상으로 돌아온 듯 도시적인 환경으로 변한다. 태백시에서 주최하는 2015 태백산 이색 눈썰매 콘테스트가 해(年)를 넘어와 이곳 석탄박물관이 자리한 태백산눈썰매장에서 분위기를 고조시키는 중이다. 가장 이색적이고 창작성이 뛰어난 눈썰매를 선정하는 '나만의 창작 눈썰매 콘테스트'와 가장 이색적인 자세로 눈썰매를 타고 내려오는 팀을 위한 '이색 눈썰매 타기 포토제닉' 행사가 특별히 눈길을 끈다.

한 걸음 더 내려가면 만덕사 가는 방향이 가까운 곳에 있다는 표시와 함께 식당가와 찻집이 즐비한 번화가에 대형 주차장이 곳곳에 나타나 태백시를 찾아오는 관광의 면모와 규모를 가늠한다.

새해 아침, 동해에서 떠오르는 태백산의 일출은 민족의 정기가 서린 태백산의 깊은 상징성과 함께 많은 사람으로부터 사랑을 받는 곳이다. 오늘은 날씨까지 좋아 거의 완벽한 태백산 일출을 담았으니 신년에도 즐겁고 안전한 산행이 이루어져 무난한 한 해가 되길 기대한다.

태백산(太白山 1,567m)

주요 코스

① 유일사매표소 ➡ 갈림길 ➡ 유일사 ➡ 천제단 ➡ 태백산 정상 ➡ 부쇠봉 ➡ 문수봉 ➡ 제당골계곡 ➡ 태백석탄박물관

② 백단사매표소 ➡ 백단사갈림길 ➡ 반재 ➡ 망경사 ➡ 단종비각 ➡ 태백산 정상 ➡ 천제단 ➡ 유일사 ➡ 태백산장 ➡ 유일사매표소

태화산(太華山)

강원특별자치도 영월군, 충청북도 단양군

경관이 아름답고 고구려 시대에 쌓았던 토성인 태화산성과 더불어 태화산 주변으로 온달성과 온달동굴 등 역사적 유적이 있다. 천연기념물 고씨동굴이 발견되면서 이 일대 대규모 관광 취락 단지로 발전되었다.

태백산맥의 한 줄기인 내지산맥(內地山脈)에 속하며 강원도 영월군 김삿갓면의 태화산(太華山 1,027m)은 충북 단양군과 경계를 이루면서 전체적으로 능선은 북동에서 남서 방향으로 뻗어 있으며 산세가 험하여 모든 사면이 급경사를 이룬다.

신증동국여지승람에는 대화산으로 표기되어 있지만, 그보다 앞선 고구려 때 축조한 태화산성에서 이름의 유래를 찾는 듯하다. 태화산은 주변의 소백산과 월악산의 그늘에 가려 널리 알려지지 않은 대신 산자락을 휘감아 돌아가는 아름다운 남한강 조망과 울창한 수림이 있어 이곳의 자랑거리로 삼는다.

산림청 100대 명산 선정은 먼저 임진왜란 때 고 씨 일가족이 이곳에 숨어 난을 피했다는 4억 년 신비를 간직하며 천연기념물 제219호로 지정되어 관광지로 개발된 고씨동굴이다. 조선 시대 왕 중에서 가장 비운 하였던 단종이 묻힌 장릉과 삼국 시대 남한강을 끼고 삼국이 치열한 항쟁의 중심지였음을 보여주는 남한강 유역의 남굴과 사적 제264호 단양 온달산성 등의 여러 산성 유적지도 두루두루 고려한 것으로 보인다.

산행 들머리인 충북 단양군 영춘면 상리에 도착하여 남한강을 횡단하는 북벽교를 건넌 다음 커다란 바위에 '남한강 굽이도는 북벽'이라 세긴 표지석을 산행 기점으로 잡는다.

북벽은 남한강에서 깎아지른 듯한 석벽이 병풍처럼 늘어서 있어 장관을 이루며 봄의 철쭉과 가을 단풍이 그 풍광을 더해준다고 하여 옛날 고을 태수인 이보상이 절벽 벽면에 북벽(北壁)이라고 암각을 새긴 뒤부터 지금까지 불리게 되었다.

산행 시작부터 아름다운 북벽을 만난다는 것은 기분 좋은 예감이다. 마을 양계장을 따라서 오르면 자칫 산행 입구를 지나칠 법할 수도 있는 오른쪽으로 난 산길로 진입한다. 무성한 풀숲으로 인해 입구부터 등산로가 숨어버렸고 풀벌레 소리와 하지 이후 나온다는 매미까지 합세하여 산길은 온통 자연의 소리로 가득하다.

이윽고 실체가 뚜렷한 길이 나타난다. 도도히 굽이쳐 흐르는 남한강을 배경 삼아 지그재그 비탈진 오르막길은 짧은 거리라도 길은 멀 수밖에 없다. 경사가 급한 데 비해 계단이 없는 흙길 오르막이라서 천천히 그리고 꾸준하게 오르며 큰 어려움이 없는 무난한 산행이다. 고온다습한 날씨로 후텁지근할 것이라는 예상과 달리 가끔 착한 바람이 시원하게 고마움을 선사한다.

깊은 산속에 인공 재배한 두릅나무 군락이 나오고 잠시 후에 민가처럼 자리 잡은 소박한 화장암이 나온다. 화장암은 평화로운 시골집 같은 분위기이지만 등산객이 자주 지나가는 길목이라서 그런지 보이지 않게 외지인의 출입을 잔뜩 경계하는 기운이 역력하다.

신록이 무르익은 어두운 산길은 숲으로 이어지고 태화산 등산로가 표시된 이정표

를 따라 우측으로 방향을 바꾸자 하늘에서 햇볕이 쏟아지고 숲속은 금세 밝은 빛으로 밝아진다.

가파른 오르막인데 산허리에다 임도를 내주고 쉬어가게 한다. 임도를 횡단하고 다시 곧게 뻗은 급경사가 비탈에서 쉼 없는 오름을 강요한다. 숨이 가쁠 무렵 시원한 바람이 찾아와 힘을 보태주며 산길의 길라잡이로 나선다. 길가의 나리 꽃은 주황색으로 곱게 단장을 하고 덩달아 산들바람 리듬에 맞춰 하늘하늘한다.

태화산 정상에 도착이다. 정상에는 강원도 영월군과 충북 단양군에서 각각 세운 정상석이 나란히 서 있어 이곳이 강원도와 충청북도가 함께 공유하는 행정구역의 경계임을 말해 준다. 그 사이에는 토지의 형상, 경계 및 면적 등의 정확한 위치를 결정하는 국가의 중요 기준점인 삼각점(三角點, Triangulation Point)이 설치되어 있어 태화산 정상이 지리적으로 중요한 곳임을 알 수 있다.

정상을 향해 부단히 올랐던 시간은 한참이었지만 머물기는 잠깐이다. 그마저도 간단하게 점심을 때우고 정상을 확인하는 인증 절차를 마감한다. 안내 산악회의 특성상 날머리 도착 시각은 절대적이기 때문에 미리 도착하게끔 여유 있게 서둘러야 한다. 정상에 도착하자마자 한껏 끌어안았던 시원한 바람도, 따스함으로 포근하게 감싸주던 맑은 햇살도 정상에 모두 다 내려놓고 영월군의 고씨동굴을 목표로 아쉬운 하산이다.

하산은 수없이 반복되는 내리막과 오르막의 연속이다. 숲길에는 비 맞은 흔적을 미처 지우지 못한 초목에서 풍긴 풋풋한 내음이 싱그러움을 자아내며 계절의 시간이 한여름으로 넘어가기 위해 부단하게 변해가는 과정을 보여준다.

지루한 하산이 진행하다가 고씨동굴을 2.7㎞ 남겨둔 지점에 전망대가 나타난다. 전망대가 담고 있는 계절은 산과 하늘을 닮아 남한강까지 온통 푸른색을 띠며 역동적인 에너지 넘치는 풍경을 그려내는 모습이다.

거의 수직에 가깝게 경사가 급해지며 아래로 곤두박질이다. 허술한 계단이 설치되어 있으나 토사 유출에 따른 지반 침식이 심해 역할 발휘가 곤란한 양상이다. 이런 지역은 겨울에는 눈이 쌓이더라도 아이젠을 착용하면 그만이지만 여름에 많은 비가 내린다면 더욱 심화한 토사 유출과 함께 미끄러움으로 인해 상당히 주의해야 하는 실정이다. 체계적으로 제대로 된 정비 계획을 세워 산길을 정지하고 안전시설이 마련되길 기대한다.

산행하다 보면 산길 정비가 시급한 곳이 왕왕 나타나 시선을 불편하게 만든다. 여러 지자체에서의 등산로 정비는 매끈한 미관 위주로 하지만 무엇보다 안전과 이용자의 편익이 우선되어야 한다. 열악한 재정을 가지고 체계적인 등산로 개선이 어렵더라도 갈수록 늘어나는 등산객에 대한 안전 조치는 아무리 강조해도 무리가 없다는 이유에서다.

중앙정부도 마찬가지다. 〈재난 및 안전관리 기본법〉에서 국가도 재난이나 각종 사고로부터 국민 생명 · 신체 및 재산을 보호할 책무를 지고, 재난이나 각종 사고를 예방하고 피해를 줄이도록 노력을 의무화하고 있기 때문이다. 그렇다면 본 태화산과 같이 재정이 어려운 지자체의 경우 국가가 재정 지원을 통해 국민의 대표적 레저인 등산로 정비에 관한 지원을 하여야 한다. 여의치 않다면 국가에서 선정한 100대 명산에 한해서라도 합리적인 재정 지원이 필요하다고 하겠다.

마지막으로 깎아지른 절벽을 목제 계단으로 타고 내려와 드디어 해발고도가 바닥점인 고씨동굴 입구에 다다른다. 동굴 입구는 보수를 위해 공사 중이고 산행 시간이 한정된 관계로 관람이 어려워 영월 고씨굴에 대한 내력을 살펴보는 것으로 대신한다.

원래 굴 이름은 노리곡 동굴이었다가 임진왜란 때 고 씨 일가가 이곳에서 난을 피했다 하여 고씨굴이 되었다. 굴 안에는 다양한 동굴생물이 서식하고 있는데, 총 8강 25목 50과 58속 68종이 보고되고 있으며 동굴 내의 온도는 11~16℃를 유지한단다.

고씨굴교를 지나 다시 남한강을 횡단하니, 마치 섬으로 여행을 갔다가 뭍으로 돌아 나온 느낌이다. 산행 날머리인 강원도 영월군 김삿갓면 진별리 고씨굴 매표소에 이르러 비로소 태화산을 다 비워 주고 산행을 모두 마친다.

태화산(太華山 1,027m)

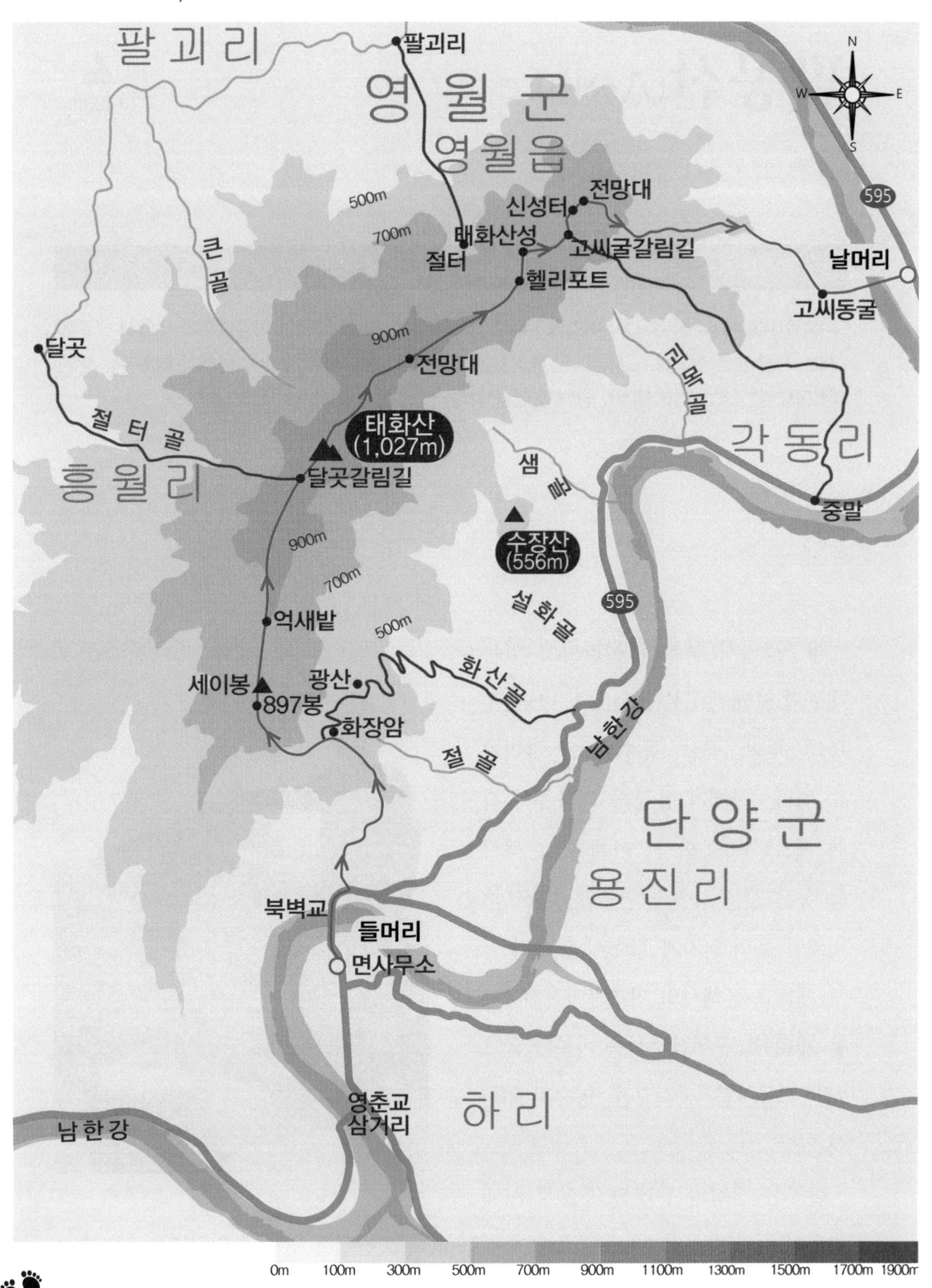

주요 코스

① 북벽교 ➡ 화장암 ➡ 897봉 ➡ 세이봉 ➡ 억새밭 ➡ 달곳갈림길 ➡ 태화산 정상 ➡ 전망대 ➡ 헬기장 ➡ 태화산성 ➡ 산성터 ➡ 고씨굴 ➡ 상가

② 고씨굴매표소 ➡ 산성터 ➡ 태화산성 ➡ 헬기장 ➡ 전망대 ➡ 태화산 정상 ➡ 달곳갈림길 ➡ 억새밭 ➡ 세이봉 ➡ 화장암 ➡ 광산 ➡ 화산골

팔공산(八公山)

대구광역시 동구, 경상북도 영천시 · 군위군

비로봉(毘盧峰)을 중심으로 하여 동 · 서로 16㎞에 걸친 능선 경관이 아름다우며 대도시 근교에서는 가장 높은 산으로 도시민에게 휴식처를 제공한다. 동화사(桐華寺), 은해사(銀海寺), 부인사(符仁寺), 송림사(松林寺), 관암사(冠岩寺) 등 불교 문화의 성지로 유명하다.

대구광역시 북부를 둘러싸고 있는 대구의 진산 팔공산(八公山 1,193m)은 중악, 부악, 공산, 동수산으로 불리기도 한다. 산세가 웅장하고 하곡이 깊어 예로부터 동화사, 파계사. 은해사 등 유서 깊은 사찰과 염불암, 부도암, 비로암 등의 암자가 들어서 있으며 국보 제14호 은해사의 거조암영산전, 보물 제109호 군위삼존석을 비롯한 국보 2점, 보물 9점, 사적 2점, 명승지 30곳이 있다.

팔공산 명칭의 유래는 후삼국 시대 견훤이 서라벌 공략 때 공산 동수에서 고려 태조 왕건을 만나 포위하였으나 신숭겸이 태조로 가장하여 대신 전사함으로써 태조가 겨우 목숨을 건졌는데, 당시 신숭겸과 김락 등 장수 8명 모두가 전사하여 팔공산이라고 부르게 되었다 한다.

하늘 아래 첫 동네 창호지 바르고 땔감 준비로 바쁘다는 스무 번째 절기인 소설(小雪)이 지난 11월의 마지막 일요일에 오래전부터 그리워했던 팔공산 산행임에도 불구하고 무려 명산 도전 칠십팔 번째에 이르러 오게 되었다. 팔공산은 교통편이 다양한 접근성을 가지고 있음에도 정상은 '아무 때나 갈 수 있는 산이다'라는 인식에 따라 순전히 타성에 젖은 탓이다.

팔공산은 80년대 직장 동료들과 몇 번 왔었기에 오늘 산행은 한 개의 정상 완주를 추가하는 의미를 떠나 옛 시절 추억을 더듬어보는 과거로의 시간 여행이기도 하다.

산행 들머리는 대구시 동구 용수동에 산악인들이 많이 선호한다는 수태골 휴게소이다.

지난 저녁부터 눈발로 흩뿌린 날씨는 등산로에 접어들자마자 맑게 갠다. 푸른 소나무 숲이 그윽하게 자리하고 그 가운데로 곱게 단장한 폭넓은 탐방로가 이방인들을 맞이한다. 이렇게 국립공원 못지않은 쾌적한 등산로가 2.0㎞까지 이어진다. (이후 팔공산은 2023.5.23. 도립공원에서 23번째로 국립공원으로 승격됨)

암벽 훈련장을 지나면서부터 제법 오르막 느낌이다. 지루함이 올 무렵 멋진 노송과 울창한 숲 그리고 기암괴석이 어울린 산길이 운치를 더해주니 계속해서 된비알을 거친 길이 무색할 정도다.

해발 900m에 이르러 생각 밖의 하얀 눈길이 등장한다. 듬성듬성 보인 눈이 고도가 높아갈수록 쌓인 눈길로 변한다. 도시에서도 못 본 눈다운 첫눈을 올해 들어 팔공산 고지에서 처음 보게 된다. 어제 이미 내린 눈일지라도 당장 눈앞의 현상으로 펼쳐진 은세계는 엄연한 현실인 까닭이다.

거칠게 고도가 높아지면서 기온이 내려갔지만, 몸은 땀으로 요동치며 얼굴을 만지면 소금기가 사각사각한다. 산에는 하얀 눈꽃이 수를 놓고 얼굴에도 하얀 소금꽃에다가 숨을 토해내는 입김마저도 하얀 김이 서린다.

처음 만난 갈림길에서 정상 비로봉을 가기 위해 오늘은 왼쪽으로 방향을 틀어야 한다. 예전 같으면 비로봉이 군사 보호지역인 까닭에 출입이 통제되어 우측의 동봉

쪽으로 바로 가야 했기 때문이다.

30여 분이 지나 오도재가 나오고 이정표가 비로봉이 400m 지난 지점에 있음을 예고한다. 양지바른 비탈길이라서 녹은 눈 때문에 질퍽거림과 좁은 길에서 오르고 내려가는 사람들로 인해 혼잡한 정도가 심하다. 정체를 완화하는 방안을 찾는다면 한 번은 내려오는 사람, 다음 한 번은 오르려는 사람으로 서로 양보하면 해결된다.

정상을 바로 남겨두고 눈 산행의 백미 상고대를 만난다. 엎드리면 코 닿은 정상이지만 이를 놓칠 수가 없어 먼저 눈꽃 기념사진부터 챙긴다. 상고대 또한 올해 비로소 첫 만남이다. 담양 추월산 가을 산행 이후 한 주만 지났음에도 기상 상황이 천지차이다.

정상 바로 전에 '팔공산 제천단'이라는 돌로 세운 바른 모양의 비석이 서 있다. 하늘과 땅이 맞닿은 비로봉은 옛날 조상들이 국태민안을 기원하며 하늘에 제를 지내던 성지이며 조상들의 얼이 담겨 있는 천제단을 자손만대 길이 보존하기 위해 표석을 세운다는 내용이다.

정상 인증까지 마치고 유턴하여 거대한 통신탑 아래 널따란 공터에서 옹기종기 모여 점심을 먹는 풍경이 진지하다. 겨울 산, 정상부에서 찬밥 한 덩어리는 별미이며 약식동원(藥食同源)이라고 해도 진배없다. 젖었던 땀이 식을 때쯤에 거센 칼바람이 더해지고 한기가 강하게 엄습해 와 부랴부랴 하산 시작이다. 내리막이 잠시 이어지고 나서 비로봉(1,193m)에 버금가는 높이의 거대한 동봉(1,167m)이 떡하니 출현한다. 오랫동안 비로봉이 통제된 상황에서 팔공산의 정상 노릇을 톡톡히 해 왔던 동봉이다.

동봉에 다다르자 바람의 세기가 장난이 아니다. 배낭 깊숙이 넣어 둔 버프를 꺼내 목을 칭칭 감싼다. 인증을 남기고자 줄 선 대열에 합류하여 기어코 인증을 남김으로써 한때의 정상에 대한 체면을 세워주고 다음 사람을 위해 부리나케 자리를 내어준다.

보이지 않은 바람 소리는 요란하지만 구름 걷힌 사이로 파란 하늘은 유난히 돋보인다. 마치 지나간 가을의 잔상을 보는 듯 새하얀 뭉게구름이 가득한 가운데 하늘은 높고 깨끗하다. 앙상한 나뭇가지만 없다면 여름 하늘이라 한들 못 믿는 자 누가 있겠는가 싶다.

이제부터 본격적인 하산인데 공기가 양지에서 음지로 변함과 동시에 밤새 내린 눈이 그대로 쌓여 빙판인 구간이 도사린다. 설상가상 너덜지대에다 아이젠을 미처 준비 못 한 탓에 경사진 내리막에서 다리에 힘이 들어가고 긴장의 연속이다. 유비무환의 중요성을 인정하고 강조하였음에도 이는 순전히 방심한 탓이다. 12월 겨울로 가기 위한 신고식을 11월 마지막 주에 팔공산에서 호되게 치러야 할 상황이다.

음산한 분위기는 안부 갈림길에서 동화사 쪽으로 틀면서 분위기가 양지로 반전된다. 가을이 지나간 자리에 갈색 추억을 담을만한 단풍 한 무리를 떨어뜨리어 놓았다. 아름다운 계절이 머문 자리에 아름다운 흔적을 남겨둔 것처럼.

트랭글 소리음이 8.0㎞ 통과하였음을 알리고 동화사가 멀지 않은 곳에 있음을 알게 된다. 고산 지역과 달리 음기는 완전히 사라지고 공기의 질이 뽀송뽀송하다. 사각사각 낙엽 밟는 소리에 흥을 돋우고 장단을 맞추어 걸어 나간다. 발밑에 전달되

는 촉감 또한 부드럽기 마련이다.

신라 시대 이후 높은 가치와 규모가 큰 사찰로서 금산사, 법주사와 함께 3대 법상종의 하나이며 대구 시민들의 오랜 사랑을 받아온 팔공산 자락에 자리한 동화사이다. 사찰 내 많은 문화재가 있어 온 김에 두루두루 살펴보고 싶지만, 일정이 허락하지 않아 대웅전만 사진으로 담아간다.

들머리로 향하는 길목에 맑은 저수지가 나타난다. 호수 안에 비친 계절은 겨울맞이를 다 마친 듯 푸른색이 사라지고 고요한 회색 팔공산의 모습을 넉넉하게 담고 있다.

팔공산(八公山 1,193m)

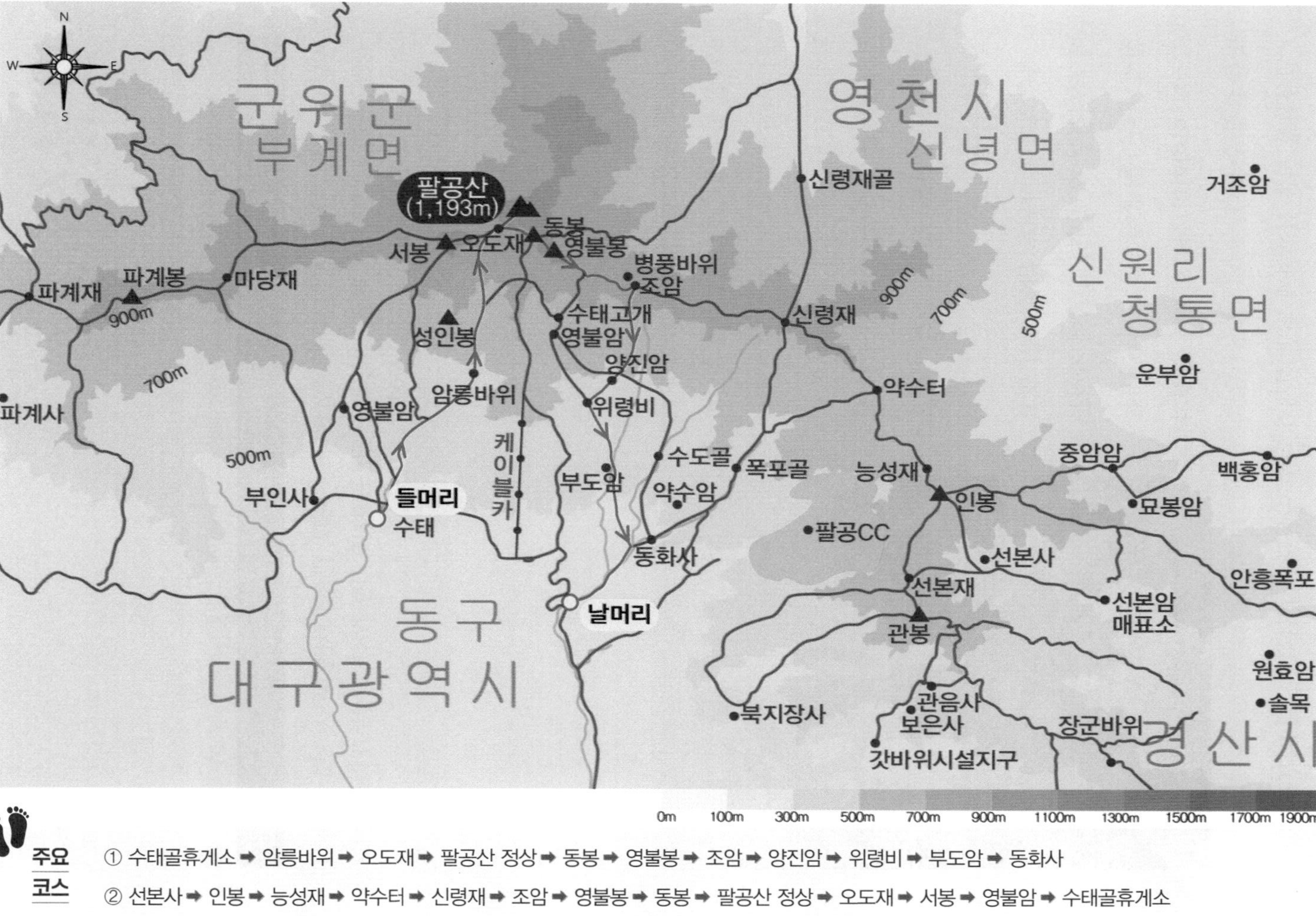

주요 코스

① 수태골휴게소 ➡ 암릉바위 ➡ 오도재 ➡ 팔공산 정상 ➡ 동봉 ➡ 영불봉 ➡ 조암 ➡ 양진암 ➡ 위령비 ➡ 부도암 ➡ 동화사

② 선본사 ➡ 인봉 ➡ 능성재 ➡ 약수터 ➡ 신령재 ➡ 조암 ➡ 영불봉 ➡ 동봉 ➡ 팔공산 정상 ➡ 오도재 ➡ 서봉 ➡ 영불암 ➡ 수태골휴게소

팔봉산(八峰山)

강원특별자치도 홍천군

산은 나지막하고 규모도 작으나 여덟 개의 바위 봉이 팔짱 낀 8형제처럼 이어져 있고 홍천강이 삼면을 둘러싸고 연접하여 경관이 아름답다. 국민 관광지로 지정되었다. 등산로가 다소 험하고 미끄러우므로 안전에 유의하여야 할 산이다.

강원도 홍천군의 홍천강 삼면에 둘러싸인 팔봉산(八峰山 328m)의 자연환경은 산과 물이 어우러진 한 장의 수채화라고 할 만하다. 8개의 봉우리로 이루어진 팔봉산 산세는 화강편마암으로 이루어진 절벽을 오르는 순간 가슴을 졸이게 한다.

봉우리마다 바위로 되어 있어 밧줄에 의지하여 오르거나 수직에 가까운 철제 사다리를 통해 오르고 내려가는 코스로 이어지며 아슬아슬한 산행의 맛을 즐길 수 있다.

팔봉산을 처음 산행하게 되면 산세가 너무 아름다워서 놀라고, 명성보다 해발고도가 너무 낮음에도 암벽과 능선이 험한 관계로 바윗길이 만만하지 않아 다시 한번 놀랄 정도라 한다.

팔봉산 주 능선은 산세가 마치 병풍을 둘러친 모습을 상상할 만큼 예로부터 '소금강'에 버금갈 정도라는 아름다운 찬사를 받아왔다. 산행하는 내내 정상에서 산허리를 따라 흐르는 홍천강을 조망하는 재미 또한 일품이다.

팔봉리에서 구전하는 전설에 의하면 옛날 여덟 장사가 산을 메고 금강산으로 가다가 이곳에 주저앉아 쉬는데 갑자기 뇌성벽력과 함께 비바람이 쏟아지고 강물이 넘치는 기상이변으로 더는 메고 갈 수 없어 지금의 자리에 팔봉산이 되고 말았다는 등의 다양한 설이 내려오고 있다.

오늘처럼 이미 도전을 마친 산 가운데 산행 후기가 없거나 정상 인증이 빠진 곳을 다시 찾아가기로 함에 따라 그 목적의 하나로 경춘 가도에서 크게 벗어나지 않은 강원도 홍천군 팔봉산 산행을 통해 예전의 기억을 되살리며 현장감 있는 산행기를 남기고자 한다. 이는 먼 훗날 기억 저편에서 산행을 더욱 생생하게 고이 간직하고자 함이며 행여 팔봉산을 찾아가는 사람에게 길라잡이 하는 데에 도움이 되었으면 하는 작은 바람이기도 한다.

새로운 달을 맞이하고 첫 번째 일요일이다. 지나간 8월만 하더라도 낮과 밤을 가리지 않고 울어댔던 매미와 함께 밤새도록 선풍기를 떼지 못하며 여름이 온통 세상을 다 차지할 줄 알았는데, 이제는 잰걸음으로 성큼 다가온 서늘한 기운으로 인해 새벽 창문을 서둘러 닫아야 하고 서서히 가을 채비를 준비해야 할 때이다.

아침 8시 21분에 '홍천 비발디파크행' 첫 버스가 출발하는 강변역 동서울터미널이다. 시외버스에 몸을 싣고 생각의 나래를 달아 아련한 옛 팔봉산을 떠올리는 가운데 중간 경유지 팔봉산 관리사무소의 도착이다.

산행 입구인 팔봉산 매표소이다. 양옆에 문설주처럼 버티고 있는 다소 민망스러운 남근 목과 함께 '남근 목 이야기'가 이어진다. 홍천군 팔봉산은 봉우리가 암벽으로 이루어져 있고 곳곳에 추락 위험 요소가 많아 20여 년 전부터 이곳에 등반 사고가 빈발하는 바람에 생명을 잃은 경우가 있었는데, 어느 날 지나가는 한 노인이 이 산은 습기가 너무 세서 사고가 자주 발생하기 때문에 팔봉산 상인회와 관광지 관리사 무소에 남근 목을 세워 습기를 중화시키고 장승을 세워 돌아가신 혼령을 달래야 했다는 내용이다.

아주 오래전 옛날에나 나올 법한 전설적인 이야기가 현대에 와서도 생겨났다는 데서 미신(迷信)적인 발상이라고 치부할 수 있겠으나 안전산행을 지키라는 강한 시사성 메시지와 함께 산에서의 안전사고 요인을 제거함으로써 보다 안전한 산행을 할 수 있다는 순수한 발상의 하나로 이해하기로 한다.

산행 들머리인 강원도 홍천군 서면 어유포리 매표소 휴게소에서 여장을 정비한 다음 조그만 다리를 지나면 본격적인 산행이 시작된다. 팔봉산 관광지 관리사무소의 안내문에 따라서 출입문을 지나 1봉 가는 길로 들어선다. 곳곳에 산악회 시그널이 이정표 역할을 하지만 100대 명산지에 자신들의 흔적을 경쟁적으로 남기고자 시그널이 무더기로 뭉쳐있다고 하겠다. 팔봉산의 인지도가 그만큼 높다는 걸 보여주는 현상이다.

아침이라서 그런지 숲에서 쏟아져 나오는 선선한 가을 내음이 순간 움칫할 만큼 싸늘하게 하는 숲으로 들어간다. 서서히 산행을 진행하다가 산자락을 휘감고 있는 나무 계단으로 거친 고도를 에둘러 오른다. 산행의 본 맛이 차츰 드러난다.

첫 번째 쉬어가는 곳이다. 예전에는 '쉬운 길'과 '어려운 길'로 구분된 갈림길이었는데, 지금은 어려운 길은 숫제 막아버리고 이정표마저 없애버렸다. 험한 길이라고 해서 가지 말라는 길이 아니었었기에 호기심 발동으로 어려운 길로 향했던 기억을 뒤로하고 오늘은 1봉 가는 유일한 길로 걸음을 옮긴다.

1, 2봉 가는 갈림길에서 우측으로 돌아 밧줄에 의지하여 출발하여 30분 만에 첫 번째 1봉의 도착이다. 정상석 위에 올려놓은 작은 돌 모양이 조선 시대 관료들이 쓴 관모 같기도 하고 보는 각도에 따라 나폴레옹이 전장에서 착용했던 챙 양 옆을 접어 올린 모자인 '바이콘 햇'처럼 보이는데 설치한 당시의 의도는 알 수가 없다. 하지만 여타의 산에서 볼 수 없는 차별화된 모양새라는 점은 분명하다.

내리막과 다시 오르막을 거쳐 2봉임과 동시에 팔봉산의 최고봉인 정상에 이른다. 맨 꼭대기라 그런지 더욱 멀리 그리고 시원스러운 조망이 들어온다. 정상에 자리한 조그만 당집과 함께 삼부인당의 유래가 산객들의 관심을 유발한다.

삼부인당은 金 씨, 李 씨와 洪 씨 삼부인 신을 모시는 곳으로 400여 전 조선 시대 때부터 팔봉산 주변 사람들이 마을의 평온을 빌고 풍년을 기원하며 액운을 예방하는 목적으로 당굿을 해오는 곳이다. 이곳 당산제는 유일하게 마을굿으로 전승되어 온단다.

2봉을 내려와 그늘진 쉼터에서 잠시 머문 다음 꽤 어려운 오르막을 편리한 철제 계단에 실려 수월하게 3봉에 이른다. 일제강점기 때 주민들이 강제 공출을 피해 삼베를 짰다는 베틀바위는 3봉 오르는 중간쯤에 있을 것으로 유추만 할 뿐, 정확한 장소는 찾을 수 없다고 한다.

3봉에서 내려와 구름다리를 건너 4봉으로 가는 길에 하늘로 향해 구멍이 난 '해산굴'의 유래가 나온다. 이 길은 현재의 등산로가 개설되기 전에는 유일한 등산로였다. 4봉에서 태고의 신비를 안고 자연적으로 형성된 이 굴은 통과하는 과정의 어려움이 산모가 아이를 낳고 고통을 느낄 만큼이다고 해서 해산굴이라 부르며, 여러 번 빠져나갈수록 무병장수한다는 전설을 포함하고 있어 일명 '장수굴'로도 불린다.

해산굴은 서울 북한산 서벽에서 백운대 정상에 다 가기 전 오르막 바위 틈에서 좁고 어두운 통로를 한 사람 겨우 통과했던 여우굴과 흡사하다. 여우굴과 비교하면 통과하는 길이가 짧은 데다가 굴 안의 공간이 좁고 내부가 어둡지 않다.

수직 철제 계단으로 많은 사람이 몰려 정체가 이루는 바람에 엉금엉금 기어올라 조약돌 마냥 조그맣고 귀여운 5봉 정상석을 사진으로 담는다. 정상석 뒤로 팔봉산을 휘감고 도도히 흐르는 홍천강이 가을을 닮아가며 유난히 푸르게 빛난다.

홍천강을 내려다보며 6봉에서 내려오는 바위에 늙은 소나무 한 그루가 고사한 채 절벽에 기대어 멋들어진 품위를 자랑한다. 살아생전 푸른 모습은 사라졌지만, 아름드리 몸통과 여러 갈래로 굵게 뻗어 난 가지에서 경륜과 힘이 느껴진다.

팔봉산의 모든 봉우리마다 굽이굽이 푸르게 흐르는 멋진 홍천강을 조망할 수 있지만 7봉 아래 비탈진 곳에서 바위와 함께 노송 군락이 자생하고 그 사이로 드러난 홍천강이 한데 어우러져 한 폭의 산수화를 보여준다.

급경사 내리막과 급경사 오르막으로 팔봉산의 마지막 봉우리 8봉에 이르러 기념을 남긴다. 종착지를 향한 아슬아슬한 급경사지에서 내리막으로 하산을 마치면 홍천강 수계와 바로 맞닥뜨린다. 강물에서 마지막 여름을 즐기는 피서객들의 낭만을 바라보며 강가를 거슬러 출발점인 매표소까지 탐방하듯 진행한다. 맑은 물에 발을 담그는 족탕으로 뒷마무리를 풀어줌으로써 산행 뒷맛이 부드럽다.

유명한 산이든 볼품없는 산이든, 가까운 곳의 산이든 먼 곳의 산이든, 그리고 높

은 산 낮은 산을 가리지 않고 모든 산은 저마다의 특별한 개성과 향기가 있기 마련이다. 오늘 강원도 홍천군 팔봉산 또한 100대 명산 중에서 해발고도가 비교적 낮은 데다가 산행 코스 역시 짧은 편에 속할지라도 거침없이 이어지는 8개의 봉우리를 오르내리는 전율과 지루하지 않을 정도로 변화무쌍한 조망으로 인해 산행 내내 팔봉산만의 매력에 빠져 즐거운 산행을 할 수 있었다. 지금까지의 모든 산과 매한가지로 팔봉산 역시 소중한 명산으로 기억 속에 담아야겠다.

팔봉산(八峰山 302m)

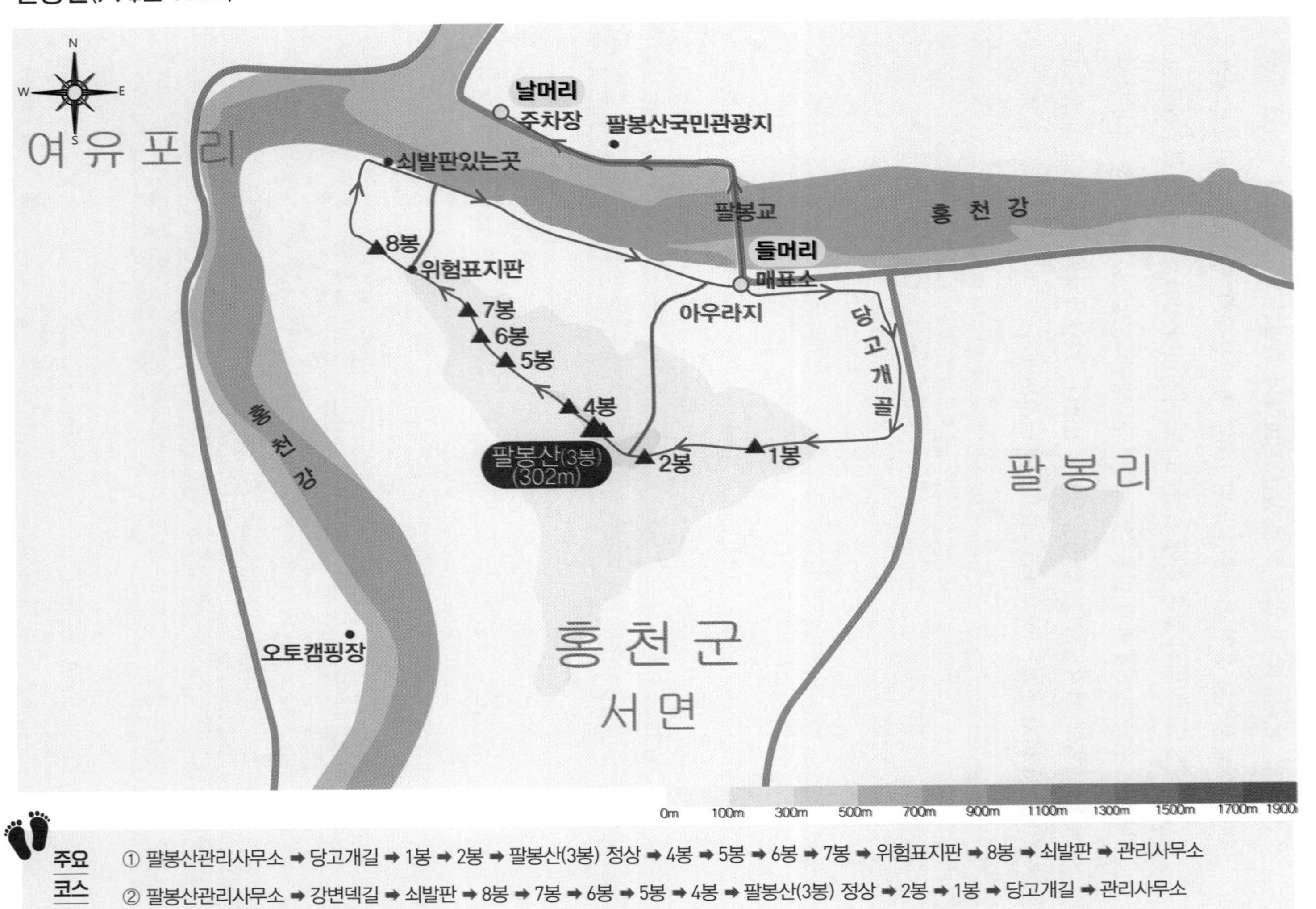

주요 코스

① 팔봉산관리사무소 ➡ 당고개길 ➡ 1봉 ➡ 2봉 ➡ 팔봉산(3봉) 정상 ➡ 4봉 ➡ 5봉 ➡ 6봉 ➡ 7봉 ➡ 위험표지판 ➡ 8봉 ➡ 쇠발판 ➡ 관리사무소

② 팔봉산관리사무소 ➡ 강변덱길 ➡ 쇠발판 ➡ 8봉 ➡ 7봉 ➡ 6봉 ➡ 5봉 ➡ 4봉 ➡ 팔봉산(3봉) 정상 ➡ 2봉 ➡ 1봉 ➡ 당고개길 ➡ 관리사무소

팔영산(八影山)

전라남도 고흥군

여덟 개의 바위봉우리로 이루어진 가운데 산세가 험준하고 기암괴석이 많으며 예전에 화엄사, 송광사, 대흥사와 함께 호남 4대 사찰로 꼽히던 능가사가 있다. 신선대, 강산폭포 및 자연휴양림이 있으며, 정상에서 대마도까지 보일 정도로 조망이 좋다.

소백산맥의 맨 끝자락에 있는 전남 고흥군 팔영산(八影山 608m)은 1998년 도립공원으로 지정되었다가 2011년 국립공원으로 승격되어 다도해해상국립공원 팔영산 지구에 속해 있다. 신증동국여지승람에는 팔전산(八顚山)으로 되어 있는데, 이는 중국 위왕의 세숫물에 팔봉이 비쳐 그 산세가 중국에까지 떨쳤다는 전설이 전해지면서 팔영산으로 바꿔 불렀다고 한다.

산은 그렇게 높은 편은 아니지만, 산세가 험준하고 변화무쌍하여 아기자기한 산행을 즐길 수 있다. 위험한 곳에는 철재 계단과 쇠줄이 설치되어 있어 일반 산행 복장으로 무난하게 8개의 봉우리를 오를 수 있는 곳이다.

날씨 좋은 날 팔영산에 오르면 멀리 일본 대마도가 보이고 다도해해상국립공원의 전경이 한눈에 들어온다. 산 밑에 자리한 비구니들의 도량 능가사는 예전에 화엄사, 송광사, 대둔사와 함께 호남의 4대 사찰로 꼽혔다고 전한다.

고흥 10경의 으뜸이며 1998년에 개장한 팔영산자연휴양림에는 숲속의 집과 야영장, 물놀이터 등의 휴양 시설과 각종 운동기구가 갖추어져 있다. 인근에 원효가 창건한 금탑사와 나로도해수욕장 등이 다도해해상국립공원과도 연계 관람을 할 수 있어 일 년 내내 많은 관광객이 찾는 곳이다.

지난 9월 일본을 강타한 태풍 말라카스의 영향으로 강풍을 동반한 호우 때문에 팔영산 입산이 통제되는 바람에 산행 계획이 취소된 바 있다. 이후에도 산행을 위한 최소한의 신청자가 미달하는 등 팔영산 산행이 우여곡절을 겪은 끝에 삼세판 만에 그것도 이렇게 좋은 계절이 가기 전에 산행하게 되었으니 느낌이 무량하다.

단풍철을 맞이하여 서울에서 차로 5시간 30분을 달려 전남 고흥군 영남면 우천리 다도해해상국립공원 팔영산 지구 주차장에 도착한다. 주차장에 설치된 국립공원 산행 안내도를 살핀 다음 인근에 자리한 능가사 입구를 산행 들머리로 하여 우측으로 대밭이 무성한 호젓한 산길로 들어선다. 형형색색의 수많은 산악회 리본들이 만국기처럼 흔들거리는 것을 보며 팔영산의 인기도를 가늠한다.

어제 내린 가을비로 인해 촉촉하게 젖은 산길에서 발길에 와닿은 촉감을 부드럽게 하고 산 공기를 청량하게 바꿔놓았다. 숲속의 기운은 가을 향으로 가득하고 오름과 함께 의미를 곰곰이 새길수록 계절의 매력 속으로 빠져든다.

숲에서 벗어나면서 사방으로 파란 하늘빛으로 밝게 채워졌고 맨 먼저 제1봉이 나타난다. 제1봉 유영봉에서 내려다뵈는 에메랄드빛 남해는 매우 고혹적이고 절경을 이룬다.

팔영산의 끝자락이 바다를 향해 반도처럼 뻗어 나온 까닭에 좌우 양쪽마다 한 폭의 동양화 같이 펼쳐지고 올망졸망한 섬들의 조망이 가능하다. 제1봉에서부터 마지막 8봉까지 일정한 간격으로 봉우리가 이어지는데 모양과 위치가 바뀌더라도 모든 봉우리가 다도해를 배경으로 솟아 있고 다도해를 볼 수 있다.

다도해해상국립공원은 주로 섬과 해변으로 구성되어 있는데도 불구하고 유독 높지 않은 육지의 팔영산을 공원지구에 포함한 점은 팔영산만의 독보적인 산의 가치가 인정받은 이유일 것이다.

팔영산은 8개(유영봉, 성주봉, 생황봉, 사자봉, 오로봉, 두류봉, 칠성봉, 적취봉)의 봉우리마다 각각의 독특한 특색을 자랑한다, 5봉에서 6봉으로 이어지는 구간은 난이도를 필요로 하는 위험요소가 도사리고 있어 이상기후에 따라 세심한 주위가 필요하다.

8봉 가운데 6봉인 두류봉이 가장 험하고 전율 넘치며 남자답다는 평가와 함께 인기가 높다. 모든 산이 그렇듯이 힘든 만큼 지나고 나면 더 아름다움으로 그려지고 머릿속에 오래 남듯 어렵게 오른 두류봉에서 조망하는 느낌은 특별하게 다가온다.

마지막 제8봉 적취봉을 지나 팔영산의 정상 깃대봉으로 가는 길은 평탄한 능선길이다. 정상에 오르니 다도해의 절경과 함께 고흥군 전체가 한눈에 내려다보인다. 팔영산의 전체적인 형상은 8마리의 기러기가 군무를 이루고 비상하는 모습 같다고도 한다. 한편에서는 8마리의 물고기를 꿰어 넣은 듯하다는 평가도 있다.

정상에서 하산하기 위해서는 적취봉까지 다시 유턴하여야 한다. 내려가는 길은 갈

림길에서 올라올 때와 반대 방향이다. 오가는 분기점에서 잠시 멈추어 낯익은 일행들과 음식을 나눠 먹고 담소를 나누다가 한꺼번에 자리를 털고 일어나 동반 하산이다.

가파르게 한참을 내려오다 산 중턱 무렵에 다다라 오와 열을 맞춰 가지런하게 들어선 단정한 편백들이 빽빽하게 들어서 있다. 오를 때 다양한 바다 조망을 받았다면 내려오는 길은 숲으로 차 있어 피로를 다독여 주며 힘의 강약을 조절해 준다.

숲에서 나와 임도를 잠시 횡단하고 또 다른 숲으로 들어선다. 허우대가 큼직한 노송들이 화려한 이력을 뽐내며 산길을 든든하게 지키고 있다. 늘 그렇듯이 침엽수가 우거진 군락에 들어서면 분위기가 아늑해지면서 숨을 깊게 들이마시게 되며 건강해진다는 느낌이 드는 것은 침엽수가 인간에게 베푸는 신의 선물인 피톤치드 때문이다.

시계방향으로 한 바퀴 돌아 능가사로 회귀한다. 출발 일정에 다소 여유가 생겨 들머리에서 놓친 사찰을 둘러본다. 능가사는 한때 호남의 4대 사찰로서 팔영산 자락에 40여 개의 암자를 거느릴 정도로 규모가 컸었다고 한다. 지금은 순천 송광사의 말사로 전락하였다 하니 왠지 대웅전마저 초라해 보인다. 인위적으로 만든 건축물은 자연이 빚어내 산처럼 영원하지 못하며 긴 세월 속에서 흥망성쇠를 피할 수 없다는 걸 보여주고 있다.

팔영산(八影山 609m)

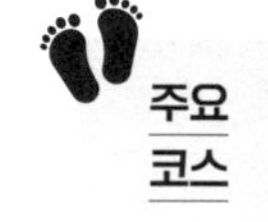

주요 코스

① 능가사 ➡ 팔영산장 ➡ 절골 ➡ 마당바위 ➡ 1봉 ➡ 2봉 ➡ 3봉 ➡ 4봉 ➡ 5봉 ➡ 6봉 ➡ 7봉 ➡ 8봉 ➡ 팔영산 정상 ➡ 8봉 ➡ 탑재 ➡ 효자골 ➡ 능가사

② 능가사 ➡ 팔영산장 ➡ 효자골 ➡ 탑재 ➡ 팔영산 정상 ➡ 8봉 ➡ 7봉 ➡ 6봉 ➡ 5봉 ➡ 4봉 ➡ 3봉 ➡ 2봉 ➡ 1봉 ➡ 마당바위 ➡ 능가사

한라산(漢拏山)

제주도 제주시·서귀포시

남한에서 가장 높은 우리나라 3대 영산의 하나로 산마루에는 분화구인 백록담이 있고 1,800여 종의 식물과 울창한 자연림 등 고산식물의 보고이다. 백록담, 탐라계곡, 안덕계곡, 왕관릉, 성판암, 천지연 등이 유명하다.

한반도 남쪽에서 가장 높은 한라산(漢拏山 1,950m)은 백두산, 금강산과 더불어 우리나라 3대 영산(靈山) 가운데 하나로 일컬어왔으며 산세와 지형은 육지의 어느 산과 비교해도 한라산만의 독특한 특징을 지니고 있다. 제주도는 한라산을 중심으로 마을이 생겨났고 점차 도시로 발달하였기에 섬 전체가 한라산이라 해도 과언이 아닐 정도로 섬 어디에서나 한라산을 바라볼 수가 있다.

정상에는 흰 사슴이 물을 먹는 곳이라는 뜻의 화구호 백록담(白鹿潭)이 있고 산자락 곳곳에 오름 또는 악이라 부르는 크고 작은 기생 화산들이 분포해 있다. 한라산은 비록 사화산 또는 휴화산으로 불러왔지만, 한편에서는 언제 터질지 모르는 활화산일 가능성도 조심스럽게 제기된 상황이다.

한라산을 품고 있는 제주도는 고려 시대 몽골군에 대항한 삼별초가 강화도와 진도를 거쳐 배수진을 친 최후의 항전지이다. 일제강점기 말에는 태평양 전쟁을 치르기 위해 일본군이 요새로 삼았던 지역이었다. 최근에는 다수의 주민이 희생당한 제주 4 · 3사건이 다시 조명되는 등 한라산은 우리나라 최남단에서 아픈 역사와 함께 인고의 세월을 보낸 제주도가 품은 산이다.

자신에게 100대 명산 도전장을 내던진 이래 늘 마음 구석에 해묵은 숙원 과제로 키워오던 한라산 등정이 오늘 제주도에 도착함으로써 실행에 옮기게 되었다. 그래서일까 눈에 보이는 제주도의 모든 게 다 상큼하게 느껴지고 반갑게 다가온다. 시가지 풍경을 두리번대며 설렘 반 기대 반의 희망을 담고 한라산 북동쪽에 자리한 성판악휴게소로 이동한다.

일상의 시간은 하루를 열기 위한 준비 단계이지만 성판악휴게소의 시계는 이미 하루가 한창 무르익어 가는 현재진행형이다. 이른 아침부터 등산객으로 붐비는 까닭은 7.3㎞ 떨어진 진달래대피소까지 오후 1시 이전에 통과하기 위함이며 오전 10시 이전에는 출발해야 하기 때문이다.

산행 들머리인 제주특별자치도 제주시 조천읍 교래리 산행 초입에서부터 평탄하고 부드러운 길과 함께 그런대로 무난한 나무숲 터널로 들어간다. 잠시 후 제주도 특유의 화산암으로 구성된 돌길이 울퉁불퉁하지만 고르게 산길 형태를 지배하며 줄곧 이어진다.

일정한 간격으로 지형에 대한 이해와 위치 정보를 종합적으로 안내하는 '한라산 탐방로 안내'는 위치 상황과 구간별 난이도를 파악하는 데에 도움이 되는 길라잡이다. 국립공원답게 곳곳에 기본적인 산행 관련 요소들로 충실하게 갖추어져 있어 산행에 대해 믿음이 더 간다.

어느새 산행을 시작한 지 1시간이 지났다. 터널 숲이 지루하다 싶을 무렵 수줍은 아침 햇살이 나뭇가지 사이로 빼꼼하게 들어와 길을 밝혀주니 밋밋했던 산 분위가 눈부시게 환해진다.

고도가 점차 높아지고 본격적인 돌길도 모자라 경사로로 접어든다. 얼굴에는 뜨거운 땀방울이 송골송골 맺히고 서서히 산객의 인내를 시험한다. 한라산다운 산행의 면모가 서서히 드러낸다고 할 수 있다.

오름길이 소강상태를 이루다가 사라오름 입구에 이르러 다시 숲속으로 들어가 삼림욕을 동반한 산행이다. 키 큰 나무와 키 작은 조릿대가 사이좋게 위아래를 나눠서 차지하며 조화로운 숲을 이룬다. 이곳 성판악 구간에서는 한라산 자생 구상나무 군락이 가장 넓게 형성되어 있고 한라장구채, 큰오색딱따구리, 오소리, 노루 등의 한라산 동식물을 관찰할 수 있다고 한다.

정상까지 한참 더 남아 있는 진달래밭대피소는 정상가는 마지막 휴게소라서 이미 도착한 사람들로 붐비는 중이다. 표정만 보면 힘든 기색 대신 정상에 다 도착한 듯 밝고 벅찬 모습들이다. 해발 1,500m의 휴게소에는 컵라면, 생수와 열량이 높은 과자류가 있는데 가격이 도시의 일반 편의점과 비교해도 별반 차이가 없다.

휴게소에는 평소에 좋아하지 않은 컵라면이라 할지라도 사발면은 의당 먹어줘야 하는 분위기다. 결제는 반드시 현금만 가능하며 먹다 남은 쓰레기는 본인이 가져가야 한다. 분위기에 편승하여 기호식품이 아닌 필수 에너지인 사발면 하나를 뚝딱 해치우고 배 속을 든든하게 충전한 다음 정상으로 출발이다.

산길은 사방이 숲으로 둘러쳤던 데에서 완전히 벗어나 하늘과 맞닿은 맑은 세상으로 채워진다. 일명 '산죽'이라 부르는 조릿대가 무성한 밭 한가운데에 가르마를 탄 듯한 탐방로를 헤쳐 오른다. 초여름 햇살을 잔뜩 받으며 오롯이 한라산 백록담을 향해 자신을 추스르며 행복한 사투가 이어진다.

길은 본격적인 된비알로 변한다. 산은 정상을 쉽게 내줄 수 없다는 식의 텃세를 부리며 남한 최고봉 한라산이 만만하지 않다는 당당함을 가감 없이 드러낸다. 자연의 법칙을 거슬리지 않고 겸손하고 낮은 자세로 무리하지 않게 정상을 향해 한 계단 한 계단 고도를 높여간다.

시간이 지날수록 오르막 기울기가 심해진다. 딴딴해진 종아리에 터질 듯한 힘이

들어가고 숨이 턱까지 차오른다. 그래도 한 걸음 한 걸음 고도를 달리할 때마다 새롭고 멋진 장관이 펼쳐지는 덕분에 희망과 긍정의 에너지가 솟구쳐 무거운 감정을 다독인다.

해발 1,700m 이후부터 위로 올라갈수록 고사목들이 즐비하다. 고목 상태에서 오랜 세월이 지났을 법한데도 명산에 어울리는 품격은 생전 그대로 유지하고 있다. 벼락을 맞고 고사한 주목이 멋지게 자빠진 모습 때문에 명성을 얻으며 최고의 포토존으로 자리 잡았다.

백록담 마루가 서서히 보이기 시작할 무렵에 간이 전망대가 나와 쉬어 가는 사람과 조망을 담고자 하는 사람들로 교차한다. 쉼터 가까이에는 조릿대 사이를 비집고 들어선 진달래가 전성기를 보내고 듬성듬성 끝물 흔적만 남겼다. 저 아래 바람을 피해 고만고만한 높이로 낮게 드리운 숲이 펼쳐진다. 그리고 저 너머 먼 곳에는 제주 바다가 아스라이 보이는 등 이곳만의 특별한 전시회의 장이 풍경으로 내준다.

드디어 정상에 도착이다. 오랜 시간 어렵게 올라온 정상인데 이렇게 멋진 제주도의 모습을 한눈에 담을 수 있다니 순간순간마다 보기가 아까울 정도로 아름답게 진한 감동의 연속이다. 한 움큼 들이켜는 맑은 공기에서 한없이 신선하고 청량함이 전해 온다. 어느 한 풍경마저 놓칠세라 눈이 시리도록 마음 가득한 풍경을 끌어 담는다.

한국에서 가장 높은 산정 분화구 백록담은 원형이 잘 보전된 아름다운 경승의 명승지이다. 깊게 파인 분화구 안에는 가뭄으로 인해 바닥을 드러내어 체면이 말이 아니지만, 날씨가 허락하여 분화구 전체를 보는 것만으로도 행운이라 하겠다.

'한라산 천연 보호구역 백록담' 표지석 앞에는 인증을 받기 위해 길게 늘어진 진풍경이 벌어졌다. 뒷사람이 앞사람을 찍어주는 질서 정연한 법칙이 적용되어 생각보다 일찍 차례가 돌아왔지만 그래도 30분 가까이 소요되었다. 한라산에도 소백산 정상과 같이 두 개의 정상석이 있었으면 좋겠다는 생각이다. 어렵게 인증을 마치고 나니 언제 다시 또 올지 모른다는 생각에다 자칫하면 이번이 마지막 백록담 인증이면 어떡하나 싶어 오늘 인증의 의미를 소중하게 담아가기로 한다.

더운 땀이 식어 등이 서늘해짐에 따라 하산이 서둘러진다. 올라온 시간과 비교해 머무는 시간은 찰나에 불과하지만 아름다운 모습들은 기억 속에 고이 담아두고 추

억 거리로 곱씹어가며 두고두고 우려먹으면 그만이다.

관음사로 하산하는 코스는 올라올 때와 달리 사방이 탁 트여있어 새로운 볼거리가 다양하다. 그뿐만 아니라 오를 때는 뒤를 돌아보아야만 했던 풍경을 바른 자세로 바라보며 자유롭게 조망하며 내려갈 수 있다.

오후가 되자 한라산의 진한 하늘빛을 담아 유독 푸르고 뾰쪽한 봉우리와 떡하니 마주한다. 이름 그대로 생김새 그대로 삼각봉이란다. 삼각봉 아래 삼각봉 대피소는 관음사에서 정상으로 올라가는 마지막 휴게소로서 탐방객들에게 각종 편의를 제공하는 곳이다.

용진각 현수교가 나타나 보고 건너는 동안은 기분이 전환되었지만, 이후에도 내리막 고도가 끊임없이 떨어진다. 이유는 성판악 코스보다 관음사 입구 코스는 고도 차이가 큰 데다 거리도 짧아 더욱 가파르기 때문이다. 더군다나 아래로 내려올수록 단조로운 길과 날씨는 덥고 바람까지 자서 지루함이 하산 분위기를 내내 지배한다.

탐라계곡 부근에는 천연 동굴을 얼음 창고로 활용했던 선조들의 지혜가 엿보인 구린돌이 나온다. 길이가 무려 442m이고 입구 폭이 3m에 이른다는 설명이 붙어있다. 특별하게 얼음을 저장하는 석빙고로 이용하였을 것으로 추정하는 것은 여러 문헌뿐만 아니라 주변에서 집터와 숯 가마터 흔적이 보이기 이유란다.

산행 날머리인 제주특별자치도 제주시 아라1동 관음사 입구에 다다를 무렵 산행 마무리에 들어간다. 자연을 느끼는 고즈넉한 자리에 앉아 새들의 지저귐과 햇살 쏟아지는 소리를 들으며 97번째 명산 도전의 의미를 짚는다.

한라산(漢拏山 1,950m)

주요 코스

① 성판악 ➡ 사라오름 ➡ 진달래대피소 ➡ 간이전망대 ➡ 한라산 정상 ➡ 용진골 ➡ 삼각봉대피소 ➡ 개미목 ➡ 탐라계곡 ➡ 관음사 입구

② 영실 ➡ 존자암 ➡ 병풍바위 ➡ 윗세오름 ➡ 1700봉 ➡ 한라산 정상 ➡ 윗세오름 ➡ 오름샘 ➡ 사제비샘 ➡ 어리목탐방안내소

화악산(華岳山)

경기도 가평군, 강원특별자치도 화천군

경기도 최고봉으로 애기봉을 거쳐 수덕산까지 약 10㎞의 능선 경관이 뛰어나며, 날씨가 좋을 때는 시계가 거의 100㎞에 달하는 등 조망이 좋다. 집다리골 자연휴양림이 있으며, 정상에서 중서부지역 대부분 산을 조망할 수 있다.

경기도의 최고봉 화악산(華岳山 1,468m)은 경기 5악(화악산, 운악산, 관악산, 송악산, 감악산) 중에 으뜸이다. 정상 주변은 군사지역으로 출입이 금지되어 있어 정상 서남쪽 1㎞ 거리에 있는 중봉이 화악산 정상을 대신한다. 산세가 웅장하고 사방이 급경사를 이루며 동, 서, 남쪽 사면에서 발원하는 물이 가평천의 상류를 이루어 북한강에 흘러든다.

최고봉 신선봉(1,468m)과 서쪽의 중봉(1,450m), 동쪽 응봉(1,436m)의 고만고만한 높이의 산을 삼형제봉이라 부른다. 사실상의 정상 역할을 하는 중봉에 서면 사방으로 펼쳐지는 조망이 일품이다. 북쪽에서 시계방향으로 촛대봉, 수덕산, 명지산, 국망봉, 석룡산, 백운산 등이 바라보인다.

중봉 남서쪽 골짜기에는 태고의 큰골 계곡이 있고, 남동쪽은 오림골 계곡이 있다. 북쪽은 여름의 대표적인 피서지 조무락골 계곡이 있는데 이 모든 계곡 곳곳에는 크고 작은 폭포와 소가 수없이 이어져 수려한 계곡미를 자랑한다. 한편, 강원도 화천군 사내면 사창리에는 한국전쟁 때 중공군의 격퇴를 기념하여 세운 화악산 전투 전적비가 있다고 한다.

짧고 강력한 한파가 지나간 주말의 이른 아침 서울에서 2시간 반 만에 내달려 산행지 입구에 도착한다. 천지간 흰 눈으로 날개 펼치면 정다운 옛이야기에 잠시 마음의 위로를 받는다는 대설(大雪)이 지나면서 화악산에도 눈이 내렸다기에 내심 설산 산행에 대해 기대가 부풀어 오른다.

산행 들머리인 강원 화천군 사내면 삼일리 실운현을 조금 벗어나면서 산행 시작과 함께 길이 끊긴다. 미끄러운 비탈을 이리저리 헤집고 나서 군사용 도로와 연결된 다음 방향 감각을 잡을 수 있다. 시야는 운무로 가득 차고 등산로에 눈이 쌓인 까닭에 산행 초반부터 예상치 못한 촌극이 벌어진 것이다. 준비 운동 한 번 저대로 했다는 셈 치고 이제부터 본격적인 산행 시작이다.

도로에서 벗어나자마자 급경사의 시작이다. 30여 분이 지나 가슴은 부푼 대로 부풀고 숨이 턱까지 차오른다. 걸음을 멈추고 등을 기대어 잠시 숨을 고르면서 상의 한 겹을 벗어 재끼니 개운하고 시원하다. 시원함의 정도가 여름 산행 못지않은 겨울 산행이며 차가운 기온이 올라간 체온을 상쇄시켜 주니 오히려 쾌적하기까지 하다. 가쁜 호흡까지 어느 정도 안정을 되찾는다. 시원함이 서늘함으로 바뀌기 전에 출발하여야 한다.

잎이 떨어진 산길 위에 솜털 같은 하얀 목화송이가 내려앉아 은세계를 만들었다. 겨울은 한층 속도를 내고 겨울 색이 점점 선명해지는 능선에 오르니 햇빛에 반사된 설경이 눈부실 정도다. 일상보다 먼저 겨울을 받아들인 산은 계절의 변화에도 흔들림 없이 고요하다. 산객의 마음도 평온해진다.

화악산의 실제 정상인 신선봉에 가까이 다다랐지만, 군사 보호시설이라서 먼발치

에서 기념사진만을 남기고 비켜 지난다. 군사 시설 울타리를 경계로 한 샛길을 한참 동안 따라가는데, 좁고 불편함의 정도가 너무 심하다. 설상가상 공사하는 과정에서 발생한 가시철망이 군데군데 나뭇가지 사이에 방치되면서 바지, 겉옷과 배낭을 가리지 않고 잡아끌기 일쑤다.

산행 초입에서 갈라섰던 군사용 도로와 다시 합류하면서 평탄한 내리막이 이어간다. 중봉 정상을 200m 남겨두고 다시 오르막이다. 경사도가 최고조에 이르고 아이젠 효과마저 의심스러울 정도로 미끄러운 데다가 숨 쉬는 사이클 타임은 짧아진다. 발걸음은 천천히 한 발 한 발 내디디고 보폭은 짧게 오롯이 정상을 향해 닥치고 전진할 뿐이다.

정상에 가까이 다가갈수록 상고대 모양은 더욱 찬란하고 지나온 길을 뒤 돌아보며 끝없이 펼쳐지는 운무와 눈꽃 풍광에 매료된다. 앞서간 일행으로부터 정상 중봉에 다다랐음을 알려주는 신호가 들려오면서 거친 숨결 대신 숨길 수 없는 환희가 입가에 번진다.

높이 오르기를 좋아하는 사람들이 경기도의 제1봉 겨울 화악산 정상에 올랐다. 각자마다 쏟아진 탄성이 희뿌연 입김과 함께 공기 속으로 흩어진다. 중봉에서 권한

대행하는 화악산 정상은 흑색의 정상석에다 눈보다 더 하얀 글씨로 큼직하게 화악산 중봉이라고 쓰여 있다.

정상에서는 차가움이 강할수록, 코끝이 시려 올수록, 귓불이 빨갛게 아려 올수록 가슴은 뜨겁고 감동은 크게 밀려온다. 100대 명산 도전 80번째 달성의 의미를 생각하면 올해 한 해 명산 도전할 때마다 뿌듯하고 행복했던 순간들을 파노라마처럼 떠올린다.

낮이 짧아 정상에서 오래 지체할 수 없다. 그렇지 않아도 수상하다 싶었던 하늘이 어느새 잿빛 구름을 몰고 와 살을 에는 듯한 북서 계절풍으로 휘몰아친다. 뺨을 할퀴는 칼바람에 버프와 모자를 눌러쓰고 옷깃을 꼼꼼히 여민다. 기쁜 순간들은 서둘러 추억 속으로 마저 담아가며 부리나케 자리를 뜬다.

언니통봉과 조무락골 방향으로 가기 위한 하산이 시작한다. 장장 7㎞의 내리막에다 시작과 끝의 고도차가 자그마치 1,000여 m에 달한다. 흰색 눈과 갈색 낙엽으로

버무려진 비탈을 미끄러지듯 아래로 더 아래로 내려간다. 지루하다고 느낄 즈음 시장기가 발동하여 가벼운 행동식으로 요기만 해결하고 곧바로 하산이다. 내려갈 길이 까마득하게 멀기 때문이며 강추위로부터 속히 벗어나기 위함이다.

내리막의 절반쯤 지났을까? 할 때 하늘이 환하게 밝아온다. 쌓인 눈은 내려갈수록 점점 퇴색되어 눈 속에 숨었던 진한 갈색 낙엽이 모습을 드러낸다. 울창한 산림으로 뒤덮여 있는 계곡에 티끌 한 점 없는 맑은 물이 끊임없이 흘러내린다.

경기도 가평군 북면 제령리 산행 날머리인 조무락골이 산객들을 마중 나온다. 조무락(鳥舞樂)이란 새들이 춤을 춘다는 뜻인데, 옛사람들은 수많은 새의 지저귐과 날갯짓을 그리 표현한 것 같다. 이름 그대로 깊은 산중과 맑은 계곡을 따라 새들의 지저귐이 합창을 이루니 새도 춤을 추고 사람도 춤을 춘다는 조무락골에서 무탈하게 산행을 마무리하게 됨을 춤추듯이 즐겁게 산행을 모두 갈무리한다.

화악산(華岳山 1,468m)

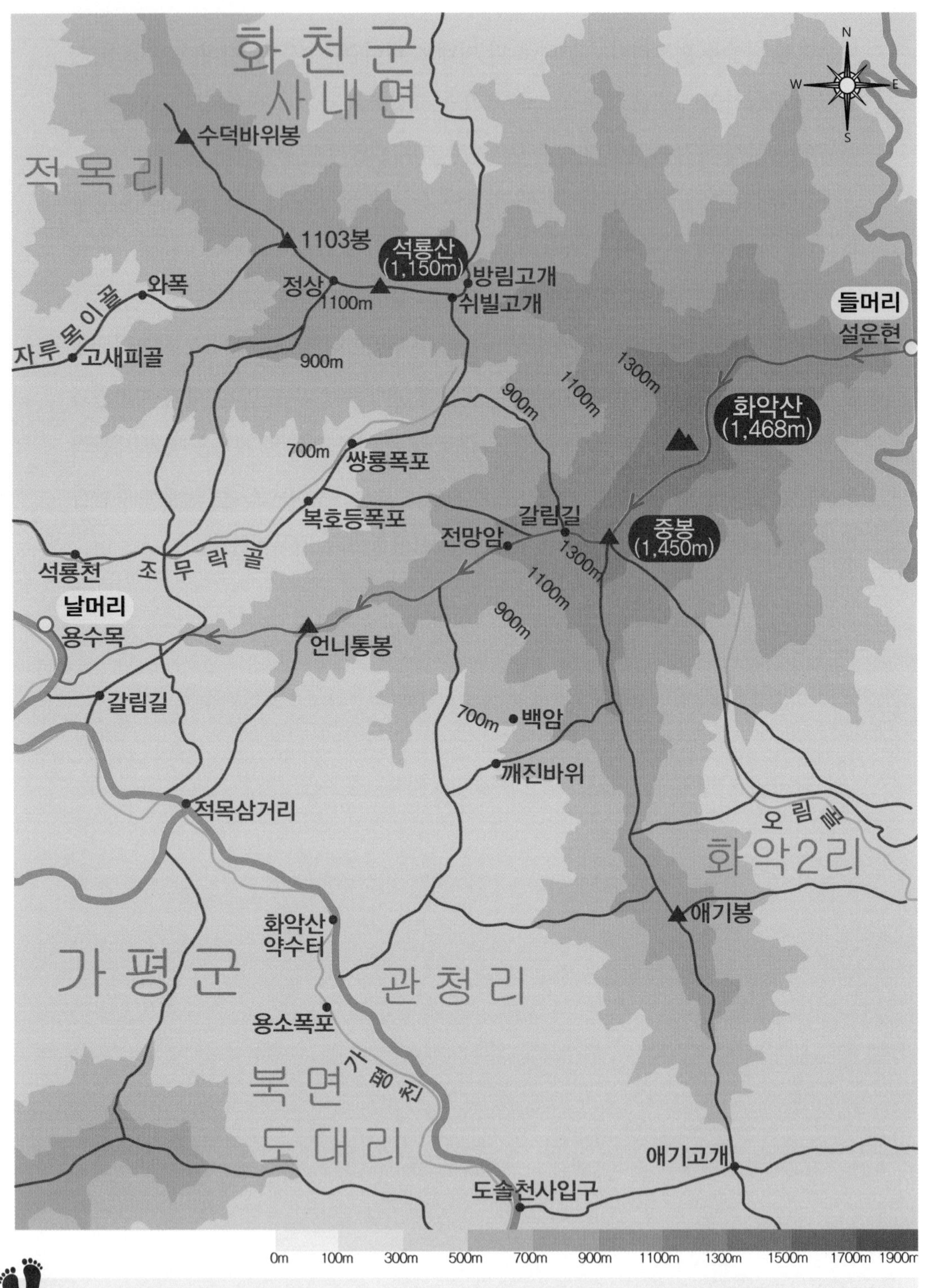

주요 코스

① 설운현 ➡ 임도 ➡ 철조망 ➡ 임도 ➡ 비탈길 ➡ 중봉 정상 ➡ 갈림길 ➡ 전망암 ➡ 언니통봉 ➡ 조무락골 ➡ 용수목

② 도솔천사 입구 ➡ 애기고개 ➡ 애기봉 ➡ 갈림길 ➡ 중봉 정상 ➡ 갈림길 ➡ 전망암 ➡ 언니통봉 ➡ 조무락골 ➡ 용수목

화왕산(火旺山)

경상남도 창녕군

억새밭과 진달래 군락 등 경관이 아름다우며 화왕산성, 목마산성 등이 있고, 해마다 정월 대보름이 되면 정상 일대의 억새 평전에서 달맞이 행사가 열린다. 정상에 화산활동으로 생긴 분화구 못(용지)이 세 개 있다. 송현동 고분군 및 석불좌상, 대웅전 등 네 점의 보물이 있는 관룡사 등이 유명하다.

경남도 중북부 산악 지대에서 낙동강과 밀양강에 둘러싸인 창녕군의 진산 화왕산(火旺山 756m)은 주변에 관룡산과 구룡산 등이 자리한다. 동쪽 사면 이외는 대부분 급경사를 이루며 남쪽 사면에서 발원하는 물은 옥천 저수지로 흘러든다.

화왕산은 창녕군에서 바라보면 기암절벽이 병풍처럼 산을 둘러친 것처럼 보인다. 산의 유래는 서기 757년 신라시대 때 이곳에 주둔했던 비사벌군(비자화군)을 '화왕군'이라 부른 데서 연유되었다 한다.

정상부 드넓은 5만여 평에 걸친 평원에 봄이 되면 진달래와 개나리가 만개하고 여름에는 초록 물결, 가을에는 은빛 억새가 바람에 일렁이며 광활하게 펼쳐져 장관을 이룬다. 또한, 억새밭 한가운데에 있는 세 개의 연못은 창녕 조 씨가 태어났다는 삼지(三池) 설화가 전해 온다. 산 중턱에 축조된 사적 제64호 화왕산성은 삼국 시대 때부터 이어오다가 임진왜란 때 곽재우 장군과 의병 990명이 왜병을 물리친 것을 기리는 의병 전승비가 세워져 있다.

여름 동안 장마에 젖은 옷이나 책을 햇볕에 말린다는 포쇄(曝曬)를 하고, 아침저녁으로 선선한 기운을 느끼게 되는 처서가 지난 8월의 마지막 주말이다. 28년 전의 겨울 화왕산 산행을 가물가물 떠올리며 군데군데 숨겨진 옛이야기를 따라 또 다른 계절 여름 화왕산으로 다시 찾아가기를 나선다.

서울 시청역에서 출발하여 4시간 반 만에 경남 창녕군 창녕읍 말흘리 자하곡매표소의 도착이다. 산행 맨 첫머리에 고려 충숙왕 때 채공 한홍철 선생과 관련한 자하동천의 지명 유래가 담긴 입석 안내소를 막 지나면 길가에 늘어선 푸른 나뭇잎들이 한낮의 햇살을 받아 싱그럽게 빛이 나고 향기 그윽하게 퍼진다.

아스팔트 포장도로로 진입하자 왼편 야산 자락 양지바른 곳에 경주 지역 왕릉에서나 볼 수 있는 둥글게 쌓아 올린 커다란 창녕 조 씨 봉분이 무더기로 나온다. 봉분 하나마다 예전의 권세를 상징할 정도로 규모가 예사롭지 않다.

하늘은 맑고 푸른 하늘 바탕에 솜털 같은 하얀 구름으로 수를 놓았다. 하늘만 보면 마치 가을 어디쯤 와 있는 듯하지만, 내리쬐는 햇살만큼은 아직 한여름이다.

제법 가파른 아스팔트 포장도로가 이어지고 세 갈래 갈림에서 왼쪽으로 조금 더 올라가면 도성암 전각의 기와지붕 머리가 먼저 눈에 들어오다가 이윽고 화왕산 서쪽 기슭에 자리 잡은 절집 도성암이 나타난다.

배롱나무에 둘러싸인 도성암을 뒤로하면서 본격적인 산행이 시작된다. 숲으로 들어가는 초입에 오색찬란한 산악회 리본이 길가에서 질서 정연하게 늘어선다. 숲에서 불어오는 바람에 따라 리본들이 휘날리는 모양을 달리한다.

시작부터 부드러운 흙길이 이어지고 촉촉한 바닥에서 습한 기운이 올라온다. 숲은 새 계절로 닮고 싶은 온기를 머금고 제법 선선한 기운을 뿜어내며 팍팍한 일상에서 벗어난 산객들에게 희망과 응원의 메시지를 전한다.

오르막은 점점 가팔라지고 쭉쭉 뻗은 송림 군락이 온통 숲을 차지하며 은은한 솔향으로 갈 길을 밝혀준다. 피톤치드 배출이 가장 왕성한 시간대에 숨이 가쁠수록 많은 양의 피톤치드를 들이켤 수가 있기에 행복한 투정을 부리며 고도를 높여간다.

송림 군락에서 벗어나 계속되는 오르막이다. 산객도 지치고 목청 높여 울어대던 매미 울음 또한 쉰 소리로 변할 무렵 숲속은 풀벌레들의 합창으로 소리의 주역을 넘겨준다.

화왕산 정상 600m를 남겨둔 지점에서 울창하던 숲이 어느 사이 자취를 감추고 푸른색 하늘이 나타나는가 싶더니 다시 풀이 무성한 수풀 능선으로 들어간다. 정상이 거의 다 왔음을 예고한다.

이정표 방향대로 바윗길을 잠시 올라 화왕산 정상에 도착이다. 정상에는 키 큰 나무 하나 없이 정상 아래로 억새 초원만이 절경을 이룬다. 억새 머릿결에 가을을 실어 나르는 바람의 실체가 드러나면서 앞으로 다가오는 시원한 가을을 예감한다.

30여 년 전 직장 동료들과 일부 가족이 함께 올랐던 화왕산과 비교하면 지금은 모든 게 새롭고 생소하게 다가온다. 옛이야기 속의 평원은 황금빛 물결을 이루며 푸른 하늘을 향해 몸이 시리도록 절규하는 모습이었는데, 지금의 억새는 푸른 세대로 바뀌고 올가을 절정을 목표로 청춘을 불태우는 중이다.

화왕산 정상부의 화왕산성 내부 분지에는 5만여 평의 억새밭이 펼쳐져 있다. 나라가 태평하고 국민 생활이 평안하기를 염원하는 뜻에서 3년마다 정월 대보름이 되면 정상 일대의 억새 태우기 축제가 열렸으나 2009년 화재로 인해 인명 사고가 발생함에 따라 폐지되었다.

화왕산성은 화왕산의 험준한 바위와 봉우리 사이에 말안장 모양으로 움푹 들어간 넓은 안부를 돌로 둘러싼 산정식 석성이라 한다. 성을 처음 쌓은 연대는 확실하지 않으나 세종실록지리지에서 화왕산성의 둘레는 1,217보(步)이고 성안에는 샘 9곳, 못 3곳, 군창이 있었다고 전하는 거로 보아 최소한 조선 시대 이전의 산성임을 추정할 수 있다.

성곽의 북쪽 부분은 천연 요새로서 성곽의 한 부분을 완벽하게 이루는 절벽 구조다. 그 위를 따라 동문으로 향하다가 이정표가 없는 관계로 잠시 혼선이 오고 다시 억새 우거진 풀 속 길로 접어든다. 산길은 왕성하게 자란 억새가 삼켜버린 바람에 길이 실종된 관계로 나지막하지만 너른 성곽 위를 걸으며 성곽을 벗 삼아, 길 삼아 동문에 이른다. 서문 반대편에 자리한 동문의 성벽 돌은 큰 돌로 정연하게 면이 모난 자연석과 가공하여 다듬어진 돌로 사다리꼴 단면으로 쌓아 화왕산성의 훌륭한 면모를 갖추었으며 관룡산과 옥천사 방향의 길과 소통하는 관문 역할을 해준다. 동문에서 밖으로 나오면 넓고 깬 자갈로 평편하게 조성된 임도가 아늑하게 펼쳐지고 허준 선생이 삼적사에서 대풍창 환자를 돌보는 과정을 인기 드라마로 촬영했던 〈허준〉 TV 드라마 촬영지로 이어진다.

드라마 세트장에는 여러 채의 초가집과 싸리로 만든 울타리가 쳐져서 예전의 모습을 재현하고 있고 찾아오는 관광객에게 흥미를 유발하고자 촬영 당시의 사진을 담아 놓았다. 이 세트장 또한 시간이 오랫동안 흐른 만큼 무성한 풀밭 속에서 희미해져 가는 색조의 퇴색과 함께 과거로 멀어져 가는 모습이다.

능선 위로 지나가는 계절의 체취를 느끼며 청간재에 다다른다. 옥천 삼거리로 불

리는 청간재는 '화왕산 스토리 길 안내도'을 내어주며 구 옥천사 매표소로 바로 빠지는 계곡과 관룡산 및 관룡사를 거쳐 구 옥천 매표소로 가는 삼거리길이다.

관룡산으로 향하는 산길이 오르막과 평원을 이루는 상황에서 지금은 기껏해야 한 낱 푸른 나뭇가지에 불과한 진달래나무가 군락을 이룬다. 진달래는 이미 졌지만, 한때 화왕산 온 평원을 알록달록하게 불태우며 화려하게 만발하였을 모습이 상상된다. 화왕산이 봄 진달래 일색으로 갈아입으면 가을 억새에 못지않게 많은 사람이 즐겨 찾는다.

완만한 흙길을 올라 관룡산(754m) 정상에 이른다. 나무에 가려진 주변은 초라해서 봐줄 만한 모양은 없고 조그만 정상석이 아담하게 자리한다. 해발고도로 따지면 화왕산 정상과 2m 차이에 불과하다.

고도가 뚝뚝 떨어지는 계단을 따라 하산이 이어진다. 아늑한 숲이 자리할 무렵 구룡산 자락에 포근하게 안겨 있는 관룡사가 지나는 곁에 얼핏 내려다보인다. 너덜지대를 따라 내리막을 거듭하여 용선대에 이른다. 조망이 탁월한 용선대에 서면 아까 머물렀던 화왕산이 멀리서 들어오고 우측으로는 구룡산의 바위 봉우리가 위세 당당하게 드리운다.

용선대를 떠나 흙길에 큰 소나무들이 꽤 들어선 송림을 따라가면 관룡사에 도착한다. 관룡사는 원효가 제자 송파와 함께 100일 기도를 드릴 때 오색 채운이 영롱한 하늘을 향해 화왕산으로부터 9마리 용이 승천하는 것을 보고 산 이름을 구룡산, 절 이름을 관룡사라 했다는 내력을 간직하고 있다. 보물로 지정된 관룡사 대웅전은 보전 상태가 양호하고 처마가 겹쳐 있는 특징을 보여준다.

관룡사를 벗어나자 두 개의 석장승이 서로 마주 보며 곧추세워졌다. 장승 하면 의당 나무로 만든다는 선입견을 확 바꿔버린 화강암 재질의 남녀 장승이다. 관모를 쓴 남장승은 둥근 머리에 툭 튀어나온 왕방울 눈과 주먹코 그리고 꽉 다문 입술이 특징이다.

기단석에 구멍을 파서 세운 여 장승은 몸통이 아래로 향할수록 굵어져 안정감을 주며 상투 모양의 머리와 주먹코를 지녔다. 두 장승은 사찰의 경계, 사찰의 재산,

사찰 경내에서의 사냥이나 어로의 금지 또는 풍수지리학적으로 허한 곳을 막아주기 위해 세워진 것으로 보인다는 설명이다.

산행 고도가 콘크리트 포장도로를 따라 내려가 점점 낮아지고 멋진 조망과 볼거리가 줄어들고 설상가상 8월의 막바지 태양을 아낌없이 쏟아붓는다. 무미건조한 도로를 따라 발끝만 바라보며 내려오니 어느덧 산행 날머리인 경남 창녕군 창녕읍 옥천리 구 옥천매표소에 이르러 귀경 버스가 기다리는 주차장에서 오늘 산행을 모두 마무리한다.

산행은 언제나 설렘으로 시작하고 마치고 나면 아쉬움이 남는 것은 산을 통해서 쌓이는 성취감과 다음 산행을 향한 기대감이 앞서기 때문일 것이다. 이달이 지나고 9월이 오고 울릉도 성인봉 섬 산행이 기다리고 있다면 그 기대감도 더할 것이다.

화왕산(火旺山 757m)

주요 코스

① 구 자하곡매표소 ➡ 창령조씨 봉분 ➡ 도성암 ➡ 송림군락 ➡ 화왕산 정상 ➡ 동문 ➡ 허균 촬영장 ➡ 청간재 ➡ 관룡산 ➡ 용선대 ➡ 관룡사 ➡ 옥천리

② 구 옥천매표소 ➡ 배바위 ➡ 화왕산성 ➡ 남문 ➡ 동문 ➡ 화왕산 정상 ➡ 서문 ➡ 자하골 ➡ 화왕산장 ➡ 도성암 ➡ 창령조씨 봉분 ➡ 창영여중교

황매산(黃梅山)

경상남도 합천군·산청군

화강암 기암괴석과 소나무, 철쭉, 활엽수림이 어우러져 경관이 아름답다. 합천호 푸른 물에 하봉, 중봉, 상봉의 산 그림자가 잠기면 세 송이 매화꽃이 물에 잠긴 것 같다고 하여 수중매라는 별칭으로도 불린다. 산 아래의 황매 평전에는 목장지대와 고산 철쭉 자생지가 있으며, 통일신라시대의 고찰인 염암사지가 유명하다.

태백산맥(太白山脈)의 마지막 준봉인 황매산(黃梅山, 1,108m)은 고려 시대 호국선사 무학대사가 수도를 행한 장소로써 산 전체의 사면은 급경사를 이룬다. 남사면의 산정 부근에는 고위평탄면이 나타나며 정상을 향해 펼쳐진 기묘한 형상을 한 암벽이 만물상인 양 널려있어 이들을 감상하며 오르다 보면 수석 전시장을 걷는 듯하다.

동남쪽으로는 기암절벽으로 형성되어 있다. 작은 금강산이라 불릴 만큼 아름다운 정상에 올라서면 주변의 풍광이 활짝 핀 매화 꽃잎 모양을 닮아 마치 매화꽃 속에 홀로 떠 있는 듯 신비한 느낌을 주어 황매산이라 부른다.

황매산의 황(黃)은 부(富)를, 매(梅)는 귀(貴)를 의미하며 전체적으로는 풍요로움을 상징한다. 또한, 누구라도 지극 정성으로 기도하면 한 가지 소원은 반드시 이루어진다고 하여 예로부터 뜻있는 이들의 발길이 끊이지 않고 있다. 5월이면 수십만 평의 고원에 펼쳐지는 아름다운 선홍의 색깔을 연출하는 철쭉꽃은 보는 이의 탄성을 자아낸다.

황매봉을 중심으로 박쥐골, 노루바위, 국사봉, 효렴봉, 흔들바위, 장군바위, 촛대바위, 거북바위, 신선바위, 망건바위 등은 보는 이로 하여금 자연의 신비 속으로 끌어들이며 아낌없는 찬사와 부러움을 사고 있다.

정상아래 황매평전 일대는 다섯 남녀의 애절한 사랑이 남아 있는 영화 〈단적비연수〉의 촬영장인데, 드넓게 펼쳐진 분홍빛 철쭉의 향연을 연출하며 또 다른 환상을 느끼게 해준다.

4월이 벚꽃의 전성기였다면 계절이 여왕이 되는 5월은 벚꽃을 대신하여 철쭉 테마 증후군으로 몸살이 난다. 철쭉의 꽃말을 찾아보면 '사랑의 즐거움' 또는, '줄기찬 번영'을 담고 있다. 신라 향가에서 노인이 수로부인에게 바쳤다는 유명한 헌화가 역시 철쭉을 주제로 한 노래다. 이처럼 철쭉은 5월의 분위기를 지배하며 산으로 또는 들로 산객들을 유혹하며 자신들의 아름다움을 한껏 뽐낸다.

오늘 산행지 황매산은 경남 합천과 산청의 경계를 드리운 곳이다. 산 이름만 보면 매화꽃을 시사하는 듯하지만 해마다 5월이 되면 황매산 철쭉을 보러 온 인파가 북새통을 이루는 바람에 전략적으로 '합천황매산철쭉제'라는 멋진 브랜드로 탈바꿈하였다. 황매산은 소백산과 지리산 바래봉에 이어 철쭉 3대 명산으로 꼽는다고 한다.

59번 국도를 마지막으로 경남 산청군 차황면 장박리에 도착하여 산행 들머리로 잡고 너배기 쉼터와 헬기장에 이른다. 겨우내 움츠렸던 나무가 꽃망울을 거쳐 따스한 봄기운과 함께 얼굴을 내밀기 시작하면 아름다운 철쭉이 모습을 드러내고 이 계절을 매혹적으로 수놓는다.

봄의 전령사인 철쭉은 그 빛깔이 아름다워 많은 상춘객이 좋아하는 진분홍빛 빛깔을 자랑하며 황매산 철쭉으로 거듭나 특별한 사랑을 더 받는데, 황매산 정상 부근의 철쭉 군락지에 이르니 말 그대로 진분홍빛 물결로 뒤덮여 끝없는 장관을 이룬다.

황매산 정상에 오른다. 정상아래 드넓은 산상이 하늘과 맞닿을 듯 진분홍빛 화원으로 펼쳐진다. 황량한 겨울을 이겨낸 초목과 붉은색의 조화가 끝없이 펼쳐진 향연이야말로 봄의 향취로 최고조에 달해 그야말로 부족함이 없다. 황매산 정상석은 자리가 좁고 그마저 울퉁불퉁한 바위가 솟아 있어 서 있기가 불편한 상황인데도 등산객과 축제 관광객이 뒤섞여 큰 혼잡을 이룬다.

모산재와 덕만 주차장을 향하여 하산하는 길 일부가 기다랗게 나무 덱으로 놓여 있다. 안내를 도와주는 이정표도 그냥이 아닌 철쭉 무늬로 수놓아져 있다. 여기서 그만이 아니다. 확 트인 탐방로 바로 옆에 자연스럽게 방목하는 양(羊)을 볼 수 있게 해 놓는다. 생각지 못한 상황인 만큼 신선한 체험 거리로 받아들인다. 기왕이면 다홍치마라 했던가? 이처럼 등산객에 대한 일련의 배려가 많은 감동으로 전해 온다. 매년 황매산 철쭉제가 성황리에 치러지는 이유를 조금은 알 것 같다.

정상 부근의 철쭉 군락지까지 접근성이 좋게 잘 정비되어 있어 누구나 쉽고 편안하게 방문할 수 있다는 점도 합천황매산철쭉제만의 매력이다. 이렇게 매력적인 편의시설로 인해 산 곳곳에 있는 철쭉의 아름다움을 보기 위해 많은 이들이 더 나아가 황매산 등산코스를 활용하기도 한다.

산 중턱에 철쭉을 주제로 하는 축제의 장이 성대하게 진행 중이다. 황매산 정상을 이용하는 사람들이 등산객이라면 정상아래 자리한 축제의 장은 산허리까지 도로가 개설되고 너른 주차장을 갖춘 이유로 가족 단위와 노약자까지 일반인들이 주류를 이룬다. 향토 음식과 아이스크림에다 엿을 팔고 갖가지 놀이 체험까지 여느 향토문화축제와 별반 다름없이 북새통을 이룬다.

합천 8경 가운데 제8경에 속하며 해발 767m의 높이에서 황매산군립공원 내에 자리 잡은 모산재에 이른다. 이곳 주민들은 잣골등이라고도 부르며 '신령스러운 바위산'이란 뜻의 영암산으로 부르기도 한다. 바위산에 '산이나 봉이 아닌 높은 산의 고개'라는 뜻의 '재'라는 글자를 붙인 것이 특이하다. 모산재의 옆과 뒤에 여러 개의 고개가 있고 재와 재를 잇는 길 가운데에 산이 위치한 탓에 산보다는 재로 인식된 것

이라는 합천군의 주장이다.

하산을 마쳤지만, 산행 날머리인 경남 합천군 가회면 둔내리 황매산군립공원 오토캠핑장 주차장에서 출발하는 차를 기다리는 시간이 길어진다. 젖었던 땀이 식고 강한 바람까지 더해져 다소 쌀쌀한 기운으로 돌변한다. 무료하고 멋쩍은 시간을 벗어나기 위해 생면부지의 관계에서 황매산 산행을 통해 비로소 알게 된 비슷한 시간대에 일찍 도착한 산우들과 지역 막걸리와 로컬 안주로 산행 분위기를 갈무리하며 무료함을 달랜다.

황매산(黃梅山 1,108m)

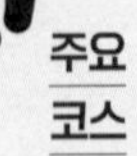

주요 코스

① 장박정류장 ➡ 마을길 ➡ 떡갈재 ➡ 975봉 ➡ 황매산 정상 ➡ 방목장 ➡ 공원 ➡ 갈림길 ➡ 모산재 ➡ 오토캠핑장

② 오토캠핑장 ➡ 모산재 ➡ 배내기봉 ➡ 공원 ➡ 방목장 ➡ 황매산 정상 ➡ 975봉 ➡ 장군봉 ➡ 장박리

황석산(黃石山)

경상남도 함양군

거망에서 황석으로 이어지는 능선에 있는 광활한 억새밭 등 경관이 아름답고 황석산성 등 역사적 유적이 있다. 정유재란 당시 왜군에게 마지막까지 항거하던 사람들이 성이 무너지자 죽임을 당하고 부녀자들은 천길 절벽에서 몸을 날려 지금껏 황석산 북쪽 바위 벼랑이 핏빛이라는 전설이 있는 황석산성이 있다.

백두대간 줄기에서 뻗어 내린 기백산, 금원산, 거망산, 황석산 등 네 개의 산 가운데 가장 끝자락에서 흡사 비수처럼 솟구친 황석산(黃石山 1,192m)은 영·호남 지방을 가르며 소백산맥의 줄기를 형성한다.

이곳 황석산성은 함양 땅 안의 서하 사람들의 지조와 절개를 상징하는 대표적인 유적지다. 정유재란 때 왜군에게 마지막까지 항거했던 이들이 성이 무너지자 죽임을 당하고 부녀자들은 천 길 절벽에서 몸을 날려 지금껏 황석산 북쪽 바위 벼랑은 핏빛으로 물들어 있다 한다.

가을철에는 황석산 정상 바로 밑에서 거망산으로 이어지는 능선이 참억새로 빽빽하게 뒤덮여서 대장관을 이루기 때문에 능선의 선이 매끈하고 아름답게 보인다. 주요 문화재로는 황석산성이 있다. 뛰어난 절경으로 지어진 8개의 못과 8개의 정자, 즉 팔담팔정 중에서 지금은 옛 선비들의 운치 있는 생활을 엿볼 수 있는 경상도 지방의 대표 정자인 농월정, 동호정, 거연정, 군자정만 남아 있다.

올겨울 내리는 눈이 유독 인색했던 차에 모처럼 전국적으로 반가운 눈이 내렸다. 이른 아침부터 신사역의 안내산악회 임시버스 정류장은 전국 각지로 떠나는 산 마니아들로 북적대고 설산 산행에 대해 기대가 부푼 열기로 인해 차가운 아침 공기를 무색하게 만든다.

산행 들머리인 경남 함양군 서하면 봉전리 평화로운 우전마을로 들어선다. 시골집치고는 테라스가 멋진 현대식 주택에 잠시 시선을 뺏긴다. 동네 어귀를 빠져나가자 고즈넉한 메타세쿼이아 가로수가 나온다. 바닥은 비록 콘크리트 포장길이지만 흰 눈이 수북이 쌓인 관계로 오랜만에 눈 위에서 푹신푹신 상쾌한 느낌을 발로 전달받는다.

산길로 접어들면서 바로 고도가 높여지고 본격적인 산행 상태다. 어제 내린 눈은 많은 양은 아니지만, 산야는 순백의 가루를 뿌려놓아 제법 얼룩이 졌다. 설산에 대한 기본 여건이 성숙하였다 생각하니 바라보기만 해도 기분이 시원하고 설렌다.

오르막에서 잠시 평평한 오솔길로 바뀌었다. 바람이 자서 그런지 유독 많은 눈이 쌓였고 순백의 은세계로 변했다. 앞서간 아이젠 자국으로 길가에 쌓인 눈과 낙엽이 뒤섞여 멥쌀가루와 팥이 버무려진 먹음직스러운 백설기 형상으로 만들어놓았다.

본격적인 오르막이 계속되면서 소문대로 된비알 본색을 유감없이 드러낸다. 영하의 날씨가 지속하지만, 옷 속은 땀으로 젖은 지 이미 오래다. 살얼음이 섞인 물을 한 모금 들이켠다. 목 안으로 넘어가는 느낌이 짜릿하다 못해 후련하기까지 하다. 한겨울 얼음물 맛이 이다지도 좋다는 걸 몸소 체험하는 날이다.

1597년 정유재란의 아픈 역사가 고스란히 생각나게 하는 피바위에 다다른다. 올해는 그 이후로 일곱 번 거듭한 갑자(甲子)가 도래되는 해이다. 붉은 닭의 해에 붉

은 피로 물들었을 정유년 백성들의 아우성과 왜군의 살육으로 처절한 아비규환이었을 피바위를 바라보는 심정은 가슴이 먹먹해지고 처연해지면서 마음이 숙연해진다.

짙은 회색 구름이 능선을 덮고 낮게 내려앉았다. 능선에는 매서운 겨울바람이 얼굴을 때리고 옷 속으로 파고든다. 버프를 최대한 끌어올리자 선글라스에 서리가 맺힌다. 등산로에는 바싹 마른 잡풀들이 온몸으로 바람을 맞고 자신의 의지와 다르게 춤을 추고 있다. 올겨울 제대로 맞는 칼바람이다.

정상까지 1.2㎞ 남았음을 알리는 이정표와 함께 돌의 색깔로 보아 옛 흔적이 또렷한 황석산성의 실체가 나타난다. 산성은 돌과 흙으로 축조되었으며 영·호남을 이어주는 관문으로써 전북 장수와 진안으로 통하는 요지이다. 포곡식 산성으로 보아

가야를 멸망시킨 신라가 백제와 대결하기 위해 쌓았던 것으로 추정된다고 한다.

바위 위에 걸쳐진 철제 계단과 밧줄에 의지하며 드디어 해발 1,192m 황석산 정상의 품에 안긴다. 정상 인증을 받기 위해 좁디좁은 공간에는 센 바람에 맞서며 불편한 자세로 인증을 받고자 기다리는 사람으로 이미 꽉 차 있다. 정상에는 인증을 찍어주고 찍히는 사람과 인증 마치고 나가는 사람들이 좁은 낭떠러지 위에서 한데 엉켰으니 안전에 대한 세심한 주의가 필요한 상황이다.

정상에서 사방을 둘러보면 크고 작은 봉우리가 겹겹이 둘러싸여 있고 풍경은 잘 그려놓은 산수화에 버금간다. 인간의 노력으로 이룩한 산성과 자연이 빚어낸 기암괴석이 주변 경관과 조화를 이루며 산 능선을 따라 울퉁불퉁 오묘하게 어우러져 한 작품을 만들었다.

다음 목표 지점 거망산은 황석산과 4.2㎞의 거리를 유지하며 해발 높이는 거의 엇비슷하지만 시작부터 심한 내리막과 오르막을 여러 차례 반복한다. 미끄러운 눈밭이 있는가 하면 아이젠으로 바위를 오르내려야 한다. 가끔 찾아오는 칼바람까지 더해져 산객들의 정신적 인내와 육체적인 한계를 시험한다.

진행하는 방향을 기준으로 높낮이가 어느 정도 안정이 될 무렵 아늑한 능선에서 풍성하게 쌓인 눈과 올해 들어 처음 보는 상고대와 해후한다. 등산로는 세상 온갖 티끌까지 다 버리고 순백의 이불로 덮어졌다. 이번 눈은 올겨울 눈다운 눈임과 동시에 영하의 날씨 속에서 보존이 잘 되어 있어 산객들에게 특별하게 설산 볼거리를 제공하게 된 것이다.

황석산(1,192m)에서 2시간 반의 긴 시간에 걸쳐 거망산(1,184m)에 도착한다. 정상석은 여타 산과 달리 붉은 글씨로 새겨져 있어 마치 북한의 선정적인 문구 같아 보이며 묘한 느낌마저 든다. 황석산 못지않게 어렵게 정복한 만큼 거망산에 대한 예의를 갖추고자 정중한 인증을 남긴다.

거창 거망산 일대는 최후의 여자 빨치산 정순덕이 1951년 한국전쟁 당시 입산하여 1963년 체포되기까지 13년간 활동한 지역이다. 그 이후 그녀는 1986년까지 무려 23년간 비 전향한 채로 감옥살이를 하였다고 전한다.

오르막을 모두 마치고 오롯이 내리막 하산을 위해 사평 기점과 용추사 방향으로 기수를 잡고 미끄러지듯 내려간다. 지장골은 깊은 눈과 크고 작은 바위가 너덜지대를 형성하며 계곡을 따라 어렵고 지루하게 펼쳐진다.

산행 날머리 경남 함양군 안의면 상원리에 거의 다 왔을 무렵 용추사 옆에 자리한 용추폭포의 낙수 소리를 들을 수 있다. 산이 높으면 골도 깊고 수량까지 많다고 하였던가? 지장골 깊은 계곡으로 쏟아지는 우렁찬 폭포수의 절규는 아직도 뇌리에서 맴도는 황석산성의 피바위 사연을 애절하게 전하는 듯하다.

황석산(黃石山 1,190m)

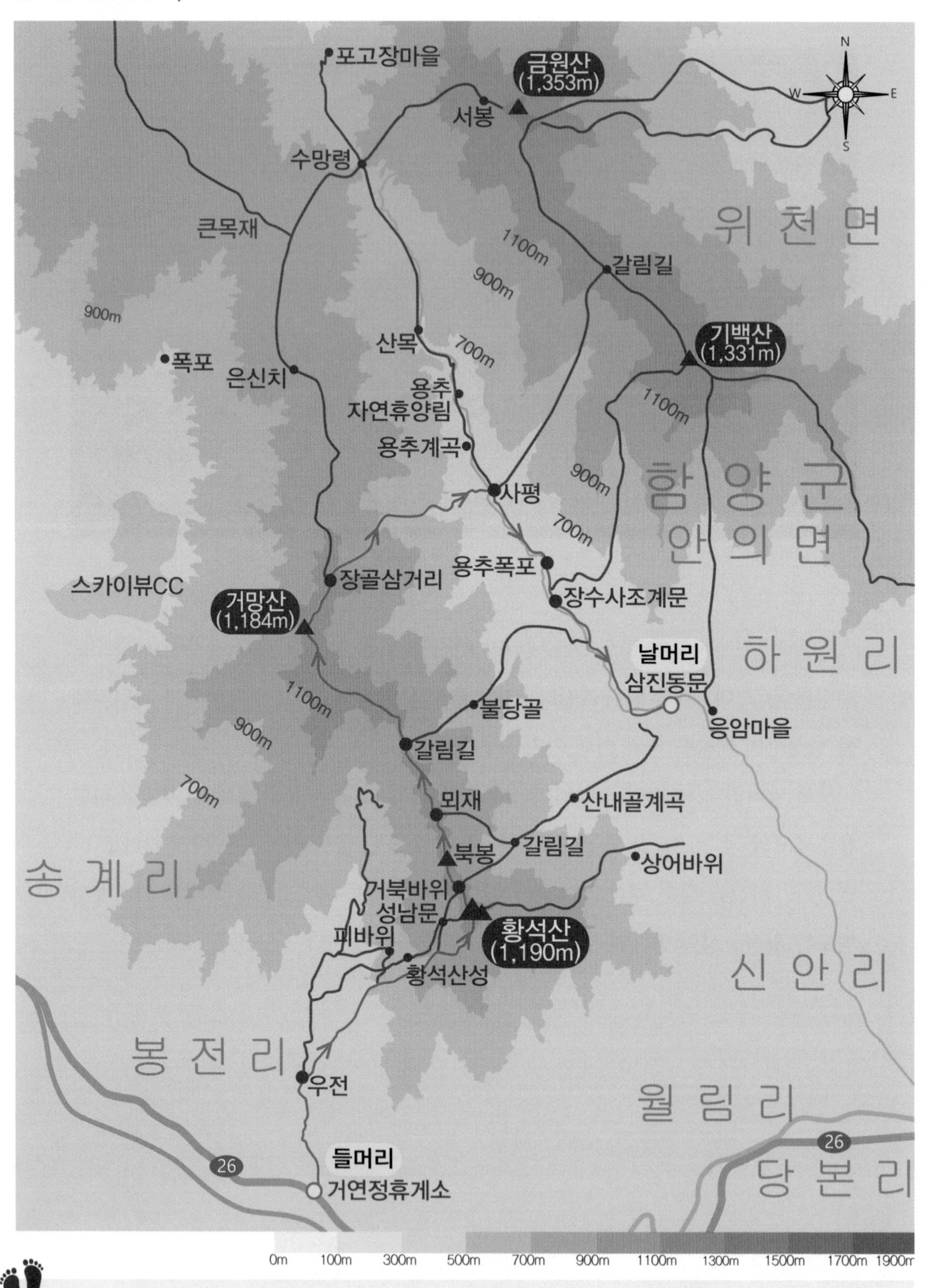

주요 코스

① 우전마을 ➡ 피바위 ➡ 황석산성 ➡ 성남문 ➡ 황석산 정상 ➡ 거북바위 ➡ 북봉 ➡ 뇌재 ➡ 갈림길 ➡ 거망산 ➡ 장골삼거리 ➡ 사평 ➡ 용추폭포 ➡ 장수사조계문

② 응암바을 ➡ 갈림길 ➡ 불당골 ➡ 갈림길 ➡ 뇌재 ➡ 북봉 ➡ 거북바위 ➡ 황석산 정상 ➡ 성남문 ➡ 황석산성 ➡ 피바위 ➡ 우전마을

황악산(黃嶽山)

경상북도 김천시

산세는 완만한 편이나 산림이 울창하고 산 동쪽으로 흘러내리는 계곡은 곳곳에 폭포와 소를 이뤄 계곡미가 아름답다. 특히 직지사 서쪽 200m 지점에 있는 천룡대부터 펼쳐지는 능여계곡은 대표적인 계곡으로 봄철에는 진달래, 벚꽃, 산목련이 유명하다.

소백산맥에서 솟아난 황악산(黃岳山 1,111m)은 예로부터 학이 자주 찾아와 황학산(黃鶴山)으로 불렸으나 옛 문헌인 택리지와 직지사 현판에 황악산으로 표기된 게 지금의 공식 명칭 이유이다. 황악산의 황(黃)은 넓다는 뜻과 더불어 중앙 또는 중심이란 뜻도 담고 있음에 연유하여 충청도, 전라도, 경상도, 즉 삼도의 중앙이라는 해석도 전해오고 있다.

황악산 주위에 여시골산, 막기향산 등이 있는데, 능선이 사방으로 뻗어 있으며 전 사면이 비교적 급경사이다. 동쪽에서 발원하는 물은 백운천을 이루어 직지천으로 흘러들며 서쪽과 북쪽에서 발원하는 계류는 각각 장교천과 어촌천을 이룬다. 내원계곡, 운수계곡, 능연계곡 등 깊고 수려한 계곡과 맑은 물의 조화가 뛰어나며 사명폭포를 비롯한 작은 규모의 폭포가 많다.

황악산 동쪽의 경북 김천시에 자리한 직지사는 서기 418년 신라 눌지왕 2년에 아도화상이 창건하였다. 이곳에 보유한 문화재는 보물 제319호인 석조여래좌상과 보물 제606호인 3층쌍석탑이 있으며 부속 암자로는 운수암, 백련암이 있다.

7월의 지루한 장마도, 그칠 줄 모르게 내리쬐던 8월의 햇살도 거짓말처럼 사라지고 조석으로 쌀쌀한 날씨가 옷차림을 여미게 하는 9월 첫 주말이다. 진정 가을 문턱은 소리 소문도 없이 아침으로 찾아오고 나를 찾아 명산을 도전하기 위해 나서는 발걸음이 마치 소풍 가듯 가볍다.

산행 들머리는 황악산 북쪽 백두대간의 축을 이루는 충북 영동군 매곡면 어촌리 괘방령 장원급제길이다. 일본 열도를 통과하는 제12호 태풍 남테운의 영향으로 많은 비가 내릴 것에 대비하여 우의 등을 준비하고 긴장으로 무장하였음에도 다행히 기우로 그친다. 가끔 내리는 안개비로 부옇게 흐린 회색 분위기 속에 숲을 헤집고 파고든 시원한 가을바람 덕분에 산행하기에 그런대로 무난할 것 같은 느낌이 온다.

해발 300m 백두대간 괘방령에서 남진하여 순탄하게 여시골산까지 이어진다. 조망은 아예 기대 못 하더라도 백두대간 길이라서 그런지 이정표가 잘 갖춰져 있고 정비가 잘 되어 있는 편이다. 황악산의 여우골(여시골)은 예로부터 여우가 많이 출몰하여 여시골짜기라 알려졌으며, 그로 인해 여시골산이라 불렸다 한다. 여시골산 정상에서 첫 인증을 남기고자 하는데, 운무가 짙은 관계로 스마트폰 카메라 조리개의 빛 노출을 최대한 허용하여 가까스로 희미한 모습이나마 감사히 담아간다.

해발 1,100m 정상까지 오르기 위해 부지런히 고도를 높여야 하지만, 여시골산과 운수 봉을 찍을 때마다 다시 내리막으로 이어지고 새로 길을 열어야 한다. 계속된 짙은 운무로 너덧 발 앞만 보이니 이 길이 과연 황악산을 가는 게 맞는지 분간이 안 될 지경이다. 어느 산길이면 어떠하랴. 이런 날 산에 든 것만 해도 다행인 것으로 여기며 긍정적으로 생각을 다독인다. 한참 동안 짙은 운무와 도돌이표 식으로 오르고 내리는 반복으로 인해 정상가는 시간이 자연히 길어진다.

계속된 백두대간 길을 따라 정상에 도착하자 거짓말처럼 파란 하늘이 열리고 온 천지가 밝은 빛으로 환기된다. 딴 세상에 온 듯 분위기 반전이다. 정상에서 한 무리의 단체 산객들이 한 사람씩 인증 사진을 찍느라 한참을 기다리는 동안에도 느긋함과 여유로움이 배어난다.

정상에서 만나는 사람은 서로 양보하는 미덕을 베풂으로 인하여 모르는 이도 금세 친해지고 한결같이 아름답다. 가을을 점점 닮아가는 드높은 하늘과 맑은 햇살 아래서 아는 사람 모르는 사람이 다 같이 어울려 배낭 속을 풀어 헤친다. 저마다 준비한 갖가지 음식을 한데 모아놓고 진지하게 정(情)을 나눠 먹는다. 원시사회의 물물교환보다도 훨씬 인간적인 정서가 이곳 산정에서 흐른다.

산 정상에서 종종 느끼는 아쉬움이 하나 있다. 정상부는 인증 기록을 담기 위해 필연적으로 거쳐 가는 곳은 물론이고 산행 정보를 교환하면서 일정 시간 머무는 쉼터로 거듭나야 한다. 정부와 지방자치단체의 특별한 관심과 배려 하에 적절한 관련 시설 정비도 갖춰져야 한다. 일차적으로 국가에서 지정한 100대 명산만이라도 생태환경과 자연경관에 저해하지 않은 범위 안에서 안전시설과 편의 공간 확충이 필요하다. 비단 이곳 황악산뿐만 아니다. 매년 등산객의 꾸준한 증가 추세를 고려하여 머지않은 장래에 많은 개선이 있길 기대하는 바이다.

정상을 벗어나 하산하는 동안 산길에는 다시 운무가 대기를 지배한다. 백두대간 괘방령에서부터 시작하여 황악산을 오르고 내리기를 반복하는 동안까지 선선한 가을 공기로 산길을 밝혀주며 미리 보는 가을 서막을 울리는 듯하다. 산은 가을 채비 준비가 한창이고 산객의 마음도 가을을 받아들이고 싶은 충동이 깊게 인다.

형제봉으로 이어지는 능선에서 걸음이 느긋해진다. 바람재로 갈라지는 백두대간 능선을 버려야 하는 아쉬움을 뒤로한 채 신선봉으로 길을 이어가며 산길의 정취를 즐긴다. 서둘러 신선봉을 내려와 망봉으로 향한다. 급격하게 가파른 길이 이어짐에도 멀리 직지사 지붕 끄트머리가 보이기 시작하자 기대와 희망이 솟아난다.

고도가 다 떨어지고 운무가 사라지면서 시야는 군더더기 하나 없는 말끔한 하늘을 내놓는다. 산 아래 자리 잡은 신라 불교의 성지 경북 김천시 대항면 운수리에 자

리 잡은 직지사마저 정갈한 모습으로 단장하게 눈앞으로 출현한다. 직지사는 신라 불교의 발상지이자 포교의 전진 기지 역할을 함과 동시에 신라의 왕권을 강화하며 중앙 집권체제로 나가는 과도기에 선사 시대부터 내려오던 신화적 세계관을 불식시키고 왕이 진리를 깨친 부처의 관점에서 백성을 다스린다는 통치 이념의 강화에 큰 역할을 한 것으로 알려졌다.

오늘 산행은 오르막과 내리막이 유독 많았지만, 산길만은 편안한 육산이라는 점은 황악산이 내세울 만한 자랑이다. 아직 여름 끝자락이 남아 있음에도 선선한 공기까지 산행 내내 받쳐주니 가을 산행을 미리 맛보는 듯하여 67번째 명산 도전을 수월하게 마칠 수 있었다. 날머리에서 잘 정비된 직지사 사찰 관람으로 심신을 편안하게 진정시키며 이만 산행을 모두 접는다.

황악산(黃嶽山 1,111m)

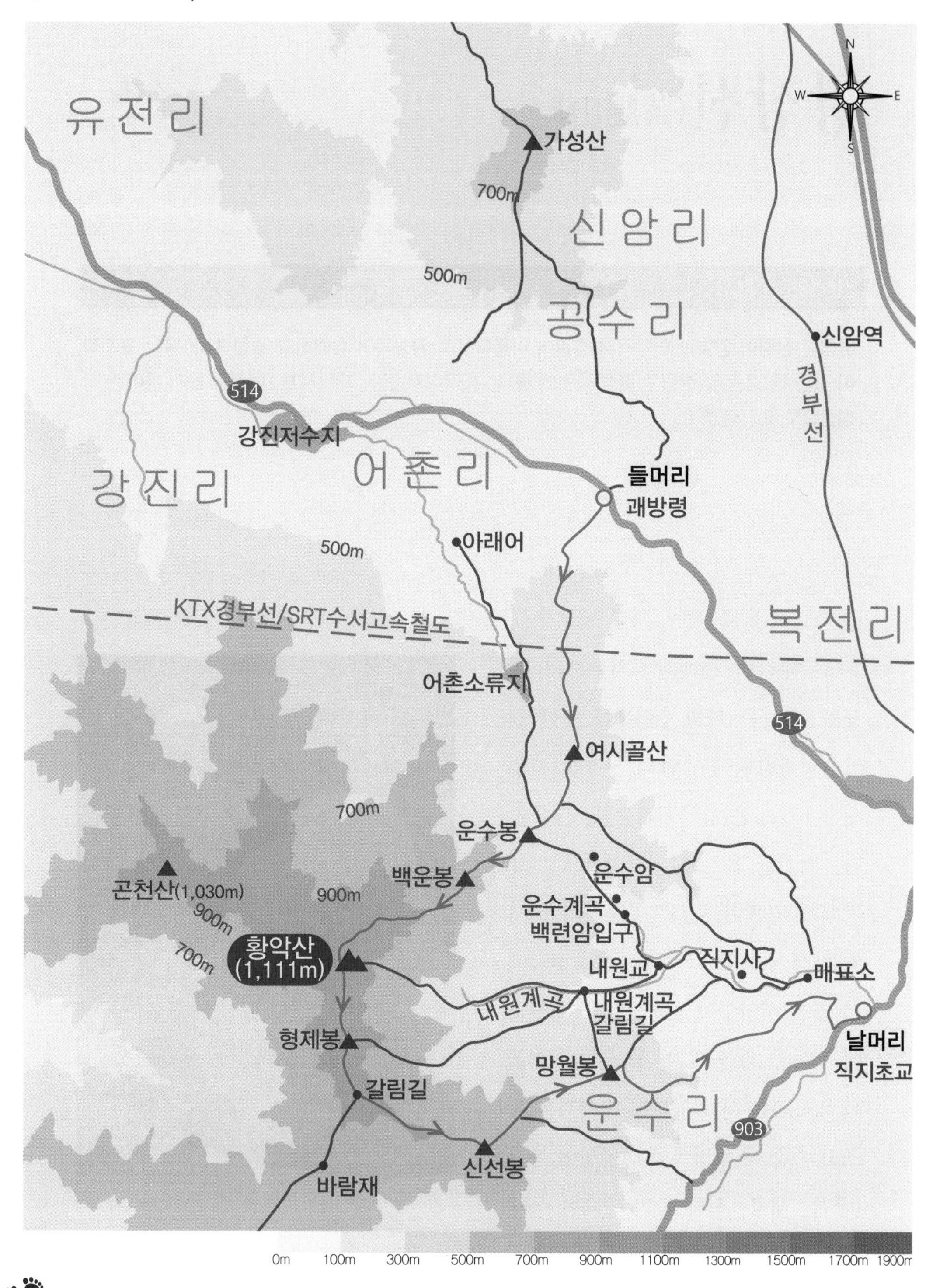

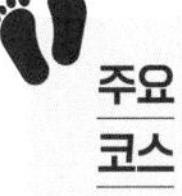

주요 코스

① 괘방령장원급제길 ➡ 백두대간 ➡ 여시골산 ➡ 운수봉 ➡ 백운봉 ➡ 황악산 정상 ➡ 형제봉 ➡ 갈림길 ➡ 신선봉 ➡ 망월봉 ➡ 직지초교

② 직지사 ➡ 내원교 ➡ 내원계곡 ➡ 형제봉 ➡ 황악산 정상 ➡ 백운봉 ➡ 운수봉 ➡ 여시골산 ➡ 백두대간 ➡ 괘방령

황장산(黃腸山)

경상북도 문경시

울창한 산림이 암벽과 어우러져 경관이 아름다우며 황장목이 유명하고 조선 시대 봉산 표지석이 있는 등 경관 및 산림 문화적 측면이 좋다. 동국여지승람, 대동지지, 예천군 읍지 등에는 작성산으로 표기되었다.

백두대간이 소백산, 저수재와 벌재를 지나 큰 산을 솟아오른 듯한 월악산국립공원 동남단의 황장산(黃腸山 1,077m)은 동국여지승람, 대동지지, 예천군 읍지에는 작성산으로 표기되어 있으며, 깊은 골짜기의 원시림과 빼어난 암벽으로 인하여 전국에서 많은 산악인이 찾고 있다. 대원군이 경복궁 재건 때 이 산의 황장목(黃腸木)을 베어서 지었다고 전해지는 등 조선 숙종 때 황장목이 유명하여 봉산(궁전, 재궁, 선박 등의 중요한 목재를 얻기 위하여 나무를 심고 가꾸기에 적당한 지역을 나라에서 선정하고 나라가 직접 관리하고 보호하는 산)으로 지정한 데서 황장봉산이라는 이름도 가지고 있다.

황장산은 울창한 산림이 암벽과 어우러져 경관이 아름다우며 조선 시대 봉산 표지석이 있는 등 경관 및 산림 문화적 측면을 고려하여 산림청 100대 명산에 선정되었다.

황정산은 1984년 월악산국립공원 지정 때부터 출입이 통제된 이후 지난해 31년 만에 일반인에게 잠시 개방되었으며, 또다시 겨울철 동안 산불방지 이유로 올해 4월까지 출입이 통제됨에 따라 한 번의 산행 계획이 취소되고 연기되어 오늘에 이르렀다. 이렇듯이 국립공원 관리구역 내의 산행 계획 시에는 반드시 사전에 산행 가능 여부를 확인할 필요가 있다.

산행은 언제 떠나도 좋지만, 봄에는 봄비가 개인 그다음 날 떠난다면 더욱 좋을 것이다. 한동안 황사로 자욱했던 하늘이 비에 씻겨나가자 신록이 더욱 싱그럽게 드리운 상황에서 산행 들머리 경북 문경시 동로면 생달리 안생달의 도착이다. 황장산 산행이 다시 풀린 탓인지 전국 각지에서 등산객을 싣고 온 대형 버스가 즐비하게 좁은 시골길을 접수하고 조용한 시골 마을에 생기를 불러일으킨다.

몸과 마음의 채비를 마치고 마을 어귀를 벗어나자 문경이 오미자 고장답다는 명성에 걸맞게 길 양쪽으로 온통 오미자가 빼곡히 심겨 있다. 지금의 오미자가 붉게

물들어 은은하게 익어갈 가을 무렵에는 어떤 매혹적인 향이 전개될지 자못 궁금해진다.

청량한 물소리를 들으며 맑고 깨끗한 하늘을 바라보고 걷는가 싶더니 어느새 녹음이 짙어진 계곡으로 들어간다. 계곡물이 졸졸 약하게 흐르는 가운데 나뭇가지 휘날리는 숲속에는 시원한 바람 소리가 가득하다. 오르는 동안 몸에서 빠져나온 땀은 젖거나 흘릴 틈도 없이 바람에 실려 사라지기 바쁘다.

월악산국립공원에서 생태계 보호를 위해 조성한 계단이 끊임없이 정상을 향해 이어진다. 탐방로 곳곳에는 황량한 대지를 뚫고 나왔을 새싹들이 이제는 제법 성숙해진 모습으로 고개를 쳐들고 어른 숲과 조화를 이루려는 몸부림이 생기발랄하다. 자연은 찬란한 이 계절을 노래하며 산객들에게 싱그러운 봄 향기를 선사한다.

거칠 것이 없을 것 같았던 계단이 끝날 무렵 하늘이 열리며 바람의 세기가 거세지는 상황에서 쉬어가기 좋은 안부가 산객들을 반긴다. 안부는 정상과는 불과 0.3㎞ 남겨둔 시점으로 백두대간과 만나는 황장산 하단이기도 하다.

이곳에는 백두대간의 마루금이며 한반도의 핵심 생태 축이자 자연생태계의 보고인 국립공원 자연보전지구이므로 특별히 보전하기 위해 개방할 수 없다는 출입금지 안내판이 설치되어 있다. 이곳은 정상과 감투봉으로 갈라지는 삼거리이지만, 감투봉 방향은 아직도 높은 울타리에 빗장으로 걸어 잠가 놓고 출입을 억제하고 있음에도 일부 몰상식한 사람들이 자랑삼아 금지된 구역을 볼썽사납게 넘나들고 있다.

황장산 정상에 도착이다. 정상에는 이정표와 정상석만 덩그렇게 서 있고 식사 정도만 할 수 있는 공터가 전부다. 오늘로써 96번째 명산 도전지에 인증을 남기고 이제 남은 곳은 다섯 손가락으로 꼽을 만큼 목표치가 좁혀졌다. 미세 먼지와 황사로 신음하는 도시와 달리 숨통을 터주는 정상에서 식사와 함께 여유 있는 시간이 흘러간다.

작은 차갓재 방향으로 하산이다. 깎아지른 바위에 신이 빚어낸 기품 넘치는 소나무 분재를 감상하며 잘 정비된 길을 따라 내려가면 황장산 최고의 조망 포인트인 멧등바위 전망대가 나온다. 저 멀리 월악산국립공원의 도드라진 곳에 작년 늦은 가을

1일 2산 종주했던 도락산과 그 옆의 황정산으로 짐작되는 산이 반갑게 모습을 보여준다.

멧등바위를 마지막으로 탐방로가 바위에서 흙길로 변하고 오를 때의 계단과 달리 완만한 흙길의 연속이다. 헬기장으로 가기 직전 하늘을 향해 쭉쭉 뻗은 잣나무 숲이 나타난다. 숲 안에는 싱싱한 기운이 듬뿍 내뿜는 가운데 바람도 자고 고요한 정적만이 흐른다. 초록이 곱게 물든 백두대간의 중앙 지점인 작은 차갓재에 이른다. 이곳에도 산양, 솔나리 등 야생 동식물 서식지 보호 목적으로 출입을 금지한다는 표지판이 있어 차갓재로 가기 위해서는 우회하여야 한다. 나머지 하산하는 등산로 역시 잘 닦여져 있지 않지만, 그동안 31년간 굳게 닫혀 있다가 비로소 빗장을 푼 덕분에 그런대로 원시림 상태의 산림으로 잘 보전되어 있다.

안생달까지 1.3㎞ 남겨둔 지점이 지나고 소나무 원시림 안으로 접어든다. 과거 국가에서 필요한 재목을 구하기 위해 나무를 직접 심고 관리했다는 봉산의 본거지답게 금강송의 또 다른 이름인 황장목이 빼곡하게 들어섰다.

물이 마른 계곡을 지나 등산로 옆에 둥지를 튼 와인 동굴에 들른다. 시원한 동굴 안에는 테이블과 장식품으로 분위기 좋은 카페 형식을 갖추고 문경 오미자로 담근

와인이 마련되어 있다. 가게 운영자에 의하면 이곳 오미자는 2011년 한국 국제소믈리에협회가 주관하는 경북 와인 브랜드 대상 심사에서 최우수상을 받았다고 한다.

비교적 짧고 무난한 산행을 마치고 안생달로 다시 회귀한다. 산행 날머리에는 문경의 특산품인 말린 오미자 열매를 비롯하여 오미자 진액, 오미자차 등이 도로변에서 판매 중이다. 주변 식당에서도 오미자 막걸리와 오미자 와인을 주메뉴로 개발하여 등산객을 상대로 성업을 이룬다.

지난해 황장산이 31년 만에 개방하게 된 주요 원인이 이 지역 오미자 생산 농가의 적극적인 건의를 받아서 전격 이루어졌고, 지금과 같이 등산객으로 인해 오미자 판매가 한 층 촉진되었다고 한다. 오미자를 지역 브랜드화하여 성공한 문경에는 황장산뿐만 아니라 주변에 주흘산, 조령산, 대야산, 월악산, 희양산 등 국내 내로라하는 명산이 많은 지역이다. 황장산을 마지막으로 문경 지역의 모든 명산을 다 섭렵하게 되었으니 나름대로 오늘의 의미가 크게 와닿는다.

황장산(黃腸山 1,077m)

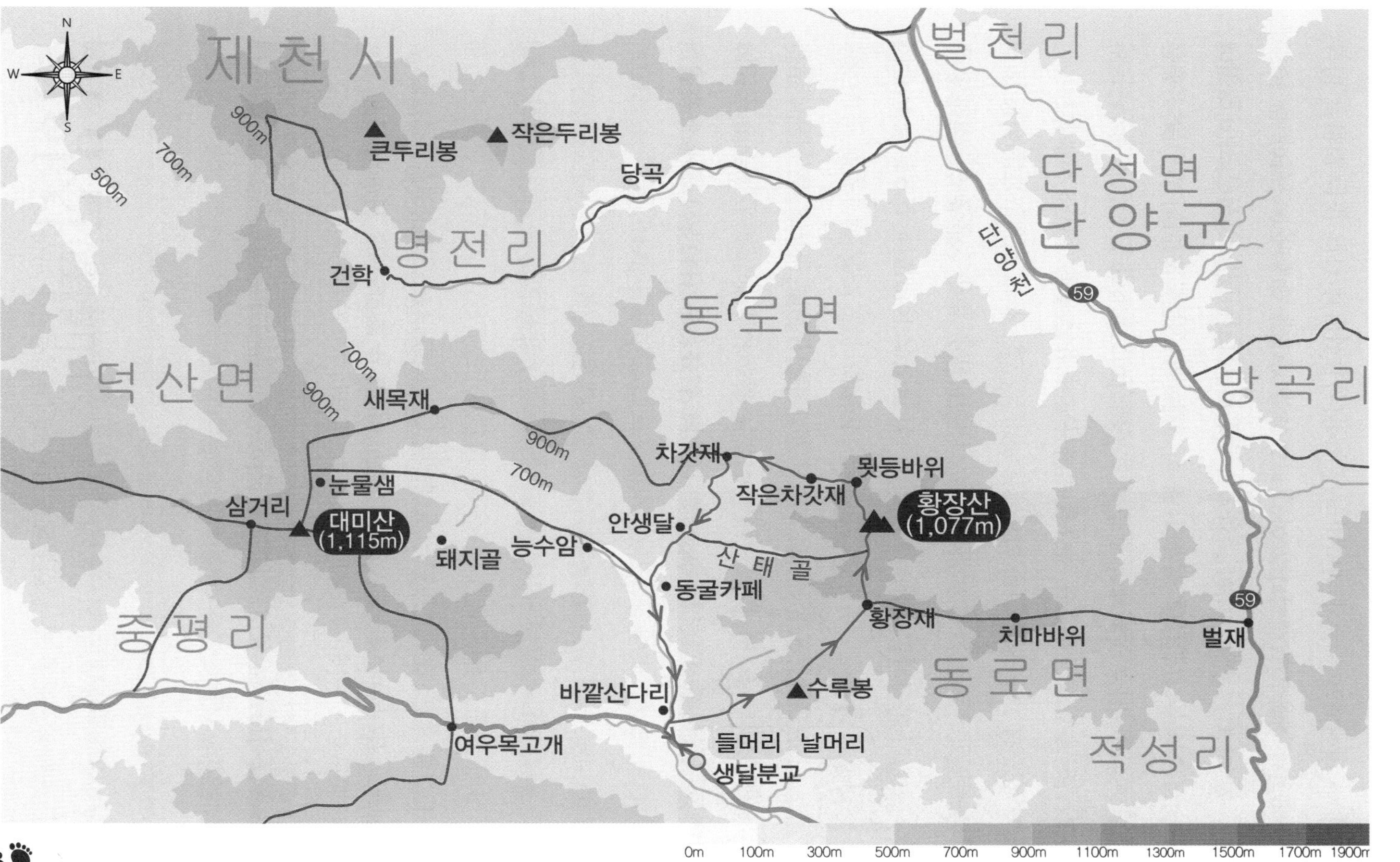

주요 코스

① 생달분교 ➡ 수루봉 ➡ 황장재 ➡ 황장산 정상 ➡ 뫳등바위 ➡ 작은차갓재 ➡ 차갓재 ➡ 안생달 ➡ 동굴카페 ➡ 바깥산다리 ➡ 생달분교

② 생달분교 ➡ 바깥산다리 ➡ 동굴카페 ➡ 안생달 ➡ 차갓재 ➡ 작은차갓재 ➡ 뫳등바위 ➡ 황장산 정상 ➡ 황장재 ➡ 치마바위 ➡ 벌재

희양산(曦陽山)

충청북도 괴산군, 경상북도 문경시

산 전체가 하나의 바위처럼 보이고 바위 낭떠러지들이 하얗게 드러나 있어 주변의 산에서뿐만 아니라 먼 산에서도 쉽게 알아볼 수 있으며 기암괴석과 풍부한 수량이 어우러진 백운곡 등 경관이 수려하고 마애본좌상 등 역사유적이 있다.

문경새재에서 속리산 방향으로 이어지는 백두대간 줄기에서 하나의 커다란 바위처럼 보이는 희양산(曦陽山 999m)은 경북도와 충북도의 경계를 이루며 북쪽으로 이화령이 자리하고 남쪽으로는 조령천이 흘러 주위의 풍광이 아름답고 명소가 많다.

산자락에는 881년 신라 헌강왕 7년에 도헌이 창건한 봉암사가 있다. 조계종 특별 수도 도량인 봉암사는 석가탄생일 때만 일반인에게 출입을 허용하며 경내에는 지증대사 적조탑 등의 보물 문화재 다섯 개와 마애불좌상 등 수많은 유물이 있다. 극락전은 경순왕이 피난 시절 원당으로 잠시 사용했다는 기록이 있다.

희양산 정상 일대는 산세가 험한 바위로 이루어진 난코스이다. 그런 이유로 구한말 의병 활동의 본거지로 이용되었고 희양산 9부 능선에 자리한 희양산성은 929년 신라 경순왕 3년에 후백제와 국경을 다투는 과정에서 쌓았으며 현재 원형이 비교적 잘 보전되어 있다.

평소 여러 산악회에서 단순하게 희양산 하나만 보고 산행을 기획하는 경우 신청자가 적어 좀처럼 진행하기가 어려운 실정이다. 부처님 오신 날 희양산 자락에 있는 봉암사가 비로소 개방되기를 벼르다가 오늘 사월 초파일 희양산과 봉암사를 하나의 패키지로 묶는 특별 산행에 동참하게 되었다.

산행 들머리인 충북 괴산군 연풍면 주진리 은티마을로 진입하는 입구에는 보호수로 지정된 아름드리 소나무와 긴 세월의 흔적을 간직한 은티마을 유래비가 판독하기 어렵게 희미한 내력을 담고 있는 가운데 마을을 수호하는 두 장승이 이를 호위무사(護衛武士) 하고 있다.

포장된 마을 길을 따라 봄 단장으로 분주한 사과밭 군락지를 따라 가볍게 걸어가면 왼편으로 멋지게 지어진 전원주택이 눈길을 끌어당긴다. 전원주택은 필자가 생의 마지막 주거지로 꿈꾸는 희망의 보금자리이기에 이처럼 이상적인 전원주택을 볼 때마다 잠시나마 넋을 빼놓고 관심을 드러낸다.

마지막 경작지와 함께 '백두대간 희양산' 안내 표지석이 가리키는 방향으로 본격적인 산행이 시작된다. 산행 초입에 들어서면 낙엽 속에 묻힌 디딤돌이 산 위를 향해 가지런히 놓여있다. 주변 나무들은 하루가 다르게 물이 차오르며 봄을 거쳐 가기 위한 소리 없는 통과의례를 치르는 중이다.

물이 마른 계곡으로 들어선다. 소나무로 빽빽한 숲에는 선선한 기운이 맴도는 상황에서 길가의 산죽이 오르막을 이끌어준다. 산죽은 높은 곳과 낮은 데를 가리지 않고 일 년 내내 푸름을 잃지 않고 산에서 정겨운 터주 노릇을 해주는 반가운 길동무이다.

다소 힘은 들지만 될 수 있는 대로 즐겁게 오르도록 하는 긍정의 힘으로 자신을

다독이며 오르기를 반복하니 구왕봉 가는 길과 갈라지는 삼거리에서 쉬어가기 좋은 지름티재가 기다린다. 쉼터 앞에는 봉암사에서 설치한 출입금지 울타리와 함께 표지판에는 희양산과 봉암용곡 일원을 시찰(視察) 경내로 지정하여 스님들이 참선 수행하는 특별 수도원이라는 안내가 적혀 있다.

지름티재를 벗어나자 서서히 골격이 큼직한 너럭바위가 나타나며 희양산의 골산 본색이 드러난다. 앞서간 사람들이 바위 앞에서 올라서기 위한 차례를 기다리며 길게 늘어지는 정체를 이룬다.

스틱을 접고 장갑 끈을 조이며 배낭끈을 단단히 동여맨다. 커다란 바위 가운데로 가르마를 탄 밧줄에 의지하여 직벽에 가까운 오르막을 유격하듯 고도를 높여간다. 온몸으로 용쓰며 가파른 밧줄 구간이 끝나면 시루봉(915m) 방향과 합류하는 갈림길과 함께 안내판이 딸린 이정표가 나타난다.

능선으로 접어들면서 주변이 밝은 빛으로 채워진다. 길은 완만하며 장쾌하고 아름다운 조망이 맨눈으로 들어오는 정상부 능선이다. 가슴이 뻥 뚫리고 폐 깊숙한 곳까지 숨을 들이마신다. 올라왔던 길이 까마득한 뒤로 물러났고 저 아래에 몇몇 동네가 아스라이 자리한다. 하늘에는 봄 햇살이 따사로이 내리쬐고 몇 조각의 구름이 듬성듬성하게 한가롭게 떠 있다. 웅장하고 거대한 대자연 속에 내가 숨을 쉬며 자연의 한 구성원이라는 사실에 감사함이 느껴진다.

아름다운 조망을 보고 느끼는 가운데 어느덧 희양산 표지석이 있는 정상에 도착이다. 골격이 장엄한 희양산 풍채에 걸맞게 큼직한 정상석과 힘찬 필체가 백두대간 희양산임을 당당하게 보여준다. 정상을 중심으로 문경새재에서 속리산 쪽으로 뻗어 나온 백두대간의 등줄기가 장대하게 펼쳐진다. 정상석 뒤에는 우리나라의 참꽃 진달래가 만발한 상태로 정상에 대한 품격이 덧보이게 한다. 소중한 인증과 함께 오늘도 새로운 1%의 기록이 추가되고 명산 도전 누적 94%가 달성되었다.

정상석 앞 소나무 그늘에 있는 너른 바위는 산객들의 휴식과 식사하기 편한 공간을 제공한다. 바위를 등받이 삼아 녹음으로 움터 오르는 산등성이 풍광을 바라보며 꿀맛 같은 점심을 해결한다. 봉암사 방향으로 가기 위한 하산인데 출발한 지 얼마 되지 않아 어설프고 가파른 길이 굴러떨어지듯 미끄러진다. 스틱은 무용지물인 된 상황에서 오직 나뭇가지에 의지하며 불편한 자세로 쭉쭉 밀려 내려간다. 모처럼 몰려온 산행객으로 인해 등산로가 패여 마음이 속상하다. 당국의 시급한 정비가 절실하다.

해발고도가 200m 정도 낮추었을 무렵 산죽이 무성한 밭으로 접어든다. 등산로에 산죽으로 조성된 길이 꽤 오랫동안 이어지는 동안 산길 분위기가 평온한 데다가 앞뒤 사람의 옷자락에 스칠 때마다 산죽이 들려주는 사각사각 소리음이 너무 좋다.

물이 제법 흐르는 계곡을 횡단하기 전에 족탕을 행사하고자 여장을 풀고 계곡물로 곧장 직행이다. 족탕 하기 이른 시기임에도 불구하고 가파른 내리막에서 무릎에 실린 체중으로 인해 달아오른 무릎의 열을 찬물로 찜질하기 위함이다. 짧은 시간의 찜질이지만 느낌은 한결 시원하고 대만족이다.

몸과 마음이 개운해진 데다 이제부터 내리막은 온순해지고 바닥은 낙엽으로 깔아 놓은 비단길이다. 험하지 않은 하산길과 숲의 향으로 가득한 상황에서 시원한 계곡 물소리는 끊임없이 귓전에서 맴돈다. 단순한 길이 반복해서 이어지고 가끔 불어주는 시원한 바람으로 인해 마음에 평화가 깃든다.

넉넉한 도착 시각을 이용하여 은둔의 사찰 봉암사로 향한다. 사찰 입구에는 신라 말과 고려 초에 활동한 승려 정진대사의 공적을 찬양하기 위해 고려 광종 때 세운 정진대사탑비가 고풍스러운 건물 안에 곱게 모셔져 있다. 탑비는 고려 초기의 조형미가 잘 살려져 있고 특히 비좌가 두드러진다고 한다.

스님들에게 엄격한 도량으로 통한다는 비밀의 수도원 봉암사는 일 년에 한 번 개방하기 때문에 오늘은 많은 인파로 붐빈다. 안전사고에 대비하여 소방차까지 동원한 것만 보더라도 행사의 규모가 짐작 간다. 봉암사는 성철 스님을 비롯하여 큰 인물들이 배출되었다고 알려졌다. 자신들만의 배타적 수도 공간으로 지정하여 석가탄신일에 한해 일반인에게 개방하는 것을 두고 일부에서 비판도 있지만, 현재 출입제한구역에는 일반인 출입이 뜸하여 야생동물의 천국으로 변했다고 한다.

많은 날 중에 다행스러운 오늘의 선택이 있었기에 의미 있는 명산 도전이 가능한 날이었다. 불자는 아니더라도 부처님 오신 날을 맞이하여 부처가 세상에 전하는 참 메시지를 한 번쯤 되새겨 봄이 어떨까 한다.

봉암사에서부터 사찰을 휘감고 흐르는 소하천 양상천을 끼고 한가롭게 300m를 따라 내려가 버스가 기다리는 경북 문경시 가은읍 원북리에 이르러 의미 있는 특별 산행을 모두 마무리한다.

희양산(曦陽山 999m)

주요 코스

① 은티마을 ➡ 백두대간 표지석 ➡ 정자 ➡ 삼거리 ➡ 지름티재 ➡ 희양산 정상 ➡ 노송 ➡ 안성골 ➡ 성골 ➡ 봉암사 ➡ 홍문정

② 은티마을 ➡ 희양산 표지석 ➡ 정자 ➡ 삼거리 ➡ 지름티재 ➡ 희양산 정상 ➡ 희양산성 ➡ 폭포 ➡ 삼거리 ➡ 정자 ➡ 백두대간 표지석 ➡ 은티마을